全国地层多重划分对比研究

（51）

四川省岩石地层

主　编：辜学达　刘啸虎
编　者：辜学达　刘啸虎　李宗凡
黄盛碧　邓守和　胡金城
陈宗礼　方学东
技术指导：姚东生　方飞龙

中国地质大学出版社

内 容 简 介

本书以现代地层学概念和原理对四川省之元古宙—第三纪岩石地层序列进行了系统的清理和厘定，涉及自1907年以来，近一个世纪中外学者建立的各类地层单位，提出了建议停用或不采用的单位名称，对拟采用的岩石地层单位（群、组）和构造岩石地层单位（岩群、岩组）逐个明确了定义和层型，进行了多重划分对比，并讨论了地层格架等问题。本书资料翔实、可靠，基础扎实，已建立有相匹配的地层数据库，便捷查询、检查，与省际、国际地层研究接轨，对按《国际地层指南》和《中国地层指南及中国地层指南说明书》规范地层管理和运作有很高的实用价值和重要意义。

本书是从事区域地质调查工作的必备工具书，也是广大地学工作者和科研、教学工作者的重要基础性参考书。

图书在版编目(CIP)数据

四川省岩石地层/辜学达，刘啸虎主编．—武汉：中国地质大学出版社，1997.12（2012.7 重印）

（全国地层多重划分对比研究：51）

ISBN 978-7-5625-1280-6

Ⅰ．四…
Ⅱ．①辜…②刘…
Ⅲ．地层学—四川省
Ⅳ．P535.271

中国版本图书馆 CIP 数据核字(2008)第153117号

四川省岩石地层 辜学达，刘啸虎 主 编

责任编辑：刘粤湘 特邀编辑：王大可 责任校对：褚松和

出版发行：中国地质大学出版社（武汉市洪山区鲁磨路388号） 邮编：430074
电话：(027)67883511 传真：67883580 E-mail：cbb @ cug.edu.cn
经 销：全国新华书店 http://www.cugp.cn

开本：787毫米×1092毫米 1/16 字数：700千字 印张：26.75 插页1
版次：1997年12月第1版 印次：2012年7月第3次印刷
印刷：武汉教文印刷厂 印数：1201—1700册

ISBN 978-7-5625-1280-6 定价：95.00元

序

100 多年来，地层学始终是地质学的重要基础学科的支柱，甚至还可以说是基础中的基础，它为近代地质学的建立和发展发挥了十分重要的作用。随着板块构造学说的提出和发展，地质科学正经历着一场深刻的变革，古老的地层学和其他分支学科一样还面临着满足社会不断进步与发展的物质需要和解决人类的重大环境问题等双重任务的挑战。为了迎接这一挑战，依靠现代科技进步及各学科之间相互渗透，地层学的研究范围将不断扩大，研究途径更为宽广，研究方法日趋多样化，并萌发出许多新的思路和学术思想，产生出许多分支学科，如生态地层学、磁性地层学、地震地层学、化学地层学、定量地层学、事件地层学、气候地层学、构造地层学和月球地层学等等，它们的综合又导致了“综合地层学”和“全球地层学”概念的提出。所有这一切，标志着地层学研究向高度综合化方向发展。

我国的地层学和与其密切相关的古生物学早在本世纪前期的创立阶段，就涌现出一批杰出的地层古生物学家和先驱，他们的研究成果奠定了我国地层学的基础。但是大规模的进展，还是从 1949 年以后，尤其是随着全国中小比例尺区域地质调查的有计划开展，以及若干重大科学计划的执行而发展起来的。正像我国著名的地质学家尹赞勋先生在第一届全国地层会议上所讲：“区域地质调查成果的最大受益者就是地层古生物学。”1959 年召开的中国第一届全国地层会议，总结了建国十年来所获的新资料，制定了中国第一份地层规范（草案），标志着我国地层学和地层工作进入了一个新的阶段。过了 20 年，地层学在国内的发展经历了几乎十年停滞以后，于 1979 年召开了中国第二届全国地层会议，会议在某种程度上吸收学习了国际地层学研究的新成果，还讨论制定了《中国地层指南及中国地层指南说明书》，为推动地层学在中国的发展，缩小同国际地层学研究水平的差距奠定了良好基础。这次会议以后所进行的一系列工作，包括应用地层单位的多重性概念所进行的地层划分对比研究、区域地层格架及地层模型的研究，现代地层学与沉积学相结合所进行的盆地分析以及1：5万区域地质填图方法的改进与完善等，都成为我国地层学进一步发展的强大推动力。为此，地质矿产部组织了一项“全国地层多重划分对比研究（清理）”的系统工程，在 30 个省、直辖市、自治区（含台湾省，不含上海市）范围内，自下而上由省（市、区）、大区和全国设立三个层次的课题，在现代地层学和沉积学理论指导下，对以往所建立的地层单位进行研究（清理），追溯地层单位创名的沿革，重新厘定单位含义、层型类型与特征、区域延伸与对比，消除同物异名，查清同名异物，在大范围内建立若干断代岩石地层单位的时空格架、编制符合现代地层学含义的新一代区域地层序列表，并与地层多重划分对比研究工作同步开展了省（市、区）和全国两级地层数据库的研建，对巩固地层多重划分对比研究（清理）成果，为地层学的科学化、系统化和现代化发展打下了良好基础。这项研究工作在部、省（市、区）各级领导的支持关怀下，全体研究人员经过5年的艰苦努力已圆满地完成了任务，高兴地看到许多成果已陆续要出版了。这项工作涉及的范围之广、参加的单位及人员之多、文件的时间跨度之长，以及现代科学理论与计算机技术的应用等各方面，都可以说是在我国地层学工作不断发展中具有里程碑意义的。这项研究中不同层次成果的出版问世，不仅对区域地质调查、地质图件的编测、区域矿产普查与勘查、地质科研和教学等方面都具有现实的指导作用和实用价值，而且对我国地层学的发展和科学化、系统化将起到积极的促进作用。

首次组织实施这样一项规模空前的全国性的研究工作，尽管全体参与人员付出了极大的辛勤劳动，全国项目办和各大区办进行了大量卓有成效和细致的组织协调工作，取得了巨大的成绩，但由于种种原因，难免会有疏漏甚至失误之处。即使这样，该系列研究是认识地层学真理长河中的一个相对真理的阶段，其成果仍不失其宝贵的科学意义和巨大的实用价值。我相信经过广大地质工作者的使用与检验，在修订再版时，其内容将会更加完美。在此祝贺这一系列地层研究成果的公开出版，它必将发挥出巨大社会经济效益，为地质科学的发展做出新的贡献。

程裕淇

前言

地层学在地质科学中是一门奠基性的基础学科，是基础地质的基础。自从19世纪初由W史密斯奠定的基本原理和方法以来的一个半世纪中，地层学是地质科学中最活跃的一个分支学科，对现代地质学的建立和发展产生了深刻的影响，作出了不可磨灭的贡献，特别是在20世纪60年代由于板块构造学说兴起引发的一场“地学革命”，其表现更为显著。随着板块构造学的确立，沉积学和古生态学的发展，地球历史和生物演化中的灾变论思想的复兴和地质事件概念的建立，使地层学的分支学科，如时间地层学、生态地层学、地震地层学、同位素地层学、气候地层学、磁性地层学、定量地层学和构造地层学等像雨后春笋般地蓬勃发展，这种情况必然对地层学、生物地层和沉积地层等的传统理论认识和方法提出了严峻的挑战。经过20年的论战，充分体现当代国际地质科学先进思想的《国际地层指南》(英文版)于1976年见诸于世，之后在不到20年的时间里又于1979、1987、1993年连续三次进行了修改补充，陆续补充了《磁性地层极性单位》、《不整合界限地层单位》，以及把岩浆岩与变质岩等作为广义地层学范畴纳入地层指南而又补充编写了《火成岩和变质岩岩体的地层划分与命名》等内容。

国际地层学上述重大变革，对我国地学界产生了强烈冲击，十年动乱形成的政治禁锢被打开，迎来了科学的春天，先进的科学思潮像潮水般涌来，于是在1979年第二届全国地层会议上通过并于1981年公开出版了《中国地层指南及中国地层指南说明书》，其中阐述了地层多重划分概念。于1983年按地层多重划分概念和岩石地层单位填图在安徽区调队进行了首次试点。1985年《贵州省区域地质志》中地层部分吸取了地层多重划分概念进行撰写。1986年地质矿产部设立了“七五”重点科技攻关项目——“1∶5万区调中填图方法研究项目”，把以岩石地层单位填图，多重地层划分对比，识别基本地层层序等现代地层学和现代沉积学相结合的内容列为沉积岩区区调填图方法研究课题，从此拉开了新一轮1∶5万区调填图的序幕，由试点的贵州、安徽和陕西三省逐步推向全国。

1∶5万区调填图方法研究试点中遇到的最大问题是如何按照现代地层学的理论和方法来对待与处理按传统理论和方法所建立的地层单位？如果维持长期沿用的按传统理论建立的地层单位，虽然很省事，但是又如何体现现代地层学和现代沉积学相结合的理论与方法呢？这样就谈不上紧跟世界潮流，迎接这一场由板块构造学说兴起所带来的“地学革命”。如果要坚持这一技术领域的革命性变革，就要下决心花费很大力气克服人力、财力和技术性等方面的重重困难，对长期沿用的不规范化的地层单位进行彻底的清理。经过反复研究比较，我们认识到科学技术的变革也和社会经济改革的潮流一样是不可逆转的，只有坚持改革才能前进，不进则退，否则就将被历史所淘汰，别无选择。在这一关键时刻，地质矿产部和原地矿部直管局领导作出了正确决策，从1991年开始，从地勘经费中设立一项重大基础地质研究项目——全国地层多重划分对比研究项目，简称全国地层清理项目，开始了一场地层学改革的系统工程，在全国范围内由下而上地按照现代地层学的理论和方法对原有的地层单位重新明确其定义、划分对比标准、延伸范围及各类地层单位的相互关系，与此同时研建全国地层数据库，巩固地层清理成果，推动我国地层学研究和地层单位管理的规范化和现代化，指导当前和今后一个时期1∶5万、1∶25万等区调填图等，提高我国地层学研究水平。1991年地质矿产部原直管局将地层清理作为部指令性任务以地直发(1991)005号文和1992年以地直发(1992)014号文下发了《地矿部全国地层多重划分对比（清理）研究项目第一次工作会议纪要》，明确了各省（市、自治区）地质矿产局（厅）清理研究任务，并于1993年2月补办了专项地勘科技项目合同（编号直科专92-1），并明确这一任务分别设立部、大区和省（市、自治区）三级领导小组，实行三级管理。

部级成立全国项目领导小组

组长	李廷栋	地质矿产部副总工程师
副组长	叶天竺	地质矿产部原直管局副局长
	赵　逊	中国地质科学院副院长

成立全国地层清理项目办公室，受领导小组委托对全国地层清理工作进行技术业务指导和协调以及经常性业务组织管理工作，并设立在中国地质科学院区域地质调查处（简称区调处）。

项目办公室主任	陈克强	区调处处长，教授级高级工程师
副主任	高振家	区调处总工，教授级高级工程师
	简人初	区调处高级工程师
专家	张守信	中国科学院地质研究所研究员
	魏家庸	贵州省地质矿产局区调院教授级高级工程师
成员	姜　义	区调处工程师
	李　忠	会计师
	周统顺	中国地质科学院地质研究所研究员

大区一级成立大区领导小组，由大区内各省（市、自治区）局级领导成员和地科院沈阳、天津、西安、宜昌、成都、南京六个地质矿产研究所各推荐一名专家组成。领导小组对本大区地层清理工作进行组织、指导、协调、仲裁并承担研究的职责。下设大区办公室，负责大区地层清理的技术业务指导和经常性业务技术管理工作。在全国项目办直接领导下，成立全国地层数据库研建小组，由福建区调队和部区调处承担，负责全国和省（市、自治区）二级地层数据库软件开发研制。

各省（市、自治区）成立省级领导小组，以省（市、自治区）局总工或副总工为组长，有区调主管及有关处室负责人组成，在专业区调队（所、院）等单位成立地层清理小组，具体负责地层清理工作，同时成立省级地层数据库录入小组，按照全国地层数据库研建小组研制的软件及时将本省清理的成果进行数据录入，并检验软件运行情况，及时反馈意见，不断改进和优化软件。在全国地层清理的三个级次的项目中，省级项目是基础，因此要求各省（市、自治区）地层清理工作必须实行室内清理与野外核查相结合，清理工作与区调填图相结合，清理与研究相结合，地层清理与地层数据库建立相结合，“生产”单位与科研教学单位相结合，并强调地层清理人员要用现代地层学和现代沉积学的理论武装起来，彻底打破传统观点，统一标准内容，严格要求，高标准地完成这一历史使命。实践的结果，凡是按上述五个相结合去做的效果都比较好，不仅出了好成果，而且通过地层清理培养锻炼了一支科学技术队伍，从总体上把我国区调水平提高到一个新台阶。

三年多以来，参加全国地层清理工作的人员总数达 400 多人，总计查阅文献约24 000份，野外核查剖面约 16 472.6 km，新测剖面 70 余条约 300 km，清理原有地层单位有 12 880 个，通过清查保留的地层单位约 4721 个（还有省与省之间重复的），占总数 36.6%，建议停止使用或废弃的单位有 8159 个（为同物异名或非岩石地层单位等），占总数 63.4%，清查中通过实测剖面新建地层单位 134 个。与此同时研制了地层单位的查询、检索、命名和研究对比功能的数据库，通过各省（市、自治区）数据录入小组将 12 880 个地层单位（每个单位 5 张数据卡片）和 10 000 多条各类层型剖面全部录入，首次建立起全国 30 个（不含上海市）省（市、自治区）基础地层数据库，为全国地层数据库全面建成奠定了坚实的基础。从 1994 年 7 月—11 月，分七个片对 30 个省（市、自治区）地层清理成果报告及数据库的数据录入进行了评审验收，到 1994 年底可以说基本上完成了省一级地层清理任务。1995—1996 年将全面完成大区和总项目的清理研究任务。由此可见，这次全国地层清理工作无论是参加人数之多，涉及面之广，新方法新技术的应用以及理论指导的高度和研究的深度都可以堪称中国地层学研究的第三个里程碑。这一系统工程所完成的成果，不仅是这次直接参加清理的 400 多人的成果，而且亦应该归功于全国地层工作者、区域地质调查者、地层学科研与教学人员以及为地层工作做过贡献的普查勘探人员。全国地层清理成果的公开出版，必将对提高我国地层学研究水平，统一岩石地层划分和命名指导区调填图，加强地层单位的管理以及地质勘察和科研教学等方面发挥重要的作用。

鉴于本次地层清理工作和地层数据库的研建是过去从未进行过的一项研究性很强的系统工程，涉及的范围很广，时间跨度长达 100 多年，参加该项工作的人员多达 300～400 人，由于时间短，经费有限，人员水平不一，文献资料掌握程度等种种主客观原因，尽管所有人员都尽了最大努力，但是在本书中少数地层单位的名称、出处、命名人和命名时间等不可避免地存在一些问题。本书中地层单位名称出现的“岩群”、“岩组”等名词，是根据 1990 年公开出版的程裕淇主编的《中国地质图（1：500 万）及说明书》所阐述的定义。为了考虑不同观点的读者使用，本书对有“岩群”、“岩组”的地层单位，均暂以（岩）群、（岩）组处理。如鞍山（岩）群、迁西（岩）群。总之，本书中存在的错漏及不足之处，衷心地欢迎广大读者提出宝贵意见，以便今后不断改正和补充。

在 30 个省（市、自治区）地层清理系统成果即将公开出版之际，我代表全国地层清理项目办公室向参加 30 个省（市、自治区）地层清理、数据库研建和数据录入的同志所付出的辛勤劳动表示衷心的感谢和亲切的慰问。在全国地层清理项目立项过程中，原直管局王新华、黄崇轲副局长给予了大力支持，原直管局局长兼财务司司长现地矿部副部长陈洲其在项目论证会上作了立项论证报告，在人、财、物方面给予过很大支持；全国地层委员会副主任程裕淇院士一直对地层清理工作给予极大的关心和支持，并在立项论证会上作了重要讲话；中国地质大学教授、全国地层委员会地层分类命名小组组长王鸿祯院士是本项目的顾问，在地层清理的指导思想、方法步骤及许多重大技术问题上给予了具体的指导和帮助；中国地质大学教授杨遵仪院士对这项工作热情关心并给以指导；中国地质科学院院长、部总工程师陈毓川研究员参加了第三次全国地层清理工作会议并作了重要指示与鼓励性讲话；部科技司姜作勤高工，计算中心邬宽廉、陈传霖，信息院赵精满，地科院刘心铸等专家对地层数据库设计进行评审，为研建地层数据库提出许多有意义的建议。中国科学院地质研究所，南京古生物研究所，中国地质科学院地质研究所，天津、沈阳、南京、宜昌、成都和西安地质矿产研究所，南京大学，西北大学，中国地质大学，长春地质学院，西安地质学院等单位的知名专家、教授和学者，各省（市、自治区）地矿局领导、总工程师、区调主管、质量检查员和区调队、地研所、综合大队等单位的区域地质学家共600余人次参加了各省（市、自治区）地层清理研究成果和六个大区区域地层成果报告的评审和鉴定验收，给予了友善的帮助；各省（市、自治区）地矿局（厅）、区调队（所、院）等各级领导给予地层清理工作在人、财、物方面的大力支持。可以肯定，没有以上各有关单位和部门的领导和众多的专家教授对地层清理工作多方面的关心和支持，这项工作是难以完成的。在30个省（市、自治区）地层清理成果评审过程中一直到成果出版之前，中国地质大学出版社，特别是以褚松和副社长和刘粤湘编辑为组长的全国地层多重划分对比研究报告编辑出版组为本套书编辑出版付出了极大的辛苦劳动，使这一套系统成果能够如此快地、规范化地出版了！在全国项目办设在区调处的几年中，除了参加项目办的成员外，区调处的陈兆棉、其和日格、田玉莹、魏书章、刘凤仁多次承担地层清理会议的会务工作，赵洪伟和于庆文同志除了承担会议事务还为会议打印文稿，于庆文同志还协助绘制地层区划图及文稿复印等工作。

在此，向上面提到的单位和所有同志一并表示我们最诚挚的谢意，并希望继续得到他们的关心和支持。

全国地层清理项目办公室（陈克强执笔）

目　　录

第一章 绪论

地层学是地学领域中的基础学科。近半个世纪以来，我国的地层学研究以统一地层划分对比理论为依据，着重于生物化石的分布及年代归属，将生物的、年代的地层单位统一在岩石地层单位的格架中，使地层单位含义不断变化，新名称不断涌现，给地质工作带来极大的迷惑和困难。随着地质科学的不断发展，人们已认识到地层的叠覆是在复杂的侧向加积过程中形成的，而地层所具有的岩石组合、生物特征、物化性质、年代归属等均构成地层的多重属性，都可视作划分对比的依据，但岩石的宏观整体一致性是识别和划分岩石地层单位的唯一标准，并具有普遍穿时性的特点。从而动摇了传统的统一地层划分对比理论，提出了地层多重划分对比的新概念。

本书藉此为理论基础，按全国地层多重划分对比研究项目设计要求，对四川全省近一个世纪以来的地层工作，进行了全面系统的清理核查，做到了条条落实、件件有据，其主要成果，书中可一览全貌。

根据地质矿产部直管局（1991）005号文及全国地层多重划分对比研究项目会议纪要和总体设计的精神，四川省地质矿产局（简称四川地矿局，下同）下达了全省地层多重划分对比研究（清理）任务，并考虑到我省实际情况、资料掌握程度及研究程度差异，明确由四川省地矿局区域地质调查队和地质矿产局科学研究所（简称四川区调队和地矿局科研所，下同）分别承担西部槽区和东部台区的清理工作。槽台分界大致北起龙门山后山断裂、盐井-五龙断裂抵康滇地轴则绕其北端至康定、顺鲜水河断裂延至石棉西油房，再沿小金河断裂止省界。该项目总负责单位为四川区调队。

本书分为两篇：上篇以台区为主，下篇以槽区为主，含南秦岭-大别山地层区及羌北-昌都-思茅地层区的省内部分。

一、地层综合区划及区域地层发育简况

四川省东部属于扬子地层区范畴，西缘出露大片基底岩系，分布面积约占东部的15%左右，其他大部地区均为沉积盖层覆盖。其中四川盆地以大面积巨厚的中生代陆相红层而名扬中外，古生代以来的海相地层多分布于盆周山地及攀西地区。在大地构造上均属于扬子准地台，仅城口-房县断裂带北侧小范围属秦岭地槽褶皱系范围。四川省西部属地槽区，地处青藏

高原东缘，大部分地区均属巴颜喀拉地层区。区内前震旦系至下古生界发育不全，分布零星，志留一二叠系也局部发育，以三叠系发育最为完整，层序齐全、分布广泛，占西部面积的80%以上，岩性变化剧烈，厚达数千至万米。侏罗系、白垩系仅见于川甘边境局部地区，第三系多为孤立的陆相红色断陷盆地及部分火山岩盆。由于西部处于造山带，变形变质作用复杂，研究程度较低。

根据1994年7月全国项目办地层区划工作会议纪要，四川省属华南地层大区范畴，共划分了4个Ⅱ级地层区(区)、7个Ⅲ级地层区(分区)及14个Ⅳ级地层区(小区)，各区名称及划分简况如下(图1-1)，地层序列见表1-1。

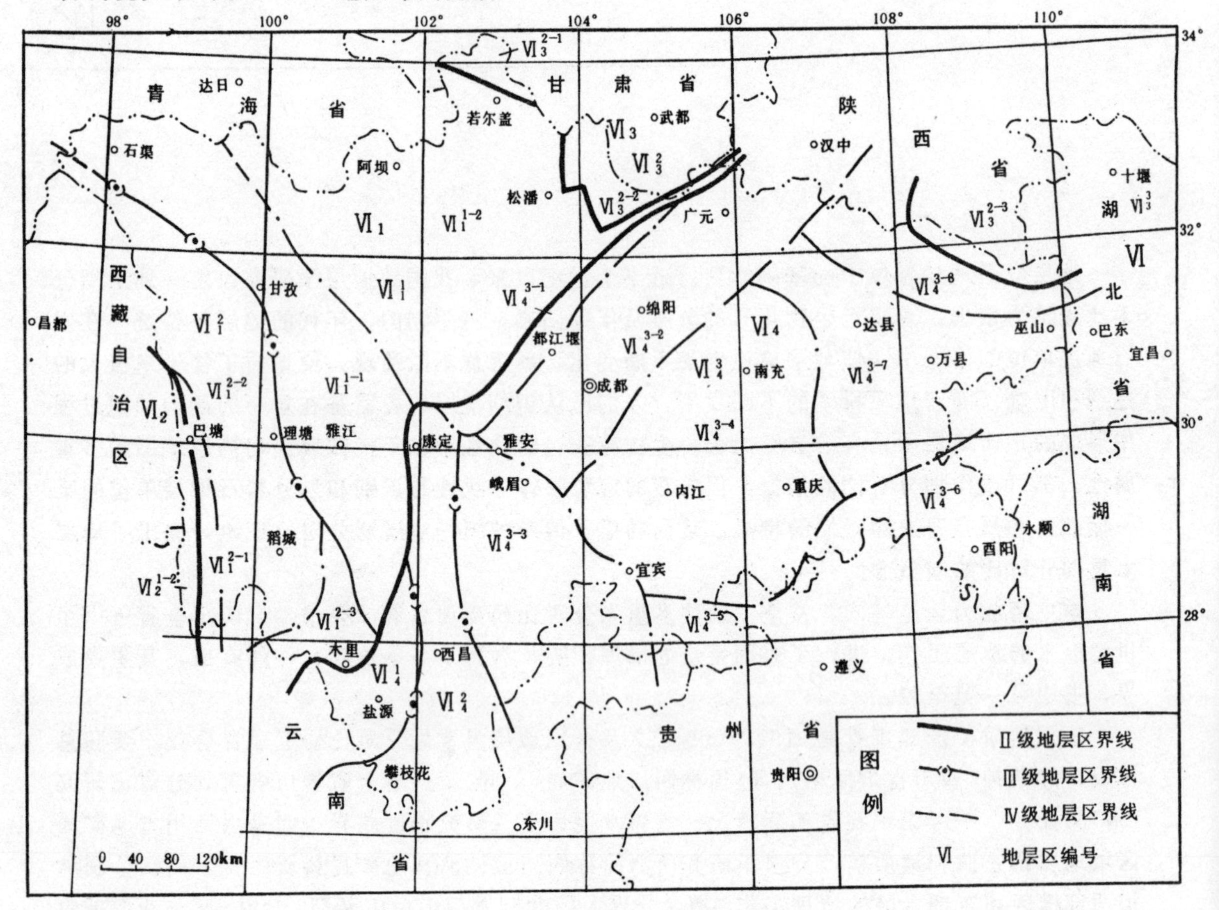

图1-1 四川省地层综合区划图

华南地层大区

Ⅵ$_1$：巴颜喀拉地层区 以青川-茂汶断裂带、康定-锦屏山-小金河断裂带与扬子地层区(Ⅵ$_4$)分界，以青溪-古城、水晶、雪山梁子、岷江断裂带与南秦岭-大别山地层区(Ⅵ$_3$)分界。为次稳定一非稳定碎屑岩、火山岩为主夹碳酸盐岩建造，尤以三叠系分布广、厚度大、岩性复杂多变。又可划分为：

Ⅵ$_1^1$：玛多-马尔康地层分区 以复理石碎屑沉积为主。下涉及两个小区。

Ⅵ$_1^{1-1}$：雅江小区 以复理石碎屑岩为主，晚二叠世及晚三叠世地层中夹基性、中酸性火山岩、火山碎屑岩，厚度巨大。

$Ⅵ_1^{1-2}$：金川小区　以复理石碎屑岩为主，晚二叠世地层局部夹基性火山岩，北部的三叠系中多含火山碎屑岩，色泽草绿。

$Ⅵ_1^2$：玉树-中甸地层分区　块内以次稳定、槽内以非稳定沉积为主，沿断裂带有蛇绿岩分布。川西涉及三个小区。

$Ⅵ_1^{2-1}$：中咱-石鼓小区　以碳酸盐岩建造为主。

$Ⅵ_1^{2-2}$：稻城小区　以非稳定型碎屑岩、火山岩建造为主。

$Ⅵ_1^{2-3}$：木里小区　以碎屑岩为主夹碳酸盐岩建造。

$Ⅵ_2$：羌北-昌都-思茅地层区　以金沙江断裂带与巴颜喀拉地层区（$Ⅵ_1$）分界，四川西部仅涉及其中西金乌兰-金沙江地层分区（$Ⅵ_2^1$）的奔子栏-江达小区（$Ⅵ_2^{1-2}$），为非稳定型碎屑岩、火山岩夹碳酸盐岩建造，变形变质强烈，并有蛇绿岩群分布。

$Ⅵ_3$：南秦岭-大别山地层区　以稳定型碳酸盐沉积为主。四川西部涉及摩天岭地层分区（$Ⅵ_3^2$）的两个小区，东部涉及十堰-随州地层分区的一小部分。

$Ⅵ_3^{2-1}$：降扎小区　古生界以碳酸盐岩为主夹碎屑岩，中生界以碎屑岩、火山岩为主含煤。

$Ⅵ_3^{2-2}$：九寨沟小区　前震旦系为碎屑岩夹火山岩，下古生界以碎屑岩为主夹碳酸盐岩，中三叠统之下以碳酸盐岩为主。

$Ⅵ_3^3$：十堰-随州地层分区　以城口-房县断裂带与扬子地层区分界，省内仅有震旦系及寒武系，均以复理石碎屑沉积为主，有轻微区域变质。

$Ⅵ_4$：扬子地层区　以青川-茂汶断裂带及康定-锦屏山-小金河断裂带与巴颜喀拉地层区分界，为地台稳定型建造，基底与盖层保存较完整，除前者外未经区域变质作用，沉积厚度巨大。根据基底及盖层发育特征及地层层序的完整程度，省内可划分为三个地层分区：

$Ⅵ_4^1$：丽江地层分区　属地台边缘次稳定型建造，下古生界以近陆源粗碎屑沉积为主，上古生界至三叠系以碳酸盐沉积为主，三叠纪以后地层普遍缺失，第三系以断陷盆地红色碎屑岩为主，地层厚度较大。

$Ⅵ_4^2$：康定地层分区　西部以小金河-程海断裂带与丽江地层分区分界，东界大体上与小江断裂带的北延部分吻合。区内分布大片基底岩系，以块状无序的结晶基底及成层无序的褶皱基底两个构造层构成，遭受程度不等的变形变质作用；盖层层序不全，古生代以前的地层大部分缺失，残留部分具近陆源特征，晚三叠世以后的中新生代陆相地层大面积超覆。

$Ⅵ_4^3$：上扬子地层分区　该区仅于边缘零星出露基底岩系，大部分为稳定型沉积盖层，晚三叠世前以海相碎屑岩-碳酸盐岩建造为主，以后以巨厚陆相含煤碎屑岩-红色碎屑岩建造为主，西北缘山前磨拉石建造发育。根据盖层的发育状况及岩石组合特征，可划分为8个地层小区。

$Ⅵ_4^{3-1}$：九顶山小区　以稳定型沉积为主，厚度巨大，古生代地层发育，中生代地层缺失，局部有变形变质。

$Ⅵ_4^{3-2}$：成都小区　以陆相中新生界分布为主，层序完整，厚度巨大，具近源特征。

$Ⅵ_4^{3-3}$：峨眉小区　震旦系火山岩发育，古生代以海相沉积为主，层序发育不完整，中生代陆相地层具远源特征，层序完整。

$Ⅵ_4^{3-4}$：重庆小区　海相古生界较发育，且深埋地腹，缺失泥盆系及大部分石炭系，陆相中生界厚度巨大，白垩纪以后地层被剥蚀。

$Ⅵ_4^{3-5}$：叙永小区　古生代地层分布为主，寒武系以下深埋地腹，缺失泥盆系、石炭系。

$Ⅵ_4^{3-6}$：酉阳小区　古生代地层分布为主，层序较完整。

$Ⅵ_4^{3-7}$：万县小区　以海相二叠系、三叠系碳酸盐岩及陆相侏罗系红层分布为主，地层厚度巨大。

$Ⅵ_4^{3-8}$：巫溪小区　震旦系及古生界发育，碳酸盐岩占有优势，陆相中生界多被剥蚀而不完整。泥盆系、石炭系缺失。

二、地层清理采用的基本工作方法

(1) 资料的收集与整理是地层清理工作的基础，按照清理工作的资料收集范围，系统收集前人资料，在资料的查阅过程中填制了三种工作卡片。

①地层剖面索引卡片：按1∶20万图幅分别将收集到的地层剖面名称、位置、坐标、图幅代号，测制层位，测制人，测制日期及资料来源等逐一登记，供索引及筛选，查清可供利用的全部资料的数量及质量。②地层剖面资料卡片：对经过筛选后拟使用的剖面，填制地层剖面资料卡片，采用复制或摘录的方式，为成果卡片的编制提供基础资料。③文献资料卡片：对收集到的各类文献资料，采用复制及摘录方式，填制卡片，为了解地层单位的原始含义、沿革等提供必要的素材。

(2) 在资料收集的基础上提出问题，对部分主要地层单位的层型剖面实地核查该单位岩石组合特征及划分标志。对横向变化大及省外建立的地层单位，指定合适剖面作为次层型，以路线观察的方式进行调查。

(3) 成果卡片的填制：为了建立省级地层数据库，按全国统一要求填制岩石地层单位登记卡片(成果卡片)，共5个分卡，填绘内容按照全国项目办公室对地层清理的规定执行。

(4) 地层数据库的建立：根据成果卡片的内容，按全国地层数据库研建组提供的磁盘及工作细则，分批进行数据录入。

三、完成工作量及项目组成人员

本项目工作量的投入，原则上按设计书要求部署。完成工作量情况见表1-2。

表1-2　项目工作量一览表

项目	单位	工作量			说明
		西部	东部	总量	
收集查阅剖面资料	份	621	1 246	1 867	包括钻井剖面
使用剖面	条	484	1 059	1 543	
野外核查剖面	公里	40	177	217	
收集阅读资料	份	722	450	1 172	
采样	件	69	42	111	其中同位素2件
填制各类工作卡片	份	1 016	775	1 791	包括剖面资料卡片及文献摘录卡片
填制地层卡片	套	253	650	903	
采用岩石地层单位卡片	套	119	213	332	包括新建6个单位
不采用地层单位卡片	套	134	437	571	包括建议停止使用的单位

项目负责人：辜学达、刘啸虎。

成员：李宗凡、黄盛碧、邓守和、胡金城、陈宗礼、方学东、李朝阳。

数据库成员：顾更生、辜寄蓉、张宏、周红。

在实施过程中，省地矿局成立以姚冬生副总工程师为组长，方飞龙、王大可、辜学达、刘啸虎等五人组成的全省地层清理领导小组，在全国项目办、西南、中南大区领导小组的指导下开展工作，使我省地层清理工作得以顺利进行。

1992—1993年完成野外核查、资料收集等项工作；1993—1994年第一季度完成资料卡片和正式工作卡片的填制；1994年第2—3季度数据库正式启动并完成初建工作，同时转入报告编写，同年9月完成，省领导小组聘请有关专家、领导进行了审查；同年10月17—23日由全国项目领导小组、项目办、西南大区领导小组主持，聘请省内外著名专家、学者就项目成果、报告进行了评审，获得好评，并被评为优秀成果。

1994年11月，四川地矿局研究决定由辜学达任主编，刘啸虎为副主编，由辜学达、李宗凡全面负责报告的修改及出版工作。古生物名称由黄盛碧校定。图表由四川区调队制印室清绘。

工作中得到四川地矿局、四川区调队、局科研所等领导和专家的支持协助，主要有骆耀南、郝子文、赖祥符、谭庆鸽、毛君一、贺尚荣、侯立玮、王大可等，特致谢忱。

上篇

扬子地层区

第二章 前震旦纪

四川扬子地层区的前震旦系，指晋宁运动(820±20 Ma)不整合面之下的地层，分布于台区西缘的康定、峨边、冕宁、米易、会理、会东、盐边、攀枝花等地，在龙门山北缘米仓山及川东南秀山地区也有少量分布，因分布零星、地层连续性差、生物化石稀少，给地层研究增加了难度。本区的前震旦系由两类变质岩组成：一类是变质程度较低的碎屑沉积岩、碳酸盐岩、火山岩，变质相为绿片岩相及低角闪岩相，它们构成了扬子地台的褶皱基底；另一类是变质程度较深的变质岩，具强烈混合岩化、花岗岩化，原岩为基性-中酸性火山岩和少量碎屑岩，变质相为高绿片岩相、角闪岩相和麻粒岩相，位于褶皱基底之下，称为结晶基底，以康定(岩)群为代表。

鉴于我省前震旦系研究程度较低，在地层划分、对比和时代归属上，尚不够成熟，一时难予统一。因此，本书对前震旦纪地层分区及使用的地层名称，主要是参考省内基底构造轮廓和习惯上的用法确定的。省内扬子地台基底形成的构造期和主要地壳运动，除公认的晋宁运动外，其余的一些"运动"分歧较大，本书暂不使用。对中元古界以下的地层，改称"(岩)群"。如康定群改称康定(岩)群。这样既保存了原有岩石地层单位的名称，便于区域对比研究，同时也实事求是地反映这些"单位"分布的局限性和现今在地层对比研究上存在的问题。

在年代地层研究方面，主要依据岩石地层的上下接触关系、变质程度、原岩建造、参考同位素年龄值以及微古生物组合的对比资料等，大致确定其持续及生成时限。本区未获得可靠的大于 2 500 Ma 的同位素年龄值，太古宙地层是否存在尚存疑。早元古代的年龄值本书确定为 1 700～2 500 Ma，以康定(岩)群、河口(岩)群等为代表。中元古代，时限范围在1 000～1 700 Ma 间，如会理群、盐边群、登相营群、峨边群、黄水河群、火地垭群等。810～1 000 Ma 的晚元古代时限内，以秀山地区板溪群为代表，但也有人认为四川这一阶段的地层是尚待填补的空白。

经清理，本区前震旦纪岩石地层单位，建议采用群级单位 11 个，组级单位 39 个。

第一节　岩石地层单位

康定(岩)群　Pt*K*　(06-51-1001)

【创名及原始定义】　1930年谭锡畴、李春昱将北起康定，南至西昌的片麻岩系创名为太古代“康定片麻岩”。

【沿革】　1941年张兆瑾等赴康定附近调查时，注意到片麻岩中常有花岗岩、伟晶花岗岩等贯入，或是由闪长岩、花岗岩、花岗闪长岩变成，改称“康定杂岩”。黄汲清(1948)认为这套变质岩系，继续向南延伸经西昌磨盘山直至云南元谋境内，称为“磨盘山结晶片岩”，归前震旦纪，为康滇地区最古老的结晶基底。60年代至70年代中期，四川省地质局第一、二区域地质测量队(简称四川一、二区测队，下同)，获得一批600～900 Ma的K-Ar法年龄数据，认为这套杂岩是晋宁-澄江期岩浆杂岩，或者是混染岩。1975年骆耀南等认为康滇地轴中段会理群以下尚有结晶基底。刘俨然、贺节明、骆耀南等(1981—1982)相继在杂岩带中发现了麻粒岩，从而使“康定杂岩”属于前震旦纪最老结晶基底的认识得以复苏。1982年董申葆、冯本智等继冕宁县沙坝发现麻粒岩后，在同德大田、盐边县坝头村、渡口市桥头发现麻粒岩新产地。如此广阔范围内，在闪长质混合岩中发现了暗色麻粒岩残留体，这至少可以说明在混合岩化作用前，岩石已经历过深达麻粒岩相的变质作用。同时提出，南起云南元谋、北至康定的一些“杂岩”，从原岩性质、变质类型和混合岩化方面，与会理群、昆阳群等中元古界变质岩系有本质差别，它们是老于会理群的一套有序的岩石地层单位，具有强烈的花岗岩化、混合岩化的中、深变质岩体。张应圭、程文祥、冯本智(1983)分别提出建立“康定群”，其含义范围不仅包括了原有“康定片麻岩”、“康定杂岩”、“磨盘山结晶片岩”和元谋混合花岗岩外，认为区内原区测中所定的δ_2、δ_{o2}、γ_2、γm_2、$\gamma\delta_2$和部分γ_5，皆可能属康定群范围。程文祥、张应圭以泸定县城北一瓦斯沟为建群剖面，由下而上分为咱里组、冷竹关组，群内混合岩化强烈而普遍，厚度大于16 800 m。顶部为震旦系灯影组大理岩不整合超覆，下未见底。咱里组的原岩是基性火山岩及同期侵入的基性-超基性岩；冷竹关组原岩为酸性火山岩、凝灰岩及碎屑岩。这种由基性火山岩—酸性火山岩—正常沉积岩等两分或三分结构的岩类组合标志，被一些研究者作为本省结晶基底的普遍模式而加以使用。

骆耀南、唐若龙(1981)对四川会理—云南元谋地区的前震旦纪地层，分为两类变质构造区，一类是以“康定杂岩”为代表的高级变质体，称之为下元古界龙川群，上为会理群不整合覆盖；另一类是元谋普登组和花岗岩类组成的绿岩—花岗岩区，称为晚太古界普登群，并认为有一“元谋运动”将两群不整合分开。吴根耀(1985)在会理建立了黎溪群，认为是整合于河口群之下的早元古代沉积，与下伏普登群之间为不整合接触，代表元古界与太古界间的界线。李复汉等(1988)又在泸定同一剖面上的康定群中创名泸定组及瓦斯沟组；将渡口仁和及同德一带与康定群相当的变质岩群，称为仁和群，由下而上分为仰天窝组及大田组。姜应星等(1987)将康定群自下而上分为大田组、冷水箐组和纸房沟组。姚祖德等(1990)在会理、盐边、米易交界处发现一套区域动力热流变质地体，创名下村群，认为是康定群之上、会理群之下，其时限为1 70Q～2 000 Ma的变质地层(并包括廖鸿昌等1984年在米易垭口创立的康定群五马箐组在内)。《四川省区域地质志》(1991)认为康定群是一套花岗岩化、混合岩化的多相区域动力热流变质地体，组成四川境内的结晶基底，并由康滇南北带扩大至龙门山、大巴山及川中隐伏基底。将五马箐组及下村群纳入康定群中；对芦山、宝兴县境内的一套混合岩、片麻岩、变粒岩等，推断属于黄水河群之下的康定群；对南江、旺苍地区原前震旦系火地垭群后河组，亦划归康定群，并将其时限定为太古宙一早元古代。此次对比研究称康定(岩)群。

【现在定义】 康定(岩)群(含仁和群)是出露于北起康定，南经泸定、冕宁、米易，直至攀枝花市仁和，长约500 km，宽数十公里的南北向狭长地带中断续分布的变质混合杂岩系，包括咱里(岩)组和冷竹关(岩)组。

【地质特征及区域变化】 攀枝花市仁和、大田一带下部为混合质闪长岩、云英闪长岩、混合片麻岩，常见斜长角闪岩残留体，底部有厚800 m的二辉麻粒岩；上部为花岗质混合岩、片麻岩夹变粒岩、片岩。厚度大于5 000 m。与上覆河口(岩)群为整合接触，下未见底。盐边县同德、田坝至米易县垭口，其下部为闪长质混合岩、片麻岩，常见细粒斜长角闪岩和麻粒岩暗色残体；上部为花岗质混合片麻岩夹云母片岩和变粒岩。厚度大于6 000 m。在米易垭口其顶部与下村(岩)群五马箐组片岩整合接触，下未见底。西昌磨盘山地区，下部为混合质闪长岩、闪长质混合片麻岩，含大量暗色细粒斜长角闪岩残留体；上部为花岗质混合岩、混合片麻岩，见沉积构造残余。冕宁沙坝地区，下部为角闪斜长混合片麻岩、细粒斜长角闪岩、二辉麻粒岩及角闪二辉混合片麻岩，上部为花岗质黑云混合片麻岩、变粒岩及混合质黑云花岗岩。向北延伸到康定地区，虽未发现相当于麻粒岩相的高级区域变质岩，但在混合岩中大量存在细粒斜长角闪岩(角闪岩相)的残留体。恢复其原岩，下部基本上是基性火山岩，上部为沉积碎屑岩、酸性火山岩和火山碎屑岩。

在同位素年代学研究方面，本书选用的同位素年龄值，是各作者认为的原岩生成时间，如李复汉(1988)在康定县康定(岩)群咱里(岩)组斜长角闪岩残留体中，锆石的U-Pb法测年数据为2 046 Ma和2 451 Ma，基本可代表原岩生成时间。康定(岩)群之上各群(组)的测年数据，辅助说明其生成时代，据以上数据并考虑其地质背景因素，康定(岩)群生成时代在2 000～2 500 Ma间，属早元古代早期，至于是否部分地层属太古宙，尚待进一步研究。

咱里(岩)组 *Ptzl* (06-51-1002)

【创名及原始定义】 程文祥、张应圭(1983)创名于康定县瓦斯沟至大渡河。原义指以灰色黑云斜长混合片麻岩、角闪混合片麻岩、斜长角闪岩夹角砾状混合岩，厚度大于8 900 m，与上覆冷竹关(岩)组混合岩化变粒岩整合接触，下部未见底的地层。

【沿革】 本组长春地质学院(1987)称为康定群大田组，李复汉等(1988)称仁和群仰天窝组。据徐光哲(1983、1985)、李复汉(1988)、贺节明(1982、1988)等对其原岩恢复，是一套基性火山岩及同期基性-超基性侵入体，本书统归咱里(岩)组。

【现在定义】 同原始定义。

【层型】 正层型为康定—瓦斯沟剖面，位于康定县城北—瓦斯沟(102°12′53″,29°56′42″)，程文祥、张应圭等1983年测制。

上覆地层：冷竹关(岩)组　灰白色混合岩化浅粒岩、混合岩化斜长角闪岩互层

——————整　合——————

咱里（岩）组　　总厚度>12 690.5 m

25—24. 灰色角闪斜长角砾状混合岩、灰白色细—中粒黑云碱长混合片麻岩、灰色混合岩化斜长片麻岩，间夹角闪斜长角砾状混合岩　　507.4 m

23. 灰色混合岩化斜长片麻岩，间夹角闪斜长角砾状混合岩　689.0 m

22—19. 灰色黑云斜长混合片麻岩、绿帘斜长混合片麻岩，灰白色中粗粒碱长混合片麻岩　689.0 m

18—16. 顶部为灰色角闪斜长角砾状混合岩，局部具条痕、条带状构造，中部为灰白色混合岩化二长浅粒岩，下部为灰白色黑云变粒岩、混合岩化黑云角闪变粒岩　612.0 m

15—13. 灰色角闪斜长混合片麻岩夹灰白色细粒混合岩化二长浅粒岩，具角砾状构造　676.6 m

12—10. 灰色角闪斜长混合片麻岩与灰色中粗粒角闪黑云碱长混合片麻岩间互，局部有较多的角闪变粒岩残留体　704.2 m

9. 灰色中粒角闪混合片麻岩，局部间夹角闪斜长角砾状混合岩　1 285.7 m

8. 灰色角闪斜长角砾状混合岩，有的相邻角砾边缘形状具有对应性塑性变形　4 129.0 m

7—6. 灰色中粒碱长混合片麻岩，与中细粒斜长角闪岩互层，局部具角砾状构造　542.6 m

5—4. 灰白色碱长混合片麻岩夹灰色中细粒斜长角闪岩　1 260.0 m

3. 灰色细粒斜长角闪岩，间杂中粒斜长角闪岩　680.0 m

2. 灰色混合岩化斜长角闪岩，间夹团块状碱长混合片麻岩，见变余杏仁体　573.3 m

1. 灰白色斜长角闪岩间夹二长质糜棱岩，呈灰、白色条带相间（未见底）　341.7 m

【地质特征及区域变化】　本组在康定一带下部常夹有基性-超基性岩凸镜体，米易沙坝夹有薄层磁铁矿角闪岩，康定下索子沟的俄日铺子，在混合岩化斜长角闪岩中夹有变碎屑岩及大理岩，康定杠吉、冕宁沙坝落石沟见有类似枕状构造的残留体，康定江嘴、泸定浑水沟常见变余杏仁体构造，并显示喷发旋回和韵律。在盐边同德、冕宁沙坝、攀枝花桥头等地发现的麻粒岩多呈大小不等的残留体，产于角闪斜长混合片麻岩、角闪斜长混合岩、紫苏角闪斜长片麻岩之中，有人称高级变质地体，也有人认为是咱里(岩)组底部地体。

冷竹关(岩)组　Ptlẑ　(06-51-1003)

【创名及原始定义】　程文祥、张应圭(1983)建于康定县城北冷竹关村。原义指以灰、灰白色混合岩化黑云变粒岩、混合片麻岩互层为主，间夹混合岩、浅粒岩，厚度大于 2 480 m，上覆与震旦系灯影组大理岩为不整合接触，下与咱里(岩)组灰色混合岩为整合接触的地层。

【沿革】　徐光哲等(1985)、姜应星等(1987)称康定群冷水箐组，李复汉等(1988)将盐边攀枝花等地的同类(岩)组，称仁和群大田组。本书统称康定(岩)群冷竹关(岩)组。

【现在定义】　同原始定义。

【层型】　正层型为康定—瓦斯沟剖面，位于泸定县城北—瓦斯沟(102°12′53″,29°56′42″)，程文祥、张应圭等 1983 年测制。

上覆地层：灯影组　灰白色大理岩

～～～～～～～ 不 整 合 ～～～～～～～

冷竹关(岩)组　总厚度＞2 481.6m

40—38. 灰白色黑云斜长混合片麻岩、灰色混合岩化斜长角闪岩与灰色混合岩化黑云变粒岩互层，间夹有角砾状斜长混合岩　291.6 m

37. 灰白色中细粒二长混合片麻岩、碱长混合片麻岩，具较多的黑云变粒岩残留体　262.3 m

36—35. 灰色中粗粒黑云二长混合片麻岩、绿帘绿泥斜长混合片麻岩，顶部夹混合岩化斜长角闪岩及混合岩化黑云变粒岩　193.2 m

34—33. 灰色混合岩化黑云变粒岩、灰白色黑云变粒岩及黑云斜长混合片麻岩，局部变

余层理发育　375.4 m

32—31. 灰色混合岩化黑云变粒岩间夹黑云角闪岩，偶见变余层理　583.2 m

30. 灰色混合岩化黑云角闪变粒岩，具变余层理及条带构造　393.5 m

29—28. 灰白、灰色混合岩化黑云变粒岩，具条带状构造，夹少许透辉透闪变粒岩　276.9 m

27—26. 灰色细中粒斜长混合片麻岩，下部为灰白色混合岩化浅粒岩与混合岩化斜长角闪岩互层　105.5 m

———— 整　合 ————

下伏地层：**咱里(岩)组**　灰色角砾角闪斜长混合岩

【地质特征及区域变化】　本组在各地的岩性有所差异，尤以上部变化明显。下部一般为黑云变粒岩或混合岩化黑云变粒岩夹斜长角闪岩；上部，在康定地区为混合岩化浅粒岩，在西昌阿七及冕宁桂花村一带夹较厚的橄榄大理岩、透闪大理岩凸镜体，部分大理岩与斜长角闪岩互层，德昌—攀枝花还出现碳质板岩、云母片岩。除部分变粒岩、浅粒岩为块状构造外，多数具条纹—条带构造、复理石构造及层纹构造，少数地区见小型斜层理、水平层理及变形层理。盐边同德及攀枝花仁和地区，本组原岩为中酸性火山岩--碎屑岩，其中暗色细粒斜长角闪岩残留体较泸定、康定地区少，但碎屑沉积物大量增加。

【其他】　长春地质学院(1983)在米易垭口纸房沟、风流山一带建立了康定群纸房沟组，并分为三个岩性段：二云片岩段、大理岩夹片岩段、变粒岩段。李复汉等(1984)在该区实地考察，发现大理岩实际上是震旦系灯影组，建组剖面的断层十分复杂。廖鸿昌等(1984)已在该地区建立五马箐组，层序清楚，为此取消纸房沟组一名。

下村(岩)群　Pt*XC*　(06-51-1004)

【创名及原始定义】　姚祖德、倪秉方(1990)命名于会理县下村。原义指以含矽线石、十字石、铁铝榴石、红柱石等特征矿物的云母片岩、云母石英片岩、钠长石英岩为主，夹少量绿泥片岩、变粒岩及白云大理岩，厚度大于1 163 m，顶为第四系河漫滩沉积物覆盖，底为断层，由下而上分为汞山组、吴家沟组、小荒田组及核桃湾组，认为是会理群和盐边群之下、康定(岩)群之上的一套区域动热变质岩系。代表时限1 700～2 000 Ma，属早元古代晚期。

【沿革】　在米易垭口—滥坝一带，四川一区测队1966年将这套变质岩称为“未分会理群”；廖鸿昌等(1984)称为五马箐组，并认为整合于康定群冷竹关组混合岩之上。会理—岔河一带前人多称为会理群。在盐边田坝，1∶20万盐边幅(1972)认为它是受后期热变质叠加的盐边群。李复汉等(1988)认为这套片岩属于河口群，毋需建新群。

【现在定义】　与原始定义同，可分五个(岩)组，从下至上为：五马箐(岩)组、汞山(岩)组、吴家沟(岩)组、小荒田(岩)组和核桃湾(岩)组。

【地质特征及问题讨论】　下村(岩)群是深变质的康定(岩)群与区动型、浅变质的会理群、盐边群之间的过渡地层单位，单独建群对研究本区前震旦纪地史、构造演化有一定价值。因其底部与下伏康定(岩)群整合接触，而二者在原岩建造、混合岩化、变质特点上有显著差别，归入康定(岩)群似乎不妥；下村(岩)群为区域动热变质，变质程度可达高绿片岩—低角闪岩相，与会理群低绿片岩相也有差别，且二者接触关系不清。河口(岩)群虽同属区域动热型变质，但有巨厚的细碧角斑岩建造，与下村(岩)群单纯碎屑沉积建造在原岩和厚度上差别甚大，在会理县黎溪地区可见到河口(岩)群与上覆会理群整合接触，但与下伏康定(岩)群关系不清。因此，下村(岩)群与河口(岩)群之间属同期异相或不同期，尚待进一步工作。原作者认为米易垭口五马箐组富含矽线石、黑云母、石榴石的云母片岩、石英片岩、变粒岩与汞山组十字石二云片岩相当，而确定与下伏康定群为整合接触。本次清理认为两个(岩)组“相当”的证据不足，建(岩)群剖面底部为断层，为此，仍将五马箐(岩)组分开，作为下村(岩)群最下一个(岩)组，其余各(岩)组暂置其上。本(岩)群分布于会理、米易、盐边、攀枝花市的接壤地区，由于断裂分割而呈孤立的条块状分布。

五马箐(岩)组 Pt*wm* (06-51-1005)

【创名及原始定义】 廖鸿昌、杨英杰(1984)命名于米易垭口五马箐沟。原始定义：上部岩性以石英片岩为主夹二云片岩、红柱石片岩及变粒岩；下部岩性以混合岩化变粒岩为主，厚度大于1 700 m，与上覆上震旦统观音崖组白云大理岩为不整合接触；下未见底。侵入其中的橄榄辉石岩株同位素年龄值(K-Ar法)1 954 Ma。

【现在定义】 主要由含黑云母、石榴石、红柱石、矽线石等特征矿物的云母片岩、石英片岩及变粒岩组成，属区域动力热流变质的低角闪岩相。上与震旦系观音崖组细晶白云大理岩不整合接触，下与康定(岩)群冷竹关(岩)组混合岩化变粒岩为整合接触。

【层型】 正层型为米易垭口五马箐剖面，位于米易县垭口五马箐沟(102°1′40″，26°49′25″)，廖鸿昌、杨英杰1984年测制。

上覆地层：观音崖组 灰白、灰色厚层细晶白云石大理岩、大理岩。底部有变质砾岩

~~~~~~~~~~ 不整合 ~~~~~~~~~~

五马箐(岩)组 总厚度712 m

15—12. 白云片岩为主间夹红柱石石英片岩、石英二云片岩、矽线石黑云石英片岩，顶部为透闪、透辉片岩，具平行条带构造 139 m

11. 石榴二云石英片岩与二云石英片岩互层，偶见平行条纹构造，系变余层理 153 m

10. 二云斜长石英片岩、绿泥斜长石英片岩及二云石英片岩，具条痕、条纹构造 91 m

9. 碎裂混合岩化二长浅粒岩 38 m

8. 绿泥、绿帘斜长变粒岩，局部有混合岩化，具变余砂状结构、眼球构造及变余层纹构造 86 m

7—4. 二云红柱石片岩、绿帘角闪石英片岩、二云石英片岩，具眼球及肠状构造 113 m

3—2. 黑云透闪石英片岩、二云石英片岩、黑云斜长石英片岩、二云片岩及石英岩，具变余层理，形成条纹、条带构造 92 m

———————— 整 合 ————————

下伏地层：冷竹关(岩)组 混合岩化二云二长变粒岩夹二云斜长片岩，条带及眼球构造明显

【其他】 本(岩)组分布于米易县风流山、垭口五马箐及回箐沟一带。

汞山(岩)组 Pt*gs* (06-51-1006)

【创名及原始定义】 姚祖德、倪秉方(1990)命名于会理县下村乡汞山。原义指以灰色十字石二云片岩为主，夹石榴石十字二云片岩及石英岩凸镜体，厚度大于168 m，与上覆吴家沟组石英片岩、石英岩为整合接触，底部为断层的地层。

【现在定义】 同原始定义。

【层型】 正层型为会理下村汞山剖面，位于会理县下村乡汞山(102°8′15″，26°14′)，姚祖德等1990年测制。
~~~~~~~~~~

上覆地层：吴家沟(岩)组　浅灰色二云石英片岩，夹凸镜状细粒石英岩，底部为黑云变粒岩

——————— 整　合 ———————

汞山(岩)组	总厚度＞192.1 m
9—8. 灰色十字石二云片岩，上部含数厘米石英岩条带	46.3 m
7. 灰色十字石二云片岩，上部夹石英岩凸镜体	26.9 m
6. 暗绿色辉绿玢岩，呈脉状斜切围岩产出	2.6 m
5—3. 灰色铁铝榴石、十字石二云片岩及二云片岩	68.7 m
2. 灰色铁铝榴石、十字石二云片岩	23.8 m
1. 浮土掩盖	23.8 m

═══════ 断　层 ═══════

【其他】　本组分布于会理县下村和汞山、米易垭口、盐边田坝等地。但与米易垭口五马箐(岩)组、盐边田坝组(渔门组)是否相同，尚需进一步研究。李复汉等(1988)认为本组是四川渡口、仁和地区河口(岩)群下部(岩)组的北延部分，该看法亦值得考虑。

吴家沟(岩)组　Ptwj　(06－51－1007)

【创名与原始定义】　姚祖德、倪秉方(1990)命名于会理顺河吴家沟。原义指岩性以灰、灰白色钠长石英岩、云母钠长片岩、石英片岩不等厚互层为主，有较多辉绿岩脉侵入，厚度大于 284 m，与上覆小荒田组、下伏汞山组均为整合接触的地层。

【现在定义】　同原始定义。

【层型】　正层型为会理顺河吴家沟剖面(102°20′32″,26°57′54″)，姚祖德等 1990 年测制。

上覆地层：小荒田(岩)组　灰色条纹状二云石英片岩

——————— 整　合 ———————

吴家沟(岩)组	总厚度 284.3 m
16—14. 灰色砾屑钠长石英岩，其中砾屑呈椭圆状，顺层定向排列，砾径为 20 cm×10 cm×5 cm，下部为浅灰色绢云钠长片岩，具水平层理	60.8 m
13—12. 灰白色砾屑钠长石英岩，下部为灰色钠长石英岩，具水平层理	36.7 m
11—10. 灰白色砾屑钠长石英岩，夹灰色二云片岩，下部为灰色二云石英片岩，水平层理发育	66.8 m
9. 暗绿色辉绿岩岩墙，具杏仁状构造	2.5 m
8—7. 灰色二云石英片岩、灰色薄层状黑云石英片岩，夹钠长石英岩、砾屑钠长石英岩	14.9 m
6. 暗绿色辉绿岩岩墙	1.9 m
5—3. 灰色砾屑钠长石英岩，与薄层黑云黄长石英岩、灰色二云钠长片岩互层	70.4 m
2. 暗绿色细粒辉绿岩岩脉	7.8 m
1. 灰色黑云石英岩，具变余水平层理	22.5 m

——————— 整　合 ———————

下伏地层：汞山(岩)组　灰白色铁铝榴石、十字石二云片岩

【地层特征及区域变化】　本组广泛分布于会理、米易、盐边等地。在会理县下村、米易垭口等地，该组石英岩不具砾屑结构，钠长石亦少见。

小荒田(岩)组 Pt*xh* (06－51－1008)

【创名与原始定义】 姚祖德等(1990)创名于会理县岔河小荒田。原义指以浅灰色绢云、二云片岩、云母石英片岩为主，夹黑云石英岩、石英岩凸镜体，厚度大于350 m，与上覆核桃湾组绿泥绢云片岩及下伏吴家沟组灰色石英岩均为整合接触的地层。

【现在定义】 同原始定义。

【层型】 正层型为会理岔河小荒田剖面，位于会理县岔河乡小荒田(102°23′12″，27°03′44″)，姚祖德等1990年测制。

上覆地层：核桃湾(岩)组 钠长绿泥绢云片岩

———— 整 合 ————

小荒田(岩)组	总厚度＞349.2 m
22—20. 灰色红柱石绢云片岩、浅灰色二云片岩、绢云石英片岩。水平层理发育	49.6 m
19—16. 浅灰色绢云片岩、二云片岩，具变余水平层理	74.6 m
15—13. 浅灰色二云片岩、绢云石英片岩，夹黄铁矿化黑云斜长石英岩	45.5 m
12—11. 浅灰色绢云片岩，夹二云或黑云石英岩	37.4 m
10—8. 浅黄绿色二云片岩，浅灰色红柱石、二云片岩，变余水平层理发育	29.1 m
7—5. 浅灰色红柱石、二云石英片岩，夹石英岩凸镜体，变余水平层理发育	48.7 m
4—1. 灰色红柱石、二云片岩、黑云石英片岩，具变余水平层理，夹暗绿色辉绿岩岩脉	64.3 m

———— 整 合 ————

下伏地层：吴家沟(岩)组 灰色红柱石、黑云石英岩

【地质特征及区域变化】 本组分布于会理岔河、米易垭口等地。在会理下村乡汞山和米易垭口乡五马箐，其上部夹白云大理岩、透辉大理岩和符山透辉矽卡岩。

核桃湾(岩)组 Pt*ht* (06－51－1009)

【创名及原始定义】 姚祖德、倪秉方(1990)命名于会理县岔河乡核桃湾。原义指以灰绿色阳起片岩、二云片岩为主，夹基性火山角砾岩及角砾凝灰岩，厚度大于360 m，与下伏小荒田组浅灰色石英片岩为整合接触，上未见顶的地层。

【现在定义】 同原始定义。

【层型】 正层型为会理岔河核桃湾剖面，位于会理县岔河乡核桃湾，姚祖德等1990年测制。

核桃湾(岩)组	总厚度＞361.3 m
18—15. 灰绿色钠长绿泥阳起片岩夹阳起片岩、钠长阳起片岩（未见顶）	＞73.6 m
14—11. 暗绿色绿泥片岩、灰绿色钠长阳起片岩夹深灰色黑云片岩。具变余水平层理	91.9 m
10—7. 灰色红柱石二云片岩、浅灰色二云片岩，夹黑云片岩，具变余水平层理	36.7 m
6—4. 灰色—暗绿色基性火山角砾岩、角砾凝灰岩，其凝灰物质已变为绿泥阳起片岩	30.6 m
3—1. 浅灰色红柱石二云片岩、浅灰色二云片岩、灰绿色绢云绿泥片岩	128.5 m

———— 整 合 ————

下伏地层：小荒田(岩)组 浅灰色二云石英片岩夹二云片岩

【其他】 本组分布于会理岔河乡核桃湾、水口庙、马草塘一带，盐边田坝和新街田亦有少量出露。

河口(岩)群 Pt*HK* (06-51-1103)

【创名及原始定义】 四川力马河地质队(1957)创名于会理县河口地区，称前震旦系河口层。系指一套含铜、铁矿床的白云片岩、千枚岩、石英岩等组成的变质岩层，上与前震旦系力马河层千枚岩、板岩、碳酸盐岩等为整合接触；下与太古界“片麻岩系”为不整合接触。

【沿革】 1958年后，在本地区开展了区测和地层研究工作，证实该(岩)群的原始定义仅是现今含义的上部地层，所谓下伏太古界片麻岩系，是变质火山岩和变质沉积岩，与“河口层”间不整合界面亦不存在。1960年四川一区测队、四川103、104地质队等单位，重新研究了该群地层，先后称为下元古代昆阳群河口组、下元古代至太古代河口组、前震旦系昆阳群河口组等，废除了太古界片麻岩系名称。张洪刚(1964)、云南一区测队(1966)、《西南地区区域地层表·四川省分册》(简称四川地层表)(1978)等改称前震旦系会理群河口组。李复汉等(1980)从其岩类组合为细碧角斑岩-沉积碎屑岩、碳酸盐岩等特点和赋存大型铜、铁矿床，提议将其改称河口群。张洪刚、李承炎(1983)正式使用。本书改称河口(岩)群。

【现在定义】 由石英钠长岩(细碧角斑岩)、片岩、大理岩等组成，由下而上分为大营山(岩)组、落凼(岩)组、长冲(岩)组，厚度3 365～4 290 m，与上覆会理群因民组石英片岩、大理岩为整合接触，下未见底的地层。

【地质特征及区域变化】 河口(岩)群的岩石层序，是以会理拉拉厂附近剖面建立的(四川403地质队，1974)，按火山-沉积岩旋回，分为三个(岩)组，下部为浅黄钾长石英钠长岩、云英片岩互层夹凝灰质砂岩，含铜大理岩；中部为云英片岩夹石英钠长岩、碳质板岩、白云大理岩凸镜体；上部为云英片岩、榴云片岩夹含铜大理岩、石英钠长岩及火山碎屑岩。河口(岩)群分布于米易、盐边、渡口等地，岩性及厚度变化大，如在拉拉厂以北的会理黎溪地区，主要是正常的沉积变质岩，而火山岩(石英钠长岩)含量锐减，厚度减薄至1 400 m，相距仅数十公里，难以对比。

【问题讨论】 竺国强等(1980)认为拉拉厂一带的河口(岩)群西侧为巨大南北向断裂，与会理群接触带地层缺失较多；黎溪地区该(岩)群石英白云片岩、石榴白云片岩，与会理群因民组条带状钙质砂板岩为渐变整合接触，再加上两地岩性、含矿性的差别，其层位应较拉拉厂地区河口(岩)群为高。李复汉等(1988)采纳了竺国强等人意见，将会理黎溪地区原通安组划入河口群内，置于拉拉厂地区河口群上部，由下而上分为七个组：大营山组、岔河组、拉拉组、长冲组、黑箐组、莲塘组、尘河组。下部四个组与本次清理的三个(岩)组完全一致，前者按岩性分组，后者按沉积旋回分组，不存在大的矛盾；上部三个组是会理黎溪地区原通安组二—四段(即现今命名的落雪组、黑山组、青龙山组)。

吴根耀(1982、1985)在会理县黎溪地区创建了黎溪群，自下而上分为：莲花石组，岩性为石英岩及白云片岩、石榴白云石英片岩互层，厚482 m，与下伏普登组变基性火山岩为不整合接触；红铜山组，大理岩夹白云片岩、千枚岩，顶部白云质大理岩含铜，厚511 m，与下伏莲花石组石英片岩为整合接触；周家坟组，岩性为变质凝灰质砂岩、碳质千枚岩夹变质火山岩、白云片岩，厚651 m，与下伏红铜山组大理岩为整合接触，上覆河口群变质角斑岩、石榴二云片岩为整合接触。原作者认为，本区所建的黎溪群与云南元谋地区苴林群(元谋群)普登组以上三个组相当，其不整合面可能代表下元古界与太古宇的界线。对孤立出露于云南元谋一带的前震旦纪地层，早在1982年骆耀南、唐若龙就将普登组提升为群，时代定为晚太古代；其他元谋群的三个组(由下而上为路古模组、凤凰山组、海资哨组)划为下元古界龙川群，其间有晚太古代末期的“元谋运动”将两个群不整合分开。

根据云南第三地质队(1965—1970)所测元谋地区前震旦系剖面及李复汉等(1988)的实地研究，这套变质岩系由中等变质的片岩、浅粒岩到深变质的变粒岩、片麻岩、混合岩均有，明显地向北(四川境内)变质程度加深。元谋群普登组以上地层与会理群相当，在其下的阿拉盖组变钠质沉积-火山杂岩与河口(岩)群相当。本次清理认同，取消了黎溪群，它可能部分属河口(岩)群，部分属会理群。

河口(岩)群由于它有巨厚细碧角斑岩，很难与邻区对比。李复汉等(1988)将本群范围扩大至米易、攀枝花等地区，岩性扩大为沉积碎屑岩和钠质火山岩、碳酸盐岩建造，认为在攀枝花仁和附近整合于康定(岩)群之上的一套云英片岩、碳质千枚岩，夹碳酸盐岩及火山碎屑岩属河口(岩)群，延至宝兴山附近，钠质火山岩有增多趋势，云南新平的大红山群与会理拉拉厂河口(岩)群有相似岩性组合。并提出钠质火山岩厚度变化很大，不能只凭它来确定该(岩)群存在与否。该意见值得考虑。

本群的同位素年龄信息为：会理拉拉厂河口(岩)群长冲(岩)组细碧角斑岩锆石U-Pb模式年龄1 712 Ma，云南姜驿河口(岩)群中钠长浅粒岩锆石U-Th-Pb模式年龄值1 725 Ma，会理拉拉厂侵入落凼(岩)组中的辉绿岩脉全岩年龄值为1 488 Ma(K-Ar法)，侵入到会理黎溪、拉拉厂河口(岩)群中的辉长岩体，其年龄值为1 004 Ma、1 145 Ma、1 620 Ma。多数人认为河口(岩)群的生成时间早于1 700 Ma，属早元古代晚期。

大营山(岩)组　Pt*dy*　(06-51-1166)

【创名及原始定义】　张洪刚、李承炎(1983)命名于会理拉拉厂大营山。原始定义：上部为变钾角斑岩(石英钠长岩)为主夹白云石英片岩；下部为浅色变砂岩及白云石英片岩，厚度大于1 338 m，未见底，与上覆落凼组深灰色片岩为整合接触。

【现在定义】　同原始定义。

【层型】　正层型为会理大营山—黄竹林剖面，位于会理县拉拉厂大营山(101°59′30″，26°16′30″)，由四川403地质队1974年测制。

上覆地层：落凼(岩)组　钙质云母石英片岩夹薄层大理岩及变砂岩

——————整　合——————

大营山(岩)组	总厚度>1 338 m
10. 厚层块状灰白色斑状含钾长石英钠长岩(变钾角斑岩)。本层东厚西薄，东部乌箐一带夹白云石英片岩，有磁铁矿化	171 m
9. 白云石英片岩、含斑钾长白云石英片岩夹斑状石英钠长岩，有铜矿化	133 m
8. 灰白色斑状钾长石英变粒岩。层内夹浅绿色白云石英片岩，局部有铌、钽异常	170 m
7. 角闪黑云钠长片岩，含钾长石变斑晶。上部岩性变化较大，夹白云石英片岩	82 m
6. 浅黄微带红色色调的斑状钾长石英变粒岩及含钾长石英钠长岩(变钾角斑岩)。底部有石榴二云片岩，分布较稳定，有铜矿化	164 m
5. 浅—深灰色中厚层变凝灰质砂岩、粉砂岩，显层纹状，普遍含星点状磁铁矿，局部可富集成矿	40 m
4. 白云石英片岩夹厚约10～20 cm变凝灰质砂岩，厚度稳定	99 m

3. 浅一深灰色中厚层变砂岩，含尘点状磁铁矿和凝灰质，磁铁矿沿层理密集成细纹　298 m
2. 黄灰色白云片岩，中部为浅黄、黄褐色石榴二云片岩、石榴黑云片岩及石榴白云片岩　87 m
1. 黑云碳质板岩、绢云千枚岩夹石榴白云片岩和凸镜状白云石大理岩（未见底）　>94 m

【其他】　本(岩)组分布于会理拉拉厂。在会理黎溪地区出露有本组下部地层。

落凼(岩)组　Ptld　(06－51－1165)

【创名及原始定义】　张洪刚、李承炎(1983)命名于会理县拉拉厂落凼。原始定义：以灰白、灰黑色白云石英片岩、石英钠长岩为主，夹石榴黑云片岩、变砂岩及大理岩凸镜体，是本区最重要的含铜层位，厚度 1 191 m。与下伏大营山组变钾角斑岩(石英钠长岩)、石英片岩，与上覆长冲组浅色钠长片岩、石英钠长岩等均为整合接触的地层。

【现在定义】　同原始定义。

【层型】　正层型为会理团山一落凼剖面，位于会理县拉拉厂(101°58′9″,26°14′18″)，四川 403 地质队 1974 年测制。

上覆地层：长冲(岩)组　灰白色石英白云片岩夹灰黑色碳质板岩及含铜大理岩凸镜体

——————整　合——————

落凼(岩)组　总厚度>1 058 m

8. 由块状石英钠长岩、角砾状石英钠长岩、石榴黑云片岩、黑云石英片岩、二云石英片岩、白云石英片岩及层纹石英钠长(岩)组成韵律，还有不规则状、脉状的钠长斑岩　>200 m
7. 灰白色厚层块状石英钠长岩，上部见层纹状石英钠长岩、黑云石英片岩及白云石英片岩　75 m
6. 上部为石榴黑云片岩(变钠角斑质凝灰岩)夹少量石英钠长岩、云母石英片岩，是主要的含铜矿层位；下部为厚层块状石英钠长岩（钠角斑岩），夹少量云母石英片岩，见有富铁矿层　135 m
5. 白云石英片岩夹绿泥绢云片岩、钙质白云片岩。见菱铁矿层，淋滤后成蜂窝状铁、锰矿　112 m
4. 石榴角闪黑云片岩或角闪石榴黑云片岩夹白云钙质片岩　50 m
3. 钙质白云片岩、绿泥石化角闪黑云片岩、白云石英片岩及凸镜状的白云大理岩　30 m
2. 黑云绢云碳质板岩，含星点状黄铁矿，偶夹云母石英片岩及凸镜状大理岩　250 m
1. 钙质云母石英片岩夹薄层大理岩及变砂岩，普遍有凸镜状、薄层状菱铁矿夹层　206 m

——————整　合——————

下伏地层：大营山(岩)组　黄灰、浅肉红色斑状钾长石英钠长岩，中部夹薄层白云石英片岩

【其他】　本组分布于拉拉厂大团箐、落凼、冷水箐一带。

长冲(岩)组　Ptĉ　(06－51－1164)

【创名及原始定义】　张洪刚、李承炎(1983)命名于会理拉拉厂长冲。原义指为气孔状石英钠长岩、白云钠长片岩、榴云片岩及石榴角闪片岩，夹碳质板岩及含铜大理岩凸镜体，厚度 1 761 m，与下伏落凼组白云石英片岩、石英钠长岩呈整合接触，在拉拉厂地区顶部为三叠系白果湾组砂砾岩不整合超覆，在黎溪地区与会理群因民组条带状砂板岩、片岩为整合接触的地层。

【现在定义】 同原始定义。

【层型】 正层型为会理老厂—长冲剖面(101°57′55″,26°13′51″),四川403地质队1973年测制。

上覆地层:**白果湾组** 灰褐色厚层块状砾岩

～～～～～～ 不 整 合 ～～～～～～

长冲(岩)组 总厚度1 761 m

5. 上部为浅灰色绿泥石化石英钠长岩,夹白云石英岩和薄层石英白云石大理岩。中部为碳质板岩夹石榴角闪黑云片岩、白云母石英大理岩和白云石英片岩等,见三个含铜层位。下部为灰白色厚层块状钠角斑岩及角闪钠长片岩,常见杏仁构造,产1～2 m厚的磁铁矿层 1 000 m
4. 石榴黑云片岩、石榴角闪黑云片岩和角闪黑云片岩等。顶部有铁矿 112 m
3. 灰白色钙质白云石英片岩,底部有一层含石榴钙质白云片岩。本层普遍含铜 118 m
2. 深灰色夹紫色薄层变砂岩,中部夹少量白云石英片岩 370 m
1. 灰白色白云石英片岩夹凸镜状白云石大理岩及黑色碳质板岩。大理岩中见铜矿化 161 m

———— 整 合 ————

下伏地层:**落凼(岩)组** 石英钠长岩、片岩

【其他】 本组见于会理拉拉厂地区高家标—新老—石龙一线以南地区。上述河口(岩)群三个(岩)组的岩性,仅局限于会理拉拉厂地区。会理黎溪地区所称的河口(岩)群是否属拉拉厂地区上部地层?所谓“黎溪群”及会理县下村一带的下村(岩)群的关系;李复汉等人将河口(岩)群推广至米易、盐边、渡口、仁和等地区是否合适?上述问题尚待今后解决。

后河(岩)群 Pt*HH* (06-51-1010)

【创名及原始定义】 1978年陕西第二地质队,在陕南碑坝一带区调过程中,发现后河一带的深变质岩,均由各类火山岩变质而成,并不整合于麻窝子组变质碳酸盐岩之下,重新命名为后河组,置于火地垭群下部。原始定义:为混合岩化斜长角闪岩、角闪(绿泥)斜长角砾状混合岩、斜长角闪混合片麻岩夹少量混合片麻岩和变粒岩,厚度大于1 960 m,下未见底,上与火地垭群麻窝子组底部的变质砾岩、变质含砾砂岩呈不整合接触的地层。

【沿革】 早在30年代,侯德封、王现珩在川北南江、旺苍县进行地质调查时,将一套花岗片麻岩和结晶片岩称为太古代杂岩,上覆中浅变质岩系命名为震旦纪火地垭层。1956年《中国区域地层表(草案)》将上部称为火地垭系,下部称为火成结晶杂岩系,时代属前震旦纪。1960年四川达县地质队,将这套变质地层命名为前震旦纪杨坝群,对分布于旺苍县田坝、大田角、阴坝子及中山子一带的深变质混合岩、变粒岩和结晶片岩,称为大田角组,并置于杨坝群上部,顶与下震旦统南沱组砂岩不整合接触,底与水磨坝组(后改称上两组)变火山凝灰岩、大理岩、板岩等为整合接触。1963年四川二区测队,认为大田角组深变质岩,是后期岩浆活动热变质产物,与邻近中低变质的上两组是同期异相,将其归入上两组,同时将杨坝群更正为火地垭群。1979年四川407地质队,对大田角组原岩进行了研究,认为这套深变质岩系由富钠质的安山—英安质火山岩及碎屑沉积岩区域动力变质形成,与陕南后河组基本上可以对比。之后,在各种文献资料中,大体以此为准,即后河组(大田角组)为本地区前震旦系火地垭群最下部的岩石地层单元。与上覆麻窝子组大理岩为断层接触,下未见底。《四川省区

域地质志》认为，大田角组可与康定群对比，并将后河组称为康定群咱里组；将大田角组称为康定群冷竹关组。本次清理认为，因其原岩成分、变质程度、混合岩化等方面与上部火地垭群在岩性及变质程度上有很大区别，且二者呈不整合接触，改称后河(岩)群。

【现在定义】 同原始定义。

【层型】 正层型为陕西南郑县碑坝后河剖面。旺苍县大田角剖面为省内次层型，位于旺苍县英翠，1961年四川二区测队测制。

【地质特征及区域变化】 该(岩)群仅分布于旺苍县正源、大田角、阴坝子一带。岩性为灰、灰绿色混合质黑云变粒岩、混合质黑云石英变粒岩，上部为钙质片岩、绿泥石英片岩、碳质片岩夹大理岩，厚度大于1 228 m。下未见底，与上覆火地垭群麻窝子组结晶灰岩为断层接触。张洪刚等(1983)认为大田角一带后河(岩)群上部片岩在后河一带可能缺失；下部变粒岩相当于后河一带的中上部。本(岩)群变质程度深，属区域动力热流变质作用类型，其时代属中—早元古代。

会理群 Pt*HL* (06-51-1101)

【创名及原始定义】 谢振西(1963)将会理、会东地区变质岩命名为前震旦系"会理群"且沿用至今。原义系指一套变质类复理石、碳酸盐岩建造、细碧角斑岩建造，仍分为五个组，厚度10 450～22 500 m，其上为震旦系灰岩(灯影组)或澄江组紫红色砂岩不整合超覆，下未见底。

【沿革】 分布于会理、会东一带的浅变质岩地层，从本世纪20年代到50年代，对其时代归属有不同的划分意见。四川一区测队(1960)首次建立的地层系统，由下而上划分为河口组、通安组、力马河组、凤山营组和天宝山组，归属下元古代昆阳群。这一划分方案，长期被广泛使用。现就之后的有关划分方案摘要说明如下：四川成昆铁路沿线地质矿产编图组(1964)在天宝山组之上新建"乐跃组"。1965年云南省第一区测队将永仁幅内前震旦系统属会理群，并在河口组之下新建立大田组。1967年四川403地质队将通安滥坝、鹦歌嘴一带出露的紫红色含铁碎屑岩系命名为滥坝组。1973—1975年杨暹和将会东满银沟一带的含铁岩系，另建双水井组，这两个组与下伏通安组为不整合接触。1974年西南三省前寒武系踏勘组经研究后，认为通安、会东地区原通安组一至四段，可以和云南东川地区因民组、落雪组、黑山组、青龙山组对比，建议废去通安组；继后，《西南地区区域地层表·四川省分册》(1978)、胡炎基(1980)、张洪刚等均采用这一方案。1983年初，康滇地轴昆阳群、会理群现场会议认为，会理黎溪地区原通安组一至四段与会理通安地区因民组至青龙山组有很大差别。为此，李复汉等(1988)在会理黎溪新建四个组名代替原通安组，并置于河口群中，《四川省区域地质志》(1991)仍恢复通安组一名。1980年胡炎基等将原力马河组一段厚约3 000 m的灰黑色绢云千枚岩，命名为淌塘组。对分布于会理拉拉厂铜矿区附近的以细碧角斑岩为主的火山-沉积岩系，厚度在4 250 m以上，1980年李复汉、覃嘉铭提议将它改称河口群，同年张洪刚、李承炎正式使用。

本次清理将原会理群分为：上部中元古界会理群，分为八个组；下部下元古界河口(岩)群，分为三个(岩)组。

【现在定义】 岩性为一套浅变质的细碎屑岩、变碳酸盐岩夹少量变质火山岩及火山碎屑岩。与上覆震旦系底砾岩、紫红色砂泥岩、白云质灰岩或中生代地层呈不整合接触；底与河口(岩)群深灰色石英钠长岩、片岩为整合或断层接触。由下而上分为：因民组、落雪组、黑山组、青龙山组、淌塘组、力马河组、凤山营组及天宝山组。

【地质特征及区域变化】 本群分布于会理、会东、德昌一带，宁南也有少量出露，向南与云南东川、元谋地区的前震旦系相连。出露面积约 2 600 km^2，是我省前震旦系浅变质岩分布最集中的地段，也是研究程度相对较高的地区。

本群天宝山组英安岩全岩 Rb－Sr 法年龄值为 906.7 Ma（中国科学院地质所，1981），该组石英斑岩中锆石 U－Pb 法年龄值 1 466 Ma（中国科学院地质所，1985）；凤山营组结晶灰岩全岩 Rb－Sr 法年龄值 1 540 Ma（成都地质矿产科研所，1980）。会理群属中元古代，当无大的问题。

因民组 Pt*ym* （06－51－1105）

【创名及原始定义】 孟宪民、许杰① (1944)命名于云南省东川矿区因民。原称早震旦纪因民紫色层，指落雪灰岩之下姑庄板岩之上的紫色板岩夹砂岩，厚百余米。

【沿革】 本组从云南北延至我省会理、会东地区，四川地质局通安队(1956)命名为通安片岩，四川一区测队(1960、1970)改称为通安组一段。经西南三省前寒武纪踏勘组研究后，采用因民组一名，《西南地区区域地层表·四川省分册》(1978) 沿用。

【现在定义】 下部为灰绿色砾岩夹灰紫色白云质粉砂岩及板岩；中部为紫红色铁质板岩及泥砂质白云岩夹板岩、赤铁矿层，具干裂纹、波痕、斜层理及色调粒级韵律，含黄铜矿、斑铜矿；上部为紫红、灰紫色砂质白云岩夹板岩，具色调粒级韵律及斜层理、波痕构造。底与美党组黑色板岩呈不整合接触，顶与落雪组灰白色砂质白云岩为整合过渡关系。

在四川通安地区岩性为紫灰、紫红色砂质板岩、变石英砂岩夹泥砂质白云岩、火山碎屑岩及多层磁(赤)铁矿凸镜体，产微古植物化石，厚度 200～500 m，与上覆落雪组灰岩整合接触，下未见底。

【层型】 选层型为云南东川三风口—因民剖面；省内以通安和平子—香炉山剖面为次层型，四川一区测队 1960 年测制。

【地质特征及区域变化】 在会理黎溪地区本组岩性有较大变化，以土黄、灰黑等杂色石英白云片岩、石榴白云片岩、绢云片岩及千枚岩为主，夹石英岩、磁铁钠长岩、大理岩及碳质板岩等，厚 200～430 m，与下伏河口(岩)群灰色石榴白云石英片岩呈整合接触。由于岩性与通安地区的差异，李复汉等(1988)将其置于因民组之下，改称河口群饶家村组，其观点值得考虑。本组分布于会理黎溪的下厂、黑箐、麦冲、老棚湾，通安地区的香炉山、铜厂顶、红岩、大沙坝等地。

落雪组 Pt*lx* （06－51－1106）

【创名及原始定义】 孟宪民、许杰(1944)命名于云南东川落雪矿区，称早震旦纪落雪灰岩，原指因民紫色层之上、桃园页岩之下，厚约 220 m，具马尾丝状的硅质灰岩或白云岩。

【沿革】 1963 年王可南改称为上昆阳群落雪组，由于含义明确，层位稳定，被沿用至今。原义指浅灰—青灰色盛产叠层石的白云岩，是最重要的东川式铜矿层位，与上覆黑山组碳质板岩、下伏因民组紫红色砂质板岩均为整合接触，厚度 110～536 m。会理黎溪地区的落雪组以往称为通安组二段，以青灰色厚层块状石英大理岩、白云大理岩为主，夹钙质千枚岩、片

① 孟宪民、许杰，1944，对东川及附近地区 19 个 1：5 万图幅的区域地质调查。

岩等，厚度104～513 m，是区内主要含铜层位，偶见球状叠层石，与下伏因民组呈整合接触。李复汉等(1988)认为通安地区落雪组可与云南东川地区对比，而将黎溪地区的落雪组称为河口群黑箐组。本次清理仍采取落雪组。

【现在定义】 为青灰、灰白、肉红色厚层至块状含藻白云岩，夹硅质白云岩和泥砂白云岩，下部有硅质团块，底部粉砂泥质白云岩夹钙泥质板岩薄层，具硅质条带状和马尾丝状构造。下部及底部为铜矿床的主要赋存层位。底与因民组灰紫色粉质砂质白云岩夹板岩为整合关系。顶与鹅头厂组黑色含碳质板岩为整合关系。

【层型】 选层型为云南东川矿区三风口—因民剖面。省内仍以通安和平子—香炉山剖面为次层型。

【地质特征及区域变化】 本组分布于会理黎溪的中厂、青矿山、黑箐、莲塘及通安的冷厂、小庙、红岩、大沙坝、小坝沟、大登塘等地。在通安一带以深灰色中厚—厚层状白云岩为主，下部夹少量砂岩、板岩，厚度184 m，与下伏因民组紫灰色砂质板岩为整合接触。产叠层石：*Kussiella*，*Collenia*，*Stratifera* 等。

黑山组 Pt$\hat{hs}$ (06-51-1107)

【创名及原始定义】 源于云南东川地区。花友仁(1959)称为黑山板岩，王可南(1963)正式提出建立黑山组，后为大家所采用。原义指一套深灰、灰黑色碳质绢云板岩、粉砂质板岩为主，下部夹碳酸盐岩，中上部常夹变石英砂岩或粉砂岩层，普遍含星散状黄铁矿为其特色，厚约1 500 m，下与落雪组含铜白云岩，上与青龙山组泥质白云岩均为整合接触，含疑源类化石的地层。

【沿革】 孟宪民、许杰(1944)称这套深灰、灰黑色板岩为桃园板岩，本组由云南东川地区北延至我省会理、会东县，以往称为通安组三段，1978年《西南地区区域地层表·四川省分册》正式引用黑山组一名。

【现在定义】 与原始定义相同。

【层型】 省内以会理通安剖面为次层型，四川一区测队1960年测制。

【地质特征及区域变化】 在会理通安地区以黑色板岩、黄绿色千枚岩、变粉砂岩为主，夹碳酸盐岩、火山碎屑岩、中基性变质火山岩等，厚度大于1 100 m，含丰富微古植物化石 *Asperatopsophosphaera umishanensis*，*Trachysphaeridium planum* 等。会理黎溪地区以深灰、黑色碳质板岩、粉砂质板岩及千枚岩为主夹凝灰质砂砾岩和白云质灰岩，并伴有(磁)菱铁矿床。厚度1 222～2 954 m。有微古植物 *Trachysphaeridium minor* 等。

省内黑山组的岩性、上下接触关系、生物组合、厚度等方面，可与云南东川黑山组对比。成都地质学院(1976)建立的“小青山组”和李复汉等(1988)建立的河口群莲塘组，均为同物异名。

青龙山组 Pt*ql* (06-51-1108)

【创名及原始定义】 王可南(1963)命名于云南东川地区。原义指一套巨厚的碳酸盐岩，以灰—灰黑色、中—厚层—块状白云岩和灰岩为主，间夹碳质板岩或泥质灰岩，厚500～1 265 m，含有较丰富的叠层石和疑源类化石，与上覆大营盘组变沉积碎屑岩不整合或平行不整合接触，与下伏黑山组灰黑色碳质绢云板岩整合接触。

【现在定义】 同原始定义。

【层型】 省内以会理通安剖面为次层型，四川一区测队1960年测制。

【地质特征及区域变化】 省内以青灰色白云大理岩、泥质白云岩为主，夹千枚状板岩，厚度大于500～2 100余米，与上覆淌塘组深灰色绢云千枚岩呈整合或平行不整合接触，与下伏黑山组为整合接触。会理、会东地区本组横向变化较大，在会理黎溪尘河一带，以往称为通安组四段，主要为深灰色泥质灰岩和白云质灰岩、碳质板岩间夹火山岩，见有铜矿化和(磁)菱铁矿，厚约1 800 m。通安地区为青灰色中厚层大理岩与泥质白云岩互层，夹少量千枚状板岩，含叠层石*Conophyton*，厚度大于550 m。会东淌塘、岩坝一带，以灰色厚层状结晶白云岩、结晶灰岩互层为主，下部间夹变石英粉砂岩凸镜体，上部夹板状绢云千枚岩，厚710～2 380 m。会东杨家村、双水井一带以白云大理岩、大理岩为主，厚500～900 m，含叠层石*Conophyton*等。

省内青龙山组与云南东川地区可以对比，唯会理黎溪灰岩含泥质较高，夹有较多的黑色碳质板岩，李复汉等(1988)将此命名为河口群尘河组。与下伏黑山组灰黑色千枚岩整合接触，与上覆淌塘组深灰色绢云千枚岩整合或平行不整合接触，李氏所建尘河组是否恰当，尚待研究。

淌塘组 Pt*t* (06-51-1110)

【创名及原始定义】 胡炎基(1980)命名于会东县淌塘。原义指分布于淌塘一带，整合于青龙山组碳酸盐岩之上的一套深灰、灰黑色绢云千枚岩、含碳绢云千枚岩、绿泥绢云千枚岩，厚度约3 000 m，与上覆力马河组深灰色粉砂质板岩整合接触的地层。

【沿革】 本组与四川一区测队(1970)所划分的通安组五段，《西南地区区域地层表·四川省分册》(1978)所划力马河组一段，杨暹和(1975)所建双水井组，四川403地质队(1967)所建滥坝组大体一致。

【现在定义】 同原始定义。

【层型】 正层型为会东淌塘跃井沟剖面(102°44′16″,26°22′14″)，攀西地质大队1980年测制。

上覆地层：力马河组 深灰色条纹状粉砂质板岩夹砂岩凸镜体

——————整 合——————

淌塘组	总厚度3 052 m
16. 深灰—灰黑色板状碳质绢云千枚岩，偶见灰白色砂质条纹	157 m
15. 深灰—灰黑色板状碳质绢云千枚岩	12 m
14. 灰、深灰、灰黑色板状碳质绢云千枚岩。中部为含金红石绢云千枚岩	383 m
13. 灰—深灰色板状绢云千枚岩，底部为板状绿泥绢云千枚岩	324 m
12. 灰色微带浅灰绿色板状绢云千枚岩、板状黑云绢云千枚岩	43 m
11. 浅灰绿色板状黑云绢云千枚岩	135 m
10. 灰、深灰、灰黑色碳质绢云千枚岩及板状碳质绢云千枚岩	61 m
9. 灰、深灰、灰黑色碳质绢云千枚岩。局部具灰—灰白色砂质条纹	506 m
8. 灰—深灰色含砂质条纹绢云千枚岩	60 m
7. 深灰—灰黑色绢云千枚岩，底部为浅灰绿色绢云千枚岩	490 m
6. 深灰—灰黑色板状绢云千枚岩、板状含碳质绢云千枚岩	189 m
5. 深灰色板状绢云千枚岩夹灰黑色板状含碳质绢云千枚岩	54 m

4. 深灰一灰黑色板状绢云千枚岩 145 m

3. 灰一灰黑色板状绢云千枚岩，偶夹深灰色板状泥质粉砂岩。上部见板状绢云石英千枚岩 195 m

2. 灰黑一黑色板状含碳质绢云千枚岩，上部为灰黑色板状绢云千枚岩 291 m

1. 灰黑色板状含碳质绢云千枚岩 7 m

——————整　合——————

下伏地层：青龙山组　灰色结晶灰岩与板状千枚岩不等厚互层

【地质特征及区域变化】　本组分布于会理县尘河、通安及会东县东南部地区。横向展布的变化较大：会理尘河菜子园一带为深灰色千枚岩、板岩，夹少量变中基性火山岩及火山碎屑岩，厚约1 100 m。通安双凤山—长棚子及新发、滥坝等地，为暗紫、紫红、黄灰等杂色变质铁质粉砂岩、铁质板岩、绢云板岩等，底部局部地段为铁质砂砾岩，厚度大于500 m，含丰富微古植物化石 *Asperatopsophosphaera umishanensis*，*Trachysphaeridium incrassatum* 等。在会东小罗田为碳质板岩、粉砂质板岩夹白云岩凸镜体及凝灰质砂岩，厚约3 000 m，含微古植物化石。会东双水井一带，为含赤铁矿的紫色、灰黑色千枚岩夹含铁变质粉砂岩，厚510～1 050 m。本组普遍含铁，在纵、横向上呈凸镜体夹于深色千枚岩之中，除铁而外，尚有金红石、金、稀土等矿产。

力马河组　Ptlm　(06-51-1109)

【创名及原始定义】　四川力马河地质队(1957)创名于会理力马河，原称“力马河层”。原义指一套深灰、灰黑色千枚岩、变质石英砂岩、石英岩、片(岩)组成，厚3 000～6 000 m或大于6 000 m，与下伏通安组碳酸盐岩、片岩，与上覆凤山营组灰色白云岩均为整合接触的地层。

【沿革】　张云湘等(1958)称为前震旦系“龙头山石英岩”；四川104地质队(1961)在通安地区称为老官山组；与申玉莲(1964)在会理天宝山所建天宝山组和水口庙组、李兴振等(1980)在会东老油房所建岩坝组及谢振西等(1965)在会东金沙江边建立的糯廓组和龙头组等，大体一致。

【现在定义】　修订后的力马河组，仅包括原来的二、三、四段，岩性为石英岩、变石英砂岩夹绢云千枚岩、片岩，碎屑粒度自下而上逐渐变粗，石英岩夹层增多，厚度2 500～4 290 m下与淌塘组、上与凤山营组均为整合接触。

【层型】　选层型为会理菜子园—沙坝剖面，位于会理县黎溪(102°7′51″,26°24′51″)，攀西地质大队1981年测制。

上覆地层：凤山营组　灰色薄层泥质、灰质白云岩

——————整　合——————

力马河组　总厚度4 290 m

13. 灰黑、黄色中一厚层石英岩，间夹碳质千枚岩，顶部有灰绿色绿泥绢云钙质片岩 179 m

12. 上部为灰黑色碳质千枚岩与变质砂岩互层；中部为黑色硅质千枚岩；下部为黑色碳质千枚岩与变质砂岩互层 217 m

11. 上部为乳白色中厚层变质石英砂岩；中、下部为黑色碳质千枚岩与变质石英砂岩互层 523 m

10. 黄褐—深灰色变质石英粉砂岩及中厚层石英岩	405 m
9. 灰白、深灰色厚层石英岩夹少量碳质千枚岩	87 m
8. 灰黑色碳质石英千枚岩、碳质千枚岩及硅质千枚岩	290 m
7. 碳、硅质千枚岩，夹石英岩及石英绢云千枚岩	402 m
6. 石英千枚岩与石英岩互层。石英岩多呈厚层状，部分具条带状构造	282 m
5. 薄层石英岩与变质石英砂岩互层	150 m
4. 砂质千枚岩与石英岩互层	800 m
3. 深灰色中厚—薄层石英岩，夹少量砂质千枚岩	470 m
2. 砂质千枚岩、石英岩与变质砂岩互层	185 m
1. 浅灰、灰红色中厚—厚层石英岩夹硅质千枚岩	300 m

═══════ 断　层 ═══════

下伏地层：淌塘组　黑色碳质千枚岩、碳质绢云千枚岩

【地质特征及区域变化】　本组分布于会理黎溪以北的沙坝至力马河，通安芭蕉烂泥箐以东，会东老油房及金沙江边胡林蓬子一带。在会理唐家河坝，变石英砂岩、千枚岩、片岩含量剧增，夹少量火山碎屑岩，赋存良好硅石矿床，厚度大于 2 900 m。会理力马河至沙坝，该组下部为石英岩夹变石英砂岩、千枚岩，中部为千枚岩、变石英砂岩、石英岩互层，上部为石英岩、变石英砂岩夹千枚岩，厚度大于 4 290 m。会东县老油房岩性为深灰、灰黑色变硅泥质石英粉砂岩、变石英砂岩与绢云千枚岩组成的韵律层，条纹、条带状构造发育，厚度大于 2 760 m。会东糯廓至胡林蓬子一带，变石英砂岩数量明显减少，深灰色粉砂质千枚岩、石英岩为主，夹少量白云岩薄层，波状、交错层理及韵律结构和波痕均较发育，厚度大于 3 300 m。

会东淌塘胖子营盘可见到底部深灰色砂质条纹条带状板岩夹砂岩与下伏淌塘组深灰、灰黑色碳质绢云千枚岩呈整合接触关系。

凤山营组　Pt*fs*　(06－51－1111)

【创名及原始定义】　张兆瑾(1941)命名于会理县南凤山营，原称凤山营系，岩性为薄层结晶灰岩，时代暂定为志留泥盆系。

【沿革】　全国地层会议(1959)、四川一区测队(1960)改称元古代昆阳群凤山营组，后沿用。现归为会理群。

【现在定义】　岩性主要为一套灰色薄—中厚层状泥、砂质白云岩及灰岩，底部见少许钙质碎屑岩，厚度一般为 1 720～3 262 m。与下伏力马河组变质碎屑岩、上覆天宝山组灰绿色千枚岩夹火山岩均为整合接触。

【层型】　正层型为会理洪川桥核桃河剖面，位于会理县凤山营(102°9′16″,26°27′36″)，成都地质矿产研究所(简称成都地矿所,下同)、攀西地质大队 1983 年重测。

上覆地层：天宝山组　灰绿色变凝灰岩及凝灰千枚岩

——— 整　合 ———

凤山营组	总厚度 2 858.9 m
25. 主要为深灰色薄层条带状石灰岩，近顶部为钙质板岩	115.0 m
24. 灰色薄层灰质白云岩夹泥质白云岩	85.0 m
23. 灰白—浅灰色薄层白云岩夹白云岩、泥质白云岩	78.0 m
22. 主要为灰色薄层灰质白云岩，夹中厚层白云岩	45.0 m

21. 灰—深灰色薄层夹中层泥质白云岩、薄板状泥质石灰岩。揉皱较为发育 86.1 m
20. 灰色薄—中厚层泥质白云岩 65.0 m
19. 浅灰色—灰色砂质白云岩、灰质白云岩互层或呈条带 130.0 m
18. 灰色薄层状、薄板状灰质白云岩，夹薄层白云岩。小揉皱特别发育 15.0 m
17. 灰色条带状灰质白云岩及薄—中厚层状灰质白云岩。交错层理发育 30.0 m
16. 灰—灰黑色泥质白云岩、灰岩，夹硅质岩。硅质岩呈薄层或条带或凸镜体 48.0 m
15. 灰—深灰色薄—中厚层石灰岩夹白云质灰岩、灰质白云岩。偶见单向斜层理 250.0 m
14. 深灰色泥质石灰岩与泥灰岩互层，间夹薄层泥质白云岩。有较多的小型斜层理 155.0 m
13. 深灰色中层泥质白云岩与泥质灰岩互层，夹含砾白云岩 100.5 m
12. 深灰色薄—中层泥质石灰岩 25.0 m
11. 灰—深灰色薄—中层石灰岩、泥质白云岩。见蠕虫状或竹叶状构造 51.3 m
10. 灰色薄—中层含白云质泥质白云岩 60.0 m
9. 深灰色薄层泥质石灰岩与泥质白云岩互层 100.0 m
8. 灰色泥质灰岩 40.0 m
7. 底部为土黄色叶片状钙质板岩(泥灰岩)，上为深灰色薄—中层石灰岩与泥灰岩互层 250.0 m
6. 灰色薄层泥质白云岩夹凸镜状深灰色似竹叶状灰岩，单向小型斜层理或缟状层理，斑块状层理颇为常见。顶部有薄层泥砂质白云岩。含大量星散状黄铁矿 约 200.0 m
5. 灰色—深灰色薄层灰质白云岩，常见单向小型斜层理。顶部为深灰色薄层泥质石灰岩。含较多的星散状黄铁矿 约 250.0 m
4. 灰色砂质白云岩与薄层灰岩互层。顶部有单向小型斜层理 100.0 m
3. 浅灰—灰色薄层间夹中层砂质白云岩、条带状泥质白云岩、泥质灰岩等互层 350.0 m
2. 灰色薄层泥质灰岩，间夹泥质白云岩。揉皱和小型斜层理发育 50.0 m
1. 灰色薄层泥灰岩与泥质灰岩互层，有单向小型斜层理和揉皱层理 180.0 m

——————整　合——————

下伏地层：力马河组　黑色碳质板岩、板状粉砂岩与板岩互层

【地质特征及区域变化】　本组主要分布于会理马鞍山—凤山营—月鲁山、牛圈房—大水槽、安家村，在会东二斗冲至黄草坪也有少量出露。其岩性变化不大，以薄层状不纯碳酸盐岩为主，具韵律层理、交错层理、底冲刷面、同生角砾等原生沉积构造，是会理群的重要标志层。厚度一般为 1 720～3 262 m

天宝山组　Pt*tb*　(06－51－1112)

【创名及原始定义】　西南地质局 508 地质队(1955)命名于会理天宝山地区，原称“天宝山冰碛层”，属下震旦统，创名时未测剖面。原义指以灰绿色千枚岩和灰色、紫红色英安质凝灰熔岩、凝灰岩为主，夹变质砂岩、片岩，常见球砾状构造，厚 610～2 974 m，与下伏凤山营组白云岩整合或断层接触，上与震旦系观音崖组紫红色砂砾岩不整合超覆的地层。

【沿革】　四川一区测队(1960)改称前震旦系天宝山组，沿用至今。但由于建组时未能查清与下伏地层的关系，认识分歧较大，如李叔达(1963)、张洪刚(1964)命名的“木鼓郎组”，认为与下伏地层为不整合接触；四川成昆铁路沿线编图组(1964)建立了“乐跃组”，对其中紫红色含铁风化层划为“双水井组”、“滥坝组”等（见淌塘组）。为解决这些问题，成都地矿所和攀西地质大队，从 1980 年起立专题对天宝山组进行了研究，认为前人所新建各组均属天宝山组局部变化，并确定与下伏凤山营组为整合接触，所谓“含铁岩系紫色层”属风化壳产物，

所谓“天宝山砾岩”属火山岩类的球状变形。经区测工作证实，所建天宝山组层序及下伏接触关系正确，所建“滥坝组”、“双水井组”、“含铁岩系”应予取消。

【现在定义】 同原始定义。

【层型】 选层型为会理县天宝山剖面，位于会理县天宝山(102°15′35″,26°57′28″)，成都地矿所、攀西地质大队1982年测制。

上覆地层：观音崖组 底砾岩，其上为紫红色砂质泥岩与竹叶状泥灰岩

～～～～～～ 不整合 ～～～～～～

天宝山组 总厚度621.2 m

20. 上部为灰绿色绢云千枚岩夹砂岩层；下部由杂绿色变英安质沉凝灰岩、绢云千枚岩或凝灰质粉砂岩组成若干粒级韵律 71.8 m

19. 灰绿色巨厚层变英安质沉凝灰岩，横向变为熔凝灰岩，并包有少量的球砾改造体 36.2 m

18. 由灰绿、深灰绿色变英安质晶屑凝灰岩、凝灰质粉砂岩、粉砂质千枚岩、绢云千枚岩组成若干个粒级和色调的韵律层 41.3 m

17. 杂灰绿色变英安质含火山角砾晶屑凝灰岩，有柱状节理。间夹凝灰质千枚岩 47.6 m

16. 浅灰绿色变英安质绢云千枚岩及粉砂质千枚岩 3.8 m

15. 杂灰绿色变英安质凝灰熔岩，中部有气孔、杏仁体分布 34.5 m

14. 杂黄绿色变英安质沉凝灰岩、凝灰质千枚岩，中夹不厚的变英安质晶屑凝灰岩 16.5 m

13. 杂灰绿色石墨片屑的变英安质晶屑凝灰岩，有时含英安岩屑和硅质岩、变砂岩的屑砾。本层是区内最重要的标志层，其厚度变化在5～20 m间 7.4 m

12. 浅绿色似碧玉状绢云千枚岩 10.2 m

11. 浅灰绿色薄板状、页状绿泥绢云千枚岩与含粉砂绢云凝灰岩的不等厚互层 14.2 m

10. 杂灰绿色变英安质晶屑凝灰岩，可见杂绿色含凝灰质绢云千枚岩作横向参差嵌变 67.1 m

9. 以浅绿色薄板、页状含绿泥绢云千枚岩为主，夹粉砂质绢云千枚岩和碳酸盐质绢云千枚岩，两者组成不等厚互层 13.0 m

8. 杂黄绿色变英安质晶屑凝灰岩 10.0 m

7. 杂绿色薄板状、页状含绿泥绢云千枚岩与绢云、钙质石英粉－细砂岩不等厚互层。有凸镜状变石英砂岩准同生改造体，顺层理呈串珠状产出 44.0 m

6. 浅绿色含绿泥绢云千枚岩，间夹碳酸盐质粉－细砂岩层带 56.1 m

5. 杂灰绿、浅绿色薄板状、页状绿泥绢云千枚岩与杂灰色中厚－块状变含铁泥质粉－细粒石英砂岩的不等厚互层。上部砂岩逐渐增多 63.3 m

4. 杂绿色薄板状、页状含绿泥绢云千枚岩，夹变余泥质白云质粉－细砂岩层带 12.4 m

3. 杂绿色含绿泥绢云千枚岩，夹薄－中厚层状变余泥质白云质石英粉－细砂岩 12.7 m

2. 杂绿色薄板状、页状含绿泥绢云千枚岩 31.9 m

1. 杂灰绿色板状绢云千枚岩，夹数层同色薄－中厚层状变余泥质碳酸盐质粉砂岩 27.2 m

———— 整合 ————

下伏地层：凤山营组 浅－深灰色条带构造的中薄层、薄板状微含粉砂质结晶灰岩

【地质特征及区域变化】 从会理天宝山到洪川桥、沙河铺一带，本组以绿色千枚岩、变英安质斑岩或流纹斑岩夹凝灰岩，底部见黑色锰铁质碳酸盐岩，厚420～800 m。在德昌县乐跃及其以北刺竹坪一带，受断层及花岗岩侵冲影响，研究程度较低，其下部为灰绿色变质流纹斑岩夹凝灰岩；上部为黄绿、紫灰色石英绢云片岩、变质石英细砂岩、粉砂岩的韵律层，见结晶白云质灰岩和玄武岩夹层，厚度1 200～2 950 m。

盐边群 PtY (06-51-1118)

【创名及原始定义】 常隆庆(1936)对分布于盐边县周围的板岩、千枚岩等变质岩层，定为侏罗纪盐边系。

【沿革】 1956—1960年间，四川攀枝花地质队、力马河队及地质部地质研究所康滇地轴研究队等，均认为该变质岩属前震旦系。1961年四川204地质队，将其归属“昆阳群”，认为它大致可与会理地区的河口组及通安组对比。同年，中国科学院南水北调综合考察队认为盐边变质岩为一特殊岩相的地层，与会理地区的变质岩系难以对比，将其称为前震旦系盐边组。四川一区测队(1967—1972)，大体圈定该变质地层分布范围，称为“荒田背斜”。还实测了新坪乡至新街田前旦震系剖面，统称为会理群盐边组，下分三个岩性段。之后，以四川一区测队实测剖面为基础，1974年四川区域地层表编写组，将其提升为盐边群，分三个亚组且与原三个段一致；同年四川106地质队将浅变质岩系部分称为盐边群，中、深变质岩部分称为康定杂岩，并推断这两部分为不整合接触。1975年杨暹和将盐边群划分为四个组级地层单元。1980—1984年间，攀西裂谷研究队、中国科学院地质所、长春地质学院等单位，对本区变质岩进行了研究，认为盐边群基本上是一单斜构造，“荒田背斜”并不存在，南翼部分地层在荒田组之下再建田坝组，其岩性为砂板岩夹绿片岩、变辉长岩，厚度大于1 840 m，与上部荒田组整合接触，平行不整合于下元古界康定群之上。李复汉等(1988)实地考查，肯定“荒田背斜”的存在，认为南侧受断层影响，使盐边群与康定群直接接触，长春地质学院所定田坝组是渔门组的重复，从而否定其存在。本次清理同意李复汉等人看法。本群分布于盐边县城附近龙胜乡至桔子坪一带，出露面积约300 km^2。

【现在定义】 修订后的盐边群，已大大超出常隆庆(1936)所定“盐边系”含义，除浅变质板岩、千枚岩而外，其下部有巨厚的枕状玄武熔岩，上部夹变质砂岩和碳酸盐岩，厚度大于6 000 m，与上覆震旦系列古六组砂、砾岩为不整合接触，下未见底，由下而上分为荒田组、渔门组、小坪组和乍古组。

【其他】 从80年代起，本地区前震旦纪变质岩系的研究工作不断深入，特别是双龙场至新街田以南，原同德混合岩体属下元古界康定岩群深变质岩的确定。本次清理认为，盐边群是受区域动力变质作用的浅变质绿片岩相，下部为巨厚的海相枕状玄武岩系，上部为板岩、粉砂岩、砂砾岩组成的复理石沉积和少量塌积岩，具强烈火山活动及快速沉降堆积的优地槽特征。它与下伏康定(岩)群为断层接触。据荒田组玄武岩的同位素年龄值，盐边群时代为中元古代。

荒田组 Pt*ht* (06-51-1119)

【创名及原始定义】 杨暹和(1975)创名于盐边县荒田。原义指灰绿色变质玄武岩、硅质岩及少量千枚岩，厚度大于1 460 m，与上覆渔门组灰黑色碳硅质板岩整合或假整合接触，下部未见底的地层。

【现在定义】 同原始定义。

【层型】 正层型为盐边新街田—新坪剖面，位于盐边县新街田(101°30′35″,26°49′13″)，四川一区测队1971年测制。

上覆地层：渔门组 灰黑色碳硅质板岩、碳质绢云板岩夹透闪石灰岩凸镜体

——————整　合——————

荒田组　总厚度>1 832 m

5. 暗灰绿色块状、杏仁状、枕状安山岩、安山玄武岩，靠顶部见凝灰角砾熔岩　187 m

4. 灰绿色块状、枕状、杏仁状玄武岩，组成厚度不等的数十个喷发韵律。顶部夹很薄的变质沉积岩或沉凝灰岩　244 m

3. 灰绿色绿泥硅质岩，夹绿泥绢云板岩，部分显细纹构造　148 m

2. 暗灰绿色块状、枕状、杏仁状玄武岩，玄武质自碎角砾岩，少量硅质板岩、凝灰岩　1 098 m

1. 灰绿色绿泥硅质岩、绢云绿泥硅质板岩为主，夹少许变质基性熔岩、基性火山凝灰岩（未见底）　>155 m

【地质特征及区域变化】　本组分布于盐边县渔门、惠民一线以南，组成荒田背斜核部。玄武熔岩具明显枕状构造，玄武质火山角砾岩在横向上变成致密状玄武岩，纵向上有向中性安山岩过渡趋势。其全岩同位素年龄值测定(Rb - Sr 法)为 1 009 Ma(中国科学院地质所，1981)、1 203 Ma(成都地矿所，1985)，属中元古代。

渔门组　Pt*ym*　(06 - 51 - 1120)

【创名及原始定义】　四川 106 地质队(1973)命名于盐边县渔门。原义指深灰、灰黑色含碳硅质板岩、碳质绢云板岩夹灰岩凸镜体和凝灰质细一粉砂岩，其上部常见凝灰质细砂岩、粉砂岩和板岩组成的复理石沉积韵律层，厚约 1 720 m，与上覆小坪组变质砂板岩整合接触，与下伏荒田组呈整合或平行不整合接触。

【现在定义】　同原始定义。

【层型】　正层型为盐边县新街田—新坪剖面，位于盐边县新街田(101°30′35″,26°49′13″)，四川一区测队 1971 年测制。

上覆地层：小坪组　青灰、深灰色中厚层变质砂岩、碳质绢云板岩，底为厚层状凝灰质细砾岩

——————整　合——————

渔门组　总厚度 1 720 m

7. 深灰、灰黑色碳质绢云板岩，夹中厚层砂质板岩。板岩具条带构造，含疑源类化石　1 350 m

6. 灰黑、深灰色碳硅质板岩、碳质绢云板岩，夹粉砂质板岩及透闪石灰岩凸镜体，局部灰岩风化表面有褐色氧化锰富集。粉砂绢云板岩常显微细的色调韵律　370 m

——————整合或平行不整合——————

下伏地层：荒田组　暗灰绿色块状、杏仁状、枕状安山岩、安山玄武岩

【地质特征及区域变化】　本组分布于盐边县渔门—惠民一线以北，以渔门、麻柳坪一带出露较完整。

小坪组　Pt*xp*　(06 - 51 - 1121)

【创名及原始定义】　杨暹和(1975)创名于盐边县小坪。原义指灰至深灰色碳质绢云板岩夹变质砂岩，底部为变质凝灰质细砾岩，厚 2 260 m，与上覆乍古组灰色绢云板岩、下伏渔门组灰黑色碳硅质绢云板岩均为整合接触的地层。

【现在定义】　同原始定义。

【层型】 正层型为盐边新街田—新坪剖面，位于盐边县新街田(101°30′35″,26°49′13″)，四川一区测队1971年测制。

上覆地层：乍古组　青灰、深灰色绢云板岩夹碳、砂质板岩，底为厚层状变质砾岩

——————— 整　合 ———————

小坪组　　　　　　　　　　　　　　　　　　　　　　　　　　总厚度 2 260 m

12. 青灰色薄—中厚层碳质绢云板岩，夹变质长石岩屑砂岩、砂质板岩及碳质板岩　　1 100 m

11. 青灰、深灰色含碳绢云板岩、绢云板岩，夹砂质板岩和变质长石粉砂岩　　820 m

10. 青灰、深灰色碳质绢云板岩及绢云板岩　　100 m

9. 青灰、深灰色碳质绢云板岩，夹砂质板岩和变质砂岩，部分变砂岩中含少量细砾，细砾成分主要为板岩。砂质板岩具条纹条带状构造　　210 m

8. 青灰、深灰色中厚层变质砂岩、碳质绢云板岩，夹砂质板岩。底部为厚层块状多层凝灰质细砾岩。变质砂岩具粒级韵律构造。细砾岩的砾石成分主要为酸性火山岩、流纹岩、安山岩、石英岩、脉石英、片岩、片麻岩等，具一定程度的磨圆和分选，具定向排列　　30 m

——————— 整　合 ———————

下伏地层：渔门组　深灰、灰黑色碳质绢云板岩、碳质板岩

【地质特征及区域变化】 本组分布于盐边县崖郎、小坪一带。与渔门组比较，本组中的凝灰质砂岩和凝灰岩的数量显著减少，由变质中、细砂岩→粉砂岩→板岩组成的韵律层十分明显，单个韵律一般厚2～3 m，个别可达6 m，一些板岩的顶层面具冲刷面和包卷层理。

乍古组　Pt$\hat{z}g$　(06-51-1122)

【创名及原始定义】 余重才等(1963)创名于盐边县。原义指以青灰、深灰色绢云板岩为主，上部夹角砾状白云质灰岩，底部为变质砾岩，厚度大于1 270 m，与下伏小坪组碳质绢云板岩整合接触，上与震旦系列古六组砂、砾岩不整合超覆的地层。

【现在定义】 同原始定义。

【层型】 选层型为盐边县新街田—新坪剖面，位于盐边县新街田(101°30′35″,26°49′13″)，四川一区测队1971年测制。

上覆地层：列古六组　紫红色砾岩、砂岩

~~~~~~~~ 不整合 ~~~~~~~~

乍古组　　　　　　　　　　　　　　　　　　　　　　　　　　总厚度 1 170 m

15. 青灰、深灰色绢云板岩，层面平整，具条纹条带状构造　　40 m

14. 青灰、深灰色绢云板岩、白云质板岩及白云质灰岩互层。局部见塌积岩　　240 m

13. 青灰、深灰色绢云板岩，夹碳质板岩及砂质板岩，底部为厚层状变质砾岩　　890 m

——————— 整　合 ———————

下伏地层：小坪组　青灰色碳质绢云板岩夹变质长石岩屑砂岩、砂质板岩及碳质板岩

登相营群　PtD　(06-51-1129)

【创名及原始定义】 四川西昌地质综合普查队(1958)将分布于喜德、冕宁二县的变质岩，
~~~~~~~~

首次定为前震旦纪登相营系，由下而上分为石英岩段、大理岩段和千枚岩段。其上为震旦系不整合超覆，下未见底。

【沿革】 1964年成昆铁路沿线地质矿产编图组改称前震旦系登相营群，沿用至今。1965年西南地质科学研究所与四川205地质队合作，系统测制了前震旦系剖面，由上而下分为泸沽流纹岩组、九盘营组、登相营组、朝王坪组、则姑组、深沟组、松林坪组等7个组14个岩性段。之后，除上部泸沽流纹岩组归入下震旦统外，其余6个组的界线均未变动。张洪刚、李承炎(1983)认为登相营一名既用于群，又用于组，不符合有关规定，将本群改称“喜德群”。《四川省区域地质志》(1991)将重复命名的登相营组改称大热渣组，恢复登相营群名称，本次清理认同。

【现在定义】 岩性为千枚岩、板岩、变砂岩、大理岩夹中酸性火山岩，厚度8 690 m，上为苏雄组紫红色流纹岩或观音崖组石英砂岩不整合超覆，下未见底。由下而上分为：松林坪组、深沟组、则姑组、朝王坪组、大热渣组、九盘营组。

【其他】 由于断层和“泸沽花岗岩”的侵吞，使该群地层出露不全，仅在喜德县九盘营、登相营、深沟一带比较完整，各建组剖面大多集中于此。出露面积约200 km^2。从本群岩石组合特征、叠层石组合面貌分析，可以与会理群、云南昆阳群对比，其时代属中元古代。

松林坪组 Pt*sl* (06-51-1130)

【创名及原始定义】 西南地质科学研究所(1965)创名于喜德县冕山乡松林坪。原义指下段为深灰色变质粉砂岩、大理岩，上段为灰色千枚岩，与上覆深沟组灰色石英岩、变石英砂岩整合接触，下未见底的地层。厚度829～2 197 m。下段有磁铁矿体分布。

【现在定义】 岩性以灰色条纹状绢云（黑云）千枚岩为主，夹变质粉砂岩—砾岩及大理岩，厚度大于1 100 m。未见底，与上覆深沟组变石英砂岩整合接触。

【层型】 正层型为喜德松林坪一带路线剖面，位于喜德县冕山乡(102°16′12″,28°17′6″)，西南地质科学研究所、四川205地质队1965年测制。

上覆地层：深沟组 黑白相间条纹条带状石英千枚岩、细粒薄层层纹状绢云石英砂岩及石英岩互层

——————整 合——————

松林坪组	总厚度＞1 128 m
9. 黑白相间条纹条带状绢云千枚岩	8 m
8. 灰色斑点状绢云千枚岩，偶含条纹条带，中上部千枚岩有时含砾。有辉绿岩脉穿插	700 m
7. 深灰色条纹斑点状变质砂岩，夹斑点状绢云千枚岩	50～80 m
6. 浅灰色条带状薄—中厚层细粒大理岩，含泥质条纹条带	30 m
5. 灰色巨厚层条带状细粒变白云石英砂岩及绿灰色粉砂千枚岩，底部偶见砾石	50～80 m
4. 白色、浅绿色薄—中厚层条带状中粒大理岩	30 m
3. 浅绿色条纹条带状钾长透辉角岩及石榴石矽卡岩，产凸镜状磁铁矿	45 m
2. 灰白色具硅质条带薄层大理岩	5 m
1. 灰色斑点状千枚岩及条纹条带状云母石英千枚岩，局部夹薄层石英砂岩(未见底)	＞150 m

【地质特征及区域变化】 本组仅分布于喜德县松林坪一带。

深沟组　Pt$\hat{s}$g　(06－51－1131)

【创名及原始定义】　西南地质科学研究所(1965)命名。原义指石英岩、千枚岩夹大理岩组成，常见韵律层及小型交错层理，下段为灰白色石英岩、变石英砂岩及少量石英绢云千枚岩组成韵律层；上段为灰、灰绿色条纹状石英绢云千枚岩夹少量变质石英砂岩，厚度为1 010～1 408 m，上与则姑组变火山碎屑岩、下与松林坪组千枚岩均为整合接触的地层。

【现在定义】　同原始定义，但不分段。

【层型】　正层型为喜德登相营剖面，位于喜德县登相营小深沟(102°20′17″,28°25′55″)，西南地质科学研究所、四川205地质队1965年测制。

上覆地层：则姑组　灰色块状变质火山砾岩

———————— 整　合 ————————

深沟组	总厚度 1 010 m
12. 灰色绢云千枚岩，上部夹条纹状石英绢云千枚岩，砂质条纹时呈扁豆状	190 m
11. 灰－绿灰色石英绢云千枚岩夹薄层条纹状细粒石英砂岩	104 m
10. 灰色细粒薄层条纹状绢云石英砂岩与黑白相间的条纹条带状石英绢云千枚岩互层	273 m
9. 灰色细粒薄－中厚层石英岩夹黑白相间的条纹条带石英岩、千枚岩	81 m
8. 黄灰色、深灰色中粒厚层块状夹中厚层状石英岩	39 m
7. 灰色细粒薄层波纹状绢云石英砂岩，夹少许条带状石英千枚岩，多呈韵律状互层	24 m
6. 深灰、灰黄色厚层块状中粒石英岩夹细粒绢云石英砂岩，含褐铁矿及磁铁矿粒	18 m
5. 灰色细粒薄层绢云石英砂岩、黑白相间条带状石英绢云千枚岩及中粒块状石英岩互层。砂岩中见斜层理	33 m
4. 白、灰黄色中粒块状石英岩	10 m
3. 黑白相间条纹条带状石英千枚岩韵律层，夹灰色绢云千枚岩及细粒中厚层、纹层状绢云石英砂岩，具斜层理及波痕	208 m
2. 白色块状中粒石英岩	14 m
1. 黑白相间条纹条带状石英千枚岩，细粒薄层纹层状绢云石英砂岩及中粒块状石英岩互层，底部为块状石英岩	16 m

———————— 整　合 ————————

下伏地层：松林坪组　灰色粉砂质绢云千枚岩

【地质特征及区域变化】　该组出露于喜德县深沟乡、喜眉窝及冕宁县泸沽铁矿山一带。其下部地层在泸沽铁矿大顶山，相变为绢云石英砂岩夹千枚岩，顶有0～80 m白色厚层状白云大理岩凸镜体，具蛇纹石化、滑石化，是磁铁矿体赋存的重要层位。

则姑组　Ptzg　(06－51－1132)

【创名及原始定义】　西南地质科学研究所(1965)创名于喜德县深沟乡则姑。原义指下段为杂色厚层状变质火山砾岩、流纹岩、凝灰质砂岩夹变质凝灰岩及千枚岩；上段为灰、灰紫色变质流纹岩、凝灰岩及杏仁状英安岩，厚452～707 m，与上覆朝王坪组灰色变质砂岩、下伏深沟组灰色石英绢云千枚岩均为整合接触的地层。

【现在定义】　同原始定义，但不分段。

【层型】　正层型为喜德小深沟剖面，位于喜德县登相营(102°20′17″,28°25′55″)，西南地质科学研究所、四川205地质队1965年测制。

上覆地层：朝王坪组　灰色细粒变质砂岩

——————整　合——————

则姑组	总厚度473 m
11. 灰色变质凝灰流纹岩夹流纹质凝灰岩	37 m
10. 灰绿色片理化变质杏仁状英安岩，杏仁体为磁铁矿和石英充填	9 m
9. 浅灰—绿灰色片理化变质流纹岩，底部夹薄层流纹质凝灰岩。有磁铁矿化	143 m
8. 浅绿色—紫灰色片理化变质流纹岩及凝灰流纹岩	28 m
7. 浅绿灰色块状变质火山砾岩	12 m
6. 浅紫灰色—灰白色块状细—中粒变凝灰质砂岩	107 m
5. 浅绿灰色、浅紫灰色片理化变凝灰流纹岩及流纹岩和流纹质凝灰岩	46 m
4. 浅灰色厚层块状变质火山砾岩，砾石成分有安山岩、流纹岩、凝灰岩、硅质磁铁矿、磁铁矿、石英岩及石英砂岩等，以砂岩类砾石为主，大小不等，多呈滚圆状和半滚圆状，排列较杂乱，胶结物为变质的火山灰和石英砂	4 m
3. 浅紫灰色、绿灰色片理化变凝灰流纹岩及凝灰岩	35 m
2. 灰色绢云千枚岩，有星散状磁铁矿晶粒，局部夹有薄层变凝灰岩	30 m
1. 灰色块状变火山砾岩，砾石成分有石英砂岩、粉砂岩、条纹状绢云石英砂岩、粉砂质千枚岩、钠长斑岩、磁铁矿等，砾石直径一般为1.5～2 cm，多呈圆形—次棱角状，排列多平行或微斜交互层理，胶结物为火山灰及粉砂	22 m

——————整　合——————

下伏地层：深沟组　灰色绢云千枚岩

【地质特征及区域变化】　本组以杂色变质流纹岩、变火山碎屑岩不等厚互层，夹少量变英安岩、千枚岩为特征，分布较广，东到喜德县深沟乡至朝王坪，南到喜德县拉确至冕宁县泸沽铁矿山，西仅见于冕宁县桃园附近。在南部地区相变为黄灰、灰色条纹状具砂质凸镜体之含砾石英绢云千枚岩、粉砂千枚岩、绢云千枚岩夹变质砂岩或大理岩凸镜体，并见交代型磁铁矿体。

朝王坪组　Ptĉw　(06-51-1133)

【创名及原始定义】　西南地质科学研究所(1965)命名于喜德县朝王坪。原义指灰色变质杂砂岩夹细砾岩、灰色粉砂质千枚岩和条纹条带状粉砂岩组成粒序层，常见小型交错层理、冲刷面，厚1 864 m，与上覆大热渣组含藻白云岩、下伏则姑组变质火山岩均为整合接触的地层。

【现在定义】　同原始定义。

【层型】　正层型为喜德登相营—朝王坪剖面(102°21′,28°27′31″)，西南地质科学研究所、四川205地质队1965年测制。

上覆地层：大热渣组　浅灰、灰白色灰岩

——————整　合——————

朝王坪组	总厚度1 864 m
13. 灰黑色条纹状粉砂绢云千枚岩，风化后成白色页片状	17 m
12. 灰色粒级韵律状砂岩，由变细砾岩→粗—中粒杂砂岩→绢云粉砂岩及千枚岩组成韵	

律，每个韵律层厚 10～20 cm，顶部常受冲刷 63 m

11. 灰色薄一厚层、细一中粒变石英砂岩，夹条纹条带状变质绢云粉砂岩，下部为互层 106 m

10. 灰色薄一厚层条纹条带状变质绢云粉砂岩及千枚岩组成粒序层。常见斜层理及冲刷面 113 m

9. 灰色薄一厚层具条纹及斑点构造的粉砂绢云千枚岩及绢云千枚岩 148 m

8. 灰色条纹条带状薄一厚层含斑点粉砂绢云千枚岩。普遍见斜层理、冲刷面 445 m

7. 灰色厚层含斑点粉砂绢云千枚岩，中夹厚层细粒变质绢云石英砂岩及粉砂岩 90 m

6. 灰色薄一中厚层粉砂千枚岩 285 m

5. 浅灰色中厚一厚层状粉砂千枚岩，夹变细粒绢云石英砂岩，见斜层理 75 m

4. 深灰色细粒厚层变杂砂岩，含稀疏的粉砂绢云千枚岩条纹条带，有斜层理 75 m

3. 灰色厚层一块状细一中粒变杂砂岩，含稀疏的棱角状深灰色同生的千枚岩角砾，以及少许半圆状石英砾石。层面上见象形印模或不规则的瘤体 45 m

2. 灰一灰绿色细粒厚层块状变杂砂岩，下部夹薄层粉砂千枚岩 378 m

1. 灰色细粒含条纹变杂砂岩，顶部有中厚层状变火山细砾岩 24 m

——————— 整　合 ———————

下伏地层：则姑组　紫灰色变质凝灰流纹岩夹流纹质凝灰岩

【地质特征及区域变化】　本组主要出露于喜德县登相营至朝王坪、拉克一带，另在冕宁县泸沽铁矿山、甘沟及浸水梁子等地有少量出露。

大热渣组　Pt*dr*　(06-51-1134)

【创名及原始定义】　西南地质科学研究所(1965)命名为“登相营组”。《四川省区域地质志》(1991)因与登相营群相同而改称大热渣组。原义指灰白、白色厚层至块状白云岩和灰色薄至中厚层状白云质灰岩，厚度 1 117～1 437 m，与上覆九盘营组灰、灰黑色千枚状板岩及下伏朝王坪组灰黑色粉砂质千枚岩均为整合接触的地层。

【现在定义】　同原始定义。

【层型】　正层型为喜德登相营剖面(102°21′,28°27′31″)，西南地质科学研究所、四川 205 地质队 1965 年测制。

上覆地层：九盘营组　灰、紫灰色薄一中厚层状钙质板岩

——————— 整　合 ———————

大热渣组 总厚度 1 117 m

14. 浅绿、白一灰色中厚层泥质白云质灰岩、钙质白云岩，具豹皮状或网纹状构造。岩性特征稳定，可作标志层 47 m

13. 灰色中厚层、层纹状微粒一细粒含泥质钙质白云岩 43 m

12. 灰白色薄层条带状钙质白云岩，风化后呈刀砍状，含少量泥质 247 m

11. 白色巨厚层一块状叠层石白云岩，沿岩层裂隙有白色放射状、纤维状透闪石、滑石及少量皮壳状方解石、石英 84 m

10. 白色巨厚层一块状白云岩 37 m

9. 白色巨厚层一块状叠层石白云岩，局部裂隙中有透闪石等 158 m

8. 灰一白色中厚层一厚层细纹状白云岩。上部为条带状泥质白云岩及白云质灰岩 20 m

7. 灰白一白色厚层块状叠层石白云岩 147 m

6. 白色厚层块状硅化叠层石白云岩，不等粒的石英集合体呈豆状、团块状、细脉状散布

于岩石内，风化后突出表面　196 m

5. 白色巨厚层—块状叠层石白云岩　70 m

4. 白色巨厚层含叠层石钙质白云岩　38 m

3. 灰—白色条纹条带状含钙质白云岩　11 m

2. 灰白—浅灰色条带状含泥质白云质灰岩，中部夹叠层石灰岩，底部有条纹状砂质板岩　16 m

1. 灰—浅灰色条纹状结晶灰岩，含泥质及少量白云质　3 m

上述各层中所含的叠层石计有：*Conophyton*，*Baicalia* 等。

——————整　合——————

下伏地层：朝王坪组　灰黑色条纹状粉砂绢云千枚岩

【地质特征及区域变化】　该组分布于喜德县登相营及冕宁县大热渣一带，冕宁县桃园、铁矿山有零星出露。下部含叠层石白云岩，普遍有透闪石化、滑石化、大理岩化和硅化，赋存磁(赤)铁矿化。顶部网纹状(豹皮状)泥质结晶灰岩分布稳定。

九盘营组　Pt*jp*　(06-51-1135)

【创名及原始定义】　西南地质科学研究所(1965)创名于喜德县九盘营。原始定义：岩性由上而下分为绿色千枚岩段、变质砂岩段、灰色千枚岩段，与上覆观音崖组石英砂岩呈不整合接触，与下伏大热渣组泥质白云岩为整合接触，厚度675～1 075 m的地层。

【沿革】　1966年西南地质科学研究所、四川205地质队、109地质队等单位经过现场讨论，确认原九盘营组变质砂岩段与下伏登相营组白云岩为断层接触；同时将西部冕宁县大热渣一带整合于白云岩之上，厚度约210 m的灰、灰黑色千枚岩（原下千枚岩段）划入大热渣组（原登相营组中）。杨暹和(1976)、张洪刚等(1983)、李复汉等(1988)亦持有同样看法。但四川一区测队(1967)、《西南地区区域地层表·四川省分册》(1978)、《四川省区域地质志》(1991)及本次清理，均认为冕宁大热渣剖面的千枚岩与下伏白云岩整合界线清楚、岩性迥异，分组界线明确。喜德县九盘营组千枚岩虽在大热渣一带有所差别，但其底为断层，下部出露不全是可能的，顶部与观音崖组不整合，界线清楚。

【现在定义】　同原始定义，但不分段。

【层型】　正层型为复合层型的喜德九盘营—冕宁大热渣剖面(102°21′8″,28°39′21″)，西南地质科学研究所、四川205地质队1965年测制。

上覆地层：观音崖组　灰白色中—细粒石英砂岩，底为含砾长石石英砂岩

~~~~~~不整合~~~~~~

九盘营组　总厚度>689 m

14. 紫色薄层条纹条带状含铁粉砂质绢云千枚岩　50 m

13. 绿色薄层条纹条带状粉砂绢云千枚岩及绿泥绢云千枚岩，片理发育　70 m

12. 浅绿色薄层条带状含绿泥粉砂绢云千枚岩，偶夹变质绢云石英粉—细砂岩　134 m

11. 浅绿色薄层及厚层不等粒变质绢云石英细—粉砂岩，夹数层粉砂绢云千枚岩。下部有赤铁矿和镜铁矿脉贯入　87 m

10. 浅灰—灰白色厚—巨厚层（偶夹薄层状）细—中粒变质绢云石英砂岩　71 m

9. 浅灰色厚层状细—中粒含砾绢云石英砂岩及变质砾岩，含半滚圆状的石英岩、含铁粉砂岩及板岩砾石　4 m

8. 浅灰色薄层状细粒变质绢云石英砂岩，风化后显层纹及片理　>29 m
~~~~~~

═════════ 断　层 ═════════

7. 浅灰—灰白色厚层块状细粒绢云石英砂岩，夹粉砂绢云千枚岩　>18 m

6. 灰黑色条纹状粉砂千枚岩，上部偶夹砂质条纹或凸镜体　123 m

5. 黑色碳质板岩及条纹状含碳质板岩，见较多黄铁矿星点或结核体　5 m

4. 灰—黑色条纹状千枚状板岩，底部为千枚状粉砂质板岩　48 m

3. 浅灰—白色厚层—块状细—中粒石英岩及石英砂岩，夹数毫米的薄层板岩　22 m

2. 灰黑色含条纹千枚状板岩　22 m

1. 灰、紫灰色薄—中厚层状钙质板岩　6 m

————————— 整　合 —————————

下伏地层：**大热渣组**　灰色中—厚层状泥质白云岩，具豹皮状构造

【地质特征及区域变化】　本组分布于喜德县九盘营至东山寺一带，在冕宁县大热渣梁子少量出露。由于断裂构造，岩性变化不十分清楚，所列剖面分属两地。1—7 层为冕宁县大热渣剖面，8—14 层为喜德县九盘营剖面。

峨边群　Pt*EB*　(06 - 51 - 1124)

【创名及原始定义】　1949 年曾繁祁、何春荪在汉源县至峨眉县的路线地质调查中，将分布于峨边县金口河及其以东的片岩、千枚岩、板岩等变质地层定名为“峨边变质岩系”。

【沿革】　1940 年盛莘夫将该套地层定为元古代，其上与震旦系石灰岩不整合接触，下未见底，厚 4 000～6 000 m。之后有上、中震旦系，前震旦系不同划分方案，直到 1964 年成昆铁路沿线地质矿产编图组命名为前震旦系峨边群后，各家均沿用，但无地层划分的实际资料。1965 年四川 207 地质队实测了峨边县金口河桃子坝—烂包坪及楠木园—小溪沟剖面，首次较为系统的建立了峨边群的层序，自下而上分为金口河组、花椒坪组、枷担桥组、烂包坪组等 4 个组及 13 个岩性段，厚度大于 8 000 m。其上与震旦系喇叭岗组灰岩不整合接触，下未见底。修订后的峨边群，为一套浅变质的砂岩、板岩、千枚岩、大理岩及变中-基性火山岩、流纹岩。1971 年四川二区测队认为所建枷担桥组第三段以上层序是正确的，其下的组、段因构造而重复，取消了金口河组和花椒坪组，修订为 3 个组 7 个岩性段。同年，四川一区测队则笼统地划为 3 个岩性段。1975 年杨暹和、1983 年张洪刚和李承炎分析了各家资料，将峨边群分为 4 个组(由下而上)：桃子坝组、枷担桥组、烂包坪组和茨竹坪组。1991 年《四川省区域地质志》取消了烂包坪组。本次清理核查了四川 207 地质队所测剖面资料，仍维持杨、张等人所划分的 4 个组。

【现在定义】　指不整合于下震旦统苏雄组火山岩之下，以变质沉积碎屑岩为主，夹少量碳酸盐岩及酸—基性火山岩、火山碎屑岩的变质地层。由下至上包括桃子坝组、枷担桥组、烂包坪组、茨竹坪组。属区域动力变质低绿片岩相。厚 4 100～5 810 m，未见底。

【地质特征及区域变化】　本群主要分布于峨边县金口河附近，甘洛县苏雄、马边县方竹林、金阳县对坪也有少量分布，出露总面积约 300 km^2。

据上覆苏雄组中部英安岩同位素年龄值 840 Ma(Rb - Sr 法)及本群上部含较丰富的疑源类化石，其组合特征与会理群、云南昆阳群、华北地区蓟县系的组合类似，其时代归为中元古代。

【其他】　从已有资料不难看出，峨边群的研究程度比较低，地层褶皱复杂，各种岩脉侵入较多，特别是对本区构造形态认识不一是其主要原因。本书所列剖面可能有重复，特此说

明。

桃子坝组　Pt*tz*　(06-51-1125)

【创名及原始定义】　杨暹和(1975)命名于峨边县金口河北桃子坝。原义分为二个岩性段：一段以黑色、深灰色板岩为主，中上部见有灰绿色安山质熔岩集块岩、凝灰岩及安山玢岩，厚1 733 m。二段下部为黑色板状灰岩、白云岩夹板岩，上部为浅灰绿色、紫灰、深灰等色杏仁状、致密状、斑状蚀变玄武岩、玄武英安质晶屑岩屑凝灰岩及玄武质火山角砾岩，厚1 080 m。

【现在定义】　为黑色板岩—灰绿色安山质火山岩、侵入岩，深灰色板岩夹白云岩与紫灰、浅绿色安山玄武质火山熔岩和火山碎屑岩组成两个沉积岩-火山岩旋回，上与枷担桥组条纹状粉砂质板岩为整合接触，下未见底，总厚度大于2 950 m的地层。

【层型】　正层型为峨边金口河区烂包坪—金口河剖面(103°8′22″,29°21′45″)，四川207地质队1965年测制。

上覆地层：**枷担桥组**　深灰色条纹状粉砂质板岩

——————整　合——————

桃子坝组	总厚度>2 947.1 m
18. 暗绿、紫灰、浅绿色安山玄武质火山角砾岩	149.2 m
17. 浅灰绿色变安山玢岩，长石斑晶粗大	91.1 m
16. 浅灰绿色杏仁状蚀变玄武岩，底见少量板岩	107.4 m
15. 深灰—黑色结晶灰岩、硅化白云岩，顶夹少量绢云千枚岩	48.6 m
14. 深灰色条纹状板岩及黑色碳质板岩，条纹由砂质组成	17.3 m
13. 深灰色含碳质中、细粒结晶白云岩	36.9 m
12. 辉绿玢岩	5.8 m
11. 深灰色条带状板岩为主，夹数层中厚层状粗晶白云岩	87.2 m
10. 深灰色条带状绢云板岩，富含凝灰质	451.6 m
9. 上部黑色千枚状碳质板岩、绢云板岩夹中厚层状白云岩；下部深灰色绢云板岩、灰岩	89.3 m
8. 灰—黑灰色薄—中厚层细条带状绢云板岩	58.4 m
7. 深灰色厚—块状灰岩及板岩为主，夹黑色千枚状碳质板岩，有斜长煌斑岩脉穿插	71.2 m
6. 深灰色含砂质绢云板岩	7.6 m
5. 暗绿色安山玢岩	57.8 m
4. 暗绿色块状安山玢岩，见后期透辉石黑云闪长岩脉穿插	148.4 m
3. 暗绿灰色安山质熔岩集块岩，夹数层安山玢岩	405.9 m
2. 上部为暗绿色条纹状变质凝灰岩，向下变为黑色绢云板岩。见杏仁状安山玢岩夹层	666.6 m
1. 黑色条带状绢云板岩、变质粉砂岩为主，夹数层深灰色板岩、结晶灰岩和千枚岩、碳质板岩，见后期贯入的基性岩脉(未见底)	446.8 m

【地质特征及区域变化】　本组仅分布于峨边县桃子坝、冷竹坪一带。

枷担桥组　Pt*jd*　(06-51-1126)

【创名及原始定义】　四川207地质队(1965)创名于峨边县金口河北枷担桥。原始定义中将本组分为6个岩性段(由下而上)：深灰色板岩、千枚岩夹灰岩、灰色白云质灰岩与板岩互层、灰白色硅化白云岩、灰黑色板岩夹灰岩、黑色碳质板岩等，厚度在1 500 m以上，与上覆烂包坪组绿灰等杂色火山岩、下伏花椒坪组板岩为整合接触。

【沿革】 四川二区测队(1971)认为所建枷担桥组第3段以上的地层是正确的，其下的各组、段因复式背斜构造而重复，予以取消。杨暹和(1975)、张洪刚等(1983)认为金口河附近前震旦系峨边群，是以桃子坝附近为轴部向北东倾伏的两翼不对称背斜，原划分的枷担桥组1—3段是本区最老地层，称为桃子坝组，其余归入枷担桥组，后为各家采用。

【现在定义】 岩性为灰、灰白色硅化白云岩、灰黑色板岩夹灰岩、灰绿色板岩，厚550～1 100 m。与下伏桃子坝组火山岩整合接触，与上覆烂包坪组玄武岩为平行不整合接触。

【层型】 正层型为峨边金口河楠木园枷担桥剖面(103°3′17″,29°11′13″),四川207地质队1968年重测。

上覆地层：烂包坪组　深绿色玄武岩

——————— 平行不整合 ———————

枷担桥组	总厚度 673.7 m
14. 黑灰色钙质板岩与微含锰及碳质板岩互层，局部有辉绿岩脉贯入	219.5 m
13. 黑色碳质板岩夹青灰色钙质板岩、硅质板岩	51.3 m
12. 灰、深灰色薄一中厚状灰岩夹少量碳质板岩	38.6 m
11. 深灰色薄一中层状泥质、白云质灰岩夹钙质板岩及碳质板岩	35.1 m
10. 灰黑色板岩夹青灰色钙质板岩，局部贯入辉绿岩脉	121.5 m
9. 褐黄色含泥质硅化白云岩，具条带状构造	12.9 m
8. 灰白色大理岩化硅质白云岩，含泥质	14.0 m
7. 灰、灰白色厚层硅化白云岩(硅石矿)	27.6 m
6. 浅绿色辉长辉绿岩	3.2 m
5. 黄绿色板岩及灰绿色白云质灰岩	47.7 m
4. 灰色中厚层结晶白云质灰岩及薄层泥质白云质灰岩、板岩等，间夹裂隙型铅锌矿	51.5 m
3. 灰色厚层白云质灰岩夹少量钙质板岩	35.1 m
2. 灰色薄层泥质白云质灰岩及板岩互层	15.7 m

—————— 整　合 ——————

下伏地层：桃子坝组　绿色闪长玢岩（顺层贯入）

【地质特征及区域变化】 本次清理认为，枷担桥组大致可分为三个部分：下部为灰、灰白色中厚一厚层状硅化白云岩、白云质灰岩夹少量深灰色钙质板岩。白云岩硅化强烈时，可形成优质硅石矿床，板岩中见有磷、铅、锌的矿化。中部为深灰、灰黑色碳质板岩、钙质板岩为主夹深灰色薄至中厚层状碳、泥质灰岩、白云质灰岩，部分地段夹少量安山质火山岩。板岩中有铁、锰、磷的矿化。上部为灰绿色、紫灰色板岩、千枚岩夹变质含钙泥质粉砂岩、变石英砂岩及少量变凝灰岩。在紫色板岩、千枚岩中见有沉积变质鲕状赤铁矿层。金口河以南中、上部未见碳酸盐岩夹层，岩性以黑色碳质板岩为主，夹变质碳质粉砂岩、细砂岩、黄褐一深灰色千枚状绢云板岩及钙质千枚岩、石英绿泥石片岩，厚度约700 m。本组分布于峨边县望鹰坪一熊岗一线以北至金口河枷担桥一带，在马边县桐麻湾、冕宁县拖乌等地有少量出露。

烂包坪组　Pt*lb*　(06-51-1128)

【创名及原始定义】 四川207地质队(1965)创名于峨边县金口河北烂包坪。原始定义：一套绿色变玄武玢岩、变玄武质及安山-玄武质凝灰岩、流纹岩，与下伏枷担桥组灰绿色、紫色板岩为假整合接触，为上震旦统喇叭岗组白云岩不整合覆盖，厚逾千米。

【沿革】 1971年四川二区测队将烂包坪组进一步划分为4个段，认为与下伏枷担桥组为平行不整合或不整合接触，仍置于峨边群顶部。同年四川一区测队认为二区测队划分的烂包坪组第3段(凝灰岩、砂砾岩段)及第4段(流纹岩段)属下震旦统苏雄组，底部具变质砾岩，清楚地不整合于峨边群黑色板岩、变质玄武岩之上。修订后的烂包坪组仅是原始定义的下部，即酸一基性火山碎屑岩段(1段)和玄武岩段(2段)。

【现在定义】 下部为绿、绿灰色流纹质、安山质、玄武质岩屑晶屑凝灰岩、砂砾质凝灰岩、凝灰质砾岩及变质玄武岩不等厚互层，底部为砾岩，砾石成分除大量基性火山岩外，还见有下伏地层的白云岩、板岩等，分选及磨圆均差；上部为浅绿、紫灰、紫红色变质杏仁状、致密状、斑状玄武岩和玄武质凝灰岩，普遍绢云母化、黝帘石化、纤闪石化。与上覆茨竹坪组整合接触，与下伏枷担桥组平行不整合接触，厚320～400 m。

【层型】 正层型为峨边县烂包坪剖面，位于峨边县金口河北(103°8′22″,29°21′45″)，四川二区测队1971年重测。

上覆地层：**茨竹坪组** 黄灰、深灰色中厚一块状细一中粒石英砂岩夹千枚状板岩，底部有变质砾岩

——————— 整 合 ———————

烂包坪组　　总厚度 400 m

3. 浅绿等杂色变质玄武岩、玄武质凝灰岩。普遍有绢云母化、黝帘石化、纤闪石化　　300 m
2. 绿、绿灰色流纹质、安山质、玄武质岩屑晶屑凝灰岩、凝灰质砾岩、砂砾质凝灰岩、变玄武岩不等厚互层，常见绿泥石化、绢云母化、碳酸盐化。底部有砾岩或凝灰质角砾岩，成分复杂，分选性及磨圆度均差　　100 m

－－－－－－－ 平行不整合 －－－－－－－

下伏地层：**枷担桥组** 紫灰、紫红色板岩、千枚岩夹含铁石英砂岩和赤铁矿

【问题讨论】 《四川省区域地质志》(1991)认为烂包坪组分布范围小、岩性以中基性火山岩为主，产出形状呈凸镜状等原因，取消了本组。本次清理认为：该组顶底界清楚，其岩类组合在中元古界岩石地层单位中常见，底部有砾岩层，岩性特征明显，应予保留。

茨竹坪组 Ptcẑ (06－51－1127)

【创名及原始定义】 杨暹和(1975)命名于峨边县金口河南茨竹坪。原始定义：下部以灰、灰黄色变质中细粒石英砂岩为主，夹同生变质砾岩；上部为深灰、灰黑色变质细一粉砂岩夹由千枚岩、泥质砂岩、黑色碳质板岩、片岩组成的韵律层，厚度约1 500 m，与下伏枷担桥组为整合接触。

【沿革】 本组即四川一区测队(1971)所定峨边群第3段。

【现在定义】 岩性以深灰色中层一块状变质石英砂岩、粉砂岩及板岩不等厚互层为主，夹变质砾岩、碳质板岩，含微古植物化石，与下伏烂包坪组火山岩整合接触，为苏雄组凝灰质角砾岩、凝灰岩不整合超覆。

【层型】 选层型为甘洛苏雄剖面(102°51′42″,29°9′2″)，四川207地质队1965年测制。

上覆地层：**苏雄组** 灰绿色凝灰质角砾岩，底见不规则含炭屑凝灰岩

~~~~~~~~~~ 不 整 合 ~~~~~~~~~~

茨竹坪组 总厚度 411 m

11. 黄灰色板状石英岩、滑石石英岩，具清晰层理层纹构造 19 m

10. 灰白色石英岩夹砂质板岩 20 m

9. 灰黑色中一厚层状变质细砂岩，上部夹板岩 40 m

8. 灰黑色中层状砂质板岩，夹薄层变质砂岩 16 m

7. 黑色中层状变质砂岩夹板岩 27 m

6. 灰黑色中层状板岩、砂质板岩 37 m

5. 黄灰色厚层一块状变质细砂岩夹板岩，上部为板岩夹砂岩 63 m

4. 灰色中一厚层状板岩夹变质砂岩，上部为板岩、变质砂岩互层 71 m

3. 黄灰色中一厚层状变质粘土炭屑细砂岩、石英砂岩夹灰黑色板岩或互层 34 m

2. 灰黑色厚层状变质细砂岩夹板岩 68 m

1. 灰黑色厚层一块状变质细砂岩，产微古植物 *Asperatopsophosphaera*，*Trachysphaeridium*，*Polynucella*(以下未出露) 16 m

【地质特征及区域变化】 本组以变质沉积碎屑岩为主，偶夹中酸性火山碎屑岩，厚度 400～1 500 m，主要分布于峨边县桃子坝、甘洛苏雄一带。金阳县对坪，以黑色石英绢云千枚岩为主，夹较多变质砂岩及中酸性变质凝灰岩，厚逾 900 m，在千枚岩中含丰富的微古植物化石，以 *Trachysphaeridium* 等属为主。甘洛苏雄为灰黑色、黄灰色变质细砂岩和板岩不等厚互层，亦含微古植物化石，厚度大于 400 m。

黄水河群 Pt*HŜ* (06-51-1137)

【创名及原始定义】 四川二区测队(1973)将分布于彭县白水河—大宝山、汶川银杏坪及白鱼落一带的变质岩地层，统称前震旦系黄水河群(盐井群除外)，下分 3 个岩组。原始定义：岩性由灰绿、紫灰等杂色变质基性-中酸性火山岩、灰绿色变质碎屑岩、碳酸盐岩和变火山碎屑岩组成，厚约 4 000 m，顶部为震旦系地层不整合超覆，下部未见底的地层，时代定为中元古代。

【沿革】 谭锡畴、李春昱(1935)命名为元古代白水河系。之后，有二叠系一元古界岷江系、白水河群、铜厂河群、白鱼落群、茂县变质岩系等多种命名。四川 101 地质队(1969、1980)发现芦山县铜厂河附近的一套顺层混合岩，以该套混合岩与上覆地层正常接触为由，将黄水河群分为 5 个组(由下而上)：硐子溪组、白铜尖子组、石梯沟组、磨子沟组和大落地组。四川二区测队(1976)认为有构造重复，将其分为 3 个组。1976 年四川冶金局 606 队和成都地质学院认为彭县白水河的浅变质绿片岩不能与黄水河群对比，称为前寒武纪白水河群，由下而上分为回龙沟组、马松岭组和大宝山组。张洪刚、李承炎(1983)认为四川二区测队划分的 3 个岩组比较合理，从下而上命名为干河坝组、黄铜尖子组、关防山组，其后被广泛采用。《四川省区域地质志》(1991)取消了干河坝组，而将黄水河群之下分布于芦山县铜厂河棕子溪、火石溪的顺层混合岩及分布于安县、汶川、彭县、灌县间前人所称的“彭灌杂岩”(亦认为是混合岩化的变质岩和混合岩)，统归下元古界一太古界康定群中，并推断与上部黄水河群黄铜尖子组为不整合接触。各家对黄水河群的看法均有一定道理，鉴于分布区内后期花岗岩侵冲、断层破坏和褶皱的影响，总体来看其研究程度较低。

【现在定义】 本次仍保留四川二区测队(1976)对黄水河群所下的定义，并采用张洪刚等
~~~~~~~~~~

(1983)所命名的3个组，包括：干河坝组、黄铜尖子组和关防山组。只是组界做了局部修订。

【其他】 本群分布于宝兴、芦山、大邑、彭县、汶川等地。黄水河群的时代除顶部广泛为震旦系不整合覆盖外，在彭县马松岭铜矿区的方铅矿同位素年龄值为1 045～1 440 Ma(U－Pb法)，汶川县兴文坪侵入黄水河群中的闪长岩，年龄值为1 043 Ma(U－Pb法)。本群上部疑源类化石组合可与会理群及华北地区蓟县系、青白口系对比，时代属中元古代。

干河坝组 Pt*gh* (06－51－1140)

【创名及原始定义】 张洪刚、李承炎1983年将四川二区测队1973命名的黄水河群第一岩组更名为干河坝组，命名地位于大邑县干河坝。岩性以灰紫、灰绿色变质玄武岩、安山岩为主，夹火山角砾岩、凝灰岩、片岩等。上与黄铜尖子组绿泥石片岩、石英云母片岩为整合接触，下未见底。厚度大于2 000 m。建组剖面的下段为芦山县长石坝黄水河剖面，上段为大邑麦秧林—干河坝剖面，两剖面的底部均被花岗岩侵吞，其上下叠置关系是依据各剖面由下至上基性火山岩向酸性转变、变火山熔岩减少和火山碎屑岩增多、火山碎屑粒径由集块岩、角砾岩变为凝灰岩及变沉积碎屑岩的规律而划分的。下段以玄武岩、安山岩、英安岩为主夹火山角砾岩、凝灰质片岩，厚度大于1 187 m；上段岩性为变酸性火山岩、绿帘阳起片岩和次闪斜长岩等，厚度大于1 000 m。两段未直接接触。

【沿革】 创名后沿用至今。

【现在定义】 岩性由灰绿色变酸性火山岩、绿泥阳起片岩、次闪斜长岩组成，上与黄铜尖子组片岩整合接触，底部为花岗岩侵冲，厚度300～1 000 m或大于1 000 m的地层。

【层型】 正层型为大邑麦秧林—干河坝剖面，位于大邑县干河坝，四川二区测队1973年测制。

上覆地层：黄铜尖子组 深灰—灰黑色薄层含碳石英岩夹云母片岩条带

——————整 合——————

干河坝组	总厚度＞1 001.0 m
14. 灰绿色块状次闪斜长岩夹绿色绿泥斜长岩	3.6 m
13. 灰绿色薄层次闪岩，顶部有一层细碧岩	82.5 m
12. 灰绿色次闪斜长岩，底部有一层石墨片岩	60.0 m
11. 灰色中层状绿泥斜长岩与翠绿色酸性火山岩互层	11.4 m
10. 灰白翠绿色厚层变质酸性火山岩，具条纹构造	26.5 m
9. 灰绿色块状次闪斜长岩，下部夹绿泥斜长片岩	27.7 m
8. 绿灰—浅灰色变质酸性火山岩	90.8 m
7. 紫灰、灰白色块状变质凝灰岩	106.5 m
6. 灰色块状次闪斜长岩	13.1 m
5. 灰紫色块状沉凝灰岩	371.8 m
4. 灰绿色块状绿帘阳起片岩	42.1 m
3. 灰绿色蚀变玄武岩，下部夹绿帘阳起片岩	68.2 m
2. 灰绿色条带状绿帘阳起片岩	96.8 m
1. 紫灰色条带状变质沉凝灰岩，被晋宁-澄江期麦秧林钾长花岗岩体侵冲	

【地质特征及区域变化】 本组分布于芦山县石梯沟、长石坝，大邑县麦秧林、干河坝，

宝兴县邓池沟、天主堂，彭县牛圈沟及汶川县七盘沟、雁门等地。横向变化上，从芦山向东北方向的彭县，火山碎屑岩砾径变小、数量减少，凝灰岩及变质沉积岩增多。

黄铜尖子组 Pt*ht* （06－51－1138）

【创名及原始定义】 张洪刚、李承炎(1983)创名于芦山县快乐乡黄铜尖子。原始定义：下段由深灰、灰绿色次闪斜长岩、绿帘角闪斜长岩、绿泥石片岩、绿帘斜长阳起片岩、变质基性、中酸性火山岩组成，厚 200～1 430 m；上段以变质沉积碎屑岩为主，为一套暗灰绿色斜长角闪片岩、石英纤闪石片岩、绿帘角闪岩、斜长角闪岩、绿泥石片岩、黑云阳起片岩组成，夹石英片岩及少量碳酸盐岩，厚 300～1 724 m 或大于 1 724 m。与上覆关防山组石墨石英片岩、下伏干河坝组次闪斜长岩、变酸性火山岩均为整合接触。

【沿革】 清理后认为：原建组剖面的下段为大邑麦秧林—干河坝剖面，上段为芦山黄铜尖子剖面，二者的关系不清，不能凑成一个组。本次清理将原划入下段的灰绿色变酸性火山岩、次闪斜长岩归入干河坝组，其上部以深灰色片岩、含碳石英岩等为主的变沉积碎屑岩归入黄铜尖子组中，两组在大邑剖面上为整合接触。

在彭县白水河，四川冶金局 606 队(1976)称之为白水河群马松岭组；在芦山县铜厂河一带，四川 101 地质队(1980)所称黄水河群磨子沟组及硐子溪组，与之大体相当，可视为同物异名。

【现在定义】 为以灰、灰绿、褐灰等色的各种片岩为主及绿帘角闪岩和斜长角闪岩夹少量碳酸盐岩的变质地层，与下伏干河坝组的接触关系为整合或断层，与上覆关防山组石墨石英片岩为整合接触。厚 300～1 724 m。

【层型】 正层型为芦山黄铜尖子剖面，位于芦山县快乐乡黄铜尖子(103°22′13″，30°32′52″)，四川二区测队 1975 年测制。

上覆地层：**关防山组** 石墨石英片岩

——————整　合——————

黄铜尖子组	总厚度＞1 723.4 m
12. 褐灰色斜长角闪片岩夹绢云石英片岩，见有闪长玢岩穿插	115.7 m
11. 灰绿色绿帘角闪岩夹斜长角闪岩及少许角闪斜长片岩	306.7 m
10. 暗灰绿色斜长角闪片岩夹绢云石英片岩、黄铁矿化石英片岩及少许斜长片岩	145.6 m
9. 灰白、浅灰色方解钠长绿泥片岩，中部夹浅灰色石英片岩	93.0 m
8. 黑色碳质石英片岩，顶部见辉绿玢岩脉	17.2 m
7. 深灰、暗绿灰色斜长角闪岩夹黄铁矿化透闪石化白云片岩、斜长岩及碳质石英片岩	275.0 m
6. 褐灰色含碳质石英片岩夹黑色石墨石英片岩	35.8 m
5. 黄灰、棕灰色白云（绢云）片岩夹角闪斜长片岩	65.5 m
4. 浅灰、灰色钠长角闪岩和闪长玢岩，夹碳质石英片岩	16.3 m
3. 暗灰绿色斜长角闪岩，有较多的浅绿灰色辉绿岩、辉绿玢岩脉侵入	204.1 m
2. 绿灰色含铜、黄铁矿绿泥石英片岩，夹含铜、黄铁矿石英岩及石英岩凸镜体。顶部夹矿化白色大理岩凸镜体或团块	8.0 m
1. 暗灰绿色斜长角闪片岩夹钠长绿泥片岩，顶部夹钠长角闪片岩及凸镜状石英岩(未见底)	＞440.5 m

══════断　层══════

【地质特征及区域变化】 本组分布于芦山县黄铜尖子、关防山、黄水河，大邑县麦秧林及彭县白水河等地。岩性、岩相变化较大，从芦山县黄铜尖子向东北至彭县白水河，火山岩逐渐减少，变质沉积岩增多，为灰绿色石英片岩、黑云绿泥斜长片岩、绢云石英斜长片岩、角闪斜长绿泥片岩、长英质片麻岩、变粒岩，夹数层石墨石英片岩和中酸性火山岩，厚约675 m。

关防山组 Pt*gf* (06-51-1139)

【创名及原始定义】 张洪刚、李承炎(1983)命名于芦山县快乐乡关防山。原始定义：由灰、灰绿、浅黄绿等色石英岩、石英片岩、大理岩夹少量变火山碎屑岩组成，底部以石墨片岩、硅质灰岩与黄铜尖子组绿泥石片岩整合接触，顶部为断层或震旦系地层不整合超覆，厚455～2 612 m的地层。

【现在定义】 同原始定义。

【层型】 正层型为芦山县关防山剖面，位于芦山县快乐乡关防山，四川二区测队1973年测制。

关防山组　　总厚度＞985.13 m

9. 浅黄绿色薄板状石英岩夹暗灰—深灰色绿泥绢(白)云石英片岩及蚀变中酸性火山碎屑岩，底部为浅灰—灰色中厚层状变质石英砂岩。顶部因断层出露不全　＞74.94 m

8. 下部为浅灰色中厚层状变石英砂岩或绢云(白云)石英片岩；中部为暗灰—灰绿色绢(白)云石英片岩夹少量绢云绿泥片岩；上部为绢云绿泥片岩夹绿泥石英片岩及扁豆状条带状石英岩组成韵律，中夹少量中酸性火山碎屑岩　707.79 m

7. 黑色碳质石英片岩及石墨片岩夹扁豆状条带状石英岩　68.00 m

6. 上部为深灰色绿泥石英片岩夹石英岩及团块状碳质石英岩，下部为浅灰色块状石英岩及少量绿泥石英片岩　27.20 m

5. 碳质石英片岩夹扁豆状石英岩　17.90 m

4. 灰色厚层状石英岩含少量绿泥石条带　25.10 m

3. 黑色碳质石英片岩夹少量石墨片岩　14.00 m

2. 浅灰色厚—块状石英岩夹银灰色绿泥绢(白)云母片岩　12.20 m

1. 黑色碳质石英片岩及石墨片岩夹凸镜状白云岩、蚀变中酸性火山岩和扁豆状石英岩　38.00 m

——————— 整　合 ———————

下伏地层：**黄铜尖子组**　绿泥石片岩

【地质特征及区域变化】 本组分布于宝兴县天主堂，芦山县关防山、石梯沟、黄水河，大邑县红崖沟、麦秧林及彭县白水河等地。从芦山县关防山、黄铜尖子向东北直至彭县白水河，中酸性火山岩夹层减少，碳酸盐岩增多，层加厚。白水河一带本组下部以石英岩、石墨石英片岩为主，上部为硅质大理岩或结晶大理岩夹绢云(白云)碳质石英片岩、绢云石英岩，厚约410～438 m。在大理岩中产微古植物 *Asperatopsophosphaera*, *Lignum*, *Leiopsophosphaera*, *Trematosphaeridium*，以上属种常见于华北地区蓟县系至青白口系。

本组与四川二区测队(1975)的黄水河群上部岩组、成都地质学院和四川冶金局606地质队(1976)的白水河群大宝山组、四川101地质队(1979)所建大落地组和白铜尖子组大体一致。

火地垭群 Pt*HD* (06-51-1141)

【创名及原始定义】 侯德封、王现珩(1938)在调查四川南江县、旺苍县一带的地质矿产时，将伏于硅质灰岩之下的一套中等变质岩系命名为火地垭层，划为震旦纪。下伏肉红色花岗片麻岩和结晶片岩称为太古代杂岩。

【沿革】 1965年《中国区域地层表(草案)》将上部火成变质岩称火地垭系；下部称火成结晶杂岩系，时代为前震旦纪。四川达县地质队(1960)、四川二区测队(1961)将这套变质岩和火山岩系，统称为前震旦纪火地垭群，由下而上划分为铁船山组、麻窝子组、上两组和大田角组。其含义不仅包括了浅变质的碎屑沉积岩、碳酸盐岩、火山碎屑岩和深变质的变粒岩、石英片岩，同时包括一套紫红色火山岩，厚度大于8 000 m。顶与下震旦统南沱组砂岩不整合接触，下未见底。1963年四川二区测队在对火地垭群的专题研究中，认为大田角组是上两组的不同变质相，取消了大田角组。继后，四川二区测队(1965、1970)、《西南地区区域地层表·四川省分册》(1978)，都将火地垭群从下而上分为：铁船山组、麻窝子组和上两组，时代定为元古代。李建林等(1978)认为铁船山组属于陆相喷发的火山岩系，与川西的下震旦统苏雄组相当。四川407地质队(1979)、四川局地研所(1983)，确认原大田角组与后河组相当，将火地垭群从下至上分为后河组、麻窝子组、上两组，时代为前震旦纪；铁船山组划入早震旦世。《四川省区域地质志》(1991)认为，前人所划火地垭群大田角组及后河组变质混合岩地层，属早元古代—太古代结晶基底，除后河组外，改称康定群。

【现在定义】 火地垭群包括麻窝子组和上两组，由浅变质的碳酸盐岩、火山碎屑岩、绢云板岩、条纹状绢云石英板岩等组成，厚度大于5 000 m，与上覆震旦系铁船山组变质火山岩或观音崖组含砾石英砂岩呈不整合接触；下与后河(岩)群灰色片岩、变粒岩为断层或不整合接触。

【其他】 分布于旺苍县、南江县及陕西省南郑县碑坝地区，出露面积在省内约300 km^2。麻窝子组所含的叠层石组合，经过对比也是蓟县系叠层石组合的重要分子；在南江椿树坪，侵入本群的橄榄角闪辉石岩的同位素年龄值为1 065 Ma(K-Ar法)，在南江庙垭的石英闪长岩，其年龄值为956 Ma(U-Pb法)。根据上述资料判断，火地垭群时代属中元古代。

麻窝子组 *Ptmw* (06-51-1142)

【创名及原始定义】 四川二区测队(1961)创名于南江县官坝麻窝子。原始定义以四川达县地质队(1960)所建杨坝群的上两组为基础，将其中的大理岩分出，单独建立麻窝子组，岩性主要为变质碳酸盐岩(大理岩、白云岩)，间夹少量变质碎屑岩和火山碎屑岩。

【沿革】 其后，各家在火地垭群的划分中均认为该组应当成立，本次清理认同。但其上下接触关系、组内各段划分，本次清理采用张洪刚、李承炎(1983)的划分意见。

【现在定义】 以变质碳酸盐岩（大理岩、白云岩）为主，间夹少量变质碎屑岩和火山碎屑岩，与上两组变质凝灰岩的接触关系不清，底与下伏后河(岩)群深变质岩呈平行不整合或断层接触的地层。

【层型】 正层型为复合层型，第2—5层取自陕西省碑坝前进—陆家湾剖面，其余为南江官坝—马家垭剖面，位于南江县官坝区(106°59′,32°34′33″)，四川冶金602地质队1975年重测。两剖面关系暂按整合处理。

麻窝子组　　总厚度＞3 186.0 m

20. 浅灰、灰白色中厚层、厚层状白云大理岩，底部含黄铜矿（未见顶）　　390.8 m

19. 上部绿灰色滑石绿泥绢云片岩，下部深灰色碳质板岩、紫红色钙质板岩夹砂质白云

岩等 236.0 m

18. 肉红色、灰色厚层状含泥团块白云岩，底部为同生砾岩，砾石呈浑圆状，由石英、长石、碳酸盐岩、片岩组成，钙泥质胶结 19.1 m

17. 灰色中厚层状含泥质白云岩、含泥质白云质灰岩 123.7 m

16. 灰白色、灰色含碳泥质硅化白云大理岩 376.3 m

15. 强硅化含铜白云岩，含褐铁矿、黄铜矿、孔雀石等 15.6 m

14. 上部为深灰绿色绿泥石板岩，下部为紫色钙质板岩 68.2 m

13. 浅灰、灰色厚层条带状含石英白云大理岩 216.8 m

12. 灰绿等色石英粉砂质千枚状板岩，含硅绿泥石板岩 21.1 m

11. 灰色中厚层条纹状含泥、砂质白云大理岩，顶、底夹少量绿泥绢云板岩、碳质板岩 759.7 m

10. 绿白色块状石英透闪透辉岩 16.2 m

9. 灰色厚层状白云大理岩与透闪透辉矽卡岩互层 149.1 m

8. 上部白色厚层状白云大理岩，中部透闪绿泥石化大理岩，下部含滑石蛇纹石白云大理岩 122.2 m

7. 浅灰、灰色中厚—厚层状条带状蛇纹石化大理岩，顶部夹黑色碳质板岩 245.4 m

6. 深灰色黑云长英角岩 161.8 m

5. 灰白色厚层状硅质白云大理岩 101.0 m

4. 灰白、浅灰色钙质白云片岩与变石英砂岩互层 44.0 m

3. 灰白色厚层状含硅质白云质大理岩与厚层状变石英砂岩互层 91.0 m

2. 浅褐、黄色中—粗粒变质石英砂岩与变砾岩互层，砾石以石英为主，次为含铁硅质岩，偶见花岗岩。砾石呈滚圆状，定向排列 28.0 m

——————— 平行不整合 ———————

下伏地层：后河(岩)群　绿泥绢云母片岩

【地质特征及区域变化】　该组以其巨厚变质碳酸盐岩为特征，其间所夹变质碎屑岩、火山碎屑岩厚16～60 m，组成碎屑岩-碳酸盐岩五个沉积旋回。各地出露的旋回数不尽一致，但大理岩特征明显。本组中部盛产叠层石 *Kussiella*，*Conophyton*，*Baicalia*，*Jurusania* 等。

上两组　Ptŝl　(06－51－1143)

【创名及原始定义】　四川达县地质队(1960)创名于南江县上两。原始定义：深灰色绢云板岩、石英板岩和大理岩、白云质灰岩互层，厚880～1 600 m，下未见底，上与新民组板岩不整合接触的地层。

【沿革】　之后对上两组的界线、层位、含义几经变动(见前述)。

【现在定义】　由一套中浅变质细碎屑沉积岩、变火山岩及火山碎屑岩，间夹变碳酸盐岩组成，厚度大于1 900 m，不整合于震旦系观音崖组杂色砂砾岩之下，与下伏麻窝子组大理岩的接触关系不清的地层。

【层型】　选层型为复合层型，第1—10层为南江县钟家茅坡子剖面，第11—20层为南江县杨坝剖面(106°51′,32°34′33″)，川西北地质大队1982年测制。

上覆地层：**观音崖组**　紫红色细—粗粒长石石英砂岩、含砾砂岩

~~~~~~~~ 不 整 合 ~~~~~~~~

上两组 总厚度＞1 905.1 m
~~~~~~~~

20. 灰色薄层状黑云板岩，间夹粉砂岩条带	264.5 m
19. 黄灰色薄层条纹状粉砂质板岩，间夹绢云板岩	181.3 m
18. 灰黑色薄层条纹状绢云石英板岩，中部夹红柱石黑云板岩	51.0 m
17. 浅黄灰色钠长硅化大理岩	5.7 m
16. 深灰色薄层条纹状绢云石英板岩，间夹粉砂岩条带	404.4 m
15. 灰黑色薄层碳质板岩	28.5 m
14. 灰、深灰色薄一中层条带状、条纹状结晶灰岩	112.3 m
13. 灰、深灰色薄一中层条带状泥砂质灰岩与钙质绢云板岩互层	212.2 m
12. 中、上部为深灰色薄层条纹状绢云砂质板岩，下部含钙泥质板岩	371.3 m
11. 上部深灰色薄层状白云质绢云板岩，中部灰色大理岩，下部薄层钙质绢云石英板岩	66.7 m
10. 凝灰质厚层状白云大理岩	不详
9. 变玻璃质玄武安山岩，下部变凝灰质大理岩	2.5 m
8. 变英安质火山角砾岩夹安山质熔岩	14.7 m
7. 变安山质凝灰岩及火山角砾岩夹变凝灰质大理岩	7.4 m
6. 变凝灰质大理岩与凝灰岩互层	11.5 m
5. 变英安质角砾岩夹变凝灰质大理岩、凝灰岩	16.6 m
4. 变英安质凝灰岩与变英安质角砾岩互层	82.7 m
3. 上部变凝灰大理岩，下部变安山质晶屑凝灰岩	14.7 m
2. 变凝灰质、砂质角砾岩夹大理岩	39.7 m
1. 上部变晶屑凝灰岩，下部变凝灰质角砾岩(未见底)	17.4 m

【地质特征及区域变化】 本组广泛分布于南江县上两、杨坝、新民火地垭和旺苍县水磨一带。其岩性可分为三个部分，下部在钟家茅坡子，可划分出变英安质角砾岩-变英安质（或安山质）晶屑凝灰岩-变凝灰质大理岩 11 个喷发-沉积旋回。而往东经槐树坪、牡丹园、子母树至麻窝子，大理岩呈凸镜状分布，甚至尖灭，向西英安质角砾岩厚度变化亦较大，在钟家、坪河一带最厚可达 100 m 左右，再向西仅 2～30 m。在上两朱茨垭至红山湾一带，本组下部相变为石英粗面岩、变石英粗面质晶屑凝灰岩夹薄层大理岩，厚达 300 m。由于所夹火山岩多少不一，下部地层厚度在 200～770 m 之间。本组中部为灰色板岩与泥砂质灰岩互层（剖面第 11－14 层），岩性较稳定，分布于南江县杨坝、李家河、赵家坝、火地垭及黑山梁一带，厚度变化于 570～1 400 m 间。本组上部的板岩间夹少量大理岩（剖面第 15－20 层），岩性亦较稳定，出露于杨坝至阴湾、任家梁至石灰坡一带，厚度在 458～937 m 之间。在上两险崖子下部白云岩中产叠层石 *Kussiella* 和 *Tielinglla*。

板溪群　Pt*B*　(06－51－1146)

【创名及原始定义】 板溪群由板溪系演化而来，系王晓青、刘祖彝(1936)创名于湖南省益阳城西 60 km 之板溪村(现改属桃江县)(H－49－128－D;111°58′,28°26′)，其原始涵义系指位于马迹塘系紫红色千枚岩及石英砂岩之上的一套灰绿色千枚岩和含卵石之千枚岩。

【沿革】 该系原始含义仅包括了现今板溪群的上部及相当南沱组的一部分，该群下部（大体相当马底驿组及五强溪组下部）被创名人称“震旦纪马迹塘系”。后人由于对板溪群的认识不一致，划分不统一，直至 1962 年湘、桂、黔三省(区)前寒武纪地层工作组在湖南将该群划分为下部马底驿组及上部五强溪组后，始有了统一的划分标准。但在四川境内仍未得到认同和采纳。板溪群与上覆地层界线的划分历来有两种不同的意见：

(1)将板溪群顶界置于古城组(旧称“南沱组”或“溶溪冰碛层”)之底。理由是这一界面是上下两套不同沉积建造的自然界面，也为区域性不整合界面，其下伏地层为区域变质的碎屑岩及火山碎屑岩，其上为正常沉积岩。目前川、黔、湘区域地质志均采用这一划分方案。

(2)将四川境内旧称板溪群上部的一套以紫红、灰绿等色长石石英砂岩为主的地层(即秦杂组)或番召组单独划出，采用莲沱组一名。理由是这套地层岩石组合特征与莲沱组定义相符。为与南方“标准剖面”划分接轨，这一方案已形成倾向性意见。

四川的板溪群主要分布于秀山县境内，范围极小。这套地层在贵州东部原称下江群(王曰伦，1936)，1959年后统称板溪群，贵州108地质队(1962)由下而上建立了甲路组、乌叶组及番召组，并于1970年用于四川(1∶20万沿河幅)。其后，该队(1970)又将黔东北松桃、江口一带的该群(“红板溪”)由下而上划分为红子溪组及清水江组，但未在四川使用。川东南地质大队(1984)将该群由下而上建立了红砂溪组、楠木沟组及秦杂组，命名于四川秀山中溪一带。通过地层清理，与四川性质相同的一套板溪群(俗称“红板溪”)广布于川、黔、湘边界附近地区，湖南北部该群发育，研究程度较高，系统较合理，各省自立系统建议停止使用。

【现在定义】 指不整合于冷家溪群之上，平行不整合于震旦纪长安组或富禄组之下，由砾岩、砂岩、板岩、钙质板岩、凝灰岩、变火山岩等组成的地层，由下而上划分为：宝林冲组、横路冲组、马底驿组、通塔湾组、五强溪组……等8个组级单位。在四川，经过清理修订的板溪群限制在莲沱组以下的地层范围内，划分为马底驿组及五强溪组。四川境内未见其与莲沱组的接触关系，目前仅根据黔北资料推断为平行不整合接触。

【地质特征及区域变化】 该群分布于四川秀山县红砂溪、中溪、孝溪、花园及葫芦坪等地，主要为一套杂色浅变质的细屑碎屑岩，出露厚度一般在2 000～2 300 m，以南部中溪、孝溪一带较厚，由北向南减薄。

马底驿组 *Ptmd* (06-51-1152)

【创名及原始定义】 马底驿组系湘、桂、黔三省(区)前寒武纪地层工作组1962年在湖南所创，其原始定义是泛指沅陵马底驿地区位于武陵运动不整合面上的一套紫红色为主的绢云母板岩、条带状粉砂质板岩夹钙质板岩、大理岩等的浅变质岩系。

【沿革】 该组于四川境内使用过两种名称：即乌叶组(贵州108地质队，1970)及红砂溪组(川东南地质队，1984)，《西南地区区域地层表·四川省分册》(1978)未单独分组，统称板溪群，《西南地区区域地层表·贵州省分册》(1977)在松桃地区另命名为红子溪组，上述各组含义基本相同，均归属于板溪群下部，但这一名称四川未采纳。本次清理及省区协调对比，并照“优先命名法则”，采用马底驿组一名。

【现在定义】 整合于横路冲组之上、通塔湾组之下的一套以紫红色板岩为主加灰绿色板岩、钙质板岩及大理岩。在四川以浅紫、紫红等色绢云板岩、粉砂质绢云板岩、条带状粉砂质板岩为主，夹灰绿、紫灰等色变余砂岩、粉砂岩及少量长石石英砂岩，未见底，与上覆五强溪组底部深灰色变余粉砂岩整合过渡，厚1 230 m的地层。

【层型】 选层型位于湖南芷江县渔溪口。省内次层型为秀山县中溪剖面，贵州区调队1965年测制。

【地质特征及区域变化】 马底驿组主要分布于秀山县红砂溪、中溪、孝溪及葫芦坪一带，分布范围极小，均未见底。岩性于区内较稳定。出露厚度大多超过千米。据杨暹和(1987)报道，中国科学院地质所曾在湖南该组下部安山岩中测得Rb-Sr法年龄值950 Ma，证实该组年代属青白口纪。

五强溪组　*Ptwq*　(06-51-1153)

【创名及原始定义】　1962年由湘、桂、黔三省(区)前寒武纪地层工作组，根据湖南沅陵县五强溪剖面所创。定义为：位于马底驿组紫红色板岩之上、震旦系南沱砂岩组之下的一套厚达3 000余米的石英砂砾岩、石英砂岩、板岩、凝灰岩的地层。

【沿革】　该组于四川境内曾用过两种名称：即番召组（贵州108地质队，1970)、楠木沟组（川东南地质队，1984)，《西南地区区域地层表·四川省分册》(1978)未分，统一归入板溪群，《西南地区区域地层表·贵州省分册》(1977)于相邻松桃地区又称清水江组，以上所及名称均为本组的同物异名。

【现在定义】　石英砂岩、石英砂岩为主夹板岩的地层。在四川以浅灰－深灰色变质砂岩、粉砂岩不等厚互层为主，夹灰绿色粉砂质或砂质板岩及石英砂岩，与下伏马底驿组顶部杂色板岩整合过渡，与上覆莲沱组底部杂色变质含砾砂岩因掩盖接触关系不清(可能为平行不整合)。

【层型】　选层型位于湖南芷江县渔溪口。省内次层型为秀山县中溪剖面，贵州区测队1965年测制。

【地质特征及区域变化】　该组分布于秀山地区，范围与马底驿组相同。岩石组合尚较稳定，因构造影响多出露不全。该组顶部在中溪一带有一层灰白色中－厚层状石英岩、变质石英砂岩，以上覆莲沱组底部砂砾岩的出现作为划分标志。

第二节　同位素年代信息及生物群

一、同位素年代信息

四川省境内与前震旦纪有关的同位素年代信息，估计有百余个，大部分是采自侵入前震旦系的岩体和岩脉及以往划分的花岗岩、混合岩中，直接采于前震旦系变质岩和火山岩样品不多。加之采样方法、测试手段、测试结果解释等方面存在差异和不同认识，特别是对早元古代以前(>1 700 Ma)的地层认识分歧较大，本次清理只反映前人的研究成果。

第一组(2 000～>2 500 Ma)，即本次清理认为的下元古界康定(岩)群时限，大致可反映结晶基底原岩形成及有关热事件的年龄，分析结果如表2-1。

第二组(1 700～2 000 Ma)属早元古代晚期，其代表地层单位为下村(岩)群和河口(岩)群，亦有部分康定(岩)群。反映另一原岩热变质及第一次混合岩化时间。见表2-2。

第三组(1 000～1 700 Ma)为中元古代时限。四川境内中元古界较为发育，所取得的同位素年龄信息相应较多，所反映地质事件的解释也是多方面的，原作者的看法在表备注栏中尽可能加以说明。见表2-3。

表 2-1　康定(岩)群各种测年数据表

取样地点	测定对象	测定方法	年龄值(Ma)	发表者	备注
盐边县同德	角闪二辉片麻岩，全岩	Pb-Pb	2 957	袁海华	有人提出不可靠
冕宁县沙坝	角闪混合片麻岩，全岩	Rb-Sr	2 405	袁海华	同上
泸定县城北	咱里（岩）组斜长角闪岩残留体，锆石	U-Pb	2 046	李复汉	代表原岩（火山岩）形成期
泸定县城北	咱里（岩）组斜长角闪岩残留体，锆石	U-Pb	2 451	李复汉	同上

表 2-2　下元古界同位素测年数据表

取样地点	测定对象	测定方法	年龄值(Ma)	发表者	备注
米易县垭儿棉花地	侵人石英片岩中的辉橄岩，辉石	K-Ar	1 958	成都地质学院	有人提出不可靠
冕宁县泸沽桂花村	橄辉岩，全岩	K-Ar	1 723	成都地质学院	
会理县拉拉厂	河口（岩）群长冲（岩）组细碧角斑岩，锆石	U-Pb	1 712	李复汉	反映原岩生成期
会理县拉拉厂大团箐	河口（岩）群下部碳质板岩，全岩	Rb-Sr	模式年龄 1 654～1 750	李复汉	不能反映原岩沉积时间

表 2-3　中元古界同位素测年数据表

取样地点	测定对象	测定方法	年龄值(Ma)	发表者	备注
会理县拉拉铜矿石龙	河口（岩）群斑状石英钠长岩，黑云母	K-Ar	1 159	成都地质学院	
会理县通安新发矿区	原淌塘组黑云磁铁矿石，黑云母	K-Ar	1 165	仇定茂	
会理拉拉厂落凼	侵人河口（岩）群落凼组中的辉绿岩脉，全岩	K-Ar	1 488	李复汉	河口（岩）群的上限＞1 500 Ma
会理县黎溪河口	侵人河口（岩）群的辉长岩，角闪石	K-Ar	1 004～1 145	成都地质学院	
盐边县冷水箐	角闪石辉长岩体(侵人盐边群中)，角闪石	K-Ar	1 083	四川 106 地质队	
南江县椿树坪	侵人火地垭群的橄榄角闪辉石岩，辉石	K-Ar	1 065	中南地质研究所	
盐边县同德	混合岩中基性-超基性岩，角闪石	$^{40}Ar-^{39}Ar$	1 012	成都地矿所杨大雄	代表岩体的冷却年龄
泸定县水井湾	侵人康定（岩）群的超基性岩，辉石	$^{40}Ar-^{39}Ar$	1 650	邢无京	武陵旋回的基性事件时间
泸定县	康定（岩）群中的斜长角闪岩，全岩	K-Ar	1 410	邢无京	武陵旋回的基性事件时间
会理县云甸北侧	摩沙营花岗岩，全岩	Rb-Sr	平均值 1 041（11 件样品）	李复汉	岩体定位结晶时间
会理县黎溪黑箐	因民组石榴石大理岩及云母大理岩，全岩	Rb-Sr	平均值 1 235（7 件样品）	李复汉	反映变质作用的时限
盐边县双龙场	盐边群荒田组枕状玄武熔岩，全岩	Rb-Sr	平均值 1 203（6 件样品）	李复汉	火山爆发的时限
会理县凤山营	会理群凤山营组微晶灰岩及钙质千枚岩，全岩	Rb-Sr	平均值 1 540（9 件样品）	李复汉	代表沉积成岩作用时间

续表 2-3

取样地点	测定对象	测定方法	年龄值(Ma)	发表者	备注
攀枝花市仁和大田	康定(岩)群闪长质混合岩，全岩	Rb-Sr	1 171～1 255 (11 件样品)	李复汉	可能代表混合岩化作用时限
盐边县同德—田坝	康定(岩)群冷竹关(岩)组黑云角闪片岩，全岩	Rb-Sr	1 133 1 045	张儒琼 刘箫光	认为是生成年龄
彭县马松岭矿区	黄水河群大理岩中的方铅矿	U-Pb	1 045～1 440 (4 件样品)	张洪刚	反映原岩生成年龄
汶川县兴文坪	侵入黄水河群中的闪长岩，角闪石	U-Pb	1 043	张洪刚	
会理县洪川桥白鸡沟	天宝山组中变石英斑岩，锆石	U-Pb	平均值 1 466 (5 件样品)	李复汉	代表天宝山组火山喷发作用时间

第四组(810～1 000±Ma)代表上元古代的时限。所取得的同位素年龄信息数据最多，60—70 年代已获 K-Ar 法年龄，时代从 816～1 005 Ma；80 年代又测有 742～1 032 Ma 的数据。这些年龄值一是集中于 800 Ma 左右，样品多取自变质岩、火山岩、花岗岩、基性岩类，以侵入岩为多。据李复汉等(1988)对康滇地区花岗岩、闪长质混合岩 79 件样品统计，如除去含钾量小于 1%的基性-超基性岩样品，平均值为 814 Ma(K-Ar 法)的有变质岩的黑云母、白云母样品 51 件，其中大于 750 Ma 的 22 件。6 件^{40}Ar-^{39}Ar 法样品年龄数据为 782～1 041 Ma，其中有 5 件样品为 782～870 Ma 之间。这些数据明显反应了晋宁运动末期重大构造运动的岩浆热事件及变质事件。还有一批年龄值集中于 1 000 Ma±，这从第三组年龄值已有反映。此外会理拉拉厂黑云母石英钠长片岩黑云母测年值为 902 Ma，会理变英安岩（天宝山组）Rb-Sr 全岩等时值 907 Ma，会理通安新发细碧岩全岩 K-Ar 法 910 Ma，泸定县水井湾混合岩带中的细粒斜长花岗岩中黑云母 K-Ar 法 910 Ma，南江县庙垭侵入火地垭群石英闪长岩，锆石 U-Pb 法测年值 956 Ma 等等。这批数据虽不能代表各自原岩的沉积年龄，但这些侵入岩、变质岩、火山岩年龄值都比较接近，似乎反映了在 1 000 Ma±有一次岩浆活动及热变质作用。

本次清理所提供的同位素年龄信息数据只能供参考，对样品所处地质背景、样品的代表性和同一地质体有很不一致的数据时，如何去伪存真等，无法一一加以说明。

二、微古生物

1. 疑源类

以往多称为“微古植物类”化石，由于分类位置不能确定，甚至可能有动物分子，所以统称疑源类化石，它已成为划分和对比前震旦系的重要依据，特别是以“群”为单元建立的化石组合，可以较明显地反映变化特征。我省在会理群、盐边群、黄水河群、峨边群中发现疑源类化石，据初步统计，在峨边群有 12 个属 28 个种；会理群中有 11 个属 21 个种；黄水河群有 4 个属 5 个种。

四川东部前震旦系中，存在许多被称为三大属的粗面球形藻属 *Trachysphaeridium*、糙面球形藻属 *Asperatopsophosphaera* 和假球形藻属 *Pseudozonosphaera* 的一些常见分子，目前尚未发现它们的特殊地质意义。但时代由老而新疑源类生物显示出由简单到复杂的演化趋势，非丝状膜壳直径也逐渐增大，如四川金阳对坪茨竹坪组个体直径 20～40 μm 的占 60%，平均直径35.5 μm；四川会东双水井会理群凤山营组中，个体直径小于 25 μm 的占 43.3%，平均直径 35 μm；四川会理黎溪以 20～40 μm 为主。从化石组合与大小来看，与滇中“下昆阳群”相似，与北方长城系—蓟县系亦相近，时代为中元古代。

2. 叠层石

目前在会理群、登相营群、火地垭群中发现有叠层石。会理群中的叠层石，主要分布于会理通安地区落雪组、会东满银沟的青龙山组白云岩之中。登相营群中的叠层石见于冕宁大热渣、铁矿山和喜德县登相营的大热渣组中。火地垭群叠层石主要产于麻窝子组，上两组中少见，以南江县庙坪一带采获最多。

会理群中叠层石计有16个族，其中落雪组最多有13个族，次为青龙山组共有6个族。这两个组中共同出现*Conophyton*，*Cryptozoon*，*Jurusania*3个分子。落雪组中还有叠层石，如*Conophyton*，*Stratifera*，*Cryptozoon*，*Colonnella*等，均在云南昆阳群落雪组中发现。会东地区青龙山组中的*Tungussia*，*Jurusania*，*Conophyton*等，在云南昆阳群青龙山组（或绿叶江组）中亦有发现，但会东地区青龙山组中出现了*Manyingouella manyingouensis*等新分子，云南青龙山组中的重要分子*Lujiacunia*本区尚未发现，因此两者之间还有一些差异。

登相营群大热渣组中叠层石有10个族，其组合面貌不同于会理群落雪组和青龙山组，具*Baicalia*－*Tungussia*－*Gymnosolen*(*Minjiaria*)组合，出现类似*Linella*分子。这一组合即下部以*Baicalia*序列为主，上部以*Gymnosolen*序列为主，据王福星等人(1988)研究，从云南中部昆阳群大龙口美党组经东川至四川冕宁，*Baicalia*－*Gymnosolen*序列横向分布稳定，是大范围对比地层的重要标志。

火地垭群麻窝子组中叠层石有8个族，与登相营群大热渣组叠层石组合相近，共同具有*Baicalia*，*Minjiaria*等，另外如*Anabaria*，*Tielingella*等也是我国北方蓟县系中的重要分子。

从上述叠层石组合面貌分析，火地垭群及登相营群中*Baicalia*－*Gymnosolen*组合，与河北中元古界蓟县系叠层石组合相当；会理群落雪组和青龙山组中叠层石分子如*Conophyton*，*Colonnella*，*Kussiella*，*Cryptozoon*，大体可与华北地区长城系叠层石分子对比，其上部可能相当于蓟县系。

第三章
震旦纪—志留纪

第一节 岩石地层单位

扬子地层区震旦系分布广泛，以攀西、宝兴、川北及川东南等地较集中，层序较完整。早震旦世于攀西、宝兴及南江一带发育巨厚的火山岩及火山碎屑岩和碎屑岩建造的苏雄组、开建桥组、列古六组和盐井群、铁船山组；秀山地区以冰碛砂砾岩沉积为主，发育了莲沱组、古城组、大塘坡组、南沱组；会理、盐边一带则发育碎屑岩和冰碛岩建造的澄江组和南沱组。晚震旦世川西、川北发育砂、砾岩建造的观音崖组和碳酸盐岩建造的灯影组，川东、川南则见泥页岩建造的陡山沱组和碳酸盐岩建造的灯影组。厚度各地相差悬殊，火山岩发育地区可达7 000 m，东部冰碛岩发育地区一般不足千米。本次对比研究通过清理及相邻省区间协调，省内建议采用群级单位1个，组级单位16个。

扬子地层区寒武纪地层分布范围广泛，均属稳定的地台型沉积建造，下部多以碎屑岩为主，中上部以碳酸盐岩为主，沉积厚度巨大，多分布于四川盆地周边及攀西地区。通过本次清理及相邻省区协调，省内建议采用组级单位19个。成都—西昌—带有筇竹寺组、仙女洞组、沧浪铺组、石龙洞组、陡坡寺组、西王庙组、娄山关组，酉阳—重庆—带有牛蹄塘组、石牌组、金顶山组、清虚洞组、高台组、覃家庙组、平井组、娄山关组、毛田组，盐源—龙门山一带有长江沟组、磨刀垭组，九顶山一带有邱家河组、油房组。

扬子地层区奥陶纪地层为稳定的地台型沉积建造，东西部沉积物性质差别较大，西部以近源海相碎屑岩—碳酸盐岩为主，东部以远源碳酸盐岩—泥岩沉积为主，沉积物总厚一般在250～1 000 m左右。分布于攀西地区及四川盆地周边山区，盆地中部深埋地腹，仅华蓥山地区有零星露头分布。通过本次清理及相邻省区间协调，建议省内采用12个组级岩石地层单位。重庆—泸州一带有桐梓组、红花园组、湄潭组、大湾组、宝塔组，巫山—酉阳—带有南津关组、红花园组、牯牛潭组、庙坡组、宝塔组，乐山—会理一带有红石崖组、巧家组、大箐组，广元—南江一带有湄潭组、宝塔组，盐源一带有红石崖组、宝塔组，九顶山一带有陈家坝组、宝塔组。

扬子地层区志留纪地层属地台型稳定沉积建造，分布广泛，岩性较为稳定，下部普遍以笔石页岩为主，上部以碎屑岩及碳酸盐岩为主。省内志留系一般发育不全，大部地区缺失上部地层，仅广元地区层序较全。该系普遍为二叠纪地层所超覆，仅盆地西缘为泥盆系覆盖。该系露头分布于四川盆地周边及攀西地区，盆地内多有钻井揭露。通过本次清理及相邻省区间协调，建议今后省内采用1个群级19个组级岩石地层单位。最下部龙马溪组除川西南部分地区和九顶山外，全区皆发育。其上，川东南一带发育新滩组、小河坝组、马脚冲组、溶溪组、秀山组、回星哨组、小溪峪组。川南一带发育松坎组、石牛栏组、韩家店组，川北一带发育新滩组、罗惹坪组、纱帽组、回星哨组、车家坝组，川西南一带发育黄葛溪组、嘶风崖组、大路寨组、回星哨组，盐源一带发育稗子田组、中槽组，九顶山一带发育茂县群。

莲沱组 *Zl* (06-51-2001)

【创名及原始定义】 系刘鸿允、沙庆安(1963)所创的莲沱群演变而来。命名地点：湖北省宜昌市莲沱镇王丰岗。原始定义："南沱组冰碛岩之下，下部为紫红、棕紫及黄绿色粗—中粒长石石英及长石砂岩；上部主要为紫红色及灰白色凝灰质砂岩和紫褐色及黄绿色砂岩、砂质页岩，底部暗紫红色砾岩与下伏三斗坪群花岗岩角度不整合分界。"

【沿革】 四川境内莲沱组分布有限，认识也颇多分歧，1978年以前，一直归属板溪群(《西南地区区域地层表·四川省分册》，1978)或作为番召组上部的一个段(贵州108队，1970)，或称秦杂组(四川107队，1984)及多益塘组(湖南区调队，1988)，均归属于板溪群之中。就其岩石组合特征及层序而言，这套地层与板溪群关系密切，为浅变质碎屑岩夹有少量凝灰岩，与鄂西莲沱组岩性也较相似，但区别也较明显，特别是下伏层性质完全不同。为此，虽有人提议使用莲沱组一名(四川地层总结，1978；杨暹和，1981)，但未取得共识。通过本次实地核查及省区间协调，建议使用鄂西系统及名称。

【现在定义】 在四川省以紫红、紫灰、灰绿等色细—中粒变余石英砂岩、长石石英砂岩、粉砂岩为主，夹粉砂质板岩、玻屑凝灰岩等，与下伏板溪群五强溪组灰色砂岩、粉砂岩可能为平行不整合或不整合，与上覆古城组底部砾岩为不整合接触的地层。

【层型】 正层型在湖北省宜昌市。省内次层型为秀山县中溪剖面，贵州108队1965年测制。

【地质特征及区域变化】 本组仅见于秀山县中溪及溶溪，中溪可分上下两部，下部以紫红、紫灰色长石石英砂岩为主，夹粉砂质板岩及少量凝灰岩。下部砂岩中常含砾石，其成分多为下伏层之砂岩、板岩。在相邻的贵州松桃一带具底砾岩，与下伏层为不整合接触。

省内莲沱组缺乏生物及测年资料。赵自强等(1985)报道峡区正层型剖面该组下部年龄值为748±12 Ma(U-Pb法)，其下伏黄陵花岗岩中伟晶岩脉的最后侵入时间为798±1 Ma(Rb-Sr法)，故推测莲沱组的下限介于748～800 Ma之间。

古城组 *Zgĉ* (06-51-2043)

【创名及原始定义】 赵自强等(1985)创建于湖北省长阳县高家堰东南5.5 km的古城岭附近。原始定义：下部为冰碛砾岩，上部为砂砾岩、含砾砂质粘土岩及粉砂质粘土岩。含微古植物。

【沿革】 四川境内1970年以前均合并于"南沱冰碛岩组"中(即狭义的南沱组)。四川地质局综合队(1975)以秀山溶溪剖面为代表，命名为"溶溪冰碛层"，未发表，后人作为段级单位使用(杨暹和，1981；《四川省区域地质志》，1991)。根据相邻省区间协调，建议将其上升为组级单位。

【现在定义】 在四川省为灰、灰绿色薄一厚层状砂岩、砾岩、含砾不等粒砂岩、粉砂岩为主，与下伏莲沱组变余砂岩、凝灰岩不整合接触，与上覆大塘坡组底部碳质页岩平行不整合接触的地层。

【层型】 正层型在湖北省。省内次层型为秀山县中溪剖面，贵州108队1965年测制。

【地质特征及区域变化】 本组仅分布于秀山地区，岩性以浅紫红色砂、砾岩为主，厚0.5～5.1 m，区域上变化极大，局部有缺失。

大塘坡组 *Zdt* （06－51－2006）

【创名及原始定义】 贵州103队1967年命名于贵州松桃县大塘坡，原始含义为：整合于莲沱砂岩与南沱冰碛岩间的一套细碎屑沉积，分为：下部含锰岩系，为灰黑色碳质页岩夹粉砂岩、细砂岩、白云岩，厚25 m；中部深灰色含粉砂质页岩，厚247 m；上部深灰色微层状含粉砂质页岩，厚295 m。与下伏莲沱组砂岩及上覆南沱组分界清楚。

【沿革】 该组在70年代以前均归入南沱冰碛岩组(狭义)，贵州108队(1970)于秀山将该组由南沱组下部分出，其含义包括了上部“黑色含锰岩系”及下部“溶溪冰碛层”，这一定义为后人所沿用(《西南地区区域地层表·四川省分册》，1978；《四川省区域地质志》，1991)，但扩大了含义。经相邻省区间协调，将分布于川、黔、湘、鄂边境地区的大塘坡组下部“冰碛岩”划出，称为古城组。大塘坡组仍维持原含义。

【现在定义】 在四川省以灰色薄板状粉砂质页岩为主，底部夹黑色碳质页岩及锰矿层，与下伏古城组砂、砾岩为整合接触；与上覆南沱组底部含砾石英砂岩为整合或平行不整合接触的地层。

【层型】 正层型在贵州省。省内次层型为秀山县中溪剖面，贵州108队1965年测制。

【地质特征及区域变化】 本组分布于秀山地区，岩性较稳定，漆园坝、鸡公岭一带均含有薄层或凸镜状锰矿层。该组厚度变化较大，凉桥一带仅22 m，中溪、溶溪一带厚118～180 m不等。在鸡公岭小茶园的锰矿层中见有藻类化石 *Protoleiosphaeridium*，*Quadratimorpha* 等。

据朱鸿(1987)报道，经对秀山溶溪该组测得的古地磁位置基本上集中的188°～213°E，26°～66°N地带，大致位于现今的太平洋北部，古地磁纬度在20°～28.5°N之间，与湘、鄂、黔同层位地层中测定值极近似。该组省内缺乏测年资料，马国干(1983)于鄂西长阳古城该组含锰层的Rb－Sr全岩等时线年龄为739 Ma。

南沱组 *Zn* （06－51－2002）

【创名及原始定义】 E Blackwelder(1907)于湖北省宜昌市南沱创名。原始定义：指伏于大套石灰岩之下的砂质和泥质岩石组成的南沱层。出露于南沱陡壁之下的缓坡上，这套岩层的底部由长石石英砂岩和砾岩组成。下部呈紫褐色，向上渐变成白色和紫色石英岩，总厚度约45 m；上部出露35 m厚的硬质块状泥砾层或冰碛层，既不呈片状也不成层。这是一套绿色粗砂质的粘土岩，结构杂乱，呈棱角状，无分选性的地层系列。

【沿革】 野田势次郎(1915)改称“南沱砂岩系”。李四光、赵亚曾(1929)将Willis所称的“南沱层”一分为二：下部称“南沱粗砂岩”，上部称“南沱冰碛岩”。刘鸿允(1963)将李四光等的“南沱粗砂岩”另命名为“莲沱群”，上部“南沱冰碛岩”即复称狭义的南沱组，其名称及含义均沿用。

【现在定义】 在四川省以灰、灰绿、紫红色砾岩、砂岩为主，夹粉砂岩、页岩及凝灰岩等，与下伏大塘坡组粉砂质页岩，与上覆陡山沱组白云岩或碳质页岩呈整合接触。

【层型】 选层型在湖北省。省内次层型为秀山县中溪剖面，系贵州108队1965年测制。

【地质特征及区域变化】 主要分布于四川东部秀山、巫溪一带，出露范围局限。秀山一带，该组厚88～120 m；在溶溪、凉桥、鸡公岭一带，岩性以灰岩、深灰色含砾砂岩为主，砾石成分复杂，有脉石英、燧石、板岩、橄榄辉石岩、花岗岩等，上部为含砾砂质页岩，与下伏大塘坡组间一般为过渡关系，局部不连续，如中溪；在孝溪等地也可见不整合覆于莲沱组之上。大巴山一带以紫红、灰绿杂色凝灰质砂砾岩为主，夹泥岩，未见底，厚度在800 m以上。

陡山沱组 *Zd* (06－51－2003)

【创名及原始定义】 系李四光等(1924)创名的陡山沱岩系(Toushantou Series)演变而来。命名地点在湖北省宜昌市陡山沱。原始定义："中震旦系，陡山沱岩系：它主要含页岩和薄层石灰岩。在下部主要为页岩，……含有盘状黑色燧石的硬质页岩是这个地层下部的突出特征。……顺次地向上追索，页岩渐渐变得富于钙质。它们先后顺序是：最初为泥质的层纹状蓝色硬石灰岩，其次局部呈鲕状的纯石灰岩层，最后是薄层状白云岩局部被矽质页岩盖覆。"

【沿革】 50年代引入四川东部使用，认识基本一致(地质部第四普查大队，1964；贵州108队，1970；四川二区测队，1974)，但也有人将龙门山及攀西地区伏于灯影组之下的一套以砂岩为主的地层(相当观音崖组)称"陡山沱组"(四川二区测队，1975；殷继成，1984)，使该组含义扩大，经清理及省区间协调，认为分布于川、黔、湘、鄂边境的陡山沱组应恢复其原始含义，以保持作为岩石地层单位的基本特征。

【现在定义】 在四川省以灰、黑色薄层状粉砂质页岩、碳质页岩为主，夹不等量的白云岩及灰岩，与下伏南沱组砂、砾岩和上覆灯影组浅灰色白云岩均为整合接触的地层体。

【层型】 正层型在湖北省。省内次层型为秀山县溶溪剖面，贵州108队1965测制。

【地质特征及区域变化】 本组分布于秀山、城口、巫溪等地，岩性较稳定。秀山一带厚64～103 m，城口一带厚353 m，向东至巫溪以北层间夹有粉砂岩，厚度变薄至26～37 m。

观音崖组 *Zg* (06－51－2005)

【创名及原始定义】 张云湘等1958年命名于会理县力马河南把关河附近的观音崖。原始定义为：滨海、浅海相碎屑岩建造和碳酸盐岩建造，下部为中厚层状细至粗粒含砾石英砂岩，中上部为灰、深灰、紫红色中至厚层状泥质灰岩与灰、紫红色页岩互层，超覆于列古六组或前震旦纪变质岩及花岗岩之上，呈平行不整合或角度不整合接触的地层。

【沿革】 该组创名前，曾繁礽、何春荪于1949年在峨边一带进行调查时曾创"喇叭岗系"(Lapakang Series)，含义为：岩性以紫色页岩、砂岩和板岩为主，其次为紫、绿色板岩和页岩，底部未出露，上覆层为洪椿坪灰岩，二者整合接触。上述二单位含义及时空位置大体相等，属同物异名。50年代以后，在峨眉、峨边地区主要用"喇叭岗组"(四川二区测队，1970)，60年代以后各家均采用观音崖组，虽命名时间较晚，而影响较大，仍作为正式名称使用，"喇叭岗组"省内建议停止使用。

【现在定义】 以紫红、灰黄等色砂岩、页岩为主，上部夹灰岩及白云岩，含微古植物化石，底部有灰白色含砾石英砂岩，与下伏澄江组砂岩、列古六组变质砂岩及晋宁期石英闪长岩、花岗岩呈平行不整合或不整合接触，与上覆灯影组灰色厚层状白云质灰岩呈整合过渡的地层体。

【层型】 正层型为盐边县把关河剖面(101°35′3″,26°36′41″)，四川一区测队1972年重测。

上覆地层：灯影组 灰白、青灰色厚层及块状白云岩，下部夹灰岩

——————— 整 合 ———————

观音崖组	总厚度 652.2 m
7. 浅灰、紫灰及黄色板状粉砂质灰质页岩，云母质页岩夹灰色灰岩	113.5 m
6. 上部为紫色中层状灰岩，具燧石条带，中夹黄色页岩，下部黄色页岩与灰岩互层	97.5 m
5. 灰紫色薄层状灰岩夹黄褐色砂岩及块状灰岩	132.5 m
4. 紫色板状灰质页岩夹黄色页岩，底部夹灰岩	77.2 m
3. 灰白色薄层状白云岩，下部含燧石条带及结核	126.8 m
2. 黄色页岩与泥灰岩互层，中夹白云质灰岩及细砂岩，底部为紫色细砾岩	104.7 m

－－－－－－ 平行不整合 －－－－－－

下伏地层：澄江组 灰白色薄—中层状细粒长石砂岩

【地质特征及区域变化】 本组分布于攀西及四川盆地西部及北部，为一套以紫红色砂、页岩为主，夹白云岩及白云质灰岩的地层。会理、会东一带白云岩含量大增，厚45～138 m，向北至螺髻山，小相岭一带厚152～179 m，粗碎屑岩多居于该组下部，偶见细砾岩及含石英砂岩，上部页岩为主夹大量碳酸盐岩，再向北厚度递减至70～110 m，至石棉一带仅厚30 m，岩性相对较为稳定。峨眉、乐山、金阳一带砂泥岩增多，砾岩发育，上部常以白云岩为主，厚15～50 m。攀西地区北段本组常与下伏列古六组凝灰质粉砂岩或凝灰岩整合或平行不整合接触，底部含砾砂岩可作为划分标志；南段常平行不整合于澄江组灰色石英砂岩之上，局部不整合超覆于会理群不同层位之上。在峨眉一带本组不整合于晋宁期花岗岩之上。旺苍、南江一带本组岩性为灰、紫红色砂页岩夹砾岩及白云岩、白云质灰岩，不整合于花岗闪长岩体或火地垭群之上，厚29～105 m。本组上覆地层为稳定的灯影组白云岩，岩性过渡，以厚层白云岩出现划界。在广元陈家坝、平武轿子顶、汶川七盘沟、康定金汤及孔玉等地亦有本组分布，但有轻微变质，以灰黑色调为主，前人所划碓窝梁组、胡家寨组、“陡山沱组”与本组或本组部分层位相当。该组罕见生物化石，据殷继成(1982)报道，在甘洛凉红该组上部灰岩夹层中发现微古植物化石。

据杨暹和报道(1987)，伏于观音崖组之下的澄江期花岗岩的K－Ar法年龄值为690～717 Ma，位于其上的观音崖组的年龄一般在700 Ma以内。

灯影组 Z∈*d* (06－51－2009)

【创名及原始定义】 系李四光等(1924)创建的“灯影石灰岩”演变而来。命名地点在湖北省宜昌市西北20 km长江南岸石牌村至南沱村的灯影峡。原始定义：“上震旦系灯影石灰岩：白色块状呈峭壁形的石灰岩，多少带白云质；在风化表面上有坚硬的矽质夹层突出。”“在很多地方包含特殊而且成群的层状体，有时呈似圆筒状，但更多的是不对称圆锥状。”“是震旦纪浅水中繁殖的钙质藻类遗骸，”“特地命名为 *Collenia cylindrica*，*Collenia angulata*。”“灯影石灰岩，从灯影峡下口的寒武纪页岩下突起。”

【沿革】 该组在四川境内广泛使用。除此而外，在四川境内至少有三套名称，在不同时

期、不同地区使用过：①洪椿坪石灰岩(组)：赵亚曾1929年命名于峨眉山洪椿坪。②盐井河层：侯德封、王现珩1939年命名于旺苍县双河乡附近的盐井河。③芍药沟组：成都地质学院及四川101地质队命名于绵竹县清平乡北芍药沟。

以上各组与灯影组属同物异名，使用范围也较局限。自60年代始，相继在灯影组上部发现以软舌螺为代表的“小壳动物”化石群，其下限被生物地层学者称为寒武系与前寒武系界线的“A”点，并以此界线将灯影组上部作为组级地层单位划出，并给予相应的名称。据统计有：宽川铺组(段)(陕西第四地质队，1962)、麦地坪组(南京地质古生物研究所，1965)(简称南古所，下同)、天柱山组(卢衍豪，1973)、渔户村组(罗惠麟，1975)、黄鳝洞组(陈孟莪，1977)、戈仲伍组(贵州108队，1979)、高燕组(成都地质学院，1985)等，其中四川以“麦地坪组”一名使用最为广泛。本次清理认为上述各组是依据化石作结论划分的地层，没有宏观的岩石自然界面，有人以灯影组上部硅质层且有磷块岩富集，作为划分的“参照系”，但由于区域变化大，难于应用。

【现在定义】 在四川省以浅灰—深灰色中厚层—块状白云岩为主，夹白云质灰岩、灰岩，硅质岩薄层及条带，时夹少量泥质页岩，富含微古植物及藻类化石，近顶部含小壳动物化石磷矿层，与下伏观音崖组白云岩夹粉砂岩或陡山沱组粉砂质页岩为整合接触，与上覆筇竹寺组或牛蹄塘组或邱家河组底部碳质页岩、粉砂质页岩或硅质岩夹白云岩呈整合或平行不整合接触的地层体。

【层型】 正层型在湖北省。省内次层型为峨眉县高桥剖面，殷继成等1980年测制。

【地质特征及区域变化】 本组岩性及厚度均较稳定，以白云岩为主的宏观特征较明显，在盆地北缘及龙门山地区，常夹有少量泥页岩。由于富含藻类化石，常构成不同形态的层纹石、叠层石及核形石，总的规律是该组中部藻类集中，上下部相对较贫，有人按藻类富集程度及相关构造作为段级单位的划分标准(南京地质古生物研究所，1974)。本组在攀西地区一般厚88～1 023 m，川北地区382～870 m，盆地南部及东南部220～470 m，至秀山一带小于40 m，变化规律为西厚东薄，北厚南薄。在广元陈家坝、平武轿子顶、汶川七盘沟、康定金汤等地，亦有分布，整合覆于观音崖组之上和伏于邱家河组之下，岩性无大变化，仅局部有轻微变质，前人所划元吉组实为同物异名。

本组含有丰富的微古植物及藻类化石，微古植物有 *Lophosphaeridium*，*Pseudozonosphaera*，*Palaeomorpha* 等，藻类有 *Palaeomicrocystis*，*Actinophycus* 等。本组上部含有丰富的小壳动物化石，主要有 *Anabarites*，*Chancelloria*，*Turcutheca*，*Paragloborilus*，*Ovalitheca* 等。

据杨暹和(1987)报道，四川灯影组第二段中方铅矿用普通铅法测得年龄值为600、634、638、706 Ma，故推测该组底界年龄值约660 Ma。另据赵自强、曹仁关等(1980)报道鄂西牛蹄塘组下部非三叶虫段黑色页岩及滇东筇竹寺组底部黑色粉砂岩用Rb－Sr法测定年龄值分别为613±23 Ma及612±36 Ma，代表了灯影组顶界的年龄值。

澄江组 **Zĉ** (06－51－2004)

【创名及原始定义】 谢家荣(1941)创名于云南省澄江县城北风山，称“澄江长石粗砂岩”。米士(1942)所称“澄江砂岩系”，指震旦系在澄江附近可分为三层，自下而上为：(1)澄江长石粗砂岩，(2)冰碛层，(3)红页岩及石灰岩。其中层(1)即谢氏划分的澄江组原始含义。

【沿革】 该名60年代引入四川，在会理、盐边地区使用，后期扩展到金阳等地，各家对其含义的理解基本相同。

【现在定义】 在四川省岩性以紫红、灰绿、青灰等色厚层—块状中、粗粒长石石英砂岩为主，夹含砾砂岩、砾岩、细砂岩及砂质页岩，偶夹酸性火山岩，与下伏前震旦系浅变质岩系为不整合接触，与上覆观音崖组杂色石英砂岩或砂页岩呈平行不整合接触。

【层型】 正层型在云南省。省内次层型为盐边县阿米罗—龙塘剖面，四川一区测队 1963 年测制。

【地质特征及区域变化】 分布于攀西地区南部，岩性较稳定，于会理、会东一带厚达 600～740 m，盐边一带砾岩有所增加，厚度减薄至 434 m，向北至德昌、布拖一带砂岩中韵律结构发育，厚度增大到 710～810 m，向东至金阳对坪层间夹多层酸性火山岩，厚度减至 550 m 左右。

苏雄组 *Zs* (06-51-2029)

【创名及原始定义】 四川一区测队 1965 年命名，1971 年正式发表，命名于甘洛县苏雄。原始含义包括三段：下段灰、灰绿色酸性熔岩、火山碎屑岩；中段深灰、灰绿色中性火山岩夹灰质砂岩、砾岩；上段玄武岩、安山玄武岩及酸性火山碎屑岩及熔岩，角度不整合覆于峨边群之上，与上覆开建桥组整合接触，总厚达 2 000 m。

【沿革】 本组在命名前曾在命名地由下而上命名为“仁勇组”（下段）、“英安斑岩组”或“博洪组”（中段）及“阿子觉组”（上段），并统称“博洪群”或“伍斯大桥群”下部（四川一区测队，1960；张盛师，1961）。其后鉴于区域变化大，划分对比均感困难，故将上述各“组”合并，称苏雄组，并沿用至今。

【现在定义】 下部以火山碎屑岩为主，为灰绿色凝灰岩夹少量玄武岩及英安岩；中部以中酸性熔岩为主；上部主要为沉积凝灰岩和玄武岩，含微古植物化石，与下伏峨边群顶部砂岩、板岩或花岗岩呈不整合接触，与上覆开建桥组杂色凝灰岩整合或平行不整合接触的地层体。

【层型】 正层型为甘洛县苏雄—凉红剖面，位于甘洛县北部苏雄区沿牛日河经开建桥至列古六寨子(102°48′13″，29°6′9″)，殷继成等 1984 年重测。

上覆地层：开建桥组　绿灰色夹紫灰色中—厚层粗粒砂状凝灰岩夹凝灰砂砾岩

———— 整　合 ————

苏雄组

	总厚度 1 163.2 m
23. 深灰、暗绿色致密块状玄武岩，上部气孔、杏仁状构造发育	66.4 m
22. 灰绿、灰色沉凝灰岩、砂状凝灰岩屑砂岩，底部为凝灰石英砂岩	65.4 m
21. 浅灰、紫灰色块状流纹岩，变余斑状结构，斑晶主要是石英，其次为钠长石及钾长石，斑晶具裂纹及熔融现象	87.7 m
20. 紫灰、绿灰色块状英安岩。变余斑状结构，斑晶主要是斜长石	451.0 m
19. 灰绿、暗紫色玄武岩，致密块状，表面具孔状构造	16.2 m
18. 灰紫色夹灰绿色流纹质熔结凝灰岩，塑性岩屑，呈不规则的火焰状，略呈定向排列	124.0 m
17. 浅灰绿色流纹质晶屑凝灰岩，中部夹一层紫红色蚀变英安岩	9.7 m
16. 紫红、灰绿色含火山角砾流纹质凝灰岩及火山角砾岩，砾石大小不等，多数为次圆形，含微古植物 *Trematosphaeridium* 等	9.7 m
15. 暗紫色块状蚀变玄武岩，具气孔构造，底部夹一层灰绿色绢云母化凝灰岩	13.6 m
14. 紫灰色流纹质含砾砂状凝灰岩及灰绿色玻屑凝灰岩	22.7 m

13. 紫红色流纹质含砾砂状凝灰岩及灰绿色玻屑凝灰岩 10.5 m

12. 灰、紫灰色板状流纹质玻屑凝灰岩，含微古植物 *Trematosphaeridium* sp. 等 5.9 m

11. 灰绿色块状蚀变玄武岩 5.2 m

10. 灰绿色块状流纹质玻屑凝灰岩 4.5 m

9. 浅紫色流纹质晶屑、玻屑凝灰岩，流纹质玻屑凝灰岩及薄板状沉凝灰岩。含微古植物 10.3 m

8. 紫灰色及灰色致密块状流纹质凝灰岩 5.9 m

7. 灰绿、紫灰色流纹质玻屑凝灰岩 10.3 m

6. 下部为灰绿色，上部为灰紫色流纹质含晶玻屑凝灰岩 15.7 m

5. 绿灰、紫灰色含火山角砾流纹质晶屑凝灰岩。底部为杂色板状流纹质晶屑玻屑凝灰岩 8.7 m

4. 浅绿灰色流纹质熔结凝灰岩夹流纹质豆状凝灰岩。熔结凝灰岩中见有暗绿色塑性火焰状、燕尾状及不规则状岩屑形成流动构造 33.3 m

3. 灰绿、灰白色块状流纹质豆状凝灰岩 44.8 m

2. 浅灰、浅绿色块状流纹质玻屑及晶屑玻屑凝灰岩。上部以绿灰色流纹质晶屑玻屑凝灰岩为主，下部以浅灰色玻屑凝灰岩为主 130.5 m

1. 灰绿色凝灰角砾岩，砾石成分复杂，有变质砂岩、石英岩、千枚岩、凝灰岩和酸性熔岩，分选性差，次圆形及不规则形，砾石大小不等，局部砾石呈叠瓦状排列。在不整合面上见灰白色绢云母含岩屑流纹质凝灰岩呈凸镜状分布 11.2 m

~~~~~~~~ 不 整 合 ~~~~~~~~

下伏地层：峨边群　灰一黑色砂质板岩、灰质板岩、绢云母化变质细砂岩和石英岩

【地质特征及区域变化】　本组分布于攀西北部、龙门山中南段及峨边、甘洛一带，据深井资料，在武胜县龙女寺一带埋深6 000 m的流纹英安岩或英安岩及威远一带的中酸性火山岩，也有人认为属苏雄组(《四川省区域地质志》，1991)。本组在命名地厚1 164 m，向南至小相岭一带增至6 800余米，岩性以中酸性火山熔岩为主，含大量的凝灰岩、集块岩及火山角砾岩，四川一区测队(1967)称为“小相岭流纹岩”。再向南至冕宁、米易等地该组以杂色流纹斑岩或安山玢岩为主，夹大量凝灰熔岩、凝灰岩及英安斑岩等，厚度减至620～3 100余米。向北至汉源、荥经一带该组下部中、基性火山岩增多，上部仍以中酸性为主，厚度1 000～1 600 m左右。天全一带该组以流纹岩及流纹凝灰岩为主，夹玄武岩及英安岩，厚度减薄至150余米。至灌县、彭县一带以安山岩及凝灰岩为主，夹流纹岩及凝灰熔岩，厚度860 m左右，曾被称为“高干烟组”或“火山岩组”(四川二区测队，1975)。本组与下伏地层接触为区域性不整合，在甘洛以南不整合超覆于会理群之上，甘洛、峨边一带超覆于峨边群之上，向北龙门山地区超覆于黄水河群之上或不整合于花岗岩之上。与上覆开建桥组火山碎屑岩整合接触，在苏雄一带顶部常以致密玄武岩与开建桥组分界。北部与观音崖组为平行不整合接触、局部为灯影组不整合超覆，界线均易识别。

据殷继成等(1984)报道，在本组正层型剖面上，下段所夹凝灰岩及凝灰质砂岩中有少量微古植物，主要有 *Trematosphaeridium*，*Polyporata*，*Lignum* 等少数种属。另据杨暹和(1987)报道，中国科学院地质所在甘洛苏雄组顶部玄武岩用K－Ar法测得同位素年龄值为726 Ma，中部英安斑岩用Rb－Sr法获年龄值为822和812 Ma。虽有人对这些数据的可靠性有疑问(与下伏变质岩系及花岗岩测试数据比较明显偏大)，但仍在震旦纪下限800±30 Ma以内。

开建桥组　*Zk*　(06－51－2030)

【创名及原始定义】　四川一区测队1960年命名，张盛师1963年发表，命名地在甘洛县
~~~~~~~~

城北苏雄—凉红间的开建桥。原始定义包括三段：下段为紫红等色凝灰质砾岩、含砾砂岩及凝灰质砂岩夹浅红、浅绿色凝灰岩；中段紫红等色凝灰质砂岩、砾岩夹凝灰熔岩、石英斑岩；上段紫红、紫灰色凝灰质砂岩、砾岩夹灰岩及凝灰质粉砂岩、页岩，厚2 000～5 700 m，与下伏苏雄组整合接触，与上覆列古六组平行不整合接触。

【沿革】　命名后一直沿用。

【现在定义】　下部以紫红、紫灰色砂质凝灰岩为主，夹灰绿色流纹质玻屑凝灰岩、砂砾岩等；上部以灰紫、绿灰色含砾砂质凝灰岩、凝灰角砾岩、流纹质玻屑凝灰岩及凝灰质长石岩屑砂岩为主，夹凝灰质粉砂岩，含微古植物化石，与下伏苏雄组块状玄武岩整合接触或与前震旦纪地层平行不整合或不整合接触，与上覆列古六组底部紫红色砾岩平行不整合接触的地层体。

【层型】　正层型为甘洛县苏雄—凉红剖面，位于甘洛县北部苏雄沿牛日河经开建桥—列古六寨子(102°48′13″，29°6′9″)，殷继成等1980年重测。

上覆地层：列古六组　暗紫、浅绿色薄—中厚层凝灰砂岩及沉凝灰岩

——————— 平行不整合 ———————

开建桥组	总厚度 2 861.2 m
23. 浅紫红色薄—中厚层细—中粒含长石岩屑沉凝灰岩夹暗紫色薄层凝灰岩	179.9 m
22. 灰紫色块状细—中粒长石岩屑砂状凝灰岩。上部夹暗紫色薄层致密凝灰质粉砂岩	243.0 m
21. 紫红色薄—中厚层中粒(不等粒)砂状凝灰岩，偶夹薄层紫红、绿色凝灰质粉砂岩	372.8 m
20. 紫色厚层—块状含砾不等粒砂状凝灰岩与灰绿色中薄层板状流纹质玻屑凝灰岩(含钾板岩)互层	442.0 m
19. 暗紫色厚块状含砾粗粒砂状凝灰岩及凝灰角砾岩。砾石主要为凝灰岩及酸性熔岩，中部夹一层绿色板状玻屑凝灰岩	28.8 m
18. 浅绿色中—巨厚层不等粒砂状凝灰岩，夹紫灰色火山角砾岩凸镜体及绿色板状玻屑凝灰岩	41.0 m
17. 紫红、绿灰色流纹岩及暗紫红色砂状凝灰岩	30.7 m
16. 紫红、紫灰和灰绿色相间的流纹岩夹少量浅绿灰色流纹质玻屑凝灰岩	123.0 m
═══════ 断　层 ═══════	
15. 灰、紫红色中厚—厚层细粒沉凝灰岩。含微古植物	212.2 m
14. 灰紫色中厚—厚层细粒凝灰岩及粗粒火山岩屑砂岩	155.2 m
13. 灰白、紫红色厚—巨厚粗细相间的凝灰长石火山岩屑砂岩及浅绿灰色凝灰质砂岩	385.3 m
12. 灰、灰紫色中—厚层细粒(不等粒)凝灰质砂岩	82.7 m
11. 紫红色、紫灰色中厚—厚层粗粒含长石岩屑凝灰岩，粗细韵律明显。其中夹有薄层绿、紫红色流纹质粉砂状凝灰岩	60.2 m
10. 紫红色中厚—块状含砾粗粒凝灰质岩屑砂岩，含微古植物	63.5 m
9. 红、砖红色薄—中厚层细—粗粒凝灰质岩屑砂岩	79.0 m
8. 砖红、紫灰色薄—厚层不等粒含长石火山岩屑砂岩夹浅灰色、浅粉红色粉砂状凝灰岩	92.1 m
7. 紫红、红色中厚层凝灰火山岩屑砂砾岩夹紫灰色薄层状凝灰岩	52.6 m
6. 紫灰、紫红及砖红色中厚—厚层状凝灰砂岩、砂砾岩，夹淡红、灰白色板状凝灰岩	98.9 m
5. 暗绿色块状玄武岩	15.0 m
4. 灰色中—厚层状粗粒长石岩屑砂状凝灰岩及含砾凝灰岩屑砂岩	58.2 m
3. 暗绿色块状玄武岩	10.3 m
2. 绿灰色夹灰紫色中—厚层粗粒砂状凝灰岩夹凝灰质砂砾岩	34.8 m

——————整　合——————

下伏地层：苏雄组　深灰一暗绿色致密块状玄武岩

【地质特征及区域变化】　本组为一套紫红、紫灰色以酸性为主的火山碎屑岩系，各地不等地夹有火山熔岩及陆相碎屑岩，主要分布于攀西地区，呈南北向展布，分布范围大体与苏雄组相当。一般均可划分为上、下两段，岩性相对较为稳定。本组厚度变化极大，命名地一带厚达 2 861 m，向北至大相岭一带减至 458 m，向南至小相岭一带亦减薄为 556 m，至螺髻山一带厚度又陡增至 3 300 m 以上，继续向南于德昌一带又减至 547 m，并逐步消失。局部在几千米或万余米的范围内厚度可由数千米迅速减至数百米或缺失，总的规律是西薄东厚，北薄南厚，与苏雄组常呈相互消长的关系。本组于小相岭以北地区与下伏苏雄组顶部玄武岩为整合接触，向南至螺髻山一带逐渐平行不整合或不整合超覆于会理群变质岩系或晋宁期花岗岩之上。上覆列古六组底部一般多为粗砂砾岩与开建桥组间常为平行不整合，界线清楚。

据殷继成等(1984)报道，在正层型剖面上本组下段见有数量不多的微古植物，主要分子有 *Trematosphaeridium*，*Trachyminuscula*，*Leiopsophosphaera* 等属。

列古六组　*Zlg*　(06 - 51 - 2031)

【创名及原始定义】　四川一区测队 1960 年命名，张盛师 1963 年发表，命名于甘洛县北苏雄凉红火车站附近列古六寨子。原始定义：下部紫红色厚层石英粉砂岩夹少量粘土岩；中部暗紫灰色薄—中厚层状石英粉砂岩与泥岩互层；上部紫红、灰紫色中—厚层石英粉砂岩及细砂岩，厚 150 m，底部含砾岩，与下伏开建桥组平行不整合接触。

【沿革】　命名后为各家广泛采用，由于区域岩性变化较大，段级单位划分意见不一，亦有人将下部砾岩段单独分出(殷继成等，1984)，但对基本含义的认识一致，均将这套以陆源碎屑岩为主，沉积韵律性较强的特征作为划分的宏观标志。

【现在定义】　下部以紫红色砾岩、含砾砂状凝灰岩、凝灰质砂岩、粉砂岩和火山角砾岩为主，上部为紫红色夹灰绿色凝灰岩、凝灰质粉砂岩，含微古植物化石，与下伏开建桥组浅紫红色凝灰岩及与上覆观音崖组灰色砂岩呈不整合、平行不整合或整合接触的地层体。

【层型】　正层型为甘洛县苏雄—凉红剖面，位于甘洛县北牛日河畔，苏雄经开建桥至列古六寨子(102°48′13″，29°6′9″)，殷继成等 1984 年重测。

上覆地层：观音崖组　灰色厚层层纹状石英砂岩

——————整　合——————

列古六组　总厚度 304.5 m

4. 暗紫色厚层夹薄层粉砂质泥岩与凝灰质粉砂岩。常见绿色条带　79.5 m

3. 暗紫灰色夹浅绿色中厚层夹薄层含凝灰质粉砂岩及沉凝灰岩，含微古植物　121.0 m

2. 暗紫、浅绿色薄—中厚层凝灰质砂岩及沉凝灰岩。下部以暗紫色为主，偶见绿色条带，上部逐渐变为暗紫色与浅绿色互层。底部有含砾砂岩，成分以石英及岩屑为主　104.0 m

－－－－－－－ 平行不整合 －－－－－－－

下伏地层：开建桥组　浅紫红色中厚—厚层细—中粒含长石岩屑沉凝灰岩

【地质特征及区域变化】　本组分布于攀西地区，呈南北向条带状分布，岩性以凝灰岩、凝灰质砂岩、砾岩为主，夹凝灰质粉砂岩、泥岩等，颜色以暗紫、紫红色为主，夹灰绿色条带，特征明显，区域上砾岩多居于下部，常与凝灰岩组成互层，砾石多以中酸性火山岩为主。岩石组合及厚度尚较稳定，在命名地至小相岭一带可达400 m左右，向南至螺髻山一带减薄至336 m，向北至大相岭一带及向东至洪雅一带减至29～121 m。本组与下伏开建桥组、上覆观音崖组接触关系争论较大，有持整合、有持平行不整合、有持不整合看法者，本书将与下伏开建桥组接触关系处理为整合或平行不整合，将与上覆观音崖组接触关系处理为平行不整合或不整合接触。

据殷继成等(1984)报道，在正层型剖面中部凝灰质粉砂岩中见少量微古植物，主要有*Trematosphaeridium*，*Laminarites*等，区域上罕见。

铁船山组 *Zt* (06-51-2036)

【创名及原始定义】 四川二区测队1965年命名于南江县东北部的铁船山岔河口，原始定义为一套中基性至酸性火山熔岩和变质火山碎屑岩夹变质沉积碎屑岩。

【沿革】 由于层序不完整，各家认识尚不一致：四川二区测队(1965)、《西南地区区域地层表·四川省分册》(1978)认为位于火地垭群变质岩系之下；张洪刚等(1982)、《四川省区域地质志》(1991)认为位于火地垭群之上。由于本组岩石组合特征特殊，虽层序问题有争议，但对该单位含义的理解各家基本相同，在川、陕两省广泛使用。

【现在定义】 灰、紫红、灰绿等色流纹质熔结角砾岩、熔结集块岩、流纹质凝灰岩及流纹岩为主，夹变质砂、板岩及少量安山玄武岩，含微古植物化石，顶、底界关系尚不清楚的地层体。

【层型】 正层型为南江县铁船山剖面，位于铁船山西侧任家河、中山庙及岔河口一带(107°5′25″，32°37′2″)，四川二区测队1970年重测。

铁船山组　　　　总厚度>1 835.0 m

16. 灰、灰绿、浅紫色凝灰质板岩、薄层变质凝灰质砂岩及砾岩，具千枚状及片状构造，与上覆地层呈断层接触(未见顶)　　>182.0 m
15. 灰绿色变质安山玄武岩，含中性斜长石斑晶，具气孔及杏仁状构造　　51.0 m
14. 自下而上由变质凝灰质砾岩、砂岩、粉砂岩、板岩组成单向韵律层　　10.0 m
13. 浅灰、灰黑色条纹状凝灰质板岩，与上覆地层平行不整合接触　　7.5 m
12. 灰绿色变质安山玄武岩，斑状结构及气孔构造发育　　21.0 m
11. 灰、深灰色凝灰质板岩夹砾岩、砂岩、粉砂岩，自下而上组成几个单向韵律层　　160.0 m
10. 灰、深灰色条纹状硅质板岩，底部含酸性火山岩角砾，具侵蚀间断　　5.0 m
9. 紫灰色变质角砾状酸性凝灰质熔岩，流动构造发育　　181.0 m
8. 紫红色变质流纹岩，具斑状结构，流纹构造发育，顶部为浅灰色变质流纹质角砾状玻屑、晶屑凝灰岩　　83.0 m
7. 灰黑色条带状凝灰质板岩与粉砂岩互层，夹凝灰质细砂岩，底部为灰白色条纹状致密硅质板岩　　317.0 m
6. 浅灰、灰色变质霏细钠长斑岩　　71.0 m
5. 灰黑色条带状凝灰质板岩与粉砂岩互层，底部为变质凝灰质砂、砾岩，具侵蚀间断　135.0 m
4. 紫红色变质流纹岩，具斑状及显微花岗结构，流动构造发育　　235.0 m
3. 灰、紫灰色变质流纹角砾熔岩，流动构造、气孔构造发育　　163.0 m
2. 中、上部为紫红、红色块状变质流纹岩，具斑状结构，下部为灰、暗灰色变质流纹质角砾熔岩，流动构造发育　　177.0 m

1. 灰、紫红色块状变质流纹岩，局部夹变质流纹质凝灰熔岩(未见底)　　　　>36.5 m

【地质特征及区域变化】　本组分布范围仅限于川陕边界的铁船山一带，岩性为酸性火山熔岩，各地程度不同地有变质碎屑岩，普遍经受区域变质作用，厚度一般大于 2 000 m。出露不完整，上下地层性质也不清楚，《四川省区域地质志》(1991)认为铁船山组与苏雄组十分相似，成因相同，而变质程度有差异。由于地层不完整，这一认识尚难定论，故暂保留其原始命名。

本组上部灰黑色板岩夹层中发现少量微古植物，主要有 *Trachysphaeridium*，*Pseudozonosphaera* 多属，地层时代推测属早震旦世。

盐井群　*ZY*　(06－51－0018)

【创名及原始定义】　四川二区测队 1976 年命名于宝兴县盐井以北。原始定义：平行不整合伏于下奥陶统之下或微角度不整合伏于“陡山沱组”之下，由两套变质沉积岩与两套变质火山岩相间组成的地层体，归属前震旦系，自下而上包括雅斯德组、石门坎组、蜂桶寨组、黄店子组。

【沿革】　长期以来，这部分地层被视为泥盆系或志留系。1：20 万宝兴幅区调工作中在宝兴县盐井—黄店子、邓池沟—红山顶及康定海螺沟—杨林等地测制了剖面，创名盐井群，其上覆分别为含 *Lesuenrilla* sp. 的奥陶系及含 *Balios pinguensis* 的上震旦统，由上覆层底砾岩所显示的沉积间断面很明显。其后，张文岳(1981)将 1：20 万宝兴幅所划奥陶系的锅巴岩大理岩归于盐井群，命名为锅巴岩组①，置于黄店子组之上，归属前震旦系。《四川省区域地质志》(1991)又将原 1：20 万宝兴幅所划奥陶系、志留系、泥盆系的一套以板岩、千枚岩为主的地层划归盐井群最上部，创名为大板桥组(无实测剖面)，置于中元古界。

本次实地核查了盐井群正层型剖面，并在黄店子组的变质粗面岩中首次获得同位素年龄值(钾长石 $^{40}Ar-^{39}Ar$ 年龄值)为 578.5 ± 19.5 Ma(后详述)，将其层位归属下震旦统。鉴于对锅巴岩组、大板桥组认识有分歧，资料欠充分，本书未采用。

【现在定义】　指平行不整合伏于陈家坝组或微不整合伏于观音崖组之下，由两套变质沉积岩与两套变质火山岩相间组成的地层体，自下而上包括雅斯德组、石门坎组、蜂桶寨组、黄店子组。

【层型】　正层型为宝兴县黄店子剖面，位于宝兴县东大河盐井区(102°54′，30°33′)。

【问题讨论】　盐井群的地层对比是一个有争论的问题。盐井群和黄水河群在地理分布上只有一沟之隔，相距仅数千米或万余米，地质上由盐井-五龙断层分割在西北、东南各一侧，二者在空间上未见直接联系。关于盐井群与黄水河群的关系归纳起来主要有两种意见：其一，依据两者的某些相似性，认为两群可以对比，整个黄水河群的 3 个岩组只相当于盐井群的石门坎组和蜂桶寨组，黄水河群中缺失相当于雅斯德组和黄店子组的地层。其二，根据两群的差异，认为是上下关系，既不能对比，更不同时代。主要依据：①盐井群系由两套变质火山岩与两套副变质岩相间组成。而黄水河群则由变质火山岩逐渐过渡到以副变质岩为主的地层。组成两群的岩石系列不同。②盐井群石门坎组以流纹岩为主夹少量玄武岩，黄店子组为钙碱性-碱性粗面岩，而黄水河群的火山岩属细碧角斑岩建造。③盐井群变质较浅属低绿片岩相。黄

① 四川省地质局 101 队，1981，四川省宝兴县锅巴岩大理岩矿区勘探报告。

水河群变质较深，部分可达高绿片岩相。④盐井群中未见中—超基性岩浆侵入事件，而黄水河群中可见闪长岩、辉长岩、橄榄岩、辉石岩、蛇纹岩的侵位。特别是红岩蛇纹岩(彭县)侵位于黄水河群中，并与围岩形成同形褶皱，表明超基性岩浆侵位事件发生在晋宁运动以前。⑤盐井群没有而黄水河群有大量地幔物质，且下部还见有放射虫硅质岩及硅质大理岩。本书同意后一见解。

盐井群的时代曾被不同研究者归属为：震旦纪、前震旦纪、青白口纪、中元古代。其中至今未采获微古生物化石，到本次清理研究前也无同位素年龄数据，其时代归属多依据地层对比而推断。本次清理在正层型剖面黄店子组的上部第11层灰白、深灰色厚层至巨厚层状粗面岩中采集钾长石样品，经中国科学院地质所用$^{40}Ar-^{39}Ar$快中子活化法测定，第6、7、8阶段构成了一个坪年龄值为$t_{P_2}=578.5\pm19.5$ Ma，代表了钾长石的形成年龄，这个年龄可能比实际年龄值偏低一些(年龄谱最后一个阶段的视年龄为633.1±14.5 Ma)；第3、4阶段构成了一个坪年龄值$t_{P_1}=131.5\pm2.8$ Ma，它反映了后期变质热事件的记录，其时代应归属震旦纪。同时考虑到在金汤海螺石剖面上见到上震旦统观音崖组不整合覆盖于黄店子组之上，从区域地层对比来看，盐井群的岩石组合特征大致可与苏雄组和开建桥组对比，故其时代归属早震旦世。盐井群分布于属九顶山地层小区的宝兴县盐井乡黄店子、红山顶一带及康定县金汤海螺石、厂坝、孔玉等地。在盐井一带出露厚度达7 262 m，在海螺石一带出露厚度仅1 139 m。向东北可能延入汶川绵虒一带。

雅斯德组　*Zy*　(06-51-0019)

【创名及原始定义】　四川二区测队1976年命名于宝兴县盐井乡雅斯德。原始定义：整合伏于石门坎组之下(未见底)的一套浅海相变质泥砂岩建造，下部主要为变质石英砂岩、绢云石英片岩间夹黑色碳质板岩、千枚岩；上部以黑色碳质板岩、千枚岩为主夹变质石英砂岩与绢云绿泥千枚岩，出露厚度50～1 980 m，归属前震旦系。

【沿革】　创名后被四川101队(1981)、张洪刚等(1983)、《四川省区域地质志》(1991)等采用。

【现在定义】　整合伏于石门坎组之下，未见底的一套变质泥、砂岩地层。下部以变质石英砂岩、绢云石英片岩为主间夹碳质板岩、千枚岩；上部以碳质板岩、千枚岩为主夹变质石英砂岩和绢云绿泥千枚岩。

【层型】　正层型为宝兴县盐井乡黄店子剖面(102°54′，30°33′)，四川二区测队1972年测制。

上覆地层：石门坎组　浅绿灰色变质基性火山岩

——————— 整　合(?) ———————

雅斯德组　总厚度>1 980 m

2. 灰白色厚层条带状绢云石英片岩夹少量灰绿色绿泥千枚岩与云母长石石英砂岩　1 140 m

1. 浅灰、灰绿色绢云石英片岩夹黑色碳质千枚状板岩(未见底)　>840 m

【地质特征及区域变化】　该组由灰黑、灰白色绢云石英片岩、变质石英砂岩，黑色碳质板岩、千枚岩，灰绿色绢云绿泥千枚岩组成。各地岩性特征基本相近。以石门坎组的变质火山岩、火山碎屑岩的出现作为分界。由于花岗岩侵吞或断层切割，下部出露不全。宝兴雅斯德一带出露厚度达1 980 m，向西南沿走向追索，在曾家沟至五龙全部缺失，康定海螺石一带仅保留了上部，可见厚度只有50 m。往南至拉日梁子一带被热洞沟断层切割，仅残留了上部，再往西至丫孔沟全部被花岗岩侵吞。

原始定义认为原岩为浅海相，经查实其原始资料中没有沉积相方面的资料，是海相？还是陆相？目前无法定论。

石门坎组　Zŝ　(06-51-0020)

【创名及原始定义】　四川二区测队1976年命名于宝兴县盐井乡石门坎。原始定义指一套变质火山岩系。中上部为变质流纹岩、流纹斑岩夹片理化英安岩、安山玢岩及流纹质凝灰岩、火山角砾岩，顶部夹凝灰质流纹岩、角砾流纹质凝灰岩；下部为绿泥钠长绿帘片岩夹片理化流纹斑岩，底部为霏细流纹岩、绿帘黑云绿泥片岩、变质玄武岩，归属前震旦系。

【沿革】　创名后被广泛采用。

【现在定义】　整合伏于蜂桶寨组之下、覆于雅斯德组之上的一套变质火山岩系。中上部为变质流纹岩、流纹斑岩夹片理化英安岩、安山玢岩及流纹质凝灰岩、火山角砾岩；顶部夹凝灰质流纹岩、角砾流纹质凝灰岩；下部为绿泥钠长绿帘片岩夹片理化流纹斑岩；底部为霏细流纹岩、绿帘黑云绿泥片岩、变质玄武岩。

【层型】　正层型为宝兴县黄店子剖面，位于宝兴县盐井乡(102°54′，30°33′)，四川二区测队1972年测制。

上覆地层：**蜂桶寨组**　浅灰、灰白色薄一中层状绿泥绢云千枚岩

——————整　合——————

石门坎组　总厚度 797 m

5. 中上部为灰绿、绿灰色凝灰岩夹灰白、紫灰等色流纹质火山角砾岩；下部为流纹质火山角砾岩　413 m

4. 浅绿灰色流纹岩，具斑状结构与流纹构造　240 m

3. 浅绿灰色变质基性火山岩(原岩为玄武岩)，具杏仁状气孔状构造、平行构造，主要由绿帘石、绿泥石、石英与黑云母组成　144 m

——————整　合(?)——————

下伏地层：**雅斯德组**　绢云石英片岩夹少量绿泥千枚岩与云母长石石英砂岩

【地质特征及区域变化】　总观该组以流纹岩及流纹质火山碎屑岩为主，底部夹少量玄武岩，中上部夹安山岩或英安岩，从下而上显示基性→中酸性→酸性喷发旋回。故其划分标准易于掌握，以火山岩、火山碎屑岩消失，代之出现成套碎屑岩下与雅斯德组分界、上与蜂桶寨组分界。石门坎组分布于宝兴石门坎、康定金汤海螺石一带，由于岩浆岩的侵吞，各地出露厚度不一，一般小于892 m。

【问题讨论】　本组在康定海螺石地区所见众多流纹质火山岩、火山碎屑岩中有熔结凝灰岩的记载。熔结火山碎屑岩仅见于大陆环境。这为我们提供了石门坎组属陆相火山喷发的信息，此特征与苏雄组、开建桥组是可以对比的。

蜂桶寨组　Zf　(06-51-0021)

【创名及原始定义】　四川二区测队1976年命名于宝兴县盐井乡蜂桶寨。原始定义：为

一套浅海相变质泥砂岩与碳酸盐岩建造，下部主要为绢云绿泥千枚岩、绿泥绢云千枚岩间夹石英岩状砂岩、绢云石英岩，底部夹少量凝灰质千枚岩，上部主要为绢云石英岩状砂岩、绢云石英岩间夹绿泥绢云千枚岩，其中间部分为碳质板岩、千枚岩与结晶灰岩不等厚互层，顶部以千枚岩为主间夹灰质千枚岩、绢云石英岩，厚142～1 287 m，归属前震旦系。

【沿革】 创名后被广泛采用。

【现在定义】 指整合伏于黄店子组之下、覆于石门坎组之上的一套变质泥岩、砂岩夹灰岩地层，下部以千枚岩为主夹变质石英砂岩，中部为变质石英砂岩间夹千枚岩，上部系碳质板岩、千枚岩与结晶灰岩构成不等厚互层，顶部以千枚岩为主间夹石英岩。

【层型】 正层型为宝兴县盐井乡黄店子剖面(102°54′，30°33′)，四川二区测队1972年测制。

上覆地层：**黄店子组** 灰白色变质粗面质火山凝灰岩夹浅灰色绢云石英千枚岩

———————— 整 合 ————————

蜂桶寨组	总厚度 1 287 m
8. 灰黑色碳质板岩夹灰白色薄层结晶灰岩、灰绿色绢云石英片岩	734 m
7. 灰白一浅灰色中厚层状石英砂岩，上部夹少量白云母石英片岩	169 m
6. 浅灰、灰白色薄一中层状绿泥绢云千枚岩	384 m

———————— 整 合 ————————

下伏地层：**石门坎组** 中上部凝灰岩，下部流纹质火山角砾岩

【地质特征及区域变化】 总体观之，蜂桶寨组是中部较粗，向上、向下均变细的碎屑岩系。上覆黄店子组为变质粗面质火山岩，两者以大套碎屑岩系结束分界，标志清楚。本组分布于宝兴盐井蜂桶寨一五龙一带，厚1 287 m。康定金汤海螺石一带厚度仅142 m。

黄店子组 *Zh* (06-51-0022)

【创名及原始定义】 四川二区测队1976年命名于宝兴县盐井乡黄店子。原始定义“由3～4次喷发旋回组成的一套变质火山岩系，主要由粗面岩、粗面斑岩、凝灰质流纹斑岩、粗面质火山角砾岩与少量绢云石英片岩、碳质千枚岩、板岩、大理岩等组成，厚度54～3 198 m，归属前震旦系”。

【沿革】 创名后被广泛采用。

【现在定义】 指整合覆于蜂桶寨组之上，上与陈家坝组平行不整合或观音崖组微不整合接触的变质火山岩夹少量碎屑岩系，由粗面岩、粗面斑岩、凝灰质流纹斑岩、粗面质火山角砾岩夹绢云石英片岩、千枚岩、板岩、大理岩组成3～4个火山喷发旋回的地层体，厚度变化大。本组上覆地层底部含砾砂岩所显示的沉积间断面明显，下界以火山凝灰岩为底与蜂桶寨组的碎屑岩分界。

【层型】 正层型为宝兴县黄店子剖面，位于宝兴县盐井乡(102°54′，30°33′)，四川二区测队1972年测制。

上覆地层：**陈家坝组** 底部为白色岩屑长石砂岩、含砾砂岩

－－－－－－ 平行不整合 －－－－－－

黄店子组	总厚度 3 198.2 m

13. 浅灰、灰白、紫灰与绿色薄一厚层状粗面质火山凝灰岩 188.1 m

12. 灰、紫灰与黄灰色厚层一块状粗面质层集块岩。砾石成分为粗面质，呈椭圆、浑圆状 66.1 m

11. 灰白、深灰色厚一巨厚层状粗面岩，夹少量灰绿色绢云石英片岩。$^{40}Ar-^{39}Ar$ 法测得同位素年龄值为 578.5±19.5 Ma 1 417.0 m

10. 灰一灰绿、灰白、紫灰色粗面斑岩，夹火山碎屑岩和粗面质火山砾岩 1 355.0 m

9. 灰白色变质粗面质火山凝灰岩夹浅色绢云石英千枚岩 172.0 m

——————— 整　合 ———————

下伏地层：**蜂桶寨组**　灰黑色碳质板岩夹灰白色薄层结晶灰岩、灰绿色绢云石英片岩

【地质特征及区域变化】　在宝兴县黄店子一红山顶一带，本组主要岩石类型有粗面岩、粗面斑岩，粗面质火山角砾岩，粗面质凝灰岩、含砾凝灰岩。粗面岩、粗面斑岩：呈灰白、灰、深灰、灰绿、淡灰红等色，斑状结构，基质具粗面结构、显微柱粒结构，显微流纹构造。斑晶为钾长石，基质为钾长石、斜长石、石英、绢云母、白云母等。粗面质火山角砾岩：暗绿灰色，角砾状构造。粗面质凝灰岩、含砾凝灰岩：呈灰白、暗绿等色，火山碎屑结构。总厚度 3 198 m。在康定金汤海螺石一带，本组是一套斑状流纹岩或流纹斑岩夹片岩，其上被观音崖组不整合覆盖。在红山顶—邓池沟本组被宝塔组灰岩超覆不整合。

筇竹寺组　∈*q*　(06-51-2106)

【创名及原始定义】　卢衍豪 1941 年创名于昆明市西郊 7 公里的筇竹寺，称筇竹寺统。原始定义：主要由页岩组成，在观音山、龙潭街、宜良、路南地区，见假整合于震旦纪灰岩之上，为滇东下寒武统的下部，主要产三叶虫 *Pseudoptychoparia* 及 *Redlichia walcott* 生物群。

【沿革】　该名引入四川始于 1958 年。在此之前，使用的是：①九老洞组：由赵亚曾 1929 年命名于峨眉山九老洞，称“九老洞系”，该名在川西南应用广泛，由于在西部边缘地区底部含有不稳定的磷矿层，有人单独分出“含磷组”[《中国区域地层表(草案)》，1956]。以后该名一直沿用。②郭家坝组：源于侯德封、王现珩(1939)的“郭家坝系”，命名于旺苍县郭家坝南花街子—陆家桥剖面上。《中国区域地层表(草案)》(1956)，分别称上、下郭家坝系。四川二区测队(1965)改称郭家坝组，由下而上划分为沙滩段、仙女洞段及阎王碥段。下部的沙滩段即狭义的郭家坝组，含义与筇竹寺组基本一致。

【现在定义】　在四川省岩性以灰黑一深灰色页岩、粉砂质页岩及粉砂岩为主，上部时夹细砂岩及白云质灰岩，下部页岩富含碳质及结核状磷矿；上部富含三叶虫为主的化石，与下伏灯影组灰色白云岩为平行不整合接触，与上覆沧浪铺组下部杂色砂、泥岩整合接触的地层体。

【层型】　正层型在云南省。省内次层型为峨眉县高桥乡张沟—高坡剖面，殷继成等 1980 年测制。

【地质特征及区域变化】　本组分布于盆地西部，其东界大体以华蓥山断裂带及其延伸部为界，西界以广元一灌县一雅安一西昌一线为界。岩性以灰、黑等色粉砂岩、页岩为主，较为稳定。南部峨眉、马边、普格、宁南一线砂岩含量高，厚 160～297 m。宁南、会东一线以西岩石粒度变粗，厚度有减小趋势。雷波、金阳一带以页岩为主，厚 138～462 m。北部南江、旺苍一带下部仍以黑色页岩、粉砂岩为主，上部砂岩增多，厚 498～600 m。本组下部黑色页岩与下伏灯影组顶部白云岩为平行不整合接触，可见明显的侵蚀面及剥蚀残留物，界线清楚。顶界以上覆沧浪铺组下段紫红色等杂色砂、泥岩(俗称“下红层”)出现开始划分，二者为连续

沉积。

本组含有三叶虫、金臂虫、小壳动物、古介形类、腹足类、海绵骨针、微古植物等多门类化石，前人常根据三叶虫出现在上部这一特征，将本组划分为上、下两段(李善姬，1980)。下段以含小壳动物化石为主，主要有软舌螺 *Turcutheca*，*Circotheca*，*Hyolithellus*；海绵骨针 *Chancelloria*，*Protospongia*；及寒武骨片、虫迹、腕足类、微古植物等。上段主要有三叶虫 *Wutingaspis*，*Eoredlichia*，*Pachyredlichia*，*Emeidiscus*；金臂虫 *Gaoqiaoella*，*Liangshanella* 等及腕足类、古介形类等。

沧浪铺组　∈c　(06－51－2107)

【创名及原始定义】　丁文江等1914年命名，1937年发表，命名地位于云南省马龙县沧浪铺附近，称“沧浪铺页岩”。原始定义：岩性主要为杂色的砂岩及页岩组成，上覆地层为“龙马系”(志留系)，二者呈角度不整合，下伏地层不明。

【沿革】　卢衍豪1941年修订其含义为：“始为厚层块状石英砂岩夹数层页岩，向上进入黄色砂质页岩夹赤红色、绿灰色泥质砂岩及薄层灰岩”。该名1958年引入四川，在此之前，省内采用的地层名称有：①遇仙寺组：由赵亚曾1929年命名于峨眉山遇仙寺，称“遇仙寺系”。②阎王碥组：叶少华等1960年命名于南江县沙滩乡阎王碥。

沧浪铺组一名引入后，划分很不统一，一般划分为两个段级单位，下部以紫红、灰绿等杂色砂、泥岩为主，习称“下红层”，也有人套用滇东名称，称“红井哨段”；上部以含黑色燧石砾石的石英砂岩为主，常称“乌龙箐段”或“金沙江段”(李善姬，1980)。习惯是把下段划入筇竹寺组(赵亚曾，1929；四川二区测队，1971)，将该组上限提到上覆含豆、鲕状构造的白云质灰岩之顶，其划分标准多取决于含古杯类及三叶虫化石而定，因而失去了作为岩石地层单位的意义。

【现在定义】　岩性具二分性，下部以紫红等杂色泥岩、粉砂岩夹石英砂岩为主；上部以灰、绿灰色含砾(燧石)石英砂岩为主，夹粉砂岩、页岩，含三叶虫、腕足类化石，与下伏筇竹寺组上部砂、泥岩及白云质灰岩或仙女洞组厚层古杯类灰岩及上覆石龙洞组灰岩、白云岩均呈整合接触的地层体。

【层型】　正层型在云南省。省内次层型为乐山范店剖面，西南石油研究大队1970年测制。

【地质特征及区域变化】　本组分布于盆地西部及攀西地区，与筇竹寺组分布范围相同。岩性尚较稳定，厚度变化较大，总的趋势是南厚北薄，西粗东细。会理、宁南、普格、金阳一线厚度可达110～180 m，在峨眉、甘洛一带常不足百米。南江一带仅64 m左右，泥质岩含量也明显增高。本组顶、底界在区域上均以碳酸盐岩的出现划分，宏观上易于识别。

本组三叶虫多见，以 *Palaeolenus*，*Redlichia* 两个属为主，并见有少量腕足类。

石龙洞组　∈$\hat{s}l$　(06－51－2117)

【创名及原始定义】　系王钰(1938)创建的“石龙洞石灰岩”演变而来。命名地点在湖北省宜昌市西北约18 km长江南岸石龙洞。原始定义：指石牌页岩之上，覃家庙薄层石灰岩之下，由一套灰—深灰色厚层状石灰岩、鲕状石灰岩、薄层泥质石灰岩及白云质石灰岩组成，含三叶虫化石，厚183.1 m。

【沿革】　该名自50年代已在川东及大巴山地区使用，其他地区使用龙王庙组(1941年创名于昆明西山龙王庙，1958年始用于盆地西部及攀西地区）、孔明洞组（叶少华等1960年创名于南江县沙滩乡孔明洞，用于川北地区）、太阳坪组（南京地质古生物研究所1965年命名于峨眉县太阳坪，用于峨眉地区）、清虚洞组（尹赞勋1945年命名于黔北湄潭城东南的清虚洞，用于川南地区）。以上几个单位原始含义大同小异，岩性为白云岩或白云质灰岩，均以碎屑岩的出现划分顶底界。经省区间协调，统一使用石龙洞组一名。

该组底界的划分历来有分歧，涉及到一套厚度不大含葛万藻的豆、鲕状白云岩和泥质条带灰岩的归属问题。有人按岩石组合特征划入石龙洞组（南京地质古生物研究所，1974），有人按化石组合特征划入沧浪铺组（《西南地区区域地层表·四川省分册》，1978；李善姬，1980），本书从前者。

【现在定义】 在四川省岩性以灰一深灰色中一厚层状白云岩、白云质灰岩为主，夹少量砂泥岩及石膏、盐岩层，含三叶虫为主的化石群，与下伏沧浪铺组深灰色石英砂岩、含砾砂岩及上覆陡坡寺组黄绿、灰、紫等色粉砂岩、泥岩均为整合接触的地层体。

【层型】 正层型在湖北省。省内次层型为乐山范店剖面，西南石油研究大队1970年测制。

【地质特征及区域变化】 以峨眉、甘洛一带厚度较薄，约30～80 m，一般在100 m以上。雷波、金阳及威远井下白云岩中含石膏层较多，江津等地井下见厚大盐岩层，攀西地区本组下部夹有一定数量的砂、页岩，横向变化较大。本组化石较少，三叶虫以 *Redlichia* (*Pteroredlichia*)为主，次为 *Redlichia*(*Redlichia*)，*Palaeolenus*，*Yuehsienszella*；古杯类 *Archaeocyathus*，*Retecyathus* 及腕足类等，与沧浪铺组生物面貌类似。

陡坡寺组 ∈*d* (06-51-2109)

【创名及原始定义】 卢衍豪、王鸿祯1939年命名于云南省宜良县沈家营附近的陡坡寺，原称"陡坡寺层"。谢家荣(1941)介绍。其定义为："黄灰色灰质页岩和砂质页岩夹薄层石英砂岩，发现三叶虫 *Anomocare*，*Anomocarella*，*Ptychoparia*，厚度近150 m"。

【沿革】 该名1974年引入四川，此前在攀西地区使用大槽河组一名。大槽河组由四川一区测队(1965)命名于普格县大槽河（此前该队也曾使用过"五里牌组"）。上述两个单位的原始定义不完全相同，在四川该单位具有页岩与碳酸盐岩交互的组合特征，与云南昆明、曲靖一带的陡坡寺组相似。除此之外，还使用过小关子组（南京地质古生物研究所1974年在南江地区创名）、大鼻山组（南京地质古生物研究所1965年在峨眉山创名），系由洗象池群中分出，上述两个单位的建立着重强调生物组合及地区的特殊性，使用范围均有限，少有沿用。

【现在定义】 在四川省下部以杂色页岩为主，夹灰岩；上部以灰色厚层白云岩、灰岩为主，含三叶虫为主，与下伏石龙洞组灰色白云岩、白云质灰岩及上覆西王庙组紫红、灰绿等杂色粉砂岩、泥岩均为整合接触的地层体。

【层型】 正层型在云南省。省内次层型为乐山范店剖面，西南石油研究大队1970年测制。

【地质特征及区域变化】 本组分布范围与筇竹寺组及沧浪铺组相同，在广元一仁寿一甘洛一西昌一线以西全部缺失。本组岩性二分性明显，下段以砂、泥质岩夹碳酸盐岩为主，在区域上变化较大。在会理、普格一带下段以页岩为主，时夹鲕状灰岩。峨眉山、乐山一带粒度变粗，以薄层细粒石英岩为主，时夹页岩及白云岩。在甘洛、越西一带砂、页岩含量减少，以白云岩为主，与其下伏石龙洞组白云岩不易区分。南江一带以粉砂岩为主，夹白云质灰岩；

上段以碳酸盐岩为主。本组厚度南薄北厚，峨眉一会理一带一般为 20～80 m 不等，与下伏石龙洞组白云岩及上覆西王庙组紫红等杂色粉砂岩、泥岩均为整合接触，岩性突变，界线清楚。北部南江一带厚度增大至 135～228 m，与下伏石龙洞组间界线仍较清楚，其上覆地层已被剥蚀，并为宝塔组“龟裂纹灰岩”平行不整合超覆。本组含有以三叶虫为主的生物群，以 *Chittidilla* 为主，此外尚含有 *Yuehsienszella*，*Ptychoparia*，*Kunmingaspis* 等。

西王庙组　∈x　(06－51－2110)

【创名及原始定义】　张云湘等 1958 年命名于会理县城北的清水河西王庙，原称“西王庙层”。原始定义：紫红色不等厚层状细粒泥质砂岩、泥质粉砂岩为主，上部夹有三层白色中一厚层状细粒长石石英砂岩，厚 140～243 m，与下伏五里牌层上部灰岩及上覆二道水组白云质灰岩均为整合接触的地层体。

【沿革】　自创名后广泛使用，由于岩性特殊，习称“上红层”，并作为区域标志层。

【现在定义】　岩性为紫红、砖红色夹灰绿色粉砂岩及泥岩为主，夹有细砂岩、灰岩、白云岩及石膏等夹层，含少量三叶虫化石，与下伏陡坡寺组上部灰色厚层白云岩、灰岩及上覆娄山关组灰色厚层白云岩均为整合接触的地层体。

【层型】　选层型为普格县大槽河剖面，位于普格县大槽河桃子坪—乔窝(102°25′00″，27°28′5″)，四川一区测队 1963 年测制。

上覆地层：**娄山关组**　浅灰、灰白色中层状白云质灰岩夹钙质粉砂岩

——————— 整　合 ———————

西王庙组	总厚度 251.6 m
8. 灰绿、灰色中层状钙质粉砂岩夹薄层灰白色白云质灰岩	1.8 m
7. 浅灰绿色夹紫红色条带薄一中层状中一细粒石英砂岩	4.4 m
6. 紫红色中层状钙质石英粉砂岩夹黄绿、灰绿色条带状钙质细粒石英砂岩或粉砂岩	37.7 m
5. 暗紫色中层状钙质石英砂岩	14.8 m
4. 底部为灰白色薄层一块状细粒钙质石英砂岩，向上变为暗紫红色	13.0 m
3. 紫色间夹紫红色厚层块状钙质石英粉砂岩	165.1 m
2. 灰绿色中厚层状钙质石英粉砂岩	14.8 m

——————— 整　合 ———————

下伏地层：**陡坡寺组**　灰、灰白色厚层状结晶白云质灰岩夹灰岩团块

【地质特征及区域变化】　本组分布于盆地西南缘及攀西地区，其东界以华蓥山断裂带及其延伸部为界，西界为仁寿一汉源一西昌一攀枝花一线，该线以西及南江地区全部被剥蚀。本组岩性较为稳定，在色彩鲜艳的粉砂岩及泥岩中，夹有少量不等厚的粗碎屑岩及碳酸盐岩，会理一带以夹石英砂岩为主，会东、宁南、雷波一带以夹泥灰岩、白云质灰岩为主，局部可见石膏层。本组厚度变化较大，总的规律是南厚北薄，会理、普格一带 200～225 m，雷波、金阳一带减薄至 150～200 m，越西、甘洛、乐山一带仅 80～90 m。本组无可靠的化石资料。

娄山关组　∈Ol　(06－51－2120)

【创名及原始定义】　丁文江 1930 年创名于贵州桐梓县的娄山关，原称“娄山关石灰岩”，其含义广，包括了清虚洞组以上至奥陶系的全部以碳酸盐岩为主的地层，且原文已不可

考。刘之远(1942)、尹赞勋(1945)通过工作陆续建立新的地层单位，狭义的娄山关石灰岩按尹氏的定义为：位于高台石灰岩之上，中下部为灰色厚层灰岩，上部灰岩渐变薄，呈灰白色，下部间夹白云岩层，顶端以深灰色含泥质斑点状灰岩与早奥陶世地层分界，总厚200～250 m。

【沿革】 该组自建立以来一直在川南地区使用，省内其他地区同时也创立了：洗象池组(原称"洗象池层"，赵亚曾1929年命名于峨眉山洗象池)、二道水组(原称"二道水白云质灰岩层"，张云湘等1958年命名于会理县城北龙帚山南二道水)、三汇场系(原称"三汇场石灰岩"，系潘钟祥等1939年命名于南川县三汇场)。以上单位的定义与娄山关组基本一致，唯其顶底界线划分标志因地而异，在盆地西部由于西王庙组发育，其界线划在杂色碎屑岩与大套白云岩之间，其上覆红石崖组仍以紫红等色碎屑岩为主，界线易于区分。盆地东部本组下伏地层覃家庙组仍以白云岩为主，但以薄层状甚至薄板状为特征，与本组厚层至块状白云岩易于区分，唯与上覆地层桐梓组白云岩夹黄绿色页岩呈岩性过渡，划分标志不明显。在酉阳、秀山一带曾命名为后坝组及耿家店组，前者为贵州108队命名于贵州沿河县甘溪乡后坝，后者为四川107地质队命名于酉阳县渤海乡耿家店，二者系同物异名。它整合于以灰岩为主的平井组及以白云岩、灰岩为主的毛田组之间。经省区间协调，建议采用娄山关组一名，其余名称建议停止使用。

【现在定义】 在四川省岩性以灰色中厚层至块状白云岩、白云质灰岩为主，夹少量石英砂岩、泥质岩及薄层灰岩，含少量腕足类、牙形石等化石，与下伏西王庙组杂色粉砂岩、泥岩或覃家庙组薄层白云岩及泥岩互层及上覆红石崖组紫红等杂色石英砂岩、粉砂岩或桐梓组灰色白云岩夹黄绿色页岩均呈整合接触的地层体。

【层型】 选层型在贵州省。省内次层型为乐山范店剖面，西南石油研究大队1970年测制。

【地质特征及区域变化】 本组在东部分布广泛而稳定，米仓山、龙门山地区及仁寿—汉源—西昌—攀枝花一线以西地区缺失。以东的攀西地区厚260～460 m，且由南向北减薄，至甘洛、峨眉一带仅百余米，层间常夹较多的灰色石英砂岩条带及薄层。川南地区碎屑岩夹层有所减少，厚436～646 m。川东及大巴山地区，白云岩中钙质含量略有增加，厚度减薄至170～230 m。石柱—武隆一线以东迅速减薄，呈楔状体插入以白云岩与灰岩交互层为主的平井组与毛田组之间，厚度约100 m左右。

本组化石极为罕见，盆地西部有少量腕足类 *Lingula*，*Obolus* 等，近年在其顶部发现不多的牙形石，有 *Teridontus*，*Drepanodus*，*Acodus* 等多种。

牛蹄塘组　∈*n*　(06－51－2121)

【创名及原始定义】 刘之远1942年命名于贵州省遵义市金顶山南麓的牛蹄塘村，原称"牛蹄塘页岩"。原始定义：覆于新土沟石灰岩(即灯影组)之上的一套厚约150 m的黑色页岩，与下伏层呈"不连续状"接触；其上为"明心寺层"，其间有一层褐黄色石英粗砂岩，可作二者分界标志。

【沿革】 该名50年代中期即在川南一带使用。川东采用了水井沱组，系张文堂1957年命名于湖北宜昌西石牌溪附近的水井沱，系由石牌页岩(李四光等，1942)中分出的一个地层单位，由黑色页岩夹薄层灰岩组成，以不含 *Redlichia* 三叶虫为特征。牛蹄塘组与水井沱组岩石组合特征相似，仅化石组合特征各异，实为同物异名。

【现在定义】 在四川省岩性以黑色页岩、碳质页岩为主，偶夹粉砂岩、砂质页岩及泥灰岩，含三叶虫等化石，与下伏灯影组顶部灰黑色薄板状硅质岩、硅质页岩或白云岩、白云质磷块岩为整合接触，有时为平行不整合接触，与上覆石牌组灰、灰绿色泥质页岩呈整合接触的地层体。

【层型】 正层型在贵州省。省内次层型为秀山县溶溪区膏田乡漆园坝剖面，四川107地质队1988年测制。

【地质特征及区域变化】 本组以含碳质页岩为特征。区域上延伸稳定，分布于华蓥山断裂带以东地区。秀山一带本组多夹泥灰岩凸镜体，底部常夹磷块岩结核，厚110 m，向北至彭水、石柱一带变薄至17～26 m，大巴山一带复增厚至177 m，底部仍夹有凸镜状磷块岩，偶见煤线，川南经钻孔揭露厚度可达150 m(长宁)。

本组化石较少，以三叶虫 *Tsunyidiscus*，*Zhenbaspis* 为主，底部见有海绵骨针 *Protospongia* 及小壳动物。大巴山一带见有三叶虫 *Eoredlichia*，金臂虫 *Hanchungella* 等。

石牌组 $\in \hat{s}$ (06-51-2115)

【创名及原始定义】 由李四光、赵亚曾(1924)创名的“石牌页岩”演变而来。命名地点在湖北省宜昌市北20 km长江南岸石牌村。原始定义：“指宜昌石灰岩与灯影石灰岩之间一套灰色砂质和云母质、易剥离的页岩，富含石灰质(钙质)，其中夹有数层鲕状石灰岩，且愈向上灰岩夹层愈多，含三叶虫 *Redlichia* 等，厚200 m，下与灯影组石灰岩呈平行不整合分界，上与宜昌石灰岩呈整合分界，顶、底界线清楚，时代为早寒武世。”

【沿革】 “石牌页岩”下部有约120 m厚的地层含碳质较高，且夹薄层灰岩，不含 *Redlichia*，张文堂1957年将其命名为水井沱组，上部以页岩为主的地层复称石牌页岩。该名50年代末期在省内大巴山地区引用(卢衍豪，1962)，其含义与峡区基本一致。川南地区40年代始采用黔北地层系统，称明心寺组，原称“明心寺层”。明心寺组与石牌组实属同物异名，经省区间协商采用石牌组一名。

【现在定义】 在湖北省由一套灰绿—黄绿色粘土岩、砂质页岩、细砂岩、粉砂岩夹薄层状灰岩、生物碎屑灰岩等组成，含三叶虫化石。底界以灰绿色砂质页岩与牛蹄塘组黑色页岩夹黑色薄层灰岩呈整合接触；顶界以页岩、粉砂岩夹灰岩与天河板组灰色泥质条带灰岩呈整合接触。

【层型】 正层型在湖北省。省内次层型为秀山县溶溪区膏田乡漆园坝剖面，四川107地质队1988年测制。

【地质特征及区域变化】 本组分布于盆地东部及南部，其西大致以华蓥山断裂带为界，以黄绿色泥页岩为主夹少量粉砂岩，岩性较单一，川南一带多深埋地腹，经钻孔揭露，厚138 m(长宁)，秀山一带厚196 m，下部夹有较多的灰岩薄层及凸镜体，石柱一带厚107 m，层间夹细、粉砂岩较多，大巴山一带厚418 m。

本组含有较丰富的化石，以三叶虫为主，有 *Hupeidiscus*，*Szechuanolenus*，*Palaeolenus*，*Hunanocephalus*，*Cheiruroides*，*Redlichia* 等。

金顶山组 $\in j$ (06-51-2123)

【创名及原始定义】 刘之远1942年创名于贵州省遵义市西北金顶山，原称“金顶山层”。原始定义指覆于明心寺层之上的砂岩及页岩为主的地层，夹有灰岩，下部为褐红色砂岩与暗灰色页岩交互层，灰岩中富含古杯化石，上以“娄山关石灰岩”的出现划分上界。

【沿革】 该名在40年代始即在川南、黔北一带广泛应用。但在大巴山区习惯使用鄂西地层名称，称石牌组上部或上段(卢衍豪，1962；四川二区测队，1972)，其顶界以上覆灰色薄层状灰岩的出现划分(南京地质古生物研究所，1979)，在秀山溶溪将这段地层划为天河板组。其岩石组合特征与金顶山组是一致的。

【现在定义】 在四川省岩性以灰、灰绿色中厚层状粉一细砂岩为主，夹页岩、粉砂质页岩、石英砂岩及灰岩、鲕状灰岩等，含三叶虫化石及古杯类化石，与下伏石牌组页岩、粉砂岩及上覆清虚洞组或石龙洞组薄层砂岩夹鲕状灰岩为整合接触，局部与下伏仙女洞组含古杯类的浅灰色厚层状灰岩亦为整合接触的地层体。

【层型】 正层型在贵州省。省内次层型为秀山溶溪区膏田乡漆园坝剖面，四川107地质队1988年测制。

【地质特征及区域变化】 本组分布于盆地东部及南部，其西界大体以华蓥山断裂带为界。在川南地区深埋地腹，长宁深井中本组含较多的紫、灰绿等杂色砂岩、泥岩，夹白云岩，厚194 m。石柱、秀山一带以灰绿、黄绿色粉砂岩为主，夹古杯类灰岩或鲕状灰岩，厚184～369 m，由南向北减薄。大巴山前缘灰岩含量有所增加，厚159 m，整合覆于仙女洞组古杯类灰岩之上。

本组有较丰富的化石，以三叶虫、古杯类为主，三叶虫主要有 *Megapalaeolenus*，*Palaeolenus*，*Kootenia*，*Redlichia* 多属，古杯类有 *Retecyathus*，*Protopharetra*，*Archaeocyathus* 等。

仙女洞组 ∈*xn* (06-51-2133)

【创名及原始定义】 叶少华等1960年命名于南江县赶场乡北沙滩附近之仙女洞。原始定义为：岩性以灰色鲕状灰岩为主，富含古杯、海绵化石，与下伏牛蹄塘组灰色页岩及上覆阎王碥组灰褐色砂岩均为整合接触的地层体。该组命名后广泛使用。

【沿革】 四川二区测队1965年正式使用，仙女洞组命名后含义未做大的变动。

【现在定义】 以灰一深灰色灰岩、鲕状灰岩与砂岩、钙质细砂岩组成互层，灰岩含量较多，富含古杯类，与下伏筇竹寺组或牛蹄塘组、与上覆沧浪铺组均呈整合接触的地层体。

【层型】 正层型为南江县沙滩一桥亭剖面，位于南江县赶场乡北沙滩一桥亭一带(106°52′44″，32°3′41″)，四川二区测队1965年重测。

上覆地层：**沧浪铺组** 紫红色钙质细砂岩、砂质灰岩

——————— 整 合 ———————

仙女洞组	总厚度 124.8 m
13. 肉红、灰、灰绿色厚层硅质灰岩，中下部夹薄层钙质细砂岩	10.0 m
12. 灰、绿灰色夹肉红、紫红色厚层灰岩	10.2 m
11. 浅灰色钙质细砂岩，夹钙质结核，风化后呈蜂窝状构造	4.2 m
10. 深灰色厚层灰岩	2.3 m
9. 深灰色钙质砂岩，含钙质结核，含古杯类 *Retecyathus* sp.	7.3 m
8. 深灰色厚层灰岩，具网状干裂纹。含古杯类 *Archaeocyathus* sp.，*Protopharetra* sp. 等	15.3 m
7. 浅灰色角砾状灰岩，角砾直径 2～5 cm	1.4 m
6. 浅灰色细粒钙质石英砂岩	2.8 m
5. 深灰色砂岩，下部具角砾状构造	9.7 m
4. 浅灰、深灰色细砂岩、钙质细砂岩，下部为灰岩	6.5 m

3. 灰色砂质页岩，含钙质结核 6.9 m

2. 灰、深灰色块状鲕状灰岩，具薄层砂质斜层理，含古杯类 *Archaeocyathus* sp.，*Protopharetra* sp. 及三叶虫化石碎片 48.2 m

——————— 整　合 ———————

下伏地层：**筇竹寺组**　灰色钙质泥岩夹鲕状灰岩凸镜体及薄层细砂岩，含三叶虫

【地质特征及区域变化】　本组分布仅限于南江、旺苍至城口一带。以富含古杯类化石的碳酸盐岩为主要特征。正层型剖面上厚124.8 m，旺苍地区厚80～145 m，向西至广元附近尖灭而为砂、页岩所代替。向东至城口地区厚度减薄至21～96 m，于巫溪境内渐变为碎屑岩。本组岩性稳定，呈东西向分布的凸镜体。

本组富含古杯类化石，主要有 *Archaeocyathus*，*Archaeocyathellus*，*Protopharetra*，*Ajacicyathus*，*Dictyocyathus*，*Taylorcyathus* 等多种，此外还含有少量三叶虫 *Malungia*，*Szechuanaspis* 和腹足类、腕足类、介形类、海百合茎及藻类。

清虚洞组　∈*qx*　(06-51-2124)

【创名及原始定义】　尹赞勋等1945年创名于贵州省湄潭县东南清虚洞，原称“清虚洞石灰岩”，由广义的娄山关石灰岩（丁文江，1930）下部分出。原始定义：位于高台组石灰岩之下和金顶山层黄色云母砂岩或砂质页岩之上，由黑灰、深灰色石灰岩、污斑石灰岩和不纯石灰岩组成，厚100余米。

【沿革】　川南地区在40年代以前均归属“三汇场石灰岩”（潘钟祥，1939）或“下三汇场系”（尹赞勋，1943）下部，50年代以后沿用清虚洞组。

【现在定义】　在四川省下部以灰、深灰色中至厚层状灰岩、白云质灰岩、鲕状及豹皮状灰岩为主夹白云岩；上部以灰色中一厚层状白云岩为主夹白云质灰岩，含三叶虫等化石，与下伏金顶山组石英粉砂岩及上覆高台组底部砂、页岩或覃家庙组白云岩等均为整合接触的地层体。

【层型】　正层型在贵州省。省内次层型为酉阳县桃鱼乡杉树坪剖面，王长生等1988年测制。

【地质特征及区域变化】　本组分布于南川、石柱、酉阳、秀山一带。岩性较为稳定，具二分性。在酉阳、秀山一带本组下部灰岩含有较多的砂屑、砾屑及藻屑，常见豆粒状及鲕粒灰岩，由下向上白云质含量增高，上部白云岩中夹有少量藻屑及膏溶角砾岩（深部为石膏层）。本组厚一般为190余米，向北向西至石柱、南川一带厚度明显减薄至160余米。顶底界线标志清楚。本组以含三叶虫 *Redlichia*，*Eoptychoparia* 等为主的地层。

高台组　∈*g*　(06-51-2125)

【创名及原始定义】　尹赞勋等1945年命名于贵州省湄潭县高台镇，原称“高台石灰岩”，系由广义的娄山关石灰岩（丁文江，1930）中分出。原始定义：岩性为灰白至深灰色石灰岩夹燧石状石灰岩、砂质石灰岩等，底部含黄色页岩，产三叶虫化石，厚约150～250 m。

【沿革】　40年代前在南川地区本组称“三汇场石灰岩”（潘钟祥，1939）或“下三汇场系”（尹赞勋，1943）上部。50年代采用高台石灰岩（组），但历来对该组的划分并不统一，其一将位于清虚洞组之上、娄山关组（狭义）之下的一套以白云岩为主的地层划为高台组（卢衍

豪，1962；南京地质古生物研究所，1979)，即所谓的“大高台组”或“广义的高台组”；其二将“广义高台组”上部薄层白云岩单独划出，称石冷水组、茅坪组或覃家庙组，将其下伏的一套中至厚层状以灰岩、白云岩为主的地层复称高台组，下限同为清虚洞组(贵州108地质队，1975；四川地层表，1978；项礼文等，1981)。本次清理的意见从后者。

【现在定义】 在四川省岩性以灰、深灰色中、厚层状白云岩为主，夹白云质灰岩及灰岩，下部具厚度不大的黄绿等色页岩，夹砂岩及生物灰岩，含三叶虫化石，与下伏清虚洞组顶部白云岩或灰岩及上覆覃家庙组黄灰色薄板状泥质白云岩均呈整合接触的地层体。

【层型】 正层型在贵州省。省内次层型为酉阳县桃鱼乡杉树坪剖面，王长生等1988年测制。

【地质特征及区域变化】 本组分布于南川、石柱、酉阳、秀山一带。秀山等地下部含较多的生物屑灰岩，以粉砂质页岩为主，但不甚稳定，与下伏清虚洞组分界清楚，厚43～58 m。向北向西至石柱、南川一带本组中灰岩有增加趋势，厚度也增至70 m左右。南川地区本组底部碎屑岩仍较发育，石柱一带逐渐消失，底部以鲕状、砂砾屑灰岩与清虚洞组分界，仍较清楚。

本组以含三叶虫为主，主要有*Kaotaia*，*Chittidilla*，*Kunmingaspis*，*Manchuriella*，*Ptychoparia*等。

覃家庙组 ∈*qj* (06-51-2118)

【创名及原始定义】 系王钰(1938)创建的“覃家庙薄层石灰岩”演变而来。命名地点在湖北省宜昌市覃家庙。原始定义：“石龙洞石灰岩以上紧接着还是石灰岩，不过层次非常的薄，层面间更时夹有页岩，并且有时含显著的波纹及干裂等构造，证明它是在浅水造成的，在这层石灰岩里面，我们虽说没采到化石，但是仅依岩石性质也可知道它是应当自成一个系统。”

【沿革】 该名50年代后期引入四川盆地东部使用。在川南地区，潘钟祥等1939年于南川县三汇场一带创名“三汇场石灰岩”，其原始含义与广义的娄山关组(丁文江，1930)大体一致，尹赞勋等1943年将这套石灰岩分为三部，就岩性而言，该组大体和“中三汇场系之下部”相当。自50年代始，这套名称基本废除，分别称高台组(广义)(卢衍豪，1962)、石冷水组(四川107地质队，1977)、覃家庙组(地质部第四普查大队，1964)，于川、鄂、湘边境也称茅坪组(四川107队，1975)。在城口等地由于该组由东向西有向西王庙组相变的特点，南京地质古生物研究所(1965)另命名为“石溪河群”。由于这套地层岩性相变导致名称分歧颇大。本次清理经省区间协调，使用覃家庙组。

【现在定义】 在四川省岩性以浅灰、黄灰色薄层至薄板状白云岩、泥质白云岩为主，夹中一厚层状白云岩、白云质泥岩及石膏层，化石罕见，与下伏清虚洞组或高台组(狭义)厚层白云岩及上覆娄山关组或平井组底部石英砂岩或白云岩均为整合接触的地层体。

【层型】 正层型在湖北省。省内次层型为酉阳县桃鱼乡杉树坪剖面，王长生等1988年测制。

【地质特征及区域变化】 本组分布于四川盆地东部，以薄层状白云岩区别于上下厚层白云岩为主的地层，岩性较为稳定，界线易于识别。在川南地区层间夹有膏溶角砾岩，膏溶孔及石盐假晶常见，深部均为石膏层。本组厚度在南川、石柱、秀山一带为200～250 m，由南向北有减薄趋势。在大巴山前缘，本组白云岩中夹有大量紫红、砖红色薄至中厚层泥质粉砂岩、泥岩及泥灰岩，由东向西碎屑岩含量大增，具有向西王庙组过渡的特征。

平井组 ∈*p* (06-51-2127)

【创名及原始定义】 贵州108队1966年创名于贵州省沿河县平井，由原娄山关石灰岩中分出。原始定义：下部为灰色薄至中厚层白云岩，底部为石英砂岩，上部为深灰色厚层灰岩、白云质灰岩夹白云岩，含三叶虫化石，厚330～490 m，底界以石英砂岩与下伏高台组(广义)薄层白云岩分界，与以上覆甘溪组(后更名为后坝组)块状白云岩的出现分界，上下均为整合接触。

【沿革】 该名于1970年引入秀山地区使用，之前均划归娄山关群下部，川鄂交界的地区曾引用过光竹岭组(四川107地质队，1975；南京地质古生物研究所，1979)，其含义与平井组基本一致。

【现在定义】 在四川省以灰、深灰色中一厚层状含藻类白云岩为主，夹白云质灰岩及石灰岩，含三叶虫化石，底部常以一层石英砂岩为标志，与下伏覃家庙组整合接触；顶部常以灰岩及鲕状灰岩，与上覆娄山关组块状白云岩整合接触的地层体。

【层型】 正层型在贵州省。省内次层型为酉阳县桃鱼乡杉树坪剖面，王长生等1988年测制。

【地质特征及区域变化】 本组分布于石柱一秀山一线，岩性及厚度较稳定。酉阳、秀山一带上部含有大量砂砾屑、鲕粒灰岩，下部白云岩中常见叠层石，厚约470～490 m。向北灰岩含量有所减少，厚度减薄至331～410 m。作为本组底界标志的中厚层状石英砂岩较为稳定，厚0.5～9 m。向北向西本组上部灰岩很快相变为白云岩，与上覆娄山关组无法区分。

本组中上部富含三叶虫化石，主要有*Lisania*，*Lisaniella*，*Paranomocare*，*Metanomocare*，*Peishania*，*Anomocarella*，*Aojia*等。

毛田组 ∈*m* (06-51-2130)

【创名及原始定义】 贵州108队1966年创名于贵州省沿河县甘溪乡毛田，由娄山关群上部分出。原始定义：岩性为灰、深灰色厚层灰岩、白云质灰岩、白云岩呈不等厚互层，间夹鲕状、纹层状、竹叶状灰岩，含三叶虫化石，厚105～200 m，与下伏后坝组块状白云岩及上覆南津关组灰色生物屑灰岩均为整合接触的地层体。

【沿革】 1970年始于川东南一带使用，对其含义的理解也基本一致。

【现在定义】 在四川省岩性以浅灰、灰色厚层至块状灰岩、白云质灰岩为主，夹白云岩、砂屑鲕粒灰岩，含少量三叶虫及牙形石化石，与下伏娄山关组厚层块状白云岩及上覆南津关组灰色厚层状生物碎屑灰岩均呈整合接触的地层体。

【层型】 正层型在贵州省。省内次层型为酉阳县桃鱼乡杉树坪剖面，王长生等1988年测制。

【地质特征及区域变化】 本组分布于石柱、酉阳、秀山地区，以灰岩为主夹有藻白云岩、砂砾屑灰岩，上部夹较多的燧石结核及条带，富含叠层石。厚度以酉阳杉树坪最大，达223 m，向南北两个方向明显变薄，在南部秀山一带厚190 m左右，向北至石柱一带仅厚73 m，白云质含量增高，具有向娄山关组相变的特征。在区域上下部常以灰岩与下伏娄山关组块状白云岩分界，上界以南津关组生物灰岩划分，标志较为清楚。

本组化石数量不多，以三叶虫为主，常见有*Tellerina*，*Calvinella*，*Metacalvinella*等，近顶部见有牙形石，如*Teridontus*，*Monocostodus*，*Scolopodus*等。

长江沟组 $\in\hat{c}j$ （06-51-2136）

【创名及原始定义】 四川二区测队1966年命名于剑阁县上寺乡长江沟，原始定义："浅海相之砂页岩至砾岩沉积，总厚度大于1 870 m，可细分为三个岩性段，下段以粉砂岩为主，含古介形类及软舌螺化石；中段以岩屑砂岩为主，产三叶虫、古介形类化石；上段以厚层—块状砾岩、含砾砂岩为主，夹砂岩凸镜体，砾石成分为燧石等。底界未出露，与上覆赵家坝组、宝塔组、中下志留统及平驿铺组均为平行不整合接触。"

【沿革】 本组命名前泛称"下寒武统"或套用"筇竹寺组"及"沧浪铺组"（《西南地区区域地层表·四川省分册》，1978），命名后被用来代表盆地西缘近陆源的早寒武世地层。南京地质古生物研究所1979年将上部含砾石的粗砂岩分出，称"磨刀垭组"，下部复称"筇竹寺组"，经清理仍称长江沟组。

【现在定义】 以黄绿、灰绿色岩屑石英砂岩、粉砂岩为主，夹少量页岩及泥灰岩，含古介形类及三叶虫化石，命名地未见底，与上覆磨刀垭组灰色含砾砂岩整合接触的地层体。

【层型】 正层型为剑阁县上寺乡长江沟—碾子坝剖面（105°26′23″，32°24′00″），四川二区测队1964年测制。

上覆地层：磨刀垭组 灰色厚层含砾细—中粗粒岩屑砂岩，具不明显斜层理

——————整 合——————

长江沟组 总厚度＞1 287.7 m

19. 黄灰、灰色灰岩、砂质灰岩，上部为钙质页岩夹凸镜状灰岩 17.9 m

18. 灰绿、灰色页岩、砂质页岩，间夹砂岩、钙质砂岩，含翼足类 8.0 m

17. 浅红灰色薄层细粒石英砂岩与灰色页岩互层 7.9 m

16. 绿灰色粉砂质泥页岩夹灰岩结核及凸镜体。含三叶虫 *Parabadiella houi*，*Wutingaspis malungensis*，*Eoredlichia guangyuanensis*；腕足类等 7.0 m

15. 灰色砂质灰岩夹褐黄色页岩、粉砂岩。含三叶虫 *Guangyuania elongata*；及翼足类、腕足类等 29.7 m

14. 浅褐黄、黄灰、灰绿、灰色钙质粉砂岩，下部夹页岩和白云质泥灰岩、泥岩凸镜体。含三叶虫 *Pseudowutingaspis longmenshanensis*，*Parawutingaspis convexus*，*Eoredlichia intermedia*；及腕足类、翼足类、古介形类等 57.9 m

13. 绿、黄褐色钙质砂岩、砂质页岩、页岩夹细砂岩。含三叶虫 *Guangyuania conica* 等 35.4 m

12. 灰、黄绿、黄灰色石英粉砂岩、钙质粉砂岩及砂质页岩互层，上部偶夹泥灰岩。含古介形类 *Kunmingella* sp.；腕足类 154.8 m

11. 上部为灰色含白云质砂质泥灰岩；下部为黄绿色钙质粉砂岩夹砂质页岩 11.7 m

10. 灰绿、黄绿色细粒岩屑砂岩、石英粉砂岩、砂质页岩互层，具波状斜层理 24.4 m

9. 黄绿、灰绿色泥质、钙质粉砂岩、砂质页岩，具斜层理 165.7 m

8. 黄、灰绿、黄绿色石英粉砂岩、钙质粉砂岩、泥质粉砂岩、砂质页岩互层 107.8 m

7. 灰黄、黄色钙质粉砂岩，含扁圆形钙质结核，沿层分布，顶部夹粉砂质灰岩、钙质白云质泥岩。含古介形类 *Shangsiella elongata*，*S. changjianggouensis* 106.5 m

6. 灰绿色钙质粉砂岩 190.3 m

5. 灰绿色泥质粉砂岩。含古介形类 *Kunmingella douvillei*，*Shensiella crassa* 186.8 m

4. 灰绿、黄绿色粉砂质页岩。含古介形类 *Kunmingella* sp.，*Shensiella* sp. 54.9 m

3. 棕黄、灰黄色含泥质粉砂岩与砂质页岩互层 21.3 m

2. 灰、黄色页岩 61.5 m

1. 灰、黄褐色石英粉砂岩、砂质页岩互层(未见底) >38.2 m

【地质特征及区域变化】 本组在龙门山北段以灰、灰绿色粉砂岩、细砂岩为主，未见底，出露厚度大于1 200 m。龙门山中段绵竹一带以黄灰色粉砂岩为主，夹有白云岩及灰岩薄层及凸镜体，厚度减至150 m。龙门山南段缺失。至汉源、甘洛一带细砂岩含量增高，层间夹薄层含钾磷块岩，厚亦百余米。至盐源树河一带岩性以紫红色细粒石英砂岩为主，具底砾岩，厚度170 m左右。在攀西地区与下伏灯影组白云岩为平行不整合接触，上覆为磨刀垭组，二者界线清楚。

本组化石数量不多，主要有三叶虫 *Parabadiella*，*Wutingaspis*，*Pseudowutingaspis*，*Guangyuania*，*Guangyuanaspis*，*Shangshiaspis*，*Longmenshania*；及古介形类、腕足类、翼足类等。三叶虫主要分布于上部，下部以介形类为主。

磨刀垭组 ∈*md* (06-51-2137)

【创名及原始定义】 由南京地质古生物研究所1966年命名，张文堂等1979年正式发表，命名地位于剑阁县上寺乡长江沟北磨刀垭。原始定义：灰白色粗砂岩与砂砾岩为主，厚80 m，平行不整合伏于宝塔灰岩之下，与其下伏“筇竹寺组”整合接触的地层体；时代属寒武纪；与滇东沧浪铺组红井哨段相当。

【沿革】 本组相当于四川二区测队1966年划分的长江沟组上段。南京地质古生物研究所划分出磨刀垭组后，将下部413 m的地层仍称“筇竹寺组”(即本书之长江沟组)。经本次清理核查，磨刀垭组比筇竹寺组粒度更粗，以富含燧石砾石为特征。

【现在定义】 灰色中至厚层含砾砂岩、砂岩为主，中一粗粒结构，含以燧石为主的砾石，顺层排列，夹少量灰绿色钙质页岩，无化石，与下伏长江沟组顶部黄灰色钙质页岩夹凸镜状灰岩整合接触，与上覆宝塔组泥质网纹状(“龟裂纹”)灰岩平行不整合接触的地层体。

【层型】 正层型为剑阁县长江沟—碾子坝剖面，位于剑阁县上寺乡长江沟磨刀垭(105°26′，32°24′)，四川二区测队1964年测制。

上覆地层：宝塔组 灰色龟裂纹灰岩

——————— 平行不整合 ———————

磨刀垭组 总厚度 117.6 m

5. 上部为灰色中一厚层中粗粒砂岩，顶部为含铁粘土岩，其上为含砾粗砂岩；下部为深灰色中厚层一块状含砾粗粒岩屑砂岩，砾石为燧石，顺层排列，分选差，呈半棱角至次滚圆状，具明显斜层理。底部为薄层钙质粉砂岩 67.1 m

4. 灰黑色厚层含砾中粒岩屑砂岩间夹绿灰色薄层细砂岩、页岩，斜层理发育 22.3 m

3. 灰色厚层钙质细砂岩与灰绿色薄层钙质页岩互层 16.9 m

2. 灰色厚层含砾细一中粒岩屑砂岩 11.3 m

——————— 整 合 ———————

下伏地层：长江沟组 黄灰、灰色灰岩、砂质灰岩，上部为钙质页岩夹凸镜状灰岩

【地质特征及区域变化】 本组分布于盆地西缘。龙门山北段以灰、深灰色为主的中粗粒岩屑砂岩、含砾砂岩为主，夹少量灰绿色钙质页岩，厚118 m。龙门山中段，岩性较稳定，但

砂岩中砾石含量减少至消失，厚度亦在 100 m 以上。至宝兴一带全部缺失。向南在汉源、石棉一带仅厚 30～50 m，岩性多为灰绿夹紫红色含砾砂岩。至盐源树河一带以紫红色石英砂岩为主夹砾岩凸镜体，厚度增大至 188 m。本组与下伏长江沟组为整合接触，界线清楚，宏观易于辨认，上部地层普遍遭受不同程度的剥蚀，在区域上以南北两端(广元、盐源等地)上覆地层时代较老(早－中奥陶世)，中段多为泥盆系(平驿铺组或观雾山组)所超覆。

邱家河组　Z∈*q*　(06－51－0036)

【创名及原始定义】　四川二区测队 1966 年命名于广元陈家坝乡邱家河。原始定义：由碎屑岩建造和含锰硅质岩建造所组成。平行不整合于震旦系“元吉组”之上，伏于含化石的变质奥陶系“陈家坝群”之下。

【沿革】　四川二区测队(1966)分为上、中、下三段。本次清理认为：上段为油房组，中段为邱家河组，下段为上段的重复。

【现在定义】　指整合伏于油房组变质砂岩之下，整合或平行不整合覆于灯影组白云岩之上的地层。岩性为黑色硅质岩、碳硅质板岩、碳质千枚岩夹硅化灰岩，底部时夹凸镜状白云岩，是铁、锰、铀、钼、钒等重要含矿层位，局部产石煤。

【层型】　正层型为广元陈家坝剖面(105°50′48″, 32°41′00″)，四川二区测队 1963 年测制。

上覆地层：油房组　黑灰色中厚层状硅质条带岩屑砂岩，底部及中部夹粗粒岩屑砂岩

——————　整　合　——————

邱家河组	总厚度 211.85 m
4. 黑色碳质千枚岩，下部有三层菱锰矿，夹浅变质细砂岩	44.50 m
3. 黑色含磷结核的薄层硅质岩，层间夹白云质灰岩	38.15 m
2. 黑色薄层状硅质岩夹浅灰色薄－中厚层状硅化灰岩。底部有 5 m 厚的沉积角砾岩	100.60 m
1. 黑色中厚层－块状硅质岩夹灰色凸镜状白云岩，向下白云岩减少	28.60 m

——————　整　合　——————

下伏地层：灯影组　灰色块状夹层状白云岩

【地质特征及区域变化】　本组为稳定型浅海陆架硅、锰、泥质岩建造。岩性以碳质、硅质千枚岩、板岩、硅质岩为主，以硅质岩、碳硅质板岩的结束与出现为其顶、底界线，与上、下地层整合或平行不整合接触。见于广元陈家坝、平武轿子顶、北川、安县大屋基一带，呈 NE－SW 向延伸，岩性特征稳定而明显。广元陈家坝一带上部夹有菱锰矿，平武县马家山、平溪、简竹垭有铁锰矿层。青川蒿地一带有可采石煤。这套富含有机质的黑色岩系，受到后期变质作用叠加，形成了重要的含矿层位。常见有铀、钴、钼、镍、钒、铜、锌等异常显示。

对于邱家河组顶界的意见比较一致，底界被以往多数学者划在硅质岩内部。本次清理将两组界线划在大套白云岩、白云质灰岩与碳硅质岩之间，具有较好的识别性和可填图性。川西北地质大队(1993)在该组黑色含锰硅质岩系中采有微古植物 *Trachsphaerdium levis*, *Laminarites antiquissimus* 等，这些化石常见于三峡地区灯影组。因此，本组时限下跨晚震旦世。

油房组　∈*y*　(06－51－0037)

【创名及原始定义】　吴世良等(1963)将广元陈家坝这套碳硅质板岩夹变质砂岩的地层称陈家坝群油房组，时代归为奥陶纪。四川二区测队 1977 年介绍，李小壮等(1963)在《变质岩

分层对比的初步研究》中，根据 *Didymograptus* 动物群的发现，划归下奥陶统。四川二区测队(1977)起用油房组，并厘定其含义为："限定于仅代表后龙门山区，整合于变质下寒武统邱家河组之上，假整合于变质下—中奥陶统陈家坝群或中奥陶统宝塔组或志留系茂县群之下，主要由变质岩屑砂岩、石英砂岩、粉砂岩所组成。暂定为下寒武统上部的一套浅变质碎屑岩系"。

【沿革】 创名后沿用至今。

【现在定义】 指平行不整合伏于陈家坝组或宝塔组或茂县群之下，整合覆于邱家河组碳硅质板岩之上的浅变质碎屑岩、火山碎屑岩的地层体。主要岩性为变质砂岩、沉凝灰岩、千枚岩夹少量结晶灰岩。

【层型】 正层型为广元陈家坝剖面(105°50′48″，32°41′00″)，四川二区测队 1963 年测制。

上覆地层：陈家坝组 灰—灰黑色石英千枚岩，下部夹硅质岩屑砂岩

——————— 不行不整合 ———————

油房组 总厚度 201.3 m

6. 灰黑色中厚层状硅质条带岩屑砂岩，层间夹黑色千枚岩，底部及中部有三层粗粒砂岩，并含稀疏砾石 201.3 m

———— 整 合 ————

下伏地层：邱家河组 黑色碳质千枚岩

【地质特征及区域变化】 本组为稳定—次稳定型浅变质碎屑岩夹火山碎屑岩，与上覆、下伏地层间界线比较清楚。分布于广元陈家坝、平武轿子顶、北川、茂县九顶山一带，呈NE-SW向延伸。平武县高庄党家沟、茂县五爪山垭口一带见有火山碎屑岩夹层，主要为晶屑、岩屑沉凝灰岩。向东北火山碎屑岩减少，至广元陈家坝一带全为变质碎屑岩。该组以北川复兴一带最厚，达 613 m，向两端变薄，北至广元陈家坝厚 201 m，南至五爪山垭口厚仅 130 m。

川西北地质大队(1993)在青川县关庄高坝采有微古植物 *Trachysphaeridium levis*，*Laminarites antiquissimus* 等，与邱家河组化石组合相似，鉴于油房组整合覆于邱家河组之上、伏于含早奥陶世笔石的陈家坝组之下，其时代暂定为早寒武世。

桐梓组 *Ot* (06-51-2208)

【创名及原始定义】 张鸣韶、盛莘夫 1940 年命名，1958 年发表，命名地位于贵州省桐梓县南红花园附近，称"桐梓层"。原始定义：下段以灰色页岩为主，间夹薄层石灰岩；上段以灰岩为主，间夹黄、灰色页岩，见三叶虫化石，厚 70 m 的地层。

【沿革】 四川盆地南部自 40 年代开始采用该名称(刘之远，1948)。在之前，川南普遍使用半河系(组)，由常隆庆 1932 年命名于南川县城东南的半河场。其后潘钟祥、彭国庆(1939)，尹赞勋、李星学(1943)，王钰(1945)等对原含义进行了多次修订，直至张文堂(1962)总结了西南地区奥陶纪地层，重新厘定了半河组的定义，认为二者属同物异名。1965 年后半河组被停止使用，统一用桐梓组。

【现在定义】 在四川省整合于娄山关组白云岩之上、红花园组生物碎屑灰岩之下，以灰色中至厚层状白云岩、白云质灰岩、生物灰岩为主，夹黄绿色页岩、粉砂岩及砂屑、砾屑、鲕粒白云岩的地层。富含三叶虫化石。

【层型】 正层型在贵州省。省内次层型为綦江县观音桥剖面，南京地质古生物研究所

1964 年测制。

【地质特征及区域变化】 本组分布于叙永、綦江、南川、武隆及华蓥山南段等地区。武隆一带灰岩较多，鲕状构造、生物屑结构发育，白云岩及泥页岩相对较少，厚度达 220 余米，向东逐步向南津关组过渡。南川、綦江一带白云岩含量增高，页岩夹层也有增多趋势，厚度减薄至 100 m 左右。叙永、古蔺一带夹层中出现石英细砂岩及竹叶状泥灰岩，陆源碎屑成分明显增加，厚度减至 30～40 m。峨眉山、筠连一带向西，因碳酸盐岩大幅度减少，碎屑岩数量增多，粒度增粗而过渡为红石崖组。在空间上桐梓组形成一东厚西薄、南厚北薄的大型楔状体。与下伏娄山关组为整合接触，界线不易区分。在南川、綦江一带，以黄绿色页岩的出现划分桐梓组底界，易于掌握；与上覆红花园组亦为整合接触，南川、綦江、武隆一带以大套生物碎屑、鲕粒灰岩出现划分界线。于长宁、叙永一带红花园组逐步尖灭，上覆地层为湄潭组，常以碳酸盐岩的消失、大套泥页岩出现划分桐梓组顶界。

本组化石极为丰富，以三叶虫为主，主要有 *Tungtzuella*，*Dactylocephalus*，*Lohanpopsis*，*Chungkingaspis*，*Asaphellus* 等。

红花园组　*Oh*　(06－51－2209)

【创名及原始定义】 张鸣韶、盛莘夫 1940 年命名，1958 年发表，命名于贵州省桐梓县南的红花园，原称“红花园石灰岩”。原始定义指整合于桐梓层之上的一套灰色厚层石灰岩，厚 40 m，富含 *Cameroceras* 等化石。

【沿革】 该名于 50 年代在川南地区使用。50 年代前，在川南地区使用了石门灰岩一名，该名由潘钟祥、彭国庆于 1939 年创于南川县石门，并提出“相当于宜昌灰岩顶部分乡统，时代属下奥陶纪。”石门灰岩与红花园组含义大体相当。其后，尹赞勋、李星学(1943)，卢衍豪(1959)对“石门灰岩”做过修订，都不同程度地扩大了含义，王钰(1945)则将该套灰岩并入半河系，称“D 层”。50 年代以后，虽使用红花园组，但在实际应用中强调了具有代表性的 *Cameroceras* 作为其划分标准的重要作用。

【现在定义】 在四川省整合于桐梓组白云岩之上，湄潭组黄、绿色页岩之下的一套灰一深灰色中厚一厚层状生物碎屑灰岩为主，夹少量鲕状灰岩的地层。富产头足类及腕足类等化石。

【层型】 正层型在贵州省。省内次层型为綦江县观音桥剖面，南京地质古生物研究所 1964 年测制。

【地质特征及区域变化】 本组广布于盆地东部及南部，岩性稳定。綦江观音桥一带厚 36.3 m，以深灰、灰黑色灰岩为主。南川、武隆一带出现大量鲕状、竹叶状灰岩，厚 33～70 m。大巴山一带厚 15～42 m，块状灰岩多见。华蓥山、兴文、古蔺一线仍以生物碎屑灰岩为主，局部含有白云质及泥质，夹有灰绿色页岩及鲕状灰岩，厚 13～30 m。至长宁背斜尖灭。厚度具有东厚西薄，南厚北薄的趋势。红花园组底界常以大套砂岩，顶界以湄潭组黄绿色页岩的出现分界，宏观上易于认别。

本组盛产头足类化石，常见分子有 *Cameroceras*，*Coreanoceras*；尚见有腕足类 *Diparelasma*；三叶虫 *Megalaspides*，*Asaphopsis* 等及少量腹足类化石。

湄潭组　*Om*　(06－51－2210)

【创名及原始定义】 黄汲清 1929 年命名，俞建章 1933 年发表，命名于贵州湄潭县西北五里坡，原称“湄潭页岩”。原始定义：位于宜昌灰岩之上、*Lesueurilla* 层之下的地层，岩性为绿色页岩，富含笔石化石，如 *Phyllograptus wulipoensis*，厚度不详。

【沿革】 该名由王钰(1945)开始在川南一带使用，在此之前泛称“艾家山系”(常隆庆，1932；潘钟祥等，1939；尹赞勋等，1943)，同时，张鸣韶等(1940)又以綦江观音桥剖面为正层型，将这套页岩命名为“马路口页岩”。其后，刘之远(1948)将丁文江创于桐梓城南红花园附近的“仰天窝页岩”也引用至川南地区。就含义而言，均指覆于红花园组之上的一套页岩为主的地层，富含笔石及三叶虫化石，唯顶界略有差异。自王钰(1945)在川南使用湄潭组以后，其他名称逐步被放弃。但多以生物组合作为划分的标准。经清理后的湄潭组以岩性作为划分的唯一标准。

【现在定义】 在四川省整合于红花园组生物灰岩之上、宝塔组底部龟裂状灰岩之下，以黄绿、灰绿色页岩、砂质页岩为主，夹粉、细砂岩及少量生物灰岩的地层。富含笔石、三叶虫及腕足类化石。

【层型】 正层型在贵州省。省内次层型为綦江观音桥剖面，南京地质古生物研究所 1964 年测制。

【地质特征及区域变化】 本组分布于武隆以西的南川、綦江、长宁、筠连一线。綦江观音桥一带以页岩为主夹砂岩，层间夹有凸镜状及薄层状灰岩，厚 289 m，南川及其以东地区岩性变化不大，厚度减至 196 m 左右，并向大湾组过渡。古蔺、叙永及长宁一带本组中粉、细砂岩含量渐增，灰岩逐步消失，厚度由东向西增大，达 422 m。向北至岳池溪口一带厚度减薄至 223 m。纵观该组区域变化，由东向西粒度增粗，厚度增大。本组在叙永以东地区，整合覆于红花园组生物灰岩之上，长宁、筠连一带整合覆于桐梓组白云岩或灰岩之上，具明显穿时性。以页岩的结束来划分湄潭组的顶界，界线是清楚的。

本组笔石多具代表性，常见者为 *Didymograptus*，*Azygograptus* 两属。此外，尚见有三叶虫(如 *Taihungshania*，*Ningkianolithus*)，腕足类(如 *Yangtzeella*)等。

南津关组　On　(06－51－2221)

【创名及原始定义】 系张文堂(1962)所创的“南津关石灰岩组”演变而来。命名地点在湖北宜昌南津关。原始定义：南津关石灰岩组和杨敬之、穆恩之的宜昌建造或穆恩之的宜昌层完全相当。因宜昌建造、宜昌统或宜昌系之间的关系容易混淆，所以这里用南津关石灰岩组比较合适。它基本上是石灰岩相，仅底部有少许页岩。由上而下包括 *Asaphopsis immanis* 带和 *Dactylocephalus dactyloides* 带。

【沿革】 宜昌一带，南津关石灰岩与红花园组之间的一段厚约 40 m 的灰岩夹页岩的地层，大体相当“宜昌石灰岩”(李四光，1932)顶部。王钰(1938)称“分乡统”，张文堂(1957)改称“分乡层”，其后作为组级单位。这段地层单独分出的依据是采到早奥陶世 Tremadocian 期的化石，如 *Dictyonema* 等，其岩性与南津关组基本一致。

四川东部南津关组和分乡组与峡东相似，但在名称使用上分歧较大，有人按峡区系统划分(《西南地区区域地层表·四川省分册》，1978；南京地质古生物研究所，1979)，有人套用川南黔北地层系统，称桐梓组(贵州 108 队，1970 等)或半河组，在大巴山地区这套地层由于相变而具有近陆源特征，称“杨家坝组”和“分乡组”(南京地质古生物研究所，1965；四川二区测队，1974)。由总体特征来看，川南、黔北以白云岩及白云质灰岩为主的桐梓组与川东、鄂西以生物碎屑灰岩为主的南津关组及分乡组是有区别的。经大区协调，在川鄂湘黔接壤地区，统一使用南津关组，原分乡组并入南津关组。

【现在定义】 在四川省以灰、深灰色薄一厚层状生物碎屑灰岩与页岩呈不等厚互层为主，夹白云质灰岩、鲕状灰岩等，富含三叶虫、腕足类及少量双壳类化石的地层，与下伏毛田组灰色白云岩、白云质灰岩及上覆红花园组深灰色生物碎屑或鲕状灰岩均为整合接触。

【层型】 正层型在湖北省。省内次层型为石柱县漆辽剖面，四川107地质队1975年测制。

【地质特征及区域变化】 本组分布于石柱、武隆、彭水至秀山一带，岩性较为稳定，生物碎屑灰岩发育，由东向西泥页岩含量有减少趋势，常组成韵律互层，厚度一般为180～200 m；大巴山一带灰岩中夹有白云岩及白云质角砾岩，页岩含量增高，多呈绿灰色，厚度减至36 m左右。本组与下伏毛田组或娄山关组以灰岩及页岩的出现划分，与上覆红花园组以大套灰岩出现划分，界线易于识别。

本组含丰富的三叶虫，常见有*Tungtzuella*，*Psilocephalina*，*Asaphellus*等，并见有腕足类*Nanorthis*，*Imbricatia*及少量双壳类、头足类等。

大湾组 *Odw* （06-51-2223）

【创名及原始定义】 系张文堂等(1957)创名的"大湾层"演变而来。命名地点在湖北省宜昌县分乡场女娲庙大湾村。原始定义：以大湾层(约11 m)灰绿色瘤状石灰岩为主，间夹有薄层砂绿色页岩多层，产腕足类、笔石、三叶虫等。与上覆扬子贝层、下伏*Cameroceras*石灰岩均呈整合接触。

【沿革】 川东50年代前泛称"扬子贝组"或"艾家山系"(侯德封等，1944；《中国区域地层表［草案］》，1956)，含义较笼统，下伏层为*Illaenus*灰岩，大体相当红花园组，上覆层为龟裂纹灰岩或宝塔灰岩(广义)。也有人采用黔北地层系统称"湄潭页岩组"(张文堂，1962)。50年代后川东地区正式引入大湾组，指位于红花园组与牯牛潭组(四川107地质队称"十字铺组")灰岩之间的灰岩与页岩为主的地层，南京地质古生物研究所(1974)在秀山地区依据头足类的时限，创用了"紫台组"一名，但其岩性组合与大湾组基本一致。

【现在定义】 在四川省下部以深灰色页岩、钙质页岩为主，夹生物、结晶灰岩；上部以灰、深灰色灰岩、生物灰岩为主，夹黄绿色等钙质页岩及泥灰岩，含笔石、三叶虫及腕足类化石，与下伏红花园组深灰色生物碎屑灰岩、鲕状灰岩及上覆牯牛潭组深灰色泥质条带状、瘤状灰岩或宝塔组下部生物碎屑灰岩均为整合接触的地层体。

【层型】 正层型在湖北省。省内次层型为城口杨家坝剖面，南京地质古生物研究所1966年测制。

【地质特征及区域变化】 本组分布于武隆、石柱一线以东及大巴山一带，在酉阳、秀山一带以黄绿色瘤状泥质灰岩与黄绿色、灰色页岩互层为主，时夹细砂岩，下部灰岩常夹紫红色瘤状泥灰岩，厚约135～160 m。城口、巫溪一带下部以深灰、黄绿色页岩、钙质页岩为主夹凸镜状生物灰岩，上部以灰岩、生物灰岩为主，夹黄绿色页岩及竹叶状灰岩等，厚不足100 m。本组底部常以黄绿色页岩夹杂色瘤状泥质灰岩或生物灰岩与下伏红花园组深灰色灰岩分界，岩性标志清楚；顶界以灰绿色页岩的消失作为分界标志。

本组含有腕足类*Yangtzeella*，*Martellia*；三叶虫*Taihungshania*，*Ningkianolithus*及笔石*Azygograptus*等。

牯牛潭组 Og （06－51－2224）

【创名及原始定义】 系张文堂等(1957)所创建的“牯牛潭石灰岩”演变而来。命名地点在湖北省宜昌县分乡场牯牛潭。原始定义：牯牛潭石灰岩，厚约23 m，灰色泥质干裂纹石灰岩，夹灰黄色泥质瘤状石灰岩，产*Vaginocras*及一些较大的头足类化石，与上覆庙坡页岩和下伏扬子贝层秽绿色页岩夹瘤状石灰岩均呈整合接触。

【沿革】 60年代以前称“龟裂纹灰岩”(杨敬之，1944)、“艾家山统”(张文堂，1962)及宝塔灰岩(《中国区域地层表[草案]》，1956)，70年代以生物为依据划分为“十字铺组”(四川107地质队，1972)、牯牛潭组(四川二区测队，1974；《西南地区区域地层表·四川省分册》，1978)、“大田坝组”(南京地质古生物研究所，1974)，各组的顶底界线也不完全相同。本次清理经省区间协调，并重新修订其含义。

【现在定义】 在四川省为灰、深灰、灰红色中厚层状生物灰岩、条带状及瘤状灰岩夹少量深灰色页岩，含丰富的笔石、腕足类及三叶虫化石，与下伏大湾组深灰色灰岩夹页岩及上覆庙坡组黑色页岩均为整合接触的地层体。

【层型】 正层型在湖北省。省内次层型为城口杨家坝剖面，南京地质古生物研究所1966年测制。

【地质特征及区域变化】 本组分布于川东一带及大巴山南缘，岩性较为稳定，以灰色中厚层状灰岩为主，下部富泥质条带及瘤状构造，厚度在15～21 m之间，与下伏大湾组及上覆庙坡组均为整合接触，下界以灰岩或条带状灰岩的出现、大湾组灰绿色页岩的消失分界，上界以庙坡组页岩、碳质页岩的出现划分，标志清楚。本组含腕足类*Saucrorthis*等，三叶虫以*Liomegistaspis*具代表性及含头足类*Protocycloceras*等。

庙坡组 Omp （06－51－2225）

【创名及原始定义】 系张文堂等(1957)创建的“庙坡页岩”演变而来。命名地点在湖北省宜昌县分乡场庙坡。原始定义：庙坡页岩(厚约1.5 m)，位于牯牛潭石灰岩和宝塔石灰岩之间，主要以黑色泥质页岩为主，顶部有黄色页岩。产*Glyptograptus*，*Climacograptus*，*Lonchodomas*，*Birmanites*，*Remopleurides*，*Telepina*，*Illaenus*，*Nileus transversus*，*Ptychopyge*，*Ampyx*，*Hemicosmites*及介形类*Euprimitia sinensis*等。

【沿革】 四川境内的庙坡组在60年代以前，包括在广义的“艾家山统”(张文堂，1962)或宝塔组(杨敬之，1944)、“龟裂纹灰岩”[《中国区域地层表(草案)》，1956]之中。直至1974年，四川二区测队在大巴山地区采用峡区地层系统将该组分出，其后沿用。

【现在定义】 在四川省以深灰、黑色页岩、泥岩为主，夹薄层灰岩条带及碳质页岩，含笔石及三叶虫化石，厚0～5 m，与下伏牯牛潭组灰色石灰岩及上覆宝塔组灰色具泥质网纹(“龟裂纹”)灰岩均呈整合接触的地层体。

【层型】 正层型在湖北省。省内次层型为城口杨家坝剖面，南京地质古生物研究所1966年测制。

【地质特征及区域变化】 本组分布仅限于城口至巫溪一带，向西及向南均迅速尖灭。城口杨家坝一带厚2.1 m，下部以碳质页岩为主，上部以深灰色页岩为主，夹薄层灰岩并组成互层。向东巫溪田坝一带以黑色页岩为主，灰岩夹层消失，厚度锐减至0.5 m。

本组含有较丰富的笔石*Glyptograptus*，*Pseudoclimacograptus*等；三叶虫*Birmanites*，*Lon-*

chodomas，*Miaopopsis* 等。

宝塔组 Ob (06-51-2213)

【创名及原始定义】 系李四光等(1924)所创名的“宝塔石灰岩”直接引伸而来，这是我国唯一用化石形态特征创名的一个地层单位名称。创名地点在湖北省秭归新滩龙马溪雷家山(曾误称艾家山)。原始定义：“宝塔石灰岩：一种致密灰色石灰岩，几米厚，以含多量巨大直角石即 *Orthoceras sinensis* 个体为特征。”

【沿革】 该名 1940 年开始在川南地区使用，在此之前曾因灰岩泥质网纹状似马蹄而称“马蹄灰岩”(丁文江，1929)，其后又有“龟(干)裂纹灰岩”(尹赞勋等，1943；杨敬之，1944)，“直角石灰岩”(四川石油队，1959)等名称见诸文献。上述名称其原始定义具有明确的岩石地层含义，但不符合地层指南关于地层名称的命名法则。宝塔组自命名后，不少研究者以化石为依据，对这一岩石地层单位进行了支解，概括起来有：穆恩之、盛金章 1948 年根据 *Nankinolithus* 的时限，认为宝塔组上部瘤状灰岩属上奥陶统，并命名为临湘组；卢衍豪 1959 年在南川地区将位于“扬子贝层”之上、狭义宝塔灰岩之下的一套富含头足类化石以泥质灰岩和豆、鲕粒灰岩夹页岩的地层与黔北十字铺组对比，并沿用十字铺组名称。其后有人认为这套地层与十字铺组无论岩性及化石组合特征均有差异，在綦江县观音桥剖面上另命名为“风洞岗组”(云贵川三省奥陶纪地层剖面现场讨论会，1975)；南京地质古生物研究所 1974 年根据秀山地区与鄂西峡区的对比，将这套灰岩下部含喇叭角石的地层另命名为“大田坝组”，并认为其时代相当中奥陶世早期，含长颈角石的地层与牯牛潭组对比，并沿用该名，时代划归早奥陶世晚期，同时又提出宝塔组含义限定在含震旦角石的范围内，其上含雷氏角石的灰岩又命新名为“梅江组”。这样，这套灰岩为主的岩石地层单位由下而上支解为“牯牛潭组”、“大田坝组”、“宝塔组”(狭义)、“梅江组”四个非岩石地层单位。现恢复其本来面目。

【现在定义】 在四川省岩性以灰色中—厚层状石灰岩为主，具泥质网纹状(“龟裂纹”)构造或瘤状构造，局部可夹少量鲕状灰岩及页岩，富含头足类化石，与下伏湄潭组或大湾组黄绿色页岩、庙坡组深灰色页岩及上覆龙马溪组黑色笔石页岩均为整合接触的地层体。

这一定义基本上与原始定义相吻合，具宏观的可识别性。宝塔组这一名称虽不符合地层指南关于地层名称必须冠以地理名称的规定，但考虑到该名称已习用数十年，国内外知名度甚高，经大区办协调，给予保留。

【层型】 正层型在湖北省。省内次层型为綦江县观音桥剖面，南京地质古生物研究所 1964 年测制。

【地质特征及区域变化】 该组广布于四川盆地的周边，岩性及厚度较为稳定，这套灰岩以具有泥质网纹而最具特色，大者似网状，小者似瘤状，常有“大龟裂纹、小龟裂纹”或“大麻皮、小麻皮”之称。川南一带厚 38～50 m，有东薄西厚的特征。下伏地层为湄潭组或大湾组，以黄绿色或灰色页岩与宝塔组底部灰岩、生物碎屑灰岩分界；与上覆地层龙马溪组底部黑色碳质页岩或碳硅质页岩整合接触。大巴山南缘一带该组厚度减小，约 15～24 m，下伏地层为庙坡组黑色页岩，上覆地层仍为龙马溪组黑色页岩，整合接触。本组向西于雷波—汉源—线逐步相变为大箐组，乐山、峨眉一带被剥蚀。至米仓山—龙门山一带本组平行不整合超覆于寒武系磨刀垭组—陡坡寺组之上，接触界面也颇为清晰。广元、平武、茂县、宝兴、金汤一带与下伏陈家坝组及上覆茂县群皆为平行不整合接触。

本组含有以头足类 *Sinoceras* 具代表性，此外有 *Richardsonoceras*，*Michelinoceras* 等，尚

见有少量三叶虫 *Trinodus*，*Illaenus*，*Nankinolithus* 等。

红石崖组 Ohŝ (06-51-2201)

【创名及原始定义】 郭文魁1941年创名于云南省昆明市西北红石崖，原称“红石崖层”。原始定义：主要包括紫色和绿色页岩，常见多层砂岩夹层，根据化石和岩性可分6层，见 *Taihungshania* 三叶虫多种，时代为早奥陶世，与下伏头村层薄层石灰岩为平行不整合接触，与上覆泥盆系石英砂岩为不整合接触的地层。

【沿革】 该组名50年代已在四川使用(张云湘等，1958)，指一套杂色的碎屑岩。曾依据化石在该组下部分出汤池组(《四川省区域地质志》，1991)，而岩性与命名地不符，且与其上的红石崖组无宏观划分标志。在峨眉一带，相当红石崖组的地层称大乘寺层(谭锡畴、李春昱，1933)。含义为“以黄灰色石英砂岩及绿色砂质页岩为主，下部有浅红、紫棕色石英砂岩，上部有绿灰色页岩，见化石 *Taihungshania*，厚160米的地层”。这一定义与红石崖组基本一致。其后盛莘夫(1940)根据化石 *Chungkingaspis* 等由大乘寺层下部分出“罗汉坡层”(1958年发表)。南京地质古生物研究所(1965)又由“罗汉坡层”上部将一套含 *Cameroceras* 的砂、泥岩夹白云岩的地层划出，另称“高洞口组”。这样“大乘寺层”由下而上被支解为罗汉坡组、高洞口组及大乘寺组(狭义)，并认为属早奥陶世 Tremadoc-Arenig。这套地层在峨眉一带整合覆于娄山关组(洗象池组)之上，并为二叠系平行不整合超覆，各单位间无明显的宏观标志。清理后，使用红石崖组原岩石地层含义。

【现在定义】 在四川省岩性为紫红、黄绿等色薄至中厚层石英砂岩、粉砂岩夹页岩、少量灰岩条带及砂砾岩，含笔石、三叶虫、腕足类化石，与下伏娄山关组浅灰色白云岩及上覆巧家组深灰色含生物碎屑结晶灰岩均为整合接触的地层体。

【层型】 正层型在云南省。省内次层型为普格县洛乌沟剖面，四川一区测队1963年测制。

【地质特征及区域变化】 本组分布于四川盆地西南缘及攀西地区，在普格县洛乌沟、会理哨水一带下部以紫红、黄绿色页岩与灰色、紫红色石英砂岩互层为主，厚度达325～656 m。向北至越西、汉源一带紫红色砂岩减少，厚度减至150～187 m。向东于金阳一带，下部为紫红、灰绿等色砂泥岩，上部砂岩含量增加，厚度减至125 m。至雷波、甘洛一线粒度变细，厚度160～350 m，于峨眉、乐山一带上部被剥蚀，残留厚度300 m左右。本组厚度由南向北、由西向东变薄，粒度由西向东变细，在区域上多整合或平行不整合覆于娄山关组白云岩之上，汉源、泸定一带可超覆于震旦系或花岗岩之上，常具底砾岩；与上覆巧家组生物灰岩、砂页岩多为整合过渡，峨眉、乐山一带为下二叠统梁山组平行不整合超覆。

本组下部常见三叶虫 *Asaphellus*，*Lohanpopsis*，*Chungkingaspis*，*Loshanella* 等及少量笔石、腕足类、头足类等。上部富含笔石 *Didymograptus*，*Azygograptus*；三叶虫 *Taihungshania*，*Hanchungolithus* 及二叶石等。

巧家组 Oq (06-51-2203)

【创名及原始定义】 郭文魁、业治铮1942年命名于云南省巧家县牛角石一带，原称“巧家层”。原始定义：下部主要为薄层灰岩，间夹页岩，其间数层几乎全由腕足类碎片组成；中部为白色砂岩，中部与下部间每夹鲕状铁质页岩，铁质富集时可成铁矿；上部为灰绿色页岩夹砂岩。顶部有结核状灰岩数层。含 *Yangtzeella poloi*，*Bathyurus* sp. 等，时代为早奥陶世晚期—中奥陶世早期。

【沿革】 自50年代始，巧家组在攀西地区广泛使用，其含义指位于红石崖组杂色砂、泥岩与大箐组厚层白云岩之间的一套砂页岩与灰岩互层的地层，与原始含义基本一致(张文堂，1962；四川一区测队，1965)。四川一区测队1973年对越西碧鸡山剖面的研究，以该组下部见大量早奥陶世“标准化石”为由，将其支解为“下巧家组”及“上巧家组”，并以一层含铁质砂岩或泥灰岩(横向常形成0.5～11 m的鲕状赤铁矿层)为标志，将两组分开。这一划分意见其后被沿用(《西南地区区域地层表·四川省分册》，1978；赖才根等，1982991)。上述两组除化石外，岩石特征大体相似。本次清理认为巧家组的原始定义符合岩石地层单位，支解的两组应予以归并。

【现在定义】 在四川省岩性以深灰色灰岩、白云质灰岩与泥岩、页岩呈不等厚互层，夹细、粉砂岩及赤铁矿，灰岩常具豹皮状及生物碎屑构造，含三叶虫、腕足类、笔石、头足类化石，与下伏红石崖组杂色石英砂岩及上覆大箐组灰色块状结晶白云岩或白云质灰岩均呈整合接触的地层体。

【层型】 正层型在云南省。省内次层型为普格县洛乌沟剖面，四川一区测队1963年测制。

【地质特征及区域变化】 本组分布于攀西地区东部及四川盆地西缘。区域上可划分为两段：下段以深色砂岩、砂质泥岩占优势，夹薄层或凸镜状砂岩、生物碎屑灰岩及结晶灰岩，由北向南灰岩含量增多；上段以生物碎屑灰岩、豹皮状灰岩为主，夹灰、黄绿等色砂质页岩，偶夹砂岩，底部时夹鲕状赤铁矿。厚度一般在60～250 m左右。

本组下段常见三叶虫 *Hanchungolithus*，*Neseuretus*，*Isoteloides*；腕足类 *Orthis* 等。上段有三叶虫 *Calymenesun*，*Platymetopus*；头足类 *Sinoceras*，*Michelinoceras*；腕足类等。

大箐组 OS*d* (06-51-2206)

【创名及原始定义】 郭文魁等1942年创名于云南省巧家县牛角石至鲁甸县青松坪之间的大箐，原称“大箐灰岩层”。原始含义：此层属于艾家山系上部，为灰岩，厚220 m。灰岩下部含泥质，呈薄层或结核状结构，中部富含铁质，上部变为薄层。于巧家大箐在其顶部首次获 *Stereoplasmoceras pseudoseptatum*，故曰大箐灰岩层。

【沿革】 张文堂(1962)将其作为组级单位使用。四川一区测队(1965)、《西南地区区域地层表·四川省分册》(1978)、《四川省区域地质志》(1991)，对原含义进行了修订。

【现在定义】 在四川省以灰色中厚层—块状结晶的白云岩、白云质灰岩为主，夹灰岩、灰质白云岩，含少量头足类及笔石化石，与下伏巧家组黄绿色细、粉砂岩夹灰岩整合接触，与上覆龙马溪组黑色页岩或黄葛溪组黄灰色粉砂岩、泥岩或嘶风崖组杂色砂泥岩为整合或平行不整合(?)接触的地层体。

【层型】 正层型在云南省。省内次层型为普格县洛乌沟剖面，四川一区测队1963年测制。

【地质特征及区域变化】 本组分布于攀西地区东部及四川盆地西南缘。岩性较为稳定，厚度东薄西厚，于布拖、金阳一带仅厚80余米，向东渐过渡为宝塔组，向西厚度大增，达124～528 m不等，本组在区域上为一巨型楔状体，穿时特征明显。与下伏层巧家组区别宏观标志清楚；上覆层志留系为碎屑岩，与本组也易于识别。局部可见其间有厚4 m的灰岩夹粉砂岩过渡层，在布拖曾称“铁足非克组”(四川一区测队，1965)。

本组仅见有头足类 *Sinoceras*，*Discoceras*；笔石 *Dictyonema* 及少量腕足类碎屑等。

陈家坝组　Oĉ　（06－51－0044）

【创名及原始定义】　原称陈家坝群，由四川二区测队 1966 年命名于广元市陈家坝。原始定义：平行不整合覆于邱家河组之上，上段为灰、灰黑色、钙质绢云母石英千枚岩与深灰色不稳定泥灰岩互层，产褶尾虫、恐正形贝、燕形对笔石；下段为灰黑色石英碳质千枚岩夹岩屑粉砂岩，顶部千枚岩中产下曲对笔石，厚 1 224 m 的地层体。

【沿革】　李小壮等(1963)在《变质岩专题研究初步总结》中对陈家坝群分为上、中、下三段。四川二区测队(1966)介绍，并修订其含义，保留其上、中段，下段并入邱家河组。其后为《西南地区区域地层表·四川省分册》(1978)、《四川省区域地质志》(1991)所引用。本次清理沿用，但降群为组。

【现在定义】　指平行不整合伏于茂县群千枚岩或宝塔组结晶灰岩、龟裂纹灰岩之下，覆于油房组或邱家河组或盐井群之上的一套浅变质碎屑岩地层体。主要岩性为砂岩和碳质、石英质千枚岩夹凸镜状灰岩、泥灰岩，含笔石、三叶虫、腕足类等化石。

【层型】　正层型为广元市陈家坝剖面(105°50′，32°42′)，四川二区测队 1963 年测制。

上覆地层：茂县群　灰色绢云母千枚岩与薄层变质细粒石英砂岩不等厚互层。底部为中厚一厚层岩屑砂岩

－－－－－－－ 平行不整合 －－－－－－－

陈家坝组	总厚度 1 224.4 m
11. 灰黑色绢云钙质、碳质千枚岩，下部与硅质灰岩不等厚互层，上部夹含砾硅质灰岩	290.0 m
10. 灰黑色碳质石英千枚岩夹灰色薄层灰岩	190.0 m
9. 灰色硅质灰岩夹钙质绢云千枚岩	183.0 m
8. 灰色钙质石英千枚岩与深灰色硅质灰岩呈不等厚互层。产笔石 *Didymograptus hirundo*；三叶虫 *Asaphus* cf. *chui*，*Ptychopyge* sp.；腕足类 *Dinorthis* sp.	153.4 m
7. 灰－灰黑色石英千枚岩、石英碳质千枚岩，下部夹硅质岩屑砂岩，产笔石 *Didymograptus deflexus*	408.0 m

－－－－－－－ 平行不整合 －－－－－－－

下伏地层：**油房组**　灰黑色中厚层状岩屑砂岩与黑色碳质千枚岩，下部夹含砾岩屑粗砂岩

【地质特征及区域变化】　本组为稳定型浅海相碎屑岩夹凸镜状灰岩，与上、下地层间关系清楚。广元陈家坝—青川乔庄一带，以石英千枚岩与碳质千枚岩为底与油房组岩屑砂岩或邱家河组硅质板岩分界。宝兴县永兴一带，本组超覆于盐井群之上，顶以碳、泥质千枚状板岩与宝塔组灰岩分界。本组分布于广元陈家坝—青川乔庄、汶川白腊沟及宝兴永兴等地，岩性特征明显，以广元陈家坝、宝兴永兴发育最好，厚达千余米。其他地区多不完整，青川乔庄厚 420 m，汶川白腊沟仅见 1.6 m。

本组化石主要发现于广元陈家坝一带，有笔石 *Didymograptus hirundo*，*D. deflexus*；腕足类 *Dinorthis* sp.；三叶虫 *Ptychopyge* sp.，*Asaphus* sp.。其中 *D. deflexus*，*D. hirundo* 为下奥陶统中上部带化石。陈家坝组时代为早奥陶世。

龙马溪组　OS*l*　（06－51－2301）

【创名及原始定义】　系李四光、赵亚曾(1924)所创建的“龙马页岩”演变而来。创名地

点在湖北省秭归县新滩龙马溪。原始定义："龙马页岩是黑色带些沥青质页岩，比上覆新滩页岩要硬得多，含大量剑笔石、栅笔石、单笔石和少量零星的直角石在一起。黑色页岩的厚度不超过32米，但它向上消失于巧克力色的风化黑蓝色页岩中。……不知道是否应将这层黑蓝色页岩包括在龙马页岩中，……有待于它含笔石性质的进一步证明。无论如何，龙马页岩总厚度不会超过200米。""龙马页岩为早期蓝多维列世(早志留世早期)。"

【沿革】 自"龙马页岩"命名后，对其定义有两次重要的修订：谢家荣、赵亚曾1925年划分龙马页岩厚近400 m，定义为"底部为黑色笔石页岩，厚约10余米，向上均为绿色页岩，上部黄色页岩，时代为早志留世"；孙云铸1931年在命名地附近的湖北省五峰县东60 km的渔洋关，根据化石将"龙马页岩"下部又划分出"五峰页岩"，并给予定义为："五峰页岩"为新滩页岩(Willis等，1907)底部。以上两次修订改变了李氏的原义，前者扩大了"龙马页岩"的上限，厚度增大一倍；后者提高了"龙马页岩"的下限，将李氏的"黑色页岩"分出，并赋予了生物地层含义。"龙马页岩"一名由尹赞勋等1943年按照谢、孙等人修订后的含义介绍入川，并沿用至今。在尹氏之前，四川的文献对这一单位曾使用下列名称：①"富池页岩(系)"：潘钟祥等(1939)，张鸣韶等(1940)在川南一带采用。这一名称引自鄂东南(谢家荣，1924)。而潘、张等人对其含义的理解并不相同，前者"在艾家山系之上为富池页岩，底部为紫黑色板岩，采得 *Mesograptus modestus* 一种"，"与下伏之直角石灰岩整合接触，上奥陶统全部缺失，其上为灰色页岩及粘土，富含笔石"。后者在"富池页岩"与"直角石灰岩"间划出了"五峰页岩"。前者含义与李氏基本一致，后者与尹氏介绍入川的含义一致。②"酒店垭页岩"：丁文江1930年命名于黔北桐梓县韩家店北酒店垭，岩性以黑色笔石页岩为主，潘钟祥、熊永先等(1939)曾在川南一带引用，后人更名为"富池页岩"，尹赞勋(1947)更名为龙马溪页岩，该页岩下伏层为"直角石灰岩"，上覆层为"石牛栏灰岩"。③"仙居页岩"：俞建章等1929年命名于湖北省荆门县仙居，尹赞勋(1947)在川鄂边境使用，其含义相当于原"新滩页岩"的下部，上覆层称"纱帽组"。④"白云庵系"：常隆庆等1933年命名于华蓥山溪口北山白云庵，原含义指覆于"奥陶纪龟裂纹石灰岩之上，二叠纪栖霞灰岩之下"的一套黄色页岩，厚400 m。

以上四个单位原始含义不完全相同，"富池页岩"在川使用与原定义不符，因在鄂东南该单位为一套厚逾千米，含三叶虫、腕足类及双壳类的绿黄色页岩，而川南为厚数百米含笔石的黑色页岩，二者差别明显。"酒店垭页岩"与"仙居页岩"含义大体相近，后者范围略大，而"白云庵系"几乎包括了整个志留纪地层，与龙马溪页岩含义相差甚远。以上三者的下界基本一致，均以宝塔组为限，上界各不相同，"酒店垭页岩"与谢家荣等修订后的龙马溪页岩相当。50年代后，省内统一使用了龙马溪组一名，其他名称逐步停止使用。

流传久远的龙马溪组经过谢、孙等人修订后，已不是一个岩石地层单位，包括了两套性质不同的地层，即下部黑色页岩、上部黄绿色页岩两部分，而黑色页岩的下部分出了五峰组及涧草沟组，后者引自王钰等(1945)命名于贵州遵义地区的一个单位名称，其含义为厚约1 m的含三叶虫 *Nankinolithus* 的砂质页岩，直接覆于宝塔灰岩之上。本次清理建议将下部黑色页岩(包括五峰组及涧草沟组)称龙马溪组，上部黄绿色页岩称新滩组。

【现在定义】 在四川省以黑、灰黑色页岩和碳质、硅质页岩为主，夹硅质岩及泥灰岩凸镜体，富含笔石类及少量腕足类等化石，与下伏宝塔组富泥质网纹状石灰岩及上覆以黄绿色泥页岩为主的新滩组或黑色页岩与灰岩交互层的松坎组均为整合接触的地层体。

【层型】 正层型在湖北省。省内次层型为綦江观音桥剖面，金淳泰等1982年测制。

【地质特征及区域变化】 本组分布遍及四川盆地周围，岩性单一，特征明显，厚度西厚东薄且与上覆新滩组相互消长。盐边、西昌、雷波一带层间夹有粉砂岩，硅质含量也较高，厚300～350 m。川南一带夹少量粉砂岩及泥灰岩，下部碳质含量高，厚度120～186 m。在龙门山及川北一带硅质岩含量较高，偶夹粉、细砂岩，厚度减薄至15～20 m。本组与下伏宝塔组灰岩之间界面易于识别，与上覆新滩组岩性过渡，岩石主色调的区别成为划分界线的重要依据之一。

本组含丰富的以笔石为主的动物群，常见有 *Monograptus*, *Pristiograptus*, *Orthograptus*, *Demirastrites*, *Petalolithus* 等。下部的泥灰岩层中见有少量腕足类及三叶虫等。

新滩组　*Sx*　(06 - 51 - 2302)

【创名及原始定义】　由 Blackwelder(1907)创建的“新滩页岩”(Sintan Shale)演变而来。创名地点在湖北省秭归县新滩。原始定义：“厚层绿色页岩，局部夹薄层石英岩和结晶灰岩。页岩甚软，常含砂质，无化石。最底部在苏家坝一带是黑和棕色的粘土页岩，在天目树坪最顶部是红色页岩，在大宁县其上部偶见含橄榄绿色石英岩和泥质石灰岩。在大庙寺不仅含绿色而且含具有薄煤层的棕色和灰色泥岩。沿长江出现于巫山峡、宜昌峡和新滩。以最后地名作为此地层名称。”

【沿革】　李四光等(1924)修订其含义，下部划出“龙马页岩”，上部“新滩页岩”，定义为“油绿色页岩”，中部夹有“软质页岩及中粒石英砂岩层”。谢家荣等(1925)将新滩页岩又划分为下部“罗惹坪系”、上部“纱帽山系”。尹赞勋等(1943)首次引用于川南地区，其含义为“南川一带新滩页岩厚300～650米，以灰绿色页岩为主，含 *Coronocephalus*，下伏小河坝系，上覆铜矿溪层。”比较上述可以看出，维里士命名时为一“大口袋”，李、谢、尹依次使该单位下限不断升高，虽然均以“新滩页岩”名之，但其含义全不相当，正因如此，50年代以后逐步停止使用。本次清理后的龙马溪组指下部黑色页岩，而上覆的黄绿色页岩启用了新滩组一名。

【现在定义】　在四川省岩性以灰绿、黄绿色页岩、砂质页岩为主，夹少量砂岩及粉砂岩，富含笔石化石，与下伏龙马溪组黑色碳质页岩及上覆罗惹坪组底部泥质粉砂岩、灰岩凸镜体或小河坝组黄灰色细—粉砂岩均呈整合接触的地层体。

【层型】　正层型在湖北省。省内次层型为秀山县溶溪剖面，南京地质古生物研究所1979年测制。

【地质特征及区域变化】　本组分布于四川盆地东部，盆地西部因相变而变薄或消失。南川、彭水、秀山一带层间普遍夹有粉砂岩，且由西向东有增多趋势，厚245～322 m。川北一带含粉砂岩较少，厚256～428 m。厚度明显由西向东递增，且与下伏龙马溪组具相互消长的关系。

本组含笔石为主的化石群，计有 *Monograptus*, *Streptograptus*, *Glyptograptus*, *Demirastrites*, *Monoclimacis*, *Pristiograptus* 等。

小河坝组　*Sxh*　(06 - 51 - 2304)

【创名及原始定义】　常隆庆1933年命名于南川县金佛山南麓的小河坝，原称“小河系”，其含义为“本系直接在富池页岩之上、二叠纪栖霞灰岩之下，共厚400 m，下部是厚层状硬砂岩，不含化石；上部多半是黄绿色页岩，其间也夹有砂岩薄层；顶部夹灰岩薄层，富含三叶虫、腕足类化石”。其含义较广，它包括了“富池页岩”(广义的“龙马溪页岩”)以外的全部志留系。

【沿革】 小河坝系命名后，潘钟祥等(1939)沿用，并指出“在金佛山以北，此系底部为厚120余米之灰黄色砂岩，粒细质坚，常成绝壁”。尹赞勋等(1943)将常氏划分的该系下部厚100～160 m以砂岩为主的层段，称狭义的“小河坝系”，上部页岩称“新滩页岩”。自此后小河坝组广泛沿用，但界线划分很不一致。

【现在定义】 以灰、黄色细砂岩、粉砂岩为主，夹黄灰、黄绿色页岩，含腕足类、笔石等化石，与下伏新滩组黄绿灰色页岩及上覆韩家店组或马脚冲组黄绿色页岩均呈整合接触。

【层型】 正层型为南川县三泉乡木关岩剖面(107°10′41″，29°9′21″)，地质部石油综合研究大队1965年重测。

上覆地层：韩家店组 灰、灰绿色页岩，中部夹生物灰岩凸镜体，底部偶夹泥质粉砂岩条带

——————整 合——————

小河坝组 总厚度187.6 m

5. 灰黄色薄一中厚层粉砂岩 16.8 m

4. 绿灰色厚层粉砂岩。顶部夹5 cm生物碎屑灰岩条带，含腕足类、珊瑚及三叶虫碎片 6.5 m

3. 绿灰色中一厚层粉砂岩 62.8 m

2. 绿灰色中一厚层粉砂岩，上部含珊瑚 *Syringopora*，*Amplexoides* 101.5 m

——————整 合——————

下伏地层：新滩组 灰色页岩，顶部为粉砂质页岩，局部钙质富集呈泥灰岩条带或钙质扁豆体

【地质特征及区域变化】 本组分布于四川盆地东南部及北部，横向变化不大。南川、武隆一带砂岩粒度较细，厚度约160～180 m左右。酉阳、彭水、石柱一带层间夹有较多的页岩，形成韵律结构，厚135～180 m。由南向北页岩有增多趋势，旺苍、巫山一带厚度可增至300 m以上。本组与上下地层间均为岩性过渡，缺乏明显的宏观标志，但以砂岩为主的岩性有别于页岩为主的相邻各单位，亦易于掌握。

本组笔石多见，代表者有 *Monograptus*，*Cyclograptus* 等。其次有腕足类 *Zygospiraella*，*Eospirifer*；珊瑚 *Palaeofavosites*；三叶虫 *Encrinurus* 及头足类等。

松坎组 Ssk (06-51-2322)

【创名及原始定义】 戎嘉余等1981年创名于贵州省桐梓县松坎区附近的韩家店。原始含义指张文堂(1964)划分的龙马溪群上部，岩性为黑、黑灰色灰质页岩与薄层瘤状灰岩、泥质灰岩互层，厚约131 m，含腕足类、三叶虫及笔石化石，划为石牛栏组下段，又称“松坎段”。

【沿革】 穆恩之(1982)改称松坎组。这段以黑色页岩为主的龙马溪组与以灰岩为主的石牛栏组之间的过渡层，有人将其划归龙马溪组上部(尹赞勋，1947；张文堂，1964；南京地质古生物研究所，1974)或将其划归石牛栏组下部［穆恩之，1962；四川地质局航空地质调查队(简称四川航调队，下同)，1977；《西南地区区域地层表·四川省分册》，1978］，也有人单独作为组级单位如“桥沟组”(金淳泰，1974)。本次清理经省区间协商，建议沿用松坎组一名。

【现在定义】 在四川省整合于龙马溪组黑色页岩之上和石牛栏组厚层灰岩之下的一套深灰、灰黑色页岩、钙质页岩与灰岩、瘤状灰岩的不等厚互层，灰岩由下向上含量增多，富含三叶虫、腕足类、珊瑚及笔石化石的地层体。

【层型】 正层型在贵州省。省内次层型为綦江观音桥剖面，金淳泰1982年测制。

【地质特征及区域变化】 本组分布于川南地区，在空间上呈凸镜体。綦江观音桥一带具代表性，且厚度较大，近250 m，向西灰岩泥质含量渐增高，厚度迅速变薄，至长宁、古蔺一带仅厚48～100 m。由于本组具有岩性过渡的性质，顶底界缺乏具体标志，本书建议其底界以灰岩夹层的出现开始划分，顶界以大套灰岩出现、页岩消失分界。金淳泰(1978)曾提出以一层砂岩划分顶界，其稳定性尚不了解。

本组含有多门类化石，具代表性的有腕足类 *Eospirifer*；珊瑚 *Mesofavosites*，*Holophragma*，*Amplexoides*；笔石 *Pristiograptus*，*Climacograptus*，*Glyptograptus*，*Streptograptus* 等。

石牛栏组 Sŝ (06-51-2303)

【创名及原始定义】 丁文江1930年创名，原称“石牛栏石灰岩”，创名地位于綦江县南观音桥附近的石牛栏，原始定义未发表。熊永先等(1939)修订后的含义为：岩性以厚层灰岩为主，含 *Spirifer tingi*，*Orthoceras*，*Halysites* 和 *Favosites* 等甚多，岩石性质及厚薄常不定，夹灰质页岩，不易与上下地层区分。

【沿革】 对石牛栏组的划分存在两种意见：按熊永先等(1939)修订后的含义划分，指位于韩家店页岩与酒店垭页岩之间的一套灰岩，尹赞勋(1947)，金淳泰、南京地质古生物研究所等(1974)沿袭这一划分方案；穆恩之等(1962)、《中国区域地层表(草案)》(1956)将下伏酒店垭组(或龙马溪组)上部一套黑色页岩与灰岩的交互层(即松坎组)划入石牛栏组，该组底界下移，顶界与丁、熊等原含义大体相当。这一划分意见其后也沿用(四川航调队，1977；《西南地区区域地层表·四川省分册》，1978；《四川省区域地质志》，1991)。本次清理经省区间协调，建议石牛栏组仍恢复丁、熊等的原始含义。

【现在定义】 岩性以灰、深灰色中厚层至块状生物骨屑及介屑石灰岩为主，时具角砾状及瘤状构造，偶夹泥质灰岩及钙质泥岩，富含珊瑚、腕足类及三叶虫等化石，与下伏松坎组灰岩和黑色页岩交互层及上覆马脚冲组或韩家店组黄绿色泥页岩均为整合接触的地层体。

【层型】 正层型为綦江县观音桥石牛栏剖面(106°48′2″，28°36′42″)，金淳泰等1982年重测。

上覆地层：**韩家店组** 灰色、暗灰色含钙质粉砂岩

——————整 合——————

石牛栏组	总厚度 60.8 m
5. 灰色、浅灰色块状致密灰岩，顶部为生物碎屑灰岩	6.3 m
4. 灰色、暗灰色薄层条纹状砂质灰岩与含生物碎屑砂质瘤状灰岩互层。含珊瑚 *Mesofavosites gansuensis*，*Entelophyllum shiniulanense* 及层孔虫、海百合茎等	16.9 m
3. 暗灰色中厚层—块状灰岩。含珊瑚 *Multisolenia tortusa*、*Heliolites medius*、*Entelophyllum shiniulanensis*、*Ketophyllum yanjinense*；腕足类及层孔虫等	13.5 m
2. 灰色、深灰色薄层状泥层灰岩与灰岩互层。含腕足类 *Eospirifer songkanensis*；床板珊瑚 *Palaeofavosites zhongweiensis*、*Heliolites changxhengensis* 及海百合茎等	24.1 m

——————整 合——————

下伏地层：**松坎组** 灰色、暗灰色钙质泥岩、页岩，夹薄层条带状泥灰岩。含腕足类

【地质特征及区域变化】 本组分布于川南地区，与松坎组相伴分布，二者岩性过渡，厚

度互为消长。区内岩性稳定，灰岩时含砂质及泥质，普遍具有瘤状及角砾状构造，生物骨屑及介屑结构极为发育，常构成生物礁。本组厚度在綦江一带厚 60.8 m，向东迅速因相变而消失，向西至长宁背斜南翼厚约 64 m，继续向西亦发生相变而尖灭。本组与上覆、下伏地层间岩性过渡，大体以灰岩的出现划分本组底界，以页岩的出现作为划分顶界的参考标志。

本组含有丰富的化石，其中大个体的珊瑚尤为引人注目，常见珊瑚有 *Multisolenia*，*Eoroemerolites*，*Mesofavosites*，*Heliolites*，*Entelophyllum*，*Microplasma*，*Maikottia* 等，此外伴生有腕足类 *Pentamerus*、层孔虫、海百合茎等多种。

韩家店组　*Sh*　(06－51－2306)

【创名及原始定义】　丁文江 1930 年创名于贵州省桐梓县北韩家店，原称“韩家店页岩”，含义为“川黔边境志留纪地层上部一套含化石稀少的页岩”，原文未发表。熊永先、罗正远(1939)率先在川南引用该名称，并补充其定义为：“韩家店页岩大部分为灰黄及绿灰色页岩，有时夹紫色页岩，甚易识别，常含腕足类及三叶虫等化石，前者尤多”。

【沿革】　经熊永先、罗正远修订后的韩家店组定义较为确切，在川南一带石牛栏组较发育的地区该组底界较易判别，同时，熊永先等(1943)将该组引用于川东地区，但由于石牛栏灰岩已消失，底界顿感“难以区分矣”。《中国区域地层表(草案)》(1956)、四川航调队(1977)、《西南地区区域地层表·四川省分册》(1978)等均延伸原定义，将小河坝组之上以页岩为主的地层(相当常隆庆 1933 年所称的“小河坝系”上部)称韩家店组，其底界常以砂岩的消失做相对划分。同时，也将该组移植于盆地北部罗惹坪组之上，划分标准渐趋模糊。1974 年南京地质古生物研究所在省内志留系最发育的秀山地区，将相当于小河坝组以上的地层由下而上重新建立了雷家屯组、白沙组、秀山组及回星哨组四个组级单位，除前者外，后三者命名地均在秀山县境内。回星哨组由于岩性特征明显，作为韩家店组的上覆层，界线易于识别。志留纪地层在四川境内普遍受到剥蚀，梁山组常超覆于韩家店组不同层位之上，其间的平行不整合面成为划分的自然界面。本次清理建议韩家店组一名限于盆地中部、南部及黔北地区使用，川东地区宜使用南京地质古生物研究所 1974 年建立的地层系统，并可统称为韩家店群。

【现在定义】　在四川省整合覆于厚层灰岩为主的石牛栏组之上，整合伏于灰绿色泥岩为主的回星哨组之下或平行不整合于梁山组含煤岩系之下，以黄绿、灰绿色夹少量紫红色页岩、砂质页岩为主，夹少量砂岩及生物灰岩组成，含腕足类、三叶虫、头足类及笔石等化石的地层体。

【层型】　正层型在贵州省。省内次层型为綦江县观音桥剖面，金淳泰等 1982 年测制。

【地质特征及区域变化】　本组岩性相对稳定，以页岩类占绝对优势，夹有数量不等的砂岩、钙质砂岩、粉砂岩及生物灰岩，多呈条带状及凸镜状。綦江一带本组上部缺失较多，残留厚度仅 280 m，向东于南川、武隆一带缺失减少，厚度增至 660～720 m。向西至长宁一带保存较全，厚达 908 m，向北剥蚀程度加剧，华蓥山一带残留厚度仅 56 m。旺苍一带残留厚度 350 m。

本组含有较丰富的化石，重要者有三叶虫 *Coronocephalus*；腕足类 *Eospirifer*，*Striispirifer*；珊瑚 *Favosites*，*Halysites*；头足类 *Sichuanoceras*；及竹节石、牙形石、苔藓虫等。

马脚冲组　*Sm*　(06-51-2318)

【创名及原始定义】　南京地质古生物研究所1979年命名于贵州省石阡雷家屯—龙塘公路旁的马脚冲，原义指：岩性为黄绿、灰绿色页岩，含腕足类 *Nalivkinia* cf. *elongata* 等，数量少而属种单调，厚48 m，其下与雷家屯组、其上与溶溪组均为连续沉积的地层。同时指出马脚冲组等于原划"雷家屯组"（南京地质古生物研究所，1974）"上部那套不含碳酸盐岩的碎屑沉积"，而溶溪组即"白沙组"（南京地质古生物研究所，1974），为一套紫红色为主的杂色页岩夹粉砂岩。

【沿革】　所谓"雷家屯组"是南京地质古生物研究所命名的一个非岩石地层单位，无典型岩性特征，而在命名地该组下部和下伏的"香树园组"均以灰岩为主，岩石组合特征与石牛栏组相近。故实质上马脚冲组是介于石牛栏组（石灰岩）与溶溪组（红层）之间的一段页岩为主的地层，过去均划入韩家店组（贵州108队，1970；《西南地区区域地层表·四川省分册》，1978）。经过清理，建议作为组级地层单位使用。

【现在定义】　在四川省岩性以黄绿色页岩、砂质页岩为主，夹少量粉砂岩、砂岩，含数量不多的腕足类化石，与下伏小河坝组黄、灰等色细砂岩、粉砂岩及上覆溶溪组紫红色等杂色泥页岩均为整合接触的地层体。

【层型】　正层型在贵州省。省内次层型为秀山县溶溪剖面，南京地质古生物研究所1979年测制。

【地质特征及区域变化】　本组分布于酉阳、秀山一带，岩性以页岩为主，层间多夹粉、细砂岩及生物碎屑层，底界以小河坝组顶部砂岩的消失、顶界以上覆红层的出现作为划分标志。本组在秀山一带厚160 m左右，至酉阳一带增厚至340余米，由南向北有增厚趋势。

本组常见笔石 *Pristiograptus*；腕足类 *Nucleospira* 等。

溶溪组　*Sr*　(06-51-2309)

【创名及原始定义】　葛治洲等1979年命名于秀山县溶溪东南6 km的公路旁，原始定义指"岩性是一套紫红、黄绿、灰绿等杂色砂质泥岩、砂质页岩夹粉砂岩，顶底均以紫红色砂质泥岩为界，色调鲜明，易于划分，其下与'小河坝组'，其上与秀山组均显连续沉积，厚258.3 m"的地层。化石稀少，产笔石、腕足类等。

【沿革】　本组原称"白沙组"，由南京地质古生物研究所(1974)命名于贵州省石阡县白沙白马坡一带，原始定义与溶溪组相同。唯命名地"地质构造复杂，断层较多，而这段地层又未经详细测量，故改用溶溪组代替白沙组"。无论新名或旧名，在四川境内并未得到采用，这段地层习称志留系"下红层"，置于韩家店组下部（《西南地区区域地层表·四川省分册》，1978；《四川省区域地质志》，1991）。本次清理认为溶溪组含义符合岩石地层单位定义，在川、黔、湘、鄂一带具有实用性，建议作为组级单位使用。

【现在定义】　岩性以紫红、灰绿等杂色泥岩、页岩、粉砂质泥岩为主，夹粉砂岩，含以腕足类、三叶虫等为主的生物群，与下伏马脚冲组黄绿色页岩及上覆秀山组黄绿等色粉砂岩、页岩均为整合接触的地层体。

【层型】　正层型为省内秀山溶溪剖面（108°49′14″，28°33′3″），南京地质古生物研究所1979年测制。

上覆地层：**秀山组**　黄绿－灰绿色泥页岩，夹泥质石英砂岩

——————— 整　合 ———————

溶溪组　　总厚度 258.3 m

12. 黄绿、紫红色泥质粉砂岩，夹砂质页岩　　41.0 m

11. 暗紫红色泥质粉砂岩，底 4 m 为灰绿色夹紫红色薄层细砂岩。产腕足类 *Nalivkinia*　　28.8 m

10. 黄绿色页岩夹砂质页岩。产腕足类 *Nucleospira calypta*；及三叶虫、海百合茎等　　23.3 m

9. 暗紫红色夹灰绿色薄层泥质粉砂岩及砂质页岩，底部夹中厚层细粒石英砂岩凸镜体　　6.4 m

8. 灰绿色及黄绿色粉砂质页岩，顶底各有一层厚 20 cm 的暗紫红色粉砂质页岩　　11.9 m

7. 黄绿－灰绿色页岩　　32.6 m

6. 暗黄绿、灰绿、黄灰色泥质粉砂岩，夹砂质页岩　　30.2 m

5. 浅黄绿色页岩夹薄层泥质粉砂岩　　33.5 m

4. 黄绿色砂质页岩夹薄层泥质粉砂岩，顶部为紫红色页岩夹浅黄色粉砂质条带。产笔石 *Hunanodendrum typicum* 等　　14.5 m

3. 灰褐色、淡黄色砂质页岩，顶部为灰绿色页岩夹薄层泥质砂岩　　16.8 m

2. 紫红色夹黄绿色薄层粉砂质泥岩　　19.3 m

——————— 整　合 ———————

下伏地层：**马脚冲组**　灰黄、暗黄色薄层泥质粉砂岩

【地质特征及区域变化】　本组岩性特殊，易于识别，分布于秀山、酉阳一带，岩性以杂色页岩、砂质页岩占优势，粉砂岩呈薄层或板状，横向不稳定，厚度为 230～260 m。向北、向西厚度迅速减薄，南川、綦江一带厚不足 10 m，故并入韩家店组，不再作为组级单位分出。

本组化石稀少，仅见有腕足类 *Nalivkinia*，*Nucleospira*；三叶虫 *Luojiashania*；笔石 *Hunanodendrum*；海百合茎等。

秀山组　*Sxs*　(06－51－2310)

【创名及原始定义】　南京地质古生物研究所 1974 年命名于秀山县溶溪，原始定义为："以页岩为主夹灰质砂岩、泥灰岩、灰岩薄层，产丰富的笔石、头足类、三叶虫以及腕足动物等化石的地层"。葛治洲等(1979)补充其定义为：秀山组可分上下两段，下段为石英粉砂岩、石英粉砂质页岩和细砂岩，上部偶夹砂质灰岩、灰质石英粉砂岩及粉砂岩、灰岩结核，厚约 298 m，产十分丰富的化石，其下与溶溪组，其上与回星哨组均呈整合接触，在回星哨组缺失的地方，则与上覆云台观组、铜矿溪组(梁山组)、栖霞组平行不整合接触。

【沿革】　自命名后未得到公认，省内仍采用韩家店组(《西南地区区域地层表·四川省分册》，1978；《四川省区域地质志》，1991)、"罗惹坪群"(四川 107 地质队，1972)。本次清理认为，秀山组位于两套红层之间，宏观上具有较好的可识别性，在川、黔、湘、鄂诸省有稳定的延伸范围，建议作为组级岩石地层单位使用。

【现在定义】　以页岩为主夹灰质砂岩、泥灰岩、灰岩薄层，可分上、下两段，产丰富的笔石、头足类等化石，整合覆于溶溪组之上、伏于回星哨组之下或平行不整合伏于更新的地层之下的地层体。

【层型】　正层型为秀山县溶溪剖面，位于秀山县溶溪东南 6 km(108°49′14″，28°33′3″)，南京地质古生物研究所 1979 年重测。

上覆地层：**回星哨组**　暗紫红色含泥质、铁质石英粉砂岩与灰绿色石英粉砂岩互层

———————— 整　合 ————————

秀山组　　总厚度 506.5 m

13. 灰绿色薄层泥质石英粉砂岩，夹少量粉砂质页岩，中部夹棕褐色泥灰质凸镜体。产腕足类 *Katastrophomena*，*Striispirifer shiqianensis*；三叶虫 *Coronocephalus*　63.5 m

12. 深灰色页岩，上部夹少量灰绿色泥质砂岩，下部夹灰色薄层灰岩(常呈凸镜状)。产腕足类 *Striispirifer*；笔石 *Monograptus guizhouensis*；三叶虫 *Coronocephalus tenuisulcatus*；腕足类等　32.3 m

11. 深灰色页岩，含灰质结核和少量硅质。产笔石 *Monograptus biformatus*；腕足类 *Cryptatrypa*；头足类 *Sichuanoceras*；三叶虫 *Chuanqinoproetus mucronatus*；翼肢鲎等　15.8 m

10. 灰绿色页岩，上部为深灰色含灰质结核或团块；下部夹少量硅质页岩。产笔石 *Monograptus guizhouensis*；腕足类 *Salopina minuta*；三叶虫 *Chuanqinoproetus mucronatus*　40.4 m

9. 灰绿、黄灰色薄板状石英粉砂岩，下部夹页岩。产腕足类、三叶虫　38.4 m

8. 暗黄绿色薄层泥质石英粉砂岩，上部夹石英细砂岩，下部夹泥质砂岩。产腕足类 *Nalivkinia elongata*；三叶虫 *Encrinuroides*　27.7 m

7. 黄绿、灰绿色含石英粉砂质页岩，上部夹石英细砂岩，下部夹泥质砂岩。产腕足类 *Eospirifer*，*Nucleospira*；三叶虫 *Encrinuroides*；腹足类等　71.0 m

6. 黄绿色暗黄绿色细粒石英砂质页岩，底部为暗黄绿色页岩　9.6 m

5. 灰绿色薄—中层含泥质石英粉砂岩，间夹细粒石英砂岩，下部夹灰岩凸镜体，产腕足类 *Leptostrophia*，*Nalivkinia* cf. *elongata* 等　40.9 m

4. 灰黄绿色含石英粉砂质页岩，顶为 10 cm 厚的黄绿色页岩。下部产三叶虫 *Luojiashania*；腹足类 *Hormotoma* 等　73.5 m

3. 黄绿—灰绿色泥质石英粉砂岩，产腕足类 *Lingula*　62.4 m

2. 黄绿—灰绿色泥页岩，夹泥质石英粉砂岩　31.0 m

———————— 整　合 ————————

下伏地层：溶溪组　黄绿色、紫红色薄层泥质粉砂岩，夹砂质页岩

【地质特征及区域变化】　本组分布于酉阳、秀山一带。页岩含粉砂质，秀山一带见较多之粉砂岩，尤以下部较集中，单层厚度较大，层间时夹灰岩条带及结核，厚度达 506 m。向上岩性粒度变细，粉砂岩含量减少，厚度增大，于酉阳一带可达 750 m 左右。本组下伏及上覆层均为红层，是有效的划分标志。

本组含化石丰富，常见有三叶虫 *Coronocephalus*，*Encrinurus*，*Chuanqinoproetus* 等；腕足类 *Nalivkinia*，*Eospirifer*，*Leptostrophia* 等；头足类 *Sichuanoceras*，*Neosichuanoceras*，*Ningkiangoceras* 等；笔石 *Monograptus*，*Monoclimacis* 及少量双壳类、腹足类等。

回星哨组　*Shx*　(06-51-2307)

【创名及原始定义】　南京地质古生物研究所 1974 年命名于四川秀山县溶溪区回星哨，原始含义为“在川湘黔交界地区，秀山组之上存在一套紫红、黄绿色泥质粉砂岩，产大甲类翼肢鲎(*Pterygotus*)等化石，暂定为上志留统，名回星哨组”。葛治洲等(1979)补充定义为：“它的下部为暗紫红色、灰绿色粉砂质泥岩，上部为黄色、灰白色薄层石英粉砂岩夹砂质页岩”，“其下与秀山组整合接触，其上与泥盆系(?)石英砂岩呈平行不整合接触”，时代改定为中志留世晚期。

【沿革】 命名前常被划入“纱帽群”(四川二区测队，1966)、“罗惹坪群”(四川107地质队，1972)或韩家店组(贵州108队，1970)中，由于本组岩性特殊，易于辨认，分布广而稳定，命名后即为各家公认，并作为区域划分与对比的标志，习称“上红层”(《西南地区区域地层表·四川省分册》，1978；《四川省区域地质志》，1991)。在盆地北部，另创名为“金台观组”(金淳泰等，1992)，属回星哨组的同物异名。

【现在定义】 岩性以紫红色泥页岩为主，夹黄绿等色粉砂岩、页岩，含少量双壳类、腹足类及翼肢鲎化石，整合覆于韩家店组或秀山组等黄绿色泥、页岩之上，平行不整合伏于坡松冲组或云台观组石英砂岩或梁山组之下或整合伏于车家坝组黄绿色页岩之下的地层体。

【层型】 选层型为秀山县溶溪剖面，位于秀山县溶溪东南部(108°49′14″，28°33′3″)，南京地质古生物研究所1979年测制。

上覆地层：云台观组　黄灰色石英砂岩

——————— 平行不整合 ———————

回星哨组　总厚度 141.9 m

4. 灰绿—黄绿色薄层泥质石英粉砂岩，常杂以紫红色，向上逐渐消失　28.9 m

3. 灰绿色薄—中厚层泥质石英砂岩，上部为黄绿色页岩，下部为灰绿色厚层泥质砂岩。页岩中产鲎类化石　28.5 m

2. 暗紫红色含泥质、铁质石英粉砂岩与灰绿色石英粉砂岩互层，底部夹灰绿色页岩。产双壳类 *Modiomorpha crypta*；腹足类等　84.5 m

——————— 整　合 ———————

下伏地层：秀山组　灰绿色薄层泥质石英粉砂岩夹少量粉砂质页岩，产腕足类

【地质特征及区域变化】 本组分布遍及盆地，层位较稳定，但均遭剥蚀。酉阳、秀山一带以粉砂岩为主，下部为紫红色，残留厚度142 m，与下伏秀山组顶部灰绿色页岩、粉砂岩颜色反差大，界线清楚，其上为云台观组平行不整合超覆。南川、武隆一带残留厚度21～50 m不等，与下伏韩家店组黄色页岩界线清楚，其上为梁山组含煤岩系平行不整合超覆。川南地区大部被剥蚀殆尽，仅长宁、珙县等地有零星分布，砂岩粒度有增粗趋势，残留厚度134 m。会东、普格至天全一带本组灰绿色与紫红色页岩及粉砂岩常呈互层出现，层间夹较多细砂岩；厚30～160 m不等；下伏地层为大路寨组黄绿色页岩、粉砂岩，呈整合过渡，上覆地层为坡松冲组石英砂岩，其间为平行不整合接触。广元一带本组紫红色页岩多集中于上部，厚55 m，与下伏罗惹坪组页岩或疙瘩状灰岩及上覆车家坝组底部泥质石英细砂岩均为整合接触，界线清楚。

本组化石稀少，除在命名地见有翼肢鲎化石外，还见有双壳类 *Modiomorpha*，*Praecardium* 等；腕足类 *Protathyrisina*；腹足类等。

罗惹坪组　Sl　(06-51-2305)

【创名及原始定义】 由谢家荣、赵亚曾(1925)创建的“罗惹坪系”演变而来。命名地点在湖北省宜昌罗惹坪(又称大中坝)。原始定义：宜昌罗惹坪纱帽山剖面的7—10层，由薄层石灰岩与黄色页岩互层开始，渐上为黄色页岩夹石灰岩和钙质页岩，含珊瑚、瓣鳃类化石。厚约62 m。与下伏龙马页岩和上覆纱帽山层均为连续沉积，为志留纪。

【沿革】 50年代始在川北和川东引入，称“罗惹坪群”，但对其定义的理解并不一致，有

狭义(穆恩之等，1962;《西南地区区域地层表·四川省分册》，1978)及广义(四川107地质队，1980)之分，也有另命名“徐家坝群”来代替广义的“罗惹坪群”(南京地质古生物研究所，1965;四川二区测队，1974)。与此同时在川北地区又引用了陕西的名称，称“宁强群”(南京地质古生物研究所，1974;《西南地区区域地层表·四川省分册》，1978)。鉴于志留系上部这套地层在川东北横向变化较大，加之对“罗惹坪系”原始含义理解也有分歧，故后期演变为依赖化石来划分的非岩石地层单位。本次清理为与邻省接轨，以命名地该组特征规范其含义。

【现在定义】 在四川省岩性以浅灰、黄绿色钙质粉砂质页岩、粉砂岩为主，夹灰色薄层生物、瘤状灰岩及泥灰岩，含腕足类、珊瑚、三叶虫及笔石等化石，与下伏新滩组黄绿色页岩及上覆纱帽组杂色石英砂岩及粉砂岩均呈整合过渡或与梁山组碳质页岩平行不整合的地层体(修订后的定义与谢家荣、赵亚曾的狭义“罗惹坪系”大体一致)。

【层型】 正层型在湖北省。省内次层型为巫溪县徐家坝剖面，四川二区测队1973年测制。

【地质特征及区域变化】 本组分布于大巴山南缘，岩石组合以细碎屑岩夹灰岩为主要特征。巫溪、城口一带泥岩中含砂质较高，灰岩多呈凸镜体出现，单层较薄而不稳定，厚104～214 m，与下伏新滩组、上覆纱帽组分界标志清楚，均为整合接触。至旺苍、广元一带砂质明显减少，灰岩夹层数量及厚度俱增，局部页岩与灰岩常形成不等厚互层，厚度也增至300～450 m，下伏地层为小河坝组薄—中厚层细砂岩，二者为整合接触，上覆地层或为平驿铺组石英砂岩，或为梁山组碳质页岩平行不整合超覆其上。

本组化石丰富，常见有三叶虫 *Encrinurus*；腕足类 *Eospirifer*；珊瑚 *Mesofavositer* 及笔石、介形类、苔藓虫及海百合茎等化石。

纱帽组 S*sm* (06-51-2312)

【创名及原始定义】 系谢家荣、赵亚曾(1925)创建的“纱帽山层”演变而来。命名地点在湖北省宜昌罗惹坪纱帽山。原始定义：罗惹坪纱帽山剖面的11—20层，即整合于罗惹坪系之上，平行不整合于早石炭世燧石灰岩之下。下部为灰色灰岩和黄色页岩富灰质结核，富含珊瑚、腕足类化石；中部黄、灰绿色页岩夹砂质页岩，含腕足类和珊瑚化石；上部灰、灰绿色砂质页岩夹页岩或互层；顶部灰或白色硬砂岩和黄绿色页岩。总厚330 m。

【沿革】 本组在过去均作为“韩家店群”或“罗惹坪群”的一部分而未单独分出(四川二区测队，1965)，50年代以后该组名被介绍入川，并得到采用(穆恩之，1962；中国区域地层表，1965;《西南地区区域地层表·四川省分册》，1978；等)，但其界线划分不一。由于与下伏罗惹坪组没有明显的界线，逐步演变为依据化石划分的非岩石地层单位，且应用的随意性较大，岩石组合特征含义模糊。本次清理根据命名地岩石组合特征重新定义。

【现在定义】 以黄绿、深灰色夹紫红色石英砂岩、粗砂岩及页岩互层为主，夹少量泥质灰岩，含三叶虫及腕足类化石，与下伏罗惹坪组黄绿色泥质粉砂岩或页岩整合接触，与上覆梁山组黑色碳质页岩及豆状铝土岩平行不整合接触的地层体。

【层型】 正层型在湖北省。省内次层型为巫溪县徐家坝剖面，四川二区测队1973年测制。

【地质特征及区域变化】 本组分布于四川盆地东北部大巴山前缘，巫溪县徐家坝、田坝一带较为发育，岩性不稳定，下部常具灰白色石英砂岩，层间夹紫红色粉砂质泥岩多层，上部多以页岩与粉砂岩互层为主，偶夹生物或泥质灰岩，厚度105～336 m不等，底界一般以石英砂岩的出现与下伏罗惹坪组分界，顶界为一区域性平行不整合面，划分标志醒目。

本组含少量三叶虫 *Coronocephalus*，*Latiproetus*；腕足类 *Eospirifer*；及腹足类、珊瑚、苔藓虫、海百合茎化石等。

车家坝组 Sĉ （06-51-2337）

【创名及原始定义】 金淳泰等1992年命名于广元县朝天区羊模乡车家坝。金氏将命名地一带位于回星哨组(金氏称"金台观组")之上的地层命名为车家坝组及中间梁组。原始含义："车家坝组主要为灰绿色与紫红色粉砂质泥岩、薄层粉砂岩的间互层，局部地区中下部时夹薄层状生物介壳泥质灰岩或扁豆体"。"中间梁组岩性以黄褐色泥岩、粉砂质泥岩、薄层泥质粉砂岩为主夹紫色泥岩，沿走向其中下部夹少量薄至中厚层生物介壳泥晶灰岩或砂质灰岩，上部偶夹钙质砂岩或砂质灰岩团块"。均含有腕足类及牙形石为代表的生物群，时代有差别。

【沿革】 本组从未单独分出，均包括在"纱帽群"（四川二区测队，1966)或"宁强组"(《西南地区区域地层表·四川省分册》，1978)中，研究程度较低。本次清理认为与金氏的车家坝组及中间梁组的岩石组合特征基本一致，按岩石地层单位定义，宜归并为一个单位，称车家坝组。

【现在定义】 岩性以灰绿、黄褐色夹紫红等色粉砂质泥岩、薄层泥质粉砂岩为主，夹少量生物介壳层及细砂岩，含以腕足类及牙形石为主的生物群，与下伏回星哨组紫红色粉砂质泥岩整合接触，与上覆观雾山组灰色疙瘩状泥灰岩平行不整合接触的地层体。

【层型】 正层型为广元县朝天区羊模乡车家坝槽头—蒋家剖面(105°43′55″，32°32′24″)，金淳泰等1990年测制。

上覆地层：观雾山组　灰色泥晶疙瘩状泥灰岩，底部有黄褐色钙、铁、泥质石英粉砂岩

——————— 平行不整合 ———————

车家坝组　　总厚度 373.0 m

8. 黄色粉砂质泥岩，上部夹少许薄层粉砂岩或扁豆体，含少量腕足类化石碎片，下部夹紫色含粉砂质泥岩　54.9 m
7. 薄层黄色泥质粉砂岩夹泥岩，向下渐变为黄绿色粉砂质泥岩夹薄层状黄色石英砂岩或小的扁豆体。在砂岩中产腕足类 *Molongia uniplicata*，层面上见遗迹化石　85.3 m
6. 黄绿色夹紫红色含粉砂质泥岩，局部夹薄层黄色粉砂岩及灰绿色泥质粉砂质块状砾岩扁豆体。产腕足类 *Howellella tingi*　38.6 m
5. 黄绿色薄—中厚层状含泥质细砂岩夹粉砂质泥岩与黄绿色粉砂质泥岩夹薄层粉砂岩所组成的韵律层。产腕足类 *Atrypoidea foxi*、*Molongia uniplicata*　61.3 m
4. 黄绿色含粉砂质泥岩夹黄褐色薄层细砂岩及黑褐色(风化色)泥质生物砂岩，层面上见虫迹及小型波痕。产腕足类 *Atrypoidea foxi*　40.5 m
3. 黄绿色、紫红色粉砂质泥岩，局部夹少量薄层灰绿色泥质粗砂岩，见丰富的虫迹　53.1 m
2. 黄色泥岩夹薄层粉砂岩。底部有黑褐色泥质石英细砂岩，含 *Molongia uniplicata*　39.3 m

——————— 整　合 ———————

下伏地层：回星哨组　紫色、黄色含粉砂质泥岩

【地质特征及区域变化】 分布在广元县羊模及宣河一带，范围局限。岩性较稳定，粉砂岩与泥岩常形成不等厚韵律层，常夹含钙质及生物介壳砂岩、粉砂岩、泥晶灰岩条带，局部夹豆状或肾状铁锰质砂岩薄层或扁豆体。本组厚255～373 m，其下伏地层为具标志意义的回

星哨组紫红色泥岩（“上红层”），其上与观雾山组平行不整合接触，上下界线宏观标志清楚。

本组以腕足类为主要分子，有 *Molongia*，*Atrypoidea*，*Howellella* 等，也见有丰富的牙形石，如 *Spathognathodus* 等。

黄葛溪组　*Shg*　(06-51-2326)

【创名及原始定义】　云南二区测队七分队(1976)命名于云南省大关县黄葛溪。原始定义：由下而上为灰、深灰、灰黑色瘤状灰岩，深灰色不等粒结晶灰岩，灰白色白云质石英岩，灰、灰黄、灰绿色灰岩、砂泥质灰岩；时代为早志留世。顶以紫红色砂泥岩层出现与上覆嘶风崖组分界，底以瘤状灰岩层消失，薄层状粉砂岩、泥质岩出现与下伏新滩组分界。

【沿革】　云南大关地区志留系早在 1942 年由郭文魁等已作了报道，其层序自下而上划分为龙马溪群、大关群和“砂页岩”3 个单位。其后尹赞勋等(1949)进行了补充。与大关地区接壤的攀西地区志留系由下而上划分为龙马溪组、罗惹坪组、大关组及回星哨组 4 个组级单位。而在此之前，四川境内相当大关群的地层均使用“石门坎组”(四川一区测队，1965)，二者含义及层位均基本相同。1975 年后，大关群在命名地因解体而不采用，自下而上重新建立了黄葛溪组、嘶风崖组、大寨组及菜地湾组 4 个组级单位(云南二区测队，1975)，其中前三者之和与郭文魁的大关群及《西南地区区域地层表·四川省分册》(1978)的“罗惹坪组”与“大关组”之和相当，菜地湾组实为回星哨组的同物异名。经省区间协调，本次清理按云南省意见并与之接轨。

【现在定义】　岩性以灰色厚层状灰岩、瘤状泥质灰岩及泥岩为主，呈不等厚互层，富含珊瑚、腕足类及双壳类化石，与下伏龙马溪组黑色页岩或大箐组白云质灰岩整合接触(局部为平行不整合接触)，与上覆嘶风崖组紫红等杂色页岩为整合接触的地层体。

【层型】　正层型在云南省。省内次层型为普格县洛乌沟剖面，四川一区测队 1963 年测制。

【地质特征及区域变化】　本组分布于天全、越西、普格一线以东，沐川、筠连一线以西地区，范围较局限，区内岩性较稳定，一般上部灰岩较多，下部泥岩占优势，厚度由西向东，由南向北增大。普格一带本组仅厚 75 m，向北于越西、甘洛一带增厚至 125～158 m，层间灰岩含量有减少的趋势。至天全一带可达 380 m。雷波一带残留厚度仅 55 m，被梁山组平行不整合超覆，筠连以东相变为石牛栏组；越西以南常整合或平行不整合覆于大箐组之上，以北该组整合于龙马溪组之上，界线清楚，其顶界常根据嘶风崖组底部紫红色页岩作为划分标志，可识别性好。

本组含有腕足类 *Eospirifer*，*Pentamerus*；珊瑚 *Palaeofavosites*，*Halysites*；笔石 *Monograptus*，*Climacograptus*；三叶虫 *Encrinuroides* 及双壳类、层孔虫等。

嘶风崖组　*Ssf*　(06-51-2327)

【创名及原始定义】　云南二区测队七分队 1976 年命名于云南省大关县黄葛溪。原始含义：底部为紫红色粉砂岩泥岩；下部为褐黄、灰绿色薄层状含泥质灰岩为主夹泥质粉砂岩、页岩；中部为黄、黄绿色页岩为主夹灰岩、粉砂岩；上部为灰绿、紫红色页岩为主夹砂岩及灰岩。含 *Codonophyllum-Nalivkinia* 动物群，时代为中志留世早期。

【沿革】　参见“黄葛溪组”条目。大体相当于《西南地区区域地层表·四川省分册》(1978)划分的“大关组”下部及四川一区测队(1966)的“石门坎组”下部。

【现在定义】 岩性以紫红、黄绿、深灰等杂色砂质页岩为主，夹泥质灰岩、泥灰岩及生物灰岩，含腕足类、珊瑚、三叶虫等化石，与下伏黄葛溪组黄绿色页岩、灰岩或龙马溪组黑色页岩或大箐组深灰色白云质灰岩及上覆大路寨组黄绿、灰绿色页岩均呈整合接触。

【层型】 正层型在云南省。省内次层型为普格县洛乌沟剖面，四川一区测队 1963 年测制。

【地质特征及区域变化】 本组分布范围与黄葛溪组相同，区内岩性变化较大，该组以下部夹大量紫红色页岩为划分标志。普格洛乌沟一带厚 180 m，上部含较多的生物灰岩及瘤状灰岩。向北至越西一带变薄至 49 m，灰岩含量大减。天全一带厚度复增至 287 m，灰岩夹层厚度增大。向南至宁南银厂沟一带本组顶部被剥蚀，残留厚度仅 60 m 左右。南部会东一带增厚至 176 m，上部灰岩多具“虎皮状”、“疙瘩状”构造。

本组化石常见者有腕足类 *Eospirifer*；珊瑚 *Halysites*；三叶虫 *Coronocephalus*，*Encrinurus*；腹足类 *Hormotoma* 等。

大路寨组 *Sd* （06－51－2328）

【创名及原始定义】 云南二区测队七分队(1976)命名于云南省大关县黄葛溪的大路寨。原始定义：底部为灰色钙质石英砂岩及薄层瘤状泥质灰岩；中下部为灰绿色钙质泥质粉砂岩夹泥灰岩；上部为灰、灰绿色薄—中层状泥质灰岩、结晶灰岩；顶部为灰色中层—块状泥质灰岩。含 *Sichuanoceras-Coronocephalus* 动物群，时代为中志留世。

【沿革】 参见“黄葛溪组”条目。大体相当《西南地区区域地层表·四川省分册》(1978)划分的“大关组”上部及四川一区测队(1966)的“石门坎组”上部。

【现在定义】 在四川省岩性以黄灰、黄绿等色钙质、粉砂质页岩为主，夹粉砂岩及深灰色泥质条带状灰岩、泥灰岩，含丰富的腕足类、珊瑚及三叶虫化石，与下伏嘶风崖组泥质灰岩或泥灰岩及上覆回星哨组紫红色砂、页岩均呈整合接触。局部为平驿铺组或坡松冲组石英砂岩平行不整合超覆的地层体。

【层型】 正层型在云南省。省内次层型为普格县洛乌沟剖面，四川一区测队 1963 年测制。

【地质特征及区域变化】 本组岩性较稳定，分布与黄葛溪组相同，局部有缺失，如宁南银厂沟等地。普格洛乌沟一带厚 107 m，灰岩多含泥质且具条带状产出。南部会东、布拖一带厚 250 m 左右，层间粉砂岩较多，泥质灰岩多具泥质网纹构造。天全一带灰岩中泥质、白云质均较高，且常呈条带状及团块状，厚达 210 m。本组底界多以黄绿色页岩与下伏嘶风崖组灰岩分界，顶界以大套紫红色砂、页岩出现与上覆回星哨组分界，界线易于判别。

本组常见化石有腕足类 *Eospirifer*，*Striispirifer*，*Chonetes*；三叶虫 *Coronocephalus*，*Encrinurus*；珊瑚 *Mesofavosites*，*Favosites*；头足类 *Orthoceras* 等。

稗子田组 *Sb* （06－51－2345）

【创名及原始定义】 四川地层表编写组 1978 年命名于盐边县稗子田，原称“稗子田群”。原始定义为：以一套网纹状泥质灰岩、泥灰岩为主，有时夹碳质灰岩、角砾状灰岩，厚 120～236 m，含珊瑚、三叶虫、腕足类及笔石化石的地层。

【沿革】 命名前称志留系“中统”或“石门坎组”（四川一区测队，1972)。命名后为各家所采用。

【现在定义】 岩性以灰、深灰色网纹状泥质灰岩、泥灰岩为主，时夹碳质灰岩、角砾状灰岩等，含珊瑚、三叶虫、腕足类及笔石等化石，与下伏龙马溪组黑色碳质、硅质含笔石页岩与硅质页岩互层及上覆中槽组深灰色砂岩、泥岩均呈整合接触的地层体。

【层型】 正层型为盐边县稗子田剖面(101°20′59″,27°3′51″)，四川一区测队1967年测制。

上覆地层：**中槽组** 暗灰色厚层状夹中厚层状砂质泥灰岩夹泥质灰岩、钙质粉砂岩及砂质页岩

——————— 整 合 ———————

稗子田组	总厚度 336.4 m
14. 深灰色厚层状、块状角砾灰岩，微含泥质，产三叶虫	19.2 m
13. 深灰色块状结晶灰岩及浅灰色厚层泥质细纹状灰岩，产头足类	41.5 m
12. 深灰色块状角砾泥质灰岩及泥质网纹状灰岩	12.9 m
11. 灰色泥灰岩，底部灰色钙质细砂岩，产腕足类、腹足类	12.9 m
10. 灰色中厚层状泥灰岩，夹泥质灰岩团块及薄层，产腕足类 *Camarotoechia* sp.	30.5 m
9. 浅灰色中厚—厚层状泥质灰岩，具细网状构造，底部为灰色砂质灰岩	55.8 m
8. 浅灰色厚层、块状灰岩，具缝合线及网纹构造	59.1 m
7. 深灰色薄层—中层状碳质灰岩与黑色碳泥质灰岩互层	11.2 m
6. 灰色夹深灰色厚层块状灰岩，具网纹构造，含黄铁矿晶粒	36.6 m
5. 灰黑色中厚层状灰岩与黑色中厚层状碳质灰岩不等厚互层	21.4 m
4. 深灰色厚层块状灰岩，局部含碳质和燧石结核	9.0 m
3. 浅灰色厚层块状泥质灰岩，具网纹、缝合线构造，产三叶虫 *Coronocephalus* sp.	16.9 m
2. 灰色中厚层状泥质灰岩，具网纹构造，含黄铁矿，产三叶虫 *Coronocephalus* sp.	9.4 m

——————— 整 合 ———————

下伏地层：**龙马溪组** 黑色板状燧石层与灰黑色碳硅质页岩互层，底部具古风化壳

【地质特征及区域变化】 本组分布于金河断裂带西侧，盐源县的树河、右所及盐边稗子田一带。岩性较稳定，以网纹状泥质灰岩为主，特征也较明显。树河一带厚120 m，稗子田一带厚达300 m以上。本组与下伏龙马溪组间界线标志清楚，顶界常以砂、泥岩的出现划分。

本组有腕足类 *Eospirifer*, *Camarotoechia*；三叶虫 *Coronocephalus*；珊瑚 *Mesofavosites* 等。

中槽组 Sẑ (06-51-2346)

【创名及原始定义】 四川地层表编写组1978年命名于盐源县树河乡中槽。原始定义：下部厚170 m，为深灰、黑色板状硅质岩、硅质灰岩与砂质泥岩互层，夹细粒石英砂岩；上部为结晶灰岩、泥质灰岩与砂质泥岩、粉砂岩不等厚互层，含笔石等，厚度大于300 m的地层。

【沿革】 命名前仅泛称志留系“上统”(四川一区测队，1971)。命名后为各家采用。

【现在定义】 深灰、灰黑色砂质泥岩与硅、泥质结晶灰岩不等厚互层，夹石英细、粉砂岩及硅质岩，含笔石、腕足类等化石，与下伏稗子田组深灰色角砾状或网纹状灰岩整合接触，命名地因断层未见顶，局部为坡松冲组(?)灰色泥灰岩夹粉砂岩平行不整合超覆。

【层型】 正层型为盐源县树河乡中槽剖面(101°45′10″, 27°2′00″)，四川一区测队1971年测制。

中槽组	总厚度>325.5 m
12. 顶部为断层角砾灰岩，其下为灰、灰白色大理岩(未见顶)	>30.0 m

11. 深灰色泥质粉砂岩　24.1 m

10. 深灰色砂质泥岩夹两层灰岩　51.2 m

9. 深灰色、灰色结晶灰岩、泥质灰岩与砂质泥岩、粉砂岩互层，泥岩中含黄铁矿晶体　40.6 m

8. 灰色结晶灰岩，含黄铁矿　5.5 m

7. 深灰色板状硅质岩，中夹砂质泥岩　25.5 m

6. 灰黑色板状硅质岩，中夹砂质泥岩　43.5 m

5. 灰色砂质泥岩　9.4 m

4. 灰、深灰色板状硅质岩　40.0 m

3. 浅灰色薄层泥岩夹细粒石英砂岩，产笔石 *Pristiograptus bohemicus*，*Monograptus*　35.9 m

2. 灰色砂质泥岩与黑色硅质灰岩互层，底部泥岩夹细粒石英砂岩　19.5 m

———— 整　合 ————

下伏地层：稗子田组　深灰色角砾状灰岩

【地质特征及区域变化】　本组分布在盐源矿山梁子山以南的中槽、大坪、盐边稗子田一带，在中槽以泥岩及泥灰岩为主，时夹硅质岩，厚度大于 300 m。向南厚度减薄至 143～216 m，层间粉、细砂岩渐增多，硅质岩夹层减少，至川滇边境石英砂岩含量有增高趋势。该组底部常夹石英砂岩，可作为与下伏稗子田组分界的标志。

本组含有笔石为主的化石，计有 *Pristiograptus*，*Monograptus*；腕足类 *Howellella*；腹足类、三叶虫；珊瑚 *Mesofavosites*，*Rhizophyllum* 等。

小溪峪组　*Sxx*　(06－51－2347)

【创名及原始定义】　湖南区测队 1970 年据湖南省桑植县小溪峪剖面创名，将云台观组之下的一套含 Antiarchi 等鱼化石的灰绿、灰黄色砂岩、泥质粉砂岩、石英砂岩、粉砂岩等组成的地层称小溪组，当时认为属泥盆系。

【沿革】　赵汝旋(1978)改称为小溪峪组。

【现在定义】　在四川省以灰绿、黄绿夹紫红色石英砂岩、粉砂岩为主，还夹砂质页岩，砂岩具“管状构造”，含鱼类、腕足类等化石，厚 390 m，位于回星哨组灰绿夹紫红色粉砂岩之上，二者为平行不整合接触(?)的地层，未见顶。

【层型】　正层型在湖南省。省内次层型为秀山县水源头剖面，湖南区测队 1964 年测制。

【地质特征及区域变化】　本组仅见于秀山县东部水源头一带，且未见顶。湘西北地区本组普遍覆于回星哨组之上，与上覆云台观组间有平行不整合面，岩性特征与四川境内一致，产鱼类、腕足类及翼肢鲎等化石，时代置于中志留世晚期。

本组含鱼类化石 Osteostraci，Anaspida；腕足类有 *Schuchertella* 等。

茂县群　*SM*　(06－51－0062)

【创名及原始定义】　1931 年谭锡畴、李春昱创名于茂县，1959 年发表。原始定义：“在茂县城北水磨坝沟见有灰岩颇厚，夹于黑色片岩内，含珊瑚颇多，属于泥盆纪，尚有头足类化石，似为志留纪之产物，均称为茂县系”。

【沿革】　经后人研究已将其解体。四川二区测队(1966—1972)将原“茂县系”上部以碳酸盐岩为主夹泥页岩，采有较多泥盆纪化石的层位另建月里寨群，其下浅变质泥页岩夹碳酸盐岩沿用茂县群一名，时代限于志留纪。该群前人一直未建组名，对其进一步划分极为混乱，计有亚群、顺序组、亚组、岩组、非正式段等。由于构造复杂、岩性组合单调、无标志层等种种原因，各图幅划分标准极不统一。本次清理研究认为该群可能进一步分组，但目前条件尚不成熟，故保留原名，留待将来解决。四川二区测队1966年于青川县乔庄建立的滑天坡组、黄坪组、毛塔子组，因层序层位尚有疑义，本书未采用。

【现在定义】 指整合伏于捧达组之下，与下伏地层宝塔组平行不整合接触，岩性以碳质千枚岩、千枚岩、板岩为主夹变质砂岩、砂泥质结晶灰岩、泥灰岩、生物碎屑灰岩组成的大套砂泥质—碳酸盐岩地层，产笔石、珊瑚、腕足类化石，厚度可达三千余米。

【层型】 选层型为九顶山剖面，位于茂县石鼓乡(103°50′，31°35′)，四川二区测队1972年测制。

上覆地层：捧达组 碳质千枚岩夹石英岩

——————— 整 合 ———————

茂县群	总厚度 1 141.1 m
15. 深灰色薄—中层泥质灰岩与浅灰色千枚岩及少许绿色千枚岩互层	133.6 m
14. 灰色板状千枚岩夹凸镜状泥质灰岩	100.0 m
13. 灰色厚层泥质灰岩	50.0 m
12. 灰色厚层夹薄层泥质灰岩，具不明显的泥质网格及泥质条带，产珊瑚 *Mesofavosites*，*Zelophyllum*；腕足类 *Atrypella*	96.0 m
11. 深灰色板状千枚岩为主。上部夹灰色薄层灰岩，产腕足类 *Nucleospira* sp.	86.0 m
10. 上部灰色薄—中层泥质灰岩，下部千枚岩夹钙质砂岩及砂质灰岩，夹生物碎屑灰岩	31.0 m
9. 深灰色微带绿色板状千枚岩及石英砂岩	54.0 m
8. 上部灰色厚层灰岩，向上泥质增多为泥质灰岩；下部灰色厚层鲕状灰岩，产腕足类等	3.5 m
7. 深灰、灰色千枚岩与薄—中层状石英砂岩、千枚岩及泥质灰岩组成三个韵律层	116.0 m
6. 灰色薄—厚层泥质灰岩夹生物碎屑灰岩。产腕足类 *Nikiforovaena* 等	58.8 m
5. 上部泥质灰岩夹灰绿色板岩；下部薄层泥灰岩；底部为深灰色细粒石英砂岩	24.0 m
4. 灰绿色板岩夹泥砂质千枚岩	45.6 m
3. 灰色粉砂质板岩与灰微带暗绿色石英板岩互层	63.5 m
2. 深灰色碳质板岩、石英质板岩及灰色钙质石英板岩夹泥质砂质灰岩	206.8 m
1. 灰色、绿色绢云母千枚岩及灰色薄层钙质砂岩与砂质灰岩、泥质灰岩呈韵律互层，产笔石 *Streptograptus nodifer*。底部黑色碳质千枚岩夹黑色薄层—中层碳质粉砂岩，产笔石 *Demirastrites*，*Pristiograptus* cf. *acinaces*	72.3 m

—————— 平行不整合 ——————

下伏地层：宝塔组 龟裂纹灰岩

【地质特征及区域变化】 茂县群广泛分布于广元、青川、平武、北川、安县、茂县、汶川、宝兴、康定金汤等地。平武地区为一套厚度大的千枚岩夹结晶灰岩和变质砂岩，豆叩剖面厚度大于2 037 m，产较丰富的腕足类、珊瑚等化石。北川至安县一带厚度可达3 000 m，并有东厚西薄和由南向北逐渐增厚的趋势。在茂县、汶川一带以泥质页岩建造为主，夹有较多碳酸盐岩，含较丰富的珊瑚、腕足类化石，厚度大于743～1 141 m。宝兴、康定一带碳酸盐岩增多，与砂、泥岩呈不等厚互层，并含较多的白云岩，顶部见石膏层，厚1 271～3 862 m。

茂县群下部产笔石 *Pristiograptus cyphus*，*P. kueichihensis*，*Glyptograptus tamariscus*，*Monograptus*，*Streptograptus nodifer*。中部产珊瑚 *Favosites*，*Mesofavosites*，*Heliolites*；腕足

类 *Eospirifer tingi* 及层孔虫、三叶虫等。

第二节　生物地层及年代地层讨论

震旦纪地层因化石稀少，研究程度较低，不做单独讨论。仅利用前人研究成果对寒武纪及其以后的地层做相应讨论。

一、寒武纪

(一)生物地层

寒武纪以发育三叶虫生物群为特征，且研究程度较高，除这一主要的门类外，尚有小壳动物群、古杯类及少量腕足类、腹足类、古介形类、微古植物等。本区寒武纪生物地层单位的建立依赖于小壳动物群及三叶虫动物群。

1. 小壳动物

主要集中产出于灯影组上部及筇竹寺组下部，由软舌螺、似软舌螺、单板类、腹足类、海绵、腕足类、骨片及分类位置未定的动物组成。根据何廷贵等(1980)研究资料建议由下而上划分为3个生物地层单位。

①*Anabarites*－*Circotheca* 组合带：主要分布于灯影组上部。

②*Paragloborilus*－*Siphogonuchites* 组合带：分布于①带之上。

以上两带主要有 *Anabarites*，*Ovalitheca*，*Paragloborilus*，*Hyolithellus*，*Coleolella*，*Lepidites*，*Punctatus*，*Maidipingocorus*，*Latouchella*，*Punctella*，*Siphogonuchites*，*Zhijinites* 等。

③*Ebianotheca*－*Sinosachithes* 组合带：分布于筇竹寺组下部，主要分子有 *Ebianotheca*，*Circotheca*，*Conotheca*，*Chancelloria*，*Astraeospongia*，*Sinosachithes* 等及微古植物。

2. 三叶虫

为寒武纪主要的生物门类，根据李善姬(1980)对西南地区寒武纪生物地层研究，结合四川情况，建议由下而上建立10个生物地层单位。

①*Parabadiella*－*Mianxiandiscus* 组合带：分布于筇竹寺组上段的下部及牛蹄塘组中，主要有 *P.* sp.，*M. emeiensis*，*M. sichuanensis*，*Emeidiscus planilimbatus* 等。

②*Eoredlichia*－*Wutingaspis* 组合带或 *Tsunyidiscus niutitangensis*－*Shizhudiscus* 组合带：前者分布于筇竹寺组上部，习称"滇东型"，主要有 *Eoredlichia emeiensis*，*Wutingaspis sichuanensis*，*Chaoaspis ovatus*，*Eomalungia emeiensis*，*E. intermedia*，*Fandianaspis emeiensis*，*F. elegans*；后者分布于牛蹄塘组上部及石牌组，习称"黔北型"，除 *Tsunyidiscus niutitangensis* 外，还有 *Shizhudiscus*，*Guizhoudiscus*，*Mianxiandiscus*，*Zhenbaspis* 等多种。

③*Drepanuroides*－*Megapalaeolenus* 组合带：分布不普遍，仅于川南等地石牌组中，主要组分除上述二属的若干种外，尚有 *Yunnanaspis*，在盆地西部及攀西地区未发现该带分子。

④*Palaeolenus*－*Megapalaeolenus* 组合带：该带分布于沧浪铺组上部及金顶山组中，代表分子有 *P. lantenoisi*，*M. deprati* 及 *Kootenia*，*Yuehsienszella* 等属。

⑤*Hoffetella*－*Redlichia*(*Pteroredlichia*)*murakamii* 组合带：分布于石龙洞组及清虚洞组中，此带除上述二代表性分子外，尚可见 *Redlichia guizhouensis*，*R. nobilis*，*R.* (*P.*) *chinensis* 等种。

⑥*Chittidilla*－*Kunmingaspis* 组合带：主要分布于陡坡寺组下部及中部和覃家庙组中，此

带的若干种如 *C. transversa*，*K. divergensa* 在盆地西部分布较普遍。

⑦*Kaotaia - Sinoptychoparia* 组合带：主要分布于盆地南部及东南部高台组中，代表分子如 *K. magna*，*S. meitanensis* 及 "*Proasaphiscus*" *suni* 等。

⑧*Shilengshuia - Wudangia* 组合带：此带原建于黔北，省内分布不普遍且保存欠佳，仅见于川东南覃家庙组中。

⑨*Paranomocare* 组合带：仅分布于川东南平井组中；主要有 *P. guizhouensis*，*P. songtaoensis*，*P. elongata*，*P. constrictus* 等种，分布较普遍。

⑩*Calvinella - Metacalvinella* 组合带：仅分布于毛田组中，主要有 *C. walcotti*，*C. striata*，*M. typica*，*M. robusta*，*M. elongata* 等。

3. 古杯类

据袁克兴(1980)研究资料，在盆地东部及北部可划分出 3 个古杯类生物地层单位，由下而上为：

①下部组合带：分布于牛蹄塘组("水井沱组")中，代表分子有 *Ajacicyathus sichuanensis*，*Archaeofungia shixiensis*，*Taylorcyathus shifangensis*，*Chengkoucyathus shabaensis*，*Coscinocyathus liangshuijingensis*，*Co. zhuyuanensis*，*Clathricoscinus dabashanensis* 等。

②中部组合带：分布于仙女洞组及石牌组中，主要有：*Protopharetra chengkouensis*，*Coscinocyathus honghuaensis*，*Erugatocyathus yingzuiyanensis*，*Archaeofungia dissepimentalis* 等。

③上部组合带：分布于清虚洞组上部("天河板组")，主要有：*Archaeocyathus validus*，*A. xuetanpingensis*，*A. qingyanzhaiensis*，*Retecyathus tubus*，*R. shixiqiaoensis* 等。

(二)寒武纪年代地层单位及界线的划分

寒武纪年代地层单位及界线的划分主要依靠生物地层单位的划分及演化序列的建立，四川及其邻区在年代地层单位的划分方案上曾有分歧，经生物及岩石测年资料的不断积累，认识逐步趋向一致。寒武系底界过去一般有三种不同的划分方案，即：

(1)置于小壳动物化石群的下限。

(2)以筇竹寺组(四川)或渔户村组(云南)或牛蹄塘组(贵州)之底界作为寒武系的底界。

(3)以三叶虫的下限划分寒武系底界。

以上三种方案中，1、3 两种为生物地层界线，2 是以岩石地层单位界线代替年代界线。80 年代以后，根据国际前寒武系-寒武系工作组 1978 年的处理意见，以最早出现的小壳化石组合的底界作为寒武系的底界，以此为据，认识逐步统一。据此，以小壳动物 *Anabarites - Circotheca* 组合带的下限划分的界线即为寒武系底界，这条界线在灯影组中上部通过。据与四川相邻的鄂西、滇东 Rb - Sr 等时线测年资料，这一界线的年龄值为 6.05～6.15 Ma。

寒武系下、中统界线的划分在华北及华南均存在较大的争议，根据李善姬(1980)资料，中国下、中寒武统的分界则应以 Redlichiidae 科分子基本衰亡(不包括孑遗分子)与大个体的 Ptychopariidae 科大量出现之界面划分，这一界线与川滇一带的 *Chittidilla - Kunmingaspis* 组合带的下限基本一致，大体相当于陡坡寺组或高台组的底界。寒武系中、下统的界线由于川、滇、黔一带沉积了大套以白云岩为主的地层，化石稀少，难于具体划分。在川东南地区平井组内存在 *Paranomocare* 组合带，据李普姬(1980)资料，在四川石柱、酉阳一带出现 *Bergeronites*，*Monkaspis*，*Fengduia*，*Liaoningaspis*，*Blackwelderia* 等属华北崮山阶动物群，其下限与张夏阶和崮山阶间界线大体同时，故将中、上寒武统界线置于 *Paranomocare* 组合带的顶界是合理的，这一界线与川东南一带的平井组顶界也大体一致，在四川盆地内，该组界线在娄山关组中下部通过，该组为一跨统的岩石地层单位。

由于寒武系顶界附近在上扬子地区多以白云岩为主，生物稀少而不连续，年代界线划分困难。过去常以三叶虫 *Dactylocephalus*，*Tungtzuella*，*Lohanpopsis*，*Chungkingaspis* 等作为奥陶系底部带化石(卢衍豪，1956；张文堂，1962)，在川南、黔北一带娄山关组上部和毛田组中找到属晚寒武世的 *Metacalvinella*，*Saukia* 等化石，但二组合间不连续，具体界线难于划定。安太庠(1978)在鄂西娄山关组(“三游洞群”)顶部 10 m 内建立了奥陶系最底部的牙形石 *Drepanodus simplex* 带也是目前认为奥陶系底界的划分依据。

二、奥陶纪

(一)生物地层

本区奥陶纪地层含有丰富的多门类化石群，分布范围广而研究程度较高的首推笔石、三叶虫、头足类、腕足类及珊瑚五个门类，时代意义也较强。据已有研究成果，对生物地层单位的划分提出如下建议：

1. 笔石

笔石分布普遍，产出数量较高，由下而上可建 5 个单位：

①*Didymograptus deflexus* 顶峰带：主要分布于红石崖组、湄潭组(赵家坝组)，特征分子有 *D. butuoensis*，*D. leiboensis*，*D. deflexus*，*D. bifidus*，*D. divergens*，*D. bijishanensis* 等。

②*Azygograptus suecicus* 延限带：主要分布于湄潭组、大湾组及红石崖组(大乘寺组)中部，伴生分子有 *Didymogratus bifidus*。

③*Glyptograptus austrodentatus* 延限带：分布于湄潭组、大湾组顶部，特征分子有 *G. sinodentatus*，*G. englyphus*，*Didymograptus nexus*，*D. hirundo*，*Cryptograptus tricornis*，*Phyllograptus nana*，*Hallograptus bimucronatus*，*Lasiograptus eucharis*。

④*Glyptogarptus teretiusculus* - *Nemagraptus gracilis* 组合带：分布于庙坡组、宝塔组下部，为典型的庙坡期笔石组合，伴生分子有 *G. englyphus*，*Climacograptus parvus* 等。

⑤ *Dicellograptus szechuanensis* 延限带：分布于龙马溪组下部，共生分子有 *D. graciliramosus*，*D. excavatus*，*D. tenuis*，*Climacograptus suni*，*Orthograptus truncatus* 等。

2. 三叶虫

由下而上可建立 7 个带：

①*Lohanpopsis lohanpoensis* - *Asaphellus* 组合带：仅见于红石崖组下部、桐梓组及南津关组，伴生分子有 *Loshanella loshanensis*，*L. fandianensis*，*Chungkingaspis sinensis*，*Wanliangtingia transversa*，*Dactylocephalus dactyloides*，*D. breviceps* 等。

②*Tungtzuella* 延限带：分布于桐梓组及红石崖组。分布广，数量多，共生分子有 *T. szechuanensis*，*Psilocephalina lubrica* 等。

③*Taihungshania* 顶峰带：分布于红石崖组、湄潭组下部，主要分子有 *T. shui*，*T. brevica*，*T. omeishanensis* 及 *Omeipsis huangi*，*Paramegalaspides sinensis*。

④*Hanchungolithus* - *Ningkianolithus* 组合带：分布于湄潭组、巧家组，以出现大量三瘤虫为特征。主要分子有 *H. multiseriatus*，*N. sichuanensis* 等，伴生有 *Neseuretus granulatus*，*N. sichuanensis*，*Isoteloides yuexiensis*，*Birmanites sichuanensis*。

⑤ *Calymenesun tingi* 延限带：分布于巧家组上部、宝塔组下部，伴生有 *Caraurinus huadaiensis*，*Metopolichas sinensis* 等。

⑥*Nankinolithus* 延限带：分布于宝塔组顶部旧称“临湘组”或龙马溪组底部，组成分子有 *N. nankinensis*，*N. jiantsaokouensis*，*Hammatocnemis decorosus*，*Telephina convexa*，*Ampyxinella costata*，*Liangshanocephalus shanxiensis* 等。

⑦*Dalmanitina nanchengensis* 延限带：分布于大箐组顶部及龙马溪组下部，主要有 *Triarthrus butuoensis*，*T. similis*，*T. szechuanensis*，*Leonaspis sichuanensis* 等。

3. 头足类

由下而上可建立 3 个单位：

①*Manchuroceras - Coreanoceras* 组合带：主要分布于红花园组，共生有 *Cameroceras*，*Hopeioceras fusiforme*，*H. subtriformatum* 等。

②*Meitanoceras - Dideroceras wahlenbergi* 组合带：分布于牯牛潭组及宝塔组下部，主要有 *M. subglobosum*，*Michelinoceras elongatus*，*Protocycloceras wangi*，*Orthoceras* 等。

③*Sinoceras chinensis* 延限带：主要分布于宝塔组，组成分子有 *Michelinoceras squmatulum*，*Discoceras eurasiaticum* 等。

(二)奥陶纪年代地层单位的划分

奥陶纪年代地层单位的划分多依赖生物地层单位的划分，鉴于奥陶系区域岩相变化较大，生物受到沉积环境的明显控制，各地采用了不同的标准，在上扬子范围内，认识尚有分歧。

奥陶系的底界过去主要依据三叶虫进行划分，但由于在寒武-奥陶系界线附近均以白云岩为主，生物连续性极差，化石罕见，各地划分标准不一。在四川盆地西南部以 *Lohanpopsis lohanpoensis* 带底界(张文堂，1964)，在川南、黔北以 *Chungkingaspis sinensis* 带或 *Wanliagtingia lodbata* 带底界(卢衍豪，1959)，在鄂西以 *Asaphellus inflatus* 带(卢衍豪，1975)或 *Dictyonema flabelliforme yichangensis* 带(汪啸风，1978)底界来划分奥陶系的下限。但由于生物的不连续性，使界线难于具体划定。据安太庠资料(1978)在鄂西 *Dictyonema flabelliforme yichangensis* 带之下 10m 的娄山关组(“三游洞群”)顶部建立了牙形石 *Drepanodus simplex* 带，该带于华北及东北均发现于奥陶系底部，也是目前划分该系层位最低的生物地层单位，但不足之处是该门类与下伏寒武系仍不连续，但至少寒武系一奥陶系的年代单位界线于娄山关组或毛田组上部通过已为各家所公认。

奥陶系下、中统历来划分意见分歧，归纳起来有如下 4 种方案：

(1)置于笔石 *Azygograptus suecicus* 带下限(盛莘夫，1978)，此界线位于大湾组或湄潭组内。

(2)依据笔石带的国内外对比，将界线置于大湾组与牯牛潭组间(张文堂，1962)，在川南此界线相当于湄潭组上部。

(3)根据头足类群的差异，将界线置于红花园组与湄潭组间(王汝植，1981)。

(4)根据牙形石将界线置于庙坡组与牯牛潭组间(赖才根，1982；《四川省区域地质志》，1991)。

上述划分方案依据各不相同，分歧较大，根据生物地层单位的划分，建议奥陶系下、中统界线根据赖才根(1982)意见，按牙形石 *Polyplacognathus friendsvillensis* 带与 *Eoplacognathus reclinatus* 带界线划分，这一界线与头足类 *Meitanoceras - Dideroceras wahlenbergi* 组合带的顶界，或笔石 *Glyptograptus teretiusculus* 组合带之底界吻合，与岩石地层单位的庙坡组与牯牛潭组界线也大体一致。

奥陶系中、上统界线多按张文堂(1962)意见，划在含头足类 *Sinoceras chinensis* 延伸带的

宝塔组与含三叶虫 *Nankinolithus* 带的“临湘组”或“涧草沟组”之间，此二生物带作为中上统的界线的划分依据目前尚无多少异议，经清理后的岩石地层单位含义改变较大，此界线通过修订后的宝塔组顶部或龙马溪组的底部。

奥陶系与志留系界线的划分曾经产生过分歧，涉及“观音桥层”泥灰岩的归属，该层含有三叶虫 *Dalmanitina* 及腕足类 *Hirnantia*，80 年代后倾向性意见均将其作为奥陶纪最晚期的生物群，其上下均为连续的黑色页岩，经清理后归并于龙马溪组，系的界线应置于上述三叶虫及腕足类化石带与上覆笔石 *Glyptograptus persculptus* 组合带之间，此界线位于龙马溪组的下部。该组为一跨系的岩石地层单位。

三、志留纪

(一)生物地层

本区志留纪以发育的笔石动物群为特征，并有丰富的腕足类、珊瑚、三叶虫、头足类等，门类众多，个体数量也较大。生物群受环境影响，区域上受岩相变化的控制较为明显。生物群中以笔石研究程度较高，腕足类及珊瑚仅在部分地区研究较详。根据前人研究成果(金淳泰，1982；林宝玉，1984；《四川省区域地质志》，1991)，对志留纪生物地层单位，建议建立以下单位：

1. 笔石

笔石主要发育于早志留世，其后属种及数量趋于减少，分布范围遍及扬子区全境。根据金淳泰等资料，建立 10 个单位。

①*Glyptograptus persculptus* 延限带：普遍发育于盆地东部，分布于龙马溪组中下部，组成分子有 *G. persculptus*，*Climacograptus normalis*，*Diplograptus modestus* 等，并有 *Orthograptus*，*Petalolithus* 等多种共生。

②*Akidograptus acuminatus* 延限带：分布于龙马溪组中下部，除带化石外，尚有 *Dimorphograptus elongatus*，*Climacograptus minutus*，*Streptograptus*，*Orthograptus* 等。

③*Orthograptus vesiculosus* 延限带：分布于龙马溪组中下部，主要有 *Demirastrites triangulatus*，*Pristiograptus argutus*，*Glyptograptus tamariscus*，*Climacograptus medius*，*Diplograptus richardsi*，*D. changningensis*，*Dimorphograptus hunanensis* 等。

④ *Pristiograptus cyphus* 延限带：分布于龙马溪组中部，主要有 *P. hisingeri*，*P. incommodus*，*Glyptograptus tamariscus*，*Diplograptus qijiangensis*，*Orthograptus mutabilis* 等。

⑤*Pristiograptus leei* 延限带：分布于龙马溪中上部，主要有 *P. kuichihensis*，*P. nudus*，*Climacograptus yangtzeensis*，*Petalolithus palmeus*，*Glyptograptus lunshanensis* 等。

⑥*Demirastrites triangulatus* 延限带：分布于龙马溪组中上部至新滩组底部，主要分子除带化石外，尚有 *Trimorphograptus trimophus*，*Rastrites peregrinus*，*Monoclimacis macilenta*，*Climacograptus scalaris*，*Amplexograptus qijiangensis*，*Petalolithus minor* 等。

⑦*Okatavites communis* 延限带：分布于龙马溪组上部至新滩组中部，除带化石外，尚有 *Spirograptus minor*，*Glyptograptus tamariscus*，*Cephalograptus cometa* 等。

⑧*Monograptus sedgwickii* 延限带：分布于龙马溪组顶部至新滩组上部，除带化石外，该带尚有 *Pristiograptus nudus*，*Rastrites distans bellulus*，*Pseudospirograptus richardii* 等。

⑨*Diversograptus sichuanensis* 组合带：分布于松坎组下部及其相当地层中，除带化石外，

尚见有 *Monoclimacis arcuata*，*Pernerograptus qijiangensis*，*Monograptus undulatus*，*Glyptograptus tamariscus*，*Rastrites phleoides* 等。

⑩*Monograptus riccartonensis* - *Monoclimacis flexilis* 组合带：分布于秀山组中、上部，除带化石外，尚有 *Monograptus guizhouensis*，*M. sinensis*，*M. shiqianensis* 等。

2. 腕足类

腕足类为志留纪又一重要门类，延续时限较笔石长，建议由下而上建立3个单位。

①*Zygospiraella venusta* 组合带：分布于松坎组上部，重要分子除带化石外，尚有 *Eospirifer songkanensis*，*Nalivkinia orbicularis*，*Pentamerus muchuanensis*，常形成贝壳层。

②*Nalivkinia elongata* - *Nucleospira calypta* 组合带：分布于溶溪组、秀山组下部及韩家店组中，主要分子除带化石外，尚有 *Nalivkinia pseudoelongata*，*N. orbicularis*，*Nucleospira purchra*，*Striispirifer shiqianensis*，*Eospirifer uniplicata*，*Brachyprion qijiangensis* 等。

③*Molongia uniplicata* - *Nikiforovaena* 组合带：分布于车家坝组中，有的分子也可在回星哨组中出现，重要分子除 *M. uniplicata* 外，有 *M. minor*，*M. quadriplicata*，*Atrypoidea foxi*，*Howellella tingi*，*Schizophoria*(*Eoschizophoria*) *hesta* 等。

3. 珊瑚

珊瑚主要在石牛栏组中产出，分布范围受岩相限制较明显，集中分布于川南地区，可建立 *Palaeofavosites* - *Mesofavosites* 组合带，主要有 *P. zhongweiensis*，*P. sichuanensis*，*M. nikitini*，*M. jinquanensis*，*M. gansuensis*，*M. minor*，*Microplasma shiniulanensis*，*Zonocystiphyllum shiniulanense*，*Z. irregulare*，*Cladopora multiporoides*，*Mesoculipora zhongguoensis*，*Heiliolitella medius*，*Heliolites beishanensis*，*Maikottia multitabulata*，*Stauria qijianegensis*，*Codonophyllum trochoidum* 等，多成为造礁生物。

除上列门类之外，前人曾建立了三叶虫与头足类组合带 *Coronocephalus* - *Sichuanoceras* 组合(《四川省区域地质志》,1991)，其主要成分有三叶虫 *C. rex*，*Senticucullus elegans*，*Rongxiella globosa*；头足类 *Sichuanoceras nanjiangensis*，*Neosichuanoceras columinum* 等，该组合带主要分布于韩家店组上部及秀山组中。

(二)志留纪的年代地层单位划分

四川东部志留系除局部地区如龙门山、大巴山等地区外，一般均与下伏奥陶系连续沉积，岩性稳定，具备理想的界线层型的条件。在川南、黔北一带，龙马溪组底部普遍存在笔石 *Dicellograptus szechuanensis* 延限带及 *Glyptograptus persculptus* 延限带，二带间所夹的泥灰岩薄层中("观音桥层")常出现三叶虫 *Dalmanitina* 及腕足类 *Hirnantia*，这一生物序列在上扬子地区具有普遍的意义。过去对"观音桥层"的时代归属常有分歧意见，而上述二笔石带分别归属晚奥陶世及早志留世认识基本一致，"五峰组"的划分及龙马溪组的支解常以此为主要依据。故奥陶-志留系界线置于笔石 *Glyptograptus persculptus* 延限带与三叶虫 *Dalmanitina* 带及腕足类 *Hirnantia* 带之间当属合理。另据覃家铭等(1987)所提供的四川綦江观音桥界线层型剖面上该界线的全岩 Rb - Sr 等时线年龄值为 439±18 Ma，与《中国地层时代表》(王鸿祯等，1990)志留系底界时限吻合。

志留系下、中统的界线划分分歧意见较大，归纳起来有如下3种：

(1)在川南，由于在石牛栏组发现珊瑚 *Densiphylloides*，*Palaeophyllum* 及腕足类 *Zygospiraella* 等时代属早志留世的生物群，秀山组中有可与英国同名带相对比的笔石 *Monograptus riccatonensis*，时限属中志留世，故将界线置于石牛栏组之顶。

(2)溶溪组及其相当地层生物群多属下伏地层的上延分子，如腕足类 *Nalivkinia*，*Nucleospira*，而秀山组出现属中志留世的三叶虫 *Coronocephalus*，头足类 *Sichuanoceras*，故将界线置于溶溪组与秀山组之间。

(3)将界线置于秀山组上述三叶虫及头足类化石带之底，界线位于秀山组中部。

鉴于生物具有明显的不连续性，界线的具体划分常不易确定，根据金淳泰(1983)及《四川省区域地质志》(1991)意见，建议将下、中志留统界线置于腕足类 *Nalivkinia elongata*－*Nucleospira calypta* 组合带之底，此界线与石牛栏组或小河坝组的顶界大体一致。

对志留系中上统界线划分由于生物不连续倍感依据不足，根据金淳泰及《四川省区域地质志》(1991)意见，可置于三叶虫及头足类 *Coronocephalus*－*Sichuanoceras* 组合带与腕足类 *Molongia uniplicata*－*Nikiforovaena* 组合带之间，此界线位于秀山组或韩家店组与回星哨组之间。

志留系顶部地层在四川省东部普遍遭受剥蚀，层序不全，其上为泥盆系—二叠系超覆，该系顶界在境内无法确定。

第三节 区域地层格架讨论

一、古地理概貌

自震旦纪始，“扬子地台”已基本形成，四川省东部位于上扬子地台的西部边缘地带，早震旦世大体以华蓥山及其延伸部分界，形成东西两个完全不同的沉积区。在四川盆地西部及攀西地区火山活动强烈，堆积了巨厚的以陆相为主的火山熔岩及火山碎屑岩建造，而东部地区出现冰碛物沉积，沉积物厚度也相差悬殊。自晚震旦世开始，随上扬子地台大规模海侵，四川东部进入了海相浅水台地的沉积阶段，鉴于这一时期赖以控制四川沉积环境的古地理格局雏形尚未形成，缺乏稳定的陆源补给区，沉积物主要为远源碎屑及来自盆内的微体生物及藻类。台地内水深由西向东增加，地壳沉降幅度则由东向西增大，这一特征已由沉积物性质及厚度所证实。

早古生代时期继承了自震旦纪以来的古地理格局，在四川盆地西缘，形成了以龙门山—攀西地区为轴线的古陆区，并成为控制沉积环境及提供陆源物质的主要地区，古陆的东侧以稳定沉降由西向东倾斜的浅水台地为主，西侧为沉降幅度较大，地貌分异较复杂的沉积盆地。这一古地理格局与地层区划基本吻合。且震旦纪至晚三叠世早期的漫长地史时期中没有发生质的改变。仅由于不同时期地壳的升降运动，发生周期性的古陆规模、范围及物源性质的变动，海水的进退、水动力条件，以及沉积期后沉积物的保存条件也明显地受古构造运动的控制。自晚三叠世晚期至早第三纪，四川东部古地理格局发生了质的变化，海侵已告结束，转入以河流及湖泊为主的内陆环境，古气候条件周期性的改变对沉积物性质产生重大影响。该时期龙门山上升、逆冲、推覆作用强烈，四川西部(包括盐源地区)也同时回返上升，沉积作用基本停止，剥蚀作用加剧，形成为主要的陆源补给区，原古陆的形态也随之受到较彻底的破坏和改造。以四川盆地为中心的大型盆地，以幅度大而不均衡的沉降成为大量陆源物质的堆积场所。而在古生代一度活跃的康滇古陆相对处于稳定的沉降阶段，并以山间盆地的形式接受来自周边物源的沉积，沉降幅度各地有较大差异。

上述古地理总貌在地史的各个时期具有较强的继承性，并严格地控制着区内地层格架的形成和演化。此外，在大巴山地区，以城口-房县断裂带为界。在震旦纪—寒武纪发育着一套以复理石建造为主的地层序列，沉积特征反映出具有深水沉积物的特点，属台地外围斜坡环境的产物，有理由认为这是一套属南秦岭地槽型沉积。

地层清理后对地层格架的建立和认识，拟选择区域展开范围较大、地层层序保存较为完整的断代进行讨论。

二、地层格架讨论

1. 寒武纪—奥陶纪

四川东部寒武纪—奥陶纪地层在岩石组合、古地理环境与沉积相及时空展布规律具有相似的特征，自晚震旦世以来扬子地台西缘的龙门山-康滇古陆处于活跃阶段，不但控制着古地理环境的分异，也是主要的陆源供给区。这一时期由古陆向外围按沉积相带的展布，区内形成了独具特点的三套地层序列。

在康滇古陆两侧，由于接近陆源区，且随古陆上升范围的逐步扩大，早寒武世以沉积较粗的碎屑岩为主，即长江沟组及磨刀垭组，沉积物具有下细上粗的特点，生物匮乏。至早寒武世晚期，随古陆范围的不断扩展而沉积作用停止并遭到剥蚀。在此区以东，即四川盆地西部及攀西地区的东缘，早中寒武世仍以陆源碎屑沉积物为主，碎屑粒度随远离陆源区而变细，细—粉砂是主要沉积物，出现以底栖三叶虫为主的生物群，由下而上构成了筇竹寺组、沧浪铺组、石龙洞组、陡坡寺组及西王庙组地层序列，与滇东一带无论古地理位置及岩石组合特征都是十分接近的。四川盆地的东部及南部远离陆源区而沉积物明显变细，由下而上构成了牛蹄塘组、石牌组、金顶山组、清虚洞组、高台组及覃家庙组地层序列，该序列下部地层泥质岩占有较大比重，上部地层均以碳酸盐岩为主，并出现数量不多的以营浮游生活为主的三叶虫生物群。地层总体特征反映出沉积区远离陆源区，水深加大，水动力条件由强转弱，陆源物质由细屑物质逐渐消失，并为盆内碳酸盐碎屑代偿的沉积特征。在川东南地区，由于接近上扬子地台的边缘地带，沉积物表现出局部的高能环境特征，如清虚洞组中鲕粒及内碎屑结构的出现即为一例。但总的能量低下是台地内碳酸盐岩的普遍规律。在此期间，盆地北缘出现由古杯类等生物形成滩或礁体，形成了在空间上连续性较差的碳酸盐岩凸镜体，如仙女洞组。

自中寒武世晚期至早奥陶世早期，四川东部沉积了厚度巨大，以白云岩为主的地层，即娄山关组。由于环境的制约，陆源物质稀少，带壳生物几乎绝迹，藻类生物成为主要的造岩成分，并形成以藻纹层为主的沉积构造。在川南一带接近台地边缘，随海水稀释有大量石灰岩沉积，藻类出现叠层石构造，反映出局部高能带的特征，如平井组、毛田组。见图 3-1。

自奥陶纪的初期始，康滇古陆又趋活跃，陆源物质输出量大增。早奥陶世在古陆两侧沉积了以砂泥岩为主的地层，即红石崖组、巧家组，沉积物表现出下粗上细，并有碳酸盐岩掺合的特征。在四川盆地中部，随远离陆源，粗屑组分减少，泥质岩含量上升并占主导地位，碳酸盐岩有增无减，带壳生物的堆积层较为发育，构成了桐梓组、红花园组、湄潭组的地层序列。至川东一带陆源成分更趋减少，碳酸盐岩含量增多，泥质岩多呈夹层出现在生物碎屑堆积层间，远源特征明显，形成南津关组、红花园组及大湾组的地层序列。生物堆积层区域稳定性不高，但由东向西厚度递减并趋于尖灭，空间上常形成楔状体。

中奥陶世时康滇古陆又趋稳定，陆源碎屑供给量陡减，上扬子地台普遍沉积了稳定的以盆内碎屑为主的宝塔组，并形成厚度不大，稳定性也较差的泥质岩。在康滇古陆东侧堆积了

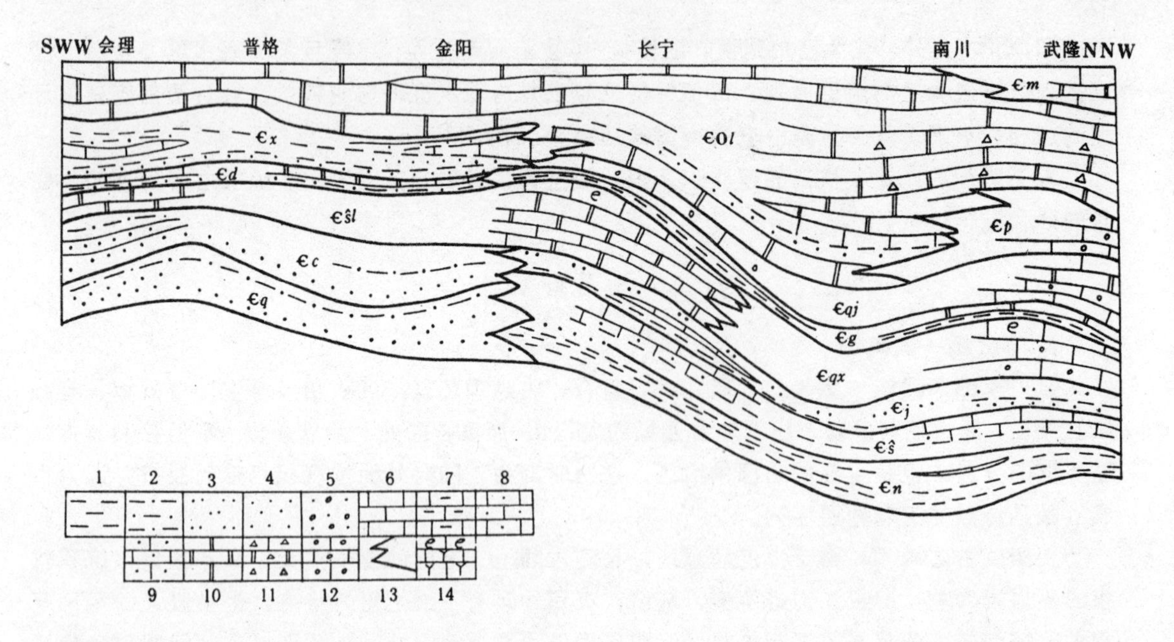

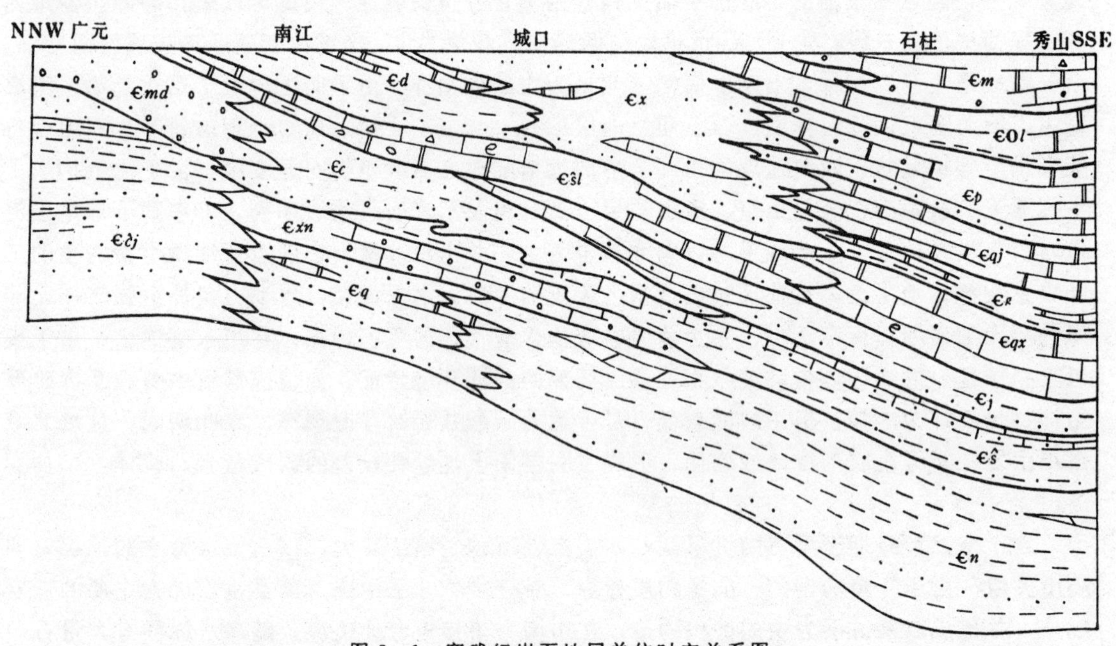

图 3-1　寒武纪岩石地层单位时空关系图

1. 泥岩、页岩；2. 砂质泥岩、页岩；3. 粉砂岩；4. 砂岩；5. 砾岩、含砾砂岩；6. 灰岩；7. 泥灰岩、泥质灰岩；8. 砂质灰岩；9. 鲕粒灰岩；10. 白云岩；11. 角砾灰岩、角砾白云岩；12. 藻灰岩、含藻灰岩；13. 相变线；14. 生物灰岩、龟裂纹灰岩

∈*c*. 沧浪铺组；∈*ĉj*. 长江沟组；∈*d*. 陡坡寺组；∈*g*. 高台组；∈*j*. 金顶山组；∈*m*. 毛田组；∈*md*. 磨刀垭组；∈*n*. 牛蹄塘组；∈O*l*. 娄山关组；∈*p*. 平井组；∈*q*. 筇竹寺组；∈*qj*. 覃家庙组；∈*qx*. 清虚洞组；∈*ŝ*. 石牌组；∈*ŝl*. 石龙洞组；∈*x*. 西王庙组；∈*xn*. 仙女洞组

厚度较大的以碳酸盐岩为主的地层，在时空上形成巨型凸镜体，即大箐组。该组为一穿时岩石地层单位，其时限约为中奥陶世至早志留世晚期，其分布范围及几何形态严格受到康滇古陆的制约。在远离古陆的川东一带仍以碳酸盐岩沉积为主，形成牯牛潭组、庙坡组、宝塔组

地层序列，其中庙坡组为薄层的泥质岩，其空间分布可延伸至四川盆地中部。见图 3－2。

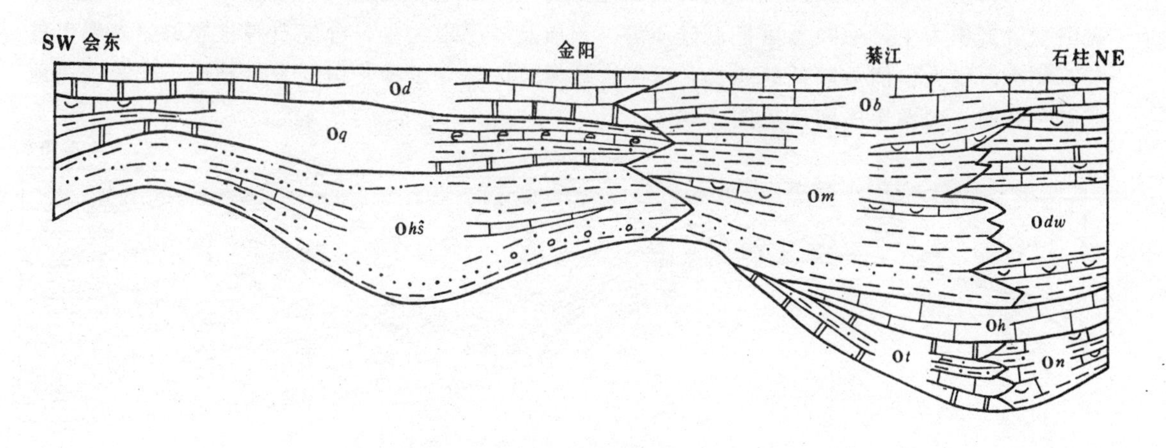

图 3－2　奥陶纪岩石地层单位时空关系图

Ob. 宝塔组；*Od*. 大箐组；*Odw*. 大湾组；*Oh*. 红花园组；*Ohŝ*. 红石崖组；*On*. 南津关组；*Oq*. 巧家组；*Ot*. 桐梓组；图例见图 3－1

2. 晚奥陶世－志留纪

自晚奥陶世始，上扬子地台海侵规模扩大，海水加深，能量降低，西缘古陆群范围萎缩，活动性降低。当时主要陆源物质可能来自北方，上扬子地台大范围沉积了以泥质岩为主的沉积物。自晚奥陶世早期至早志留世早期，四川东部沉积物为黑色富含碳、硅质为主的龙马溪组及以黄绿色页岩为主的新滩组，二者均富含以笔石为主的生物群，在厚度上互为消长关系。新滩组主要发育于川东地区，由东向西前者增厚，后者减薄，至四川盆地中部新滩组逐步消失，在时空上形成一对方向相反的楔状体。至早志留世晚期，四川东部沉积环境分异度增大，在继承了早期的环境特征的基础上，程度不等地形成区域稳定性均不高的生物堆积体，生物组分以个体或群体珊瑚及腕足类为主，常与泥质岩交替出现，其中以川南地区尤为发育，且形成厚大的礁体，即松坎组及石牛栏组。川东、川北一带发育小型连续性较差的生物堆积层，夹于泥页岩层间，如罗惹坪组。川东一带也形成以砂和粉砂为主的沉积层，如小河坝组。上述各组形成时期大体相近，且沉积环境的总背景也大体相似。至中、晚志留世，四川东部仍继承了早期的环境特征，除川东局部地区可能有来自北方的以砂为主的陆源沉积物，并沉积了纱帽组外，一般均以泥质岩沉积为主。在川东及川南地区具有两套颜色呈紫红色，岩性以泥岩、粉砂岩为主的层段，以此为标志，由下而上建立了马脚冲组、溶溪组、秀山组及回星哨组地层序列，其中回星哨组（“上红层”）在省内具有较好的稳定性，溶溪组（“下红层”）连续性较差，呈一东厚西薄的楔状体，且在南川地区尖灭，该组的消失造成马脚冲组与秀山组均失去划分标志，经归并后称韩家店组。

在康滇古陆两侧由于沉积环境的差别形成两套不同的地层序列。东侧早志留世早期与四川盆地特征相似，以沉积富含碳质的笔石页岩为主，夹有较多的粉砂岩，粗屑组分明显增多。中晚期以灰岩（具瘤状构造）及泥页岩为主夹砂岩、粉砂岩，生物碎屑为重要的造岩成分。以丰富的腕足类、三叶虫、珊瑚及层孔虫等浅水底栖类型生物群为特征，较东部更为富集，主要富集于下部。这一特征与同处于康滇古陆东侧的滇东北地区相似，并使用了该区的地层序列，由下而上建立了龙马溪组、黄葛溪组、嘶风崖组和大路寨组，其上为区域稳定性较高的回星哨组覆盖，地层层序与四川盆地内区别较明显。西侧盐源地区早志留世早期以黑色页岩夹硅质岩为主的龙马溪组沉积，仅因古陆范围的收缩而下部地层残缺不全。早志留世晚期以碳酸盐岩沉积为主，中晚志留世以硅质岩、灰质及砂泥岩为主，含笔石等生物群，表现出古陆东侧水深增大，能量降低的趋势，分别在盐源地区建立了稗子田组及中槽组，代表这一地区较特殊的一套地层序列。见图 3-3。

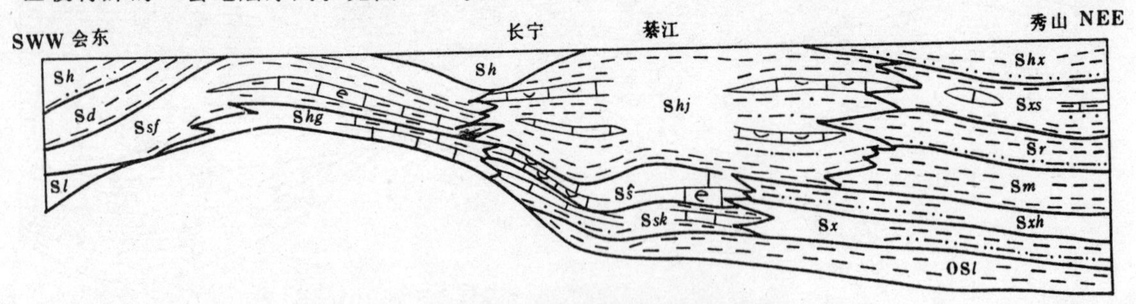

图 3-3 志留纪岩石地层单位时空关系图

OSl. 龙马溪组；Sd. 大路寨组；Shg. 黄葛溪组；Ssf. 嘶风崖组；Shj. 韩家店组；Shx. 回星哨组；Sl. 罗惹坪组；Sm. 马脚冲组；Sr. 溶溪组；Sš. 石牛栏组；Ssk. 松坎组；Sxh. 小河溪组；Sxs. 秀山组；Sxt. 新滩组；图例见图 3-1

由于加里东构造运动的影响，志留纪末曾一度上升并遭受大面积剥蚀，剥蚀程度最为强烈的地区在川南及川中地区，地层保存最为完整的地区当数广元一带，该区在回星哨组之上尚残留一套厚度不大的泥质岩及粉砂岩沉积物，称车家坝组，属四川东部志留系的最高层位。

第四章
泥盆纪—三叠纪

第一节　岩石地层单位

四川东部泥盆系主要分布于龙门山及攀西盐源地区，盆地东部也有零星分布，地层缺失较多。区内以北川县桂溪乡—沙窝子剖面层序最全，厚度巨大，达3 000 m以上，研究程度高。下部以海相石英砂岩为主，厚度各地相差悬殊，中部多为石灰岩与砂泥岩组成，上部以碳酸盐岩为主，各地虽岩石组合特征及厚度不同，但上述“三段式”结构相似，且以盛产腕足类、珊瑚、层孔虫等多门类生物为特征。经本次地层清理及相邻省区间协调，建议省内采用17个组级岩石地层单位。龙门山一带有平驿铺组、甘溪组、养马坝组、金宝石组、观雾山组、沙窝子组、茅坝组，攀西—盐源一带有坡松冲组、坡脚组、缩头山组、曲靖组、烂泥箐组、干沟组，川东一带有云台观组、黄家磴组、写经寺组，九顶山—金汤一带有捧达组。

四川东部石炭纪地层大部地区缺失，仅龙门山地区层序较为齐全，研究程度较高，几乎全部为石灰岩组成，厚度一般在100～500余米；盐源一带层序不全，岩石组合特征相似，厚620 m左右；华蓥山以东及川东南一带零星分布，层序极不完整，仍以灰岩为主，出露厚度一般仅数米至80余米，相当于上石炭统下部地层。含珊瑚、䗴类及腕足类等生物群。本次地层清理与邻省区协调，建议采用5个正式组级岩石地层单位。龙门山一带为马角坝组、总长沟组、黄龙组，贯通盐源、龙门山、川东各区域，九顶山一带为长岩窝组、石喇嘛组。

二叠纪地层在四川东部分布广泛，早期以稳定的浅海相碳酸盐岩为主，晚期东西部差异加剧，攀西地区(大体相当“康滇地轴”范围)以陆相基性火山喷发岩为主，向东过渡为陆相—海相碎屑岩及含煤碎屑岩，东部以大套海相碳酸盐岩为主，厚度360～700 m，盐源地区厚达5 000 m以上。根据区内地层的岩石组合特征及发育完整程度，通过清理及相邻省区间协调，建议采用13个组级岩石地层单位。梁山组、栖霞组、茅口组见于全区，树河组、阳新组、宜威组、黑泥哨组见于盐源、攀西一带，孤峰组、大隆组见于广元—万县一带，铜陵沟组见于金汤一带，峨眉山玄武岩组见于盐源、攀西、金汤一带，龙潭组、吴家坪组见于成都—重庆、广元—万县一带。

四川东部早、中三叠世地层(包括部分晚三叠世早期地层)以海相碎屑岩及碳酸盐岩为主，仅西部边缘地带有陆相碎屑岩分布，除攀西局部地区外(即“康滇地轴”范围)遍布全区，盆地内深埋地腹。早三叠世西部以陆相—海相碎屑岩为主，由西向东逐渐过渡为以灰岩为主的碳酸盐岩。中三叠世东部以海相碎屑岩为主，由东向西逐渐过渡为以碳酸盐、硫酸盐为主的沉积物，晚三叠世早期大部地区缺失，仅盆地西部及盐源地区见有海相碎屑岩与碳酸盐岩交互层。三叠系厚度一般在 1 500～2 000 m 左右，盐源地区厚度可达 3 000～4 000 m。通过本次清理及省区间的协调，建议采用 16 个正式组级岩石地层单位，它们是：广元—成都一带的飞仙关组、铜街子组或大冶组、嘉陵江组、雷口坡组、天井山组、马鞍塘组，重庆—万县一带的大冶组(或夜郎组)、嘉陵江组、雷口坡组或巴东组，峨眉—昭觉一带的东川组、铜街子组、嘉陵江组、雷口坡组、垮洪洞组，盐源一带的青天堡组、盐塘组、白山组、中窝组、松桂组。

平驿铺组 D*p* (06-51-3002)

【创名及原始定义】 赵亚曾、黄汲清 1931 年命名于平武县南(现北川县)，观雾山北麓的平驿铺，原称“平油铺石英岩”(Pingyoupu Quartzite)。原含义指赵、黄命名的“江油系”下部一套“淡红色石英砂岩，厚达 3 000 公尺”，不整合于“新滩系”之上。

【沿革】 1942 年朱森等人在命名地实测了剖面，将这套以石英砂岩为主夹页岩的地层称为“平驿铺层”，与其上“白石铺层”(赵亚曾、黄汲清，1931)砂页岩为整合接触，并不整合或平行不整合覆于“新滩系”之上。以上经修订后的“平驿铺层”定义一直沿用，并有称“平驿铺石英砂岩”(乐森珥，1956)或平驿铺组(四川二区测队，1965；《西南地区区域地层表·四川省分册》，1978)。侯鸿飞等(1985)将该组称“平驿铺群”，分解为四个组级单位，由下而上有桂溪组、木耳厂组、观音庙组、关山坡组，命名地均位于桂溪—甘溪公路沿线，这一划分为成都地矿所(1991)所沿用。经本次清理核查，上述四组岩石组合特征基本一致，且在区域上延展较差，因此，建议恢复平驿铺组。

【现在定义】 以浅灰—深灰色中—厚层状夹块状细—中粒石英砂岩为主，夹细粒石英杂砂岩、粉砂岩及深灰色泥岩，组成不等厚韵律层，含腕足类及鱼类化石，与下伏回星哨组灰绿色砂质页岩平行不整合接触，与上覆甘溪组底部粉砂质泥岩、粉砂岩整合接触的地层体。

【层型】 选层型为北川县桂溪乡—沙窝子剖面，位于北川县桂溪乡—沙窝子公路沿线(104°38′28″，31°59′5″)，成都地矿所 1980 年测制。

上覆地层：**甘溪组** 青灰色薄层状粉砂质泥岩夹灰色粉砂岩

——————— 整 合 ———————

平驿铺组　　总厚度 2 085.9 m

22. 浅灰色中—厚层状细—中粒石英砂岩夹泥质粉砂岩，顶部夹褐色铁质石英粉砂岩　73.0 m
21. 褐灰色薄—中层状细粒石英杂砂岩，波痕发育　9.1 m
20. 浅灰色中—厚层状细粒石英砂岩，夹深灰色薄层粉砂岩和灰色含砾粗粒石英砂岩，产植物和孢子化石　35.6 m
19. 青灰色薄层状泥岩。见少数小个体双壳类、海豆芽、介形类和植物、鱼类化石碎片　7.1 m
18. 浅灰色中—厚层状细粒石英砂岩，夹泥质粉砂岩和黄色砂质泥岩。产孢子化石　85.3 m
17. 褐灰色厚层状泥质粉砂岩，顶部为块状深灰色细粒砂岩。见腕足类 *Howellella*；鱼类 *Yunnanolepis chii*，*Tsuifengshanolepis diandongensis* 及双壳类、鲎类化石碎片　32.5 m
16. 上部为深灰色厚层状泥质粉砂岩和细粒石英杂砂岩，下部为浅灰色中—厚层状细粒

石英砂岩。遗迹化石较发育，产鱼类化石碎片 15.9 m

15. 灰色—深灰色薄—中层状细粒石英杂砂岩，夹中—厚层状灰色细粒石英砂岩和少许含粉砂泥岩。产鲨类和孢子化石 108.0 m

14. 浅灰色中—厚层状细粒石英砂岩，夹细粒石英杂砂岩和少许灰色薄层状粉砂岩 146.7 m

13. 深灰色薄—中层状泥质粉砂岩和细粒石英杂砂岩，夹浅灰色细粒石英砂岩 98.1 m

12. 深灰色中—厚层状细粒石英杂砂岩、灰黑色薄—中层状砂质泥岩和浅灰色中—厚层状细粒石英砂岩。产鱼类、介形类及植物化石碎片 106.4 m

11. 灰色中—厚层状细粒石英砂岩和石英杂砂岩，夹青灰色泥质粉砂岩，见遗迹化石 152.0 m

10. 上部为细粒石英杂砂岩，中、下部为浅灰色中—厚层状细—中粒石英砂岩 184.2 m

9. 灰黑色薄—中层状泥岩、砂质泥岩和褐灰色细粒石英杂砂岩，泥岩中遗迹化石发育。产腕足类 *Howellella* sp.；介形类 *Guangxinia beichuanensis* 及海百合茎、苔藓虫和孢子等化石 44.3 m

8. 浅灰色中—厚层状中—细粒石英砂岩夹深灰色泥岩及泥质粉砂岩。产鲨类化石碎片 298.0 m

7. 深灰色中—厚层状细粒石英杂砂岩和灰黑色泥质粉砂岩，产腕足类化石，遗迹化石发育 66.4 m

6. 褐色中—厚层状砂质泥岩及少量浅灰色细粒石英砂岩，泥岩中产腕足类及遗迹化石 362.4 m

5. 上部为青灰色厚层块状砂质泥岩，中、下部为浅灰色中—厚层状细粒石英砂岩 71.1 m

4. 深灰色厚层状细粒石英杂砂岩，夹灰黑色泥质粉砂岩和灰色细粒石英砂岩 18.0 m

3. 浅灰色中厚层、厚层状中—细粒石英砂岩，夹灰—深灰色粉砂岩 63.2 m

2. 深灰色厚层—块状含砂泥岩和浅灰色细粒石英砂岩，产腕足类 *Lingula* 34.5 m

1. 浅灰色中—厚层状细粒石英砂岩，夹青灰色泥质粉砂岩，产腕足类与遗迹化石 74.1 m

——————— 平行不整合 ———————

下伏地层：**茂县群** 灰绿色黄绿色千枚状砂质页岩夹结晶灰岩

【地质特征及区域变化】 本组分布于广元—绵竹及天全一带，岩性以灰色中、厚层状细—中粒石英砂岩为主，夹深灰、灰绿、黑色粉砂岩及少量页岩，岩性较稳定。以北川桂溪一带最厚，可达 2 000 m 以上，向北向南厚度均迅速变薄，在江油地区为 220～765 m，安县一带仅有百余米，在南段的天全一带仅 110 m，向两端被上覆地层超覆。本组与下伏回星哨组或茂县群灰绿色千枚状砂质页岩接触面不平整并有剥蚀残留物粘土及褐铁矿，与上覆甘溪组底部薄层状粉砂岩、泥岩为整合接触，岩性突变，界线清楚。

本组含有少量化石，保存多不完整，以鱼类较为重要，主要分子有 *Yunnanolepis*，*Tsuifengshanolepis*，*Chuanbeiolepis*，*Neopetalichthys*，*Lungmenshanaspis* 等。此外有腕足类 *Howellella*、介形类 *Guangxinia*、植物 *Sporogonites*、双壳类及孢粉化石。

甘溪组 Dg (06-51-3007)

【创名及原始定义】 包茨、彭开启 1953 年命名，乐森璕 1956 年介绍，命名地位于北川县甘溪村。原始含义为“以黄绿色页岩为主，中夹砂岩、杂砂岩和扁豆状不纯灰岩，厚度由十几米到 850 米”，含腕足类化石，与下伏平驿铺石英砂岩为平行不整合，与其上覆养马坝组为整合接触。

【沿革】 命名前属“白石铺石灰岩”（赵亚曾、黄汲清，1931）的一部分，朱森等(1942)将其划分为下部“养马坝系”及上部“观雾山系”，该组系由“养马坝系”下部分出。命名后甘溪组名称及原始定义均为后人所采用，各家理解也基本相同(王钰等，1962；四川二区测队，1966)；其后有人根据腕足类的时限将甘溪组划分为“下甘溪组”及“上甘溪组”（西南地质科学研究所，1965)；“张家坡组”、“甘溪组”、“谢家湾组”（万正权，1980)或“白柳坪组”、“甘溪组”、“谢家湾组”（陈源仁，1978)，这些名称也部分为人采纳《西南地区区域地层表·四川省分册》(1978)；侯鸿飞等，1983；成都地矿所，1988)。通过清理及实地剖面核查，甘溪组的原始含义属岩石地层单位，其后建立的单位宏观界线不清，且区域上无法展开，建议作为段级单位，各段界线还应根据宏观标志进行必要的调整。

【现在定义】　以灰、深灰色薄一中厚层粉砂质泥岩、石英粉一细砂岩为主，夹泥晶或亮晶生物屑灰岩、泥灰岩，下部夹石英砂岩，常组成不等厚韵律互层，含丰富的腕足类、珊瑚、层孔虫、双壳类、介形类化石，与下伏平驿铺组中一厚层状石英砂岩及上覆养马坝组灰黑色生物屑泥晶灰岩均呈整合接触的地层体。

【层型】　正层型为北川县桂溪乡—沙窝子剖面，位于北川县桂溪乡—沙窝子公路沿线(104°38′28″，31°59′5″)，成都地矿所1980年重测。

上覆地层：养马坝组　灰黑色块状含石英生物屑泥晶灰岩

————— 整　合 —————

甘溪组　　总厚度 462.5 m

46. 灰色薄层一块状粉砂质泥岩和深灰色泥质石英粗砂岩，夹石英粉砂岩。产腕足类 *Otospirifer xiejiawanensis* 及牙形石等　42.3 m
45. 灰色厚层状生物屑泥晶灰岩和亮晶棘屑灰岩，具波状和脉状层理。产牙形石 *Polygnathus perbonus* 及腕足类等　10.4 m
44. 灰色薄一中层状粉砂质泥岩和细砂岩，具冲洗层理、沙纹层理。产腕足类等　7.0 m
43. 灰色薄一中层状砂质泥灰岩和钙质石英粗粉砂岩，顶部为浅灰色中一厚层状石英粉砂泥晶灰岩夹亮晶生物屑灰岩。产腕足类 *Otospirifer xiejiawanensis*, *Howellella papaoensis*；牙形石 *Polygnathus perbonus*, *Ozarkodina denckmanni* 及竹节石、珊瑚、三叶虫等　17.8 m
42. 浅灰色薄一中层状泥质或泥晶石英粗粉砂岩，夹粉砂质泥岩和泥灰岩，顶部为厚4.97 m之灰色中层状泥晶生物屑灰岩。具沙纹层理，顶部为脉状层理。产腕足类 *Parachonetes* sp.、珊瑚 *Favosites fedotovi*，及三叶虫、竹节石、牙形石、层孔虫等　19.3 m
41. 灰色薄一中层状泥质粉砂岩和石英粗粉砂泥灰岩，顶部为厚1.8 m之厚层状泥晶生物灰岩，具沙纹层理，顶部具脉状、凸镜状层理。产腕足类　36.5 m
40. 青灰色薄层状粉砂质泥岩夹泥质粉砂岩及泥晶生物屑灰岩凸镜体，遗迹化石发育。产腕足类 *Euryspirifer beichuanensis*、三叶虫 *Gravicalymene xiejiawanensis*、竹节石、珊瑚等　10.2 m
39. 灰色厚层状泥晶生物屑灰岩。产牙形石 *Polygnathus*, *Ozarkodina* 及腕足类　3.8 m
38. 灰色薄一中层状粉晶石英粗砂岩夹粉砂质泥质岩和灰色亮晶生物屑灰岩，含遗迹化石。具波状交错层理。产牙形石 *Polygnathus perbonus*, *P. dehisens*；床板珊瑚 *Favosites multiplicatus*；介形类及腕足类　4.1 m
37. 青灰色薄层状粉砂质泥岩夹中一细粒石英砂岩和亮晶生物屑灰岩，见遗迹化石。具波状交错层理、不对称波痕。产腕足类 *Elymospirifer* sp., *Howellella papaoensis* 等　6.3 m
36. 紫色、灰色薄一中厚层状泥质、含钙质石英粉砂岩，夹褐灰色粉砂质泥岩和含生物屑泥灰岩。具沙纹层理。产腕足类 *Euryspirifer beichuanensis*, *Nadiastrophia nitida*；牙形石 *Polygnathus perbonus*；及三叶虫、介形类、竹节石、床板珊瑚等　37.4 m
35. 深灰色厚层状泥晶含生物屑石英砂岩，顶部含亮晶生物屑灰岩。产牙形石 *Polyg-*

nathus perbenus, *Ozarkodina denckmanni*；床板珊瑚、介形类及腕足类等　5.9 m

34. 深灰色、灰色泥晶生物屑灰岩。产珊瑚 *Carlinastraea ganxiensis*, *Alveolites ganxiensis*；牙形石 *Polygnathus dehiscens* 及层孔虫和腕足类　11.6 m
33. 灰色薄层状粉砂质泥岩，下部含泥质粉砂岩并夹薄层泥晶灰岩。具水平层理。产腕足类 *Acrospirifer medius*, *Rostrospirifer tankinensis*；皱纹珊瑚 *Aulacophyllum minor*；三叶虫 *Gravicalymene elongatus*；牙形石 *Ozarkodina denckmanni*　97.2 m
32. 灰色薄一中层状泥质粉砂岩和泥灰岩，底部为深灰色泥晶生物屑灰岩，具波状层理。产腕足类 *Orientospirifer wangi ganxiensis* 及介形类等　16.2 m
31. 灰色薄一中层状粉砂质泥岩夹生物屑灰岩和泥晶灰岩凸镜体，含遗迹化石。产腕足类 *Parathyrisina tangnae*, *Acrospirifer medius*；珊瑚 *Hallia sichuanensis*；牙形石 *Ozarkodina denckmanni*；三叶虫及介形类等　4.2 m
30. 灰色中一厚层状泥晶生物屑灰岩，下部含泥质。产腕足类 *Parathyrisina ganxiensis*, *Acrospirifer medius*；牙形石 *Polygnathus dehiscens*；三叶虫 *Gravicalymene elongatus* 及珊瑚化石　9.3 m
29. 灰色薄层状泥晶石英粗粉砂岩，遗迹化石发育，具沙纹层理。产腕足类 *Parathyrisina tangnae*, *Acrospirifer*；牙形石 *Polygnathus dehiscens*；三叶虫、竹节石及介形类　10.5 m
28. 深灰色厚层状亮晶生物屑灰岩和亮晶假鲕粒灰岩。产珊瑚 *Longmenshanophyllum ganxiense* 及层孔虫、床板珊瑚、牙形石等　15.4 m
27. 深灰、灰色厚层状亮晶生物屑灰岩和泥晶生物屑粗粉砂岩，底部为薄层泥质粉砂岩和介壳泥灰岩。产腕足类 *Orientospirifer nakaolingensis*, *Parathyrisina tangnae*；三叶虫 *Gravicalymene longmenshanensis*；牙形石 *Ozarkodina denckmanni* 及床板珊瑚等　50.6 m
26. 浅灰色中厚层状细粒石英砂岩，夹泥晶薄层鲕粒灰岩。产腕足类 *Orientospirifer nakaolingensis*；三叶虫 *Gravicalymene ganxiensis*；牙形石 *Polygnathus dehiscens*；介形类等　3.9 m
25. 灰色薄层状粉砂质泥岩，产腕足类 *Howellella* 及双壳类　5.5 m
24. 浅灰色、灰色薄一中层状中一细粒石英砂岩和泥质石英粉砂岩夹粉砂质泥岩。产腕足类 *Orientospirifer nakaolingensis* 及介形类　20.9 m
23. 青灰色薄层状粉砂质泥岩夹灰色粉砂岩，具生物扰动构造及遗迹化石　16.2 m

——————整　合——————

下伏地层：平驿铺组　浅灰色中一厚层状中一细粒石英砂岩夹泥质粉砂岩

【地质特征及区域变化】　本组分布于广元一绵竹及天全一带，出露零星，且剖面不完整。上下部均以灰色细、粉砂岩及页岩为主，多组成不等厚互层，时夹少量灰岩，中部以粉砂岩、页岩及灰岩韵律互层组成，区域上碳酸盐岩不稳定，龙门山北段厚度一般为 400 m 左右，向南向北均逐渐变薄，在北端广元罗圈岩及南端绵竹一带尖灭，在天全一带含泥质灰岩增多，厚度仅数十米至 150 m 左右。

本组含以腕足类及珊瑚为主的化石群，有腕足类 *Orientospirifer*, *Parathyrisina*, *Acrospirifer*, *Dicoelostrophia*, *Rostrospirifer*, *Euryspirifer*, *Elymospirifer*, *Howellella*, *Nadiastrophia*；珊瑚 *Favosites*, *Squameofavosites*, *Spongophyllum*；三叶虫 *Gravicalymene*, *Dechenella* (*Praedechenella*)等及介形类、竹节石、双壳类、牙形石等。

养马坝组　Dy　(06－51－3010)

【创名及原始定义】　朱森、吴景祯、叶连俊 1942 年命名于江油县北养马坝村附近，原称“养马坝系”，又称“*Calceola* Bed”，由赵亚曾等(1931)的白石铺灰岩下部分出。原始定义为硬砂岩、页岩夹灰黑色不纯“不连续层状”灰岩，底部见 *Spirifer tonkinensis*，上部含 *Calceola*，与下伏平驿铺层砂岩及页岩、与上覆观雾山系均为平行不整合，厚 50～300 余米的地层。厚度大者上部灰岩增多，珊瑚多成“堆积状”，时代为中泥盆世早期。

【沿革】 包茨等(1953)及乐森珥(1956)将其下部分出甘溪组，并与平驿铺石英砂岩一起并入“平驿铺统”，上部仍称养马坝组，并与观雾山组一起并入“白石铺统”，其后沿用(王钰，1962；四川二区测队，1966；《西南地区区域地层表·四川省分册》，1978)。万正权等(1981)根据腕足类化石组合特征，又将乐氏的养马坝组分为下部“二台子组”及上部“养马坝组”两个组及 5 个段，这一划分为部分研究者认同和采用。经剖面核查，乐森珥(1956)划分的养马坝组为岩石地层单位，万正权等(1981)划分的“二台子组”及“养马坝组”系非岩石地层单位。

【现在定义】 灰、深灰色厚层一块状泥晶、亮晶砂砾屑、生物屑灰岩及块状礁灰岩为主，夹灰色薄层状石英粉砂岩、粉砂质泥岩、杂砂岩及鲕状赤铁矿凸镜体，含丰富的珊瑚、腕足类、三叶虫、头足类、介形类及牙形石等化石，与下伏甘溪组顶部浅灰色厚层状石英粉砂岩及上覆金宝石组浅灰色块状石英砂岩均呈整合接触的地层体。

【层型】 选层型为北川县桂溪乡—沙窝子剖面，位于北川县桂溪乡—沙窝子公路沿线(104°38′28″，31°59′5″)，成都地矿所 1980 年测制。

上覆地层：金宝石组 浅灰色厚层一块状泥质石英砂岩，夹深灰色含泥质灰岩、生物屑泥晶灰岩

——————— 整 合 ———————

养马坝组 总厚度 320.0 m

60. 深灰色中一厚层状泥晶生物屑灰岩、泥晶一粉晶砂屑生物屑灰岩及含生物屑泥晶灰岩，近顶部含褐灰色细粒石英杂砂岩。产珊瑚 *Lyrielasma ganxiensis*, *Atelophyllum ganxiensis*, *Zonodigonophyllum longmenshanense*；腕足类 *Zdimir beichuanensis*, *Athyrisina ganxiensis*；牙形石 *Spathognathodus optimus* 及竹节石、介形类等 61.6 m
59. 褐灰色、浅灰色泥晶石英粉砂岩夹泥晶生物屑灰岩，底部含生物屑球粒灰岩。产腕足类 *Otospirifer sichuanensis*, *Atryparia triangulata*；珊瑚 *Zonophyllum phacelloidum*；牙形石 *Polygnathus serotinus*；介形类 *Kummerowia prima* 及三叶虫、竹节石等 35.3 m
58. 生物砾屑灰岩，呈块层状。产珊瑚 *Zonodigonophyllum beichuanense*, *Philipsastraea ibergensis*, *Exilifrens sichuanense*；腕足类 *Athyrisina ganxiensis*；竹节石、介形类等 5.5 m
57. 灰色厚层状亮晶球粒灰岩，底部含鲕状赤铁矿凸镜体，顺层分布。产珊瑚 *Squameofavosites tenuisquamatus*；腕足类 *Athyrisina squamosa*, *Otospirifer subcircularis*；牙形石 *Polygnathus serotinus*；介形类及竹节石等 10.9 m
56. 灰色、深灰色薄一中厚层状泥晶生物屑灰岩，夹鲕状赤铁矿凸镜体和亮晶含鲕状赤铁矿生物屑灰岩。产珊瑚 *Xenoemmonsia longmenshanensis*, *Pseudomicroplasma flabelliforme*；腕足类 *Athyrisina obesa*；牙形石 *Polygnathus serotinus*；三叶虫、竹节石 6.7 m
55. 灰色薄层状含粉砂质泥岩夹泥晶生物屑灰岩凸镜体。产珊瑚 *Favosites goldfussi eifeliensis*；腕足类 *Athyrisina obesa*, *Otospirifer subcircularis*；介形类 *Bairdiacypris sichuanensis*；牙形石 *Polygnathus serotinus*, *Spathognathus optimus optimus* 及竹节石 7.7 m

54. 深灰色厚层一块状礁灰岩，下部夹泥晶生物屑灰岩。产层孔虫 *Syringostromella sichuanensis*，*Stromatopora concentrica*；珊瑚 *Hexagonaria longiseptata*；腕足类 *Megastrophia ertaiziensis*；牙形石 *Spathognathodus steinhornensis buchanensis* 及介形类等 58.6 m

53. 灰色中一厚层状泥晶灰岩，含粒屑，次为亮晶生物屑灰岩。产腕足类 *Megastrophia ertaiziensis*；珊瑚 *Radiastraea longmenshanensis*；牙形石 *Polygnathus serotinus* 31.6 m

52. 灰色薄层、厚层状泥晶、亮晶生物屑灰岩，下部含砂屑，顶部为珊瑚礁灰岩。产腕足类 *Otospirifer trigonalis*，*Elymospirifer jiangcunensis*，*Megastrophia ertaiziensis*；珊瑚 *Fasciphyllum xiejiawanensis*，*Grypophyllum beichuanense*；层孔虫 *Anostylostroma ertaiziense*；介形类 *Bairdiacypris laohulingensis*；竹节石、三叶虫等 81.1 m

51. 深灰色厚层块状泥晶生物屑灰岩和礁灰岩，前者含石英粉砂屑。含介形类 *Sulcella distincta*；牙形石 *Polygnathus* cf. *gronbergi* 等 2.5 m

50. 深灰色厚层状泥晶含生物屑石英粗粉砂岩。产床板珊瑚 *Favosites goldfussi* 4.2 m

49. 深灰色中一厚层状细晶灰岩，上部白云石化且含生物屑，遗迹化石较发育。产牙形石 *Panderodus striatus*；介形类 *Sulcella distincta*，*Orthobairdia sichuanensis*；及床板珊瑚等 11.1 m

48. 灰黑色块状含石英砂生物屑泥晶灰岩，可见少量遗迹化石。产介形类 *Beyrichia* (*Asperibeyrichia*) *ganxiensis*，*Bairdiacypris decliva*，*Bairdia ganxiensis* 等 3.2 m

——————— 整 合 ———————

下伏地层：甘溪组　浅灰色厚层状石英粉砂岩，见遗迹化石

【地质特征及区域变化】　本组分布范围较平驿铺组及甘溪组为广。区域上以灰色块状灰岩为主，常含泥质，其生物骨屑或介屑丰富，广泛夹有钙质石英细砂岩、粉砂岩及钙质、碳质页岩，上部可与灰岩呈不等厚互层，局部夹鲕状赤铁矿。厚度在平武县平驿铺一带最大达820 m，向南向东减至300 m左右，广元黄桷山仅厚60 m，并逐步尖灭。崇庆、灌县一带本组下部出露不全，厚度100～510 m，岩性变化不大，偶夹白云岩。南部天全、泸定地区以块状泥质灰岩、礁灰岩为主，夹粉砂岩及黑色页岩，厚160～360 m不等。在芦山、汶川、绵竹等地区，本组缺失。与下伏地层甘溪组顶部灰色粉砂岩、上覆地层金宝石组底部石英砂岩，均为整合接触，宏观标志清楚。

本组含有丰富的多门类化石，主要有珊瑚 *Radiastraea*，*Hexagonaria*，*Pseudoamplexus*，*Calceola*，*Zonophyllum*，*Trematophyllum*，*Atelophyllum* 等；腕足类 *Schizophoria*，*Nadiastrophia*，*Athyrisina*，*Otospirifer*，*Athyris*，*Desquamatia*，*Zdimir* 等；层孔虫 *Anostylostroma*，*Salairella*，*Syringostromella*，*Synthetostroma*；介形类 *Beyrichia*，*Kummerowia*，*Bairdia*，*Sulcella* 及大量牙形石、竹节石、三叶虫等。

金宝石组　D*j*　(06-51-3018)

【创名及原始定义】　万正权1983年命名于北川县桂溪乡甘溪村南约5 km的金宝石一带，系由乐森珣(1956)的观雾山组下部分出。原始定义指“观雾山组下部普遍存在着的一套石英砂岩、砂岩、页岩夹灰岩，并含鲕状赤铁矿层”的地层，产腕足类、珊瑚和植物化石，厚270 m，“由于其岩性特征明显，又有较独特的生物代表”，故另创名金宝石组。

【沿革】　前人将其作为观雾山组下部的一个段，称“下段”或“砂页岩段”（四川二区测队，1966；《西南地区区域地层表·四川省分册》，1978），命名后，多被沿用(侯鸿飞等，1985；

《四川省区域地质志》，1991)。经实地核查，该组符合岩石地层单位的要求，现沿用之。

【现在定义】 浅灰色中厚层一块状细一中粒石英砂岩与灰色中一厚层状泥晶生物屑灰岩、礁灰岩呈不等厚互层，夹粉砂岩、泥晶灰岩及鲕状赤铁矿凸镜体，含丰富的珊瑚、层孔虫、腕足类、介形类及牙形石等化石，与下伏养马坝组及上覆观雾山组均呈整合接触的地层体。

【层型】 正层型为北川县桂溪乡一沙窝子剖面，位于北川县桂溪乡一沙窝子公路沿线(104°38′28″，31°59′5″)，成都地矿所1980年测制。

上覆地层：观雾山组　灰色泥晶生物屑灰岩、石英粉砂岩、含粉砂质泥灰岩和礁灰岩

——————整　合——————

金宝石组　总厚度 287.1 m

72. 灰白色中--厚层状细一中粒石英砂岩，间夹深灰色粉砂质泥岩　16.4 m

71. 深灰色薄层泥晶生物屑灰岩、泥质粉砂岩和泥晶核形石灰岩。产珊瑚 *Neosunophyllum longmenshanense*；介形类 *Orthobairdia beichuanensis* 及双壳类等　19.9 m

70. 灰色中一厚层泥晶细粒石英砂岩，夹薄层砂质泥灰岩，砂岩中有较多的黄铁矿星点　2.2 m

69. 深灰色厚层层孔虫礁灰岩、泥晶生物碎屑灰岩，上部含钙泥质粉砂岩，顶部含泥晶生物角砾灰岩。产层孔虫 *Stromatopora hubschii*；腕足类 *Stringocephalus transversa*　28.2 m

68. 褐灰色块状中粒石英砂岩和灰一深灰色泥晶生物角砾灰岩，顶部夹细粒石英砂岩和泥质粉砂岩。产层孔虫 *Hermatostroma schlüteri*；珊瑚 *Temnophyllum poshiense*，；腕足类 *Subrensselandia guanwushanensis*；介形类等　14.0 m

67. 浅灰色块状含钙中一细粒石英砂岩。顶部为灰色生物角砾灰岩和泥晶生物屑灰岩，产层孔虫 *Actinostroma clathrotum*，*Hermatostorma episcopale*；珊瑚 *Temnophyllum latum*；腕足类 *Subrensselandia guanwushanensis* 及牙形石等　9.6 m

66. 浅灰色薄层中一厚层状石英砂岩，下部为粗一中粒，上部为细粒。下部夹红褐色假亮晶含生物屑鲕状赤铁矿凸镜体，局部含砾。顶部为中厚层状石英粉砂岩　36.7 m

65. 灰色中一厚层状层孔虫礁灰岩、生物屑灰岩、生物屑砂屑灰岩。底部夹生物屑石英砂岩，顶部夹少许含生物屑石英粉砂泥灰岩。产层孔虫 *Parallelopora ostiolata*，*Actinostroma clathrotum*；珊瑚 *Argutastrea concavitablata*，*Stringophyllum sichuanense*；腕足类 *Stringocephalus* cf. *grandis*；牙形石 *Polygnathus varcus* 及介形类等　65.7 m

64. 灰色中一厚层泥晶生物屑灰岩。底为条带状泥晶砂屑石英粉砂岩。产层孔虫 *Stromatopora shiziyaensis*；珊瑚 *Stringophyllum sichuanense*；牙形石 *Polygnathus parawebbi*　19.1 m

63. 顶部为泥晶石英细砂岩；中部为灰色中一厚层状泥晶含石英砂生物屑灰岩、生物砾屑灰岩、角砾灰岩与泥晶球粒灰岩的不等厚互层；下部为浅灰色中一厚层泥晶中一细粒石英砂岩夹薄层状泥晶粉砂岩。产层孔虫 *Stromatopora divergens*；珊瑚 *Dendrostella trigemme*；腕足类 *Independatrypa zonataeformis*，*Desquamatia hunanensis*；牙形石 *Eognathodus bipennattus*；介形类 *Eohollina huashanensis* 等　60.1 m

62. 灰色薄一中厚层状生物屑泥晶灰岩，次为灰色钙质连生胶结石英砂岩，顶部为厚20 cm的灰色泥晶生物屑灰岩。产珊瑚 *Zonodigonophyllum longmenshanense*，*Utaratuia regularis*；腕足类 *Athyrisina rara*；牙形石 *Eognathodus bipennatus*　10.8 m

61. 浅灰色厚层一块状泥晶石英砂岩，夹深灰色含泥质泥晶灰岩和生物屑泥晶灰岩。产介形类 *Bairdia volatilis*；珊瑚 *Disphyllum schuchertti*　4.4 m

——————整　合——————

下伏地层：**养马坝组** 深灰色中—厚层状泥晶生物屑灰岩。近顶部含褐色细粒石英杂砂岩

【地质特征及区域变化】 本组分布于龙门山前山带，层位较稳定但岩性变化较大，唐王寨及仰天窝向斜两翼主要为石英砂岩、页岩夹灰岩，时夹1～4层鲕状赤铁矿，向北至广元、江油雁门坝一带以砂、页岩为主，厚度一般为100～300 m，由南向北减薄并逐步尖灭，崇庆文锦江至灌县九甸坪等地岩性以黑色页岩、石英砂岩为主夹灰色灰岩、泥灰岩及生物灰岩，二者常呈不等厚互层，时夹白云岩及菱铁矿层，厚100～520 m；天全地区以石英砂岩为主，夹粉砂岩及页岩，厚仅40 m左右。芦山、汶川地区缺失。本组以碎屑岩与碳酸盐岩交互层的岩性特征，明显区别于下伏养马坝组及上覆观雾山组，岩性突变，标志清楚。

本组含丰富的多门类化石，主要有珊瑚 *Atelophyllum*，*Zonodigonophyllum*，*Cystiphylloides*，*Pseudomicroplasma*，*Grypophyllum*，*Dendrostella*，*Temnophyllum*；腕足类 *Athyrisina*，*Amboglossa*，*Schizophoria*，*Subrensselandia*；介形类 *Bairdia*，*Eohollina*，*Orthocypris*，*Orthobairdia*；层孔虫 *Stromatopora*，*Actinostroma*，*Bifariostroma* 及牙形石等。

观雾山组 D*gw* （06-51-3011）

【创名及原始定义】 朱森等1942年命名于江油县北之观雾山，原称"观雾山系"（又称 *Stringocephalus* 层）。原始定义为："以硅质灰岩夹少量燧石结核及不纯灰岩或页状灰岩各约四部分相互间夹而成，硅质灰岩常成悬崖，不纯灰岩及页岩中常含腕足类、珊瑚及苔藓虫化石颇富"，底部见 *Stringocephalus* 层，时代中泥盆世晚期。

【沿革】 观雾山系为朱森从赵亚曾等（1931）划分的"白石铺石灰岩"上部分出，在60年代以前，均作为组级单位使用（乐森璕，1956；王钰等，1962；四川二区测队，1966；《西南地区区域地层表·四川省分册》，1978）。其后，陈源仁（1978）将该组上部富含秃嘴贝等腕足类化石的层段单独分出，称"土桥子段"，并划入沙窝子组；万正权（1981）由该组下部分出"金宝石组"。侯鸿飞（1985）对"土桥子段"做了修订，升为组，并将沙窝子组白云岩之下，"土桥子组"之上的一套富枝状层孔虫及藻纹层灰岩命名为"小岭坡组"。至此，朱氏原观雾山系（组）被由下而上分解为金宝石组、观雾山组（狭义）、土桥子组及小岭坡组四个单位。本次清理实地核查，建议将金宝石组（石英砂岩为主）与沙窝子组之间的一套以各类生物灰岩为主的地层予以归并，沿用观雾山组。

【现在定义】 灰、深灰色中—厚层状生物屑泥晶灰岩为主，夹珊瑚及层孔虫、藻类生物礁灰岩及少量粉砂岩、泥灰岩及白云质灰岩，时含硅质结核及条带，含丰富的枝状或球状层孔虫、珊瑚、腕足类、介形类及牙形石等化石，与下伏金宝石组顶部石英砂岩及上覆沙窝子组灰色白云岩均呈整合接触的地层体。

【层型】 选层型为北川县桂溪乡—沙窝子剖面，位于北川县桂溪乡—沙窝子公路沿线（104°38′28″，31°59′5″），成都地矿所1980年测制。

上覆地层：**沙窝子组** 灰色、深灰色薄—厚层细晶白云岩

——————整　合——————

观雾山组　　总厚度946.3 m

90. 灰、浅灰、紫灰色厚、中厚层夹薄层含生物屑泥晶灰岩、纹层泥晶灰岩，下部以含层孔虫生物屑为主，且偶夹细晶白云岩。含层孔虫 *Anostylostroma vesiculosum*，*Atelodictyon angustum*，*Actinostroma devonense*；珊瑚及介形类、腕足类等　　83.0 m

89. 灰、深灰色厚、中厚层层孔虫礁灰岩，含生物屑泥晶灰岩。上部补丁礁发育。含层孔虫 *Clathrodictyon shawoziense*，*Hammatostroma laxum*；珊瑚及腕足类等 32.4 m

88. 灰、深灰色厚、中厚层薄纹灰质白云岩及泥晶灰岩，后者含硅质结核或生物屑且夹有薄层层孔虫富集层。产珊瑚 *Disphlyllum tuqiaoziense* 2.6 m

87. 灰、深灰色厚层含层孔虫泥晶灰岩及藻纹灰岩，底部为白云石化条带状层孔虫泥晶灰岩。含大型球状层孔虫 *Anostylostroma longmenshanense*，*Fenestromatopora percanaliculata*；珊瑚 *Disphyllum tuqiaoziense* 及介形类等 26.6 m

86. 灰色中一厚层泥晶灰岩含碳质、泥质或生物屑，次为层孔虫泥晶灰岩，底部夹白云石化藻纹灰岩。含珊瑚 *Longmenshanophyllum minor*；层孔虫 *Atelodictyon angustum*，*Amphipora pervesiculata*，*Paralletopora pseudocapitata* 等 29.7 m

85. 灰色厚层含生物屑泥晶灰岩夹层孔虫泥晶灰岩，顶部为层孔虫灰岩点礁，下部有少许藻纹灰岩含核形石．底部为核形石泥晶灰岩。含球状和板状层孔虫 *Hammatostroma*，*Actinostroma devonense*；珊瑚 *Scoliopora fangi* 及介形类等 69.4 m

84. 灰色中、薄层含泥质泥晶灰岩，下部含生物屑、砂屑。产珊瑚 *Pseudozaphrentoides* sp.；腕足类 *Gypidula beichuanensis*；牙形石及介形类、竹节石等 42.1 m

83. 灰色厚层、中厚层白云石化砂屑泥晶灰岩，含生物屑泥晶灰岩。富含珊瑚 "*Peneckiella*" sp.；牙形石 *Polygnathus asymmetricus* 等 17.9 m

82. 灰色块层状泥晶砾屑灰岩和砂屑泥晶灰岩，下部为中厚层泥晶灰岩。产珊瑚 *Pseudozaphrentis dushanensis*，"*Peneckiella*" sp.；牙形石 *Polygnathus alatus* 37.3 m

81. 深灰、灰色中、薄层白云石化斑状、条带状泥晶灰岩，含生物屑、粉屑，顶部夹团块团粒生物屑灰岩。中部韵律层理发育。产珊瑚 *Temnophyllum* sp.；牙形石 *Polygnathus webbi*；腕足类 *Spinatrypa* sp.，*Eoreticulariopsis beichuanensis* 及竹节石等 61.6 m

80. 黑灰、深灰色中、薄层泥晶灰岩，含粉屑、生物碎屑，顶、底均夹含泥质泥晶灰岩。含腕足类 *Eoreticulariopsis beichuanensis*，*Leiorhynchus kwangsiensis*；牙形石 *Polygnathus procerus*；及竹节石、介形类、珊瑚等 61.5 m

79. 深灰、灰色薄层白云石化泥晶灰岩，含生物碎屑、粒屑，上部顺层分布有硅质条带与硅质结核。产腕足类 *Schizophoria excellens*，*Emanuella takwanensis*；珊瑚 *Longmenshanophyllum vesicotabulatum*，*Hunanophrentis* sp.；牙形石 *Nothognathella klapperi* 及介形类等 169.4 m

78. 灰色中、薄层生物碎屑泥晶灰岩，底部有呈不等厚互层的泥晶灰岩，中部夹泥晶核形石灰岩。产腕足类 *Schizophoria striatula beta*；牙形石 *Polygnathus alatus*，*P. xylus xylus*；珊瑚 *Radiastraea beichuanensis* 及介形类等 88.3 m

77. 灰色厚层一块状白云质泥晶灰岩和灰质白云岩。产牙形石 *Polygnathus varcus*；珊瑚 *Alveolites stenoporoides* 30.5 m

76. 深灰、灰色薄、中厚层白云泥晶灰岩、泥质泥晶灰岩，产腕足类 *Megachonetes minor*，*Rhyssochonetes costata*，*Spinatrypa steblo*，*Emanuella takwanensis*；牙形石 *Polygnathus varcus*；珊瑚 *Sinospongophyllum irregulare* 及介形类等 52.9 m

75. 灰色薄一中厚层夹厚层含生物屑粉晶白云质灰岩。产珊瑚 *Sinospongophyllum minor*，*Heliophyllum zhongguoense*，*Temnophyllum jinbaoshiense*，*Pseudomicroplasma fongi*；腕足类 *Stringocephalus burtini*；牙形石 *Icriodus* cf. *amabilis*，*Polygnathus varcus* 等 58.8 m

74. 深灰色薄一中厚层状生物礁灰岩和泥晶生物屑灰岩。产层孔虫 *Hermatostroma perseptatum*；腕足类 *Indospirifer bifurplicatus*，*Undispirifer undifera*，*Stringocephalus transversa*；珊瑚 *Stringophyllum duplex*，*Neospongophyllum sichuanense*；及

牙形石、介形类等　61.7 m

73. 灰色泥晶生物屑灰岩、石英粉砂岩、含粉砂质泥灰岩和礁灰岩。产层孔虫 *Stromatopora goldfussi*；腕足类 *Athyris guanwushanensis*；珊瑚 *Sunophyllum tuqiaoziense*　20.6 m

——————— 整　合 ———————

下伏地层：金宝石组　灰白色中—厚层细—中粒石英砂岩，间夹深灰色粉砂质泥岩

【地质特征及区域变化】　本组分布于龙门山地区，岩性较稳定，北段以泥晶或生物屑灰岩为主，夹白云质灰岩，偶夹少量深灰、黑色钙质粉砂岩及页岩，北川、江油一带厚210～970 m，由南向北厚度递减，至广元一带仅厚8～120 m，并迅速尖灭；向南至安县、绵竹一带亦变薄至100～120 m；在崇庆、汶川、都江堰市一带该组中白云岩有增多趋势，碎屑岩夹层增多，常与碳酸盐岩呈不等厚互层，厚150～700 m，局部变薄而尖灭（什邡岳家山、绵竹清平等地）；天全一带以白云质灰岩、白云岩为主，夹页岩，厚40～210 m。与下伏金宝石组顶部石英砂岩整合接触，界线清楚，局部平行不整合超覆于平驿铺组及寒武纪地层之上。上覆沙窝子组白云岩整合于本组顶部泥晶灰岩之上，宏观亦易于识别。

本组含有丰富的多门类化石，主要有珊瑚 *Stringophyllum*，*Neospongophyllum*，*Endophyllum*，*Hexagonaria*，*Sinospongophyllum*，*Temnophyllum*；腕足类 *Athyris*，*Hadrorhynchia*，*Beichuanella*，*Indospirifer*，*Undispirifer*，*Stringocephalus*，*Schizophoria*，*Gypidula*，*Uncinulus* 等；层孔虫 *Stromatopora*，*Paramphipora*，*Hermatostroma*，*Clathrocoilona*，*Atelodictyon* 等及介形类、牙形石化石。

沙窝子组　D$\hat{s}$　(06-51-3012)

【创名及原始定义】　乐森璕1956年命名于北川县桂溪乡沙窝子村，原称“沙窝子白云岩”。原始定义为：“以白云岩为主，白色—棕灰色，结晶中粒，夹有较纯石灰岩，厚350～550 m，化石丰富”。

【沿革】　沙窝子组系乐氏由赵亚曾等(1931)所称“唐王寨石灰岩”下部分出，因岩性宏观标志清楚，各家都沿用(王钰等，1962；四川二区测队，1966；《西南地区区域地层表·四川省分册》，1978)。70年代后该组含义扩大，其下界下移，与中、上泥盆统生物及年代界线合一，将原观雾山组上部(相当于“土桥子组”及“小岭坡组”)并入沙窝子组，这一划分得到部分人的赞同(陈源仁，1978；侯鸿飞，1985)。经本次清理实地核查，原乐氏建立的沙窝子组应继续沿用。

【现在定义】　浅灰色薄—厚层状细晶白云岩为主，夹生物屑泥晶灰岩、藻纹团粒灰岩，含球状层孔虫、珊瑚及牙形石化石，与下伏观雾山组灰色厚层生物屑灰岩及上覆茅坝组含藻纹团粒泥晶灰岩均为整合接触的地层体。

【层型】　正层型为北川县桂溪乡—沙窝子剖面，位于北川县桂溪乡沙窝子村附近(104°38′28″，31°59′5″)，成都地矿所1980年重测。

上覆地层：茅坝组　浅灰色团粒泥晶灰岩及藻纹团粒藻灰岩

——————— 整　合 ———————

沙窝子组　总厚度 349.1 m

8. 灰白、浅灰色厚层细晶白云岩，底部含灰质。产珊瑚 *Tarphyphyllum elegantum*　107.7 m

7. 浅灰、白灰色厚层夹中厚层亮晶团块团粒灰岩及亮晶球粒鲕状灰岩。产牙形石 *Polyg-*

nathus lagowiensis 37.0 m

6. 灰、浅灰色薄层细晶白云岩及白云石化含生物屑泥晶灰岩夹藻纹团粒灰岩 56.8 m
5. 灰色、浅灰色薄一中厚层粒屑泥晶灰岩，含生物屑、藻纹团粒。产双壳类化石 29.3 m
4. 浅灰色厚层细晶白云岩夹白云石化纹层泥晶灰岩，白云岩中含残余生物屑 10.3 m
3. 浅灰、灰、深灰色薄、中厚层泥晶灰岩，含生物屑，下部层孔虫形成点礁。产球状及瘤状层孔虫 *Atelodictyon angustum*，*Amphipora pervesiculata* 及珊瑚、介形类等 44.6 m
2. 灰、深灰色薄一厚层细晶白云岩，见生物屑。产珊瑚 *Wapitiphyllum sichuanense*，*Disphyllum* sp.；层孔虫 *Anostylostroma beichuanens* 63.4 m

——————整　合——————

下伏地层：观雾山组　灰、浅灰、紫灰色厚层、中厚层夹薄层含生物屑泥晶灰岩、纹层泥晶灰岩

【地质特征及区域变化】　本组分布于龙门山地区，以正层型剖面发育最齐全，以浅灰、灰白色块状结晶白云岩为主，夹有结晶灰岩、鲕状或砂屑灰岩、白云质灰岩及致密灰岩条带及凸镜体。于正层型剖面向北至江油一带厚度由 350 m 增厚至 420 m，广元一带变薄不足 100 m；向南岩性稳定，层间灰岩夹层有增多趋势，厚 320～600 m。本组与下伏观雾山组为整合接触，局部地区如宝兴、汶川磨刀石等地平行不整合超覆于灯影组白云岩之上，超覆面上有砂砾岩及粘土分布；与上覆茅坝组灰岩为整合接触，岩性突变，宏观标志十分清楚。

本组常见有腕足类 *Tenticospirifer*，*Camarotoechia*，*Cyrtospirifer*；珊瑚 *Disphyllum*，*Pseudozaphrentis*；层孔虫 *Hermatostroma*，*Stachyodes*，*Amphipora*；及介形类等。

茅坝组　DC*m*　(06-51-3013)

【创名及原始定义】　乐森珥 1956 年命名于江油雁门坝西约 4 km 的茅坝，原称“茅坝石灰岩”。原始含义为：覆于沙窝子组白云岩之上，“以浅灰及灰白色的纯石灰岩为主，最上层含鲕状结构，厚 360 m，含化石甚少”，与上覆“总长沟系”间为平行不整合接触。

【沿革】　乐氏所称的“茅坝石灰岩”相当赵亚曾等(1931)及朱森等(1942)所称的“唐王寨石灰岩(层)”之上部。沙窝子剖面上，沙窝子组之上为一套灰岩地层，其厚度在 300 m 以上，其间相继发现石炭纪珊瑚化石，据此将该灰岩一分为二，下部未见化石部分称茅坝组，上部含石炭纪珊瑚化石部分称“长滩子组”(范影年，1980)，其上覆地层为黑灰色白云岩，称“黑崖窝组”(侯鸿飞，1988)。在江油马角坝一带相当于“黑崖窝组”的白云岩之上尚有厚约 50 m 左右的灰岩，其上为“马角坝组”(范影年，1980)紫红色砂页岩所覆盖。故沙窝子组之上、马角坝组之下，为一套以灰岩为主的地层。“黑崖窝组”的白云岩，岩性及厚度在区域上均不稳定，延展性差。经本次清理实地核查，建议将这段以灰岩为主的地层沿用茅坝组一名，其含义与原始含义基本一致，也包括了朱森等(1942)划分的“总长沟系”下部灰岩地层在内。

【现在定义】　以浅灰一灰色中一厚层状泥晶灰岩为主，夹亮晶球粒及砂砾屑灰岩、生物灰岩，偶含鲕粒及藻纹团粒灰岩，含牙形石化石，上部富含珊瑚、层孔虫及介形类化石，整合覆于沙窝子组细晶白云岩之上，未见顶。

【层型】　选层型为北川县桂溪乡一沙窝子剖面，位于北川县桂溪乡沙窝子附近(104°38′28″，31°59′5″)，成都地矿所 1980 年测制。

茅坝组 总厚度＞300.0 m

12. 灰色块状粗粒结晶白云岩(未见顶) >6.7 m

11. 灰色厚层夹中厚层泥晶粒屑灰岩，含生物屑、砂屑，夹亮晶砂砾屑灰岩，含核形石。产珊瑚 *Beichuanophyllum pachyseptatum*；层孔虫 *Cystostroma zhonghuaense*，*Labechia concentrica*，*Gerronostroma angulatum*；牙形石 *Ozarkodina regularis* 等 19.2 m

10. 灰、浅灰色厚层泥晶砾屑砂屑灰岩，间夹亮晶砾屑砂屑灰岩。产层孔虫 *Anostylostroma changtanziense*；珊瑚 *Kwangsinophyllum longiseptatum* 及介形类等 20.9 m

9. 灰色厚层泥晶粒屑灰岩，夹亮晶砂砾屑灰岩，上部有藻纹层。产层孔虫 *Pachystylostroma prionodum*；珊瑚 *Neobeichuanophyllum complanatum* 9.8 m

8. 浅灰、灰色厚层、中厚层团粒泥晶灰岩，中上部夹藻纹灰岩和泥晶生物屑灰岩。产珊瑚 *Siphonophylloides stereoseptata*，*Caninia zhongguoensis*；层孔虫 *Spinostroma intermedium*，*Anostylostroma contortum*；牙形石 *Polygnathus znepolensis* 及介形类 46.8 m

7. 灰色中厚层、厚层团块-团粒灰岩，含生物屑。产珊瑚 *Guerichiphyllum jirongi*，*Caninia ateles*；层孔虫 *Labechia sichuanensis*，*Platiferostroma crassum*，*Anostylostroma contortum*；牙形石 *Polygnathus znepolensis* 及介形类 23.9 m

6. 灰色厚、中厚层白云石化含生物屑团块泥晶灰岩，次为亮晶鲕粒灰岩、亮晶砾砂屑灰岩。含牙形石 *Polygnathus znepolensis*，*Apatognathus geminus*，*Spathognathodus stabilis* 4.3 m

5. 灰、黄灰色中厚层、厚层细晶白云岩。含牙形石 *Polygnathus znepolensis* 2.8 m

4. 浅灰、灰色中厚层、厚层泥晶灰岩，含生物屑、砂屑、团块(砂屑团块)、介屑团粒等。含牙形石 *Polygnathus znepolensis*，*Apatognathus geminus* 及腕足类、介形类 12.3 m

3. 浅灰夹白灰色中—厚层亮晶砂砾屑灰岩、亮晶鲕粒、球粒灰岩，上部有叠层石 75.1 m

2. 浅灰、白灰色叠层石泥晶灰岩、球粒藻类岩及亮晶球粒鲕粒灰岩 78.2 m

———————— 整　合 ————————

下伏地层：沙窝子组　灰白、浅灰色厚层细晶白云岩

【地质特征及区域变化】　本组分布于芦山—江油一线，较沙窝子组明显缩小，以灰色厚层或块状泥晶灰岩为主，夹极不稳定的白云岩或白云质灰岩，区域岩性变化不大。沙窝子一带厚达 300 m 以上，向北至江油雁门坝一带出露 200～400 余米，顶部出露不全；至绵竹一带变薄，向南至灌县、崇庆等地厚度增至 950 m 左右，白云岩及白云质灰岩夹层亦有所增加，向南迅速变薄，至芦山地区逐渐消失。本组与下伏沙窝子组白云岩整合接触，划分标志清楚，与上覆马角坝组杂色泥质灰岩、页岩亦为整合接触，但由于马角坝组不稳定，与上覆总长沟组界线的划分，较为困难。后者层间常夹少量泥质层及钙质泥岩条带，可作为判别的辅助标志。

本组有珊瑚 *Guerichiphyllum*，*Siphonophylloides*，*Beichuanophyllum*，*Neobeichuanophyllum*；层孔虫 *Cystostroma*，*Stylostroma*，*Labechia*，*Pachystylostroma* 等及牙形石、腕足类化石。

坡松冲组　D*ps*　(06-51-3032)

【创名及原始定义】　中国科学院南京地质古生物研究所西南队泥盆系研究组(1974)命名于云南省广南县城北约 8 km 的细掌坡松冲。原始定义：位于上寒武统或下奥陶统之上，含东京巅石燕的坡脚组之下的一段含植物、孢子和鱼类化石的陆相或滨海相碎屑岩地层。

【沿革】　70 年代以前，相当坡松冲组的地层包括在“下泥盆统”中(四川一区测队，1974)，其后移用了滇东的名称，称“翠峰山组”(《西南地区区域地层表·四川省分册》，1978)，其含义指泥盆系下部以石英砂岩为主的地层，该名系葛利普(1924)命名于云南曲靖，

岩性与四川境内相似，故为文献引用(侯鸿飞，1978；《四川省区域地质志》，1991)。经省区间协调，云南省将翠峰山组限制在滇东使用，并升格为群，滇东北及川西南统一使用坡松冲组一名。

【现在定义】 在四川省为灰白、灰黑等色中一厚层状细粒石英砂岩、细砂岩夹少量砂质页岩，含少量腕足类等化石，与下伏回星哨组紫红色粉砂岩或中槽组泥质灰岩夹细砂岩平行不整合接触，与上覆坡脚组灰黑色泥页岩呈整合接触的地层体。

【层型】 正层型在云南省。省内次层型为越西县碧鸡山黑巴已得剖面，西南地质科学研究所 1965 年测制。

【地质特征及区域变化】 本组分布于甘洛、越西、盐边一带。岩性以石英砂岩为主，呈灰、灰黄及紫红等色，时夹含砾砂岩及粉砂岩。在北部甘洛、越西一带厚 163～219 m，由南向北减薄并逐步消失；南部普格一带仅厚数十米，盐边一带可达 300 m 以上，偶夹少许灰岩。区域上本组平行不整合超覆于志留纪地层之上，该区东部多覆于回星哨组紫红色粉砂岩之上，盐边一带超覆于中槽组灰岩之上，界线清楚；上覆为坡脚组页岩，以页岩的大量出现为界。

本组含有少量腕足类、珊瑚及植物化石，保存不佳，偶见鱼类化石。

坡脚组 D*pj* (06-51-3033)

【创名及原始定义】 尹赞勋等 1938 年命名于云南省广南县东南 15 km 的坡脚村，原称“坡脚页岩”。原义指“一套含丰富 *Spirifer tonkinensis*，*Calceola sandalina*，*Hadrophyllum branchi* 等动物群的棕色、淡红色、绿灰色页岩”。时代属早泥盆世晚期或中泥盆世早期。

【沿革】 该名被《西南地区区域地层表·四川省分册》(1978)首次在四川境内采用，由于岩性易识别，厚度不大，故沿用(侯鸿飞，1978；万正权，1983；《四川省区域地质志》，1991)，含义也较一致。

【现在定义】 在四川省以灰、灰黑色泥页岩为主，时夹细、粉砂岩，含腕足类化石，与下伏坡松冲组石英细砂岩及上覆缩头山组中、粗粒石英砂岩呈整合或平行不整合接触。

【层型】 正层型在云南省。省内次层型为越西县碧鸡山黑巴已得剖面，西南地质科学研究所 1965 年测制。

【地质特征及区域变化】 本组分布于攀西地区，范围与坡松冲组相同，岩性稳定，以灰、灰黑色泥页岩为主，北部甘洛、昭觉一带夹砂岩、粉砂岩，南部常夹粉砂岩及少许石英砂岩。本组厚度在 26～150 m 左右，盐边一带可达 190 m，由南向北，由西向东厚度有减薄趋势。本组上下地层均为石英砂岩，宏观标志清楚，易于识别，而区域上上覆缩头山组不稳定，与曲靖组间常以灰岩与页岩互层的出现进行划分。

本组生物群以腕足类为主，常见有 *Chonetes*，*Atrypa*，*Indospirifer*，*Howellella*，*Acrospirifer*等多种，偶见珊瑚。

缩头山组 D*st* (06-51-3042)

【创名及原始定义】 鲜思远、周希云 1978 年命名于云南省昭通县箐门附近的缩头山。原义指含四排期生物，岩性为泥页岩夹灰岩，边箐沟组之上、华宁组海口段之下的一套泥岩、灰岩及纯砂岩的地层。在云南昭通地区，该组可超覆于老地层之上。以大套砂岩出现作为划分标志。

【沿革】 该组在四川省境内极不稳定，包括于“下泥盆统”中(四川一区测队，1974)，也有人称“华宁组”（《西南地区区域地层表·四川省分册》，1978）或“海口组”（万正权，1983）。鉴于该组地层岩性较特殊，且中部夹有鲕状赤铁矿，有必要作为组级单位，经省区间协调，建议采用云南省地层清理后的含义及名称。

【现在定义】 在四川省以灰白—深灰色厚层细—粗粒石英砂岩为主，夹粉砂岩、杂色白云岩及鲕状赤铁矿，含少量腕足类化石，与下伏坡脚组灰黑色泥页岩呈整合接触，与上覆曲靖组深灰色灰岩可能为整合或平行不整合接触。

【层型】 正层型在云南省。省内次层型为越西县碧鸡山黑巴已得剖面，西南地质科学研究所1965年测制。

【地质特征及区域变化】 本组分布于越西、甘洛一带，岩性以灰、灰绿夹紫灰等色石英砂岩为主，不同程度的夹有白云岩，鲕状赤铁矿，常相变为含铁石英砂岩。本组以越西一带最厚，达140 m，区域上30～100 m，局部地区缺失。本组底部以厚层状石英砂岩与下伏坡脚组泥页岩分界，上界以灰岩出现划分曲靖组，亦易于识别。

本组含少量腕足类化石，计有 *Acrospirifer*，*Atrypa*，*Howellella*，*Indospirifer* 等。

曲靖组 Dq (06-51-3039)

【创名及原始定义】 Grabau 1924年命名于云南省曲靖县，原称曲靖群。原始定义为一套“灰岩、泥质灰岩和页岩，化石丰富，种类繁多”，时代为中泥盆世晚期。

【沿革】 孙云铸(1945)以生物化石修订了该组含义，用以代表滇东的中泥盆统上部地层，且被后人沿用。在四川70年代以前泛称“中泥盆统”，《西南地区区域地层表·四川省分册》(1978)引入滇东名称“华宁组”。经本次清理及省区间协调，建议采用曲靖组一名，并修订了含义。攀西地区过去划分的“华宁组”及“一打得组”（《西南地区区域地层表·四川省分册》，1978)均应划归到修订后的曲靖组中。

【现在定义】 在四川省以深灰色厚层致密灰岩为主，夹泥质灰岩、细—粗晶白云岩、钙泥质粉砂岩及砂质页岩，局部呈不等厚互层，富含腕足类、珊瑚化石，与下伏缩头山组顶部灰白色石英砂岩为整合接触，与上覆梁山组灰绿、黑色等页岩为平行不整合接触的地层体。

【层型】 正层型在云南省。省内次层型为越西县碧鸡山黑巴已得剖面，西南地质科学研究所1965年测制。

【地质特征及区域变化】 本组分布于越西、甘洛、普格及盐边一带，岩性以灰岩为主，局部地区下部夹有不稳定的紫红色砂页岩。灰岩中时具鲕粒、生物碎屑及泥质条带，层间所夹砂页岩及白云岩较普遍，但不稳定，常与灰岩组成不等厚互层，厚度一般在100 m左右，盐边一带最厚可达400 m以上，由南向北厚度减薄并逐步尖灭。

本组含有丰富的化石，常见者有腕足类 *Cyrtospirifer*，*Tenticospirifer*，*Spinatrypa*，*Howellella*；珊瑚 *Temnophyllum*，*Stringophyllum* 等，此外，尚有层孔虫、介形类及植物化石碎片。

烂泥箐组 Dln (06-51-3044)

【创名及原始定义】 云南一区测队四分队(1977)命名于云南宁蒗县烂泥箐附近。原始定义：连续沉积于碳山坪组之上，下部为白云质灰岩，上部为灰岩，半封闭的海湾相到广阔的浅海相沉积。含腕足类、层孔虫化石。因位于含 *Stringocephalus* 化石层之上，暂划归晚泥盆世早期。

【沿革】 70年代以前泛称“泥盆系”，《西南地区区域地层表·四川省分册》(1978)将这段以灰岩为主的地层划归“华宁组”，后人沿用此名(万正权，1983；《四川省区域地质志》，1991)。本次经省区间协调，建议攀西地区南部采用烂泥箐组。

【现在定义】 在四川省以浅灰、灰色中厚层—块状灰岩为主，时夹泥质条带灰岩，含腕足类、珊瑚化石，与下伏曲靖组顶部灰黑色页岩夹灰岩及上覆干沟组鲕状灰岩均呈整合接触的地层体。

【层型】 正层型在云南省。省内次层型为盐边县野麻乡干海子剖面，四川一区测队1972年测制。

【地质特征及区域变化】 本组分布于盐边一带，岩性单一，较稳定，局部夹较多的白云质灰岩，含有燧石团块，灰岩中见生物碎屑结构及角砾状构造，厚度一般在400 m以上。本组上界以鲕状灰岩出现划分，下界以曲靖组顶部页岩消失划分，宏观标志清楚，局部可平行不整合超覆于老地层之上(盐边天星桥)。

本组含有多门类化石，常见有：珊瑚 *Thamnopora*，*Temnophyllum*；及腕足类、层孔虫等。

干沟组 **D*gg*** (06-51-3045)

【创名及原始定义】 云南一区测队四分队1977年命名于云南省宁蒗县干沟附近。原始含义指连续沉积于烂泥箐组灰岩之上的一套鲕状灰岩夹灰岩的地层。属浅海相沉积。含腕足类，属晚泥盆纪晚期。

【沿革】 70年代以前泛称“一打得群”而未分组(四川一区测队，1974；《西南地区区域地层表·四川省分册》，1978)，系由滇东移植而来，但名不符实，后人曾沿用(万正权，1983；《四川省区域地质志》，1991)。本次经省区间协调，建议省内采用干沟组，代替名不符实的其他名称。

【现在定义】 在四川省以浅灰、灰色中厚层—块状灰岩、鲕状灰岩为主，夹浅粉红色灰岩、白云质灰岩及泥质条带状灰岩，含少量腕足类化石，与下伏烂泥箐组灰色灰岩整合接触，与上覆黄龙组灰岩整合或平行不整合接触或与梁山组灰白色粉砂岩、砂岩平行不整合接触的地层体。

【层型】 正层型在云南省。省内次层型为盐边县野麻乡干海子剖面，四川一区测队1972年测制。

【地质特征及区域变化】 本组分布于盐边地区，岩性及层位均属稳定，以含大量鲕状灰岩为主要特征，色浅，厚度巨大，与上下地层的划分标志亦主要依靠鲕状结构的出现和消失。这在岩性均以灰岩连续沉积的序列中，不失为一较为可靠而易于识别的标志。

本组含少量腕足类化石 *Cyrtospirifer*，*Camarotoechia* 等。

云台观组 **D*yt*** (06-51-3028)

【创名及原始定义】 俞建章、舒文博(1929)创“云台观石英岩”，命名地点为湖北省钟祥县东桥镇之南云台观(现属钟祥市大口林场管辖)。原始定义：“云台观石英岩，于九龙山层之上、巫山灰岩之下，有石英岩，颜色灰白色及呈肉红，而其厚度自零至六十公尺。惟东桥镇南之聊屈山与云台观之山顶有最大厚度之石英岩，冠盖于新滩页岩之上。于是以云台观名之”。并与“长江下游的梧桐石英岩对比，定为泥盆纪”。

【沿革】 分布于川东南的泥盆系由侯德封、赵家骧、钱尚忠于1941年发现，并在距黔江县城约25 km的水车坪测制了剖面，采得 *Sinospirifer*，*Spirifer tonkinensis* 等化石，称

“*Sinospirifer* 层”，1944 年改称“水车坪层”，一直被采用(中国科学院，1956；王钰，1962；四川 107 队，1972；《西南地区区域地层表·四川省分册》，1978；《四川省区域地质志》，1991)，使用范围多限制在川东南地区，且含义较原始定义有所改变，即将该组底界下移至原侯氏等划入志留系的石英岩之底。在川东地区与湖北接壤的巫山一带，与该组相似的地层被前人直接引用了湘鄂系统，由下而上称云台观组、黄家磴组及写经寺组(《西南地区区域地层表·四川省分册》，1978)，而云台观组与侯氏等划入志留系的石英岩(实为石英砂岩)岩性完全一致，仅四川境内厚度较薄而已。经省区间协调，建议四川境内该套地层使用湘鄂地层序列。

【现在定义】 在四川省以浅灰、灰白色厚层石英砂岩为主，偶夹少量泥岩，化石罕见，与下伏秀山组黄绿色页岩或纱帽组黄灰色砂岩平行不整合接触，与上覆黄家磴组紫、灰绿色页岩整合接触，并可为黄龙组灰色厚层状灰岩平行不整合超覆。

【层型】 正层型在湖北省。省内次层型为黔江濯河坝大岩门剖面，四川 107 队 1972 年测制。

【地质特征及区域变化】 本组分布于四川省东部及东南部，以石英砂岩为主，特征明显。在黔江地区仅厚 6～12 m，平行不整合于秀山组黄绿色页岩之上。在石柱附近残留厚度不足 1 m，在巫山横石溪一带厚近 28 m，桃花达 61 m，平行不整合覆于纱帽组石英粉砂岩、页岩之上，并为黄家磴组杂色粘土岩整合覆盖，局部为黄龙组灰色灰岩平行不整合超覆。

本组化石罕见，偶见 *Atrypa*，*Cyrtospirifer* 等。

黄家磴组 **D*hj*** (06－51－3029)

【创名及原始定义】 系由杨敬之、穆恩之(1951)所创的“黄家磴层”演变而来。命名地点在湖北省长阳县马鞍山东端黄家磴。原始定义：“云台观石英岩与写经寺层之间的黄色、灰白色石英质砂岩，夹灰色及红色页岩，60 公尺厚。其中获得 *Lepidodendropsis arborescens*，与湖南跳马涧层所产者完全相同，故其时代应为早期中泥盆世。此层和上、下岩层之间均有显著之侵蚀面，应为一独立地层单位，今取名为黄家磴层。”

【沿革】 该名仅在川东巫山、奉节地区使用(《西南地区区域地层表·四川省分册》，1978)，川东南一带包括在水车坪组中，但层序与湘鄂地区相同(见“云台观组”条目)。经省区间协调，建议川东地区统一采用湘鄂地层序列。

【现在定义】 在四川省以紫、灰绿、黄灰等色页岩、石英粉砂岩为主，时夹细砂岩、泥灰岩及鲕状赤铁矿，含腕足类化石，与下伏云台观组石英砂岩和上覆写经寺组灰岩、泥质灰岩均呈整合接触，并可为黄龙组灰岩平行不整合超覆。

【层型】 正层型在湖北省。省内次层型为黔江濯河坝大岩门剖面，四川 107 队 1972 年测制。

【地质特征及区域变化】 本组分布于川东南及川东巫山一带，岩性以黄绿、浅紫等杂色页岩、粉砂岩为主，偶夹泥灰岩条带及团块。本组与下伏云台观组为整合接触，界线以石英砂岩与粉砂岩或页岩之界线划分，在黔江、巫山桃花一带整合伏于写经寺组灰岩、泥质灰岩之下，宏观标志清楚。黔江一带厚 35 m 左右，向北渐被剥蚀，残留厚度一般不足 20 m，巫山一带残留厚度仅 11 m，其上为黄龙组灰岩平行不整合超覆。

本组含有腕足类化石，主要有 *Chonetes*，*Tenticospirifer*，*Leptostrophia*，*Atrypa* 等。

写经寺组 D*xj* (06-51-3030)

【创名及原始定义】 由谢家荣、刘季辰(1929)所创的“写经寺含铁层”演变而来。创名地点在湖北省宜都县(现称枝城市)写经寺。原始定义:“写经寺含铁层,介于石炭纪灰岩与下志留纪页岩之间,有一砂岩页岩与石灰岩之交互层,厚约百公尺,中含鲕状赤铁矿数层,以出露于宜都写经寺者最为著名,故特名之为写经寺含铁层。”

【沿革】 该名前人曾在巫山地区使用过,含义模糊,与黄家磴组无法区分,在川东南前人将其并入水车坪组上部,而未单独划出(四川107队、《西南地区区域地层表·四川省分册》,1978)。湖北省地层清理对该组定义做了修订,经省区间协调,建议四川省采用写经寺组一名。

【现在定义】 在四川省以灰色薄一中厚层灰岩、泥质灰岩为主,时夹钙质页岩,富含腕足类及珊瑚等化石,与下伏黄家磴组黄绿、浅紫色泥岩、页岩整合接触,与上覆梁山组底部粘土岩平行不整合接触。

【层型】 正层型在湖北省。省内次层型为黔江濯河坝大岩门剖面,四川107队1972年测制。

【地质特征及区域变化】 本组分布于黔江地区,岩性以灰岩为主,泥质灰岩多呈条带产出,钙质页岩不稳定,多夹于中部。本组残留厚度最大达52 m,一般0~29 m,剥蚀程度各地不一,巫山一带剥蚀殆尽。本组底界一般由灰岩出现划分,标志清楚。

本组含腕足类*Camarotoechia*, *Cyrtospirifer*, *Tenticospirifer*;珊瑚*Hunanophrentis*, *Pseudozaphrentis*, *Keriophyllum*等多种,并有少量腹足类、双壳类伴生。

捧达组 D*p* (06-51-0091)

【创名及原始定义】 四川地层表编写组1975年创名于康定金汤捧达一大寨子,原始定义指平行不整合伏于下石炭统长岩窝组之下,整合覆于志留系茂县群之上的一套区域浅变质碳酸盐岩夹砂、泥质岩地层体,称捧达群,泥质岩显灰绿色调,顶部夹石膏层。

【沿革】 四川地质局综合队1978年在四川省地层总结中修订其含义,将其限制在下亚群范畴,上覆地层划为河心群。万正权(1987)在西南地区地层总结(泥盆系)中再次修订含义,将其限制在下亚群二亚组范畴,其下伏地层划为茂县群。《四川省区域地质志》1991年沿用了1987年的划分意见。本次研究确认万正权1987年的修订意见,层位归属恰当,应予沿用,但要降群为组。此外,四川二区测队1975年在汶川雁门剖面所建月里寨群实与捧达组系同物异名。

【现在定义】 指整合伏于河心组之下、覆于茂县群之上的一套区域浅变质钙质、泥质、白云质碳酸盐岩和泥、砂质岩不等厚韵律式互层的地层体。下部含泥、砂质岩较多,上部含碳酸盐岩较多且夹石膏层,灰岩中含珊瑚化石,泥质岩皆以灰黑色调区别于下伏茂县群之灰绿色调。

【层型】 正层型为康定金汤一大寨子剖面,位于康定县捧达乡(102°16′59″, 30°28′00″),四川二区测队1976年重测。

上覆地层:**河心组** 灰一黑色千枚岩、粉砂质千枚岩和灰一白色石英岩状砂岩

——————— 整 合 ———————

捧达组 总厚度 1 124 m

106. 灰—深灰色薄—厚层状灰岩、泥质灰岩夹千枚岩和生物灰岩，含珊瑚化石 93 m

105. 灰—深灰色薄—厚层灰岩、生物礁灰岩夹钙质千枚岩、白云质灰岩、白云岩和泥质灰岩，含珊瑚 *Favosites shengi*，*Acanthophyllum* 236 m

104. 灰—黑灰色千枚岩、粉砂质钙质千枚岩夹灰色薄层泥灰岩、泥质灰岩 120 m

103. 灰—深灰色中—厚层灰岩、泥质灰岩夹少量泥灰岩，含珊瑚 *Xystriphylloides*, *Pachyfavosites*, *Phacellophyllum*, *Favosites* 85 m

102. 浅灰—黑灰色千枚岩、钙质千枚岩、粉砂质千枚岩夹少量灰色薄—中层泥灰岩 270 m

101. 灰—黑灰色薄—厚层灰岩、泥质灰岩夹泥灰岩、钙质千枚岩、生物礁灰岩，含珊瑚 *Squameofavosites abnormis*, *Favosites multiplicatus* 250 m

100. 灰—黑色千枚岩、粉砂质千枚状板岩夹少量同色灰岩，中下部还夹少量灰色白云岩及白色石英岩状细、粉砂岩 70 m

———— 整 合 ————

下伏地层：茂县群 灰白色薄—厚层白云岩、泥质白云岩夹千枚岩

【地质特征及区域变化】 本组岩性、厚度变化不大(1 124～1 392 m)。汶川雁门一带底部夹含铁硅质灰岩，局部富集成贫赤铁矿。雁门—九顶山一带下部灰黑色千枚岩、石英砂岩较多。出露于康定金汤大寨子—宝兴陇东和汶川安家坪、雁门、茂县九顶山和北川武安一带。

本组所含化石以床板珊瑚为特征，有 *Favosites multiplicatus*, *Pachyfavosites polymorphus* 及腕足类 *Atrypa*、腹足类等，是西南区早中泥盆统常见分子，故本组时限为早中泥盆世。

河心组 D*h* (06-51-0092)

【创名及原始定义】 程裕淇、任泽雨 1942 年将康定金汤河心一带的灰岩称“河心石灰岩”。中国地质科学研究院川西地质研究队 1969 年正式创名河心群。原义指康定金汤河心一带平行不整合伏于下石炭统长岩窝组之下，整合覆于“下泥盆统白鱼落组”之上的一套变质钙质、白云质、泥质碳酸盐岩夹泥、砂质岩的地层体，含珊瑚化石，代表“中—晚泥盆世沉积”。

【沿革】 四川地层编写组 1975 年将这段地层改称为棒达群，四川地质局综合队 1978 年重新修订，将原捧达群上亚群称为河心群，后被沿用。本次清理确认 1978 年的修订意见是恰当的，因岩性不能进一步划分，故降群为组。

【现在定义】 指平行不整合伏于长岩窝组之下、整合覆于捧达组之上的一套有轻微变质的白云质及泥质碳酸盐岩夹少量泥、砂质岩的地层体，底部泥、砂质岩较多，中上部以白云岩为主，底以灰白色变质石英砂岩与下伏地层灰岩分界，下部灰岩中含珊瑚化石。

【层型】 选层型为康定金汤河心—长岩窝剖面，位于康定县铜陵乡(102°22′22″，30°32′42″)，中国地质科学研究院川西地质研究队 1969 年测制。

上覆地层：长岩窝组 灰色结晶灰岩、黑色碳质页岩、黄色铝土页岩

——— 平行不整合 ———

河心组 总厚度 515 m

2. 灰—灰白色大理岩、钙质白云岩夹千枚岩，产珊瑚 *Temnophyllum*，*Hexagonaria* 350 m

1. 底部灰白、深灰色变质砂岩夹千枚岩及泥质灰岩，中、上部浅灰—灰白色变质灰岩和白云岩夹灰、黄绿色千枚岩，产珊瑚 *Classialveolites*, *Squameofavosites* 等 165 m

——————— 整　合 ———————

下伏地层：捧达组　灰一深灰色薄一厚层灰岩、泥质灰岩夹千枚岩和生物灰岩

【地质特征及区域变化】　本组仅见于康定金汤长岩窝、宝兴陇东一带，且上部大多断失不全。本组下部所含 *Classialveolites*，*Favosites goldfussi*，*F. gregalis* 为中泥盆世早期常见分子，中上部所含化石难以确定时代，但因平行不整合覆于含早石炭世珊瑚 *Arachnolasma*，*Lithostrotion irregulare* 等的长岩窝组之下，故本组时代下限为中泥盆世早期，上限推测为晚泥盆世。

马角坝组　*Cmj*　(06－51－3102)

【创名及原始定义】　范影年 1980 年命名于江油县北马角坝附近，原称“马角坝段”。原始定义为“以产假乌拉珊瑚及茎珊瑚为特征，厚度变化很大，岩性在江油马角坝为鲕状赤铁矿及紫红色页岩、灰岩”，总厚 12 m。在北川沙窝子及松潘张沟梁子，为灰色、深灰色灰岩，有时含白云质灰岩的地层。上述定义确定了划分该段的前提是化石，无明确的岩性含义，但在马角坝一带岩性的特殊性为地层划分提供了良好的标志。

【沿革】　这段地层朱森等(1942)在文献中也有详细描述，置于“总长沟系”的上部。范氏对“马角坝段”的定义规定了该段上限置于鲕状赤铁矿之顶，并认为与上覆地层为平行不整合接触。这一界线相当于朱氏“总长沟系”上部的第 1 层。经实地核查，该段地层基本上符合岩石地层单位定义，建议作为组级单位沿用，修订其定义。

【现在定义】　为紫红色页岩、泥质灰岩夹黄色中厚层灰岩、泥质灰岩及紫色鲕状赤铁矿层，灰岩具瘤状构造，含珊瑚、腕足类等化石，与下伏茅坝组灰白色厚层灰岩整合接触，与上覆总长沟组灰岩为平行不整合接触。

【层型】　正层型为江油县马角坝岳村剖面(105°5′3″,32°7′13″)，成都地矿所 1980 年测制。

上覆地层：总长沟组　灰白色略带粉红色中一厚层状致密灰岩，时具瘤状构造。含珊瑚化石

－－－－－－ 平行不整合 －－－－－－

马角坝组　　总厚度 12.0 m

6. 紫色鲕状赤铁矿层，赤铁矿鲕粒直径 2～3 cm，层面凹凸不平，局部夹黄色、紫色页岩　1.0 m
5. 灰色、黄色中一厚层状泥质灰岩，显瘤状结构，含珊瑚 *Siphonophyllia minor*；腕足类 *Leptaenella analoga*　2.0 m
4. 紫红色页岩，含极少鲕状赤铁矿　5.0 m
3. 灰、黄和紫红色薄一中厚层状泥质灰岩，显瘤状结构，含少数鲕状赤铁矿粒。产珊瑚 *Caninia ephippia*、*Kwangsiphyllum longiseptatum*；腕足类 *Syringothyris* aff. *extenuatus*　2.0 m
2. 紫红色泥质灰岩夹灰白、黄色中厚层灰岩，偶见少数鲕状结构。含腕足类 *Syringothyris platyleurus*　2.0 m

——————— 整　合 ———————

下伏地层：茅坝组　灰白色中一厚层状致密灰岩，稍含白云质，具蠕虫状方解石晶体

【地质特征及区域变化】　本组分布于龙门山北段及中段的部分地区，其他地区缺失，为灰、黄、紫红等杂色薄一厚层状泥质灰岩夹紫红色页岩、灰岩及鲕状赤铁矿，命名地仅厚 12 m，向北至广元一带很快尖灭，向南于北川通口一带以灰岩为主，夹泥灰岩及紫红色页岩，厚

度可增大至72 m，沙窝子一带本组消失，至绵竹龙王庙一带为紫红色含泥质铁质细砂岩，厚仅1.5 m，向南尖灭。本组岩性及颜色的特殊性易于与上、下地层区分，划分标志清楚。

本组含珊瑚及腕足类化石，其中有珊瑚 *Siphonophyllia*，*Pseudouralinia*，*Caninia*，*Kwangsiphyllum* 等；腕足类 *Athyris*，*Camarotoechia*，*Ambocoelia*，*Pugnax* 等。

总长沟组　Cz　(06－51－3101)

【创名及原始定义】　朱森、吴景祯、叶连俊1942年命名于江油县马角坝西约7 km之总长沟(中槽沟)，原称“总长沟系”。原始定义为“总长沟系可分上下二部，下部为鸭蛋色之较细而纯之灰岩，呈厚层，厚38公尺，未得化石”。上部可分4层，第1—3层为红、黄、紫色泥质砂岩、灰岩及页岩，含赤铁矿粒，第4层为厚层状灰岩，灰白色，含珊瑚及腕足类化石，厚约100 m，与上覆黄龙灰岩过渡，与下伏泥盆系整合或平行不整合。

【沿革】　命名后多采用此名称，含义泛指下石炭统(任绩等，1945；刘鸿允，1955)；亦有人另建层序，如李陶、赵景德(1945)在绵竹一带将相当的地层划分为下部“石灰沟石灰岩”、上部“茜沟石灰岩”；赵家骧、何绍勋(1945)在灌县一带划分为下部“公保府石灰岩”，上部“鸡池口石灰岩”，两部分之和略相当总长沟系上部；也有人引用贵州地层系统，划分为下部“岩关组”及上部“大塘组”，并统称为“总长沟群”(四川二区测队，1966；《西南地区区域地层表·四川省分册》，1978)。范影年(1980)通过北川沙窝子剖面及江油马角坝剖面的研究，将相当朱森等划分的“总长沟系”下部命名为“长滩子段”，上部第1层命名为“马角坝段”，第2—4层称狭义的“总长沟段”，其后各段均升格为组(侯鸿飞，1988；成都地矿所1988；《四川省区域地质志》，1991)，重新划分后的总长沟组(或段)含义已与朱森“总长沟系”相差甚大。本次清理及实地核查，认为范氏(1980)在正层型剖面上修订的界线尚属清楚，岩石组合特征明显，建议作为组级单位沿用。

【现在定义】　以浅灰、灰白色夹灰紫、灰绿等色致密灰岩为主，时具鲕状结构，局部夹有紫红等色钙质页岩及泥质灰岩，含丰富的珊瑚、腕足类化石，与下伏马角坝组顶部紫红色粉砂岩及赤铁矿层及与上覆黄龙组灰色块状灰岩均为平行不整合接触的地层体。

【层型】　正层型为江油县马角坝总长沟剖面(105°5′22″，32°5′4″)，成都地矿所1980年重测。

上覆地层：黄龙组　灰岩

－－－－－－－ 平行不整合 －－－－－－－

总长沟组	总厚度 60.0 m
8. 白色中厚—厚层状致密灰岩，含形状不规则的鲕状结构，含珊瑚 *Arachnolasma reticularis*、腕足类 *Striatifera*	31.0 m
7. 浅灰色薄层鲕状灰岩，夹数层砖红色泥质致密灰岩，层理清楚，产珊瑚	6.0 m
6. 灰白、灰色中厚层状灰岩，含形状不规则的鲕状构造，产珊瑚 *Arachnolasma sinense aichiapingense*	9.0 m
5. 浅灰色薄层状灰质砂砾岩	2.0 m
4. 深灰、稍带紫红色薄—中层状泥质致密灰岩。产珊瑚 *Melanophyllum crassiseptatum*；腕足类 *Gigantoproductus* sp.	2.0 m
3. 灰绿色、灰紫色中厚层结晶灰岩。产珊瑚 *Melanophyllum elegans*，*M. sinense*	2.0 m
2. 浅灰带粉红色中厚层状致密灰岩，具结核状构造，富含珊瑚 *Arachnolasma sinense*，*Di-*	

bunophyllum vaughani，*Kusbassophyllum zongchanggouense*，*Lithostrotion planocystatum* 8.0 m

——————— 平行不整合 ———————

下伏地层：马角坝组　紫红色粉砂岩，局部呈黄色，含较多的鲕状赤铁矿，局部富集成矿层

【地质特征及区域变化】　本组分布于绵竹龙王庙—江油马角坝一线，区域上岩性以灰白色局部夹少量紫色厚层—块状灰岩为主，各地程度不等地含砂屑、鲕粒及生物屑结构，夹有泥质灰岩及钙质泥页岩条带，偶见砂岩。以江油、北川一带较发育，厚 60～104 m，绵竹、都江堰市一带砂岩、页岩有增多趋势，厚 22～60 m，向南断失。本组与下伏马角坝组平行不整合界面清楚，界面常具凹凸不平的表面；上覆层为黄龙组灰白色块状灰岩，分界标志不明显，在江油马角坝一带总长沟组上部灰岩中常夹有少量泥页岩条带，以其消失可作为划分顶界的参考标志。

本组含有珊瑚、腕足类及䗴类等多门类化石，其中重要的有珊瑚 *Arachnolasma*，*Dibunophyllum*，*Diphyphyllum*，*Kueichouphyllum*，*Melanophyllum*，*Yuanophyllum* 等；腕足类 *Striatifera*，*Gigantoprodutus*，*Megachonetes* 等；䗴类 *Eostaffella* 等多种。

黄龙组　*Ch*　(06-51-3107)

【创名及原始定义】　李四光、朱森 1930 年命名于江苏省镇江市石马庙西南船山西端黄龙山，原称“黄龙石灰岩”，由原“栖霞层”下部分出，岩性为粉红色细粒石灰岩，块状，含 *Fusulina*，*Fusulinella* 等化石，风化后呈土黄色。

【沿革】　最早由朱森等(1942)在龙门山地区使用，其含义指“总长沟系”之上的一套厚 130 m 的灰白色细而纯之灰岩，含“灰质砂状物”，见有䗴 *Fusulinella*，时代为中石炭世。前人曾在灌县一带命名了“漩口层”（谭锡畴、李春昱，1935）、崇庆县怀远附近命名了“大边崖系”（赵家骧、何绍勋，1945），其含义几乎包括了以石灰岩为主的石炭系。50 年代后，四川相当上石炭统地层划分较混乱，先后称为下部“黄龙灰岩”（组或群），上部为“船山灰岩”（或群）〔中国区域地层表(草案)，1956；四川二区测队，1966〕；下部“威宁组”及上部“马平组”（《西南地区区域地层表·四川省分册》，1978；范影年，1980；《四川省区域地质志》，1991）。也有人另建新名，如岩口组、新坝沟组、支沟组等(佟正祥，1990)。以上划分，是将岩石、生物及年代地层统一按生物带进行划分的，由此形成划分的界线不一致，也缺乏宏观标志。经本次清理核查及区域对比，这套以浅色石灰岩为主的地层已无宏观标志可供细分。经省区间的协商，以归并作为一个岩石地层单位为宜，并建议使用黄龙组一名。

【现在定义】　在四川省以灰白、浅灰等色厚层—块状石灰岩为主，时具鲕状、“假鲕状”、豆状及生物碎屑、内碎屑等结构，偶夹少量白云岩、白云质灰岩、泥质灰岩及钙质页岩，多不稳定，含䗴类、珊瑚及腕足类等化石，与下伏总长沟组灰白色灰岩平行不整合接触，与上覆梁山组含煤砂页岩为平行不整合接触。

【层型】　正层型在江苏省。省内次层型为江油县马角坝岳村剖面，范影年 1980 年测制。

【地质特征及区域变化】　本组分布于龙门山北段及盐源地区，在川东地区也有零星分布，层序多不完整。在都江堰、汶川以北地区，岩性较为单一，以浅灰或灰白色块状灰岩为主，多夹鲕状或砂屑灰岩，偶夹少量杂色页岩及白云岩，在江油一带厚 120～170 m，向北至广元一带不足 20 m，并逐渐尖灭；向南至都江堰、汶川一带厚度可增大至 160～490 m 不等，向南

渐缺失，平行不整合于总长沟组灰岩之上，上部为梁山组平行不整合超覆，界线清楚。在盐源地区本组为单一的灰白色厚层—块状亮晶生物碎屑灰岩、微晶灰岩，偶见泥质条带，厚270～600 m，下伏为干沟组鲕状灰岩，其间为平行不整合，界面清楚，局部可超覆于灯影组白云岩之上。在川东零星分布于巫山、石柱、彭水、垫江及华蓥山中段，岩性常以白云质灰岩、白云岩为主，夹致密灰岩、鲕状灰岩及泥、硅质灰岩，底部常具粘土岩，厚2～82 m不等，常以平行不整合超覆于韩家店组页岩或泥盆系之上，其上以平行不整合与梁山组接触。

本组常见珊瑚 *Bothrophyllum*, *Caninia*, *Lithostrotionella*；腕足类 *Dictyoclostus*, *Plicatifera*；类 *Pseudoschwagerina*, *Triticites*, *Fusulina*, *Fusulinella*, *Profusulinella*, *Eostaffella*。

长岩窝组　Cĉ　(06-51-0114)

【创名及原始定义】 中国地质科学研究院川西研究队1969年创名于康定金汤长岩窝。原义指康定金汤长岩窝一带平行不整合覆于中—上泥盆统河心群之上的一套碳酸盐岩，在其中发现早石炭世珊瑚化石，层位归属下石炭统。命名地未实测剖面，未明确指出顶界。

【沿革】 四川二区测队1976年以康定金汤石喇嘛剖面为长岩窝组选层型，并作为“乱石窖组”、石喇嘛组正层型进行了划分。四川地层总结(1978)、西南地区地层总结(1982)、《四川省区域地质志》(1991)将其扩大到马尔康地层分区。本次研究确认，康定金汤一带的石炭纪地层属九顶山地层小区。又因四川二区测队(1976)创名的“乱石窖组”顶、底界线是以地层中所含生物化石时代分开的，其下部岩性与长岩窝组一致，上部岩性与石喇嘛组一致，不属岩石地层单位，建议不采用，分别归入上、下岩石地层单位中。故将本组顶界修订到原“乱石窖组”中部。

【现在定义】 指平行不整合覆于河心组之上，整合伏于石喇嘛组之下的一套以灰色灰岩、结晶灰岩、生物灰岩夹薄层或团块硅质岩为特征的地层体。富含䗴类、珊瑚等化石，以其夹黑色及少量白色薄层或团块硅质岩区别于上、下地层单位。

【层型】 选层型为康定金汤石喇嘛剖面，位于康定县铜陵乡(102°22′48″, 30°33′21″)，四川二区测队1976年测制。

上覆地层：石喇嘛组　深灰、灰黑色钙质板岩夹少量薄层灰岩

——————— 整　合 ———————

长岩窝组　　总厚度 362.1 m

20. 浅灰—深灰色薄—中层状灰岩夹薄层硅质岩条带，顶部夹深灰色钙质板岩及黑色含生物灰岩，硅质岩与灰岩之比为1∶3　　16.5 m
19. 浅灰色厚层状灰岩，底部夹薄层及团块硅质岩　　18.4 m
18. 灰、浅灰与灰白色中层状结晶灰岩夹白灰色硅质岩薄层与凸镜体或团块，富含䗴类 *Profusulinella*, *Fusiella*, *Pseudostaffella* 及珊瑚与海百合茎等　　12.4 m
17. 灰、浅灰色厚层状灰岩夹生物碎屑灰岩及少量硅质岩团块，富含䗴类与海百合茎，䗴类有 *Profusulinella*, *Fusiella*, *Ozawainella*, *Schubertella*　　18.2 m
16. 灰、浅灰色中层状结晶灰岩夹少量白色硅质岩薄层或凸镜体，底部夹薄—中层状白云岩　　26.0 m
15. 浅灰、灰白与灰色厚层块状结晶灰岩、生物灰岩，底部夹灰白、白色钙质硅质岩。生物灰岩中富含䗴类，有 *Fusiella*, *Profusulinella parva*, *Aljutovella fallax*　　21.8 m
14. 深灰—浅灰色中层状生物碎屑灰岩、结晶灰岩夹数层灰白色钙质硅质岩薄层或凸镜

体，以及少量薄层状泥质灰岩。生物灰岩中富含䗴类 *Profusulinella*，*Pseudostaffella*，*Schubertella elongata*，*Eostaffella irenae*；及珊瑚、腕足类、海百合茎　11.5 m

13. 浅灰、灰色薄—中层状灰岩与灰色含钙硅质岩及白色硅质岩不等厚互层，灰岩中含少量珊瑚化石　17.7 m

12. 灰、浅灰与灰白色厚层状结晶白云质灰岩，下部有生物碎屑灰岩夹硅质岩条带及团块，底部为灰白色泥质结晶灰岩及绿、紫红色泥质条带状灰岩。生物碎屑灰岩含䗴类 *Millerella minuta*；珊瑚 *Dibunophyllum*　9.6 m

11. 浅灰、灰白色薄—中层状结晶灰岩夹少量白色硅质岩　23.1 m

10. 灰、浅灰色中层状灰岩、生物灰岩，局部夹硅质岩团块及条带，含䗴类 *Ozawainella*，*Millerella*，*Schubertella* 及珊瑚化石　24.3 m

9. 灰、浅灰色薄—中层状硅质条带状灰岩、生物灰岩，层间夹黄灰色、黑色页岩　19.5 m

8. 灰、深灰色结晶灰岩、生物碎屑灰岩，局部夹硅质岩团块，富含䗴类 *Eostaffella*，*Millerella*，*Schubertella*；珊瑚 *Palaeosmilia*，*Lophophyllidium*　28.1 m

7. 灰、深灰色厚层状结晶灰岩，中部夹一层生物灰岩，灰岩中局部夹硅质岩团块　28.7 m

6. 灰、浅灰色中厚层状灰岩夹灰白色、黑色硅质岩薄层及团块，层间夹黑、黄灰色页岩　7.0 m

5. 灰、深灰色中厚层状灰岩夹生物灰岩，中下部灰岩中夹棱角状黑色硅质岩团块，生物灰岩中含珊瑚 *Gangamophyllum* 及䗴类　49.1 m

4. 灰、深灰色厚层状微晶灰岩夹黑色硅质团块，含少量生物碎屑，多为海百合茎　13.0 m

3. 灰、深灰色中厚层状生物碎屑灰岩夹黑色硅质岩团块，底部为一层灰白色含生物碎屑钙质硅质岩。含腕足类 *Productus* sp.；珊瑚 *Carcinophyllum* sp.　19.0 m

2. 灰、灰黑色含碳钙质板岩夹薄层状碎屑灰岩、黑色硅质岩及棱角状硅质岩团块　13.6 m

1. 灰色薄—厚层状结晶灰岩、黑色含钙碳质板岩、劣质煤层，底部为铝土质、铁锰质页岩　10.6 m

——————— 平行不整合 ———————

下伏地层：河心组　浅灰、灰白色中层状白云质灰岩及灰岩，顶面凹凸不平

【地质特征及区域变化】　本组仅分布于康定金汤长岩窝—孔玉野牛沟一带，延伸 50 km，其余地区情况不明。岩性稳定，正层型剖面处厚 388.5 m。

本组下部化石以珊瑚为主，有少量腕足类，中部珊瑚和䗴类共生，上部以䗴类为主。其中，下部含珊瑚 *Dibunophyllum*，*Clisiophyllum grossinum*，*Arachnolasma*，*Kueichouphyllum* 等为我国南方下石炭统 *Yuanophyllum* 化石带中的常见分子。本组底部未发现早石炭世岩关期化石，结合与下伏河心组为平行不整合的事实考虑，下部很可能缺失岩关期沉积，故其时代下限为大塘期。本组中、上部含䗴类 *Profusulinella*，*Pseudostaffella*，*Fusiella*，*Eostaffella quasiampla* 都是我国南方晚石炭世早期主要分子，与黄龙组生物面貌大体一致。而且，前三属均上延到上覆石喇嘛组之下部。故上部时代应为晚石炭世早期。本组时代为石炭纪。

石喇嘛组　$C\hat{s}$　(06－51－0115)

【创名及原始定义】　四川二区测队 1976 年创名于康定金汤石喇嘛。原始定义指石喇嘛剖面平行不整合伏于"东大河组"之下，整合覆于中石炭统乱石窖组之上的浅灰、灰色中厚层状灰岩、泥质灰岩、生物碎屑灰岩与砾屑灰岩夹少量钙质粉砂泥质板岩的地层体，含䗴类、珊瑚、海百合茎化石，代表金汤弧形构造带中的晚石炭世沉积。

【沿革】　四川地层总结(1978)、西南地区地层总结(1982)和《四川省区域地质志》(1991)均将其使用范围扩大到马尔康地层分区。本次清理从岩性、岩相建造及构造等确认，石

喇嘛组亦只能限用于九顶山地层小区，且将其定义及底界进行了修订。

【现在定义】 指平行不整合伏于铜陵沟组之下，整合覆于长岩窝组之上的灰色中厚层状灰岩、泥灰岩、生物屑灰岩、砾屑灰岩夹少量钙质粉砂质板岩的地层体。富含䗴类化石。

【层型】 正层型为康定金汤石喇嘛剖面，位于康定县铜陵乡(102°22′48″，30°33′21″)，四川二区测队1976年测制。

上覆地层：**铜陵沟组** 灰岩，底部为钙质板岩夹含钙质胶结细砾岩

——————— 平行不整合 ———————

石喇嘛组	总厚度 262.3 m
27—26. 灰、灰白色中层状泥质生物碎屑灰岩，底部灰黑色粉砂泥质钙质板岩。富含䗴类 *Pseudofusulina* 及珊瑚	20.4 m
25. 灰、浅灰色厚层状角砾状灰岩、泥质生物碎屑灰岩、隐晶质灰岩，底部有灰黑色页岩。富含䗴类 *Triticites*，*Quasifusulina phaselus*，*Hemifusulina*，*Staffella pseudosphaeroidea*	28.4 m
24. 浅灰白色中层状微晶灰岩夹生物碎屑灰岩、泥灰岩、含砾碎屑灰岩，顶部夹薄层灰色页岩。含䗴类 *Triticites parvulus*，*Hemifusulina ordinata* var. *cheni*	75.4 m
23. 灰、浅灰色中层状微晶灰岩夹生物碎屑灰岩，底部为含砾生物碎屑灰岩，下部富含䗴类 *Profusulinella*，*Fusiella*	96.1 m
22. 浅灰、灰色厚层角砾状灰岩、砾状生物碎屑灰岩，含䗴类、珊瑚与海百合茎等	30.6 m
21. 深灰、灰黑色钙质板岩夹少量薄层灰岩，板岩中含碳质	11.4 m

———————— 整 合 ————————

下伏地层：**长岩窝组** 浅灰—深灰色薄—中层状灰岩夹薄层硅质条带

【地质特征及区域变化】 本组分布于康定金汤长岩窝—石喇嘛—康定孔玉野牛沟和宝兴西大河一带，延伸50 km，其余地区情况不明，岩性稳定，石喇嘛一带厚262.3 m。

本组富含䗴类及少量珊瑚和海百合茎等化石。下部含䗴类 *Profusulinella*，*Fusiella*，*Pseudostaffella* 为晚石炭世早期重要分子。上部含 *Triticites*，*Hemifusulina*，*Rugosofusulina* 等属为晚石炭世晚期的重要分子和带化石。尤其在顶部采到晚石炭世晚期顶带化石 *Pseudoschwagerina*，且与上覆铜陵沟组平行不整合接触，故本组时限为晚石炭世。

梁山组 Pl (06-51-3214)

【创名及原始定义】 赵亚曾、黄汲清1931年命名于陕西省汉中南郑县的梁山，原称“梁山层”。原含义为含有劣质无烟煤和植物印模的黑色页岩，上覆层为含珊瑚 *Tetrapora* 的块状石灰岩，下伏层为志留纪笔石页岩，时代属石炭纪。

【沿革】 该名自50年代始，在川北地区使用，其他地区将其归并于“阳新灰岩”或栖霞组中，称栖霞底煤系。同时，也使用另两套源于省内的名称：铜矿溪组：由熊永先、罗正远(1939)命名于珙县周家乡铜矿溪瓦厂，原称“铜矿溪层”。阎王沟组：由黄汲清、曾鼎乾(1948)命名于华蓥山，原称“阎王沟系”，并指出：“前人所述之栖霞底部煤系及铜矿溪层或即相当阎王沟系，但前者尚无海相动物群发现”。上述单位的含义基本相同，分别在川南及华蓥山地区得到广泛的采用。自60年代中期采用了梁山组后，其余名称逐渐停止使用。

【现在定义】 在四川省岩性以黑色页岩、碳质页岩、灰白色粘土岩为主，夹粉砂岩及煤

层，偶夹少量灰岩凸镜体，含植物及腕足类等化石，平行不整合覆于韩家店组或大路寨组黄绿色页岩及回星哨组暗红色粉砂岩、页岩之上，局部可平行不整合覆于黄龙组灰岩之上，与上覆栖霞组或阳新组灰岩多为整合接触的地层体。

【层型】 正层型在陕西省。省内次层型为岳池县溪口剖面，四川石油局1966年测制。

【地质特征及区域变化】 本组分布于四川盆地及攀西地区，岩性及厚度变化较大，西部砂岩含量较多，厚度一般10～42 m，最厚可达88 m(甘洛)，向东迅速减薄，至峨眉山、乐山一带为5～15 m，常以含碳质页岩为主；川南一带厚4～17 m，以碳质页岩及粘土岩为主，含铝土矿及赤铁矿；川东地区以含煤粘土岩与砂岩为主，时夹鲕、豆状赤铁矿，厚4～8 m，最厚达21 m；川北及龙门山一带以铝质粘土岩为主，夹铝土矿及劣质煤层，时见菱铁矿及赤铁矿，厚3～30 m，亦具有西厚东薄的特点。本组底界为一区域性平行不整合面，在盆地其他地区多超覆于志留系不同层位之上，本组上覆层为厚层灰岩，顶界划分标志清楚。

本组含以植物、腕足类为主的生物群，主要有植物 *Pecopteris*，*Sphenophyllum*，*Lepidodendron* 等；腕足类 *Orthotichia*，*Spiriferella* 等。后者区域上较罕见。

树河组 **P$\hat{s}$*h*** （06-51-3218）

【创名及原始定义】 华北地质科学研究所1965年命名于盐源县树河乡牛厂西南的甘沟梁子。原义指：一套粗砂岩、泥岩、泥质粉砂岩夹灰岩凸镜体的岩层与厚层含石英砾状灰岩相间出现”的地层，厚34～66 m，含有“上石炭统和下二叠统的标准化石”，如䗴类及珊瑚。超覆于上石炭统不同层位之上，其间有沉积间断，两者为平行不整合接触。

【沿革】 该组自命名后为各家所采用(四川一区测队，1971；《西南地区区域地层表·四川省分册》，1978)，划分与原始含义基本一致，倾向于与梁山组对比，并作为石炭系与二叠系的过渡层。《四川省区域地质志》(1991)认为“此套地层与梁山组的层位、岩性一致，以砂、砾岩为主，夹硅质岩。砾状灰岩中的砾石为灰岩角砾，石炭纪化石来源于此类角砾中，与下石炭统应为平行不整合接触”，时代归属于早二叠世。

【现在定义】 岩性以灰色薄层状粗—细砂岩、粉砂岩、泥岩夹砾状灰岩，灰岩角砾中含有䗴类及珊瑚化石，与下伏黄龙组灰色结晶灰岩平行不整合接触，与上覆阳新组浅灰色中厚层微晶灰岩整合接触的地层体。

【层型】 正层型为盐源县树河乡甘沟梁子剖面，位于盐源县树河乡牛厂(101°30′54″，27°21′29″)，华北地质科学研究所1965年测制。

上覆地层：阳新组　灰白—浅灰色中厚层微晶灰岩，含䗴类化石

——————— 整　合 ———————

树河组　总厚度81.5 m

5. 浅灰色泥岩、泥质粉砂岩及钙质细砂岩互层，中夹深灰色灰岩凸镜体，含䗴类 *Misellina claudiae*，*Pseudofusulina*　32.4 m

4. 深灰色含石英砾状结晶灰岩，含䗴类 *Triticites* sp.　16.2 m

3. 灰色砾状灰岩，灰岩砾石中含䗴类 *Triticites parvulus*，*Pseudoschwagerina*　15.6 m

2. 灰色薄层泥质灰岩及泥质粉砂岩互层，中夹灰岩凸镜体，含䗴类 *Brevaxina* sp.　17.3 m

－－－－－－－ 平行不整合 －－－－－－－

下伏地层：黄龙组　灰色中厚层粗粒结晶灰岩，含䗴类等

【地质特征及区域变化】 本组分布于盐源地区，岩性以砂岩、粉砂岩、泥岩互层为主，夹有砾状灰岩。树河城门洞一带以砾岩、粗砂岩为主，厚达百余米，向南向北岩石粒度变细，厚度减薄，为30～80 m不等，盐边箐河一带仅厚0～10 m。本组与下伏黄龙组岩性差异明显，其间平行不整合界面易于识别；与上覆阳新组灰岩分界，标志清楚。

本组含有丰富的䗴类及珊瑚化石，主要含于砾状灰岩的角砾中，时代较老的属种不能代表地层时代，时代最新的化石为*Verbeekina*，地层时代应不老于茅口期。

阳新组 *Py* （06-51-3201）

【创名及原始定义】 系谢家荣(1924)所创名的“阳新石灰岩”演变而来。命名地点在湖北省阳新县。原始定义：“为厚层造崖(Cliff-Forming)石灰岩，从灰白色—灰黑色，后者含碳质，含有燧石结核，且局部富集。底部时含有沥青质的煤层，在阳新地区被广泛开采。阳新石灰岩有丰富的腕足类、珊瑚、䗴类化石，由葛利普教授鉴定有*Michilina*珊瑚等，年代为早石炭世，厚度为400～500 m。”

【沿革】 自20年代末期，“阳新灰岩”一名已在四川境内广泛使用，各家对含义的理解不尽相同，在川南、川西地区多指位于龙潭(乐平)煤系以下的一套灰岩为主的地层，梁山组归属“阳新灰岩”的底部(潘钟祥等，1939；尹赞勋等，1943；侯德封，1944)，而在川东及川北几乎包括了黄龙灰岩与长兴灰岩间的一大套灰岩为主的地层(朱森等，1942)。30年代后，不少研究者将这套灰岩直呼“阳新统”，其中分出栖霞灰岩、茅口灰岩及底部煤系3个相当组一级的地层单位，划分标准亦不一致，主要依据是古生物群特征而非岩性。另外，黄汲清、曾鼎乾1948年在华蓥山地区将“阳新统”由下而上划分为“大庵灰岩”、“五十三梯系”及“倒钻岩石灰岩”，划分标准是根据䗴类、腕足类及珊瑚化石带。阮维周1942年在会理白果湾煤田将这套灰岩命名为“观音崖燧石石灰岩”，其顶底出露不全，厚约400 m。自50年代以后，“阳新灰岩”或“阳新统”的称谓已渐被放弃，代之以梁山组、栖霞组及茅口组的广泛采用。鉴于栖霞组与茅口组在四川盆地西部及攀西地区缺乏划分的宏观标志，本次清理建议在上述地区仍恢复使用阳新组一名。

【现在定义】 在四川省以灰、深灰、灰白色厚层—块状灰岩为主，夹少量泥质灰岩及结晶灰岩，偶夹白云质灰岩，厚150～300 m，含有䗴类、珊瑚及腕足类化石，与下伏梁山组黑色碳质页岩、粉砂岩或树河组深灰色块状、角砾状灰岩为整合接触，与上覆宣威组或黑泥哨组灰绿等色砂、砾岩多为整合接触，与峨眉山玄武岩组为平行不整合接触的地层体。

【层型】 正层型在湖北省。省内次层型为普格县西罗剖面，四川一区测队1963年测制。

【地质特征及区域变化】 本组在四川盆地西部及攀西地区分布稳定，以灰、深灰色厚层—块状微晶、泥晶灰岩、生物介屑灰岩为主，夹有泥质灰岩及硅质岩，局部含白云质、硅质条带及结核，顶部局部地区夹有少量玄武岩。常见下部色浅、上部色深，或深浅交互出现，厚150～300 m，与下伏梁山组或树河组以砂、泥岩为主的碎屑岩均为整合接触，界线清楚；上覆层为宣威组或峨眉山玄武岩组，前者以含煤碎屑岩为主，后者为玄武岩，与本组以灰岩为主的岩性特征差异明显，为整合或平行不整合接触，界面易于判别。

本组有丰富的䗴类，主要有*Cancellina*，*Verbeekina*，*Pseudodoliolina*，*Yangchienia*，*Neoschwagerina*，*Afghanella*等，伴有腕足类*Urushtenia*等和有孔虫、珊瑚及菊石。

栖霞组 P*q* (06-51-3202)

【创名及原始定义】 李希霍芬1912年命名于江苏省南京市郊的栖霞山，原始含义指南京栖霞山泥盆系五通砂岩与南京砂岩(即钟山层)之间的一套深灰一暗灰色夹燧石的厚层石灰岩及泥灰岩系列，产珊瑚、腕足类和海绵等化石，其时代定为早石炭世。

【沿革】 这一定义包括范围极大，后经早坂一郎、李四光等人研究，细分为下部黄龙石灰岩，中部船山石灰岩及上部燧石灰岩三部。按李四光等(1930)及黄汲清(1931)意见，狭义的栖霞石灰岩应专指上部燧石石灰岩，并修订为"栖霞石灰岩大都由燧石石灰岩构成，其特有之珊瑚动物群可简称为*Tetrapora*动物群，在南京附近此建造在*Schellwienia japonica*层之上，其上下均有试金石层为界"，所谓"试金石层"乃硅质页岩之谓，这一定义已为后人所接受。30年代初栖霞石灰岩一名已在四川境内采用(常隆庆，1933；潘钟祥等，1939)，但鉴于省内层序与南京有别，其含义限制在"栖霞底部煤系"(即梁山组)平行不整合面以上至"乐平煤系"(即龙潭组)之间的一套以灰岩为主的地层。1943年尹赞勋等在川南首次将这套灰岩一分为二，其上部引用了黔西的"茅口灰岩"一名，将"栖霞灰岩"含义限制在"铜矿溪层"含煤岩系之上，浅色的"茅口灰岩"之下的一套厚80～100 m的赤色含沥青质灰岩，并指出其顶界"不易划分"。黄汲清等1948年于华蓥山地区根据珊瑚化石所划的"大庵灰岩"在层位上与尹赞勋等狭义的"栖霞灰岩"大体相当。栖霞灰岩(组)与上覆茅口灰岩(组)的划分标志概括起来有：①按"黑栖霞，白茅口"的方案划分。②按珊瑚化石*Polythecalis yangtzeensis*带(黄汲清，1948)或*Hayasakaia elegantula*带的上限(盛金章，1962)划分。③按䗴类*Parafusulina*或*Cancellina*带的上限或*Neoschwagerina*带下限划分(盛金章，1974)。④以腕足类*Cryptospirifer*的出现(下限)划分栖霞组的顶界(南京地质古生物研究所，1974)。

以上划分方案除前者外，均为以生物为依据分割地层，使这两个单位失去了岩石地层单位的属性。根据省内情况，在四川盆地西部及攀西地区两组无明显的岩性标志，建议统称阳新组，而四川盆地的中部及东部按岩石性质和色泽将二组分开是可行的。

【现在定义】 在四川省以深灰一灰黑色薄一厚层状石灰岩为主，含泥质条带及薄层，具眼球状构造，含䗴类、珊瑚、腕足类及牙形石等化石，与下伏梁山组黑色含煤岩系及上覆茅口组浅灰色块状灰岩均为整合接触的地层体。

【层型】 正层型在江苏省。省内次层型为岳池县溪口剖面，四川石油局1966年测制。

【地质特征及区域变化】 本组在盆地的中部及东部分布广泛而稳定，以深灰一黑色灰岩为主，多见块状构造及微晶、泥晶结构，时夹生物介屑或骨屑灰岩、硅质灰岩及硅质条带、结核，灰岩中普遍含较高的沥青质及硅质，局部见白云岩化及发育的眼球状构造，一般厚数十米至300余米。与上覆茅口组互为消长，由西向东厚度有由薄增厚的趋势。

本组含多门类化石，主要有䗴类*Schwagerina*，*Nankinella*，*Misellina*，*Pisolina*等；珊瑚*Hayasakaia*，*Wentzellophyllum*及腕足类等。

茅口组 P*m* (06-51-3203)

【创名及原始定义】 乐森㻶1927年命名于贵州省郎岱县(今六枝特区)茅口河岸一带，原称"茅口灰岩"，指茅口河岸至打铁关一带的"茅口希瓦格䗴石灰岩"：上部为富含䗴类化石的黑色致密灰岩，下部为浅灰色薄层灰岩，含纺缍䗴科新希瓦格(*Neoschwagerina*)、有孔虫(*Doliolina*)及珊瑚。时代为早二叠世。伏于富含*Lyttonia*的中二叠统煤系(轿子山煤系)之下。

【沿革】 自尹赞勋1943年在川南地区引入“茅口灰岩”后，在省内应用广泛。在此之前该组包括在广义的“栖霞灰岩”或“阳新灰岩”中，未单独分出。黄汲清等1948年在华蓥山地区的“五十三梯系”与“倒钻岩石灰岩”之和与茅口组层位大体相当。由于栖霞组与茅口组岩性不能明显分开，过去常用生物带作为划分标准，争论较大。实际上在四川盆地中部和东部，颜色、块度、含白云质的多少作为划分栖霞组和茅口组还是可行的。

【现在定义】 在四川省以浅灰—灰白色厚层—块状石灰岩为主,夹白云岩及白云质灰岩，含硅质结核及条带，产䗴类、珊瑚及腕足类等化石，与下伏栖霞组深灰—灰黑色石灰岩及上覆吴家坪组底部页岩(王坡页岩)整合接触或与上覆龙潭组含煤砂、泥岩整合或平行不整合接触。

【层型】 正层型在贵州省。省内次层型为岳池县溪口剖面，四川石油局1966年测制。

【地质特征及区域变化】 本组分布于四川盆地的中部及东部，广泛而稳定，岩性以灰、浅灰色块状泥晶、微晶灰岩为主，含有较多的生物介屑、骨屑，下部尚夹钙质页岩及泥灰岩，并构成眼球状及瘤状构造，层间含有呈结核状或条带状产出的硅质层或薄层硅质灰岩，夹有较多的白云岩或白云质灰岩，厚度变化大，从不足百米至600 m以上，且与栖霞组相互消长。以传统的“黑栖霞，白茅口”的方法划分，其他标志均不可靠。在无法区分时则统称阳新组。与上覆地层龙潭组岩性差异明显，界线清楚，在盆地内本组顶部常有缺失，接触面为平行不整合。与上覆地层吴家坪组岩性相近，均为层厚较大的灰岩，但前者下部常有薄的含煤碎屑岩(即“王坡页岩”)，其底界可作为自然标志；与上覆地层孤峰组岩性差别明显，界线按硅质岩的出现划分。

本组含多门类化石，主要有䗴类 *Neoschwagerina*，*Verbeekina*，*Chusenella*，*Schwagerina*，*Pseudodoliolina*，*Afghanella*，*Neomisellina*，*Yabeina*；珊瑚 *Ipciphyllum*，*Wentzelella*，*Tachylasma*；腕足类 *Cryptospirifer*，*Neoplicatifera* 及少量菊石、有孔虫、牙形石等。

孤峰组 Pg (06-51-3216)

【创名及原始定义】 原名孤峰镇石灰岩，叶良辅、李捷(1924)创名于安徽泾县孤峰镇。原指“黑色灰质页岩及硅质甚富之灰岩等，间于栖霞灰岩及龙潭煤系间，底部之灰质黑色页岩含化石极丰，其最著者为菊石及腕足类”。

【沿革】 本组分布范围局限且厚度不大，一般将其归并于茅口组上部作为段级单位，但也有人将其单独划出。本次清理认为，该组岩性特殊，作为组级单位是合理而可行的。

【现在定义】 在四川省以深灰—黑色板状硅质页岩、硅质岩夹燧石层及结核为主，夹同色薄层—中厚层状含硅质、生物碎屑灰岩，含菊石、腕足类及牙形石化石，与下伏茅口组浅灰色厚层石灰岩及上覆吴家坪组底部粘土岩及碳质页岩均为整合接触的地层体。

【层型】 正层型在安徽省。省内次层型为石柱县冷水溪剖面。四川107地质队1975年测制。

【地质特征及区域变化】 本组分布于米仓山—大巴山一线，岩性变化较大，但均以黑色碳质、硅质页岩、硅质岩为主，夹有硅质(化)灰岩、生物灰岩等，偶见煤线，以川北一带灰岩夹层较多，由西向东减少，底界常以深色薄层状的硅质岩、碳质或硅质页岩与下伏茅口组块状灰岩分界，上覆吴家坪组“底煤系”(王坡页岩)区域上较稳定，其底界可作本组顶界划分的标志。

本组含有数量不多的菊石 *Altudoceras*，*Shangraoceras*；腕足类 *Neoplicatifera*，*Cru-*

rithyris，*Spinomarginifera* 及牙形石、珊瑚、有孔虫等。

峨眉山玄武岩组 *Pem* （06-51-3211）

【创名及原始定义】 赵亚曾1929年命名于峨眉山，原称"峨眉山玄武岩"，指一套"厚的席状基性熔岩流，厚度超过400 m，岩石含致密针状斜长石斑晶"。下伏层为"阳新灰岩"，上覆层为煤系地层。

【沿革】 自创名后沿用至今，由于岩石性质特殊，对其定义的理解基本一致，仅在名称上略有出入，如"峨眉山玄武岩流"（谭锡畴、李春昱，1933）、"玄武岩流"（熊永先，1939)等。今称峨眉山玄武岩组。

【现在定义】 以灰、绿等色致密、斑状、杏仁状钙碱性玄武岩为主，夹少量苦橄岩、凝灰质砂岩、泥岩、煤线及硅质岩，偶见植物化石。与下伏茅口组、阳新组或铜陵沟组灰岩及上覆宣威组或龙潭组粉砂岩、泥岩均为平行不整合接触。

【层型】 选层型为乐山市沙湾剖面(103°28′35″，29°24′16″)，四川二区测队1971年测制。

上覆地层：宣威组　紫色含铁质泥岩

——————— 平行不整合 ———————

峨眉山玄武岩组	总厚度 417.6 m
15. 灰绿色厚层块状含铁质致密状玄武岩	14.4 m
14. 灰绿色厚层气孔状含铁玄武岩	159.6 m
13. 黄褐色块状玄武岩，向上含铁质，顶部夹一层赤铁矿	18.2 m
12. 黄褐、黄绿色气孔状玄武岩。上部气孔中含孔雀石，底部夹致密状玄武岩	42.6 m
11. 灰绿色中厚层致密状玄武岩	27.4 m
10. 黄褐、灰绿色中厚层气孔状含铁玄武岩	46.7 m
9. 黄褐色中厚层致密状玄武岩	48.2 m
8. 灰绿、深褐色厚层气孔状玄武岩	41.4 m
7. 青灰、灰绿色中厚层斑状玄武岩，斑晶为长石，且具石英晶洞	16.6 m
6. 浅青灰色页岩及黄红色铁染泥岩	0.3 m
5. 黑色泥灰岩	0.4 m
4. 黄灰、褐色含碳、含砂质泥岩，变化大，有时含石英砾石	0.3 m
3. 黄色硬质页岩夹青灰色的白云质灰岩及薄层碳质泥岩，灰岩中含珊瑚、菊石	0.3 m
2. 黄褐色含砾泥岩，砾石为石英，滚圆度良好	1.2 m

——————— 平行不整合 ———————

下伏地层：阳新组　深灰色灰岩，微含白云质，夹不规则的泥质条带

【地质特征及区域变化】 本组分布于四川盆地西部及攀西、盐源地区。攀西地区南段及盐源地区以超基性-基性岩为主，有致密、斑状的苦橄岩及杏仁状碱性玄武岩，夹有凝灰质砂、页岩，凝灰岩及灰岩，偶见火山角砾岩，组成多个喷发旋回，厚达830～3 240 m。攀西地区北段及盆地西缘峨眉—雷波一带以斑状、杏仁状及致密状碱性玄武岩为主，夹钙碱性玄武岩，玄武角砾集块岩、粉砂岩、页岩、灰岩及泥灰岩，偶夹煤线及少量英安岩，厚度减薄至200～1 000 m，由西向东明显减薄。沿华蓥山构造带及其延伸范围内可见厚零至数十米的霞石玄武岩、灰绿色致密玄武岩，时夹硅质岩，分布不连续。本组以岩性的特殊区别于相邻地层，局部有过渡层，顶底界以大套玄武岩的出现及消失作为划分标志。

本组产植物化石 *Pecopteris*，*Gigantopteris*；䗴类 *Neomisellina*，*Neoschwagerina*，*Yabeina* 等。华蓥山等边缘地带玄武岩夹于砂页岩及灰岩中，为明显的穿时地层体。

宣威组 Px (06－51－3204)

【创名及原始定义】 谢家荣1941年命名于云南宣威县打锁坡，原称"宣威煤系"，含义为"本系为黄绿诸色页岩、褐绿色粗砂岩、煤层及砂质页岩所组成，以大羽羊齿为标准化石，位于玄武岩之上，飞仙关系之下。最厚达四百余公尺，其次亦二、三百公尺不等"。

【沿革】 本组在四川应用不广泛，自30年代始，比较常用的名称有："乐平煤系"（熊永先等，1939)、"乐平组"（四川一区测队，1965)、"龙潭组"（《中国区域地层表(草案)》，1956)等，四川二区测队1971年在乐山地区另创新名"沙湾组"，上述名称的含义与宣威组基本相同。

【现在定义】 在四川省为灰、灰绿色岩屑砂岩、粉砂岩为主，夹泥岩及煤层，含大羽羊齿等植物化石，与下伏峨眉山玄武岩组平行不整合接触，与上覆东川组紫红色岩屑砂岩整合接触。

【层型】 正层型在云南省。省内次层型为乐山市沙湾剖面，四川二区测队1971年测制。

【地质特征及区域变化】 本组为一套以砂岩为主的陆相含煤地层，分布于四川盆地西缘及攀西地区东部，岩性较稳定，均以灰、黄绿色泥岩、粉砂岩、细砂岩为主，夹有多层煤层及煤线，底部时有赤铁矿、粘土层，少量玄武岩；上部偶夹少量薄层泥晶灰岩。本组西薄东厚，西部汉源、美姑一带仅2～10 m，峨边、雷波、沐川一带60～110 m，珙县、筠连一带160 m左右，与下伏玄武岩整合或平行不整合，易于判别，与上覆东川组岩性过渡，颜色亦由黄绿色向紫红色过渡，划分较为困难，建议以大套紫红色砂、泥岩的出现作为划分标志。

本组化石常见者有 *Gigantopteris*，*Lepidodendron*，*Lobatannularia*，*Sphenophyllum*，*Lepidostrobophyllum* 等。东部偶见双壳类、腕足类等，产于海相夹层中。

龙潭组 Plt (06－51－3206)

【创名及原始定义】 刘季辰、赵如钧1924年命名于江苏省江宁县龙潭镇，原称"龙潭煤系"。原始含义指"见于南京附近龙潭，为南京诸山中惟一已开采的煤矿，使用龙潭之名称。这一含煤地层为龙潭煤系，时代定为二叠纪，其上为二叠或三叠纪张公岭石灰岩，下为上石炭纪船山灰岩"。

【沿革】 "龙潭煤系"由黄汲清等1948年引入四川，在此之前四川惯用的名称是"乐平煤系"（常隆庆等，1933；潘钟祥等，1939；尹赞勋等，1943)或"乐平系"（杨敬之等，1945)，其含义一般均超过了"煤系"的范围，包括了原称"长兴灰岩"的一段碳酸盐岩为主的地层(如潘钟祥，1939等)，其时限几乎包括了整个晚二叠世，故也有人直呼为"乐平统"(中国区域地层表，1956)。自黄汲清等引入后，后人多在四川盆地中部和东部使用，含义专指海相含煤岩系，并将上部碳酸盐岩单独分出，称"长兴组"。同时，省内还使用了"砖厂湾煤系"（黄汲清等，1948)。盛金章1962年改称龙潭组。由于该组由东向西在长宁背斜一带向陆相的宣威组过渡，在过渡带形成海陆交互的碎屑岩沉积，故又另立新名，如"筠连组"、"金鸡榜组"（李正积等，1982)；"袁家洞组"、"兴文组"（四川煤炭地质研究所，1982)等，前者总貌与宣威组接近，后者与龙潭组相似，但各组间的划分标准及其含义却以生物地层为前提，缺乏宏观识别标志。

【现在定义】 在四川省以黄灰一黑色细砂岩、粉砂岩、粉砂质碳质页岩为主，夹灰岩、泥质灰岩及煤层，含植物、腕足类等化石，厚80～180 m，与下伏茅口组含硅质结核灰岩整合或平行不整合接触，与上覆飞仙关组紫红、黄绿色泥页岩、泥质灰岩或吴家坪组石灰岩整合接触的地层体。

【层型】 正层型在江苏省。省内次层型为重庆市北碚文星场剖面，四川208队1966年测制。

【地质特征及区域变化】 本组广泛分布于四川盆地中部，层位稳定，以灰、黄灰色泥岩、粉砂岩及砂岩组成不等厚互层，程度不等地夹有煤层、菱铁矿层及泥晶灰岩、泥灰岩，其中灰岩含量及单层厚度由西向东增加，向吴家坪组过渡；向西层间陆相砂、泥岩增多，灰岩减少，向宣威组过渡。厚度在80～180 m左右，具有西薄东厚的趋势，最厚可达300 m以上，底部常有高铝粘土、黄铁矿等富集，与下伏茅口组界线清楚；与上覆吴家坪组多以大套灰岩的出现划分界线，但在西缘常与飞仙关组或吴家坪组岩性过渡，后者常见灰岩中夹有大量页岩组成的交互层，划分界线仅能依据相对的岩性变化判断。

本组含有多门类化石，常见者有䗴类 *Codonofusiella*；腕足类 *Oldhamina*，*Dictyoclostus*，*Squamularia* 等；植物 *Gigantopteris*；以及有孔虫、双壳类、腹足类及少量珊瑚等化石。

吴家坪组 Pw （06－51－3209）

【创名及原始定义】 卢衍豪1956年命名于陕西省汉中(今南郑县)梁山吴家坪，原称“吴家坪灰岩”。原始定义为：“上部为暗灰色厚层一块状灰岩及灰色块状积云状灰岩，下部为厚层一块状夹薄层状灰岩，极富燧石结核，多时可互连成层，富含珊瑚化石。下部整合于王坡页岩之上，上与三叠纪灰岩亦为整合接触，厚约400 m”。

【沿革】 该名60年代引入四川，在这之前泛称“乐平煤系”，但灰岩含量已渐占优势(侯德封等，1939；熊永先等，1943)。其后又有人分出“龙潭组”及“长兴组”，其划分依据多依靠生物(《中国区域地层表(草案)》，1956)。自吴家坪组一名在四川采用后，各家均遵循盛金章(1962)修订后的定义，即指“长兴组”之下、茅口组之上的一段以灰岩为主的地层，下限包括了“王坡页岩”在内，而与上覆以灰岩为主的“长兴组”间无自然界线可寻，仅依靠䗴类 *Codonofusiella* 带与 *Palaeofusulina* 带的界线来划分。这一定义改变了该单位的原始属性。

在四川出现过与吴家坪组大体相当的名称还有“竹塘组”，由叶良辅等1924年创名于安徽贵池县竹塘，《中国区域地层表(草案)》(1956)使用在川北。其二为“长兴组”，由葛利普1931年命名于浙江省长兴县大煤山，在四川境内广泛应用于吴家坪组由东向西的延伸部分，其直接覆于以碎屑岩为主的龙潭组之上。其三为“宝顶组”，由黄汲清等(1948)命名于华蓥山地区，含义与“长兴组”相同，命名后不久即被废用。以上名称中以“长兴组”一名应用范围最广，但有两个性质不同的含义：使用在四川盆地中部和南部时具有岩石单位的性质，指位于龙潭组含煤岩系与飞仙关组或夜郎组紫红或黄绿色泥页岩之间的一套灰岩；使用在四川盆地东部及北部时，该“组”与䗴 *Palaeofusulina* 组合带同义，属吴家坪组上部依靠化石划分出来的一个非岩石地层单位。南京地质古生物研究所(1974)命名的“上寺组”也具有相同的性质。鉴于“长兴组”影响较大但定义混乱，经大区协调，建议在中、上扬子地层分区不采用这一名称，使用吴家坪组代表这套以灰岩为主的地层。

【现在定义】 在四川省以灰、深灰色厚层一块状石灰岩为主，富含硅质结核，夹燧石及少量白云岩，底部为黑灰等色页岩及粉砂岩(即王坡页岩)，灰岩中富含䗴类、腕足类、牙形石及菊石等化石，厚150～400 m。与下伏茅口组灰岩、孤峰组硅质岩及龙潭组砂、页岩，与上覆飞仙关组、夜郎组底部泥岩、泥质灰岩及大冶组底部页岩或大隆组黑色硅质岩均为整合接触的地层体。

【层型】 正层型在陕西省。省内次层型为石柱县冷水溪剖面，四川107地质队1975年测制。

【地质特征及区域变化】 本组广布于四川盆地中部及东部，岩性稳定，以灰、深灰色泥晶灰岩为主，富含燧石结核，并夹有硅质层和钙、硅质页岩、碳质页岩及煤线。在四川盆地东部本组厚70～270 m，底部常有一套深灰、黄灰等色泥岩、碳质页岩夹煤线、赤铁矿及铝土矿层，厚2～10 m不等，原称“王坡页岩”或“吴家坪组底煤系”，其底界可作为与下伏孤峰组硅质岩或茅口组灰岩的分界线。在四川盆地中部本组厚50～143 m，由西向东厚度递增，与下伏龙潭组岩性突变，宏观标志清楚。上覆地层为大冶组时，其底部常为黄灰色薄层状泥岩及泥质灰岩，与本组块状灰岩界线清楚；上覆地层为大隆组时，本组灰岩与上覆硅质岩或硅质灰岩常为过渡，宏观界线不清，以大套硅质岩的出现作为划分的参考标志。

本组含有多门类化石，常见者有䗴类 *Codonofusiella*，*Reichelina*；腕足类 *Dictyoclostus*，*Marginifera*，*Waagenites*；有孔虫 *Nodosaria*；牙形石 *Neogondolella*，*Eunatiogathus* 及少量菊石、珊瑚及藻类，底部煤系可见植物 *Gigantopteris*。

大隆组 *Pd* (06-51-3210)

【创名及原始定义】 张文佑等1938年命名于广西来宾县合山附近的大垅场，原称“大垅层”或“大隆层”，含义指位于二叠系顶部，岩性为灰、灰黑色硅质页岩、钙质页岩夹砂岩组成的地层，以富含 *Pseudotirolites* 菊石群为特征。

【沿革】 大隆组一名60年代才见诸四川有关的文献，应用时主要按①硅质岩为主的岩石组合特征；②含 *Pseudotirolites* 菊石的生物组合特征。由于依据不同，加之这套硅质岩实际上并不是单一岩性，而是硅质层与硅质(化)灰岩、硅质页岩的互层，横向极不稳定。为此各家划分的大隆组差别极大，或者仅局限于硅质层或燧石集中的层段，或者与“长兴组”大体相当(南京地质古生物研究所，1974)。

【现在定义】 在四川省以黑色薄层硅质岩、硅质页岩为主，夹硅质灰岩及砂泥岩，含以菊石类为主的化石，厚15～42 m，与下伏吴家坪组含燧石灰岩及上覆飞仙关组底部灰黄色薄层泥灰岩夹钙质页岩均为整合接触的地层体。

【层型】 正层型在广西。省内次层型为广元县上寺长江沟剖面，成都地质学院1964年测制。

【地质特征及区域变化】 本组分布于广元、旺苍、城口、巫山一线，以黑色硅质岩、硅质页岩、灰岩为主，时夹粉砂岩及页岩，岩性及厚度较稳定，与下伏吴家坪组为整合过渡，宏观划分标志不明显，以硅质层集中出现相对划分底界，与上覆飞仙关组、夜郎组及大冶组亦缺乏可靠标志，常以黄、绿等色泥岩、泥质灰岩等出现划分。

本组含有多门类化石，常见者有䗴类 *Palaeofusulina*，*Codonofusiella*；菊石 *Pseudotirolites*，*Pseudogastrioceras*；腕足类 *Spinomarginifera*；珊瑚 *Tachylasma*；牙形石及放射虫等。

黑泥哨组 *Ph* （06－51－3230）

【创名及原始定义】 米士(P Misch)1946年命名于云南省鹤庆县西南的黑泥哨，原称"Heinishao Formation"，含义指"位于二叠纪玄武岩之上，由不纯石灰岩、黑色页岩及煤层组成，夹有薄层状玄武岩"的地层，时代属乐平期。

【沿革】 四川省从未使用过该名称，区调工作中一直使用"乐平组"（四川一区测队，1971)或"龙潭组"（《西南地区区域地层表·四川省分册》，1978)。鉴于这套碎屑岩粒度较粗，层间常夹玄武岩，与"乐平组"或宣威组区别明显，在清理过程中经相邻省区协调，引入这一名称。

【现在定义】 灰绿、灰白等色砂砾岩、岩屑砂岩为主，夹泥岩、碳质页岩及煤层，时夹褐灰色致密状玄武岩及赤铁矿结核，与下伏峨眉山玄武岩组及上覆青天堡组紫红色砾岩、含砾砂岩均为平行不整合接触的地层体。

【层型】 正层型在云南省。省内次层型为盐源县卫城小高山剖面，四川一区测队1971年测制。

【地质特征及区域变化】 本组分布仅限于金河-程海断裂西侧，盐源小高山一带最为发育，以陆相含煤碎屑岩为主，时夹海相夹层，煤层集中于中部，上下部均以砂砾岩为主，厚度达800余米，由东向西沉积物变细，海相灰岩夹层逐渐增多，至川滇交界的泸沽湖一带以砂页岩与灰岩互层为主，不含煤，厚度减薄至400 m。

本组中见有少量化石，泸沽湖一带见有䗴类 *Codonofusiella*；腕足类 *Leptodus*，*Squamularia*；植物 *Pecopteris*，*Gigantopteris* 等。

铜陵沟组 *Pt* （06－51－0131）

【创名及原始定义】 李宗凡(1994)创名于康定铜陵乡。原义为：指平行不整合覆于石喇嘛组之上，伏于峨眉山玄武岩组之下的一套碳酸盐岩地层体，下部夹泥砂质岩，中部夹硅质岩条带及团块，上部夹不稳定的角砾状灰岩，底以一层细砾岩或砂岩与下伏层灰岩分界，含丰富的䗴类及海百合茎化石。

【沿革】 属康定金汤石喇嘛、野牛沟一带的早二叠世地层，四川二区测队1976年将其划为"东大河组"、"三道桥组"，其后被各家沿用。本次清理通过系统的对比研究发现，康定金汤—茂县九顶山一带的泥盆纪—早二叠世地层均为一套稳定的浅海碳酸盐岩沉积，变质极轻微或未变质，生物化石较丰富且保存完好，与宝兴硗碛—松潘雪宝顶一带的次稳定型沉积有质的差别，而与上扬子地层分区的地层特征更为相似。它们应分属不同的岩石地层序列。东大河组与三道桥组实为同物异名。因此九顶山地层小区的早二叠世地层必须建立自己的岩石地层单位，以填补其岩石地层序列中的空白。李宗凡在前人测制的康定金汤石喇嘛剖面和康定孔玉野牛沟剖面上创此名。

【现在定义】 同原始定义。

【层型】 正层型为康定石喇嘛剖面，位于康定县铜陵乡(102°23′14″，30°33′47″)，四川二区测队1976年测制。

上覆地层：峨眉山玄武岩组 绿灰、暗绿色斑状玄武岩，底部为灰绿色凝灰岩、薄层凝灰质灰岩

———————平行不整合———————

铜陵沟组　　　　　　　　　　　　　　　　　　　　　　　　　　　　　　　　总厚度399.5 m

37. 灰、灰白色块状角砾状灰岩，顶部有灰色厚层状灰岩。砾石成分主要为各色灰岩，少量页岩与泥灰岩，呈棱角状。富含䗴类 *Neoschwagerina*，*Verbeekina*　　41.4 m

36. 灰、深灰色中层状致密灰岩夹黑色硅质岩条带或团块及深灰色生物碎屑灰岩，富含䗴类 *Neoschwagerina*，*Verbeekina*，*Pseudodoliolina*　　50.7 m

35. 灰—深灰色薄—中层状硅质条带状灰岩，灰岩致密性脆　　27.4 m

34. 灰、深灰色薄—厚层状灰岩夹生物灰岩，灰岩中间夹黑色硅质岩条带及少量团块，生物灰岩中富含䗴类 *Neoschwagerina*，*Verbeekina*，*Nankinella* 及海百合茎　　32.5 m

33. 灰、深灰色薄—中层状灰岩，局部夹厚层状灰岩、黑色硅质岩条带或团块、生物灰岩，含䗴类 *Neoschwagerina*，*Verbeekina*，*Neomisellina* 及海百合茎　　28.8 m

32. 灰、深灰色厚层状夹中—薄层状灰岩，局部夹灰、黑色硅质岩条带或团块及生物灰岩，含䗴 *Neoschwagerina*，*Verbeekina*，*Pseudofusulina*　　29.0 m

31. 灰、深灰色中层状微粒灰岩夹少量黑色硅质岩薄层及团块，底部夹灰色薄层灰岩或钙质页岩，局部夹生物碎屑灰岩，富含䗴类 *Verbeekina*，*Neomisellina*，*Schubertella* 及腕足类化石碎片和海百合茎　　55.3 m

30. 下部灰、黑灰色钙质板岩、页岩、薄层灰岩；上部灰色薄—中层状泥质灰岩与灰、黑色钙质板岩、页岩互层夹少量薄层硅质岩、板岩及碳质页岩。底部板岩中含黄铁矿晶体。灰岩中含䗴类 *Neoschwagerina*，*Verbeekina*，*Parafusulina*，*Schubertella*　　38.3 m

29. 灰、深灰色中层状灰岩夹少量薄层灰岩及灰—黑色页岩、白色薄层硅质岩，顶、底部均夹有生物碎屑灰岩，含䗴类 *Misellina claudiae*，*Parafusulina*，*Pseudofusulina*　　82.3 m

28. 灰、深灰色钙质板岩、薄层泥质灰岩夹黑色碳质页岩。顶部以薄层灰岩为主夹页岩。下部为灰色钙质胶结的细砾岩，呈次圆—次棱角状　　13.8 m

———————平行不整合———————

下伏地层：石喇嘛组　灰、灰白色灰岩、生物碎屑灰岩，含䗴

【地质特征及区域变化】　本组仅分布于康定金汤石喇嘛—孔玉野牛沟一带数十公里范围，厚242.0～399.5 m，向东北被断失或被剥蚀，岩性较稳定，康定野牛沟一带硅质岩夹层减少，上部角砾状灰岩不发育，底部以砂岩与下伏地层分界。

本组所含生物化石主要是䗴类，次为海百合茎。下部含䗴类 *Misellina claudiae*，*Parafusulina* 等，为我国南方早二叠世早期带化石之一，且底部砾岩平行不整合覆于石喇嘛组之上。本组中、上部所含䗴 *Neoschwagerina*，*Verbeekina*，*Neomisellina* 等属，均是早二叠世晚期的常见分子，或重要带化石之一，又平行不整合伏于峨眉山玄武岩组之下。故其时限为早二叠世。

东川组　Td$\hat{c}$　(06－51－3301)

【创名及原始定义】　孟宪民等[①] 1948年创名于云南省东川县，原称"东川系"，其定义为："紫红色砂岩、页岩和细砾岩组成，假整合于二叠纪煤系或玄武岩之上，其时代为早—中三叠世，嘉陵江灰岩覆于东川系之上，时代为晚三叠世卡尼克期"。

【沿革】　该组命名后仅少数文献提及(赵金科等，1962)，而在四川境内一直使用"飞仙关组"，也有人称之为"夜郎统"(《中国区域地层表(草案)》，1956)。直至1979年，由南京

① 孟宪民等，1948，云南东北部东川地质，前中央研究院地质研究所西文集刊，17号(内刊)。

地质古生物研究所正式引入四川。本次清理认为，这套代表扬子区西缘的陆相三叠纪红色粗碎屑岩系与飞仙关组在岩性、岩相等方面均有实质性的区别，重新起用东川组一名当属必要。

【现在定义】 为紫、紫红色细一中粒砂岩、粉砂岩为主，夹粉砂质泥岩组成，未见化石，厚 128～265 m，与下伏宣威组灰绿色岩屑砂岩、粉砂岩整合过渡，与上覆铜街子组黄灰色泥质灰岩、砂泥岩夹灰岩整合接触。

【层型】 正层型在云南省。省内次层型为乐山市铜街子剖面，四川 210 队 1965 年测制。

【地质特征及区域变化】 本组过去一直被视为飞仙关组近陆源区的一部分，分布于四川盆地的西部边缘，包括凉山地区及峨眉、马边、雷波一带，呈南北向条带状分布，砂岩含量及粒度由东向西增高，砂岩中的岩屑成分含量亦极高，下部时夹细砾岩及泥砾，厚在 128～265 m 之间。本组下伏地层宣威组为灰绿色，虽同是砂岩为主，但色泽对比清楚，界线易于判定，与上覆地层铜街子组在区域上以灰岩(或泥灰岩)的出现划分。

本组化石极少，保存欠佳，仅在海相夹层中见少量双壳类 *Claraia*，*Unionites* 等。

飞仙关组 T*f* (06-51-3302)

【创名及原始定义】 赵亚曾 1929 年创名，原称“飞仙关页岩”，命名地位于广元县城北嘉陵江东岸的飞仙关。原始定义为：“于广元可划分下部紫色页岩系和上部灰岩层，飞仙关页岩上部含有薄的灰岩夹层，在石兰子(Shilantze)厚约 350 m，时代三叠纪。”1931 年赵亚曾等又修订为“紫、紫红色页岩，夹薄的页状灰岩夹层，典型露头在嘉陵江沿岸的沙河驿与飞仙关之间，有两层突起的灰岩，各厚 100 m，并为紫色页岩所隔开，见化石，时代为三叠纪”。以上两个定义不完全相当，前者可能包括了嘉陵江组在内。

【沿革】 自命名后应用广泛，各家对其含义的理解及使用范围差别较大。狭义者基本上按赵氏 1931 年定义划分(侯德封等，1939；任绩等，1942；黄汲清等，1940；南京地质古生物研究所，1979)，广义者包括了东川组及夜郎组在内(谭锡畴等，1933；尹赞勋等，1943；潘钟祥等，1939；《西南地区区域地层表·四川省分册》，1978)。自许德佑 1939 年创立“铜街子系”后，飞仙关组便限定在紫红色砂、页岩为主的层段中。随着生物地层研究的深入，该组被赋予早三叠世早期的时代含义(《西南地区区域地层表·四川省分册》，1978；南京地质古生物研究所，1979)。根据岩石地层单位的定义，有必要对飞仙关组的含义及使用范围加以标定。

【现在定义】 以紫红色页岩、砂质页岩为主，夹有灰色薄层灰岩、鲕状灰岩、泥灰岩、砂岩及粉砂岩。富含双壳类等化石。底部常以一层稳定的薄层灰岩(汪家坝层)与下伏大隆组硅质岩、吴家坪组灰岩等整合接触，与上覆铜街子组页岩与灰岩互层亦为整合接触。

【层型】 正层型为广元飞仙关一须家河剖面，位于广元县城北嘉陵江东岸(105°54′57″，32°33′28″)，四川二区测队 1966 年重测。

上覆地层：**铜街子组** 中厚层泥质灰岩、紫色页岩及紫灰色薄层灰岩互层

——————— 整 合 ———————

飞仙关组	总厚度 420.6 m
15. 紫色页岩夹薄层灰岩、泥灰岩。含双壳类 *Eumorphotis* cf. *maritima*	48.6 m
14. 灰白色厚层泥灰岩	25.0 m
13. 紫色钙质页岩夹灰紫色薄层灰岩、泥灰岩	34.8 m

12. 紫色泥岩与钙质页岩互层 83.8 m

11. 灰色厚层鲕状灰岩，浅灰色厚层致密灰岩及黄色薄层泥质灰岩，夹紫红色灰岩 50.9 m

10. 青紫色中厚层泥灰岩，风化层呈青灰或灰黄色。含双壳类 *Claraia aurita*，*Myophoria*；腕足类 *Lingula tenuissima* 56.8 m

9. 紫色泥岩，风化层呈黄色。含双壳类 *Myophoria*，*Claraia* 及腹足类 6.0 m

8. 青紫色中厚层泥灰岩。含双壳类 *Claraia aurita*；腕足类 *Lingula* 32.3 m

7. 紫色泥岩夹青灰色薄层泥灰岩。含双壳类 *Claraia stachei* 10.9 m

6. 紫红色泥岩与青灰色钙质泥岩互层。含双壳类 *Claraia stachei* 11.1 m

5. 青灰色薄层泥质灰岩夹黄绿色页岩。含双壳类 *Claraia stachei* 9.9 m

4. 灰色厚层灰岩 6.0 m

3. 深灰色薄层灰岩与黄色页岩互层。含双壳类 *Claraia stachei* 41.5 m

2. 灰、深灰色薄层含泥质灰岩夹黄色页岩。含双壳类 *Claraia* cf. *wangi* 3.0 m

——————— 整　合 ———————

下伏地层：**大隆组**　灰黑色薄层硅质灰岩，间夹碳质页岩。含菊石

【地质特征及区域变化】　本组分布于天全—乐山—屏山一线以东，广元—内江—泸州一线以西的地域内，向西过渡为东川组，向东过渡为夜郎组。该组以紫红色页岩为主，夹有灰岩及砂岩。由广元向南本组碎屑岩比例大幅度增高，且砂岩含量也逐步增加，龙门山中段砂、泥岩常呈互层出现。川南珙县、筠连一带本组以粉砂岩及砂质泥岩为主，夹细砂岩，由东向西粒度变粗。在龙门山北段，本组底部为一层厚达百米、层位较稳定的灰岩，夹少量黄绿色页岩，前人称“汪家坝层”(侯德封，1939)，其底界可作为划分飞仙关组下界的标志层。本组顶界以大套薄层状灰岩的出现划分铜街子组或大冶组，宏观易于识别。本组厚在 360～460 m 之间，龙门山中段局部较薄，仅 150 m 左右，具有由西向东厚度增大的趋势。

本组含有较丰富的海相双壳类化石，较有代表性的有 *Claraia*，*Eumorphotis*，*Oxytoma* 等，尤其是前二者；菊石多为 Ophiceratidae 科的分子。

大冶组　T*d*　(06－51－3304)

【创名及原始定义】　由谢家荣(1924)所创“大冶石灰岩”演变而来。创名地点在湖北省大冶县城北之著名铁矿附近(现为大冶县铁山附近)。原始定义：“指位于炭山湾煤系与武昌煤系之间的地层。为灰、灰白色薄层石灰岩，广泛分布于大冶以北之山丘地带，其最下部可相变为 30～40 m 的钙质页岩和黄色页岩，在大冶保安东北一带，该层页岩有头足类等化石，它们为二叠纪生物群。总厚度约 500 m。其时代：下部为二叠纪？上部薄层灰岩地质时代可能为三叠纪。”

【沿革】　在川东、鄂西，Blackwelder(1907)曾命名了“巫山石灰岩”，谢家荣等(1925)将其一分为二，下部称“阳新石灰岩”，上部称“大冶石灰岩”。30 年代始，“大冶灰岩”一名已广泛在川东地区被采用(李陶、苏孟守等，1938；曹国权，1945)，但其含义均按谢家荣的定义划分，也有人泛称“夜郎统”(《中国区域地层表(草案)》，1956)。赵金科(1962)又将“大冶石灰岩”上部分出嘉陵江组，下部称大冶群。其后，均按赵氏的定义，四川东部使用狭义的大冶组或大冶群(四川 107 队，1972；四川二区测队，1974；《西南地区区域地层表·四川省分册》，1978；南京地质古生物研究所，1979)。但是，应用时被赋予了浓厚的年代地层色彩，即按生物带的划分，将大冶组限制在早三叠世早期的时限以内，并在这套灰岩中找到

一层厚约 20～30 m，横向较为稳定的紫红色泥质灰岩或泥灰岩，将其顶界作为大冶组的顶界，这一界线与西部的飞仙关组顶界大体等时。但是在命名地所在的中扬子地区，由于这套泥灰岩已消失而没有岩石地层划分的意义，湘、鄂诸省习惯将大冶组顶界置于其上以白云岩为主的层段的底界(即四川嘉陵江组第二段之底)，中、上扬子区在应用大冶组一名时，与四川有“系统误差”。经省区间的协调，建议以薄层状石灰岩这一重要宏观特征作为大冶组的划分依据，即四川的大冶组顶界上提到原划嘉陵江组第一段之顶界。

【现在定义】 在四川省以灰色薄层状石灰岩为主，夹中厚层状含泥质灰岩或白云质灰岩及鲕状灰岩，底部夹少量黄灰色钙质页岩，含海相双壳类及菊石等化石，与下伏大隆组灰色钙质页岩、硅质岩或吴家坪组灰色中厚层状石灰岩或夜郎组紫红色钙质泥岩或铜街子组绿灰色粉砂质泥岩均呈整合接触，与上覆嘉陵江组底部灰色厚层状白云岩亦呈整合接触的地层体。

【层型】 正层型在湖北省。省内次层型为奉节县吐祥坝剖面，四川 107 地质队 1980 年测制。

【地质特征及区域变化】 本组岩性较稳定，在川东地区厚达 670～1 200 m，层间常夹有砂屑、鲕粒及生物屑灰岩，亦夹有白云质灰岩或白云岩条带。向西厚度迅速减薄至 236～517 m，间夹少量钙质泥、页岩薄层及条带。达县一涪陵一线以西地区，空间形态呈一楔状体插入夜郎组一铜街子组与嘉陵江组之间，东厚西薄，厚度 50～185 m 不等。川东地区底部夹有厚 1～25 m 不等的灰岩与泥页岩的层段，为大冶组底界的良好标志。由东向西，本组覆于紫红色砂泥岩为主的地层之上，界线易于辨认。顶界以上覆嘉陵江组底部白云岩的出现划分，宏观特征明显。

本组化石丰富，有双壳类 *Claraia*，*Eumorphotis*，*Myophoria*(*Neoschizodus*)，*Oxytoma*，*Leptochondria* 等；菊石 *Ophiceras*，*Koninckites*，*Lytophiceras* 等属，产出层位多居于本组下部。此外还有少量腕足类、有孔虫、海百合茎及苔藓虫等。

夜郎组　Ty　(06－51－3303)

【创名及原始定义】 丁文江 1928 年创名，原称“夜郎系”，具体地点有三说：一曰贵州独山附近夜郎(葛利普，1934)，一曰“贵州中部古夜郎国”(赵金科，1962)，一曰黔北桐梓县北约 20 km 的夜郎坝。由于创名人对该单位未著文发表，后人补充说明其含义为“下部为大冶石灰岩而上部则为飞仙关页岩之混合层”(尹赞勋，1937)或“夜郎群一名近 20 年用来指大冶群与飞仙关群的混合相，适用于四川中南部、贵州北部及西部的灰岩及页岩混合相”(赵金科，1962)。

【沿革】 尹赞勋、赵金科的释义内涵相去甚远，虽均强调了“混合层(相)”这一突出特征，但尹氏指的是纵向层序，赵氏指的是横向区域分布。丁文江在命名“夜郎系”的同时，按岩性又划分为下部“玉龙山石灰岩”及上部“九级滩页岩(系)”，前者命名于贵州大定玉龙山，后者得名于遵义附近九级滩，乐森玥(1928)、黄汲清(1932)相继采用。其后，刘之远(1942)又在“玉龙山石灰岩”下部划分出了“沙堡湾页岩”(遵义城北沙堡湾)，这些名称均为“夜郎系”中的次一级单位，都不同程度地得到采用(乐森玥，1928；潘钟祥，1939；《中国区域地层表(草案)》，1956)。

【现在定义】 岩性以紫红、黄绿等色页岩、砂质页岩与灰色薄一中厚层状灰岩呈不等厚互层为主，夹鲕状灰岩、泥质白云质灰岩等，富含双壳类及菊石等化石的地层体，厚 400m 左右，底部以黄绿色页岩的出现与下伏吴家坪组灰岩分界，顶部以紫红色钙质泥岩或泥灰岩与上覆大冶组灰色薄层状灰岩分界，均呈整合接触。

【层型】 选层型在贵州省。省内次层型为合川县盐井溪剖面，四川 210 地质队 1965 年测制。

【地质特征及区域变化】 本组分布范围为介于大冶组与飞仙关组分布区之间的过渡带，大体在广元—内江—泸州一线以东，达县—涪陵一线以西，呈南北向的带状分布。在此区内岩性常具有明显的四分性，一、三段以灰岩、泥质灰岩为主，夹少量泥岩，二、四段以钙质粉砂质泥页岩为主夹泥质灰岩、生物及鲕状灰岩。重庆、綦江一带泥岩含量由北向南有增厚趋势，厚 380～480 m。川中地区本组深埋地腹。川北旺苍、南江一带岩性稳定，厚度 620～800 m。厚度具有由南向北，由东向西增大的特点。以双壳类及菊石多见。

铜街子组 *Tt* （06-51-3305）

【创名及原始定义】 许德佑 1939 年创名于乐山市南大渡河下游东岸的铜街子，原称“铜街子系”。原始含义指许氏鉴定采自铜街子，原嘉陵江灰岩下部的瓣鳃类化石，称为“安尼锡克层”，故将这一套紫、黄绿等杂色砂岩、泥岩夹灰岩的地层分出，暂拟以“铜街子系”称之，时代定为中三叠世。

【沿革】 自命名后在四川盆地西南部广泛采用(赵金科等，1962；南京地质古生物研究所，1979)，1964 年陈楚震等提出铜街子组应扩大用于龙门山地区，将原“飞仙关页岩”(赵亚曾，1929)上部一套页岩与灰岩的交互层划出称铜街子组，这一认识也被采用(四川二区测队，1966)。与此同时，通过生物地层的划分对比，证实了铜街子组由西向东向嘉陵江组下部(一、二段)相变，二者时限相当，故又有人将铜街子组称为“嘉陵江组下段”或“铜街子段”(《西南地区区域地层表·四川省分册》，1978)。本次清理核查证实铜街子组实际上为下伏东川组紫红色碎屑岩与上覆嘉陵江组石灰岩之间的过渡层，符合岩石地层单位的含义。

【现在定义】 岩性以紫红、黄绿色粉砂岩、泥岩为主，夹砾岩、砂岩及生物碎屑灰岩，富含海相双壳类及头足类化石，厚 128～365 m，与下伏东川组紫红色砂岩或飞仙关组紫红色砂岩、泥岩，上覆嘉陵江组灰岩、泥质及白云质灰岩均为整合接触的地层体。

【层型】 正层型为乐山市铜街子剖面，位于乐山市南 25 km，大渡河东岸(103°37′10″，29°12′46″)，四川 210 地质队 1965 年重测。

上覆地层：嘉陵江组 灰色中厚层状泥质类岩，底部夹含生物碎屑的结晶灰岩

——————整 合——————

铜街子组

	总厚度 139.2 m
16. 黄绿色薄层钙质泥岩，夹两层泥质灰岩	1.7 m
15. 下部紫色泥岩，中上部粉砂岩夹砂质白云岩	8.7 m
14. 黄绿色薄层水云母泥岩、砂质泥岩，中部夹泥砂质白云岩，上部夹白云质泥灰岩	11.2 m
13. 紫色细粒钙质含砾砂岩，中部产双壳类化石	8.9 m
12. 紫色细粒含砾岩屑砂岩与长石岩屑砂岩互层	8.8 m
11. 下部紫色薄层粉砂岩，上部浅黄灰色鲕粒灰岩，产双壳类化石	3.1 m
10. 灰—肉红色泥质白云质灰岩，顶部厚 1 m 鲕状白云岩	6.7 m
9. 灰—肉红色泥质生物碎屑灰岩与砂泥质灰岩互层	17.7 m
8. 灰—肉红色薄—中厚层状泥质生物碎屑灰岩。产双壳类 *Leptochondria* sp.	7.7 m
7. 紫色细粒长石岩屑砂岩，底部为泥质生物碎屑灰岩。产双壳类 *Entolium discites*	24.8 m

6. 紫色薄层－中厚层状钙质岩屑长石砂岩。产双壳类 *Eumorphotis inaequicostata* 10.2 m

5. 灰色中层状泥质生物碎屑鲕粒灰岩夹泥质粉砂岩 3.3 m

4. 紫色薄－中层状细粒岩屑砂岩，顶部夹鲕粒灰岩。下部产双壳类、腕足类化石 15.5 m

3. 上部紫色细粒长石岩屑砂岩，下部灰色生物碎屑灰岩。产双壳类、腹足类化石 2.4 m

2. 上部紫色砂岩、泥岩，下部灰色假鲕状灰岩夹泥岩 8.5 m

——————整　合——————

下伏地层：东川组　紫色含泥质含钙质长石岩屑砂岩

【地质特征及区域变化】　本组分布于乐山、峨眉一带，上部为紫红、紫灰色细粒岩屑砂岩及石英砂岩、粉砂岩夹砂质页岩及灰岩，下部紫红－暗紫色细、粉砂岩与泥岩不等厚互层，夹砾岩，厚 128～265 m 不等，美姑、雷波一带砾岩、砂岩含量大增，厚度可达 300 m 左右，广元、江油一带岩性为紫红色钙质页岩夹灰岩，多组成韵律互层，偶夹白云岩、灰岩，常呈紫红色调，较乐山一带碎屑粒度明显变细，粗屑组分消失，厚度在 130～256 m 之间。本组与下伏地层东川组，岩性突变，界线清楚，与下伏地层飞仙关组，岩性常为过渡，以灰岩的出现划分界线，与上覆地层嘉陵江组均以大套碳酸盐岩(灰岩或白云岩)的出现划分，易于识别。

本组以双壳类多见，重要分子有 *Eumorphotis*，*Entolium*，*Pteria*，*Gervillia*，*Costatoria* 等；头足类一般少见，以 *Tirolites* 具重要的区域对比意义。

嘉陵江组　T*j*　(06－51－3307)

【创名及原始定义】　赵亚曾、黄汲清 1931 年将原称“昭化灰岩”(赵亚曾，1929)，更名为“嘉陵江石灰岩”，命名地位于广元县城北 15 km 的嘉陵江沿岸，原始含义泛指“整合于紫红色页岩为主的飞仙关页岩之上的一套黄－浅灰色薄层含白云质石灰岩地层，厚约 600 余米，未找到化石”。

【沿革】　自命名后被广为采用。在川北地区对含义的理解基本一致，但在四川盆地内使用时含义做了多次修订。许德佑(1939)于川南威远根据化石将该套灰岩上部划出了“雷口坡系”，下部划分出“铜街子系”。50 年代石油地质工作者找到一层厚度不大的水云母粘土岩(俗称“绿豆岩”)，以此为标志层作为划分嘉陵江组与雷口坡组的界线。也有人认为“绿豆岩”在区域上有不连续及缺失，将上述二组界线划在该标志层之上的一套黄绿、紫红色等杂色泥岩之底。这些划分方案均为后人沿用。但是与中、上扬子区广泛采用的嘉陵组含义理解有较大的区别，在云、贵、川等省认识基本一致，即“绿豆岩”以下，铜街子组或夜郎组等以泥岩为主地层之上一套碳酸盐岩为嘉陵江组。在川黔等省东部，常以狭义的大冶组顶部一套带紫红色的泥灰岩分界。但在鄂、湘等省区习惯将巴东组下紫色层以下，大冶组薄层石灰岩之上的一套以白云岩为主的地层称嘉陵江组。经过清理及省区间协调，现对其定义做了修订。

【现在定义】　岩性以灰色中－厚层状白云岩、白云质灰岩为主，夹微晶灰岩、“盐溶角砾岩”(井下为巨厚盐岩及石膏层)，含海相双壳类、有孔虫化石，头足类罕见，厚 310～780 m，与下伏大冶组灰色薄层石灰岩、铜街子组杂色砂岩、泥岩及上覆雷口坡组或巴东组底部杂色泥岩、白云岩均为整合接触的地层体。

【层型】　正层型为广元飞仙关—须家河剖面，位于广元城北嘉陵江东岸川陕公路旁侧(105°54′57″，32°33′28″)，四川二区测队 1966 年重测。

上覆地层：雷口坡组　灰、微红色中－厚层白云岩夹薄层灰岩，含双壳类化石

———— 整 合 ————

嘉陵江组 总厚度 384.2 m

三段

16. 灰白色厚层、块状白云岩，局部呈角砾状 21.3 m
15. 浅灰、灰白色中厚层—块状钙质白云岩，上部夹紫红色钙质页岩 39.8 m
14. 浅紫红色中厚层白云质灰岩夹泥岩，具角砾状构造 13.2 m
13. 浅灰白色厚层块状钙质白云岩 25.2 m
12. 浅紫红色薄—中厚层白云质灰岩，上部夹紫红色钙质页岩，底部有一层厚 0.3 m 的缅状灰岩 24.7 m
11. 上部为浅灰色角砾状钙质白云岩，下部为紫红色钙质泥岩及角砾状钙质白云岩 6.9 m
10. 灰黑色薄层泥质灰岩，中、下部夹含白云质灰岩，局部具蠕虫状构造，顶部晶洞发育。含双壳类 *Eumorphotis* sp. 及有孔虫 30.3 m

二段

9. 上部为灰色块状细晶灰岩；下部为浅灰色中厚层致密灰岩。含腕足类 *Rhaetina* sp. 34.0 m
8. 上部为浅灰—灰色中厚层致密灰岩；下部为红灰色泥质灰岩，具蠕虫状构造。含腕足类 35.9 m
7. 浅灰白色厚层泥质灰岩、灰岩互层，泥质灰岩显蠕虫状构造。含双壳类化石 26.0 m
6. 浅灰色厚层致密灰岩与泥质灰岩互层；中部夹紫红色钙质页岩。泥质灰岩显蠕虫状构造。含有孔虫 *Ammodiscus incertus*；腕足类 *Lingula* sp. 58.3 m

一段

5. 浅红色角砾状含白云质灰岩夹紫红色钙质页岩 5.2 m
4. 上部为浅灰色薄—中厚层泥质灰岩，中部为浅灰色厚层含白云质灰岩、薄层生物碎屑灰岩，底部为浅灰色中厚层角砾状含白云质灰岩 35.2 m
3. 浅灰、浅紫红色厚层块状钙质白云岩，底部为角砾状灰岩。含腕足类 13.8 m
2. 黄色中厚层泥质灰岩。含双壳类 *Pteria* cf. *murchisoni* 24.4 m

———— 整 合 ————

下伏地层：**铜街子组** 灰、浅紫色薄层灰岩与紫色钙质页岩互层。含有孔虫

【地质特征及区域变化】 本组岩性较稳定，三分性明显，其中第一、三两段以黄灰色薄—中厚层白云岩为主，第一段夹蓝灰、紫红等色泥质岩层，第三段夹不同颗粒结构的灰岩及火山碎屑岩（“绿豆岩”），四川盆地中部及东部程度不等的夹有石膏及盐岩层，形成成分复杂的“盐溶角砾岩”，第二段多以中厚层—厚层状灰岩为主，夹白云质灰岩及白云岩。本组厚度在四川盆地西部较薄，仅 150～350 m，由西向东迅速增加，至盆地中部增大至 300～580 m，东部可增至 500～800 m。上部普遍发育的灰绿色水云母粘土岩（“绿豆岩”）区域延伸较稳定，厚 0.5～3 m，底部常具石英细砾层及硅质层，是良好的地层划分对比的标志层。本组与下伏大冶组以薄层状灰岩消失，厚层白云岩的出现划分，与上覆雷口坡组或巴东组以红、绿等杂色泥岩、泥质白云岩的出现划分，宏观标志十分清晰。

本组含有以海相双壳类为主的化石群，常见者有 *Eumorphotis*，*Claraia*，*Myophoria*，*Leptochondria* 等。此外，尚见有菊石 *Meekoceras*，*Paranannites*，*Tirolites*，*Dinarites* 等；有孔虫 *Glomospira* 等；牙形石 *Hindeodalla*，*Neospathodus*，*Neogondolella* 等，分布广泛而数量多。

雷口坡组 *Tl* （06-51-3308）

【创名及原始定义】 许德佑 1939 年命名于威远县新场附近的雷口坡，原称“雷口坡

系”，其含义系根据岳希新等在威远县熊家—雷口坡剖面“h层及k层石灰岩中所采化石 *Pseudomonotis*(*Eumorphotis*)*illyrica*，*Myophoria goldfussi* 等瓣鳃类及菊石？*Clionites* sp. 等”与湖北远安所产类同，年代为上三叠纪卡尼克层，并称“雷口坡系”，以代表上部“嘉陵江石灰岩”。

【沿革】 以上定义缺乏具体的岩石地层含义，但其地层位置是明确的，后人均按此含义在过去划分的嘉陵江组上部划出雷口坡组，上界一般由一区域性平行不整合面所限定，下界的划分各家有不同的意见。50年代以“绿豆岩”划分该组下界，理由是这一界线为上述生物化石带的下限(罗志立，1957；赵金科等，1962)。“绿豆岩”区域上较稳定，但其上下地层均以白云岩为主，无宏观界线可寻。60年代后，有人将雷口坡组下界提高到该组下部杂色泥、页岩段底界，较传统底界(“绿豆岩”)高约数十米，这一划分方案符合岩石地层单位的定义。

【现在定义】 以灰、黄灰等色薄—中厚层状白云岩、泥质白云岩为主，夹灰岩及石膏层(或“盐溶角砾岩”)，底部为杂色(黄绿、紫红)泥页岩、泥质白云岩(俗称“杂色段”)，灰岩富集于中部，含海相双壳类及菊石等化石，厚0～600 m，与下伏嘉陵江组顶部黄灰色厚层白云岩或角砾岩呈整合接触，与上覆须家河组含煤碎屑岩系或垮洪洞组泥岩平行不整合接触，局部与上覆天井山组灰岩整合接触的地层体。

【层型】 选层型为威远县新场剖面，位于威远县新场石油厂(104°33′4″，29°36′42″)，四川210地质队1963年测制。

上覆地层：须家河组　褐黄色中厚层状长石石英砂岩与灰黑色页岩互层

——————— 平行不整合 ———————

雷口坡组	总厚度161.73 m
23. 深灰间灰色薄层和中厚层灰岩夹含泥质灰岩。含菊石 *Progonoceratites*；双壳类 *Mytilus*	9.07 m
22. 深灰色中厚层夹微薄间薄层状灰岩	11.4 m
21. 灰色薄—中厚层含泥质灰岩及灰岩互层，夹结晶灰岩	13.64 m
20. 灰色薄层和中厚层含泥质灰岩夹灰岩	17.57 m
19. 灰色中厚层夹薄层生物碎屑石灰岩，中上部夹薄层状白云岩	2.54 m
18. 灰黄色中厚层角砾状含泥质白云岩夹褐色生物碎屑白云质灰岩，含少量海绿石	6.25 m
17. 黄灰色薄层、中厚层灰岩夹含泥白云质灰岩	20.55 m
16. 上部灰色中厚层碎屑灰岩，下部黄灰色薄层状灰岩	3.81 m
15. 黄灰色薄层、中厚层灰岩夹含泥白云质灰岩	1.70 m
14. 灰白色中厚层、薄层状生物碎屑灰岩及假鲕粒白云岩	2.34 m
13. 黄灰色薄层状含泥质白云岩，含少许黄铁矿	1.58 m
12. 黄绿色水云母泥岩	1.38 m
11. 黄灰色厚层白云石化灰岩	3.80 m
10. 褐黄、黄绿色中—薄层含泥质白云岩夹脱石膏化灰岩和泥岩	6.31 m
9. 灰黄色薄—中厚层含泥质白云岩与灰绿色微薄层白云质泥岩互层	10.52 m
8. 膏溶角砾岩。角砾以白云质泥岩为主，次为泥质白云岩	4.94 m
7. 灰黄间灰绿色页岩夹泥质白云岩	7.14 m
6. 黄绿色薄层—页片状泥质白云岩与灰黄色脱石膏化含泥质灰岩夹水云母泥岩	7.25 m
5. 黄灰色薄层夹页片状含泥质白云岩夹黄绿色泥岩。含双壳类 *Eumorphotis*，*Myophoria*；腕足类 *Lingula*	8.73 m

4. 灰间黄灰色薄层夹页片状含泥质白云岩，偶见波状层理 2.12 m

3. 黄绿色粘土页岩 1.00 m

2. 灰黄、灰绿色薄层—页片状泥质白云岩。底部见胶磷矿，局部具微细水平层理 18.09 m

———— 整 合 ————

下伏地层：**嘉陵江组** 褐灰色薄—中厚层状脱白云石化泥质灰岩

【地质特征及区域变化】 本组分布于四川盆地中部及西部，岩性较稳定。在万县—涪陵一线以西地区，具有明显的三分性：下部以薄层状泥质白云岩为主，夹较多的白云质泥岩，底部颜色较杂，以黄灰、黄绿色为主，偶夹紫红色，且杂色层厚度由西向东增大，渐向巴东组过渡；中部以灰岩为主，不同程度含有泥质及白云质；上部以白云岩为主。上述各段夹有厚度不等的硬石膏层，川中深井中可见盐层，尤以中部盐岩厚度巨大，可达百米以上。本组上部常遭受不同程度的剥蚀而保存不全。在重庆—泸州一带本组被剥蚀殆尽，华蓥山以东及威远、筠连一带仅有中部以下地层，广安—遂宁一线以北至米仓山前缘及乐山—沐川一线保存较完整，厚363～466 m。南充等地由于深部有巨厚盐岩存在，最厚达600 m至千余米。龙门山前缘本组以大套白云岩为主，厚层—块状灰岩含量较少，厚593～774 m。

本组以双壳类化石为主，常见有 *Eumorphotis*(*Asoella*)，*Myophoria*(*Costatoria*)等。中部以菊石 *Progonoceratites* 最为重要，并有少量 *Beyrichites* 等伴生，少见腕足类、有孔虫。

巴东组 *Tb* (06-51-3309)

【创名及原始定义】 由李希霍芬(1912)所建的“巴东层”演变而来。命名地点在湖北巴东县长江沿岸。原始定义：“为泛指红色地层，盖在三叠纪(?)石灰岩之上。”

【沿革】 “巴东层”于30年代引入川东地区，作为组级单位(李陶等，1938；侯德封等，1939)。由于该组岩性特殊，具有上下两套紫红色层，对其含义的理解基本一致，惟底界的划分有两种不同方案：其一置于下紫红色层之底，即与原始定义相符；其二置于“绿豆岩”之底，并与雷口坡组完全等同，其依据为二组生物群及特征一致。60年代以后，后一方案已形成倾向性意见(《西南地区区域地层表·四川省分册》，1978)。前一方案是一条宏观识别性极高的岩石自然界面，本次清理采用这一方案。

【现在定义】 在四川省为上、下部以紫红夹灰绿色泥岩为主，夹钙质页岩及泥灰岩，中部以灰色薄层—中厚层状泥质灰岩为主，夹白云岩、泥灰岩及少量钙质页岩，含海相双壳类及菊石化石，与下伏嘉陵江组白云岩整合接触，与上覆二桥组或香溪组砂、页岩平行不整合接触的地层体。

【层型】 正层型在湖北省。省内次层型为巫山县大溪剖面，四川石油普查大队1959年测制。

【地质特征及区域变化】 本组分布于川东地区，岩性三分性较明显，在万县—涪陵以东较典型，由东向西上、下紫色层间所夹的白云岩及白云质泥岩逐步增多，杂色碎屑岩粒度变细，含量相对减少，中部灰岩中的泥质物质含量亦减少，逐步向雷口坡组过渡。顶部在区域上有程度不等的剥蚀，其幅度由东向西加剧。在云阳—利川—黔江—线以东层序基本齐全，最厚可达1 000 m以上，该线以西仅有下—中部部分保存，上部剥蚀殆尽，厚度也明显变薄，总厚350～700 m，其上为煤系地层(二桥组或香溪组)平行不整合超覆。

本组化石主要产于中部，以双壳类为主，常见有 *Eumorphotis*(*Asoella*)，*Myophoria*(*Costa-*

toria)，*Entolium* 等，亦可见菊石 *Progonoceratites*。生物组合特征与雷口坡组完全一致。

天井山组　Ttj　(06－51－3317)

【创名及原始定义】　朱森、叶连俊1942年创名于江油县马角坝南天井山，原称“天井山系”，其定义为：“纯洁而白细之灰岩，下部含灰质砂粒状物及鲕状粒，中部夹页岩而含燧石结核”，与下伏嘉陵江组岩性过渡，与上覆“香溪系”底部砂砾岩为“显著不整合”接触。同时注明：此系“初见之无异于黄龙或船山灰岩，四川省东南各地未曾见，无化石”，“据层序判断时代为上三叠纪”。

【沿革】　本组自创名后局限于龙门山北段使用，由于岩性较单一而特殊，各家的认识也趋于一致，但处理方法不尽相同。有人作为组级单位(《中国区域地层表(草案)》，1956；《西南地区区域地层表·四川省分册》，1978)，也有人并入雷口坡组，作为该组上部的段级单位(四川二区测队，1966)，更有人按生物组合特征称“上天井山组”、“下天井山组”(中国地质科学院，1966)，或称“天井山组”(狭义)及“黄莲桥组(或段)”(成都地质学院，1979；南京地质古生物研究所，1979)等，各名称含义虽不完全相同，但划分的依据相类似。经清理，天井山组就其岩石组合特征而言是一个整体。

【现在定义】　以灰色厚层－块状石灰岩为主，上部夹鲕粒、砂屑、生物屑灰岩及硅质条带、结核，含有孔虫及少量双壳类、腕足类等，富含藻类，厚0～511 m。与下伏雷口坡组灰色厚层状白云岩为整合接触，与上覆马鞍塘组黄绿等色钙质泥岩、粉砂岩整合或平行不整合接触或与须家河组砂岩、泥岩平行不整合接触的地层体。

【层型】　选层型为江油县马角坝剖面，位于江油县马角坝(105°4′14″，32°6′34″)，地质部第四普查大队1964年测制。

上覆地层：**马鞍塘组**　黄绿、黄灰等色钙质泥岩及粉砂岩互层

－－－－－－－ 平行不整合 －－－－－－－

天井山组	总厚度 253.9 m
6. 深灰色厚层灰岩，含灰黑色燧石结核，局部具鲕状构造及角砾状构造	2.2 m
5. 灰白色厚层灰岩	20.0 m
4. 灰黑色厚层介壳生物灰岩。含有孔虫 *Nodosaria*；双壳类 *Myophoria elegans*，*Entolium discites*；腕足类 *Rhaetina angustaeformis*；海百合茎 *Traumatocrinus* 及腹足类等	1.5 m
3. 浅灰、灰白色块状灰岩，质纯。含有孔虫 *Glomospira* sp.	88.4 m
2. 灰色块状灰岩，含有孔虫 *Glomospira* sp.	141.8 m

———— 整　合 ————

下伏地层：**雷口坡组**　灰色厚层状泥质白云岩、白云质灰岩

【地质特征及区域变化】　本组分布范围北起江油石公坝，南至绵竹金花一带，延伸约160 km，岩性为厚层－块状灰岩，岩性稳定，鲕粒、砂屑及生物屑灰岩多集中于上部，夹少量深灰色页岩。顶部常因剥蚀而保存不全，以江油香水场一带最完整，厚度达511 m，与上覆马鞍塘组为整合接触，向南残留厚度9.0～28.7 m，向北一般厚236～274 m，层序亦多不完整，与上覆须家河组平行不整合接触。

本组化石较少，顶部有双壳类 *Myophoria*，*Pleuromya*，*Halobia*；腕足类 *Rhaetina*，*Adygella*；海百合茎 *Traumatocrinus* 等及腹足类。此外，有孔虫较为发育的有 *Glomospira*，*Nodosaria*，

Tetrataxis，*Ammodiscus*，*Spiroloculina*，*Quingueloculina* 等属多种。

马鞍塘组　T*m*　(06-51-3311)

【创名及原始定义】　邓康龄1975年命名于江油县北石元乡马鞍塘火车站附近。原始定义："岩性为一套灰色页岩夹细粒石英砂岩、生物碎屑灰岩、介壳灰岩，厚254.1 m，化石丰富，计有瓣鳃类、头足类、腕足类以及甚为丰富的微体化石。……其时代应属晚三叠世卡尼克期。"

【沿革】　相当马鞍塘组的地层在四川发现较早，许德佑(1939)曾著文描述了由潘钟祥、肖有钧在绵竹县汉王场观音崖"嘉陵江石灰岩"(实为天井山组)顶部采集的化石，为 *Halobia comatoides*，*H.* cf. *comata* 等，岩性为灰色泥灰岩，时代定为Ladinian期。鉴于在云、贵、川诸省上述化石多有发现，文中称"吾人拟即以海燕蛤层一名代表中国之拉丁尼克层"。之后"海燕蛤层(组)"曾被沿用，但多给并入"嘉陵江石灰岩"或天井山组中，其后又有人将其划出，使用垮洪洞组(《西南地区区域地层表·四川省分册》，1978)，分歧较大。根据该组原义，具有由天井山组向上覆须家河组过渡的特点，且与上覆地层间存在平行不整合面，与川西南地区的垮洪洞组既不同时，岩石组合特征也有区别。鉴于"海燕蛤层(组)"不符合岩石地层命名法则，故本书沿用马鞍塘组。

【现在定义】　岩性为一套灰色页岩夹细粒石英砂岩、粉砂岩、生物碎屑灰岩及介壳层，厚32～254 m，含有丰富的头足类、双壳类、腕足类等化石，与下伏天井山组顶部含燧石灰岩夹泥岩为整合接触，与上覆须家河组底部页岩及含砾砂、页岩平行不整合接触的地层体。

【层型】　正层型为江油县石元乡马鞍塘剖面，位于江油县石元乡马鞍塘火车站附近(105°13′6″,32°1′4″)，邓康龄等1975年测制。

上覆地层：须家河组　灰白色石英中粒砂岩与灰色页岩互层，底为褐铁矿、煤线、灰白色粘土等

——————— 平行不整合 ———————

马鞍塘组	总厚度 254.1 m
12. 灰色砂质页岩与灰色细砂岩互层。夹灰岩团块和薄层介壳灰岩，产双壳类 *Palaeonucula* cf. *strigilata*，*Halobia* cf. *superbescens* 等	8.4 m
11. 灰、黄灰色石英细砂岩夹灰色页岩，上部夹一层鲕状灰岩和层间砾岩，下部夹介壳层，产双壳类 *Palaeonucula* cf. *yunnanensis* 等	46.2 m
10. 灰色页岩与石英粉砂岩互层，夹介壳层，产双壳类 *Pergamidia timorensis*，*Halobia* cf. *superbescens*；菊石 *Trachyceras* sp. 等	32.6 m
9. 上部灰色页岩夹石英粉砂岩，下部瓦灰色石英粉砂岩与砂质页岩互层，产双壳类 *Burmesia lirata*，*Halobia* cf. *comatoides* 等；菊石 *Trachyceras* sp.	24.2 m
8. 灰色石英细砂岩与灰色页岩不等厚互层，上部夹薄层生物灰岩及灰岩，产海百合茎 *Traumatocrinus hsui* 等	36.5 m
7. 黄色、灰色页岩，夹灰质砂岩及介壳灰岩，产双壳类 *Chlamys*(*Antijanira*)*multiformis* 等	44.6 m
6. 浅灰色生物碎屑灰岩夹黄色页岩及细砂岩，下部以灰质砂岩为主	19.6 m
5. 灰黄色含粉砂质泥岩，中部夹灰质粉砂岩，产双壳类 *Trachyceras* sp. 等	12.4 m
4. 灰色、暗红褐色生物碎屑灰岩，夹砂质灰岩及灰质页岩	6.5 m
3. 黄色、灰色粉砂质泥岩，上部夹细砂岩。产双壳类 *Halobia rugosa* 等	17.5 m
2. 褐灰色含砂质泥灰岩与深灰色灰质页岩互层，产双壳类 *Halobia* cf. *austriaca*	5.6 m

———————整　合———————

下伏地层：天井山组　灰色灰岩，上部含燧石条带，顶部夹粉砂质泥岩

【地质特征及区域变化】　本组分布于江油、绵竹、大邑及天全地区，其岩性与厚度均有较大的变化。北部江油马鞍塘一带以石英砂岩、粉砂岩为主，下部含有较多的生物碎屑灰岩，厚度达254 m。向南至江油黄连桥及绵竹汉旺一带，本组下部以泥质灰岩夹钙质页岩为主，上部以泥岩、页岩为主夹泥灰岩、粉砂岩，厚32～200 m不等。大邑雾中山一带本组由钻井揭露，以深灰色砂质泥岩为主，夹石英粉砂岩及生物碎屑灰岩，厚度可达408 m。天全一带本组偶有出露，残留厚度9～10余米。在区域上本组与下伏天井山组一般为整合接触，局部可能有冲刷等短暂不连续，与上覆须家河组为平行不整合接触。

本组化石丰富，以双壳类及菊石为主，有双壳类 *Halobia*，*Palaeoneilo*，*Pergamidia*，*Burmesia*，*Palaeocardita*，*Myophoria*（*Costatoria*），*M.*（*Elegantinia*）；菊石 *Discotropites*，*Cladiscites*，*Hannaoceras*，*Mojsvarites*。此外还有鹦鹉螺 *Enoploceras*；腕足类 *Neoretzia*，*Oxycolpella*，*Sanqiaothyris*，*Koninkia* 及腹足类、有孔虫、海百合茎等。

垮洪洞组　T*k*　（06-51-3312）

【创名及原始定义】　西南地质科学研究所1964年创名于峨眉县川主乡垮洪洞，原亦称“海燕蛤组”。原始定义：峨眉山区上下均由平行不整合所限定的一套深灰、灰黑色泥岩夹泥灰岩为主的地层，富含以 *Halobia* 为代表的瓣鳃类及菊石化石。

【沿革】　该组命名后即沿用(四川一区测队，1971；《西南地区区域地层表·四川省分册》，1978；南京地质古生物研究所，1979)。由于该组厚度不大，且由平行不整合面将其与下伏雷口坡组、上覆须家河组隔开，对含义的理解各家均趋于一致，使用范围多限制在川西南地区。

【现在定义】　深灰一灰黑色泥岩为主夹同色泥灰岩或泥质灰岩，含丰富的海相双壳类及菊石化石，厚0～40 m，与下伏雷口坡组顶部白云岩及上覆须家河组下部海相段(“小塘子组”)黑灰色砂质、碳质页岩均为平行不整合接触的地层体。

【层型】　正层型为峨眉山市垮洪洞剖面，位于峨眉山市城西北川主乡垮洪洞(103°23′59″，29°36′2″)，南京地质古生物研究所1977年重测。

上覆地层：须家河组　黑灰色砂质页岩夹碳质页岩

———————平行不整合———————

垮洪洞组	总厚度26.0 m
7. 灰黑色薄层泥质灰岩夹钙质泥岩，含黄铁矿，产双壳类 *Entolium quotidianum*	2.1 m
6. 灰黑色中层泥灰岩与灰质页岩互层，夹灰岩凸镜体，富含星散状黄铁矿，产双壳类 *Burmesia lirata*，*Halobia omeishanensis*，*Entolium quotidianum* 等	14.1 m
5. 灰色薄层状钙质石英砂岩	1.4 m
4. 深灰色薄层灰岩与灰黑色钙质泥岩互层，夹灰岩凸镜体和结核状黄铁矿。产双壳类 *Cassianella*；菊石 *Dionites* 及腕足类	1.4 m
3. 深灰色中一厚层状砂质灰岩，上部有灰黑色钙质石英细砾岩	3.0 m
2. 深灰色、黑色厚层状石灰岩	4.0 m

———————平行不整合———————

下伏地层：**雷口坡组**　灰色泥质白云岩

【地质特征及区域变化】　本组分布于荥经、峨眉山、沐川、马边一带，范围较局限，岩性常以疙瘩状泥灰岩与泥页岩互层为主，底部常可见石英砂岩、细砾岩，分布于侵蚀面上，横向不稳定，在峨眉山一带厚24～40 m，向南逐渐变薄，沐川、马边一带6～38 m不等。

本组含有较丰富的化石，有双壳类*Plagiostoma*，*Cassianella*，*Halobia*，*Burmesia*等；腕足类*Aulacothyropsis*；菊石*Paratibetites*，*Clionites*，*Trachyceras*等。

青天堡组　Tq　(06-51-3333)

【创名及原始定义】　四川一区测队1974年命名于盐源县平川乡小高山青天堡，原义指“滨海相红色碎屑岩沉积，厚达983 m，主要岩性以紫红色块状粗粒岩屑长石砂岩夹砾岩、细一粉砂岩，与下伏‘乐平组’平行不整合接触，与上覆盐塘组整合过渡”的地层。

【沿革】　命名前常沿用“飞仙关组”（西昌队，1960；四川一区测队，1961），命名后即为各家采用（四川一区测队，1974；《西南地区区域地层表·四川省分册》，1978；四川地质局科研所，1987；《四川省区域地质志》，1991），但划分标准不完全一致。

【现在定义】　岩性以紫红色中厚层一块状粗粒岩屑长石砂岩为主，夹同色钙质细砂岩、粉砂岩及砂砾岩，底部含10 m以上块状砾岩，砾石成分以玄武岩为主，磨圆度较好、分选性差，双壳类等化石罕见，厚650 m至千余米，与下伏黑泥哨组上部绿灰色砂泥岩平行不整合接触，与上覆盐塘组底部黄绿色粉砂岩、泥岩夹粉晶灰岩整合过渡的地层体。

【层型】　正层型为盐源县小高山青天堡剖面，位于盐源县卫城与平川间小高山青天堡一带（101°44′29″，27°32′40″），四川一区测队1971年测制。

上覆地层：**盐塘组**　黄绿色粉一细粒砂岩夹泥岩

——————　整　合　——————

青天堡组	总厚度 1 019.7 m
6. 紫红色块状粗粒岩屑长石砂岩，含少量双壳类 *Myophoria* sp.	263.4 m
5. 紫红色粗粒岩屑长石砂岩，上部为同色灰质粉砂岩	74.7 m
4. 紫红色粗粒岩屑长石砂岩夹砂砾岩和灰质细砂岩	110.9 m
3. 紫红色块状粗粒岩屑长石砂岩与同色细粒长石砂岩互层，夹砂砾岩	254.3 m
2. 紫红色粗粒岩屑长石砂岩夹砂砾岩，底部为砾岩，砾石成分以砂岩、燧石、石英为主	316.4 m

－－－－－－　平行不整合　－－－－－－

下伏地层：**黑泥哨组**　黄绿等色薄一中厚层状岩屑砂岩夹泥岩

【地质特征及区域变化】　本组分布于盐源地区，主要为一套紫红、灰紫，中上部夹灰绿、黄绿等色细一中粒玄武岩屑砂岩为主，夹凝灰质泥岩、粉砂质泥岩的地层。韵律结构发育，由南向北岩石粒度变细，厚度由西向东增大，一般在337～980 m不等。底部有巨厚砾岩分布，夹含砾砂岩，砾石成分以玄武岩砾占优势，盐源甲米一带厚达100 m以上，向东西两端逐步减薄，其底界与下伏黑泥哨组含煤砂、泥岩界线清楚，与上覆盐塘组间岩性多过渡，颜色多由紫红过渡为黄绿色，粒度变细，碳酸盐岩夹层增多，界线宏观可识别。

本组化石罕见，可见保存不好的双壳类如*Claraia*，*Eumorphotis*及腕足类、有孔虫碎屑。

盐塘组　Tyt　(06-51-3334)

【创名及原始定义】　四川一区测队1964年命名于盐源县西部黑盐塘，原始含义指位于青天堡组之上的一套灰、灰紫色粉砂岩为主，夹泥灰岩、泥质灰岩及长石石英砂岩的地层，厚达1 263 m，与青天堡组的区别在于以紫色岩石大为减少，灰绿等色粉砂岩及碳酸盐岩大量出现为特征，与上下地层间均为整合接触。

【沿革】　命名前沿用嘉陵江组(四川西昌队，1960)或铜街子组(四川一区测队，1961)，命名后即被采用(《西南地区区域地层表·四川省分册》，1978；四川地质局科研所，1982；成都地矿所，1988)，但含义及界线划分多不一致。双壳类化石常常作为划分的主要依据。

【现在定义】　为灰绿、黄绿等色中一厚层状细一中粒岩屑砂岩夹粉砂岩、泥岩及粉晶、生物碎屑灰岩，多组成不等厚韵律互层，由下向上灰岩夹层增多，碎屑岩减少，富含以双壳类为主的化石群，厚630～1 500 m，与下伏青天堡组灰紫色岩屑砂岩及上覆白山组黄灰色泥晶白云岩均呈整合接触的地层体。

【层型】　正层型为盐源县盐塘剖面，位于盐源县西部黑盐塘附近(101°9′57″，27°20′48″)，四川一区测队1971年重测。

上覆地层：白山组　灰白色泥、灰质白云岩，白云质灰岩

——————整　合——————

盐塘组　总厚度1 245.2 m

10.	暗灰色厚层泥质灰岩、白云质灰岩、泥灰岩与钙质粉砂岩互层	118.2 m
9.	灰色泥灰岩夹泥质白云岩，顶部为粉砂岩，含双壳类 *Myophoria goldfussi*	75.4 m
8.	灰色粉砂岩夹长石石英砂岩，含双壳类 *Myophoria*	134.3 m
7.	紫灰色粉砂岩，上部夹泥灰岩，底部为含砾砂岩、长石石英砂岩	100.6 m
6.	灰紫色岩屑长石砂岩、粉砂岩，偶夹蠕虫状泥灰岩，含双壳类 *Myophoria* sp.	65.1 m
5.	灰色夹紫色粉砂岩、蠕虫状泥灰岩、岩屑长石砂岩，含双壳类 *Myophoria goldfussi*	129.1 m
4.	灰、紫色长石石英砂岩、粉砂岩夹蠕虫状泥灰岩，含 *Myophoria goldfussi*	274.0 m
3.	灰、浅灰绿色泥钙质粉砂岩夹蠕虫状泥灰岩，底部为岩屑长石砂岩，含双壳类 *Eumorphotis illyrica*，*Pleuromya brevis*	136.2 m
2.	灰紫、灰绿色细一粗粒岩屑长石石英砂岩、粉砂岩，夹灰岩、泥质灰岩及泥灰岩凸镜体。底部为含砾砂岩，含双壳类 *Myophoria goldfussi*，*Eumorphotis illyrica*	212.3 m

——————整　合——————

下伏地层：青天堡组　灰紫色块状砂岩

【地质特征及区域变化】　本组分布于盐源地区，岩性不稳定，在川滇边境一带岩性以粉砂岩占有较大优势，层间夹有大量长石石英砂岩及灰岩，常组成不等厚韵律互层，其中灰岩主要位于上部，粉砂岩以黄、绿色为主，与下伏青天堡组以紫红为主的色调形成较明显的差异。盐源东部灰岩含量明显增多，上部渐变为以生物、微粉晶灰岩为主，夹粉砂岩及泥岩，砂岩含量明显减少。本组厚度在西部约1 200 m左右，东部可增至1 500 m，灰岩多具有“蠕虫状”构造。与上覆地层以白云岩或白云质灰岩的出现开始划分，界线标志清楚。

本组含有丰富的双壳类化石，以 *Eumorphotis*(*Asoella*)，*Myophoria*(*Costatoria*)二属占优势，其次还有 *Myophoria*(*Neoshizodus*)，*M.*(*Leviconcha*)，*Cassianella* 等，数量相对较少。

白山组　Tbŝ　(06-51-3335)

【创名及原始定义】　四川一区测队1961年命名于盐源县卫城附近的双河乡白山。原始含义为一套以碳酸盐岩为主的地层，下段为灰岩，上段为白云质灰岩、泥质白云岩，共厚1 737 m，含有瓣鳃类及腕足类化石。

【沿革】　命名前沿用嘉陵江组(四川西昌队，1960；四川一区测队，1961)，命名后被采用(《西南地区区域地层表·四川省分册》，1978)，但划分标准差别较大。命名剖面下段虽以灰岩为主，但夹有数量较多的粉砂岩及泥质砂岩，与盐塘剖面比较相当于盐塘组上部。四川地质局科研所(1982)所称白山组指的是含白云岩或白云质灰岩的层段，相当于原命名剖面的该组上段。

【现在定义】　下部为浅灰—深灰色薄—中厚层状泥质粉晶白云岩夹同色微—粉晶次生灰岩、白云质泥岩及次生(盐溶)角砾岩，上部为灰色厚层—块状砂屑、生物屑泥晶灰岩、球粒灰岩、白云质灰岩夹白云岩、钙质白云岩，含少量双壳类化石，厚243～747 m，与下伏盐塘组顶部泥质灰岩、泥灰岩整合接触，与上覆中窝组生物屑灰岩一般为整合，局部可能为平行不整合接触的地层体。

【层型】　正层型为盐源双河乡白山剖面，位于盐源县卫城以北双河乡白山(101°30′51″，27°30′15″)，四川一区测队1971年重测。

上覆地层：**中窝组**　深灰色含生物碎屑砂质灰岩夹泥灰岩、砂岩

——————整　合——————

白山组	总厚度 746.7 m
5. 灰、深灰色灰岩，含双壳类 *Myophoria*	217.0 m
4. 上部灰、灰白色白云质灰岩，下部灰、暗灰色白云岩	225.4 m
3. 灰色中厚层泥质白云岩夹灰岩	73.1 m
2. 灰色中厚层白云质灰岩夹多层泥灰岩	231.2 m

——————整　合——————

下伏地层：**盐塘组**　深灰色泥质灰岩、泥灰岩

【地质特征及区域变化】　本组分布于盐源地区，岩性及厚度相对稳定，以富含白云质为最大特征，白云岩多分布于下部，脱白云化及去膏化作用强烈，形成次生灰岩，次生溶蚀及角砾化也较普遍，于盐源、盐塘等地产出巨厚石膏及盐层。甲米一带白云岩中夹少量杂色泥岩，厚539 m，盐塘一带变薄至281 m，至东部白山、巴折一带厚385～750 m左右，大草乡下部产砾岩型赤铁矿。本组与下伏盐塘组以白云质增高、白云岩出现分界，界线清楚，与上覆中窝组以富含砂、泥质碳酸盐岩出现划分，标志不甚明显。川滇边境一带可能存在平行不整合接触关系。

本组化石极少，保存差，有双壳类 *Daonella*，*Entolium*，*Myophoria*；腕足类 *Rhaetina* 等。

中窝组　Tẑ　(06-51-3342)

【创名及原始定义】　云南一区测队二分队1966年命名于云南省鹤庆县城南的中窝。原始含义为：以灰黑色中层灰岩、泥质灰岩为主，夹泥灰岩、页岩及砂岩，上部可见燧石结核，下部灰岩中常具鲕状构造，底部普遍具不稳定的铝土矿层，厚191～230 m。

【沿革】 省内未使用过中窝组一名，在60年代曾泛称“雷口坡组”(四川西昌队，1960)、“巫木河组”(四川一区测队，1961)或“下博大组”(四川一区测队，1971)、舍木笼组(四川一区测队，1961、1974)，1978年省内统一使用舍木笼组，后多沿用(《西南地区区域地层表·四川省分册》，1978；《四川省区域地质志》，1991)，均指覆于白山组之上的一套以砂岩、泥岩与生物灰岩互层，含卡尼克期化石群的地层，赋予了浓烈的生物、年代地层单位色彩。对顶界划分各家不一，有人以上覆“博大组”底部一套巨厚含砾砂岩的出现划分，有人以诺利期的化石出现划分。经省区间协调，现暂使用中窝组一名。

【现在定义】 灰、深灰色中厚层一块状含生物碎屑钙质粉砂岩、钙质泥岩与生物屑、砂屑泥一微晶灰岩呈不等厚韵律互层，夹少量长石石英砂岩、藻鲕及核形石灰岩及白云岩条带，含丰富的多门类化石，厚380～598 m，与下伏白山组顶部深灰色生物碎屑钙质白云岩及上覆松桂组灰色中厚层长石石英砂岩均呈整合接触，局部可能呈平行不整合接触。

【层型】 正层型剖面在云南省。省内次层型为盐源县甲米剖面，四川地质局科研所1982年测制。

【地质特征及区域变化】 本组分布于盐源西部甲米、盐塘一带，主要为一套碳酸盐岩，夹陆源碎屑岩，前者多以生物碎屑灰岩、砂砾屑灰岩、鲕粒和核形石灰岩出现，后者为长石石英细砂岩、钙质石英砂岩，厚480～595 m。东部卫城、双河、白乌一带以灰色粉砂岩、粉砂质泥岩为主，夹砂屑灰岩、泥质灰岩、泥晶和微晶灰岩、生物屑灰岩，厚300～380 m。本组厚度由东向西由北向南逐步增厚，与下伏白山组以大套白云岩的消失分界，界线清楚而易于识别，与上覆松桂组底部以分布较稳定的厚层长石石英砂岩为标志，常含有砾石，局部可能呈平行不整合接触，也易识别。

本组含有极丰富的化石，主要有菊石 *Paratropites*，*Dittmarites*，*Cladiscites*，*Arcestes*，*Paratibetites* 等；双壳类 *Burmesia*，*Cassianella*，*Myophoria*(*Costatoria*)，*M.*(*Leviconcha*)，*M.*(*Neoschizodus*)，*M.*(*Elegantina*)，*Palaeonucula*，*Halobia*；腕足类 *Sulcatothyris*，*Rhaetina*；珊瑚 *Margarophyllia*，*Montlivaltia*；海百合茎 *Traumatocrinus*；牙形石 *Neogondonella* 及腹足类等。

松桂组 Ts (06-51-3343)

【创名及原始定义】 德人米士(P Misch)1947年命名于云南省鹤庆县南松桂街，原称松街层。原始含义指一套黑色页岩夹砂岩的地层，含 *Paratibetites adolphi*，*Anatibetites* aff. *kelvini*，*Cardita* sp.，*Leda* sp. 及植物化石，下伏地层为含 *Halobia* 的泥质灰岩，称白羊组(米士，1947)或兰坪组(赵金科等，1962)，与松桂组厚度之和约500 m。

【沿革】 省内未使用过。自60年代始，四川一区测队曾命名“博大组”一名，泛称整个上三叠统地层，命名地位于盐源县黑盐塘以北的博大乡。1971年该队将博大组一分为三，分别称下、中、上博大组，其中“中博大组”与云南的松桂组大体相当，《西南地区区域地层表·四川省分册》(1978)将博大组(狭义)定义限制在“中博大组”，其后各家均遵循这一意见(四川地质局科研所，1982；成都地矿所，1988；《四川省区域地质志》，1991)，但界线的划分尚不完全一致。由于该组连续分布于四川盐源及云南丽江地区，经省区间协调暂使用松桂组一名。

【现在定义】 在四川省为灰、深灰色中厚层一块状细一中粒长石石英砂岩与灰绿、黄绿色薄一中厚层石英细砂岩、粉砂岩、粉砂质泥岩组成不等厚韵律互层，局部夹少量生物碎屑灰岩及煤线，厚 685～1 016 m，与下伏中窝组灰色砂屑灰岩及上覆白土田组黄灰色厚层状岩屑长石石英砂岩均为整合接触。

【层型】 正层型在云南省。省内次层型为盐源县甲米剖面，四川地质局科研所 1982 年测制。

【地质特征及区域变化】 本组分布于盐源地区，西部甲米一带砂岩含量较高，下部多为块状，时含细砾石，中上部韵律结构较频繁，厚 700 m 左右，由西向东碳酸盐岩夹层有增加趋势；东部卫城、双河一带砂岩多以薄—中厚层状产出，粉砂岩及泥岩含量增高，灰岩凸镜体也增多，厚增至 863～1 000 余米。本组底部砂岩单层较厚，时含砾石，直接覆于中窝组顶部生物碎屑灰岩之上，界线清楚，西部局部地区可能有平行不整合面存在；与上覆白土田组岩性为过渡，缺乏宏观标志，白土田组底部常有厚大砂岩层，可作为分界的参照标志。

本组含丰富的化石，主要有菊石 *Indojuvavites*，*Gonionotites*，*Parajuvavites*，*Arcestes*（*Stenarcestes*），*Juvavites*，*Anatomites*；双壳类 *Pergamidia*，*Burmesia*，*Cardium*（*Tulongcardium*），*Cassianella*，*Paracardita*，*Gervillia*，*Halobia*，*Myophoria*（*Costatoria*），*M.*（*Neoschizodus*），*Myophoriopis*，*Ostrea*，*Palaeonucula*，*Palaeocardita*；腕足类 *Rhaetina*，*Koninckina*，*Oxycolpella*，*Sacothyris*，*Lobothyris*；珊瑚 *Pamiroseris*，*Distichophyllia*；植物 *Otozamites* 等。

第二节 生物地层及年代地层讨论

一、泥盆纪

（一）生物地层

泥盆纪生物繁盛，且具有较强的地方色彩，尤以珊瑚、腕足类、层孔虫等门类数量较多，在建立生物地层和恢复沉积环境方面有重要意义。四川该纪生物地层研究以北川县桂溪乡—沙窝子剖面最详细，前人依据不同门类建立了生物地层单位，具有重要的参考价值，但面上研究程度不高。本书根据前人的研究成果，经过区域综合分析，建立了我省东部泥盆纪腕足类、珊瑚两大门类 16 个生物地层单位。

1. 腕足类

主要分布于龙门山地区及攀西地区南段，由下而上建立 9 个生物地层单位。

①*Orientospirifer nakaolingensis* - *Protochonetes bailupengensis* 组合带：分布于甘溪组下部，以戟贝类为主，主要有 *O. wangi*，*O. nakaolingensis*，*O. latesinutus*，*Athyrisinoides simplex*，*Parathyrisina langnae* 等。

②*Rostrospirifer tonkinensis* - *Acrospirifer medius* 组合带：分布于甘溪组中部，含量丰富，主要分子除上述二代表分子外，尚有 *A. hemirotundus*，*A. ganxiensis*，*Parathyrisina tangnae*，*P. ganxiensis*，*Dicoelostrophia punctata* 等及少量下带上延分子，与东京石燕动物群的面貌一致。

③*Otospirifer xiejiawanensis* - *Euryspirifer paradoxus* 组合带：分布于甘溪组上部，以富含展翼型石燕为特征；除上述二分子外，常有 *E. xiejiawanensis*，*E. beichuanensis*，*Howellella papaoensis* 等及部分 *Acrospirifer*，*Orientospirifer* 等伴生。

④*Megastrophia ertaiziensis* - *Vagrania ertaiziensis* 组合带：分布于养马坝组下部（下段），主要分子除上述二代表属种外，尚有 *Mesodouvillina chuanbeiensis*，*Otospirifer trigonalis* 及

Elymospirifer，*Athyrisina*，*Miaohuangrhynchus*，*Latanotoechia* 等属的若干种。

⑤*Neocoelia sinensis* - *Athyrisina obesa* 组合带：分布于养马坝组中部，除上述代表分子外，尚有 *N. cardiformis*，*N. subsphaerica*，*Luanquella striatula*，*Parachonetes robustriatus*，*Desqumatia elliptica*，*D. subsphaerica* 等，部分为下带上延分子，如 *Otospirifer sichuanensis* 等。

⑥*Zdimir* 顶峰带：以大型 *Zdimir*，*Aviformia* 的繁盛为特征，分布于养马坝组上部，主要有 *Z. baschkiricus*，*Z. beichuanensis*，*Z. longmenshanensis* 等，亦有少量 *Athyrisina*，*Athyris* 伴生。

⑦*Schizophoria kütsingensis* - *Athyrisina jinbaoshiensis* 组合带：分布于金宝石组下部，以带化石发育为特征，组成分子尚有 *S. striatula*，*A. rara*，*Rhyssochonetes rara*，*Desquamatia beta*，*Spinatrypa douvilli*，*Independatrypa hemispharica*，*Ambothyris longmenshanensis* 等。

⑧*Stringocephalus* - *Emanuella takwanensis* 组合带：分布于观雾山组下部，主要分子有 *S. burtini*，*S. sichuanensis*，*S. jigonglingensis*，*E. takwanensis*，*E. transversa*，*Subresselandia elegans*，*S. claypolii*，*S. magna*，*Spinatrypa kwangsiensis*，*Independatrypa lemma*，*Indospirifer* cf. *bifurplicatus*，*Beichuanella uniplicata* 等。

⑨*Leiorhynchus tuqiaoziensis* - *Coeloterorhynchus triplicata* 组合带：分布于观雾山组上部，主要分子除带化石外，尚有 *L. orientalis*，*L. mansuyi*，*Zhonghuacoelia bispina*，*Flabellulirostrum zhonghuaensis*，*Schizophoria excellens*，*Gypidula beichuanensis* 等。

2. 珊瑚

主要分布于龙门山地区，由下而上建立 7 个生物地层单位：

①*Carlinastraea ganxiensis* - *Longmenshanophyllum ganxiensis* 组合带：分布于甘溪组下部，以皱纹珊瑚为主，主要分子除带化石外，尚有 *L. ephippum*，*Lyrielasma sichuanensis*，*Ly. grypophylloides*，*Aulacophyllum beichuanensis*，*A. minor*，*A. ganxiensis*，*Hallia sichuanensis* 等。

②*Favosites hidensis* - *Squameofavosites mironovae* 组合带：分布于甘溪组上部，以床板珊瑚为主，且多为地方种群，除带化石外，有 *F. microspinosus*，*F. beichuanensis*，*S. sichuanensis*，*S. ganxiensis* 等，此外，尚有少量皱纹珊瑚伴生，如：*Aulacophyllum crassum*，*Embolophyllum xiejiawanensis* 等。

③*Sulcorphyllum beichuanensis* - *Xystriphyllum beichuanensis* 组合带：以皱纹珊瑚为主，分布于养马坝组下部，除带化石外，尚有 *X. sibiricum*，*S. abmormum* 等，此外伴生有 *Fasciphyllum xiejiawanensis*，*Lyrielasma ertaiziensis*，*L. crassiseptata*，*Hexagonaria longiseptata*，*Radiastraea ertaiziensis*，*R. longmenshanensis* 等。有床板珊瑚 *Favosites*，*Squameofavosites*，*Thamnopora* 等。

④*Utaratuia sinensis* - *Zonophyllum beichuanensis* 组合带：以皱纹珊瑚为主，分布于养马坝组上部，除带化石外，尚有 *Z. caceolum*，*Z. centricum*，*Z. ganxiensis*，*Z. marginatum*，*U. intermedia* 等，伴生有 *Calceola ganxiensis*，*Pseudomicroplasma flabelliforme*，*P. mirifica*，*Haplothecia flata*，*H. beichuanensis*，*Trematophyllum dictotum*，*T. mirum*，*Lyrielasma ganxiensis*等，及少量床板珊瑚 *Squameofavosites*，*Favosites*，*Cladopora* 等若干种。

⑤*Temnophyllum irregulare* - *Dendrostella ganxiensis* 组合带：分布于金宝石组中，仍以皱纹珊瑚为主，除带化石外，主要分子还有 *T. ganxiensis latum*，*T. sichuanensis*，*T. breviseptatum*，*D. convexus*，*D. trigmme*，*Atelophyllum intermedium*，*Disphyllum schucherti*，

Eonodigonophyllum longmenshanense, *Argutastrea shiziyaensis*, *A. concavitabulata*, *Centristela longmenshanensis*, *Grypophyllum jiwozhaiense*, *Neosunophyllum longmenshanensis* 等，此外，尚有部分床板珊瑚如 *Scolipora*, *Thamnopora* 等多种与之共生。

⑥*Pexiphyllum sichuanense* - *Neospongophyllum sichuanensis* 组合带：分布于观雾山组下部，以皱纹珊瑚为主，除带化石外，尚有 *P. teletabulatum*, *Stringophyllum duplex*, *Hexagonaria longiseptata*, *Endophyllum shiziyaense*, *Sinospongophyllum pseudocarinatum*, *S. irregulare*, *S. intermedium*, *Temnophyllum* (*Truncicarinulum*) *beichuanensis*, *Heliophyllum zhongguoense*, *Pseudozaphrentis dushanensis* 等，并有与金宝石组相似的床板珊瑚与之共生。

⑦*Nalivkinella sichuanensis* - *Peneckiella raritabulata* 组合带：分布于观雾山组上部，以皱纹珊瑚为主，除上述代表分子外，尚有 *N. tuqiaoziensis*, *P. shawoziensis* 及 *Pseudozaphrentis minor*, *Temnophyllum tuqiaoziense*, *Sinodisphyllum concavitabulatum* 等，该带上部出现 *Wapitiphyllum sichuanensis*, *Disphyllum tuqiaoziensis* 等。

四川扬子区泥盆纪生物群除上述两大门类外，其他门类如层孔虫、介形类、牙形石、竹节石、三叶虫、双壳类、古植物孢子等前人均做过一定的研究，部分门类也建立了生物地层单位，但由于研究程度所限，且区域分布情况尚待查明，本书未介绍。

(二)泥盆纪年代地层单位的划分

主要依据生物群的时限及位置、分布及演化关系来确定。

四川扬子地层区泥盆系与下伏志留系间普遍存在着沉积间断，后者程度不等地有地层缺失，接触关系均为平行不整合或低角度不整合，泥盆系的下限尚无法确定。

中、下泥盆统的界线划分根据国际划分标准(1980)，以牙形石 *Polygnathus costatus partitus* 带的下限来划分 Eifelian 的下界。在北川剖面上，该带出现在养马坝组的上部，其下限与腕足类 *Zdimir* 顶峰带的底界大体对应，基本相当于下、中泥盆统的界线，此界线在养马坝组的上部通过，该组为一跨统的岩石地层单位。

中、上泥盆统界线的划分在四川扬子地层区几经变动，据国际划分标准(1980)，仍由牙形石作为划分依据，并由 *Polygnathus asymmetricus* 带的下限，即 *Ancyrodella rotundiloba* 的出现来划分。在北川剖面上，该带出现在观雾山组中下部，较腕足类 *Leiorhynchus tuqiaoziensis* - *Coeloterorhynchus triplicata* 组合带的下限为高，与 *Nalivkinella sichuanensis* - *Peneckiella raritabulata* 组合带的下限较为接近，中、上泥盆统的界线可参照后者的下界划分，此界线位于观雾山组中下部，该组也是一跨统的岩石地层单位。

泥盆系的上界由于生物的不连续而难于具体划分，沙窝子组及茅坝组化石比较稀少，目前对年代地层单位的界线划分认识还不统一。据范影年(1980)研究，茅坝组中的皱纹珊瑚上下部经科属比较具有重大差别，特别是该组上部(即范氏的"长滩子段") *Caninia zhongguoensis* - *Guerichiphyllum jirongi* 组合带中，出现犬齿珊瑚和乌拉珊瑚等科的分子代表着石炭纪时代的开始，并可与国内外对比，泥盆纪很多超科和科的分子在此带出现之前已基本消亡。但以珊瑚为依据划分的年代界线，远低于国际泥盆-石炭系界线工作组(1979)通过的以牙形石 *Siphonodella sulcata* 下限划分石炭系底界的界线。

二、石炭纪

(一)生物地层

石炭纪生物群以产量丰富、门类众多、地方色彩浓厚颇具特色，其中以珊瑚、腕足类、䗴类三个门类最为重要，并具有建立生物地层单位的条件。根据前人工作成果及《四川省区域地质志》(1991)对生物组合的总结，建议四川扬子地层区建立生物地层单位15个。

1. 䗴类

主要分布于总长沟组及黄龙组中，建议由下而上建立5个生物地层单位。

①*Eostaffella* 组合带：主要产于总长沟组，代表分子有 *E. intemedia*, *E. acuta*, *E. irenae* 等及 *Millerella minuta*，部分种的延限范围可达黄龙组下部。

②*Pseudostaffella - Profusulinella* 组合带：分布于黄龙组下部，主要有 *Pseudostaffella confusa*, *Profusulinella wangyüi*, *P. parva* 等，并有 *Aljutovella majiaobaensis*, *Eostaffella intermedia*, *Schubertella lata*, *Fusiella subtilis*, *Ozawainella turgida* 等共生。

③*Fusulina - Fusulinella* 组合带：分布于黄龙组下部，主要有 *Fusulina schellwieni*, *F. quasicylindrica*, *Fusulinella bocki*, *F. pseudobocki*, *F. praebocki*, *Millerella pura*, *Pseudostaffella sphaeroidea*, *Profusulinella pseudoaljutovica*, *P. ovata* 等。

④*Triticites* 组合带：主要分布于黄龙组中上部，主要有 *T. chinensis*, *T. simplex*, *T. minimus*, *T. minor* 等代表种，并有 *Quasifusulina phaselus*, *Montiparus reniformis*, *Hemifusulina ovata* 等伴生，此组合带以 *Triticites* 大量繁盛为特征。

⑤ *Zellia - Pseudoschwagerina* 组合带：分布于黄龙组上部，主要有 *P. cheni*, *P. subelliptica*, *Z. heritschi* 等，此外尚有 *Triticites*, *Schwagerina*, *Eoparafusulina* 等少数种分布。

2. 珊瑚

为四川扬子地层区石炭纪的一重要门类，产出数量较大，且具较强的时代意义，由下而上建立6个生物地层单位。

①*Caninia zhongguoensis - Guerichiphyllum jirongi* 组合带：分布于茅坝组中部，主要成分除上述二分子外，尚有 *C. ateles*, *C. cornucopiae sinensis*, *C. ephippia*, *G. elegantum*, *Siphonophyllia irregularis*, *S. shawoziensis*, *S. stereoseptata*, *S. longiseptatum* 等。

②*Cystophrentis - Beichuanophyllum* 组合带：分布于茅坝组上部及盐源地区黄龙组底部。主要有 *C. kolaohoensis*, *B. pachyseptatum* 等，此外，尚有 *Neobeichuanophyllum*, *N. minor*, *N. shawoziensis*, *N. complanatum*, *Kwangsiphyllum zhanggouliangense*, *K. longiseptatum* 等共生。

③*Pseudouralinia* 组合带：产于马角坝组，主要有 *P. irregularis*, *P. vesicata*, *P. minor* 等及 *Stelechophyllum* 多种伴生。

④*Yuanophyllum* 组合带：分布于总长沟组上部。主要有 *Y. kansuense*, *Carcinophyllum simplex*, *C. clinotabulatum*, *Arachnolasma sinense toutangense*, *Dibunophyllum vaughani*, *D. irregulare*, *Melanophyllum carinaseptatum* 以及 *Protocarcinophyllum*, *Lonsdaleia* 等属多种。

⑤*Kionophyllum* 组合带：分布于黄龙组下部，主要有 *K. longiseptatum*, *K. pyriforme* 等，并有 *Lithostrotionella*, *Bothrophyllum*, *Dibunophyllum*, *Caninia* 等属种共生。

⑥*Nephelophyllum* 组合带：分布于黄龙组上部，主要以 *N. multiseptatum* 较为重要，此外尚有 *Caninia*, *Pseudocarniaphyllum* 等少数属种，此带化石数量稀少。

3. 腕足类

四川扬子地层区较发育的一个门类，由下而上建立4个生物地层单位。

①*Gigantoproductus* - *Megachonetes* 组合带：分布于总长沟组下部，及盐源地区黄龙组底部，组成分子有 *G. giganteus*，*M. zimmermanni* 等。

② *Striatifera striata* 组合带：分布于总长沟组上部，主要有 *Striatifera striata*，*S. mucronata*，*Delepinea transversa*，*Gigantoproductus* sp.，*Linoproductus convexus* 等。

③*Choristites gigans* 组合带：见于黄龙组下部。主要有 *C. abnormalis*，*C. gigans*，*Dielasma glabrum*，*D. juresanense antecedens*，*Marginifera donensis makejevensis* 等种多见，另有 *Linoproductus*，*Neospirifer*，*Brachythyris*，*Echinoconchus* 等属的部分种共生。

④*Nantanella* 组合带：主要见于盐源地区黄龙组上部，主要分子有 *N. minor*，*Dielasma itaitubense*，*Dictyoclostus transversalis*，*Sichuanrhynchus sulcatus* 等。

四川石炭系一般发育不全，生物群研究受到较大的限制，除上述三大门类外，尚有层孔虫等生物群，前人也进行了研究，建立生物地层单位的条件尚欠成熟。

(二)石炭纪年代地层单位划分讨论

国际地层时代对比表(王鸿祯等，1990)，石炭系采用两分法。

在四川扬子地层区石炭系发育较完整的龙门山地区，下石炭统的底界划分意见尚不一致。据范影年(1980)研究，皱纹珊瑚在茅坝组上部(“长滩子段”)性质有重大差别。在茅坝组中部产出的珊瑚 *Caninia zhongguoensis* - *Guerichiphyllum jirongi* 组合带中，部分组分具国内外晚泥盆世色彩，而视其为 *Cystophrentis* 带的过渡层，其上的 *Cystophrentis kolaohoensis* - *Beichuanohyllum* 组合带属典型石炭纪组分。鉴于经清理修订后的茅坝组下部化石罕见，其上的珊瑚大量出现且面貌近似，故仍建议以 *Caninia* 等化石带的下限划分石炭系底界，以兹与相邻的贵州接轨。

石炭系上、下统之间岩性均以灰岩为主，有人认为其间有间断，接触关系为平行不整合，但依据不足。区内石炭系的划分常与相邻省区及欧洲对比，涉及到 Namurian 的存在和归属问题，根据国内普遍将上、下石炭统界线置于该阶的 A、B 段之间的划分意见，以 *Yuanophyllum* 为代表的珊瑚带在贵州的摆佐组及省内的总长沟组均可见到，故建议将统的界线置于珊瑚 *Yuanophyllum* 组合之顶界或䗴类 *Pseudostaffella* - *Profusulinella* 组合带之底界，此界线大体与总长沟组的顶界一致。

在四川省扬子地层区，石炭系顶部均遭受不同程度的剥蚀，并有二叠系平行不整合超覆，岩石地层单位界线清楚，但生物与年代地层界线无法具体划分，仅能以平行不整合面作为分界的自然界面。

三、二叠纪

(一)生物地层

二叠纪地层在四川扬子地层区十分发育，且沿东西向岩性、岩相变化较为显著，含有丰富的多门类化石组合，并受到沉积环境的严格控制。目前以䗴类、腕足类、珊瑚、牙形石及植物五个门类研究程度较高，据《四川省区域地质志》(1991)，生物地层单位划分方案如下：

1. 䗴类

䗴类为二叠纪较发育且分布广泛的一大门类，由下而上可建立 5 个单位。

① *Nankinella orbicularia* - *Pisolina excessa* 顶峰带：分布于栖霞组上部—茅口组下部及阳新组下部。主要组成分子还有 *N. compacta*，*P. parvula*，*Schwagerina bicornis*，*Schubertella kingi*，*Misellina* 多种。

②*Neoschwagerina－Chusenella conicocylindrica* 顶峰带：分布于茅口组及栖霞组上部，数量多，分布广。主要有 *N. simplex*，*N. margaritae*，*C. douvillei*，*C. tingi*，*Verbeekina verbeeki*，*V. heimi*，*Cancellina minor*，*Pseudodoliolina ozawai*，*Rugososchwagerina shengi* 等。

③*Yabeina－Neomisellina* 顶峰带：分布于阳新组及茅口组上部，以此二代表属的多种为特征，并有大量下部生物带中的上延分子伴生。

④*Codonofusiella* 组合带：分布于吴家坪组及龙潭组的灰岩夹层中，主要有 *C. asiatica*，*C. paradoxica*，*Reichelina simplex*，*R. media*，并有少量 *Eoverbeekina sphaerulinaeformis*，*Gallowaiinella meitienensis* 等伴生。

⑤*Palaeofusulina* 顶峰带：分布于吴家坪组上部。以该属多种的大量出现为特征，也有下带上延分子伴生。

2. 腕足类

由下而上可建立 6 个单位。

①*Orthotetina mianzhouensis－Spirigerilla gaogiaoensis* 组合带：主要见于梁山组中，组成分子还有 *O. triangularis*，*O. yanziyanensis*，*Tyloplecta richthofeni*，*Athyris orbiculiformis*。

②*Orthotichia chekiangensis－Acosarina indica* 组合带：主要见于栖霞组中，组成分子还有 *O. lengshuixiensis*，*O. iljinae*，*A. subtriangularis*，*Spirigerella heibayideensis* 等。

③*Cryptospirifer omeishanensis－Cryptospirifer striatus* 顶峰带：广泛分布于茅口组下部及栖霞组上部，除代表分子外，还有 *C. semiplicatus*，*C. orbicularis*，*Spirigerella disulcata*，*Tyloplecta nankingensis*，*Monticulifera costella*，*M. sinensis* 等。

④*Neoplicatifera huangi－Urushtenia crenulata* 组合带：见于茅口组、孤峰组及阳新组上部，组成分子有 *U. chenanensis*，*Monticulifera sinensis*，*Spirigerella disulcata*，*Tyloplecta nankingensis*。

⑤*Tyloplecta yangtzeensis－Squamularia grandis* 组合带：广布于吴家坪组下部及龙潭组的海相层中，组成分子有 *T. grandicostata*，*S. waageni*，*S. elegantula*，*S. indica*，并有 *Oldhamina*，*Leptodus* 多属及下部上延分子伴生。

⑥*Spinomarginifera kueichowensis－Enteletina sinensis* 组合带：见于吴家坪组上部。组成分子有 *S. lopingensis*，*E. pengshuiensis*，*Oldhamina squamosa*，*Waagenites wongiana* 等。

3. 珊瑚

可建立 6 个单位。

①*Wentzellophyllum* 组合带：分布于栖霞组及阳新组下部。该带代表属占有优势，常有 *W. volzi*，*W. kueichowensis*，*W. gigantea*，*W. nuapinense*，*W. denticulatum*，*W. chaoi*，*W. rariseptatum* 等，尚有 *Stylidophyllum wolzi*，*Hayasakaia* 多属种伴生。

②*Hayasakaia elegantula* 组合带：分布于栖霞组或茅口组下部，组成分子还有 *H. gigantea*，*H. cystosa*，*H. yunnanensis* 等，并有上下带延续分子伴生。

③*Polythecalis yangtzeensis－Tetraporinus* 组合带：分布于栖霞组上部或茅口组，组成分子有 *P. chinensis*，*P. wangi*，*T. halysitiformis*，*T. sichuanensis*，*Protomichelinia sinensis* 等。

④*Ipciphyllum－Wentzelella* 组合带：广布于茅口组或阳新组上部，主要分子还有 *I. ipci*，*I. elegans*，*W. timorica*，*W. minor* 等，此外还有 *Paracaninia liangshanensis*，*P. sinensis*，*Tachylasma magnum hexaseptatum*，*Michelinia* 等。

⑤*Liangshanophyllum－Lophophyllidium* 组合带：分布于吴家坪组下部，偶见于峨眉山玄

武岩组夹层，该带除二代表属多种外，尚有 *Waagenophyllum* 等属若干种伴生，数量较少。

⑥*Waagenophyllum - Huayunophyllum* 组合带：分布于吴家坪组上部，常见者主要为二代表属的多种及部分下带上延分子。

4. 牙形石

自下而上可建立 5 个组合带。

①*Sweetognathus whitei* 组合带：分布于栖霞组下部。

②*Neogondolella idahoensis* 组合带：分布于栖霞组上部—茅口组下部。

③*Neogondolella serrata - N. postserrata* 组合带：分布于茅口组中、上部及孤峰组。

④*Neogondolella bifferi - N. liangshanensis* 组合带：分布于吴家坪组下部。

⑤*Neogondolella - N. changxingensis* 组合带：分布于吴家坪组上部及大隆组。

5. 植物

该门类受相带控制明显，可建立 2 个组合带。

①*Taeniopteris multinervis - Lepidodendron* 组合带：见于梁山组中，除代表属种外，尚有 *Pecopteris*，*Sphenophyllum* 等属若干种。

②*Gigantopteris nicotianaefolia - Lobatannularia multifolia* 组合带：分布于龙潭组、宣威组及峨眉山玄武岩组夹层中，组成分子除代表属外，尚见有 *Lepidostrobophyllum*，*Pecopteris*，*Sphenophyllum* 等属多种伴生。

(二)二叠系年代地层划分

四川扬子地层区二叠纪地层所含化石门类众多，研究程度较高，并成为年代地层单位划分的主要依据。我国二叠纪地层采用二分的方案，就四川情况而言是可行的。

(1)二叠系的底界国内目前以䗴类的生物地层单位作为划分依据，即以 *Pseudoschwagerina* 带的上限划分石炭-二叠系界线，但这一划分意见目前尚有分歧。四川二叠系与下伏地层大部分地区不连续，地层缺失较多，以龙门山北段连续性较好，梁山组下部地层以碳酸盐岩为主，䗴类化石发育，据《四川省区域地质志》(1991)载，该组上下䗴类特征区别明显，其下隔壁褶皱强烈，旋脊不发育，其上旋脊发育而隔壁不褶皱，如 *Nankinella* 等，珊瑚成分也交替明显，黄汲清(1932)、盛金章(1982)均认为梁山组为栖霞组底部 *Wentzellophyllum volzi* 带相变为陆相的含煤地层，且二者连续沉积，与下伏地层多不连续，故发育于梁山组中的植物 *Taeniopteris multinervis - Lepidodendron* 组合带应纳入二叠纪早期范畴。二叠系底界也应置于该带之底，与梁山组层位相当的树河组过去一直被视为石炭-二叠系过渡层，据《四川省区域地质志》(1991)，该组化石多产自灰岩砾石中，结合构造位置分析，其成因可能与重力流沉积有关，故其时代仍应归属二叠纪早期。鉴于梁山组与树河组与下伏地层多为平行不整合接触，二叠系底界与上述二组之底界大体一致。

(2)二叠系上、下统的界线按䗴类、腕足类及珊瑚三大门类综合考虑，䗴类以 *Yabeina - Neomisellina* 顶峰带上限划分，也是腕足类 *Neoplicatifera huangi - Urushtenia crenulata* 组合带和珊瑚 *Ipciphyllum - Wentzelella* 组合带的上限。其界线与茅口组、阳新组和孤峰组的顶界、龙潭组或吴家坪组底界大体相当。

(3)二叠系顶界过去多以䗴类 *Palaeofusulina* 带的上限作为界线，这一界线与菊石 *Rotodiscoceras- Chaotianoceras* 组合带的上限大体一致，并以上覆 *Ophiceras* 带的出现划分界线。近年来对事件地层的研究也为二、三叠系界线划分提出了新的标志，这一界线与大隆组或吴家坪组顶界基本一致。

四、早、中三叠世

(一)生物地层

四川扬子地层区早、中三叠世(包括局部晚三叠世早期)地层含有大量双壳类、头足类(菊石)、腕足类等多门类化石，以前二者为主且具有较强的时代意义。据前人研究成果，对生物地层单位的划分提出如下建议：

1. 双壳类

为早、中三叠世地层产出数量最多的一个门类，由下而上可建立以下6个组合带。

①*Claraia wangi* 组合带：分布于飞仙关组、夜郎组及大冶组下部，主要组成分子有 *C. wangi*, *C. stachei*, *C. clarai*, *C. griesbachi* 等及 *Oxytoma scythicum* 数量不多而属种单调。

②*Eumorphotis multiformis* - *Claraia aurita* 组合带：分布于大冶组下部、飞仙关组及夜郎组上部，该带相对 *Claraia wangi* 组合带属种数量大增，主要成分有 *Eumorphotis multiformis*, *E. venetiana*, *E. telleri*, *E. inaequicostata*, *Claraia aurita*, *C. stachei*, *C. griesbachi*, *Anodontophora fassaensis* 等。

③*Pteria murchisoni* 组合带：分布于大冶组上部、嘉陵江组、铜街子组及盐塘组下部。其中 *Eumorphotis* 及 *Claraia* 二属占有较大优势，除部分为延续时限较长的分子外，还出现大量新生分子，重要者如 *E. tenuistriata*, *C. punjabiensis*, *Pteria* cf. *murchisoni*, *Entolium discites*, *Gervillia exporrecta*, *Myophoria ovata*, *M.* (*Neoschizodus*) *laevigata*, *Leptochondria albertii* 等。

④*Eumorphotis*(*Asoella*)*illyrica* - *Myophoria*(*Costatoria*)*goldfussi* 组合带：分布于雷口坡组、巴东组、盐塘组及嘉陵江组上部。主要有 *Eumorphotis*(*Asoella*)*illyrica*, *E.* (*A.*) *hupehica*, *Myophoria*(*Costatoria*)*goldfussi*, *Lima convexa* 等及部分延续时限较长的老属种。

⑤*Halobia pluriradiata* - *Halobia convexa* 组合带：主要分布于马鞍塘组下部、中窝组下部及天井山组顶部，*Halobia* 一属占有突出地位，主要成分有 *H. pluriradiata*, *H. convexa*, *H. rugosa*, *H. austriaca*, *H. superba*, *Plagiostoma subpunctatum*, *Pergamidia eumenea* 等。

⑥*Burmesia lirata* - *Myophoria*(*Costatoria*)*napengensis* 组合带，分布于马鞍塘组上部、垮洪洞组、中窝组上部、松桂组及须家河组底部海相段中。该带组成除部分为下部组合带上延分子外，重要分子有 *Burmesia lirata*, *Halobia superbescens*, *Pergamidia timorensis*, *Unionites griesbachi*, *Myophoria*(*Costatoria*)*napengensis*, *M.* (*C*)*separata*, *Nuculana timorensis*, *Pteria krumbecki*, *Gervillia praecursor*, *Modiolus frugi*, *Thracia prisca*, *Myophoriopis nuculiformis*, *Palaeocardita mansuyi*, *Permophorus emeiensis*, *Palaeoneilo elliptica*, *Palaeonucula strigilatus* 等。

2. 头足类(菊石)

分布层位零星，由下而上可建立3个延限带、2个组合带。

①*Ophiceras* 延限带：产出于大冶组及夜郎组底部，主要有 *Ophiceras*, *Lytophiceras*, *Koninckites* 等属。

②*Tirolites* 延限带：分布于铜街子组上部、嘉陵江组下部，仅见 *T. spinosus*, *T. cassianus* 两个种，延续时限短。

③*Progonoceratites* 延限带：分布于雷口坡组或巴东组中部(第二段)，层位稳定，分布广泛，主要分子为 *P. pulcher*, *P.* cf. *robustus* 等。

④*Discotropites* - *Thisbites* 组合带：分布于马鞍塘组、中窝组中，组成分子众多，主要有

Discotropites, *Haplotropites*, *Cladiscites*, *Thisbites ankeri*, *T. anatolis*, *Anatomites caroli*, *Mojsvarites*, *Trachyceras aonimuenster*, *Protrachyceras densinlicatus*, *Paratibetites clarkeri* 等。

⑤*Gonionotites* - *Juvavites* 组合带：分布于垮洪洞组及松桂组中，组成分子有 *Gonionotites yanyuanensis*, *Juvavites* cf. *interruptus*, *Parajuvavites* cf. *robustus* 等。

除上述两个门类外，还见有数量不少的腕足类、腹足类、有孔虫、牙形石等门类化石，由于延续时限较长，并受研究程度的限制，尚不具备建立生物地层单位的条件。

（二）下、中三叠统年代地层划分

根据生物地层单位的建立及地层中生物化石的分布规律，三叠系下限由分布于吴家坪组或大隆组中的菊石 *Pseudotirolites* 组合带与夜郎组或大冶组中的 *Ophiceras* 延限带所限定。与后者伴生的双壳类 *Claraia wangi* 组合带，一般认为代表了三叠纪最早期的生物组合，亦不逾越 *Ophiceras* 延限带的下限，年代与岩石地层单位的界线大体一致。三叠系下、中统的界线根据国内外目前倾向于按双壳类 *Eumorphotis*(*Asoella*)*illyrica*, *Myophoria*(*Costatoria*)*goldfussi* 组合带的下限限定。而该组合带在地层中的分布，下限一般不超过嘉陵江组上部的一层水云母粘土岩（"绿豆岩"）。故下、中统的界线宜定在该粘土岩的底界面为妥。中、上统界线由于生物分布的不连续性而难于判定，根据国内外资料，双壳类 *Halobia pluriradiata* - *H. convexa* 组合带及菊石 *Discotropites* - *Thisbites* 组合带均代表了晚三叠世早期的生物组合，而此带在地层中的下限位于天井山组的近顶部或中窝组的底界面，其下伏地层缺乏生物证据。也有人根据有孔虫组合特征与欧洲对比，将上统下限置于天井山组中上部。据此可以认为，天井山组为一跨统的岩石地层单位，上统下界具体位置的判定尚有待于深入研究。

第三节　区域地层格架讨论

早二叠世，又一次大规模海侵在扬子地台内展开，其范围较以前海侵略有扩大，在龙门山-康滇古陆两侧形成稳定的碳酸盐台地。在此之前，古陆东侧经历了短暂的海陆交互的浅水沼泽环境，普遍沉积了厚度不大的梁山组；而古陆西侧则堆积了厚度较大的以砾状灰岩及碎屑岩为主的树河组，其成因与滑塌作用有关，反映出古陆西侧具有地形陡且水较深的特点。碳酸盐台地形成后，地貌分异消失，阳新组或栖霞组和茅口组稳定分布于全区，海水温暖而清澈。在川北一带出现了硅质岩（孤峰组），其区域分布虽不稳定，但反映了水深加大，生物类别趋于多样化的特征。

晚二叠世—早三叠世，龙门山-康滇古陆迅速上升，范围向外扩展，海域范围缩小。在古陆南段，初期出现多中心的陆相基性火山喷发及溢流，堆积了厚度较大的玄武岩为主的峨眉山玄武岩组，在古陆西侧其厚度达 3 000 m 以上，并向西逐步演化为海相火山喷发，规模巨大。随后古陆上升，剥蚀作用加剧，陆源物质补给丰富，在古陆两侧形成大面积陆相含煤碎屑岩—红色碎屑岩建造，其分布范围亦受古陆走向的控制。在古陆东侧形成了宣威组、东川组，西侧形成了黑泥哨组、青天堡组。这些地层单位均具有随着远离陆源区，碎屑物质减少，颗粒变细，盆内碳酸盐物质代偿量逐步增加的特点，且与古陆边缘的陆相地层序列间均具有宽窄不一的过渡带。各单位随其所在的古地理位置不同，其空间几何形态均呈楔状体，以陆屑为主的单位（如龙潭组、飞仙关组）向海的方向（向东）变薄尖灭，以盆屑为主的单位（如吴家坪组、大冶组）则向陆的方向（向西）变薄尖灭，相互间具有相互消长的关系。至川东、川北地区，陆源碎屑基本消失殆尽，盆内碎屑占据主导地位，沉积物以碳酸盐为主，并广泛出现了硅质岩，形成了吴家坪组、大隆组、大冶组地层序列，各单位厚度也具有由台地内向外围增大的趋势（图 4-1）。

早三叠世晚期—中三叠世，上扬子地台内海侵范围略有增大，且处于浅水、低能的环境中，蒸发量大，水体含盐度偏高。龙门山-康滇古陆处于相对的稳定状态，陆源供给量极少，沉积物以碳酸盐—硫酸盐—氯化物为主，形成了嘉陵江组、雷口坡组系列，中三叠世以后川东地区来自北方（大巴山古陆）的大量陆源碎屑进入盆地，在嘉陵江组之上沉积了以红色碎屑岩—碳酸盐岩为主的巴东组。康滇古陆西侧沉积环境与东部类似，但接受了来自西部古陆（金沙江古陆的南延部分）的陆源碎屑，沉积了以碎屑岩、碳酸盐岩交替出现的盐塘组及白山组，地壳大幅度沉降，厚度巨大，在空间上碎屑含量明显有由西向东大幅度增加的特征。

晚三叠世早期上扬子地区隆起上升，并遭受强烈的剥蚀，剥蚀幅度以川南泸州一带最大。仅在龙门山-康滇古陆东侧尚有小范围的“残留海湾”存在，沉积作用继续进行。其中龙门山前形成有以浅水富含底栖生物的细碎屑岩及碳酸盐岩（生物堆积层）为主的马鞍塘组，康滇古陆东侧形成以深水而富含浮游生物的泥岩及泥灰岩为主的垮洪洞组。这些沉积物在后期的构造活动中均受到不同程度的改造。康滇古陆西侧源于西部海侵未见明显中断，粗—细粒的碎屑岩与生物成因的碳酸盐岩交替出现，形成了中窝组、松桂组地层系列（图 4-2）。

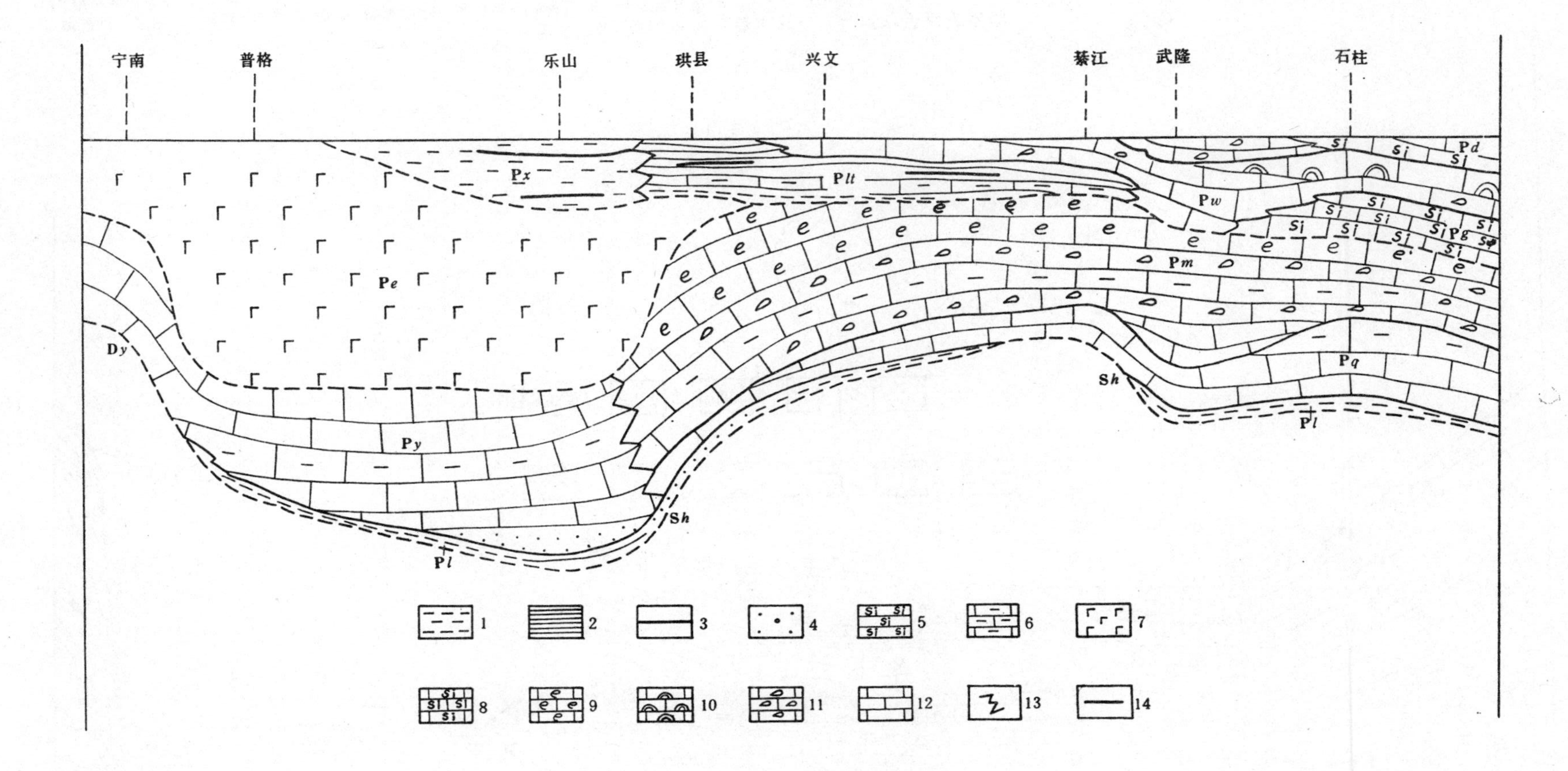

图 4-1　二叠纪岩石地层时空关系示意图

1. 泥岩；2. 页岩；3. 煤层；4. 含砾砂岩；5. 硅质板岩；6. 泥质灰岩；7. 玄武岩；8. 硅质灰岩；9. 生物碎屑灰岩；10. 有孔虫灰岩；11. 燧石灰岩；12. 灰岩；13. 相变线；14. 煤层；*Sh*. 韩家店；*Dy*. 依吉组；*Pl*. 梁山组；*Pq*. 栖霞组；*Pm*. 茅口组；*Pg*. 孤峰组；*Pw*. 吴家坪组；*Pd*. 大隆组；*Py*. 阳新组；*Pe*. 峨眉山玄武岩组；*Px*. 宣威组；*Plt*. 龙潭组

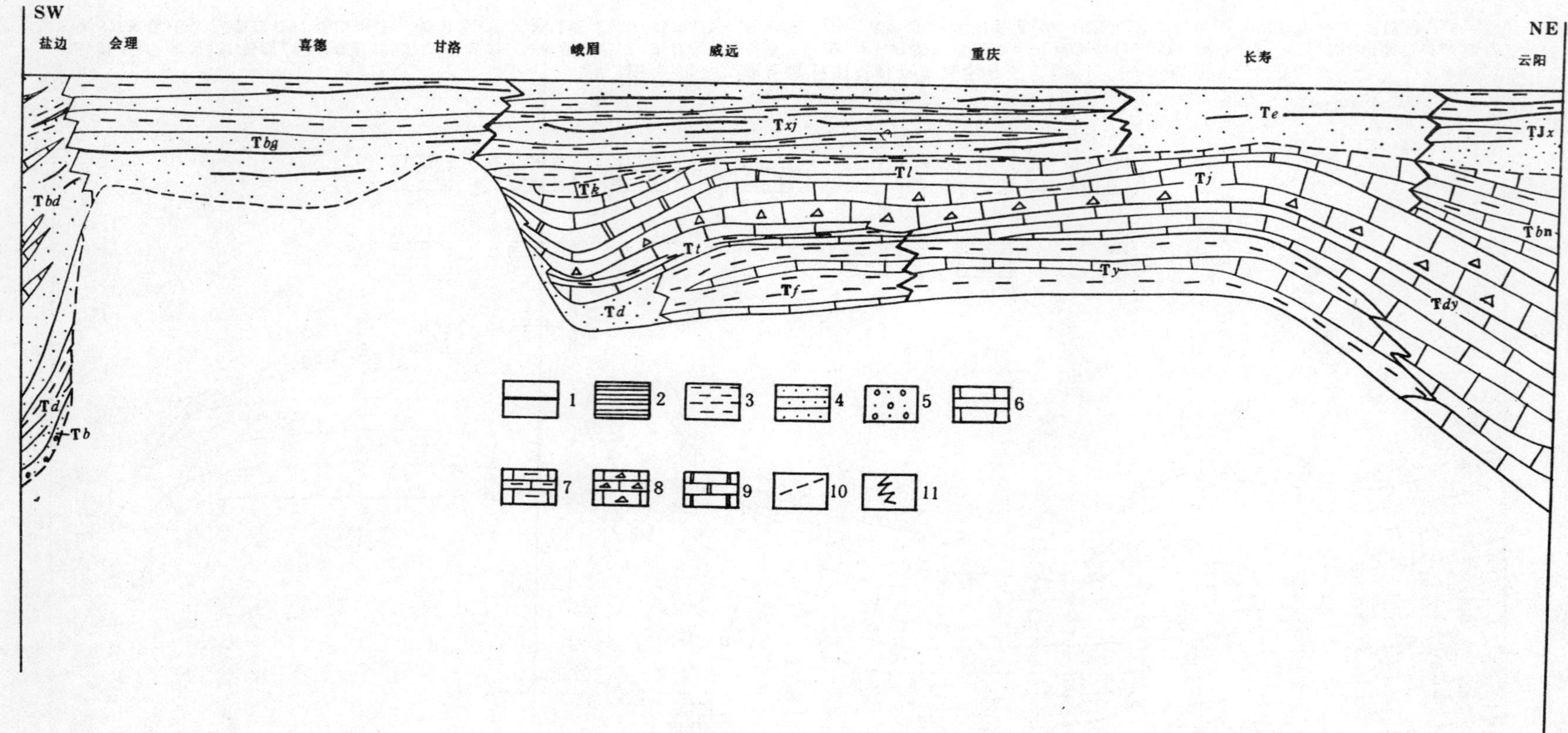

图 4-2 四川东部三叠纪岩石地层时空关系示意图

1. 煤层;2. 页岩;3. 泥岩;4. 粉砂岩;5. 砂砾岩;6. 灰岩;7. 泥灰岩;8. 角砾状灰岩;9. 白云岩;10. 平行不整合;11. 相变线
T*b*. 丙南组;T*bd*. 宝顶组;T*bg*. 白果湾组;T*bn*. 巴东组;T*d*. 大荞地组;T*dy*. 大冶组;T*e*. 二桥组;T*f*. 飞仙关组;T*j*. 嘉陵江组;T*k*. 垮洪洞组;T*l*. 雷口坡组;T*t*. 铜街子组;TJ*x*. 香溪组;T*xj*. 须家河组;T*y*. 夜郎组

第五章
晚三叠世—第三纪

第一节　岩石地层单位

四川东部晚三叠世地层以陆相含煤碎屑岩为主，分布遍及全区，在四川盆地内大部深埋地腹。含煤岩系厚数百至三千余米，地层发育不全，早期在四川盆地西缘有少量海相陆源碎屑岩夹层，大部地区均缺失，中、晚期地层较为发育，在盆地北部及东部穿时至早侏罗世早期。根据这套含煤岩系岩石组合特征的差异，经清理并与相邻省区协调，建议采用9个岩石地层单位：须家河组、二桥组、香溪组、白田坝组、白果湾组、丙南组、大荞地组、宝顶组、白土田组。

本区侏罗系以巨厚红色陆相碎屑岩，构成享誉中外的四川红色盆地。该系层序完整，厚达1 500～3 500 m，分布极为广泛，约占四川东部面积的45%左右，以砂泥岩为主，组成频繁韵律互层，含有丰富的陆生生物群，属我国大型陆相盆地研究程度较高的地区之一。根据这套红层岩石组合特征和结合历史上的习惯，经清理后建议采用11个正式组级岩石地层单位：自流井组、新田沟组、千佛岩组、沙溪庙组、遂宁组、蓬莱镇组、莲花口组、益门组、新村组、牛滚凼组、官沟组。

四川省东部的白垩系及下第三系主要分布于四川盆地西部、南部及攀西地区，川东南黔江一带及盐源地区也有零星分布，占该区面积的40%左右，以巨厚的陆相红色碎屑岩为特征，厚逾千米，最厚可达3 000 m以上。在四川盆地西缘多以冲积成因的粗碎屑岩为主，其中砾岩占有较大的比重，向盆地内粒度逐步变细。四川盆地南部多以风成成因的细—粗碎屑岩交互出现。攀西地区以断陷盆地冲积沉积为特征，砂泥岩与砾岩均较发育。本次清理建议采用岩石地层单位3群19组：城墙岩群(剑门关组、汉阳铺组、剑阁组)，苍溪组、白龙组、七曲寺组，蒙山群(天马山组、夹关组、灌口组、名山组、芦山组)，嘉定群(窝头山组、三合组、柳嘉组)，飞天山组、小坝组、雷打树组、正阳组、丽江组。

四川省东部上第三系(包括部分早更新世地层)分布零星，多为相互隔离的串珠状山间盆地沉积，以陆相含煤碎屑岩为主，呈半成岩状态，其分布集中在四川盆地西缘及攀西、盐源地区，沉积物及厚度各地均有较大差异。经本次清理，建议分别采用盐源组、昔格达组、凉水井组。

须家河组 Tx (06-51-4005)

【创名及原始定义】 由赵亚曾、黄汲清 1931 年命名于广元县北须家河，原称“须(徐)家河系(Suchiao Series)”，原义为：“灰色、黑色砂岩与页岩层(Shaly Strate)的频繁互层夹煤层，厚 400～500 m，煤层出现在该层顶部，厚 3 英尺左右，李希霍芬采到植物化石，据 Schenck 鉴定，该层时代为里阿斯期(Liassic)”。

【沿革】 该系在命名前已由德人李希霍芬(1882)测制了剖面并进行了描述，葛利普(1924)根据李氏剖面，将这套分布于广元附近的含煤岩系命名为“广元煤系”(Kuangyuan Coal Series)，赵亚曾、黄汲清 1929 年沿用这一名称，其含义指“昭化石灰岩”(即广义的嘉陵江石灰岩)与“四川红层”间的煤系地层。上述学者均将其时代置于侏罗纪。赵、黄(1931)所称的“须家河系”其含义与“广元煤系”有所不同，后者包括了全部含煤岩系，前者仅指第一套砾岩层以下的含煤地层，以上划分为“千佛岩组”。省内该组在 60 年代以前，各家均限制在川北地区使用，而其余地方使用“香溪煤系”或“香溪群”，并为后人广泛采用，60 年代以后该名称在四川逐渐停止使用，采用须家河组一名。但各家对该单位含义的理解和界线的划分认识不同，归纳为：①该煤系地层在命名地含两套相邻而性质不同的砾岩层，下部为灰岩砾岩，上部为石英砾岩，厚数十米，有人将须家河组的顶界置于灰岩砾岩层之底，有人将该顶界置于石英砾岩之底，其上含煤地层划归白田坝组，二界线相差约 90 m 以上。②1974 年，西南三省中生代地层座谈会根据命名地须家河组下部含海相化石，将这段海相层(相当于原须家河组一段)单独划分出来，命名为“小塘子组”，重新拟定该组含义不包括下部海相层，并建议盆地内统一使用该名。后人沿用，但有人称“组”，有人称“段”。③南京地质古生物研究所 1973 年于鄂西根据香溪群的生物组合特征及年代归属，划分了属晚三叠世的“沙镇溪组”及属早侏罗世的“香溪组”，这一方案也移植于四川。④罗启后等(1975)根据古生物(植物及双壳类)和地震反射层位置，判定须家河组中有侵蚀间断存在，川西雾中山一带含煤地层层位较高，另命名为“雾中山组”，与下伏须家河组界线由“侵蚀间断面”分隔。

由于须家河组由砂岩及泥页岩交互组成，常作为段级单位划分标志。中部一层较厚的砂岩在川南较发育(习称“须四段”)，底部常含石英砾石，有人据此将该组划分为上下两个亚组，并得到广泛采用。也有人将下部海相段称“小塘子段”，其上陆相部分称“川主庙段”，但附和者少。

【现在定义】 以黄灰色砂岩、泥岩为主，夹煤层，组成不等厚韵律互层，厚数百米至三千余米，富含植物及双壳类化石，平行不整合覆于碳酸盐岩为主的雷口坡组或天井山组之上，局部整合或平行不整合于马鞍塘组或垮洪洞组黑色泥岩、砂质泥岩之上，与上覆自流井组紫红等色泥岩为整合接触，与白田坝组底部石英砾岩平行不整合或不整合接触的地层。

【层型】 正层型为广元须家河剖面，位于广元县须家河(105°54′57″，32°33′28″)，四川二区测队 1966 年重测。

上覆地层：**白田坝组** 黄灰色中一厚层石英岩状中砾岩

～～～～～～ 不 整 合 ～～～～～～

须家河组　　总厚度 665.3 m

21. 浅灰色厚层钙质砂岩、岩屑石英砂岩及砾岩的互层，横向上互为渐变。砾石以灰岩

为主，次为石英岩 81.3 m

20. 浅灰色厚层块状砾岩，底部为含砾岩屑砂岩，砾石成分主要为灰岩、次为石英砂岩 12.6 m

19. 浅黄灰色薄层钙质页岩夹粉砂岩 15.8 m

18. 浅灰色中厚层中一粗粒岩屑石英岩，底部夹砾岩及凸镜状菱铁矿 65.0 m

17. 上部为灰色粉砂岩夹碳质页岩及煤层，煤层中夹结核状菱铁矿；中部为灰色钙质细砂岩；下部为浅灰白色中厚层石英细砂岩。含植物 *Todites williamsoni*，*Anomozamites loczyi*，*Clathropteris meniscioides*，*Cladophlebis raciborskii*，*Pterophyllum aequale* 等 16.0 m

16. 上部为浅黄色粉砂岩、碳质页岩夹薄煤层及凸镜状菱铁矿；中部为黑色碳质页岩；下部为灰白色厚层石英细砂岩 45.0 m

15. 上部为碳质页岩夹薄煤层及凸镜状菱铁矿；中部为浅黄色泥岩及黑色碳质页岩；下部为灰白色石英细砂岩。含植物 *Cladophlebis raciborskii*，*Todites denticulata* 等 21.5 m

14. 浅灰一黑灰色泥岩、碳质页岩夹菱铁矿；底部为浅灰白色薄层石英细砂石。含植物 *Dictyophyllum nathorsti*，*Thaumatopteris brauniana* 14.8 m

13. 浅灰色中厚层粉砂岩夹钙质砂岩 19.2 m

12. 浅灰色细一中粗粒岩屑石英砂岩，钙质胶结，含植物化石碎片，底部具角砾 86.4 m

11. 灰黑色页岩、碳质页岩夹薄煤层及结核菱铁矿，含植物化石碎片 18.8 m

10. 青灰色中厚层一块状细粒钙质砂岩或砂质灰岩 25.5 m

9. 浅灰色钙质粉砂岩 3.1 m

8. 青灰色中粒岩屑石英砂岩 23.0 m

7. 浅灰色中层一块状中一粗粒岩屑石英砂岩，下部夹薄层岩屑石英砂岩 63.4 m

6. 浅灰色薄一中厚层岩屑石英砂岩夹薄层钙质泥岩。含双壳类 *Mysidioptera*，*Posidonia guangyuanensis* 等 22.3 m

5. 黄绿色钙质页岩，次为粉砂质泥岩和粉砂岩，夹灰黑色碳质页岩及浅灰色钙质细砂岩。含双壳类 *Mysidioptera*，*Hoernesia* cf. *filosa*；棘皮类 *Ophiuroidea* 84.4 m

4. 灰白色薄层石英细砂岩夹浅黄色粉砂质泥岩 5.8 m

3. 灰白色中厚层石英细砂岩 35.5 m

2. 上部为淡黄色泥岩、页岩；下部为灰白色粘土夹薄煤线。含双壳类 *Burmesia lirata* 5.9 m

——————— 平行不整合 ———————

下伏地层：雷口坡组　灰、灰黑色块状灰岩，局部夹泥岩凸镜体

【地质特征及区域变化】　本组广布于四川盆地西部，由砂岩与泥页岩组成间互层，并作为段级地层单位的划分标志。合川、自贡及华蓥山一带可分六段，其中一、三、五段为泥岩夹煤层，二、四、六段为砂岩，底部无海相层，全组厚 400～650 m。在峨眉、马边一带页岩占优势，底部有厚达 200 m 左右的海相层，全组厚 540～880 m；江油、广元一带顶部常有石灰岩砾岩，底部具海相层，厚 150 m 左右，该组总厚达 600 m 以上；大邑、什邡一带总厚超过 300 m，砂、泥岩频繁交互，时夹泥灰岩条带及砾石，底部海相层达 1 050 m。总观本组特征，由东向西厚度增大，底部海相沉积厚度也随之增大，砂、泥岩交互的频繁程度增加。

四川盆地西部，该组一般平行不整合覆于雷口坡组之上，泸州一带覆于嘉陵江组之上，龙泉山及其延线以西地区平行不整合于马鞍塘组或垮洪洞组之上，其间界面清楚。该组与上覆自流井组为整合过渡，其间有厚约 10～50 m 左右的杂色过渡层，统一划入自流井组。须家河组中砂岩多为岩屑砂岩，成熟度低，自流井组中砂岩多为石英质，成熟度高，可作为划分界线的宏观标志。江油、广元一带上覆层为白田坝组，其底部的石英砾岩为划分二组的可靠自然界面。接触关系以平行不整合为主，局部为不整合(江油一带)。

本组含有丰富的化石，底部海相层常以海相双壳类为主，常见有 *Burmesia*，*Myophoria* (*costatoria*)，*Myophoriopis*，*Halobia*，*Pergamidia* 等多属。时见腕足类及介形类。其上部的陆相含煤岩系以含植物及淡水一半咸水双壳类为主，常见植物有 *Clathropteris*，*Dictyophyllum*，*Cladophlebis*，*Nilssonia*，*Anomozamites*，*Podozamites* 等多属，双壳类有 *Yunnanophorus*，*Myophoriopis* 等。还见有少量的叶肢介、腹足类、鱼类及极其丰富的孢粉化石。

二桥组　Te　(06-51-4019)

【创名及原始定义】　由丁文江(1928)命名于贵阳市西门外二桥。原义指位于三桥石灰岩之上的一套厚数十米的含煤碎屑岩系，下部为黄灰色砂岩与暗灰色页岩互层，上部为黑色页岩。

【沿革】　该名引至黔北使用，指位于关岭组或巴东组碳酸盐岩之上的一套陆相含植物及双壳类化石的灰白、黄灰色厚层夹薄层状岩屑石英砂岩。对于这套广布于川南、黔北以砂岩为主的地层，曾命名为“洗马滩组”(刘之远，1948)，或“平坝砂岩”、“新站砂岩”。在四川历年来采用“须家河组”或“香溪群”。鉴于川南这套地层宏观特征与四川盆地西部及北部存在明显的区别，而与黔北特征一致，经省区间协调，建议采用黔北名称。

【现在定义】　在四川省以黄灰、灰白色中一厚层状细一中粒长石、岩屑砂岩为主夹少量粉砂岩、泥岩及煤线，植物化石稀少，厚度一般小于 500 m。与下伏嘉陵江组或雷口坡组灰岩、白云岩平行不整合接触，与上覆自流井组下部紫红或杂色泥岩夹石英细砂岩整合接触的地层。

【层型】　正层型在贵州省。省内次层型为南川县沿塘剖面，四川 107 地质队 1980 年测制。

【地质特征及区域变化】　本组分布于忠县、涪陵、重庆、叙永一线以南地区，岩性相对稳定，夹有泥页岩和煤线，主要夹于底部。万县、涪陵、綦江一带厚 220～450 m，南川一带仅厚 240 m，彭水、石柱一带仅 80～120 m，重庆、叙永一线厚 340～540 m，向北向西，泥岩夹层由少增多逐步相变为须家河组。

本组含有少量植物化石，常见有 *Cladophlebis*，*Todites*，*Dictyophyllum*，*Nilssonia*，*Taeniopteris*，*Ptilophyllum* 等，含孢粉，偶见少量双壳类、叶肢介等。

香溪组　TJ*x*　(06-51-4006)

【创名及原始定义】　香溪群由野田势次郎(1917)创名的“香溪含煤砂岩系”演变而来，命名地点在湖北省秭归县香溪。原始定义：“系指在泄滩杂色页岩系与兴山赭色砂岩系之间一套含煤地层。岩性主要为绿色砂岩及页岩相间成层，中部夹煤层及黑色岩石。总厚度 500 m。产植物化石。为侏罗纪。”

【沿革】　“香溪煤系”或“香溪群”一名最早由谭锡畴、李春昱(1933)引入四川，该单位在省内的含义与须家河组相同。60 年代后期在四川大部地区采用须家河组，但在川东一带仍继续使用“香溪群”，西南三省中生代地层座谈会根据该群属跨系单位，应分别建组为由，建议不采用。南京地质古生物研究所(1973)根据化石将鄂西的“香溪群”支解为下部“沙镇溪组”及上部“香溪组”(狭义)后，四川盆地东部 1∶20 万区调基本上沿用了这一划分方案，但未套用上述名称，下部仍称须家河组，上部并入自流井组，分别归属上三叠统及下侏罗统，二者间界线依据化石而定，局部以一层宏观可识别的石英砂岩作为划分标志(达县一带)，使上述两组失去了岩石地层单位的性质。本次清理后建议香溪组继续在四川盆地北部使用，理由是该组沉积物较粗，韵律结构较复杂，与须家河组无论岩石与生物组合特征以及含煤性均区别明显。

【现在定义】 在四川省为灰白、灰黄色页岩、粉砂质泥岩与岩屑长石石英砂岩、粉砂岩组成不等厚互层，夹有砾岩、含砾砂岩、碳质页岩及煤层、煤线，含丰富植物及双壳类化石，厚 420～600 m。与下伏雷口坡组白云质灰岩、灰岩，与巴东组红色泥质灰岩均为平行不整合接触，与上覆自流井组紫红、灰绿等杂色粉砂岩、泥岩为整合接触的地层。

【层型】 正层型在湖北省，省内次层型为宣汉县七里峡剖面，四川 107 地质队 1980 年测制。

【地质特征及区域变化】 本组分布于四川盆地北部、大巴山前缘及川东地区，区内可划为两段，下段以石英、岩屑砂岩为主，夹少量粉砂岩、页岩及煤层，上段以泥质岩与粉砂岩、砂岩组成不等厚互层，夹煤层及菱铁矿凸镜体。在达县、宣汉一带粒度较细，泥质岩占有较大比例，由西向东，砂岩增多，且渐含砾，至云阳一带下部大量出现含砾砂岩及砾岩，含煤性差。厚度由西向东有由厚变薄的趋势。该组岩性与下伏地层平行不整合面清晰而岩性多突变，宏观标志清楚，与上覆地层自流井组岩性多为渐变，且存在颜色较杂的过渡层，厚可达 20～30 m。根据西南三省中生代地层座谈会(1974)的意见，过渡层统一划入自流井组。

香溪组含有较丰富的植物化石，常见有 *Dictyophyllum*，*Pterophyllum*，*Ptilozamites*，*Anomozamites*，*Sphenobaiera* 等，后二者常出现在该组上段。此外还有少量个体细小的双壳类。

白田坝组 *Jb* (06-51-4105)

【创名及原始定义】 由包茨、王国宁 1954 年创名于广元县宝轮院南的白田坝。原称“白田坝煤系”或“白田坝统”，是由赵亚曾、黄汲清(1931)建立的“千佛岩层”下部分出。原义指“以灰黄色砂岩为主，夹有灰黑色页岩及煤层、砾岩层。在安县一带须家河组和白田坝组之间存在角度不整合，尤以昭化三尺洞最为显著，到广元一带角度不整合不显著，唯砾岩层仍很厚”。

【沿革】 命名后各家广泛采用，但对该组顶底界的划分仍有分歧，在广元须家河一带有两套砾岩，下部以石灰岩砾为主，上部以石英岩砾为主，有人将全部砾岩划入白田坝组(赵亚曾等，1931；斯行健等，1964；四川二区测队，1966)，也有人将界线置于两套砾岩之间(《西南地区区域地层表·四川省分册》，1978)，该组顶界与上覆千佛岩组(狭义)岩性过渡，界线划分亦不相同。

【现在定义】 以黄绿、灰白等色石英砂岩为主，夹细砂岩、粉砂岩及泥页岩，时呈互层，常夹薄煤层及煤线，底部为厚层石英质砾岩。含植物等化石。厚 100～300 余米。与下伏须家河组砂岩或石灰质砾岩呈不整合或平行不整合，与上覆千佛岩组底部石英细砾岩及砂泥岩多为整合接触的地层。

【层型】 正层型为广元县白田坝剖面(105°34′10″，32°21′45″)，南京地质古生物研究所 1965 年重测。

上覆地层：**千佛岩组** 石英细砾岩

——————— 整 合 ———————

白田坝组	总厚度 204.3 m
13. 浅黄绿色细砂岩、砂质泥岩、泥岩夹煤线。产植物 *Pagiophyllum*	82.0 m

12. 青灰色粗粒石英砂岩。底部黄色泥岩中含植物 *Cladophlebis*，*Pagiophyllum*	8.7 m
11. 黄绿色细砂岩、粉砂岩与砂质泥岩、泥岩互层	31.0 m
10. 灰色厚层石英砂岩，偶见铁质结核	6.7 m
9. 掩盖	15.9 m
8. 灰色厚层石英砂岩，含铁质结核及细砾。底部为白色石英砂岩	10.0 m
7. 上部深灰色钙质粉砂岩及泥岩、页岩夹薄煤层；下部黄绿色泥岩、砂质泥岩夹少量薄层砂岩。富含植物 *Ptilophyllum pecten*，*Anomozamites* 等	26.6 m
6. 白色中厚层细粒石英砂岩，具交错层理	3.1 m
5. 掩盖	9.9 m
4. 白色厚层细粒石英砂岩	7.3 m
3. 砂质泥岩夹煤线，含植物化石	1.6 m
2. 厚层石英质砾岩。砾石以石英岩为主，滚圆度及分选性均较好	1.5 m

~~~~~~~~~~ 不 整 合 ~~~~~~~~~~

下伏地层：须家河组　灰色厚层状砂岩

【地质特征及区域变化】　本组分布于江油倒流河至广元、旺苍及南江一带，岩性以石英砂岩占优势，夹较多的粉砂岩及泥岩，局部呈互层，但不够稳定，含煤性较差，底部以白色石英砾岩为主，层位稳定，局部夹含砾砂岩及细砾岩凸镜体。本组厚度由南向北，由西向东增厚。与下伏层接触有两种情况：广元及以东的米仓山前缘以平行不整合为主，常有底砾岩分布，下伏须家河组有明显的缺失，由东向西缺失幅度增大，偶尔可见微角度相交；广元以南白田坝组超覆于须家河组或老地层之上，后者褶皱或倒转，形成高角度不整合，界面清晰而易于辨认。上覆千佛岩组底部有含砾石英砂岩及石英质细砾岩，可以作为划分的宏观标志。

本组含有数量较多的植物化石，常见者有 *Cladophlebis*，*Clathropteris*，*Dictyophyllum*，*Anomozamites*，*Pterophyllum* 等及大量孢粉，也见有少量叶肢介、腹足类及双壳类等。

白果湾组　*Tbg*　（06-51-4007）

【创名及原始含义】　由阮维周 1942 年命名于会理县北之益门白果湾村，称“白果湾煤系”。原含义包括下部“狮子口层”：为黑黄绿等色页岩、砂岩夹煤层，底部含砾岩，与下伏“大营盘紫色页岩”成假整合关系，含植物化石，厚 650 m；中部“王家坪层”：以页岩为主，夹砂岩及煤层，底部有砂岩、砾岩，厚 275 m；上部“核桃湾层”：以砾岩为主，不含煤层，夹砂页岩，上有断层，出露厚度 155 m，“时代上三叠纪下部”，“四川香溪煤系与此层之岩性既殊、厚度亦差，故难比较”。

【沿革】　自创名后一直被沿用。四川一区测队(1965)作为群级单位使用，斯行健等(1962)提出“化石层及其与上下地层之关系都和一平浪统相同，故以一平浪组之名概括之”，阮维周(1942)也认为该组即为“一平浪煤系”，但此名称在四川未被采纳，白果湾组一名沿用至今，其含义无大改变。

【现在定义】　为灰一黄绿色长石、石英砂岩、粉砂岩及泥岩不等厚互层，夹块状砾岩、碳质页岩及煤层，含植物、双壳类及介形类化石，厚 20～1600 余米，不整合超覆于前震旦系、灯影组或峨眉山玄武岩组之上，与上覆益门组灰白、紫红等色砂岩、泥岩整合接触的地层。

【层型】　选层型为会理县鹿厂剖面，位于会理县南鹿厂乡(102°11′36″，26°32′24″)，四川一区测队 1963 年测制。
~~~~~~~~~~

上覆地层：益门组　灰白色厚—块状中—粗粒长石石英砂岩

——————— 整　合 ———————

白果湾组　　总厚度 744.0 m

22. 灰绿夹紫红色砂质泥岩，顶部夹黄灰色中层状粉砂岩　23.3 m

21. 灰白、黄灰色中—厚层状粉砂岩、砂质泥岩。夹含砾长石石英砂岩　45.6 m

20. 灰白、灰绿色粉砂岩、砂质泥岩夹细粒长石石英砂岩　77.1 m

19. 黄灰色中厚层状粉砂岩夹菱铁矿结核，下部为灰白色中—粗粒长石石英砂岩，具泥砾　39.1 m

18. 上部黄绿色页岩，中部黄灰色、灰绿色粉砂岩，下部灰白色、块状砂砾岩及中—厚层石英砂岩。产植物 *Dictyophyllum*，*Anomozamites*　50.9 m

17. 黄灰色页岩夹薄层粉砂岩及细粒长石石英砂岩，产孢粉及介形类　62.4 m

16. 深灰色页岩，含双壳类及介形类化石，下部粉砂岩具菱铁矿结核夹黄灰色中层状粗粒长石石英砂岩。产植物 *Pterophyllum nathorsti* 及双壳类等　28.5 m

15. 灰白色中层状细粒长石石英砂岩夹黄灰色粉砂岩、泥岩　41.8 m

14. 上部灰色页岩含铁质结核、煤线、泥灰岩；下部灰白色中层状细粒长石石英砂岩为主，夹粉砂岩、页岩、碳质页岩、煤线。产植物 *Lepidopteris ottonis*　54.8 m

13. 白灰、深灰色页岩，产植物 *Podozamites* 等　13.8 m

12. 灰白色中厚层状粉砂岩夹细粒长石石英砂岩及砂质泥岩，产植物 *Todites shensiensis*，*Cladophlebis*　43.2 m

11. 灰白色厚层状中—粗粒长石石英砂岩，上部及下部夹灰白色中层状粉砂岩。产植物 *Dictyophyllum*，*Todites shensiensis*　86.7 m

10. 上部深灰色砂质泥岩，下部淡灰色薄层状粉砂岩夹深灰色砂质页岩。产植物 *Pterophyllum*，*Todites shensiensis*；介形虫 *Darwinula*；孢粉等　11.6 m

9. 灰白色块状中—粗粒长石石英砂岩　28.5 m

8. 褐色厚层块状砾岩，砾石成分以石英岩、粉砂岩为主，半滚圆状。夹砂岩凸镜体　34.8 m

7. 灰白色中厚层状细粒石英砂岩夹薄层凸镜状砾岩　9.9 m

6. 灰黑色薄—中层状泥质粉砂岩，下部夹碳质页岩及煤线。产植物 *Dictyophyllum*，*Neocalamites*；孢粉 *Bennettites* 等　15.2 m

5. 灰白色厚层—块状中细粒长石石英砂岩，夹粉砂岩、碳质页岩。产植物 *Todites shensiensis*，*Pterophyllum*；孢粉等　27.5 m

4. 浅灰色块状砾岩，砾石以石英岩为主，半滚圆状　17.3 m

3. 深灰色厚层状中细粒长石石英砂岩、粉砂岩及碳质粉砂岩夹碳质页岩，产植物 *Neocalamites*，*Cladophlebis* 等　5.8 m

2. 灰褐色块状砾岩、青灰色厚层中粗粒长石石英砂岩，砾石成分为石英岩、火山岩、片岩，半滚圆状　26.2 m

~~~~~~~~~~ 不 整 合 ~~~~~~~~~~

下伏地层：河口(岩)群　灰绿色绿泥石绢云母片岩

【地质特征及区域变化】　本组分布于攀西地区，分三个岩性段：一段旧称“下煤组”，主要分布于会理一带，岩性以砂砾岩夹粉砂岩、砂质和碳质页岩为主，局部含煤多层，底部砾岩普遍发育，厚度 20～443 m，会理以北大部地区缺失。二、三段旧称“上煤组”，以长石、石英砂岩及粉砂岩为主，夹砾岩、泥岩，偶见煤线及薄煤层，会理一带厚达 1 591 m，向北下部地层渐缺失，厚度减少，至石棉一带一、二段均缺失，仅三段残留，厚 106～673 m 不等。该组底界以不整合或平行不整合与老地层分界，宏观特征清晰；顶界与上覆益门组红层间为整
~~~~~~~~~~

合关系，其间常有杂色过渡层，厚约 30 m 左右，岩性过渡，西南三省中生代地层座谈会(1974)建议将过渡层统一划人益门组，杂色层的出现为划分白果湾组顶界提供了重要的参考标志。

白果湾组含有丰富的植物及孢粉化石，其中植物常见的属有 *Lepidopteris*，*Anomozamites*，*Taeniopteris* 等，此外还见有双壳类 *Unionites*，*Trigonodus*；腹足类和介形类等。

丙南组　Tbn　(06-51-4012)

【创名及原始定义】　由曾繁礽 945 年命名于攀枝花市西郊丙南渡，原义包括下部"丙南紫色层"及上部"陶家渡层"两部分，属"那拉箐煤系"之下部。前者为砾岩与页岩之互层，后者为灰黄等色粗砂岩、钙质砂岩夹泥岩、泥质灰岩及灰岩，两层总厚达 850 m。未觅得化石，不整合于阳新灰岩之上。曾氏认为可能属三叠纪。

【沿革】　云南地质局合称丙南组。西南三省中生代地层座谈会(1974)认为该组与大荞地组间有间断存在，但仍暂置于晚三叠世早期。自此，丙南组为人采纳(徐仁等，1973；四川地质局科研所，1982)，其含义为广义的丙南组，即包括上述两个相当段级的地层单位。

【现在定义】　以紫红、黄灰色砂岩、砾岩为主，夹粉砂岩及泥岩，见少量植物残片，厚 38～800 余米，与下伏阳新组灰岩、峨眉山玄武岩组及上覆大荞地组含煤岩系均为平行不整合接触的地层。

【层型】　选层型为盐边县把关河剖面，位于盐边县(今属攀枝花市)丙南渡西(101°35′3″，26°36′41″)，云南一区测队 1966 年测制。

上覆地层：**大荞地组**　灰色中粒石英砂岩，底部具细砾岩

——————— 平行不整合 ————————

丙南组	总厚度 280.3 m
6. 黄色页岩夹薄－中层状紫红色灰质粉砂岩	41.5 m
5. 紫红色细粒薄－中层状灰质粉砂岩，夹黄绿、灰色长石砂岩，下部夹砾岩	52.0 m
4. 紫红色厚层状中粒长石砂岩，其下为紫红色砂质页岩及砂岩	71.0 m
3. 紫红色砾岩及中粒长石砂岩	29.0 m
2. 紫红色厚层状粗砾岩，夹中粒长石砂岩，砾石成分玄武岩居多	86.8 m

——————— 平行不整合 ————————

下伏地层：**峨眉山玄武岩组**　灰绿色玄武岩

【地质特征及区域变化】　本组分布范围仅限于攀西地区南段，以紫红色砂岩、砾岩为主，以攀枝花市一带厚度最大，可达 370 m(攀枝花荷花池)；盐边一带砾岩呈紫红及灰绿色，夹泥岩，厚度减薄至 35～186 m；向北至箐河一带以灰绿色砾岩为主，时夹紫红色白云岩及石膏，仅厚 38 m。本组多平行不整合超覆于峨眉山玄武岩之上，局部下伏地层为宣威组煤系或阳新组灰岩，地层缺失明显，接触面亦不平整。上覆地层为大荞地组，二者平行不整合接触，界面清晰。

本组化石罕见，目前为止，仅见有 *Neocalamites*，*Sphenopteris* 等少量植物化石残片。

大荞地组　Tdq　(06-51-4014)

【创名及原始定义】　由曾繁礽 1945 年命名于攀枝花市西南部、金沙江以南那拉箐河与

摩娑河分水岭的大荞地梁子。原称“大荞地含煤层”属“那拉箐煤系”中部。其含义“底部为硬长石砂岩、石灰质砂岩、泥质石灰岩、黄色砂岩及砾岩，间夹黄色页岩、灰黄色泥岩及铁质砂岩，有煤层二，煤层附近有植物化石；中部以黄色灰绿色页岩及泥岩为主，砾岩砂岩为副，亦有煤层二；上部为粗粒硬砂岩及砾岩，色皆灰黄，夹铁质砂岩及灰黄或灰绿色页岩，其中亦有煤层二，三层共七百五十公尺”。

【沿革】 由云南地质局1957年正式作为组级单位使用，其后被沿用(云南一区测队，1972；徐仁等，1974、1979)，该组含义及顶底界线均未做大的更动。

【现在定义】 由灰、灰绿、灰黄等色砂岩、砾岩、粉砂岩及泥岩组成频繁多级韵律互层，夹数十层可采煤层及不稳定的泥灰岩、薄层灰岩，含丰富的植物化石，厚676～2 260 m，与下伏丙南组紫红色粉砂岩、泥岩及上覆宝顶组底部砾岩均为平行不整合接触的地层。

【层型】 选层型为攀枝花市宝顶剖面，位于攀枝花市宝顶(101°36′47″，26°35′49″)，云南一区测队1966年测制。

上覆地层：**宝顶组** 灰黄色巨砾岩

——————— 平行不整合 ———————

大荞地组 总厚度 2 260.0 m

12. 以灰色粗砾岩为主，夹细一中粒砂岩及砂质页岩，含煤层，底部有冲刷间断现象 230.0 m
11. 以灰绿、灰色砾岩及粗砂岩为主，夹有少量泥质砂岩及砂质页岩，含煤层 130.0 m
10. 棕灰、灰色砾岩、砂砾岩及砂岩互层产出，含煤层，产 *Pecopteris*、*Cladophlebis gigantea* 等 180.0 m
9. 灰绿、黄灰、灰色细一中粒砂岩为主，夹砂质页岩，组成由粗到细的韵律，顶部夹煤层，含 *Taeniopteris leclerei*，*Anomozamites minor*，*Thaumatopteris* 等植物化石 300.0 m
8. 灰、褐、深灰色含巨砾长石石英砂岩、细粒石英砂岩、泥质粉砂岩、砂质页岩组成韵律，每一韵律夹煤1～2层，偶夹泥灰岩。含 *Sagenopteris*，*Pseudoctenis* 等 200.0 m
7. 灰、灰绿色厚层状含砾长石砂岩、粗粒长石砂岩、泥质粉砂岩夹泥质砂岩。含煤层，含植物 *Otozamites* 等 250.0 m
6. 灰色细一中粒石英砂岩、泥质砂岩、页岩组成旋回，夹薄层灰岩。含煤层，含植物 *Pterophyllum contiguum* 等 130.0 m
5. 深灰色细粒泥质砂岩、粉砂岩、泥岩为主，偶夹泥灰岩及粗粒岩屑砂岩，并组成由粗而细的韵律。含煤层，含植物 *Nilssonia* cf. *densinervis*，*Dictyophyllum* 等 100.0m
4. 上部以灰色中一粗粒长石砂岩为主，下部以灰色粉砂岩为主，夹紫红色砾岩及薄层泥灰岩，含煤层，含植物 *Nilssonia* 等 430.0 m
3. 以灰绿、浅黄色细粒石英砂岩及砂质页岩为主，夹煤线及薄层泥灰岩 100.0 m
2. 以灰色中粒石英砂岩为主，夹较多的泥岩及少量泥质砂岩，底部为细砾岩，含煤层 210.0 m

——————— 平行不整合 ———————

下伏地层：**丙南组** 黄色页岩夹紫红色粉砂岩

【地质特征及区域变化】 本组分布于攀枝花市及盐边一带，范围局限，岩性以砾岩、粗一细粒砂岩、粉砂岩及泥质岩类组成不等厚互层，韵律频繁，可达60个以上，在攀枝花一带含煤近百层，以宝顶一带发育最全，厚度达2 200 m以上；向北至盐边红泥乡常以砂岩、泥岩互层为主，砾岩含量减少，厚度减至600余米，韵律结构仍较清楚。再向北渐向白果湾组过渡。

大荞地组含有极为丰富的植物化石，主要分子有 *Asterotheca*，*Danaeopsis*，*Thaumatopteris*，*Pachypteris*，*Nilssoniopteris*，*Sphenozamites*，*Glossophyllum* 等。徐仁等(1979)称它为“大荞地植物群”。它具有比西南地区晚三叠世植物群更为原始、更为古老的特征。

宝顶组　*Tbd*　(06-51-4016)

【创名及原始定义】　原称“宝鼎组”，由四川地层表编写组于 1975 年命名，根据曾繁礽 1945 年命名的“那拉箐煤系”上部“大箐层”更名而来，理由是滇东北奥陶系已有大箐组一名(郭文魁，1942)，属异物同名，按优先命名法则，遂更名。命名地位于攀枝花市西郊的宝顶煤矿，含义与“大箐层”相同。原含义为：“可分成三部，底部为巨砾砾岩……中部乃粗硬砂岩，间有碳质页岩、黄色页岩并夹劣质煤层。上部以板状砂岩为主，间夹有黄色页岩”。“此层仅于大箐向斜中见之，厚约一百公尺”。

【沿革】　同大荞地组，自更名后各家均采纳了宝顶组一名，少数人仍习惯使用旧名(徐仁等，1979)，但该组定义及顶底界线的划分趋于一致。

【现在定义】　为灰白、灰绿等色厚层一块状细一中粒石英砂岩、粉砂岩及泥岩呈不等厚互层，夹砾岩及劣质煤层，底部为巨厚砾岩。含有植物化石，厚约 938～1 880 m，与下伏大荞地组砂砾岩为平行不整合接触，并可超覆于丙南组或其他老地层之上，与上覆益门组紫红色粉砂岩、泥岩为整合过渡。

【层型】　正层型为攀枝花市宝顶剖面，位于攀枝花市宝顶(101°36′47″，26°35′49″)，云南一区测队 1966 年测制。

上覆地层：益门组　紫红色粉砂岩

——————整　合——————

宝顶组	总厚度 1 352.0 m
5. 灰绿色泥岩夹粉砂岩	450.0 m
4. 灰白色厚层一块状细一中粒石英砂岩夹黄色泥岩，层面多有炭屑	552.0 m
3. 灰绿色细一中粒砂岩，夹少许砂砾岩、砂质页岩，夹劣质煤层，含 *Clathropteris meniscioides*，*Cladophlebis*	100.0 m
2. 灰黄色巨砾岩，由下往上粒度变细，砾石成分复杂，分选不佳，具大型斜层理	250.0 m

－－－－－－－ 平行不整合 －－－－－－－－

下伏地层：大荞地组　以灰色粗砾岩为主，间夹细一中粒砂岩及砂质页岩

【地质特征及区域变化】　分布范围同大荞地组，可分为上、下两段，下段以砾砂岩为主，上段由砂泥岩组成不等厚互层，夹煤层。攀枝花一带厚达 1 000 m 以上，盐边箐河一带可达 1 900 m，红泥乡一带也在 1 000～1 800 m 左右。该组底界面不平整，为易识别的划分标志。

该组含有丰富的植物化石，相对大荞地组属种趋于单调，常见分子有 *Neocalamites*，*Asterotheca*，*Danaeopsis*，*Todites*，*Thaumatopteris*，*Anomazamites* 等，徐仁等(1979)称为“大箐植物群”。

白土田组　*Tbt*　(06-51-4024)

【创名及原始定义】　云南区测队 1965 年命名于云南省祥云县品甸水库附近的白土田。原始含义：“该组与下伏地层之间的假整合和大范围的超覆现象是重要的，该组成煤较好，为一

主要含煤地层”，岩性由黄绿色长石石英砂岩、粉砂岩、砂质页岩等为主，夹煤层，在马鞍山剖面上，见煤层位于本组较明显的二大旋回上部，夹有5～6层，最厚达3 m。本组厚800～2 000 m。

【沿革】 该名在四川境内从未使用过，与其相当的含煤岩系曾使用“黑盐塘煤系”（四川一区测队，1960)、东瓜岭煤组(西昌地质队，1961)、“上博大组”（四川一区测队，1971)、“白果湾煤系”（四川一区测队，1960)等名称，以“东瓜岭组”一名应用较广(《西南地区区域地层表·四川省分册》，1978；四川地质局科研所，1982)，云南境内也曾称“新安村组”(云南一区测队，1971)，而这套陆相煤系与下伏海相地层多为连续沉积。本次清理经省区间协调，这套含煤地层暂采用白土田组一名。

【层型】 正层型在云南省，省内次层型为盐源县甲米剖面，四川地质局科研所1982年测制。

【现在定义】 在四川省为浅灰、黄灰等色薄一中厚层长石石英砂岩、粉砂岩与泥岩呈不等厚韵律互层，夹少量泥晶灰岩凸镜体，偶见劣质煤线。含少量植物化石，厚接近1 000 m，与下伏松桂组砂岩整合过渡，省内未见顶的地层。

【地质特征及区域变化】 该组分布于盐源盆地边缘，岩性较稳定，层间常夹不稳定的煤线及泥灰岩或生物泥晶灰岩，由西向东含量减少，砂岩粒度变粗。残留厚度西厚东薄，在200～1 000 m左右。该组底界划分缺乏可靠的宏观标志。

白土田组含有数量不多的植物化石，常见者有*Dictyophyllum*，*Podozamites*，*Todites*，*Clathropteris*等。下部可见少量海相双壳类、腕足类化石。

自流井组 Jz (06-51-4104)

【创名及原始定义】 由A Heim1930年命名于自贡市自流井一带，原称“自流井系”。原义泛指命名地的一套“红色泥岩夹砂岩及石灰岩的地层，富含贝壳类化石”，并称为“含化石之石灰岩及砂岩，砂岩内夹有各种不同之页岩”，由下而上划分为“自流井红色岩层”及“自流井石灰岩”两个单位，厚约200 m。

【沿革】 自命名后各家均沿用，谭锡畴、李春昱于1933年将“自流井系”按岩性由下而上划分为“珍珠冲粘土”、“东岳庙石灰岩”、“大坟包粘土”、“郭家凹砂岩”、“马鞍山粘土”、“大安寨石灰岩”及“凉高山砂岩”七个单位。斯行健等1964年根据谭锡畴、李春昱建立的层序及石油系统的工作成果，将上述七个单位归并为五个段级单位，即珍珠冲段、东岳庙段、马鞍山段、大安寨段及凉高山段，归入自流井组中，嗣后，也有人更名为“自流井群”(《西南地区区域地层表·四川省分册》，1978；四川二区测队，1975)。此名称推广于四川盆地后，随地域扩大各家认识出现分歧，主要表现在：①丁毅、关士聪(1942)在綦江县土台地区由下而上建立了“大道坡砂岩”、“白沙岗砂岩”、“田坝煤系”、“綦江铁矿层”及“岩楞山石英砂岩”五个地层单位。经后人研究，前二者相当于上三叠统煤系地层(即二桥组)，后三者统称“綦江层”，并证实属二桥组与自流井组间之过渡层，西南三省中生代地层座谈会(1974)建议作为自流井组底部的一个段级地层单位。②谭锡畴、李春昱命名的“凉高山砂岩”经后人实地考察，实为沙溪庙组底部砂岩(习称“关口砂岩”)，在命名地该砂岩之下与大安寨段之间有地层缺失(参见新田沟组条目)。斯行健等(1964)所称的“凉高山段”实际上与“凉高山砂岩”并不相当，而相当于新田沟组(有人称“千佛岩组”)，属同名异物，故该段不应包括在自流井组内。③四川航调队(1980)、四川地质局科研所(1982)根据化石，认为自流井组下部的綦江段及珍珠冲段时代属早侏罗世，东岳庙段以上属中侏罗世，据此将前者命名为“珍珠冲组”，并划分为下段(綦江段)及上段(珍珠冲段)，自流井组含义修订为仅包括东岳庙段、马鞍山段及大安寨段。

鉴于自流井组命名地地层发育不全，上部地层有缺失，下部剖面未见底，造成了对该组定义理解的分歧。自四川航调队(1977)在重庆附近建立了新田沟组以取代名不符实的“凉高山组(段)”以后，对该组顶界的划分有了较为统一的认识。

【现在定义】 整合于须家河组、二桥组陆相含煤碎屑岩系之上的一套紫红及黄绿等色泥(页)岩夹薄层石英细砂岩、粉砂岩、生物碎屑灰岩或泥灰岩为主，常具韵律结构，富含双壳类、叶肢介及介形类化石，厚200～500 m，整合伏于新田沟组杂色砂岩、页岩或平行不整合于沙溪庙组底部黄灰色块状砂岩(关口砂岩)之下的地层。可划分为五个岩性段，从下到上为：

(1)綦江段(51－4116)：上下部为灰白色石英砂岩(习称下部为“田坝煤系底砂岩”，上部为“岩楞山砂岩”)，中部为灰黑等色碳质页岩夹薄煤层、煤线、菱铁矿及赤铁矿(习称“田坝煤系”)，仅发育于重庆、綦江、江津一带，厚0～30 m。

(2)珍珠冲段(51－4118)：以紫红色泥(页)岩为主，夹浅灰色薄层状石英细砂岩条带，厚50～260 m。

(3)东岳庙段(51－4119)：以黑色页岩夹介壳灰岩为主，底部为含介壳钙质粉砂岩，厚5～50 m。

(4)马鞍山段(51－4122)：以紫红色泥岩为主，夹少量灰绿、黄绿色粉－细砂岩。泥岩可相变为灰黑、灰绿等色，砂岩区域上稳定性较差，厚50～200 m。

(5)大安寨段(51－4123)：以黑、黄绿等色页岩与生物介壳灰岩不等厚互层为主，上部夹紫红色泥岩，时夹泥灰岩及灰质细砾岩凸镜体，厚40～80 m。

【层型】 正层型为自贡市龙井周家沟—伍家坝剖面，位于自贡市大安区(104°45′59″，29°22′40″)，四川航调队1977年重测。

上覆地层：新田沟组　灰色中厚层状石英砂岩。底见中粗粒钙质砂砾岩

－－－－－－－ 平行不整合 －－－－－－－－

自流井组	总厚度 233.5 m
大安寨段	40.2 m
18. 紫红色泥岩。含双壳类 *Unionelloides globitriangularis*，*Unio ningxiaensis* 等	3.4 m
17. 灰及紫灰色中厚层状灰岩与泥灰岩	3.4 m
16. 暗紫色泥岩	4.0 m
15. 灰、紫灰色薄－中厚层状泥灰岩夹紫色泥页岩。含脊椎动物 *Mesosuchia*(牙齿化石)	11.7 m
14. 紫红色泥岩	1.7 m
13. 灰色薄－中厚层泥灰岩	8.4 m
12. 灰紫色泥岩夹泥灰岩团块，夹紫红色泥岩	7.6 m
马鞍山段	134.5 m
11. 紫红色泥岩	66.4 m
10. 灰、黄绿色中厚层状细粒石英砂岩	4.9 m
9. 灰、黄绿色粉砂质页岩	2.3 m
8. 紫、暗紫红色泥岩	44.1 m
7. 紫红色泥页岩和灰色泥岩互层	6.7 m

6. 紫红色泥岩夹灰色薄层泥页岩　10.1 m

东岳庙段　6.8 m

5. 灰、浅灰色灰岩及介壳灰岩，顶夹灰黄色泥页岩。含双壳类 *Pseudocardinia convexa*　2.5 m

4. 灰、黄灰色泥灰岩夹泥页岩　4.3 m

珍珠冲段　52.0 m

3. 暗红色泥岩，含灰绿色泥砂质团块　14.8 m

2. 暗紫色泥岩，顶为灰白色细砂岩(钻井资料)　37.2 m

———— 整　合 ————

下伏地层：须家河组　灰绿色及灰白色细砂岩

【地质特征及区域变化】　本组分布于除川北以外的四川盆地地区，大体以华蓥山为界，可划分为东西两个小区，该界以西自流井组以紫红色调为主(习称“红相区”)，除綦江段外，各段均较稳定，四川盆地西缘及南缘随东岳庙段及大安寨段以灰岩为主的层段渐趋消失而难于分段。上部由东向西剥蚀幅度增大，峨眉、马边一带残留厚度不足150 m，一般在200～300 m之间。华蓥山以东本组层序完整，各段划分标志较清楚，唯色调变为灰至灰黑色(习称“黑相区”)，珍珠冲段明显变薄，其上灰岩层常为富介壳及生物屑的钙质粉砂岩所取代，厚度250～365 m。

本组含有丰富的化石，其中以双壳类最为多见，小个体的 *Pseudocardinia* 占有较大优势，常见的属还有 *Unio*，*Lamprotula*(*Eolamprotula*)；介形类 *Darwinula* 及叶肢介、腹足类、轮藻及孢粉等。上述化石多集中出现于东岳庙段及大安寨段。在合川、威远、壁山等地东岳庙段及马鞍山段中产爬行类动物化石，重要分子有蛇颈龙、禽龙、虚骨龙，妖龙类及鳄类。

新田沟组　*Jxt*　(06-51-4106)

【创名及原始定义】　四川航调队1977年命名于重庆市北碚区炭坝南200 m的新田沟村。原义指位于自流井组大安寨段之上，“小垭口砂岩”(相当沙溪庙组底部“关口砂岩”)之下的一套地层，与上覆、下伏地层均为整合接触，含有瓣鳃类、介形类、叶肢介等多门类化石，厚200 m。

【沿革】　命名前多视为自流井组(群)的一部分，先后称为“自流井群上组”(地质部第四普查大队，1964)、“自流井组凉高山段”(斯行健，1964；《西南地区区域地层表·四川省分册》，1978)，而这段地层与自贡一带的“凉高山砂岩”并不相当，多数研究者都认识到将其置于自流井组不妥。自新田沟组命名后很快得到认同和采用(《四川省区域地质志》，1991)。

【现在定义】　以黄绿、紫红色夹深灰色泥岩、粉砂质泥岩为主，夹细砂岩、粉砂岩及生物碎屑灰岩凸镜体，具三分性，上、下部以杂色泥岩为主，中部以黑色泥页岩为主，含双壳类、叶肢介、介形类、孢粉及脊椎动物化石，厚50～490 m，与下伏自流井组顶部紫红色泥岩及上覆沙溪庙组黄灰色块状岩屑砂岩整合接触的地层。或平行不整合超覆于自流井组之上。

【层型】　正层型为重庆市北碚区炭坝—新田沟剖面，位于重庆市北碚与合川县交界处(106°19′2″，29°56′48″)，四川航调队1977年测制。

上覆地层：沙溪庙组　黄色块状细—中粒岩屑长石砂岩

———— 整　合 ————

新田沟组	总厚度 199.6 m
15. 紫红、黄绿色砂质泥岩	6.6 m
14. 黄绿、紫红色泥岩夹薄层钙泥质粉砂岩	11.4 m
13. 黄绿色夹紫红色砂质泥岩夹薄层粉砂岩	17.5 m
12. 黄色泥质岩屑长石细砂岩	3.9 m
11. 黄绿色夹紫红色砂质泥岩	27.3 m
10. 黄绿色粉一细粒石英砂岩，向上为同色砂质泥岩	9.5 m
9. 黄绿色砂质泥岩，向上夹粉砂岩	11.0 m
8. 黄色长石砂岩夹粉砂岩及薄层泥岩	8.9 m
7. 深灰色页岩夹泥岩、石英粉砂岩、生物碎屑砂岩。下部夹铁质生物介壳灰岩。双壳类 *Pseudocardinia angulata*；介形类 *Darwinula sarytirmenensis*；鱼类 Palaeoniscidae 等	42.0 m
6. 黄绿色粉砂质泥岩夹粉砂岩	8.5 m
5. 黄色石英粉砂岩夹砂质泥岩，偶夹疙瘩状泥灰岩	12.6 m
4. 紫红色夹少量绿色砂质泥岩	27.1 m
3. 黄色泥质石英细砂岩	10.4 m
2. 黄色细一中粒石英砂岩，底有砾状灰岩凸镜体	2.9 m

——————整　合——————

下伏地层：自流井组　紫红色粉砂质钙质泥岩

【地质特征及区域变化】　本组分布于四川盆地中部及东部地区，岩性以泥(页)岩、砂质泥岩为主，夹粉一细砂岩及少量碳酸盐岩，盆地中部具有三分性，在区域上较为稳定，底部普遍有一层较为稳定的石英粉一细砂岩，常作为底界的划分标志。本组在重庆、合川一带厚约 200 m，向东向北厚度增大，至达县、万县一带达 350～490 m。在丰都一巫山长江沿线以南地区岩性有明显变化，上、下部杂色层逐渐消失，逐步变为一套无分段标志的灰、黑色页岩，夹砂岩及介壳灰岩，厚度约 170～300 m 左右。四川盆地西部本组程度不等地受到剥蚀，其幅度由东向西增大，在遂宁、永川、江津一带仅保留下部，残留厚度 50～150 m，但仍可见三分性特征。向西至自贡、威远一带残留厚度 0～70 m，仅见下部石英砂岩及灰质砾岩凸镜体，岩性变化也较为剧烈。本组上覆“关口砂岩”(或“凉高山砂岩”)的块状岩屑长石砂岩具区域标志层意义，宏观界线清楚。

本组含有较丰富的双壳类 *Pseudocardinia*，*Psilunio*，*Unio*；介形类 *Darwinula*，*Metacypris*；叶肢介 *Euestheria*，*Shizhuestheria* 和孢粉。在重庆、合川等地尚见有脊椎动物化石。

千佛岩组　*Jq*　(06－51－4107)

【创名及原始定义】　赵亚曾、黄汲清 1931 年命名于广元县北，嘉陵江东岸的千佛崖。原称“千佛岩层”(Tsienfuyen Formation)，属四川系下部，“该组底部为含磨圆的灰岩和石英砾石的粗砾岩，不整合于须家河系之上，底砾岩之上为黄色砂岩及黄绿色页岩，含淡水瓣鳃类化石，大量的 *Corbicula* 和 *Cyrena*；其上出现的红色泥页岩和砂岩交互层划入广元层”。

【沿革】　该组在 50 年代以前均按赵亚曾、黄汲清定义沿用(侯德封等，1939；朱森等，1942；《中国区域地层表(草案)》，1956)称“千佛岩系”或“千佛岩统”。1954 年包茨、王国宁于广元宝轮院白田坝一带将该“系”下部含煤段划出，称“白田坝统”，其上以黄绿色页岩的层段复称狭义的“千佛岩统”。其后均作为两个组级地层单位沿用。千佛岩组指覆于白田坝组之上、沙溪庙组(或广元群)之下的一套不含煤系的页岩层(陈楚震等，1964；四川二区测队，

1966;《西南地区区域地层表·四川省分册》,1978),但各家对该组的顶、底界划分意见并不一致,底界的划分缺乏可靠的宏观标志,顶界涉及到"千佛岩砂岩"的归属。四川二区测队(1966)在该组底部找到一层"底砾岩",并"认为全区均稳定存在,与下伏白田坝组为平行不整合接触",较为可信地解决了该组底界划分问题。四川地质局科研所(1982)对"千佛岩砂岩经区域追索对比,认为与沙溪庙组底部砂岩(即四川盆地中部的"关口砂岩"或"凉高山砂岩")层位基本相当,这一认识也为各家所接受。

【现在定义】 以黄绿、绿灰色细砂岩、粉砂岩、页岩为主,夹介壳灰岩条带及凸镜体,底部具细砾岩及含砾砂岩,厚 180～450 m,含双壳类、植物及孢粉化石,与下伏白田坝组或香溪组及上覆沙溪庙组底部黄灰色块状岩屑长石砂岩均呈整合接触的地层。

【层型】 正层型为广元县须家河—千佛崖剖面,位于广元县北千佛崖(105°51′19″,32°29′5″),四川二区测队 1965 年重测。

上覆地层:沙溪庙组 厚层块状细—中粒长石石英砂岩("千佛岩砂岩"或"关口砂岩")

—————— 整 合 ——————

千佛岩组	总厚度 166.6 m
7. 黄绿色泥质粉砂岩、粉砂质泥岩	38.3 m
6. 绿、黄绿、灰黄色细砂岩、粉砂岩、泥岩夹紫红色泥岩	21.5 m
5. 绿灰色夹暗绿色粉砂岩、深灰色页岩,夹介壳灰岩凸镜体。含双壳类 *Pseudocardinia nuculaeformis*, *Cuneopsis johannisboehmi*	31.0 m
4. 上部为粉砂岩夹介壳灰岩及灰岩条带,下部为绿灰色细粒砂岩。含双壳类 *Pseudocardinia nuculaeformis*, *Cuneopsis johannisboehmi*	10.0 m
3. 绿灰色泥质砂岩	62.7 m
2. 石英质砾岩及灰白色石英岩状砂岩	3.1 m

—————— 整 合 ——————

下伏地层:白田坝组 紫色、黄绿色砂质泥岩夹细砂岩

【地质特征及区域变化】 本组分布于四川盆地北部边缘地区,岩性以黄绿、灰绿夹紫红等杂色砂岩、泥岩为主,有多层介壳灰岩,底部具石英砂岩或含砾石英砂岩,广元以西相变为石英质砾岩,可作为底界的划分标志。上覆地层为厚层至块状长石砂岩(千佛岩砂岩),是区域地层划分对比的标志层,宏观特征明显。广元、江油一带厚 180～330 m,旺苍、南江一带增厚至 300～370 m,由西向东,厚度明显增大。

本组含有多门类化石,主要有双壳类 *Cuneopsis*, *Pseudocardinia*;植物 *Equisetites*, *Neocalamites*, *Baiera*, *Ginkgo* 及大量腹足类 *Valvata*;孢粉等。

沙溪庙组 Jŝ (06-51-4108)

【创名及原始定义】 由杨博泉、孙万铨 1946 年命名于合川县南沙溪庙,系由原"重庆系"(A Heim, 1931)中分出,原称"沙溪庙层",原义指岩性为紫红色泥岩夹浅灰色长石砂岩与长石石英砂岩,中部泥岩与砂岩呈不等厚互层的地层,厚 1 220～2 000 m。

【沿革】 50 年代初,石油地质工作者称沙溪庙组,其含义指川中地区"关口砂岩"之上,遂宁页岩之下的一套厚逾千米的紫红色砂岩、泥岩层,由于这套地层岩性单调,厚度过大,常将其划分为"下沙溪庙组"、"上沙溪庙组"(四川航调队,1982)或沙溪庙组"上亚组"、"下

亚组”（四川航调队，1976；《西南地区区域地层表·四川省分册》，1978）。上述划法因在不同地区，所依据的两标志层有时顶底相接，又有时相距约数十米，使划分的两个组级或亚组级界线有明显差别，故本次清理予以归并。

【现在定义】 岩性为黄灰、紫灰色长石石英砂岩与紫红、紫灰色泥（页）岩不等厚韵律互层，含双壳类、介形类、叶肢介、植物及脊椎动物化石，厚650～2 500 m与下伏新田沟组或千佛岩组及上覆遂宁组底部砖红色岩屑长石砂岩均为整合接触，亦可平行不整合超覆于自流井组不同层位之上的地层，可以“叶肢介页岩”顶界分为两段。

【层型】 正层型为合川县沙溪庙剖面，位于合川县南沙溪庙（106°19′2″，29°56′48″），四川航调队1977年重制。

上覆地层：**遂宁组** 棕红色岩屑石英砂岩

——————— 整 合 ———————

沙溪庙组	总厚度 1 271.0 m
27. 灰紫色岩屑石英细砂岩夹紫红色砂质泥岩	119.0 m
26. 紫红色砂质泥岩夹同色泥质粉砂岩	6.5 m
25. 灰紫色长石细砂岩	16.0 m
24. 紫红色砂质泥岩	634.0 m
23. 黄灰色岩屑长石砂岩	15.0 m
22. 紫红色泥岩	62.0 m
21. 紫红色泥钙质粉砂岩	15.0 m
20. 黄色岩屑长石细砂岩与紫红色砂质泥岩互层	72.0 m
19. 黄灰色岩屑长石细—中粒砂岩（“嘉祥寨砂岩”）	31.0 m
18. 紫红色砂质泥岩夹泥质粉砂岩、细砂岩凸镜体	16.0 m
17. 紫色砂质泥岩，夹同色泥质粉砂岩及细砂岩凸镜体。产叶肢介	7.0 m
16. 深灰色砂质页岩夹薄层粉砂岩。产叶肢介（“叶肢介页岩”）	6.0 m
15. 紫红色夹黄绿色页岩	8.0 m
14. 灰紫色岩屑长石砂岩	2.0 m
13. 紫红色砂质泥岩夹粉砂岩	13.0 m
12. 紫灰色泥质岩屑砂岩	4.0 m
11. 紫红色泥岩	19.0 m
10. 暗紫色岩屑长石粉砂岩	11.0 m
9. 紫红色泥岩。底为内碎屑灰岩	8.0 m
8. 紫红色泥质粉砂岩	8.0 m
7. 紫红色粉砂质泥岩	15.0 m
6. 灰紫色岩屑长石砂岩与紫红色泥岩互层	7.0 m
5. 紫红色泥岩	84.0 m
4. 黄色岩屑长石中粒砂岩	14.0 m
3. 紫红色夹黄色泥岩	13.0 m
2. 黄色块状细—中粒岩屑长石砂岩（“关口砂岩”）	7.0 m

——————— 整 合 ———————

下伏地层：**新田沟组** 紫红、黄绿色砂质泥岩

【地质特征及区域变化】 本组遍布四川盆地，层位较稳定，但其中的砂岩层一般不稳定，

以砂岩与泥(页)岩组成不等厚韵律互层为特征。可作为划分对比标志的砂岩层首推底部的"关口砂岩"及中部的"嘉祥寨砂岩",二者均厚数十米,前者在不同地区有不同的称谓,如"千佛岩砂岩"(广元)、"凉高山砂岩"(自贡)等,且砂岩底部具规模较大的冲刷面。中部的"叶肢介页岩"岩性特殊而稳定,厚5~20 m不等。本组厚650~2 500余米,由四川盆地西南部向东向北增厚,底界以"关口砂岩"之底与下伏新田沟组或自流井组泥页岩分界,岩性突变,界线清楚。上覆遂宁组底部为棕红、砖红色砂岩,颜色标志醒目,易于辨认。

本组含多门类化石,有双壳类 *Psilunio*,*Cuneopsis* 等;介形类 *Darwinula*;叶肢介 *Euestheria* 多种;植物 *Coniopteris*,*Otozamites*;轮藻 *Euaclistochara*;腹足类 *Valvata*;孢粉 *Calliatasporites* 等及脊椎动物化石(如产于自贡沙溪庙组下部的李氏蜀龙动物群及上部的马门溪龙动物群当属代表)。

遂宁组 J*sn* (06-51-4111)

【创名及原始定义】 由李悦言、陈秉范1939年命名于遂宁县附近,原称"遂宁页岩层"。由"广元系"(赵亚曾、黄汲清,1931)中分出。原义指以棕红、砖红色泥岩为主,夹同色砂岩、粉砂岩的地层,偶夹石膏薄层,厚300~500 m。上覆地层为以砂岩为主的"九龙场层"。

【沿革】 由于其岩性特征及颜色鲜艳,易于辨认,后人沿用的标准大体相同。李悦言(1940)于乐山一带又称该套页岩为"牛华溪红层",含义基本一致,属同物异名。

【现在定义】 以红、鲜紫红、砖红色泥(页)岩为主,夹同色岩屑长石砂岩、粉砂岩,含介形类、轮藻、叶肢介及双壳类化石,厚200~600余米,与下伏沙溪庙组紫红色泥岩及上覆蓬莱镇组底部紫灰色长石石英砂岩均为整合接触的地层。

【层型】 选层型为蓬溪县高坪—中江县广福剖面,位于蓬溪县高坪黄朝门—中江县广福凤凰寨一带(105°21′13″,30°36′56″),四川航调队1977年测制。

上覆地层:**蓬莱镇组** 浅紫灰色块状泥钙质粉砂岩、赤铁矿屑细粒长石砂岩,接触面呈波状起伏

——————整 合——————

遂宁组 总厚度409.6 m

24. 上部为鲜紫红色钙质泥岩夹同色中—厚层状粉砂岩,下部为紫灰色块状细粒钙泥质岩屑长石砂岩。产介形类 *Darwinula oblonga*,*Djungarica yunnanensis* 等 23.6 m
23. 紫红色粉砂岩与鲜紫红色泥岩不等厚互层,底为细粒砂岩 15.9 m
22. 鲜紫红色砂质泥岩与钙质泥岩不等厚互层,间夹薄层状灰绿色长石石英砂岩,底部为紫红色中层状细粒长石石英砂岩 24.7 m
21. 顶部为浅紫灰、紫红色中厚层状细粒长石石英砂岩;中部为鲜紫红色泥岩;下部为紫红色中厚层状细粒长石石英砂岩夹灰绿色团块及条带 22.4 m
20. 上部为紫红色页岩,含钙质;下部为紫灰色块状细粒钙质长石砂岩 6.2 m
19. 鲜紫红色砂质泥岩、含粉砂钙质泥岩、泥岩与紫红色细粒长石石英砂岩不等厚互层 20.4 m
18. 上部为紫红色含粉砂钙质泥岩,下部为灰紫色块状细粒钙质长石砂岩夹页岩 24.1 m
17. 上部为鲜紫红色泥岩夹紫红色泥钙质长石粉砂岩凸镜体,下部为紫红色泥质粉砂岩、鲜紫红色泥岩。产介形类 *Mantelliana*;轮藻 *Euaclistochara lufengensis* 23.0 m
16. 鲜紫红色含粉砂质泥岩夹粉砂岩,底部为紫红色粉砂岩。产介形类 *Darwinula* sp.;

轮藻 *Euaclistochara yunnanensis* 12.7 m

15. 鲜紫红色钙质泥岩，中部为紫红色粉砂岩夹浅灰色细粒长石石英砂岩团块。轮藻 *Euaclistochara lufengensis* 11.6 m

14. 灰紫、紫灰色厚一块状细粒泥质长石砂岩，呈大凸镜体产出，底为浅灰绿色细粒钙质岩屑长石砂岩 6.0 m

13. 鲜紫红色石英粉砂岩和同色泥岩。粉砂岩中具小型交错层理。产介形类 *Darwinulla sarytirmenensis* 及轮藻 6.9 m

12. 鲜紫红色钙质泥岩，底为紫红色粉砂岩 10.3 m

11. 紫红色钙质粉砂岩与鲜紫红色泥岩不等厚互层。产介形类 *Limnocythere* 及轮藻 35.3 m

10. 鲜紫红色泥岩、含钙质泥岩与鲜紫红色石英粉砂岩、钙泥质长石石英砂岩互层。产介形类、轮藻等 24.7 m

9. 鲜紫红色钙质粉砂质泥岩、同色中厚层状含钙长石石英细粉砂岩与紫红色泥岩构成不等厚互层。产介形类 *Darwinula sarytirmenensis*；轮藻 *Euaclistochara lufengensis* 44.2 m

8. 鲜紫红色泥岩，其中含方解石晶洞及泥灰岩团块，底部为鲜紫红色细粒长石石英砂岩夹砂质泥岩。产介形类 *Darwinula sarytirmenensis*；轮藻 *Euaclistochara lufengensis* 等 14.5 m

7. 上部为鲜紫红色钙质砂质泥岩，中部为紫红色中层状含粉砂蒙脱石水云母粘土岩凸镜体，下部为鲜紫红色钙质泥岩。产介形类 *Darwinula sarytirmenensis* 16.8 m

6. 鲜紫红色泥岩夹砂质泥岩，底为鲜红色中薄层状泥质粉砂岩 16.6 m

5. 中上部为紫红色钙质粉砂质泥岩含钙质结核，下部为紫红色中一厚层状钙质长石石英粉砂岩，有时相变为砂质泥岩夹薄层状砂岩 8.5 m

4. 紫红色钙质粉砂质泥岩夹灰绿色细粒长石石英砂岩凸镜体，底部为紫红色中层状钙泥质石英粉砂岩，产叶肢介 17.6 m

3. 上部为紫红色砂质泥岩夹同色粉砂岩；中部为紫红色粉砂钙质泥岩；下部为紫红色钙质泥岩，底部为紫红色薄层状细粒钙质岩屑长石砂岩 18.5 m

2. 顶部为钙砂质页岩，其下为紫灰、灰紫、紫红色厚层状钙质长石粉砂岩 5.1 m

——————— 整 合 ———————

下伏地层：**沙溪庙组** 顶部为暗紫红色中薄层状钙质长石粉砂岩与同色泥岩

【地质特征及区域变化】 本组分布遍及四川盆地，岩性基本稳定以鲜紫红色泥岩为主，程度不等地夹有粉砂岩、细砂岩，与泥岩组成厚度相差悬殊的不等厚互层。该组在重庆一内江一线以北可划分为两段，下段岩性较单一，泥岩占优势；上段砂岩含量增多，韵律互层频繁。以南砂岩含量减少，分段标志不明显。本组由南向北增厚，四川盆地南部仅 200～300 m 左右，北部可达 350～450 m，东部达 550～600 余米不等。本组底部普遍有一层稳定的砖红色砂岩，厚数米至 20 余米，常称“扇子山砂岩”（龙泉山）、“铜鼓村砂岩”（川南），“遂宁砖红色砂岩”（川中），可作为与下伏沙溪庙组的界线标志。顶界亦常由上覆蓬莱镇组底部砂岩作为划分标志。本组独特的红色调及以泥岩为主的岩性特征，也可为分层提供可靠佐证。

本组含有数量不多但门类多样的化石群，常见者有：介形类 *Darwinula*，*Djungarica*，*Clinocypris* 等，轮藻 *Euaclistochara*。此外还有叶肢介、双壳类及脊椎动物如鳖类、鱼类等。

蓬莱镇组 J*p* （06－51－4112）

【创名及原始定义】 杨博泉、孙万铨 1946 年命名于蓬溪县蓬莱镇，原称“蓬莱镇砂岩层”。原义泛指发育于遂宁、蓬溪一带，“遂宁页岩”之上的一套岩性为浅黄色厚层砂岩与紫红色页岩互层的地层，砂岩由西向东逐渐增多，颗粒变粗，厚1 260～1 840 m。

【沿革】 李悦言1939年将川北地区“遂宁页岩”以上，“三台砾岩”之下的地层由下而上命名为“九龙场层”（页岩及砂岩，160 m）、“常乐镇层”（页岩及砂岩，300余米）及“太和镇砂岩层”（230余米）。命名于射洪县一带，层位与蓬莱镇组相当。李氏指出，上述三层相当于赵亚曾、黄汲清(1931)之“广元系”。50年代上述两套地层名称都使用于四川盆地内。斯行健等(1964)将蓬莱镇组置于重庆群上部，并作为组级地层单位使用后其他名称渐被放弃。

【现在定义】 以紫灰色长石石英砂岩与紫红等色泥(页)岩不等厚互层为主，夹黄绿色页岩及生物碎屑灰岩条带，含介形类、叶肢介、轮藻及双壳类化石，厚780～1 200余米，与下伏遂宁组砖红色泥岩或砂岩呈整合接触，与上覆苍溪组灰紫色岩屑长石砂岩为整合或平行不整合接触的地层。

【层型】 选层型为蓬溪县高坪—中江县广福剖面，位于蓬溪县蓬莱镇一带(105°21′13″，30°36′56″)，四川航调队1977年测制。

上覆地层：苍溪组 紫色钙质砾岩及砖红色细粒长石砂岩夹紫红色泥岩

——————— 平行不整合(?) ———————

蓬莱镇组 总厚度883.0 m

17. 鲜紫红色厚层状细—粉粒长石砂岩与紫红色钙质泥岩等厚互层。产介形类 *Damonella ovata*，*Metacypris* sp.，*Darwinula oblonga* 等 18.3 m

16. 浅紫灰、紫红、砖红色厚层状细粒钙质岩屑砂岩、岩屑长石砂岩、鲜紫红色钙质粉砂岩及绿色泥岩不等厚互层。产介形类 *Darwinula*，*Damonella* 74.1 m

15. 黄绿色页岩夹浅灰色薄层泥质灰岩凸镜体。产介形类 *Darwinula paracontracta* 1.0 m

14. 鲜紫红色含粉砂钙质泥岩和灰绿、暗紫红、灰紫色中层状钙质粉砂岩近等厚互层，底部为灰紫、紫红色砾岩。产介形类 *Damonella* sp.，*Darwinula* sp. 48.9m

13. 灰色中厚层—块状泥质长石粉砂岩、长石石英粉砂岩与黄绿紫红等杂色砂质泥岩、钙质泥岩互层，顶部为浅灰色厚层状细粒钙泥质岩屑长石砂岩 46.7 m

12. 上部为黄绿色页岩(景福院页岩)，中下部为黄绿色粉砂质泥灰岩。产介形类 *Darwinula*；叶肢介 *Migransia* 等 3.1 m

11. 浅灰色厚层状长石石英砂岩，紫红色钙质粉砂岩、粉砂质泥岩形成韵律层 30.1 m

10. 浅灰—深灰厚层粗晶灰岩(李都寺灰岩)夹同色钙质岩屑长石粉砂岩和砂质泥岩、页岩，顶部为紫红色泥岩。产介形类 *Lycopterocypris*，*Damonella*；叶肢介等 0.9 m

9. 紫红色钙质泥岩与紫灰色长石石英砂岩互层，中部夹砾岩凸镜体，砾石成分以灰岩、砂岩为主。产介形类 *Darwinula* sp.，*Damonella* sp.；双壳类 *Danlengiconcha* 74.2 m

8. 紫红、灰绿钙质泥岩、泥岩和灰紫色细粒长石石英砂岩不等厚互层。产介形类 *Darwinula sarytirmenensis*，*Damonella* sp.，*Candona* sp.；双壳类、腹足类及硬鳞鱼鳞片等 196.2 m

7. 紫灰色中厚层长石石英砂岩、钙泥质粉砂岩、紫红色泥岩组成韵律互层。产介形类 *Djungarica* sp.，*Darwinula subparallela*；轮藻等 131.7 m

6. 灰绿、黄绿色粉砂质微晶泥灰岩、灰岩、泥岩、泥质粉砂岩不等厚互层，其顶为紫红色泥岩(仓山页岩)。产介形类 *Djungarica*、螺 *Cryraulus* 及硬鳞鱼鳞片 4.0 m

5. 紫红色含粉钙质泥岩、砂质泥岩和泥钙质粉砂岩，中层长石石英砂岩组成不等厚互层。产介形类 *Djungarica stolida*，*Metacypris parva* 及轮藻等 108.4 m

4. 中上部为紫红色含粉砂质钙质泥岩及灰绿色砂质条带，下部为紫红、淡红色微晶灰岩夹同色泥岩、泥灰岩。产介形类 *Darwinula sarytirmenensis*，*Djungarica saidovi* 及轮藻 13.1 m

3. 紫红色钙质泥岩、砂质泥岩和灰紫、紫红色块状钙质粉砂岩呈不等厚互层。产介形类 *Djungarica yunnanensis* 及轮藻等　110.8 m

2. 浅紫灰色块状钙质粉砂岩，交错层理发育，局部为赤铁矿岩屑细粒长石砂岩。该层砂岩横向不稳定，局部夹泥岩或含泥质团块，与下伏地层接触面呈波状起伏　21.5 m

———— 整　合 ————

下伏地层：**遂宁组**　上部为鲜紫红色钙质泥岩，下部为同色中—厚层状粉砂岩

【地质特征及区域变化】　本组岩性为厚层—块状长石、石英砂岩、粉砂岩与泥岩的不等厚互层，基本色调为紫红及灰紫色。砂岩稳定性较差，空间形态多呈凸镜状及楔状，韵律频繁。砂岩含量由西向东增多，尤其是本组上部。四川盆地北部及南部层序较完整，厚度在780 m至1 200余米。四川盆地中部、东部及西部边缘地区顶部常有不同程度的剥蚀，残留厚度百余米至700 m左右。在简阳、内江、泸州、三台蓬溪一带一般可划分为三个岩性段，划分标志即本组中下部的“仓山页岩”及中上部的“景福院页岩”，两层页岩单层厚3～4 m，颜色为黄绿色，易于识别。其他地区随上述标志层的消失，段级界线划分困难。

本组化石门类较多，常见者有介形类 *Darwinula*，*Djungarica*，*Mantelliana* 等；轮藻 *Euaclistochara*；双壳类 *Danlengiconcha*，*Sichuanoconcha* 等及保存不佳的鱼类化石。

莲花口组　*Jl*　(06-51-4113)

【创名及原始定义】　侯德封、王现珩1939年命名于剑阁县剑门关北5 km的两河口一带，原称“莲花口砾岩”。原义指莲花口(两河口)至剑门关之间的砾岩层，厚达1 000公尺以上，上下皆无化石，时代归白垩纪。下伏层为“广元层”，上覆层为“剑门关砾岩”。

【沿革】　“莲花口砾岩”系侯德封、王现珩等人从赵亚曾、黄汲清(1931)所划之“城墙岩层”下部分出，命名后即为朱森、任绩、杨敬之(1942)等人采用，其含义基本一致。陈楚震等(1964)作为组级单位划出，属于城墙岩群下部的一个单位，称“莲花口组”。本组下界为底部巨厚砾岩之底，顶界置于剑门关组之底界，含义较为确切，沿用至今。

【现在定义】　下部砖红色厚层—块状砾岩为主夹杂色砂岩，砾石以灰岩及石英砂岩为主，上部砖红色砂岩、泥质砂岩为主夹含砾粗砂岩及砂质泥岩，厚1 500余米，与下伏遂宁组砖红色砂泥岩及上覆剑门关组巨厚层砾岩均为整合或平行不整合接触的地层。

【层型】　正层型为剑阁县剑门关—莲花口剖面，位于剑阁县剑门关至莲花口(两河口)(105°33′17″，32°12′46″)，陈楚震等1964年重测。

上覆地层：**剑门关组**　巨厚层砾岩。砾石成分以石英岩、石英砂岩和石灰岩为主

———— 整　合(?) ————

莲花口组　总厚度 1 518.0 m

8. 砖红色砂质泥岩、砂质页岩与灰红、灰绿色厚层含砾砂岩互层　309.0 m

7. 砖红色中厚层细粒泥质砂岩，夹薄层砂质页岩与砂质泥岩　450.0 m

6. 砖红色细粒泥质砂岩与灰红色厚层含砾粗砂岩互层，偶夹砂质页岩　240.0 m

5. 砖红色泥质砂岩与灰红色厚层砂岩互层，向下颗粒变粗，并渐含砾石　204.0 m

4. 巨厚砾岩。砾石以石英砂岩和灰岩为主，砾径较小，砂质紧密胶结　200.0 m

3. 灰红、灰绿色中厚层杂砂岩、夹砖红色泥质砂岩　100.0 m

2. 厚层砾岩，岩性特征与第4层相同　15.0 m

——————— 平行不整合 ———————

下伏地层：遂宁组　砖红色厚层砂岩，夹砂质页岩，底部含少许紫红色泥岩

【地质特征及区域变化】　本组分布于四川盆地北部梓潼向斜北翼，岩性以巨厚砾岩为主与砂泥岩组成不等厚的韵律互层。砾石成分以石英岩为主，灰岩次之，层厚数十米至200余米不等，横向不稳定。以江油—广元间厚度最大，达1 500～1 800 m，向东砾岩含量明显减少，不足1 000 m，经追索对比，本组与蓬莱镇组层位大体相当，属向盆地内的相变。

本组化石极为罕见，仅江油等地见少量介形类如 *Darwinula*，*Djungarica* 等。

益门组　Jy　(06－51－4125)

【创名及原始定义】　阮维周1942年命名于会理县城北50里的益门(夷门)镇，原称“夷门红色岩层”。原义为“紫、红等色页岩为主，夹黄绿色页岩、石英砂岩及白云质灰岩”，下与白果湾煤系断层接触，未见顶，出露厚度约300 m，时代为晚三叠世晚期。

【沿革】　阮氏建立的“夷门红色岩层”的原始剖面不完全，其含义泛指位于“白果湾煤系”之上的红色地层，并指出这套红层与滇中“禄丰层”(卞美年，1940)相当。盛莘夫等(1962)将其一分为二，划分为“下益门系”和“上益门系”两个单位，并分别与上、下“禄丰系”对比，时代归属侏罗纪。1962年后，四川一区测队将“下益门系”改称益门组，“上益门系”细分为三个组级单位(见后述)，其后均沿用(四川一区测队，1965；《西南地区区域地层表·四川省分册》，1978；《四川省区域地质志》，1991)。仅云南一区测队(1966)在攀枝花一带采用了滇中的“冯家河组”一名，其含义与益门组(狭义)一致。

【现在定义】　以紫红色泥岩与灰白、黄灰色细粒石英砂岩、粉砂岩不等厚互层，夹泥灰岩、生物碎屑灰岩薄层及凸镜体，含丰富的介形类、轮藻、双壳类及叶肢介化石，厚300～680 m,与下伏白果湾组黄绿色粉砂岩、泥岩整合接触，与上覆新村组底部灰黄色块状砂岩整合或平行不整合接触的地层。

【层型】　选层型为会理县益门高家湾剖面，位于会理县北益门乡附近的高家湾子(102°16′29″,26°51′39″)，四川一区测队1966年测制。

上覆地层：新村组　灰黄色块状粗粒复矿砂岩

——————— 平行不整合 ———————

益门组	总厚度 595.6 m
12. 灰白色块状细—中粒石英砂岩、灰紫色长石石英砂岩与浅红色泥质砂岩、泥岩互层	194.5 m
11. 土红色泥岩，微含砂质	64.3 m
10. 灰白色厚层中—细粒含长石石英砂岩，黄色粉砂岩，紫红色泥岩	57.7 m
9. 灰白色块状泥灰岩，含生物碎屑，上部多见紫红色泥岩，含双壳类和腹足类	18.5 m
8. 紫红色泥岩，底部具角砾状灰岩	30.3 m
7. 杂色钙质泥岩，上部含疙瘩状钙质结核，含叶肢介 *Pseudoestheria*、鱼类 *Lepidetus*	47.2 m
6. 紫红、灰紫色块状钙质泥岩，上部夹灰绿、灰黄色泥岩	23.5 m
5. 灰白色块状细粒石英砂岩与紫红色砂质泥岩互层，顶部为泥灰岩	55.7 m
4. 灰白色中厚层细粒石英砂岩、灰紫色粉砂岩及紫红色泥岩。泥岩中含钙质结核	50.8 m
3. 灰白、黄灰色厚层细粒石英砂岩、浅黄色粉砂岩夹暗紫、黄色泥岩	25.1 m
2. 灰紫、紫色泥岩夹黄色粉砂岩、细粒石英砂岩	28.0 m

———————— 整　合 ————————

下伏地层：白果湾组　黄绿色粉砂岩

【地质特征及区域变化】　本组分布于攀西地区，岩性较为稳定，一般以泥岩为主，与砂岩组成不等厚互层，夹有不稳定的灰岩及泥灰岩。上部在分布区的东部及北部遭受不同程度的剥蚀，以会理益门一带层序最齐全，厚度最大，达 600～680 m。向四周随剥蚀程度的增大而厚度变薄，最薄仅百余米，其上为新村组底部砂岩(俗称“锅筐岩砂岩”)超覆，可作为划分益门组顶界的标志，底界常据含煤岩系的消失而划分，底部石英砂岩也可作为参考标志。

本组化石丰富，门类较多，常见者有介形类 *Darwinula*，轮藻 *Obtusochara*，植物 *Pterophyllum*，*Nilssonia* 等，及叶肢介、腹足类、鱼类化石。

新村组　Jx　(06-51-4126)

【创名及原始定义】　四川一区测队 1962 年命名于会东县长新乡的新村。系由“上益门系”(盛莘夫，1962)下部分出。原义指“下部为浅灰色、浅黄色粗粒长石石英砂岩，底部含砾岩及砂岩型铜矿、赤铁矿，中部及上部为暗紫色砂质泥岩、泥岩夹浅灰、灰绿色长石石英砂岩、泥灰岩，含假铰蚌、达尔文介，厚 441～566 m，平行不整合于益门组之上，时代中侏罗世”。

【沿革】　创名后被广泛采用(四川一区测队，1965；《西南地区区域地层表·四川省分册》1978；《四川省区域地质志》，1991)，局部地区用了滇中名称“张河组”(云南一区测队，1966)，其含义与新村组基本相同。

【现在定义】　紫红色泥(页)岩、粉砂质、钙质泥岩与灰白色粉砂岩、细一中粒长石石英砂岩不等厚互层，时夹鲕状赤铁矿，含介形类、叶肢介及双壳类化石，厚 450～800 m，整合(?)或平行不整合覆于益门组紫红色泥岩之上，与上覆牛滚凼组鲜紫红色泥岩整合过渡的地层。

【层型】　正层型为会东县长新乡新村—官沟剖面(102°34′24″，26°32′14″)，四川一区测队 1962 年测制。

上覆地层：牛滚凼组　暗紫色砂质泥岩，底为灰白色厚层细粒长石石英砂岩

———————— 整　合 ————————

新村组　　总厚度 440.9 m

9. 灰紫、紫红色钙质泥岩夹少量泥灰岩、页岩，底部为中细粒长石石英砂岩，含介形类 *Darwinula sarytirmenensis* 等　127.2 m

8. 灰紫色泥岩、杂色页岩、泥灰岩互层，含叶肢介化石　23.3 m

7. 灰白色中细粒长石石英砂岩与灰紫、灰绿色泥岩、页岩不等厚互层，夹泥灰岩和少量粉砂岩。含双壳类 *Sphaerium anderssoni*；介形类 *Matacypris*、*Limnocythere* 及叶肢介　104.7 m

6. 灰白色粉砂岩、长石石英砂岩、杂色泥灰岩夹页岩。下部夹薄层铁质细砂岩或鲕状赤铁矿层。含双壳类 *Sphaerium*、介形类 *Darwinula sarytirmenensis* 及鱼鳞化石　89.6 m

5. 灰紫、紫红色泥岩、粉砂岩与灰白色中粒长石砂岩不等厚互层，偶夹砂质页岩　14.7 m

4. 暗紫红、紫红色泥岩，钙质粉砂岩夹灰白色长石细砂岩　47.3 m

3. 紫红色砂质泥岩夹灰紫色钙质泥岩　7.6 m

2. 灰白、灰绿色块状中粒长石砂岩(锅筐岩砂岩)。底部含石英砾石，层间夹薄层透镜状

砾岩。砂岩成分复杂，单斜和交错层理发育　26.5 m

——————— 平行不整合(?) ———————

下伏地层：益门组　紫红色砂质泥岩、粉砂岩与灰黄色细粒石英砂岩不等厚互层

【地质特征及区域变化】　本组分布于攀西地区，岩性以紫红色泥(页)岩占优势，与砂岩、粉砂岩组成不等厚韵律互层，岩性较单调，上部时夹泥灰岩、生物碎屑灰岩及黑色页岩，会理、会东一带普遍夹赤铁矿2～4层，单层厚数十厘米。该组厚450～800 m，具有由南向北增厚的趋势。本组底部厚层长石砂岩或含砾砂岩，俗称“锅筐岩砂岩”，覆于益门组不同层位之上，上覆层牛滚凼组以泥岩为主，色调鲜红，可作为划分顶界的间接标志。

本组含有多门类化石，主要集中产于上部，常见者有介形类 *Darwinula*；双壳类 *Pseudocardinia*，*Cuneopsis*；植物 *Coniopteris*；叶肢介、轮藻、腹足类及恐龙牙齿等化石。

牛滚凼组　Jn　(06-51—4127)

【创名及原始定义】　四川一区测队1962年创名于会东县长新乡新村—官沟的牛滚凼。本组相当于盛莘夫(1962)“上益门系”中上部。原义为一套鲜紫红色泥岩、钙质泥岩夹灰色泥灰岩和粉砂岩，底部为紫红泥质砂岩，产介形类化石，与上、下地层均为整合接触，厚180～623 m，时代为中侏罗世。

【沿革】　命名后为各家所沿用(四川一区测队，1965；《西南地区区域地层表·四川省分册》，1978；《四川省区域地质志》，1991)，仅云南一区测队(1966)在攀枝花一带使用了滇中的“蛇店组”，二者含义也基本相同。由于该组颜色鲜艳，各家对含义的理解没有分歧。

【现在定义】　鲜紫红色夹鲜红、灰紫色钙质泥岩、砂质泥岩为主，夹少量粉一细粒砂岩及泥灰岩，含介形类及双壳类化石，厚432～620 m，与下伏新村组灰紫、紫红色砂岩、泥岩及上覆官沟组底部块状长石石英砂岩均为整合接触的地层。

【层型】　正层型为会东县长新乡新村—官沟剖面(102°34′24″，26°32′14″)，四川一区测队1962年测制。

上覆地层：官沟组　灰紫色块状细粒含长石石英砂岩夹紫红色泥岩和粉砂岩

——————— 整　合 ———————

牛滚凼组	总厚度623.0 m
10. 紫红色钙质泥岩	20.5 m
9. 灰紫色钙质泥岩夹少量泥灰岩，底为细砂岩	22.7 m
8. 暗紫、灰紫色钙质泥岩与杂色泥灰岩不等厚互层，含鱼鳞及双壳类化石	95.7 m
7. 紫红、暗紫红色钙质泥岩夹钙质砂岩，含双壳类及鱼骨化石	106.9 m
6. 紫红、暗紫红色钙质泥岩夹钙质粉砂岩、细砂岩。含介形类、双壳类、腹足类碎片	98.2 m
5. 紫红色钙质泥岩、砂质泥岩夹钙质粉砂岩，含介形类 *Darwinula sarytirmenensis*	74.3 m
4. 紫红色砂质泥岩夹少量粉砂岩，底为灰紫色细砂岩	49.2 m
3. 鲜红色钙质泥岩	127.8 m
2. 暗紫色砂质泥岩，底部为灰白色厚层细粒长石石英砂岩	27.7 m

——————— 整　合 ———————

下伏地层：新村组　灰紫、紫红色钙质泥岩夹少量泥灰岩、页岩

【地质特征及区域变化】　本组分布于攀西地区的中部及南部，其范围较益门组及新村组

小，岩性较稳定而单一，以色调鲜艳的泥质岩类为主，间夹少量的粉砂岩、细砂岩，上部常夹泥灰岩，并与泥岩组成韵律层，偶夹较薄的灰绿色泥岩，在喜德、德昌以西砂岩夹层有所增加，厚度一般为 450 m 左右，会理、会东一带可达 600～650 m。

本组富含介形类及轮藻化石，介形类有 *Darwinula* 等，轮藻有 *Porochara*，*Sphaerochara*。

官沟组 *Jg* （06－51－4128）

【创名及原始定义】 四川一区测队 1962 年命名于会东县长新乡新村—官沟。本组相当于盛莘夫(1962)的“上益门系”上部，原义为：“下部紫红灰色块状中粒含长石石英砂岩(底部含砾)，厚 40.5 m，中部暗紫红色泥岩与泥灰岩互层，厚 307.7 m，上部紫红色泥岩与泥灰岩互层，厚 288.5 m，含介形类、叶肢介化石，总厚 636 m，与牛滚凼组整合接触，与小坝组角度不整合接触，时代中侏罗世”。

【沿革】 自命名后均沿用(四川一区测队，1965；《西南地区区域地层表·四川省分册》1978；《四川省区域地质志》，1991)，由于分层标志清楚，各家界线也趋于一致。

【现在定义】 以灰紫、紫红偶夹灰绿色泥岩、钙质泥岩、粉砂岩为主，夹石英砂岩及少量泥灰岩组成不等厚韵律互层，含介形类、叶肢介及轮藻等化石，厚 600～800 m，与下伏牛滚凼组鲜紫红色钙质泥岩为整合接触，与上覆飞天山组底部块状石英砂岩平行不整合接触的地层。

【层型】 正层型为会东县长新乡新村—官沟剖面(102°34′24″，26°32′14″)，四川一区测队 1962 年测制。

上覆地层：飞天山组　灰紫色块状粗、细粒石英砂岩，底部含砂岩、泥岩砾石

——————平行不整合——————

官沟组	总厚度 636.7 m
8. 砖红色钙质泥岩，底部为灰紫色厚层钙质粉砂岩	23.3 m
7. 暗紫色钙质泥岩与杂色泥灰岩不等厚互层。含双壳类 *Sphaerium* sp.、介形类等	145.9 m
6. 暗紫红色钙质泥岩与灰绿色薄—中层泥灰岩不等厚互层	119.3 m
5. 紫红、暗紫红色钙质粉砂岩、钙质泥岩夹灰绿色泥灰岩，含叶肢介	58.1 m
4. 紫红色钙质泥岩与钙质粗砂岩不等厚互层。底部为灰绿色细砂岩。含叶肢介	135.5 m
3. 暗紫红色钙质泥岩夹细砂岩，顶部夹少量页岩和泥灰岩，含叶肢介	114.1m
2. 灰紫色、块状细粒含长石石英砂岩夹紫红色泥岩和粉砂岩(老鹰嘴砂岩)	40.5 m

——————整　合——————

下伏地层：牛滚凼组　紫红色钙质泥岩

【地质特征及区域变化】 本组分布于攀西地区，岩性以灰紫、紫红夹灰绿色泥岩为主，夹有细—中粒长石石英砂岩、粉砂岩及不稳定的泥灰岩。西昌、宁南一线以南，底部为灰紫色块状长石石英砂岩，局部含砾石，夹粉砂岩薄层，层位较稳定，俗称“老鹰嘴砂岩”，可作为底界的划分标志，该线以北常相变为仅厚数米的粉砂岩，岩性多为过渡，界线划分较困难，但其色调仍易于区分。上覆飞天山组底部为厚层石英砂岩，侵蚀面清楚，划分标志明显。

本组含有数量不多的介形类、叶肢介及轮藻化石，其中介形类有 *Darwinula*，*Djungarica*，*Damonella*；叶肢介 *Eosestheria*，*Euestheria* 等，轮藻 *Aclistochara* 多属。

城墙岩群　JK$\hat{C}$　(06－51－4201)

【创名及原始定义】　赵亚曾、黄汲清1931年命名于广元县附近的城墙崖，原称“城墙岩层”。原义指“该层以砾岩层和含砾砂岩开始划分，所含红色砂岩的砾石由老的红层中获取，上部砂岩中泥页岩夹层发育，砂岩为块状或厚层状，粗而松散，常见交错层，颜色呈砖红色，厚1 000余米，时代为始新世”。

【沿革】　命名后为各家沿用，其含义指发育于龙门山前的一套巨厚砾岩及其以上的红色地层。侯德封、王现珩(1939)在剑阁县剑门关一带将这套地层以砾岩为标志分为上下两套，下部称“莲花口砾岩”，上部为“剑门关砾岩”，而“城墙岩砾岩”仅相当于后者。朱森等(1942)在江油青林口及梓潼一带也划分出了“城墙岩系”，含义与赵亚曾、黄汲清的基本一致，时代改为“白垩纪上部”。陈楚震等(1964)在剑门关将城墙岩群由下而上分为莲花口组、剑门关组、汉阳铺组及剑阁组，各组按沉积旋回由粗(砾岩)到细(泥质岩)划分。前二者修订为早白垩世，后二者为晚白垩世。四川二区测队(1966)将莲花口组划入侏罗系，将剑门关组与汉阳铺组合并，称剑门关组，将剑门关组(广义)与剑阁组合称为城墙岩群，时代修订为早白垩世。从上可见，各家对该群认识有分歧，划分也不一致。

【现在定义】　为紫红、砖红色砾岩、砂岩及泥岩组成的不等厚韵律互层之地层，下部砾岩发育，砾石成分以石英岩为主，灰岩次之，中上部砂岩及泥岩为主，夹砾及砾岩凸镜体，含介形类等化石，厚度3 000 m左右，与下伏遂宁组整合接触，未见顶。以沉积旋回为依据由下而上划分为莲花口组、剑门关组、汉阳铺组及剑阁组。

莲花口组特征见前述，其他各组特征见后。

剑门关组　K*jm*　(06－51－4202)

【创名及原始定义】　由侯德封、王现珩1939年命名于剑阁县北剑门关，原称“剑门关砾岩层”。原义指发育于剑门关至莲花口(两河口)公路沿线的巨厚至块状砾岩层，在剑门关一带多构成城墙状陡壁。

【沿革】　剑门关组原义与赵亚曾、黄汲清(1931)命名的“城墙岩层”含义相似，包括了巨厚砾岩及砾岩层之上的砂岩、泥岩交互层，在60年代以前，多被沿用(朱森等，1942；任绩等，1942)。1964年陈楚震等通过对剑门关剖面的研究，修订其含义，局限于剑门关一带巨厚砾岩为主的地层，称剑门关组。四川二区测队(1966)以剑门关组与上覆汉阳铺组岩石组合及沉积旋回呈过渡、化石属种类似为由，将剑门关组与汉阳铺组归并，复称剑门关组。1982年，四川地质局科研所将剑门关组又恢复到陈楚震等(1964)的划分方案。

【现在定义】　指下部以块状砾岩为主夹砂岩、泥岩凸镜体，砾石成分以石英岩为主，灰岩、砂岩次之，中上部以紫红色长石石英砂岩与同色粉砂岩、泥岩不等厚互层，夹石英质砾岩，含少量介形类残片，厚550 m左右。与下伏莲花口组整合或平行不整合接触，与上覆汉阳铺组整合接触的地层。

【层型】　正层型为剑阁县剑门关剖面，位于剑阁县北川陕公路剑门关—朱家岩沿线(105°33′17″，32°12′46″)，四川二区测队1966年重测。

上覆地层：汉阳铺组　紫红色薄—中厚层细砂岩。粉砂岩及砂质泥岩互层，底部为砾岩

——————　整　合　——————

剑门关组　　总厚度 538.4 m

7. 紫红色中层、厚层状长石石英砂岩与粉砂质泥岩、泥岩互层。泥岩中含钙质结核　153.8 m
6. 紫红色泥岩、泥质粉砂岩，夹中一厚层长石石英砂岩。底部为石英质砾岩　56.1 m
5. 上部为紫红色泥岩；下部为紫红色长石石英砂岩夹紫红色粉砂岩；底部为石英质砾岩　45.8 m
4. 紫红色中一厚层砂岩与泥质粉砂岩不等厚互层。底部为石英质砾岩　60.9 m
3. 紫红色粗砂岩、细砂岩、泥质粉砂岩形成韵律，底部为石英质砾岩　56.0 m
2. 块状砾岩，层间常夹钙质砂岩条带，下部夹透镜状浅紫红色砂岩及泥岩　165.8 m

———— 整　合 ————

下伏地层：**莲花口组**　紫红色泥岩及泥质粉砂岩

【地质特征及区域变化】　本组分布局限。龙门山山前底部砾岩厚度增大，其上由砾岩、含砾砂岩与紫红色砂岩、粉砂岩及泥岩组成多个下粗上细的韵律层。下部砾岩变化极大，由西向东逐渐尖灭，岩石粒度也明显变细。本组以剑门关一带厚度最大，达 550 m 左右，向东向西均变薄。以巨厚砾岩底界与下伏层分界，标志清楚。

汉阳铺组　K*h*　(06－51－4203)

【创名及原始定义】　陈楚震等 1964 年命名于剑阁县至剑门关间的汉阳铺。原义为："底部有 3 m 厚底砾岩，上部为灰红、灰绿色厚层砂岩与砖红色砂质泥岩互层，总厚约 145 m"，覆于剑门关组之上，"接触关系可能为假整合，时代属晚白垩世"。

【沿革】　有人以岩性及沉积旋回与剑门关组过渡，化石属种类似为由，将其合并于剑门关组中(四川二区测队，1966)。划分方案虽不相同，各家认识基本一致。

【现在定义】　以紫红色薄一中厚层粉一细粒砂岩与同色泥岩韵律互层为主，底部及层间夹多层砾岩，上部时夹灰白色长石石英砂岩，厚约 490 m，含少量介形类化石，与下伏剑门关组及上覆剑阁组底部石英砾岩均为整合接触的地层。

【层型】　正层型为剑阁县剑门关剖面，位于剑阁县北剑门关一朱家岩一线(105°33′17″，32°12′46″)，四川二区测队 1966 年重测。

上覆地层：**剑阁组**　紫红、粉红色长石石英砂岩

———— 整　合 ————

汉阳铺组　　总厚度 488.8 m

8. 紫红色泥质粉砂岩、粉砂质泥岩与灰白、浅黄色细砂岩互层　31.7 m
7. 浅红色粉砂岩、粉砂质泥岩呈不等厚互层，底部为灰白色厚层砂岩　92.4 m
6. 灰白色薄一厚层砂岩与紫红色粉砂质泥岩互层。砂岩中斜层理发育　46.5 m
5. 紫红色泥岩及粉砂岩互层，底为灰白色中一厚层长石石英砂岩。含介形类　53.7 m
4. 浅黄、浅红色厚层砂岩与紫红色泥岩、泥质粉砂岩互层。砂岩含虫迹，大型斜层理发育　88.6 m
3. 浅紫红色中一厚层中一细粒砂岩夹紫红色泥岩。底部有时相变为砾岩　35.8m
2. 紫红色薄一中厚层细砂岩、粉砂岩及粉砂质泥岩互层，底部为砾岩　140.1m

———— 整　合 ————

下伏地层：**剑门关组**　紫红色中厚层长石石英砂岩、石英砂岩夹同色粉砂质泥岩

【地质特征及区域变化】　本组分布于梓潼向斜北翼，岩性较稳定，由紫红色为主的砂岩、

泥岩组成频繁的正向韵律层，底部有较稳定的砾岩与下伏剑门关组分界，局部也可相变为含砾砂岩，昔称“汉阳铺砾岩”。本组由北向南粒度变细，垂向上砂岩、砾岩由下而上渐趋减少、变薄，泥岩相对增多，厚度在370～500 m左右，含有少量介形类化石，常见者有*Jingguella*(*Jinguella*)，*Deyangia*，*Darwinula*等。

剑阁组 Kjg (06-51-4204)

【创名及原始定义】 陈楚震等1964年命名于剑阁县城附近。原义为：“底部有一层2 m厚的底砾岩，向上为砖红色长石砂岩、泥质砂岩”，与下伏汉阳铺组为连续沉积，未见顶，时代属晚白垩世。

【沿革】 命名后一直沿用。

【现在定义】 以紫红、粉红色中—厚层状长石石英砂岩、细砂岩为主，夹粉砂岩及粉砂质泥岩，层间时夹石英细砾岩及含砾粗砂岩，厚300 m左右，含少量介形类化石，与下伏汉阳铺组顶部紫红色粉砂岩及泥岩整合过渡，未见顶。

【层型】 正层型为剑阁县剑门关剖面，位于剑阁县城北塔子山(105°33′17″，32°12′46″)，四川二区测队1966重测。

剑阁组	总厚度 261.7 m
7. 浅黄色薄层砂岩、粉砂岩，底为砾岩(未见顶)	>1.2 m
6. 灰白、浅红色薄—厚层砂岩与粉砂质泥岩互层。后者虫迹发育	36.7 m
5. 紫红色中—厚层细砂岩及粉砂质泥岩互层，底部为不稳定的石英细砾岩	58.8 m
4. 紫红色厚层泥质粉砂岩及粉砂岩，含大量钙质结核，底部为砾岩	42.1 m
3. 紫红、粉红色细砂岩夹紫红色粉砂质泥岩，底部为厚层块状含砾粗砂岩	98.9 m
2. 紫红、粉红色长石石英砂岩。底部偶为砾岩(百图观砂岩)	24.0 m

———————— 整　合 ————————

下伏地层：汉阳铺组　紫红色泥质粉砂岩、粉砂质泥岩与灰白、浅黄色细砂岩互层

【地质特征及区域变化】 本组分布局限于剑阁县城附近，岩性由紫红色砂岩、泥岩构成不等厚韵律互层，底部常具厚度不大的砾岩层及含砾砂岩(昔称“百图观砂岩”)，其底界可作为与下伏汉阳铺组的界线，该砂岩在新场以东较稳定，以西变化较大，由北向南粒度变细，砂岩含砾减少直至消失。本组无上覆层，残留厚度以剑阁清油观、木马寺一带最大，可达300 m左右，向两侧变薄。本组含少量介形类化石，常见者有 *Pinnocypridea*， *Jingguella*(*Jingguella*)等。

苍溪组 Kcx (06-51-4205)

【创名及原始定义】 四川航调队1980年命名于苍溪县城附近的塔子山。原义为：黄灰、紫灰色厚层、块状长石砂岩、长石岩屑砂岩夹紫红色粉砂岩和粘土岩，组成8～10个正向韵律层，含瓣鳃类及介形类化石，厚450 m左右，与下伏蓬莱镇组紫红色粘土岩与紫色细砂岩呈假整合，与上覆白龙组灰色砂砾岩整合接触。

【沿革】 相当苍溪组的地层，50年代前后统称“嘉定群”(中国科学院地质所，1956)或“城墙岩系”(李悦言等，1939)、“城墙岩群”(斯行健等，1962)，直至70年代末，由四川航调队在开展1∶20万区调过程中细分并建组，其后均沿用。

【现在定义】 为紫灰、砖红等色岩屑、长石石英砂岩、粉砂岩与泥岩不等厚韵律互层，时夹少量砾岩条带及凸镜体，厚452 m，富含双壳类及介形类化石，与下伏蓬莱镇组顶部紫红色泥岩夹灰紫色细砂岩、粉砂岩平行不整合，与上覆白龙组底部灰白色块状砂岩、砾岩整合接触的地层。

【层型】 正层型为苍溪县塔子山剖面，位于苍溪县塔子山至阆中县二道沟(105°58′12″，31°36′56″)，四川航调队1977测制。

上覆地层：白龙组 灰色块状细粒岩屑砂岩，底部有凸镜状钙质砾岩

——————— 整 合 ———————

苍溪组 总厚度452.3 m

6. 砖红色细粒岩屑长石石英砂岩、粉砂岩与泥岩互层，底为灰质砾岩。含介形类 *Deyangia reniformis*；双壳类 *Trigonioids*(*Wakinoa*) cf. *yunnanensis* 99.7 m

5. 灰紫、砖红色中厚层—块状细粒岩屑砂岩、泥岩夹粉砂岩组成韵律。含介形类 *Deyangia reniformis* 101.2 m

4. 灰紫、砖红色块状长石细砂岩、泥岩夹粉砂岩组成两个韵律。含介形类 *Damonella* 121.5 m

3. 顶部为黄绿、砖红色泥岩，其下为灰紫色块状中细粒长石石英砂岩，其中夹多层灰质砾岩，含介形类 *Jingguella*(*Jingguella*)*elliptica* 等 93.6 m

2. 砖红色粉砂岩夹细砂岩，底部砂岩夹多层灰质砾岩 36.3 m

——————— 平行不整合 ———————

下伏地层：蓬莱镇组 紫红色粘土岩与灰紫色中厚层状钙质岩屑细砂岩、粉砂岩互层

【地质特征及区域变化】 本组分布于梓潼向斜南翼，以灰紫、灰绿色砂岩为主的地层，细—中粒结构，夹有粉砂岩及泥岩。底部砾岩常呈凸镜体，其上有厚层—块状砂岩(昔称“高家山砂岩”)，与蓬莱镇组分界标志清楚。与上覆白龙组以厚大砂岩为界，整合过渡。本组厚约200～540 m，东厚西薄，以巴中一带厚度最大。

本组含丰富的介形类化石，常见有 *Djungarica*，*Darwinula*，*Jingguella*(*Jingguella*)；双壳类 *Nakamuranaia*，*Nippononaia* 等，及叶肢介 *Yanjiestheria*；鳄类 Atoposauridae 等。

白龙组 K*b* (06-51-4206)

【创名及原始定义】 四川航调队1980年命名于剑阁县白龙场。原义为：以粘土岩、粉砂岩为主夹砂岩，组成6～7个韵律层，颜色较鲜艳，多为砖红、紫红色，砂岩岩屑含量高，厚240～300 m左右，富含介形类化石，与下伏苍溪组顶部粘土岩、粉砂岩及上覆七曲寺组底部灰色块状砂岩均为整合接触。

【沿革】 沿革同苍溪组。直到70年代末在开展1：20万区调时方命名，后均沿用。

【现在定义】 紫红、砖红色泥岩(粘土岩)、砂质泥岩及粉砂岩为主，夹灰白、紫灰色细—中粒岩屑长石砂岩，偶夹凸镜状钙质砾岩，厚250 m左右，含介形类为主的化石，与下伏苍溪组顶部砖红色泥岩及上覆七曲寺组底部灰色块状细粒长石砂岩整合接触的地层。

【层型】 正层型为剑阁县白龙场剖面，位于剑阁县白龙场至鱼池观(105°34′43″，31°49′36″)，四川航调队1980年测制。

上覆地层：七曲寺组 灰色块状细粒长石砂岩

——————— 整　合 ———————

白龙组　总厚度 246.3 m

5. 灰紫色中厚层－块状岩屑细砂岩夹粉砂岩、泥岩。含介形类 *Cypridea bailongensis*　89.6 m

4. 灰紫色厚块状细粒岩屑长石石英砂岩与砖红色粉砂岩、泥岩不等厚互层。含介形类　58.6 m

3. 灰紫、砖红色粉砂岩与泥岩互层。底为灰白色块状细粒长石砂岩。含介形类 *Pinnocypridea* sp.，*Deyangia renifornis*，*Mantelliana* sp.　59.1 m

2. 上部砖红色泥岩夹粉砂岩，下部为灰紫色厚层－块状细－中粒岩屑长石砂岩，底为凸镜状灰质砾岩。含介形类 *Pinnocypridea sichuanensis*　39.0 m

——————— 整　合 ———————

下伏地层：**苍溪组**　砖红色粘土岩夹凸镜状粉砂岩

【地质特征及区域变化】　分布同苍溪组，岩性稳定，由浅紫灰、黄灰色中、细粒岩屑长石砂岩与紫红、砖红色粉、细砂岩及泥岩组成韵律互层，底部砂岩常夹砾岩凸镜体，在盐亭一带昔称“柏梓场砂岩”，与下伏苍溪组整合接触，界线清楚，可作为标志层。在万源、通江一带砂岩含量较多，厚度 300～430 m。向西至梓潼、中江一带砂岩含量大减，厚 110～240 m。

本组含以介形类为主的化石群，常见有 *Deyangia*，*Pinnocypridea*，*Damonella* 等，双壳类 *Nakamuranaia*，叶肢介 *Chuanestheria*，孢粉等，以及肉食类恐龙。

七曲寺组　K*q*　(06-51-4207)

【创名及原始定义】　四川航调队 1980 年命名于梓潼县北七曲寺。原义为：岩性以砖红、紫红色粘土岩、粉砂岩为主，夹灰紫色中、厚层状岩屑砂岩，底部为黄灰色岩屑长石砂岩，组成 9～10 个韵律层，砂泥比约为 1∶4，厚 440 m 左右，含以介形类为主的生物群。与下伏白龙组顶部紫红色粘土岩整合接触，未见顶。

【沿革】　本组以前均划归“嘉定群”或“城墙岩群”上部。70 年代末建名。与此同时，在中江古店至金堂鹅蛋山一带，将一套岩性与七曲寺组相似，所含介形类化石略有差异的地层另命名为古店组，并置于七曲寺组之上、“夹关组”之下，本次清理建议将七曲寺组与古店组归并，统称七曲寺组。

【现在定义】　以砖红、紫红色泥岩、粘土岩为主，夹粉砂岩、细－中粒砂岩，组成向上变细的韵律互层，偶夹钙质砾岩条带及凸镜体，含丰富的介形类化石，与下伏白龙组顶部紫红色粉砂岩、泥岩整合接触，未见顶。

【层型】　正层型为梓潼县七曲寺剖面，位于梓潼县北的七曲寺大庙一带(105°11′19″，31°41′36″)，四川航调队 1980 年测制。

七曲寺组　总厚度＞440.5 m

7. 黄灰、紫灰色厚－块状细粒岩屑砂岩与砖红色粉砂岩、粘土岩成不等厚韵律互层(未见顶)　48.5 m

6. 砖红、紫红色粘土岩为主，夹灰紫、灰绿色粉砂岩及钙质岩屑砂岩，底部为紫灰色厚层细粒钙质岩屑砂岩。含介形类 *Pinnocypridea sichuanensis*，*Darwinula oblonga*　89.7 m

5. 砖红色粘土岩夹灰绿色粉砂岩，底部及层间夹紫灰色厚层－块状钙质岩屑砂岩，偶夹凸镜状砾岩。含介形类 *Lycopterocypris*　72.8 m

4. 砖红、紫红色粘土岩为主，夹中厚层状粉砂岩，底部为紫灰色块状细粒岩屑砂岩。含介形类 *Darwinula leguminella*，*Pinnocypridea sichuanensis*　126.0 m

3. 紫红色粘土岩夹紫灰色粉砂岩、细粒岩屑砂岩，偶夹钙质砾岩凸镜体。含介形类 *Damonella ovata*，*Rhinocypris jurassica spinosa* 72.0 m

2. 灰紫、黄绿色厚—块状细—中粒岩屑长石砂岩，底部夹凸镜状钙质石英砾岩 31.5 m

——————— 整　合 ———————

下伏地层：**白龙组**　紫红色粘土岩、粉砂岩，夹薄层细砂岩

【地质特征及区域变化】　本组分布范围同苍溪组，岩性以砖红及紫红色泥岩(粘土岩)为主要特征，夹粉砂岩及岩屑砂岩，组成下粗上细的韵律层，区域上较稳定，东部巴中、通江一带砂岩比例略高。本组底部砂岩常含砾岩凸镜体，层位稳定，昔称“梓潼砂岩”，中江一带称“牛场砂岩”，其底界为划分白龙组与七曲寺组的标志。本组顶部受剥蚀，残留厚度以剑阁、梓潼一带最大，约 440～470 m，向东西两端变薄，最薄仅 10 余米(江油小溪坝)。

该组以介形类为主，有 *Pinnocypridea*，*Cypridea*(*Ulwellia*)，*Rhinocypris* 等及少量轮藻伴生。

蒙山群　KE*M*　(06-51-4209)

【创名及原始定义】　由谭锡畴、李春昱 1931 年命名于名山县的蒙顶山，原称“蒙山层”，系谭氏等由“四川系”(赵亚曾，1929)中分出。原义指位于“嘉定层”之上的一套“红棕色及灰色砂岩、粘土岩，时夹灰质页岩的地层，厚约 800 m”，并指出“下与嘉定层接触亦无显著界限，未尝间断，无完好化石，时代不易确定，只就沉积连续情形推之，仍当属白垩纪也”。

【沿革】　谭锡畴、李春昱所称之“蒙山层”其含义大体上相当于灌口组以上地层。李春昱(1934)沿用了这一名称，划分标准未论及，因而鲜为人知。本次清理，对四川盆地西部这套层序发育最为完整、厚度巨大、岩性单调、沉积连续的地层，建议恢复使用蒙山群一名，并限制在盆地西部使用，对其定义做了必要的扩大。

【现在定义】　棕红、砖红及紫红色长石石英砂岩、粉砂岩与泥岩不等厚韵律互层，时夹泥灰岩、钙芒硝及石膏层，含以介形类为主的化石群，总厚达 2 500 m 以上，与下伏蓬莱镇组平行不整合或整合接触的地层。由下而上划分为天马山组、夹关组、灌口组、名山组及芦山组。

天马山组　K*t*　(06-51-4210)

【创名及原始定义】　西南地质局 519 队(1955)命名于双流县正兴乡苏码头北东天马山。原称“天马山层”，其含义指位于蓬莱镇组之上，夹关组块状砂岩之下的一套以棕红色泥岩、砂质泥岩为主的地层，厚 300 余米，与上下地层间均为假整合接触。

【沿革】　该组命名后主要在四川石油系统中使用，地质部第四普查大队(1964)沿龙泉山经追索认为该层与剑门关组底界一致，将其归并于城墙岩群下部，时代属晚侏罗世。其后，也有人将其单独分出(四川二区测队，1975)，认识不一致。70 年代末，证实该组在雅安地区层序较为完整，向东残缺不全，命名地缺失尤多，对其含义的理解应以雅安飞仙关剖面为准。

【现在定义】　棕红、砖红色泥岩、砂质泥岩为主，夹同色含长石石英砂岩或钙质砂岩，局部具底砾岩，厚 260～370 m，含介形类为主的化石，与下伏蓬莱镇组紫红色粉砂岩、泥岩及上覆夹关组浅棕色块状砾岩均为平行不整合接触。

【层型】 选层型为双流县苏码头剖面，位于双流县正兴乡苏码头附近凉风顶(104°4′2″，30°25′24″)，四川石油局1964年测制。

上覆地层：夹关组 浅棕色砾岩。砾石以石英为主

——————— 平行不整合 ———————

天马山组	总厚度 259.9 m
6. 砖红色含长石石英砂岩为主，与棕红色泥岩间互层	68.5 m
5. 棕红色砂质泥岩为主，夹棕红色泥岩、泥质粉砂岩，底部为褐色砾状砂岩	34.6 m
4. 棕红色泥岩为主，下部夹棕色细粒石英砂岩、粉砂岩及泥质粉砂岩	57.9 m
3. 棕红色砂质泥岩与紫棕色砂岩互层，中部夹砾岩。砾石成分以灰岩为主	69.4 m
2. 紫棕、灰紫色细粒含长石石英砂岩夹灰白色疙瘩状灰岩。底部含凸镜状砾石层	29.5 m

——————— 平行不整合 ———————

下伏地层：蓬莱镇组 紫棕、棕红色泥岩，夹紫棕色粉砂岩、灰褐色砾岩及黄绿、棕红色砂质泥岩

【地质特征及区域变化】 本组分布于雅安至成都一带，以色彩鲜艳的红色泥岩为特征，常由粉砂岩、细砂岩与泥岩组成不等厚的韵律互层，下部砂岩时夹砾岩层，由西向东由粗变细。砂砾岩层以该区北部较厚(崇庆怀远)，向南变薄。本组厚267～370 m，由西向东变薄，与下伏蓬莱镇组分界标志清楚，上覆层夹关组有厚的底砾岩，界线亦易于辨认。

本组含有较多的介形类化石，主要分子有 *Cypridea*，*Deyangia*(*Deyangia*)，*Pinnocypridea*，*Djungarica*，*Lycopterocypris*，*Darwinula*，*Damonella* 等多种。

夹关组 K*j* (06-51-4211)

【创名及原始定义】 四川大渡河地质队1955年创名于邛崃县夹关场观音崖。原称“夹关层”，含义指附近的一套棕红色厚层至块状的长石或石英砂岩，底部为巨厚砾岩，上部时夹泥页岩，厚度达200余米，假整合覆于蓬莱镇组紫红色泥岩之上。

【沿革】 本组前人多称为“嘉定层”(统)(谭锡畴等，1931；A Heim，1932)。创名后均沿用(四川二区测队，1971)，对其划分基本一致，指以巨厚砂岩层为主的地层，且多以乐山大佛寺剖面为代表，但该剖面与命名地特征尚有一定差别，层位基本相当。

【现在定义】 以棕红、紫红色厚层—块状细—中粒长石砂岩、长石石英砂岩为主，夹少量同色泥岩及泥质粉砂岩，局部不等厚韵律互层，底部为紫红色砾岩及含砾砂岩，含少量介形类化石，厚380 m左右，与下伏天马山组或蓬莱镇组红色泥岩平行不整合，与上覆灌口组底部砂砾岩或泥岩整合接触。

【层型】 正层型为邛崃县夹关剖面(103°11′50″，30°16′56″)，四川二区测队1976重测。

上覆地层：灌口组 棕红色中层状细—中砾岩

———————— 整 合 ————————

夹关组	总厚度 386.1 m
14. 灰黄色块状细粒灰质岩屑长石砂岩夹棕红色泥岩，顶部含泥砾	50.6 m
13. 棕红色厚层状灰质长石砂岩与棕红色泥岩、砂质泥岩不等厚韵律互层	31.0 m
12. 棕红色中—厚层细粒灰质岩屑长石砂岩，夹棕红色泥页岩、砂质泥岩	52.1 m
11. 棕红色厚层细粒含岩屑长石石英砂岩、棕红色泥岩不等厚韵律互层	16.4 m

10. 棕红色厚层一块状细粒灰质岩屑长石石英岩，砂岩中偶见泥砾	24.2 m
9. 棕红色厚层细粒灰质亚岩屑砂岩与薄一中层状泥岩、泥质粉砂岩互层	5.1m
8. 浅紫红色、棕红色块状一厚层状细粒灰质长石石英砂岩夹棕红色泥岩、砂质泥岩	59.6 m
7. 紫红色块状中粒含灰质亚长石砂岩，偶含泥砾	8.0 m
6. 棕红色中一厚层状中一细粒岩屑亚长石砂岩与棕红色泥岩、砂质泥岩不等厚互层	45.2 m
5. 棕红色中一厚层细粒灰质亚长石砂岩夹棕红色泥页岩	18.6 m
4. 棕红色厚层状中一细粒含灰质长石石英砂岩，偶见零星泥砾	52.9 m
3. 棕红色厚层一块状含砾灰质岩屑砂岩，底夹凸镜状泥岩	5.3 m
2. 紫红色砾岩。砾石有灰岩，次为脉石英、变质石英岩、砂岩等，长轴平行层面	17.1 m

——————— 平行不整合 ———————

下伏地层：**蓬莱镇组**　紫红色泥岩

【地质特征及区域变化】　本组分布于雅安至成都一带，以块状砂岩为特征，明显区别于上、下地层，由北向南、由西向东所夹粉砂岩、泥岩含量增加。本组底砾岩发育，成分较复杂，厚度5～50 m不等，由北向南减少。本组厚度以芦山一带最大，达745～870 m，向南向东减薄，至成都附近仅140 m左右，呈向南向东变薄的楔状体。值得提出的是，夹关组在龙门山中、南段砾岩数量大增，属山前冲积扇体，且为多个扇体复合叠加，地层及岩石组合特征变化剧烈，使用夹关组一名已不合适，该名以限制在芦山向斜南翼及其以南以东地区使用为宜。

本组含数量不多的介形类化石，有 *Quadracypris*，*Eucypris* 等，多见于上部粉砂岩中。

灌口组　*Kg*　(06－51－4212)

【创名及原始定义】　由赵家骧、何绍勋1945年命名于大邑县西北15 km的灌口(悦来场)。原称“灌口层”，含义指“整合于青城山砾岩之上的一套砖红色粗砂岩及红色细砂岩及泥页岩等之间互层”。命名时认为与“嘉定层”相当，时代定为白垩纪。

【沿革】　定义中的“青城山砾岩”为发育于灌县以西，层位相当或大于夹关组的一套山前扇积物。其上的一套巨厚砂岩、泥岩，后人沿用了灌口组(四川二区测队，1962)，并分别归入“城墙岩群”或“嘉定群”。四川二区测队(1966)在雅安地区旧称灌口组上部陆续发现了早第三纪(古新世一始新世)介形类化石，将该组上部新建了名山群及芦山组，灌口组限制为原含义的下部层位，其后沿用(《四川省区域地质志》，1991)。

【现在定义】　以棕红色粉砂岩与砂质泥岩为主，组成不等厚韵律互层，时夹泥灰岩、细砂岩及细砾岩、石膏及钙芒硝，厚250～1 200 m，富含介形类化石。与下伏夹关组紫红、棕红色厚层岩屑、长石砂岩和上覆名山组底部棕红色长石石英砂岩均为整合接触。

【层型】　正层型为大邑县灌口剖面，位于大邑县灌口场附近(103°24′14″，30°37′15″)，四川石油局1964年重测。

灌口组	**总厚度**＞398.8 m
7. 棕色砂质泥岩、泥质粉砂岩，中下部夹紫灰色页岩(未见顶)	＞33.6 m
6. 棕色砂质泥岩，夹同色中一厚层状泥质粉砂岩	92.0 m
5. 泥质粉砂岩与同色砂质泥岩互层	123.2 m
4. 褐棕色块状中一细砾岩为主，中部夹泥质粉砂岩。砾石成分以石英为主	33.6 m

3. 浅棕红色粉砂岩与泥质粉砂岩互层，普遍含石英细砾，水平层理发育 69.7 m

2. 褐棕色块状中砾岩。砾石成分以灰岩为主，变质岩及石英砾岩少见 46.7 m

———— 整 合 ————

下伏地层：夹关组 紫棕、浅棕色厚层粉砂岩，间夹长石石英细砂岩及砂质泥岩

【地质特征及区域变化】 本组分布于成都、雅安一带，岩性以泥岩、粉砂岩为主，并构成下粗上细的韵律层，龙门山中、南段山前地带砂岩及砾岩陡增，并构成冲积扇。由北向南沉积物变细，在名山、邛崃、蒲江、成都一带多以泥岩为主，夹较多且厚的泥灰岩、白云质灰岩、石膏及钙芒硝层。本组与夹关组岩性差异明显，分界标志清楚。大体在邛崃－仁寿一线以东(成都附近)上部地层常有缺失，以西地层层序完整，上覆名山组底部常以一层暗棕色砂岩(金鸡关砂岩)作为与灌口组分界标志。本组厚540～1 200 m不等，由东向西增厚。

本组含有丰富的化石，常见者有介形类 *Cypridea*(*Cypridea*)，*Lunicypris*，*Eucypris*，*Sinocypris*，*Pseudocyprois*，*Darwinula*，*Damonella* 等，有孔虫、轮藻及丰富的孢粉。

名山组 E*m* (06-51-4213)

【创名及原始定义】 四川二区测队1976年命名于名山县城西金鸡关至余光坡一带。原称“名山群”。原义为：上段棕红色泥岩为主夹少量泥质粉砂岩、灰黑色泥页岩及暗棕色泥质角砾岩、灰绿色泥灰质角砾岩(井下为石膏、钙芒硝层)，厚367 m；下段棕红色灰质或泥质粉砂岩，夹少许红色泥岩，底为暗棕色中、厚层状石英粉砂岩夹细砂岩，厚124 m，含介形类化石，与上下地层均为整合，时代为古新世－始新世。

【沿革】 本组在未命名前泛称“蒙山系”(谭锡畴，1931)，名山组属该系下部，或包括在灌口组中(《西南地区区域地层表·四川省分册》，1978)，命名后各家沿用，对其认识及划分基本一致。

【现在定义】 棕红、紫红色泥岩为主，夹棕色泥质、石英粉砂岩、灰黑色页岩及泥灰质角砾岩(盐溶成因)，底部偶夹细砂岩，富含介形类等化石，厚90～450 m，与下伏灌口组顶部棕红色泥岩及上覆芦山组底部棕红色中厚层粉砂岩均为整合接触。

【层型】 正层型为名山县余光坡剖面，位于名山县城西拣槽沟－余光坡一带(103°4′11″，30°3′45″)，四川二区测队1976年测制。

上覆地层：芦山组 棕红色中厚层粉砂岩与砂质泥岩互层

———— 整 合 ————

名山组 总厚度494.5 m

10. 棕红、砖红色泥岩夹棕红、灰绿色薄层泥质粉砂岩，泥岩含零星灰质结核 81.8 m

9. 棕红色泥岩夹粉砂质泥岩、粉砂岩，底为泥质粉砂岩 64.8 m

8. 棕红色泥岩夹粉砂质泥岩，中部间夹暗紫、灰黑色泥页岩。含介形类 *Cyprinotus* 74.6 m

7. 暗紫色角砾状泥岩及灰绿色泥灰角砾岩夹暗紫红色泥岩，底为棕红色粉砂质泥岩 30.0 m

6. 上部棕红色泥岩、下部棕红色中－厚层状泥质粉砂岩夹粉砂质泥岩 47.1 m

5. 紫红、棕红色泥岩与浅棕色中－厚层状泥质粉砂岩互层，底部夹灰黑色泥页岩。含介形类 *Sinosypris funingensis*，*Paraeucypris priunis* 72.3 m

4. 棕红、紫红色泥岩，下部夹泥质粉砂岩。含介形类 *Limnocythere* 34.7 m

3. 棕红色中－厚层灰质粉砂岩 31.1 m

2. 暗棕色中一厚层钙质石英粉砂岩，局部夹细砂岩、粉砂质泥岩。含介形类　58.1 m

——————整　合——————

下伏地层：灌口组　棕红色泥岩、泥质粉砂岩互层

【地质特征及区域变化】　本组分布于天全、名山一带，范围局限，为一套以泥质岩为主夹石膏、钙芒硝等蒸发岩的地层，曾称“金鸡关段”(下段)及“余光坡段”(上段)，下段含粉砂岩、细砂岩较多，盐类沉积主要分布于以泥岩为主的上段。岩性由东向西变粗，砂岩成分增高。龙门山南段山前地带出现大套砾岩及含砾砂岩，曾命名为“大溪砾岩”(成都地质学院，1992)，因此不宜再使用名山组。本组厚度由东向西增大，一般在400～600 m，东部邛崃、大邑一带上部多被剥蚀，残留厚度38—150 m。本组底部常有一稳定的暗棕色中一厚层状粉砂岩、细砂岩层，昔称“金鸡关砂岩”或“猪腰子砂岩”，整合于灌口组顶部棕红色泥岩之上，标志清楚。

本组含有丰富的介形类化石，如 *Sinocypris*，*Limnocythere*，*Cypris*，*Eucypris*，*Cyprinotus*，*Candona*(*Candona*)等多属，尚见有轮藻 *Neochara* 等。

芦山组　E*l*　(06-51-4214)

【创名及原始定义】　四川二区测队1975年命名于芦山县新华乡苗溪茶场。原义为：大套橙红、棕红色泥岩夹粉砂岩，富含介形类及轮藻，底部含灰岩砾石，层间夹数层浅灰色薄层泥灰岩，厚550～691 m(残留厚度)的地层。下与名山群整合接触，化石组合具苏北下第三系三垛组或戴南组常见分子，时代渐新世。

【沿革】　命名前仍属“蒙山系”中的一部分，也有划分为广义灌口组上部(地质部第四普查大队，1964；《西南地区区域地层表·四川省分册》，1978)或上组(四川二区测队，1971)，命名后均沿用。

【现在定义】　橙红、棕红色泥岩为主，间夹同色或黄绿色中厚层状泥质、钙质粉砂岩，常组成不等厚韵律互层，富含介形类及轮藻化石，与下伏名山组顶部棕红、紫红色泥岩整合过渡，残留厚度5～687 m不等的地层。

【层型】　正层型为芦山县苗溪茶场剖面，位于芦山县苗溪茶场至鸦雀口一带(102°46′50″，30°06′03″)，四川二区测队1975年测制。

芦山组　总厚度＞549.9 m

7. 中上部为紫红色泥岩夹粉砂岩。下部为橙红一棕红色薄层钙质粉砂岩(未见顶)。含介形类 *Pinnocypris* sp.；轮藻 *Gyrpogona qianjiangica* 等　＞195.5 m

6. 橙红色中一厚层泥质粉砂岩夹同色泥岩之韵律层，底为砂岩。含介形类 *Limnocythere*，*Cyprinotus*；轮藻 *Obtusochara jianglinensis*　76.0 m

5. 上部以橙红色泥岩为主，夹同色钙质粉砂岩；下部为浅棕红色中一厚层粉砂岩，间夹暗红色泥岩薄层，见虫孔及钙质结核。含介形类 *Pinnocypris*，*Limnocythere*　24.8 m

4. 橙黄、棕红色泥岩为主，间夹橙红、黄绿色粉砂岩薄层，泥岩中具虫孔。含介形类 *Limnocythere*；轮藻 *Obtusochara jianglinensis*　57.1 m

3. 上部为棕红色泥岩间夹泥质钙质粉砂岩；下部为浅黄、橙红色厚层钙质细砂岩，夹紫红、黄绿色泥岩薄层。含介形类 *Limnocythere hubeiensis*；轮藻 *Obtusochara jianglinensis*　107.9 m

2. 上部以橙红、暗棕红色泥岩为主，间夹粉砂岩；下部为同色厚层泥质粉砂岩，底具灰岩小砾石。含介形类 *Pinnocypris yunnanensis*，*Limnocythere comarata*，*Ilyocyris* sp.　88.6 m

——————— 整　合 ———————

下伏地层：名山组　棕红色泥岩

【地质特征及区域变化】　分布于芦山、名山、雅安一带，以棕红、褐红色泥岩、砂质泥岩为主，岩性相对稳定，夹多层粉砂岩，偶夹泥灰岩薄层，由南向北岩石粒度有变粗趋势。芦山向斜北翼砂、砾岩含量大增，属"大溪砾岩"范畴。本组遭受不同程度的剥蚀，剥蚀程度由北向南增大，残留厚度以芦山天全一带最大，达418～687 m，名山、雅安一带残留厚度仅5～311 m。本组底部常出现细一中粒砂岩，时为较厚的粉砂岩，与名山组顶部泥岩界线清楚。

本组含有丰富的介形类化石，主要分子有 *Pinnocypris*，*Limnocythere*，*Cyprinotus*，*Ilyocypris*，*Potamocypris* 等及轮藻，局部产鱼类化石。

嘉定群　KE*J*　(06-51-4216)

【创名及原始定义】　A Heim 1930 年命名于乐山县。原称"嘉定层"(Kiating Formation)，指命名地的一套砖红色砂岩。1932 年命名人又补充定义为"砖红色(辰砂红色)之砂岩，岩质极碎弱，颜色较红色岩系之其他各层为鲜亮，交错层极为显著，厚度大于800 m"。

【沿革】　"嘉定层"命名后，沿用者对含义理解较混乱。谭锡畴(1933)将"嘉定层"与"重庆系"对比，层位相当"自流井层"之上的一套红色砂岩为主的地层，同年又补充为"覆于自流井层之上之四川红色地层中部谓嘉定层"。李悦言(1944)又复称"嘉定含砾砂岩层"、"宜宾含砾砂岩"，并归入"城墙岩系"中。其含义大体指乐山大佛寺一带的巨厚层砂岩。50年代始称嘉定群(斯行健，1962)，含义扩大为以砂岩为主的原"嘉定层"及其以上千余米的砂泥岩系。使用范围包括了除川北以外的整个四川盆地。与此同时，又有人将四川盆地西部地层系统移植于川南使用，划分为下部"夹关组"及上部"灌口组"(四川航调队，1976；《西南地区区域地层表·四川省分册》，1978)，其中"夹关组"的含义与谭氏的"嘉定层"大体相同。四川航调队(1977)通过宜宾三合场剖面的测制，根据岩石及生物组合特征，划分了五个组级单位，由下而上是窝头山组、打儿凼组、三合组、高坎坝组及柳嘉组。

【现在定义】　本次清理通过实地核查，建议按岩石组合特征，由下而上分为窝头山组、三合组、柳嘉组，并统称为嘉定群。

窝头山组　K*w*　(06-51-4217)

【创名及原始定义】　四川航调队 1980 年命名于宜宾县三合场西的窝头山。原义为砖红色厚层至块状含铁、泥质不等粒石英砂岩或长石石英砂岩，时夹钙质砂岩结核、微晶钙质(灰岩)扁豆体及少许泥页岩，底部含石英砾砂岩，与下伏蓬莱镇组假整合接触，厚 110 m。

【沿革】　本组未命名前归属"嘉定层"或嘉定群下部，或夹关组。四川航调队(1980)以这套砂岩间的一层厚 6 m 的砖红色页岩为标志划分为下部窝头山组、上部打儿凼组，这一划分意见得到认同并沿用。本次清理通过实地核查，证实两组在岩石组合特征上基本一致，应予归并，归并后仍称窝头山组。

【现在定义】　以砖红色厚层一块状含铁、泥质不等粒长石石英砂岩、长石砂岩为主夹少量粉砂岩及泥岩，偶夹微晶灰岩凸镜体，底部砂岩含砾，夹石英砾岩凸镜体，含介形类为主的化石，厚 270 m 左右，与下伏蓬莱镇组顶部棕红色钙质泥岩平行不整合，与上覆三合组砖红色砂、泥岩交互层整合接触。

【层型】 正层型为宜宾县三合剖面，位于宜宾县三合场至柳嘉场公路沿线(104°10′25″，29°14′16″)，四川航调队 1977 年测制。

上覆地层：**三合组** 砖红色中厚层至块状不等粒泥质岩屑长石砂岩夹紫红色页岩

——————— 整 合 ———————

窝头山组 总厚度 271.3 m

8. 砖红色厚层—巨块状不等粒泥质岩屑长石砂岩，中上部夹紫红色页岩	57.8 m
7. 砖红色厚层—巨块状不等粒泥质长石砂岩	103.9 m
6. 砖红色页岩，中部夹砖红色粉砂岩	6.2 m
5. 砖红色厚层—块状不等粒铁泥质石英砂岩	27.8 m
4. 上部为砖红色中层状粉砂岩夹同色泥岩，下部砖红色页岩夹同色粉砂岩	11.6 m
3. 砖红色厚层—巨块状不等粒铁泥质长石石英砂岩，上部夹砂质微晶灰岩凸镜体。含双壳类 *Plicatounio* cf. *naaktongensis*；介形类、轮藻及腹足类等	52.3 m
2. 砖红色巨块状含砾不等粒铁泥质长石石英砂岩，其底为砾岩凸镜体	11.7 m

——————— 平行不整合 ———————

下伏地层：**蓬莱镇组** 棕红色钙质泥岩

【地质特征及区域变化】 本组沿乐山—宜宾—綦江一线呈东西向展布，以砖红色厚层块状砂岩为主，岩性单一而稳定，层间夹少量泥页岩，普遍见底砾岩，层间夹有砾岩扁豆体及含砾砂岩，厚 200～500 余米，由西向东有增大的趋势。本组岩性特殊，明显区别于上下地层，底砾岩为划分底界的标志，上覆地层三合组大套泥页岩为划分顶界的标志，易于识别。

本组含介形类化石为主，主要有 *Cypridea*(*Cypridea*)，*Monosulcocypris*，*Mongolianella*，*Clinocypris*，*Candona*；叶肢介 *Orthestheria*，*Halysestheria* 等及双壳类、腹足类、轮藻等。

三合组 K*s* (06-51-4219)

【创名及原始定义】 四川航调队 1980 年命名于宜宾县三合场。原义为砖红色薄至厚层状粉—细或不等粒岩屑长石砂岩夹同色泥岩，组成不等厚互层，厚达 200 m，以下伏打儿凼组大套砖红色泥岩的出现分界，与上覆层高坎坝组呈岩性过渡。

【沿革】 命名前属嘉定群上部或称“夹关组”或称“灌口组”。四川航调队(1977)将位于打儿凼组砂岩之上的砂、泥岩交互层划分为两个组级单位，由下而上为三合组及高坎坝组，这一划分被沿用(《四川省区域地质志》，1991)。本次清理通过实地核查，发现其岩石组合特征一致，应予归并。归并后建议仍称三合组。

【现在定义】 砖红色薄至中厚层状不等粒泥质岩屑长石砂岩与砖红、紫红色泥岩不等厚韵律互层，含介形类化石，厚度近 700 m，与下伏窝头山组砖红色块状不等粒长石砂岩及上覆柳嘉组底部浅红色块状中粒石英砂岩均为整合接触。

【层型】 正层型为宜宾县三合剖面，位于宜宾县三合场—柳嘉场公路沿线(104°10′45″，29°14′16″)，四川航调队 1977 年测制。

上覆地层：柳嘉组　浅砖红色块状钙质中粒岩屑石英砂岩

——————整　合——————

三合组　　总厚度 693.7 m

12. 上部浅砖红色厚层状泥钙质岩屑长石粉砂岩，下部浅砖红色泥钙质岩屑长石石英砂岩。产介形类 *Cristocypridea*，*Cypridea*，*Eucypris*，*Limnocythere*　　133.0 m

11. 上部中厚层状细粒泥质岩屑石英砂岩，夹泥页岩；下部砖红色中厚层一块状细粒钙泥质岩屑长石砂岩和同色泥岩互层。产介形类 *Cristocypridea*，*Sinocypris* 及叶肢介等　　62.0 m

10. 砖红色中厚层一块状粉一细粒泥钙质岩屑长石砂岩夹同色泥岩　　58.6 m

9. 砖红色中厚层一块状泥质岩屑长石粉砂岩夹同色泥岩。产介形类、叶肢介等　　141.4 m

8. 砖红色中厚层一巨块状细粒钙泥质岩屑长石砂岩，夹有泥质条带或泥岩凸镜体　　107.9 m

7. 砖红色薄一中层状粉一细粒泥质岩屑长石砂岩和紫红色泥岩互层　　17.5 m

6. 砖红色中一厚层粉一细粒泥钙质岩屑长石砂岩，普遍夹泥质条带　　55.4 m

5. 砖红色薄层状不等粒泥质岩屑长石砂岩和紫红色泥岩互层　　13.2 m

4. 砖红色中厚层一块状不等粒泥质岩屑长石砂岩，夹少许紫红色泥岩及薄层状砂岩　　48.8 m

3. 砖红色薄层状不等粒泥质岩屑长石砂岩与紫红色泥岩不等厚互层　　5.7 m

2. 砖红色中厚层一块状不等粒泥质岩屑长石砂岩夹紫色泥页岩　　50.2 m

——————整　合——————

下伏地层：窝头山组　砖红色厚层一块状不等粒岩屑长石砂岩

【地质特征及区域变化】　本组分布范围与窝头山组一致。以砖红色薄一中厚层粉一细粒长石砂岩与泥岩呈等厚韵律互层为特征，组成上粗下细的韵律层，岩性较稳定。在宜宾柳嘉场一带层序完整，厚度近 700 m，其他地区均遭受不同程度的剥蚀，残留厚度约 300～380 m。本组底界以窝头山组块状砂岩的消失划分，顶界以大套块状石英砂岩的出现划分。

本组含有丰富的介形类化石，主要有 *Cypridea* (*Cypridea*)，*Cypris*，*Ilyocyris*，*Mongolianella* 等多种。此外尚有双壳类、叶肢介、轮藻等化石伴生。

柳嘉组　E*lj*　(06-51-4221)

【创名及原始定义】　四川航调队 1980 年命名于宜宾县柳嘉场北葫林包至红岩坝公路沿线。原义为：以浅砖红色厚层至块状细一中粒含泥钙质岩屑、长石石英砂岩为主，夹少量棕红色泥岩、钙质泥岩，局部组成不等厚互层，含少量介形类化石，底部以块状砂岩与下伏高坎坝组整合接触，残留厚度 88 m。

【沿革】　命名前包含在“嘉定群”中，命名后得到广泛认同，为嘉定群的最高层位。

【现在定义】　浅砖红色厚层至块状细一中粒岩屑长石石英砂岩为主，夹少量棕红色泥岩厚层及透镜体，上部偶呈薄厚互层，含介形类化石，与下伏三合组顶部砖红色厚层状长石粉砂岩成整合接触，未见顶，残留厚度 88 m。

【层型】　正层型为宜宾县三合剖面，位于宜宾县三合场一柳嘉场公路沿线（104°10′45″，29°14′16″），四川航调队 1977 年测制。

柳嘉组　　总厚度＞88.1 m

8. 棕红色含钙粉砂质泥岩夹细粒长石石英砂岩。含介形类、轮藻碎片（未见顶）　　＞7.2 m

7. 浅砖红色厚层一块状中细粒泥质岩屑长石石英砂岩与钙质泥岩不等厚互层　　12.9 m

6. 浅砖红色巨块状中细粒钙泥质岩屑长石石英砂岩　　13.4 m

5. 粉红色巨块状细粒泥质岩屑长石石英砂岩，其顶为棕红色泥岩凸镜体 19.8 m

4. 棕红色含钙质泥岩，局部含粉砂岩。产介形类 *Candona* 2.3 m

3. 暗砖红色块状细一中粒泥钙质岩屑长石石英砂岩 6.7 m

2. 浅砖红色巨块状钙质中粒岩屑石英砂岩，顶为棕红色泥岩凸镜体 25.8 m

——————整　合——————

下伏地层：三合组　浅砖红色厚层状泥钙质岩屑长石粉砂岩

【地质特征及区域变化】　本组区域上大都被剥蚀，仅在宜宾柳嘉场附近层序较完整，岩性以浅红、浅砖红色块状砂岩为主，层间夹有不稳定的同色泥岩条带，以上部较多，残留厚度0～85 m，底部块状砂岩与下伏层间界线清楚，易于辨认。

本组含数量不多的介形类化石，常见有 *Candona*(*Candona*)，*Paracypris*，*Eucypris* 等。

飞天山组　K*f*　(06－51－4222)

【创名及原始定义】　四川一区测队1965年命名于普格县小兴场飞天山。原义为：下部灰紫、紫红色含砾长石石英粗砂岩、钙质粉砂岩、页岩不等厚互层，底部具砾岩；上部紫红色中、细粒长石石英砂岩、粉砂岩、泥岩韵律互层，偶夹泥灰岩，灰绿色砂岩中常含铜，未见化石，厚1 106 m，上下界限均为假整合之地层，时代为晚侏罗世。

【沿革】　自命名后广泛在攀西地区使用，由于本组位于侏罗系红层与“大铜厂砾岩”之间，岩性特殊且由平行不整合面限定了顶底界面，划分标准及认识基本一致。

【现在定义】　紫红夹砖红色薄至中层中粒长石石英砂岩、粉一细砂岩、泥页岩不等厚韵律互层，砂岩常含砾，时夹砾岩及灰绿等色含铜砂、页岩，含介形类，厚逾千米，与下伏官沟组紫红色粉砂岩、泥岩及上覆小坝组砾岩或中粒长石石英砂岩整合或平行不整合接触的地层。

【层型】　正层型为普格县小兴场剖面，位于普格县小兴场附近天马山一带(102°37′14″，27°27′45″)，四川一区测队1966年测制。

上覆地层：小坝组　紫红色中粗粒长石石英砂岩夹少许泥岩或页岩，底部普遍有底砾岩

－－－－－－ 平行不整合 －－－－－－

飞天山组　　总厚度 948.7 m

14. 顶部有紫红色泥岩及砖红色砂质泥岩，夹灰白色石英砂岩；中上部为灰紫、紫红色中粒长石砂岩夹粉砂岩薄层；下部为砖红色粉砂岩与紫红色粗粒长石砂岩互层 111.2 m

13. 紫红色细一中粒长石石英砂岩，夹含砾砂岩，上中部夹粉砂岩及砖红色泥岩 123.2 m

12. 紫红色薄一中厚层中粒长石石英砂岩，中部夹叶片状砂质泥岩，底部夹粉砂岩 104.1 m

11. 砖红色粉砂岩及泥质粉砂岩为主，夹中粒长石砂岩。顶部见鲜红色泥岩，底部为紫红色含砾粗砂岩。含介形类 *Mongolianella* 68.8 m

10. 紫红、鲜红色粉砂岩夹砂质泥岩与薄层中粒长石石英砂岩互层，底部为灰紫色含砾中粒长石砂岩。上部含介形类等 58.0 m

9. 紫红色钙质粉砂岩与暗紫色中厚层中粒长石石英砂岩互层 107.8 m

8. 灰绿、灰白色含铜砂质页岩和含铜细砂岩互层，顶部夹紫色页岩，含松类植物碎片 2.5 m

7. 上部为紫红色钙质粉砂岩、砖红色泥岩夹中粒长石石英砂岩；下部为灰黄、紫红色薄一中厚层细一中粒长石石英砂岩，夹钙质粉砂岩，底部为砾岩 79.1 m

6. 紫红色钙质粉砂岩、长石石英砂岩互层夹页岩，底为钙质砾岩 119.8 m

5. 紫红色钙质粉砂岩及长石石英砂岩为主，底部为灰白色块状中粒含铜长石砂岩　53.8 m

4. 紫红色含砾长石石英砂岩，中部夹砾岩　39.5 m

2. 紫红、灰紫色长石石英砂岩夹砾岩，或与含砾砂岩互层，底部为砾岩　80.9 m

——————— 平行不整合 ———————

下伏地层：官沟组　紫、灰绿色砂岩，泥岩互层

【地质特征及区域变化】　本组分布于西昌、会理、宁南一带，以灰紫、紫红色厚层—块状含砾粗砂岩、长石石英砂岩、粉砂岩及砖红色泥岩组成多个下粗上细的韵律层，层间含铜。底部常见砾岩或含砾砂岩，与下伏官沟组、上覆小坝组均为平行不整合接触。本组以普格一带厚度最大，达 1 000 m 左右，向南迅速减薄，一般仅厚 100～436 m 不等。以介形类 *Cyridea (Ulwellia)* 具代表性。

小坝组　Kx　(06－51－4224)

【创名及原始定义】　西南地质局 508 队 1954 年命名于会东县江舟小坝。原称“小坝层”，其原义指覆于“大铜厂砾岩”层之上的一套以紫红色泥岩夹粉砂岩及石膏层的地层，其上由以紫灰等色石英砂岩夹泥岩的雷打树组整合覆盖，厚度近千米，时代为早白垩世。

【沿革】　分布于川滇一带的白垩纪地层，卞美年(1941)在云南境内命名为“石门系”，此名为四川石油系统(1959)及顾知微等(1962)移植于攀西地区，改称“石门群”。西南地质局 508 队(1954)在会东地区由下而上建立了“大铜厂层”、“小坝层”及“雷打树层”三个地层单位，应用也较广泛，由于底部以巨厚砾岩为主的大铜厂层(组)在区域上稳定性较差，后人常与小坝层合并，统称小坝组(四川一区测队，1965；《西南地区区域地层表·四川省分册》，1978)。这一划分方案沿用至今。

【现在定义】　以紫红色钙质粉砂岩、泥岩为主，下部为紫灰、紫红色块状细至中粒石英长石砂岩，上部夹紫灰色泥灰岩薄层，多组成不等厚韵律互层，底部常具紫红色砾岩或含砾砂岩，含介形类，厚逾千米，与下伏飞天山组或官沟组顶部粉砂岩、泥岩平行不整合，与上覆雷打树组底部含砾砂岩整合或平行不整合接触的地层。

【层型】　正层型为会东县江舟小坝剖面，位于会东县江舟小坝一带(102°24′20″，26°34′29″)，四川一区测队 1970 年重测。

上覆地层：雷打树组　浅紫灰色块状细粒长石石英砂岩，底部含砾石

——————— 平行不整合 ———————

小坝组　总厚度 1 345.0 m

8. 紫红色钙质粉砂岩、砂质泥岩与黄灰、灰紫色泥灰岩互层，含介形类 *Cypris* 及轮藻等　704.9 m

7. 紫红色钙质粉砂岩为主，夹薄层泥灰岩，含介形类 *Eucypris*　106.2 m

6. 紫红色钙质粉砂岩、泥岩与浅灰色泥灰岩互层，含介形类 *Eucypris*、轮藻等　59.9 m

5. 紫红色钙质粉砂岩夹钙质泥岩，富含介形虫 *Eucypris*、轮藻 *Obtusochara* 等　36.6 m

4. 紫红色泥质、钙质粉砂岩与钙质、砂质泥岩互层，富含介形类 *Cypris*、轮藻等　34.6 m

3. 紫红色泥岩、含钙质粉砂岩为主，底部为紫灰色中粒石英长石砂岩。富含介形类 *Cypris*，*Eucypris* sp.；轮藻 *Spherochara*　235.8 m

2. 紫灰、紫红色块状细至中粒石英长石砂岩为主夹泥质粉砂岩，底为砾岩　167.0 m

——————— 平行不整合 ———————

下伏地层：官沟组　紫红色泥岩夹厚层泥灰岩

【地质特征及区域变化】 本组分布于会理、会东一带，以紫红、紫灰等色砂岩、粉砂岩及泥岩为主，形成韵律互层，常夹有杂色泥灰岩，铜矿化现象多见，泥岩中常夹石膏层，岩性较稳定，下部砂岩较集中，多呈块状，常含砾。本组厚860～1 430 m，最厚可达1 900 m，超覆于老地层之上，底部砾岩或含砾砂岩标志清楚，上覆雷打树组底部亦有含砾砂岩分布，界线同样易于识别。

本组化石以介形类为主，常见有 *Talicypridea*，*Eucypris*，*Cyprois*，*Cypris*，*Paracyprinotus*，*Mongololianella* 等多属，同时见有轮藻 *Obtusochara*，*Grambastichara* 多属。

雷打树组 KE*l* (06-51-4225)

【创名及原始定义】 西南地质局508队1954年命名于会理县彰冠雷打树。原称"雷打树层"，原义指分布于小坝组之上，岩性以紫红、灰紫色长石石英砂岩为主，夹粉砂岩及泥岩的地层，厚数百米，未见顶，与下伏小坝组间为整合接触，时代晚白垩世。

【沿革】 雷打树层、小坝层及大铜厂层同时命名，命名后各家沿用，对该组含义的理解也基本相同，仅段级单位的划分不尽一致。

【现在定义】 以紫灰色厚层至块状长石石英砂岩为主，夹紫红色粉砂岩及泥岩，并组成不等厚韵律互层，时夹泥灰岩、砾岩条带及凸镜体，含介形类及轮藻化石，厚千余米，与下伏小坝组顶部紫红色泥岩整合或平行不整合接触，未见顶。

【层型】 正层型为会理县彰冠雷打树剖面，位于会理县彰冠雷打树(102°17′19″，26°28′10″)，四川一区测队1970年重测。

雷打树组	总厚度>1 452.8 m
11. 浅紫灰色块状细—中粒含长石石英砂岩与泥质粉砂岩、泥岩互层(未见顶)	77.3 m
10. 灰紫红色细粒含长石英砂岩与钙质粉砂岩、泥岩互层，见介形类、轮藻	243.8 m
9. 灰白色块状含长石石英砂岩与紫红色钙质粉砂岩、泥岩互层，夹泥灰岩，含轮藻	99.6 m
8. 紫红色钙质粉砂岩、泥岩及泥灰岩组成韵律层。底部具含砾粗砂岩。含少量介形类、轮藻 *Obtusochara*	33.1 m
7. 浅灰紫、浅紫红色细粒含长石英砂岩与紫红色钙质粉砂岩互层，夹少量泥岩。中部夹不稳定砾岩，砾石为紫红色粉砂岩，滚圆度好，含少量介形类 *Cypris* sp.	315.1 m
6. 浅紫灰色细粒含长石石英砂岩与紫红色钙质粉砂岩组成韵律层	36.2 m
5. 浅紫红色细粒长石石英砂岩、钙质粉砂岩、泥岩组成韵律层。底部见脊椎动物遗迹(?)，含介形类 *Limnocythere* sp. 等	86.4 m
4. 浅紫灰色厚层细粒含长石石英砂岩与紫红色钙质粉砂岩互层。中部夹少量泥岩、粉砂岩，常见钙质结核。含介形类 *Darwinula* sp. 及轮藻	213.7 m
3. 浅紫灰色细粒长石石英砂岩夹砖红色粉砂岩、泥岩，泥岩中常见虫迹	122.2 m
2. 浅紫灰色块状细粒长石石英砂岩为主，夹紫红色泥质粉砂岩、泥岩，中部夹砂砾岩或含砾砂岩，底部为灰白色细粒长石石英砂岩	225.4 m

—————— 平行不整合 ——————

下伏地层：小坝组 紫红色砂质泥岩，紫灰色泥灰岩

【地质特征及区域变化】 本组分布范围同小坝组，以紫红、灰紫等色厚层—块状石英砂岩或长石石英砂岩为主，夹粉砂岩及泥岩，时夹泥灰岩，下部砂岩较多，中、上部泥岩、粉

砂岩增加，由下而上明显由粗变细，底部砂岩常含砾石。会理、会东一带本组厚达 1 000～1 450 m,向北不足千米。底部含砾砂岩常覆于小坝组顶部泥岩之上，界线清楚；未见顶。

本组含丰富的介形类 *Limnocythere*，*Candona* 等多种，轮藻 *Obtusochara*，*Latochara* 等。

正阳组 Kẑ (06－51－4226)

【创名及原始定义】 四川 107 地质队 1974 年命名于黔江县正阳乡。原义指分布于濯河坝向斜轴部的一套厚约 120 m 的砖红色钙质砾岩及石英砂岩为主的地层，角度不整合于嘉陵江组灰岩之上，未见顶。

【沿革】 正阳组系小型断陷盆地中的堆积物，在川、黔、湘、鄂边境地区均有分布，且不连续，相当地层在黔江称"茅台砾岩"（侯德封，1944、1945），在鄂西称"东湖群"（李四光，1924），在川东称"乌龟包砾岩"。本组命名后有人沿用，也有人继续使用"东湖群"，时代归属也存在分歧，早、晚白垩世至早第三纪均有人赞同。80 年代以后，川东南地区多使用正阳组一名。

【现在定义】 为砖红色中—块状钙质砾岩与中—厚层状长石石英砂岩不等厚互层，下部砾岩居多，砾石成分以砂质灰岩为主，砂岩常含砾。含脊椎动物化石，厚 120 m 左右，不整合超覆于嘉陵江组紫灰色灰岩之上，上界不明。

【层型】 正层型为黔江县正阳剖面，位于黔江县正阳乡黑山沟(108°49′18″，29°26′1″)，四川 107 地质队 1974 年测制。

正阳组	总厚度＞119.3 m
10. 浅紫红色厚层状砂质灰岩细砾岩，夹含砾细粒岩屑石英砂岩(未见顶)	＞26.0 m
9. 砖红色厚—巨厚层状细粒岩屑石英砂岩，其中夹砖红色砂质灰岩细砾岩	13.7 m
8. 紫红色厚层状砂质灰岩细砾岩，夹少量含砾细粒岩屑石英砂岩	9.5 m
7. 砖红、灰白及灰黄色厚层状细粒岩屑石英砂岩，常含少量姜状钙质结核	11.2 m
6. 砖红色中厚层状细粒长石岩屑砂岩与细粒长石岩屑砂岩互层，含灰岩细砾	3.2 m
5. 砖红色中—厚层状长石岩屑砂岩，夹细粒长石石英砂岩	14.6 m
4. 砖红色中—厚层状砂质灰岩与含砾长石岩屑石英砂岩互层，底为砂质细砾岩	3.1 m
3. 砖红—浅紫红色厚—巨厚层似砾状长石岩屑石英砂岩	3.5 m
2. 灰—紫红色巨厚层状砂质灰岩巨砾岩	34.5 m

～～～～～～ 不 整 合 ～～～～～～

下伏地层：嘉陵江组 紫灰色薄中厚层状灰岩

【地质特征及区域变化】 本组分布局限于黔江附近约 39 km² 的范围内。本组下段以砾岩为主，厚 35～50 m，上段为砂、砾岩交互层，构成下粗上细的韵律层。本组化石罕见，黔江县正阳乡发现恐龙化石 Hadrosauridae，Titanosauridae 等。

丽江组 *Elj* (06－51－4235)

【创名及原始定义】 由德人米士(P Misch)1935 年命名于云南省丽江县城附近。原义指丽江附近的一套紫红色角砾岩、砂岩与泥岩的地层，称"丽江角砾灰岩"，系指砾岩中以灰岩成分为主，不整合超覆于老地层之上。

【沿革】 该组名 70 年代引入四川，其含义指分布于盐源地区超覆于海相三叠系之上的砂、砾岩系。在此之前，四川一区测队(1970)曾命名为红崖子组，以盐源县博大乡红崖子命名，该组含义与丽江组相同。经省区间协调，建议采用丽江组，红崖子组一名属同物异名。

【现在定义】 下部以紫灰等色厚层至块状砾岩、砂砾岩为主夹砂岩凸镜体，砾石成分以灰岩为主，中部为灰紫色块状砾岩与细、粉砂岩不等厚互层，上部以灰紫色块状砾岩为主，砾石成分为灰岩及砂岩，厚966 m，不整合覆于海相三叠系粉砂岩、页岩之上的地层。

【层型】 正层型在云南省。省内只有次层型(参考剖面)。

【地质特征及区域变化】 本组分布于盐源盆地西部博大乡、百灵乡、黄草乡及大河乡境内，属互不连通的山间盆地磨拉石建造，岩性为紫、灰紫色砾岩、砂岩夹粉砂岩，岩性变化较大，盐源县城以南几乎全为砾岩，砾石多由砂岩组成，厚度在500～950 m左右，高角度不整合于三叠系不同层位之上。四川境内目前尚未发现可靠化石。

昔格达组 NQ*x* (06-51-4302)

【创名及原始定义】 袁复礼1958年命名于会理县红格乡昔格达村，原称"昔格达层"。原义指属山间盆地沉积的一套含褐煤的砂、泥(粘土)沉积物，时含砾岩，角度不整合于兰拓层之上，厚度可达数百米，含植物化石。

【沿革】 早在1937年，常隆庆于会理县西南金沙江东岸的混旦即已发现相当的地层，称"混旦层"(Huntan Formation)，在50年代前，均按常氏名称称谓，袁氏命名昔格达组后，逐步为后人所采用。目前，对昔格达组的含义及划分较为一致，但在使用范围上还存在不同意见。

【现在定义】 浅灰黄色细砂岩、粉砂岩及粘土岩不等厚韵律互层，含钙质结核或条带，底部常有不稳定的砾岩，含植物及孢粉化石，厚150～1 000 m，不整合覆于前震旦系至侏罗系不同层位之上，并为第四系松散沉积物局部不整合覆盖。

【层型】 正层型为攀枝花市昔格达村剖面，位于攀枝花市东金沙江畔昔格达村附近(101°56′19″,26°33′12″)，陈富斌等1982年重测。

昔格达组	总厚度>84.8 m
14. 浅黄色含钙结核细砂岩(未见顶)	>9.0 m
13. 浅灰黄色钙质粘土岩夹细砂岩	1.8 m
12. 黄色细砂岩夹浅灰黄色粘土岩	13.6 m
11. 浅灰黄色钙质粘土岩	0.7 m
10. 黄色细砂岩夹浅灰黄色粘土质粉砂岩	4.0 m
9. 浅灰黄色粘土质粉砂岩、粘土岩与黄色细砂岩互层	3.4 m
8. 黄色细砂岩夹浅灰黄色粘土岩、粘土质粉砂岩	6.0 m
7. 浅灰黄色粘土质粉砂岩	1.8 m
6. 浅黄色粘土岩与黄色细一粉砂岩互层	15.0 m
5. 黄色细砂岩与杂色条带状粘土岩互层	13.8 m
4. 肉红色粘土岩	2.2 m
3. 黄色细砂岩与浅灰黄色、肉红色钙质粘土岩、粉砂岩互层	6.3 m
2. 浅灰色细砂岩夹灰色粉砂质粘土	3.2 m
1. 灰色粘土岩，含孢粉(未见底)	>4.0 m

【地质特征及区域变化】 本组北起泸定，南至攀枝花均有零星分布，多为互不相接的山间盆地。岩性为半成岩的黄、灰色碎屑岩，由下粗上细的韵律组成，下部常以厚度不等的砾岩为主，砾石成分变化极大，多与其下伏地层岩性接近。本组可分三部分，下部砾岩一般厚10～18 m；中部为灰色粘土岩及黄色细砂岩互层，常夹紫色粘土岩，即所谓"灰色层"，厚49～75 m；上部以巨厚黄色细砂岩为主，夹杂色条带状粘土岩，即所谓"黄色层"。此三部分在区域上均可划分。本组厚度变化较大，西昌一带可达1 000 m以上，向南、北明显减薄，厚150～200 m左右，与下伏地层间不整合面清晰而易于识别。本组含有较丰富的化石，常见有植物*Castanopsis*，*Quercus*等，孢粉*Abies*，*Pinus*，*Quercus*等，及介形类*Dolerocypris*伴生。

本组磁性地层大部分以正极性为主，上部以负极性为主，分别与高斯正向期与松山反向期(早期)相对应。在正向段与负向段中各出现二三次极性倒转间断，分别可对应高斯期的马莫斯事件、凯纳事件和松山期的留尼旺事件、奥尔都维事件。

盐源组 NQ*y* (06－51－4303)

【创名及原始定义】 常隆庆1937年命名于盐源县城附近，原称"盐源层"。原义指盐源附近梅雨、合哨一带的一套不整合于海相三叠系之上的含煤碎屑岩系，厚度不详。

【沿革】 盐源附近含有褐煤的煤系地层，在70年代以前均称之为"昔格达组"(四川一区测队，1965)，由于该区地层特征及含煤性均与攀西地区的昔格达组有明显区别，四川地层表编写组(1975)将其更名为盐源组，更名后沿用至今。

【现在定义】 以灰、灰紫、灰绿色砂砾岩、砂质粘土岩不等厚韵律互层，夹褐煤层或煤线，含植物孢粉化石，厚十余米至600 m，不整合于三叠系石灰岩或丽江组棕色粘土岩之上，未见顶或为第四系松散堆积物覆盖的地层。

【层型】 选层型为盐源县城东钻孔剖面，位于盐源县城东(101°30′18″，27°25′57″)。

盐源组	总厚度>446.2 m
9. 深灰、灰紫色砂岩、砾岩，夹粘土岩及煤层(线)，含单缝孢、菌孢子等(未见顶)	>64.7 m
8. 灰紫色砂质粘土岩与砂岩、砾岩不等厚互层，含栎属、松属、孢粉	39.4 m
7. 灰紫色砂质粘土岩与砾岩不等厚互层，含孢粉、栎属、对隙藻、栗属	89.1m
6. 紫色砂质粘土岩夹砂质砾岩	36.1 m
5. 紫、灰紫色砂岩、砾岩夹少量砂质粘土岩，砾石成分为灰岩、砂岩、玄武岩	37.5 m
4. 灰绿色砂岩、砾岩夹砂质粘土岩，砾石成分为玄武岩、灰岩、砂岩。含孢粉	33.9 m
3. 浅灰、灰紫色粘土质粉砂岩夹褐色含砂砾岩	26.0 m
2. 灰紫色砂质粘土岩夹砂岩、砾岩，上部为浅灰色的含砾粘土岩	49.4 m
1. 灰绿色砂砾岩夹灰紫色砂质粘土岩，底部底砾岩砾石成分为玄武岩、砂岩、泥岩	70.1 m

～～～～～～ 不 整 合 ～～～～～～

下伏地层：下三叠统 杂色砂泥岩夹灰岩

【地质特征及区域变化】 本组分布于盐源盆地内，以灰、紫、黄褐色含褐煤的砂岩及粘土岩组成，厚5～500 m，梅雨、合哨一带最厚可达640 m，含煤多达79层。盐源以南近盆地边缘，砂砾岩增多，煤层减少，厚度也趋变薄。本组不整合于老地层之上，底部常有厚大砂岩及砾岩层。本组于合哨、梅雨一带见植物*Populus*，*Alnus*等，干海乡发现哺乳类化石*Gomphoterium*。

凉水井组 N*l* （06－51－4301）

【创名及原始定义】 四川地质矿产局1991年命名于峨眉县城郊凉水井。原义指不整合于名山组之上，厚达100 m的半胶结砂砾岩及粘土岩地层，分布零星。

【沿革】 凉水井组在70年代即已发现，四川二区测队已测制剖面，但未命名，时代划归上第三系。《四川省区域地质志》(1991)命名为凉水井组。同时，将成都、彭山、荥经一线零星分布，岩性与凉水井组相似的地层命名为青龙场组，系由荥经青龙场剖面而得名。由于两组岩石组合特征相似，均为不连续的山间盆地沉积物，现采用凉水井组，青龙场组为同物异名。

【现在定义】 以灰、灰黄夹紫灰色细一巨砾砾岩与粘土岩组成不等厚交互层，层间夹半胶结含砾砂岩，含较丰富的孢粉化石，厚100～130 m，与下伏三叠系至下第三系不同层位呈不整合接触，其上为第四系松散堆积物覆盖或未见顶。

【层型】 正层型为峨眉县凉水井剖面，位于峨眉山市城郊凉水井一带(103°28′29″，39°36′6″)，四川二区测队1971年测制。

上覆地层：中更新统 砾石层

～～～～～～～～ 不 整 合 ～～～～～～～～

凉水井组	总厚度104.0 m
16. 灰、蓝灰色粉砂质粘土岩	3.0 m
15. 细、巨砾岩，砾石成分以石英为主，次为砂岩、灰岩等。定向排列，分选差	5.5 m
14. 蓝灰色粘土岩，含孢粉化石，以被子植物花粉和蕨类植物孢粉为主，裸子植物花粉少量。有 *Lycopodium* sp.，*Selaginella* sp.，*Pteris* sp.，*Gleichenia* sp. 等	1.5 m
13. 中粗砾岩，结构紧密，半胶结，填隙物为砾岩，分选差	8.0 m
12. 细一巨砾砾岩	17.0 m
11. 浅灰色粘土岩，含细砾	2.0 m
10. 细、巨砾岩	5.5 m
9. 紫灰色砂质粘土岩，上部夹黄、黄灰色粗砂岩	10.0 m
8. 中粗砾岩	8.0 m
7. 细、巨砾岩，填隙物为砂泥质	10.0 m
6. 紫灰色粘土岩	3.0 m
5. 中砾岩，上部为透镜状含砾粗砂岩层	7.0 m
4. 灰黄色粉砂质粘土岩，含细砾	2.5 m
3. 中砾岩，顶部为含细砾粗砂层	9.0 m
2. 细、巨砾岩	12.0 m

～～～～～～～～ 不 整 合 ～～～～～～～～

下伏地层：名山组 棕红色泥质粉砂岩与砂质泥岩互层

【地质特征及区域变化】 本组在峨眉一带以半成岩的砾岩及粘土岩为主，粘土岩含量较高。向南、向东各盆地沉积物中砾岩所占比例甚高，尤以底部最明显。在荥经等地多为砾岩或含砾砂岩。厚度大于100 m，钻井中证实厚度可达135 m以上。下伏层各地均不相同，峨眉覆于名山组之上，荥经覆于须家河组之上，成都一带覆于夹关组之上，其间均为不整合，宏观标志清楚。本组含有少量植物碎片及较丰富的孢粉化石，其中裸子植物花粉占绝对优势。

第二节　生物地层及年代地层讨论

一、晚三叠世(含早侏罗世早期)

(一)生物地层

四川扬子地层区晚三叠世—早侏罗世早期含煤岩系中含多门类生物群，生物地层研究工作程度较高。以植物和双壳类较为重要。

1. 植物

徐仁等(1979)通过对西南地区中生代含煤岩系中植物化石的系统研究，分了三个组合带，由下而上为：

①第一组合带，称为早期苏铁植物带：以大荞地组植物群为代表，此带以苏铁植物为主，其次是莲座蕨科和双扇蕨科，该群与我国其他各地同期植物群面貌迥然不同，属种数量巨大，属典型“热带湿生”植物群(名单略)。

②第二组合带，称为新种子蕨植物带(或称叉羽羊齿植物带)：此带以中生代的种子蕨为主，代表性的分子有 *Lepidopteris*、*Ptilozmites*、*Thinnfeldia*，*Pachypteris*，*Ctenis* 等，莲座蕨科及双扇蕨科仍很繁盛，松柏类及银杏类有所增加。这一植物群在须家河组、白果湾组及宝顶组中十分发育，与斯行健(1956)的 *Dictyophyllum* - *Clathropteris* 植物区系相当。

③第三组合带，称中期苏铁植物和早期银杏植物带：此带苏铁及种子蕨类植物还占有一定比例，银杏及松柏类形成主要成分。特别是锥叶蕨(*Coniopteris*)的出现，在区域上有较重要的地位。这一植物群在香溪组及白田坝组较为发育，属斯行健(1956)的 *Coniopteris* - *Phoenicopsis* 植物区系之一部分。

2. 孢粉

可大体划分为两个组合带：

①*Dictyophyllidites* - *Chasmatosporites* 组合带：以蕨类植物孢子占有优势，裸子植物花粉相对较少，前者双扇蕨科的 *Dictyophyllidites* 及 *Concavisporites* 为主，桫椤科的 *Cyathidites* 次之，后者以 *Chasmatosporites* 最多，其次为苏铁目、银杏目的单沟花粉，*Quadraeculina* 及 *Classopollis* 数量均较少。这一组合带出现在须家河组及香溪组下部。

②*Classopollis* 组合带：以裸子植物花粉占绝对优势，蕨类孢子极少，*Classopollis* 最为多见。这一组合出现在香溪组上部、白田坝组中。

3. 双壳类

可划分为两个组合带：

①*Burmesia lirata* - *Myophoria*(*Costatria*) *napengensis* 组合带：主要分布于须家河组下部，据统计出现共计 40 属 93 种，其中大部分为海相双壳类，少量为半咸水类型。

②*Yunnanophorus boulei* - *Trigonodus keuperinus* 组合带：主要分布于须家河组、白果湾组中，据统计该组合带共 16 属 47 种，全部为淡水及半咸水类型。

除上述二组合带外，须家河组及白田坝组中出现少量以 *Pseudocardinia* 为代表的淡水型双壳类，应属上部 *Pseudocardinia kweichouesis* - *Cuneopsis sichuanensis* 组合带的前驱分子。

4. 叶肢介

Euestheria minuta - *Anyuanestheria sichuanensis* 组合带：主要分布于须家河组中，据统计

共有 8 属 32 种，其中以 *Euestheria*，*Anyuanestheria* 及 *Polygrapta* 三属数量占优。

除上述门类外，尚有腕足类、腹足类、介形类、昆虫、鱼类等零星分布。

(二)年代地层讨论

经本次清理，四川中生代早期含煤碎屑岩系为一穿时的层系。根据各岩石地层单位所含化石及建立的生物地层单位，结合《国际地层时代对比表》(王鸿祯等，1990)分析，在植物化石划分的三个组合带中，第一植物带与阿尔卑斯及北美考依波早、中期地层的组合面貌相似(徐仁等，1979)，含有这一植物带的大荞地组无疑属晚三叠世早、中期的沉积物。第二植物带及与其共生的孢粉、双壳类及叶肢介等门类生物组合，在中国南方晚三叠世地层中具有普遍的意义，其中植物总貌与东格陵兰、瑞典等地 Rhaetian 期植物群面貌一致(徐仁等，1979)，海相双壳类的组成分子与东南亚一带 Norian 期地层可以比较，与这一生物组合相对应的白果湾组、须家河组、二桥组的时限均应归属 Norian—Rhaetian 期较妥。第三植物带的出现，特别是 *Coniopteris* 等及大量银杏、松柏类的出现代表了时代的更新，与中国南方侏罗纪早期植物组合面貌一致，加之双壳类组合面貌的改变也与早、中侏罗世生物更替相似，与其对应的香溪组(上部)及白田坝组时限应属早侏罗世早期较为适宜。由于须家河组与白田坝组之间有明显的不连续界面(平行不整合或不整合)，年代单位的界线与岩石地层单位的界线基本吻合，而香溪组含有第二及第三植物带的组合分子，双壳类组合也与植物带时限相当，为一跨系的岩石地层单位。

二、侏罗纪

(一)生物地层

四川扬子地层区侏罗纪地层含有以淡水双壳类、介形类、叶肢介、植物、孢粉等多门类化石，在四川盆地中还广泛发现有脊椎动物化石，其中以爬行类在国内外有较高的知名度，研究程度较高。现对该断代生物地层单位的划分和建立提出如下建议(表 5-1)：

1. 双壳类

双壳类为该时期最发育、分布最广的一大门类，研究程度较高，由下而上可建立 3 个组合带：

①*Pseudocardinia kweichouensis* - *Cuneopsis sichuanensis* 组合带：主要分布于自流井组、益门组、新田沟组及千佛岩组中，组成分子以 *Pseudocardinia* 一属占有较大优势，常见分子有十余种，其中以 *P. elliptica*，*P. angulata* 较为重要，由下而上(自流井组—新田沟组)有衰减趋势，以自流井组最为繁盛，并可构成顶峰带。其他常见分子有 *Cuneopsis sichuanensis*，*Psilunio chaoi*，*Unio huangbogouensis* 等。

②*Lamprotula*(*Eolamprotula*)*cremeri* - *Psilunio jiangyouensis* 组合带：主要分布于新田沟组至沙溪庙组及新村组中，以沙溪庙组下段达到顶峰期，主要组成分子有 *L.*(*E.*) *cremeri*，*L.*(*E.*) *jiangyouensis*，*P. jiangyouensis* 等，及 *Unionelloides glinitriangularis*。该带晚期(沙溪庙组上部)有少量新生分子，如 *L.*(*E.*)*guangyuanensis*，*Undulatula sichanensis* 等。

③*Danlengiconcha elongata* - *Sischuanoconcha amica* 组合带：主要分布于遂宁组、蓬莱镇组、牛滚凼组及官沟组中，以蓬莱镇组中最为繁盛，达顶峰期。对这一组合的分子目前在古生物分类学上尚存在争议，部分属种可能为同物异名。常见属种有 *D. elongata*，*D. danlengensis*，*D. acuta*，*D. altilis*，*D. sichuanensis*，*S. amica*，*S. gaosiensis* 等。在荣县蓬莱镇组中尚见有 *Nipponaia*，*Nakamuranaia* 等属若干种。

表 5-1 四川扬子地层区侏罗纪年代、岩石及生物地层单位划分相关关系简表

<table>
<tr><th rowspan="2">年代地层单位</th><th rowspan="2" colspan="2">岩石地层单位</th><th colspan="4">生物地层单位</th></tr>
<tr><th>双壳类</th><th>叶肢介</th><th>介形类</th><th>脊椎动物（爬行类）</th></tr>
<tr><td rowspan="2">J₃</td><td>蓬莱镇组</td><td>官沟组</td><td rowspan="2">Danlengiconcha elongata - Sichuanoconcha amica A. Z.</td><td rowspan="2">Eosestheriopsis dianzhongensis A. Z.</td><td rowspan="2">Darwinula - Djungarica - Eolimnocythere A. Z.</td><td rowspan="2"></td></tr>
<tr><td>遂宁组</td><td>牛滚凼组</td></tr>
<tr><td rowspan="3">J₂</td><td>沙溪庙组</td><td>新村组</td><td>Lamprotula(Eol.) cremeri - Psilunio jiangyouensis A. Z.</td><td rowspan="2">Euestheria ziliujingensis A. Z.</td><td>Darwinula sarytirmenensis - Metacypris A. Z.</td><td>马门溪龙动物群</td></tr>
<tr><td>新田沟组</td><td rowspan="3">益门组</td><td rowspan="3">Pseudocardinia kweichouensis - Cuneopsis sichuanensis A. Z. (?)</td><td>Ovaticythere reticulata - Metacypris A. Z.</td><td>蜀龙动物群</td></tr>
<tr><td rowspan="2">自流井组</td><td rowspan="2">Palaeolimnadia baitanbaensis A. Z.</td><td rowspan="2">Metacypris unibulla - Darwinula A. Z.</td><td>禄丰蜥龙动物群</td></tr>
<tr><td>J₁</td><td>(?)</td></tr>
</table>

2. 叶肢介

由下而上可建立 3 个组合带：

①*Palaeolimnadia baitanbaensis* 组合带：以 *Palaeolimnadia* 一属占优势，主要分布于白田坝组、自流井组及益门组中，常见者有 *P. baitanbaensis*，*P. longmenshansis*，*P. hubeiensis*，*P. chuanbeiensis* 等，另有 *Bulbilimnadia*，*Euestheria* 两属的个别种在该带中也有少量分布。

②*Euestheria ziliujingensis* 组合带：分布于新田沟组及沙溪庙组下段，以后者顶部的“叶肢介页岩”产出集中，该带以 *Euestheria* 一属占绝对优势，主要的种有 *E. ziliujingensis*，*E. elengans*，*E. yanjiawanensis*，*E. rotunda*，*E. rongxiensis* 等。

③*Eosestheriopsis dianzhongensis* 组合带：主要于遂宁组、牛滚凼组、蓬莱镇组及官沟组中，该带较有代表性的有 *Suiningestheria minor*，*S. rongxianensis*，*Eosestheriopsis dianzhongensis* 等，并有少量 *Migranaia chuanzhongensis*，*Cangshanestheria rotunda* 等。

3. 介形类

由下而上可建立 4 个组合带：

①*Metacypris unibulla* - *Darwinula* 组合带：分布于自流井组及益门组中，主要分子有 *M. unibulla*，*M. triangula*，*M. mackerrowi*，*D. longovata* 等，以大安寨段产出数量较多。

②*Ovaticythere reticulata* - *Metacypris* 组合带：分布于新田沟组及千佛岩组中，主要分子有 *O. reticulata*，*O. subelliptica*，*M. mackerrowi*，*M. catenularia* 等。

③*Darwinula sarytirmenensis* - *Metacypris* 组合带：分布于沙溪庙组及新村组中，主要分子有 *D. incurva*，*D. fustiformis*，*D. leguminella*，*D. changxinensis* 等。

④*Darwinula* - *Djungarica* - *Eolimnocythere* 组合带：分布于遂宁组、蓬莱镇组、牛滚凼组及官沟组中，数量较多，代表分子有 *Darwinula suboblonga*，*D. leguminella*，*Djungarica yunnanensis*，*Eolimnocythere rongxianensis*，*Damonella ovata*，*Cliocypris scolis*，*Metacypris parva* 等。

4. 脊椎动物

据董枝明等(1979)按爬行类演化关系，划分了三个恐龙动物群：

①禄丰蜥龙动物群(Prosauropoda——*Lufengosaurus*)：分布于川南自流井组，以马鞍山段产出较集中，主要有 *Lufengosaurus* sp.，*Sanposaurus yaoi*，*Sinopliosaurus weiyuanensis* 及板龙科，妖龙科和虚骨龙、蛇颈龙等残骸，并有鳄类 *Peipehsuchus teleorhinus* 伴生。

②蜀龙动物群(Sauropoda —— *Shunosaurus*)：分布于沙溪庙组下段的中上部，主要有 *Shunosaurus lii*，*Omeisaurus tianfuensis*，*Xiaosaurus dashanpuensis*；龟鳖类 *Chengyuchelys zigongensis* 等。

③马门溪龙动物群(Sauropoda —— *Mamenchisaurus*)：分布于沙溪庙组上段的下部，主要有 *Mamenchisaurus hochuanensis*，*M. constractus*，*Omeisaurus junghsiensis*，*Yungchuanosaurus shangyouensis*，*Szechuanosaurus yanduensis*，*S. campi*；蛇颈龙类 *Sinopliosaurus weiyuanensis*；鱼类 *Ceratodus youngi*，*C. szechuanensis*；鳄类 *Hsisosuchus chungkingensis*，*Peipensuchus teleorhinus*；龟鳖类 *Plesiochelys radiplicatus*，*P. chungkiangensis* 等。

(二)年代地层划分及讨论

本区侏罗系由于所含化石门类众多，研究程度较高，对年代地层的划分历来存在较大的争议，其缘由取决于各门类化石的时代归属及演化规律认识各异，现将各门类时代的倾向性意见归纳于表 5-2。

表 5-2 扬子地层区侏罗系各门类化石时代对照简表

<table>
<tr><th colspan="2" rowspan="3">岩石地层单位</th><th colspan="7">各门类时代意见</th><th rowspan="3">建议年代地层划分方案</th></tr>
<tr><th colspan="2">双壳类</th><th rowspan="2">叶肢介</th><th rowspan="2">介形类</th><th rowspan="2">植物</th><th rowspan="2">孢粉</th><th rowspan="2">脊椎动物</th></tr>
<tr><th>①</th><th>②</th></tr>
<tr><td>蓬莱镇组</td><td>官沟组</td><td rowspan="2">J_3</td><td>K_1</td><td rowspan="2">J_3</td><td rowspan="2">J_3</td><td>$J_3—K_1$</td><td>$J_3—K_1$</td><td rowspan="3">J_3</td><td rowspan="2">J_3</td></tr>
<tr><td>遂宁组</td><td>牛滚凼组</td><td>J_3</td><td rowspan="2">?</td><td rowspan="2">?</td></tr>
<tr><td>沙溪庙组</td><td>新村组</td><td>J_2</td><td rowspan="3">J_2</td><td rowspan="2">J_2</td><td rowspan="2">J_2</td><td rowspan="2">J_2</td></tr>
<tr><td>新田沟组 千佛岩组</td><td rowspan="3">益门组</td><td rowspan="2">J_{1-2}</td><td rowspan="3">J_{1-2}</td><td rowspan="2">J_2</td><td rowspan="2">J_2</td></tr>
<tr><td rowspan="2">自流井组</td><td rowspan="2">J_1</td><td rowspan="2">J_1</td><td rowspan="2">J_1</td></tr>
<tr><td>J_1</td><td>J_1</td><td>J_1</td><td>$T_3—J_1$</td></tr>
</table>

侏罗系下限目前仅能依赖植物、孢粉加以确定。除白田坝组与须家河组或香溪组等含煤岩系外，据白云洪(1978)报道，自流井组底部(綦江段)孢粉组合具有以裸子植物花粉占有优势的特征，时代具早侏罗世早期色彩，与下伏须家河组无论在植物、孢粉组合上均有质的区别。

侏罗系下、中统的界线目前争议较大，主要是对双壳类 *Pseudocardinia kweichouensis*-*Cuneopsis sichuanensis* 组合带中的主要分子，在分类学上的认识有较大分歧，有人认为 *Pseu-*

docardinia 为前苏联中亚地区中侏罗世 *Bathonia* 代表属，时代属性明确(顾知微，1962；马其鸿，1982)，也有人认为该属的内部构造与四川的已知属并不相同，另创名 *Apseudocardinia*，时代较前者更老，属早侏罗世(刘协章，1974)。叶肢介、介形类等门类倾向于将界线置于自流井组与新田沟组(或千佛岩组)之间。结合各门类总体特征，下、中统的界线通过自流井组中部的可能性较大。本书处理为自流井组与千佛岩组(新田沟组)之间。

侏罗系中、上统的界线置于沙溪庙组与遂宁组之间已成为倾向性意见，双壳类、叶肢介、介形类等门类的时代属性没有大的分歧。惟脊椎动物组合特征，特别是大型蜥脚类与北美及东非同类组合特征相似，其时代均置于晚侏罗世，而鱼类具强烈的中侏罗世色彩，故中上侏罗统界线建议仍维持在沙溪庙组顶部较为适宜。

侏罗系顶界传统意见置于剑门关组、天马山组与蓬莱镇组(或莲花口组)之间，依据是介形类组合类型产生的变化。发育于蓬莱镇组中的 *Darwinula*，*Damonella*，*Metacypris*，*Djungarica* 等分子渐趋消失，少量上延，而新生具白垩纪色彩的分子如 *Deyangia*，*Jingguella*，*Pinnocypridea* 等逐步繁盛，指示了时代的更替。另外，双壳类以 *Nakamuranaia*，*Trigonioides* 等为代表的 *T-N-P* 组合在蓬莱镇组中已有少量出现，在上覆苍溪组及白龙组中达到繁盛阶段，演化特征与介形类基本同步，界线吻合，故建议继续沿用。

三、白垩纪—早第三纪

(一)生物地层

以介形类为主，分布广泛而研究程度较高。其次为双壳类化石，分布较零星，资料不多，此外还有一定数量的叶肢介、轮藻、孢粉等化石。限于研究程度，该时期生物地层单位的建立，主要依赖介形类及双壳类两个门类。

1. 介形类

根据叶春晖、李玉文的研究成果，由下至上建立6个单位。

①*Deyangia* (*Deyangia*)- *Jingguella* (*Jingguella*)组合带：该带以 *Jingguella* 一属占有绝对优势，出现三个亚属，即 *J.* (*Jingguella*)，*J.* (*Minheela*)，*J.* (*Jiangenia*)。*Deyangia* 也是该组合中重要分子，主要出现 *D.* (*Deyangia*)及 *D.* (*Deyangella*)两个亚属。另一属 *Pinnocypridea* 在该带晚期大量出现。此外，还有 *Darwinula*，*Lycoptercypris*，*Damonella*，*Clinocypris* 等与侏罗纪的上延分子关系密切。该组合带分布于苍溪组中。

②*Jingguella* (*Jingguella*)- *J.* (*Minheella*)- *Pinnocypridea* 组合带：特征是 *Pinnocypridea* 大量出现。*Jingguella* 达到繁盛阶段，数量多且分布广，仍以 *J.* (*Jingguella*)，*J.* (*Minheella*)，*J.* (*Jiangenia*)三个亚属为主，与下一组合带有较强的继承关系。此外 *Cypridea* (*Cypridea*)及 *Deyangia* (*Deyangella*) 也为该带重要分子。晚期有 *Cypridea* (*Ulwellia*)，*Simicypeis* 等属出现，并有 *Damonella*，*Darwinula* 等多种伴生。该组合带分布于白龙组及七曲寺组，少量分子也在天马山组发现。

③*Cypridea*(*Cypridea*)- *C.* (*Bisulcocypris*)- *Latonia* 组合带：此带以 *Cypridea* (*Cypridea*)大量出现为特征。*C.* (*Bisulcocypris*)及 *Latonia*(*Monosulcocypris*) 也有少量代表性分子。伴生分子有 *Darwinula*，*Mongolianella* 等。分布于夹关组下部及窝头山组下部。

④*Cristocypridea* - *Qudracypris* - *Limnocythere paomagangensis* - *Cypridea* (*Pseudocypridina*)组合带：该带包括 *Cypridea*(*Cypridea*)，*C.* (*Morinina*)，*C.* (*Typhlocypris*) 等多种及 *Lunicypris*，*Dawinula*，*Damonella* 等，其中有白垩纪特有分子，有由下带上延的分子，也

有新生的分子，数量虽不大，但显示了“承下启上”的特点。该组合带主要分布于灌口组中，三合组及夹关组上部也有性质相同的化石群，唯后者新生代分子罕见。

⑤*Sinocyris funingensis - Limnocythere hubeiensis - Cypris decaryi - Ilyocypris Dunshnensis* 组合带：该带除上述各代表分子外，还含有 *Eucypis*，*Cyprinotus*，*Candona*(*Candona*)，*Cyprois* 等属多种及少量 *Paraeucypris*，*Lineocypris* 等，该带的特点是下带的 *Cristocypridea*，*Cypridea* 等属种已逐渐消失，*Ilyocypris*，*Cypris*，*Sinocypris*，*Limnocythere*，*Cyprinotus* 等较前繁盛并出现大量新生代特有分子。该组合带主要分布于名山组中，柳嘉组也有相同属种发现。

⑥*Pinnocypris postacuta - Limnocythere jiangsuensis - Cyprinotus formalis* 组合带：该带以新生分子大量出现为特征，如 *Limnocythere* 属，除 *L. hubeiensis* 为下带上延分子外，出现了新种 *L. jinjiachangensis*，*L. longa* 等近10种，*Cyprinotus*，*Ilyocypris* 也有不少新种出现，特别是新成分 *Pinnocypris* 的出现反映了较新的面貌，同时也有少量下带上延的分子，如 *Candona* (*Candoneilla*)，*Cypris* 等属伴生，表现出与下带间的继承关系。该组合带主要分布于芦山组中。

2. 双壳类

据马其鸿、刘协章(1982)资料，建立 *Pseudohyrioides cangxiensis - Trigonioides* (*Wakino*) *yunnanensis* 组合带。组成分子除上述二种外，还有 *P. trigonius*，*P. sichuanensis*，*Nakamuranaia chingshanensis*，*Nippononaia* 及 *Sphaerium*，*Plicatounio* 等。与国内外早白垩世的 *T-N-P* 组合面貌相似，该组合带主要发现于苍溪组、白龙组中及窝头山组下部。

(二)年代地层讨论

四川扬子地层区白垩系及下第三系层序连续性较好，生物化石丰富，为年代地层单位的划分提供了较可靠的资料，尤其是产丰富的介形类和时代划分意义较大的双壳类。

白垩系的下限目前尚有争议，归纳起来有三种意见：

(1)按介形类 *Deyangia - Jingguella* 组合带分子的出现划分，该带中的 *Jingguella* 在我国西部作为早白垩世的代表分子，据统计在四川盆地内该属共出现了3个亚属27个种及亚种，与其下伏侏罗纪以 *Darwinula*，*Eolimnocythere*，*Metacypris*，*Djungarica* 等为代表的组合有质的区别，白垩纪的下限应置于 *Deyangia - Jingguella* 组合带的下限。

(2)以介形类 *Cypridea* 等的大量出现作为白垩纪的开始，该属也演化为 *C.* (*Pseudocypridina*)，*C.* (*Ulwellia*)等亚属，显示了与其以下生物群间有一明显的“生物突变面”(李玉文，1982)，在苍溪一带白垩系下限由七曲寺组中部通过。

(3)根据双壳类 *Trigonioides*，*Nippononaia* 等为代表的 *T-N-P* 组合，在四川盆地内出现于蓬莱镇组中，并与 *Danlengiconcha*，*Sichunoconcha* 等共生，而该组合在世界范围内仅限于白垩纪(刘协章，1982)，故白垩系的下限应下移至该组合带下限，即蓬莱镇组中上部。

以上三种划分意见分歧较大，本次建议白垩系下限暂按第一种意见处置。在四川盆地，该界线与苍溪组或剑门关组的底界相吻合。

白垩系上、下统的界线主要依据介形类划分，建议以 *Cristocypridea - Quadracypris - Limnocythere paomagangensis - Cypridea* (*Pseudocyridina*)组合带的下限划分，理由是这一组合带的总貌与下部生物带有着明显的差异，其中大量出现我国华南晚白垩世的代表分子，而该带以下的 *Cypridea* 的组合面貌仍具早白垩世色彩。这一界线位于夹关组、窝头山组及小坝组中。

白垩系与下第三系的界线各家认识较为一致，可置于 *Sinocypris funingensis - Limno-*

cythere hubeiesis - *Cypris decaryi* - *Ilyocypris dunshanensis* 组合带的下限，该界线上下生物面貌差异较大，该带新生代特有的分子开始繁盛，与华南始新世组合面貌类似，该组合带之下可能存在一“哑带”（或“间带”）(李玉文，1982)。

四、晚第三纪

四川扬子地层区的上第三系生物地层研究程度不高，以植物孢粉发现较多，经与国内外比较，组合特征具有晚第三纪中新世晚期至早更新世的面貌。据磁性地层研究(陈富斌等，1988)，昔格达组中、下部以正极性为主，属高斯正向期，上部以负极性为主，属松山负向期，与曼金、道尔林普晚新生代极性年表(1976)对比，该组时代为距今 3.29～1.78 Ma，这一年龄值大体相当于上新世范畴。按王鸿祯等(1990)将第四系下限定于 2.48 Ma，以昔格达组为代表的这套新生代含煤碎屑岩系应属上新世至早更新世较适宜。

第三节　地层格架及时空关系讨论

四川扬子地层区经历了印支运动后，结束了漫长的海侵，进入了内陆湖泊及河流交替发展时期。由于四川西部(包括盐源地区)大面积抬升，剥蚀作用加剧，而东部上扬子地台范围内，地壳沉降加快，幅度巨大，西部陆源补偿充足，沉积作用以较快的速度进行。

在晚三叠世晚期，随着大规模海退的结束，上扬子区普遍进入了陆相河流与沼泽相交替的成煤环境，各地的成煤条件及跨越的时限均不一致，以攀枝花一带最早，在山间盆地中沉积了巨厚的含煤碎屑岩系，即大荞地组，低纬度的热带雨林气候及发育的阔叶植物为主的植物组合，为成煤作用创造了良好的条件。随后，类似的沉积环境以“康滇地轴”为轴线，向两翼展开，依次形成了白土田组、白果湾组及须家河组。随着与“地轴”距离由近至远，时限由早向晚推移，沉积环境亦向亚热带温湿气候转化，植物演变为与北方延长植物群类似的须家河植物群。远离轴线的川东、川北一带成煤期开始及结束都最晚，以香溪组及白田坝组为代表，已由晚三叠世晚期跨越早侏罗世早期。川南一带辫状水系发育，沉积了以砂岩为主的二桥组，其开始沉积的时间略同于香溪组，而结束时限不超过三叠纪，这与两个组古地理特点的差异及物源区的不同有关。应指出的是，在龙门山前缘地带，由于形成强烈的坳陷，近源且补给充足，沉积了厚度巨大(达 3 000 m 以上)的须家河组。

在陆相成煤作用结束后，上扬子区在侏罗纪初期全面进入干旱炎热，以湖泊及河流交替出现的环境，巨厚的红色碎屑岩建造构成了四川盆地的基本格架，在攀西地区也有大片分布，沉积作用延续至早第三纪(渐新世)末期，这期间大体可分为两个阶段。

在侏罗纪时期盆地沉降均衡，物源供给充足，四川东部岩性及厚度都相对稳定，由下而上形成了自流井组、新田沟组(千佛岩组)、沙溪庙组、遂宁组、蓬莱镇组及攀西的益门组、新村组、牛滚凼组、官沟组两个性质基本相同，并可逐段对比的地层序列。以湖泊相为主的自流井组、新田沟组(益门组)及遂宁组(牛滚凼组)以细屑岩及泥质岩类为主夹有贝壳堆积而成的碳酸盐岩类，在区域上具有很高的稳定性；以河流相(高弯度河)为主的沙溪庙组(新村组)及蓬莱镇组(官沟组)以在区域上成不连续雁状排列的河道砂体与漫岸泥质沉积物相交替，形成互层。

自白垩纪始，盆地沉降的均衡性被破坏，物源向“多源化”转化，古地理环境也趋复杂。因逆冲推覆作用，快速上升的龙门山形成主要的物源补给区，经不同河流体系搬运，在山前坳陷形成的盆地中快速堆积。本次地层清理过程中，划分了四个大的地层序列，在时空上皆因物源区、沉积环境及沉积作用的不同保持着各自的特色。其一，为分布于川北梓潼向斜两翼的地层序列，北翼城墙岩群(剑门关组、汉阳铺组及剑阁组)及南翼的苍溪组、白龙组及七曲寺组，形成了由河流近源相粗屑岩石组合(砂砾岩)向远源细碎屑岩石组合(泥、砂岩类)构成较完整的成因体系。该序列横向稳定性差，跨越时限也最短，仅相当于早白垩世。其二，为四川盆地西部的地层序列，由蒙山群(天马山组、夹关组、灌口组、名山组、芦山组)组成，属河流相，但与上述川北地层序列不同源，且仅具远源细碎屑岩石组合特征，近源粗屑组合由于研究程度所限而未建立序列，但已命名的“大溪砾岩”(成都地质学院，1991)，“灌县砾岩”、“踏水桥层”、“赵公山砾岩”(赵家骧，1939)等均属大体同期形成，不同源的近源沉积物，厚度达数千米。由于延展条件的限制均不宜作为正式岩石地层单位使用。上述远源地层序列稳定性较高，跨越时限也最长，自早白垩世至渐新世连续沉积。其三，为川南地区的嘉定群，由下而上由窝头山组、三合组及柳嘉组组成为旱谷风成沙漠成因，由高成熟度的石英砂岩与泥岩间互组成，均为远源细屑沉积物，区域稳定性较高，时间跨度为晚白垩世晚期至古新世(或始新世)。其四，为攀西地层序列，由飞天山组、小坝组及雷打树组组成，这一序列近源粗屑组分(砂、砾)占有一定优势，层序连续性差，各单位间有间断，而且可超覆于其他老地层之上，横向亦不稳定，具有山间盆地沉积的特征。该序列时限跨度较长，自早白垩世到早第三纪早期。除上述四大序列之外，尚有小型山间盆地的沉积，黔江的正阳组，盐源的丽江组，前者属晚白垩世，后者属早第三纪，均具有堆积厚度大，粗屑组分占优势(如砂砾)且分布范围局限的特点(图 5-1)。

晚第三纪以后，四川大面积连续的沉积作用宣告结束，地壳运动趋于稳定，仅在断陷盆地中有沉积，其堆积厚度及性质取决于盆地的沉降幅度及物源的供应条件，当时温暖湿润的气候为成煤作用提供了必要的条件。攀西沿南北向有系列断陷盆地分布，形成了分布范围较广的昔格达组，在“康滇地轴”的两翼，有盐源组串珠状分布，为含煤碎屑岩堆积(以褐煤为主)，而堆积厚度差异甚大，数十米至千米不等，堆积时期也不尽相同。凉水井组形成于晚第三纪早期，而昔格达组及盐源组形成于晚第三纪晚期(上新世)，并跨越早更新世。

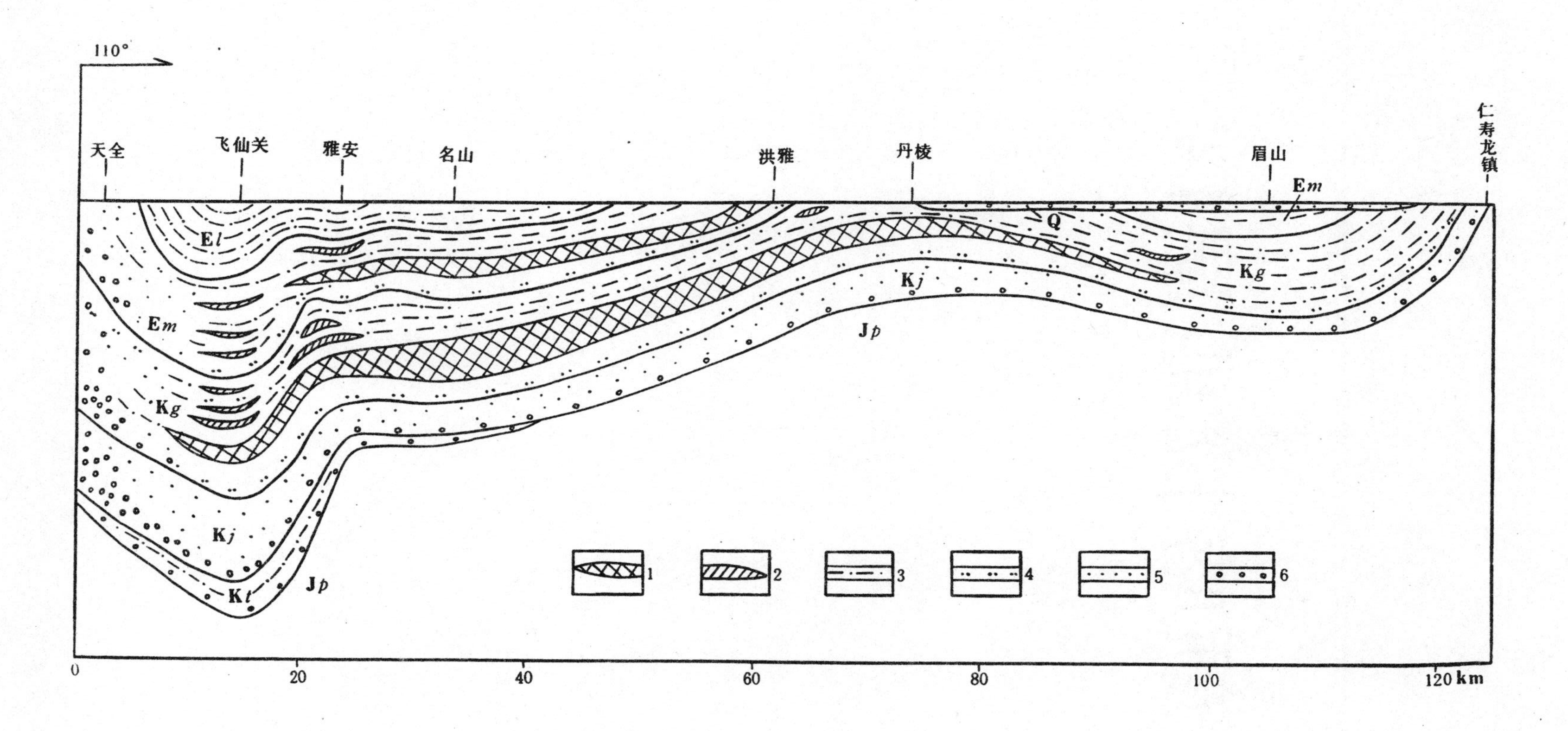

图 5-1 天全—仁寿间白垩系—下第三系时空关系略图

1. 含盐系(钙芒硝及石膏);2. 泥灰岩或灰岩、白云岩;3. 砂质泥岩、泥岩;4. 粉砂岩;5. 砂岩;6. 砾岩;Q. 第四系;El. 芦山组;Em. 名山组;Kg. 灌口组;Kj. 夹关组;Kt. 天马山组;Jp. 蓬莱镇组

下篇

巴颜喀拉地层区

第六章
前震旦纪

四川境内扬子地台基底，可划分为结晶基底和褶皱基底。四川西部尚未见结晶基底的踪迹，属褶皱基底的地层，目前仅见碧口群和下喀沙组。其岩石普遍经受区域变质，褶皱强烈、构造复杂，出露零星、连续性差、岩相变化较大、无生物化石。研究程度相比最差，难以进行地层分区。正式采用的岩石地层单位有碧口群：大沙坝组、桂花桥沟组(阳坝组)、阴平组(秧田坝组)，下喀沙组，共1群4组，其中新建组级岩石地层单位1个(下喀沙组)。

碧口群　AnZ*B*　(06-51-0001)

【创名及原始定义】　由关士聪、叶连俊1944年创名。指出露于甘肃省武都临江镇以南至四川省白水街一带，不整合于“鲁班桥石英岩”之下的一套浅变质地层，命名为碧口系。并认为在临江之南蒿店子附近，是由含冰碛层的地层组成背斜轴部，总体层序是北老南新，故确定其时代为震旦一志留系。

【沿革】　四川二区测队1977年在平武、青川将平行不整合或不整合在阴平组之下的地层称为碧口群，并划分为上部变质中酸性火山岩组、中部变质中基性火山岩组、下部变质碎屑岩组。四川地层表编写组(1978)将平行不整合于岩沟组之下的地层称为碧口群，并划分为上部碎屑岩、中部绿片岩夹凝灰岩、下部碎屑岩。陈嘉第等① 1983年实测平武县桂花桥沟剖面，并创名桂花桥沟组、大沙坝组。川西北地质大队碧口群专题研究组(1989)将阴平组、桂花桥沟组、大沙坝组统归为狭义的碧口群，并建议碧口群一名限制于前震旦系内使用，以免混乱。

【现在定义】　碧口群自上而下包括：阴平组(相当甘肃的秧田坝组)、桂花桥沟组(相当甘肃的阳坝组)、大沙坝组。

【地质特征及区域变化】　该群分布于青川-勉县大断裂北侧，横跨川、甘、陕三省毗邻地区，底界未出露，厚度大于5 000 m。省内主要分布于平武、青川与摩天岭地区。岩石组合为巨厚的变质海相火山喷发-沉积岩系。由基性-酸性火山岩、火山碎屑岩与正常沉积岩交互产出，纵横向变化较大。在东段勉略地区以火山岩、火山碎屑岩为主，夹正常沉积的碎屑岩及

---

① 陈嘉第等，1983，四川省平武县桂花桥沟碧口群地层剖面报告，川西北地质大队。

少量硅质岩、碳酸盐岩；往西至甘、川地区逐渐被正常碎屑岩代替。中部桂花桥沟组以基性熔岩、凝灰岩为主，自东往西熔岩逐渐减少、凝灰岩增加。火山岩为该群的重要组成部分，从其发育情况和分异程度来看，横向上东强西弱，南高北低；纵向上由下向上由弱→强→弱。该火山岩为一套以细碧岩、角斑岩、石英角斑岩及次火山岩型辉绿岩为主的火山岩建造。

【其他】 碧口群中已获得较多同位素年龄数据，省内3个：①采自平武黄羊剖面桂花桥沟组的灰绿色绿泥石化细碧岩，经成都地矿所用K-Ar法测试结果为808.9±24.3 Ma。②采自黄羊剖面桂花桥沟组中的千枚状变沉晶玻屑凝灰岩中的两组锆石样，经成都地质学院测试，其U-Pb法年龄值为1 367 Ma，1 304±196 Ma。在陕、甘碧口群中已有同位素年龄值：Rb-Sr全岩7个，分别为829、839、844、933、958、970、1 230 Ma；方铅矿Pb-Pb法单阶段模式年龄值为785～835 Ma；双带源蒸发法单颗粒锆石U-Pb法年龄值为764～853 Ma。样品均为浅变质的火山岩和凝灰岩，故年龄数据基本代表成岩时代。由上述年龄值可见，其总的时限为800～1 000 Ma，最老可达1 367 Ma。碧口群的主体应归属青白口系，其下部已跨入中元古界。

大沙坝组 An*Zd* (06-51-0002)

【创名及原始定义】 陈嘉第等1983年创名于平武县水柏乡大沙坝。指整合伏于桂花桥沟组之下，从下向上由粗变细的变质碎屑岩组成，下部以变质长石石英砂岩为主体夹少量绢云长英千枚岩；上部以灰一深灰色长英绢云千枚岩为主，局部含细砾，时代属前震旦纪。

【沿革】 1989年川西北地质大队碧口群专题研究组核实采用，并被地矿部秦巴专题科研项目陕、甘、川三省碧口群专题研究组认可。区域上可以延展对比。本次清理沿用。

【现在定义】 整合伏于桂花桥沟组之下(未见底)，自下向上由粗变细的变质碎屑岩组成的泥岩、粉砂岩、砂岩复理石建造。下部以变质长石石英(杂)砂岩为主夹绢云千枚岩，上部以灰一深灰色长英绢云千枚岩为主夹少量变质砂岩，局部含细砾，厚度133～1 449 m。

【层型】 正层型为平武县桂花桥沟剖面(南段)，位于平武县水柏乡桂花桥沟(104°17′,32°31′)，川西北地质大队1983年测制。

上覆地层：桂花桥沟组(阳坝组) 浅绿灰色凝灰绢云砂质千枚岩

——————— 整 合 ———————

大沙坝组	总厚度>748.4 m
66. 深灰色长英绢云千枚岩，具薄板状层理。底部为宽0.7 m之钠长斑岩脉贯人	168.6 m
67. 浅灰色含砾绿帘长英绢云千枚岩。砾石呈眼球状、扁豆状	66.3 m
68. 灰色绢云长英千枚岩，局部见薄层状水平层理	174.9 m
69. 浅草绿灰色变质细砂岩，局部粒度稍粗，可达中、粗粒级	117.6 m
70. 深灰色细粒变砂岩	22.3 m
71. 灰色含黑云母变质长石石英砂岩，上部为厚一巨厚层状，下部为中厚层状	143.1 m
72. 浅绿灰色变质含绿帘长石石英细砂岩	19.2 m
73. 浅绿灰色长英千枚岩(未见底)	>36.4 m

【地质特征及区域变化】 本组分布于黄羊-木皮背斜核部，为一套深海—半深海陆源碎屑的泥岩、粉砂岩、砂岩复理石建造，偶含花岗岩、石英岩细砾，岩石的分选性好，以不含火山碎屑物为特征。在桂花桥沟本组厚度大于748 m；往西在黄羊出露最宽，厚度大于1 149 m；

往东在木皮、青溪毛香坝一带仅出露上部千枚岩，厚数十米至 133 m。

本组地层中未发现化石，也未取得同位素年龄数据。但大沙坝组整合伏于桂花桥沟组之下，而桂花桥沟组同位素年龄时限为 808～1 367 Ma，故大沙坝组的时代应属中元古代。

桂花桥沟组 AnZ*g* （06－51－0003）

【创名及原始定义】 陈嘉第等 1983 年创名于平武县水柏乡桂花桥沟。指角度不整合伏于灯影组之下，整合覆于大沙坝组之上，主要由少量基性火山熔岩（细碧岩）和大量酸性火山凝灰岩以及少量沉积碎屑岩组成的变质地层。可反映出三个大的火山喷发旋回，其间又可细分为若干个火山活动韵律。时代属前震旦纪。

【沿革】 1989 年川西北地质大队碧口群专题研究组野外核实采用，后沿用。区域上可以延展对比。本次清理省内采用此名，与甘肃阳坝组相当。

【现在定义】 整合伏于阴平组或不整合伏于水晶组之下，整合覆于大沙坝组之上的一套海底喷发的细碧角斑岩、火山碎屑岩、碎屑岩建造。主要由变质基性、酸性及中性沉凝灰岩、含凝灰质碎屑岩、碎屑岩及基性熔岩组成，火山喷发旋回、韵律清楚，厚度 860～5 300 m，测年值 808～1 367 Ma。

【层型】 正层型为平武县桂花桥沟剖面（南段），位于平武县水柏乡桂花桥沟（104°17′，32°31′），川西北地质大队 1983 年测制。

上覆地层：水晶组 灰色巨厚层状微晶白云岩，具显微角砾状构造

～～～～～～～ 不 整 合 ～～～～～～～

桂花桥沟组（阳坝组） 总厚度 3 271.7 m

17. 银灰色绢云石英千枚岩 19.3 m
18. 浅灰色晶屑凝灰质绢云长英千枚岩，变余火山碎屑占 1/4 以上，由上向下增多 104.8 m
19. 深灰色晶屑凝砾绢云长英千枚岩，以火山碎屑物为主，岩、砾屑呈豆状、火焰状 24.6 m
20. 银灰一浅绿灰色晶屑凝灰质绢云长英千枚岩，以火山碎屑物为主 50.0 m
21. 浅灰色岩、晶屑凝灰质绢云长英千枚岩，火山碎屑物较多，见楔形层理 22.7 m
22. 灰色晶、玻屑凝灰质绢云长英千枚岩，以火山碎屑物为主 65.4 m
23. 浅绿灰色绿泥绢云长英千枚岩 67.8 m
24. 浅绿灰色薄一中厚层状变质粉砂岩，由火山碎屑和正常沉积物组成 11.0 m
25—27. 灰色晶、玻屑凝灰质绢云长英千枚岩，以火山碎屑物为主 246.7 m
28. 灰绿色玻屑凝灰质绿泥长英片岩 100.9 m
29. 浅绿灰色玻屑凝灰质绢云长英千枚岩。中部夹绿帘绿泥石岩，原岩为基性熔岩 60.6 m
30. 灰绿色石英绿泥绢云千枚岩 21.2 m
31. 浅绿灰色晶屑凝灰质绿泥绢云长英千枚岩。以火山碎屑为主 210.4 m
32. 灰白色绢云长英千枚岩 9.6 m
33—34. 绿灰色晶屑凝灰质（绿帘）绿泥绢云长英千枚岩，以火山碎屑物为主。下部夹绿帘绿泥石岩，其原岩为基性火山熔岩 234.8 m
35—39. 浅绿灰色玻屑凝灰质绿泥（绿帘）长英绢云千枚岩，以火山碎屑为主。中下部夹由中基性火山岩变质而来的碳酸盐化绿泥石岩透镜体。底部有灰白色块状石英角斑岩 586.8 m
40. 绿灰色绿帘绢云长英千枚岩。底部变质长石砂岩 26.2 m
41. 浅绿灰色晶屑凝灰质绢云长英千枚岩，以火山碎屑物为主 117.0 m

42—43. 银灰—浅绿灰色(绿泥)长英绢云千枚岩 67.0 m

44. 浅绿灰色晶屑凝灰质绿帘绿泥绢云长英千枚岩，底部有碳酸盐化绿帘绿泥石岩，原岩为基性火山岩 8.1 m

45. 浅绿灰白色绿泥长英绢云千枚岩，含铁白云石斑点 17.9 m

46. 浅绿灰色含晶屑凝灰质绿泥长英绢云千枚岩。底部为基性火山岩 24.2 m

47—54. 成分以火山碎屑为主的晶屑凝灰质绿泥长英绢云千枚岩，与成分以正常碎屑为主的绢云长英千枚岩不等厚互层，有时见显微斜层理、显微交错层理，有的含铁白云石斑点 553.5 m

55. 灰白色绢云长英千枚岩，铁白云石斑点普遍 31.2 m

56—61. 浅绿灰—绿灰色晶屑凝灰质绿泥(绿帘)绢云长英千枚岩，成分以火山碎屑为主。夹少量含绿泥长英绢云千枚岩 345.6 m

62. 绿灰色绿帘绿泥长英绢云千枚岩，含铁白云石斑点 57.3 m

63. 浅灰色晶屑凝灰质绢云长英千枚岩。成分中火山碎屑物较多，偶见砂砾屑，砾屑成分主要为酸性火山熔岩。常见铁白云石斑点 140.7 m

64. 绿灰色含绿帘绿泥长英绢云千枚岩 24.0 m

65. 浅绿灰色凝灰绢云砂质千枚岩，成分以火山碎屑为主，粒径 0.1～0.4 mm 22.0 m

———— 整　合 ————

下伏地层：**大沙坝组**　深灰色长英绢云千枚岩，具薄板状层理

【地质特征及区域变化】　本组为一套深海—半深海相海底火山喷发的细碧岩及火山碎屑岩建造。下伏大沙坝组以不含火山碎屑物为特征。以此作为两者的划分标准。由桂花桥沟往东，岩性由千枚岩→微晶片岩→片岩，至青川几乎全为绿片岩，总体变质程度多为低绿片岩相，局部可出现高绿片岩相。本组厚度在 860～2 821 m 之间，最厚在青川天隍地区达 5 300 余米。本组分布于黄羊-木皮背斜的两翼或轴部。南翼西起平武叶塘，经水晶、桂花桥沟、关坝沟，到青川唐家河、草溪沟、后沟至白水，向东延入陕西省。北翼西起平武草原经青川文县沟，向北东东延入甘肃文县碧口，与甘肃省的阳坝组相当。

本组下部微变质细碧岩(K - Ar 法)测定年龄值为 808.9±24.3 Ma，该年龄值可能偏小，中上部沉凝灰岩中分离出锆石，U - Pb 法等时线年龄值为 1 367 Ma 及 1 304±196 Ma。本组时限范围在 808～1 367 Ma，应属青白口纪—中元古代。

阴平组　AnZy　(06 - 51 - 0004)

【创名及原始定义】　四川二区测队 1977 年创名于平武县木皮乡阴平。指假整合覆于前震旦系碧口群之上，伏于木座组之下，岩性以薄—中厚层状变砂岩(或变粒岩)为主，与绢云石英千枚岩、含绿泥绢云石英千枚岩(或片岩)的不等厚互层，厚度变化很大，可达3 536 m的地层。时代属下震旦世。

【沿革】　四川地层表编写组(1978)将其划归元古界碧口群之"上部碎屑岩"，川西北地质大队(1989)采用阴平组，并将其归为前震旦系碧口群，后沿用。本次清理经大区协商取得共识，采用此名，与甘肃秧田坝组相当。

【现在定义】　平行不整合或不整合伏于木座组之下，整合覆于桂花桥沟组之上的一套变质碎屑岩(砂岩、粉砂岩)夹少量火山岩、沉凝灰岩地层。岩性为浅灰、灰色条带状石榴黑云石英片岩，黑云绢云石英片岩，灰色、浅绿灰色黑云绢云石英微晶片岩和绢云石英千枚岩，夹变质基性火山岩、凝灰质微晶片岩，厚 0～3 536 m。

【层型】 正层型为平武阴平—蜈蚣口剖面，位于平武县木皮乡(104°32′，32°31′)，四川二区测队1977年测制。

上覆地层：木座组 灰色厚块状间薄－中厚层状含黑云母变粒岩，底部含少量砾石

－－－－－－－ 平行不整合 －－－－－－－

阴平组(秧田坝组) 总厚度1 828 m

3. 灰色薄－中厚层状含黑云母变粒岩与灰色绢云英千枚岩、绿灰色含绿泥绢云英千枚岩成不等厚互层，以前者为主 500 m

2. 灰色薄－中厚层状含黑云母变粒岩与绿灰色含绿泥绢云英千枚岩成不等厚互层 893 m

1. 灰色薄－中厚层状含黑云母变粒岩与绿灰或绿色含黑云母凝灰质变粒岩成不等厚互层，内夹绢云英千枚岩 435 m

——————— 整 合 ———————

下伏地层：桂花桥沟组(阳坝组) 片理化变质中酸性火山岩

【地质特征及区域变化】 本组是一套变质细碎屑岩为主，夹少量火山凝灰岩的地层。与桂花桥沟组整合接触。上覆地层木座组为变质粗碎屑岩，以变质含砾砂岩或砾岩的出现作为划分标志，其间有平行不整合或不整合面分割。本组分布于青川、平武与甘肃交界的摩天岭地区黄羊-木皮背斜的两翼。在平武木皮一带，为浅灰、灰色条带状石榴黑云石英片岩、黑云绢云石英片岩、灰色、浅绿灰色黑云绢云石英微晶片岩和绢云石英千枚岩，夹凝灰质微晶片岩及绢云绿泥石英片岩，厚959～1 802 m。从阴平桥和河口往西急剧变薄，在小河沟一带为薄－中厚层状变质砂岩夹粉砂岩，绢云石英千枚岩夹基性火山岩、沉凝灰岩；再往西尖灭不再出现。往东在青川县境为条带状含绿泥石或绿帘石的绢云长英微晶片岩，夹绿帘绿泥石英片岩和绿帘绿泥片岩，厚327～1 042 m。

据本组接触关系和产出层位，推测其时代属青白口纪。

下喀沙组 Qn*x* (06－51－0073)

【创名及原始定义】 本次清理中胡金城(1994)在木里水洛下喀沙一带新建名。定义为：平行不整合伏于木座组变质砾岩之下的一套变质火山岩、火山碎屑—陆源碎屑岩系地层。岩性可三分：下部灰、灰绿色千枚岩夹碳质板岩、变质长英粉砂岩、凝灰岩、钠长石英片岩；中部钠长(石英)浅粒岩、钠长片岩、钠长石岩与石英片岩、云母片岩、千枚岩不等厚互层；上部灰绿色绿帘阳起片岩、绿泥钠长片岩、钠长片岩、钠长次闪片岩偶夹斜长石英浅粒岩凸镜体，厚度大于521 m。未见底。

【沿革】 木里水洛地区发育一套变质火山岩、火山碎屑岩一陆屑碎屑岩系地层，1984年1：20万贡岭幅区调报告中将其划归上震旦统陡山沱组。1991年1：5万白燕牛场幅区调报告将其划归下震旦统木座组。本次研究发现：木里水洛下喀沙一带的“木座组”实际上包括了两套在岩性、岩石组合、岩相等方面均截然不同的地层体。上部的变质砾岩及含砾粗碎屑岩才是真正的木座组，具有区域可比性；下部那套变质火山岩、火山碎屑岩一陆屑碎屑岩系地层，因最近又获得了翔实的同位素测年资料，单颗粒锆石U－Pb年龄值为822±8 Ma、1 083±2 Ma，则其时限范围应属青白口纪。木里小区青白口纪地层的发现尚属首次，故必须新建岩石地层单位以填补岩石地层序列中的空白。前人在1：5万区调中测有上环—下喀沙剖面，层序、接触关系清楚，层位可靠，顶完整，有同位素测年资料为依据，岩性、岩石组合特征

明显，具备建立岩石地层单位的条件。

【现在定义】　同原始定义。

【层型】　正层型为木里县水洛乡上环—下喀沙实测剖面，位于木里县水洛乡下喀沙（100°27′,28°15′），四川区调队1987年测制。

上覆地层：木座组　　总厚度＞383.1 m

16. 灰、灰绿色块状（夹中厚层）变质砾岩，砾石成分为黑云石英闪长岩、石英闪长岩、脉石英。胶结物以绿泥钠长片岩、绿泥绿帘钠长片岩为主，局部见石英角闪斜长片岩。砾石中单颗锆石 U－Pb 年龄为：808～886 Ma；胶结物中单颗锆石 U－Pb 年龄为：748～777 Ma　　383.1 m

——————— 平行不整合 ———————

下喀沙组　　总厚度＞521.4 m

15. 灰、灰绿色绿帘绿泥钠长片岩　　20.2 m
14. 灰绿色绢云钠长片岩与绿帘钠长次闪片岩互层，顶部夹斜长石英浅粒岩凸镜体　　29.4 m
13. 灰、灰绿色黑云阳起绿帘片岩夹绿泥绿帘钠长片岩。单颗粒锆石 U－Pb 年龄为：855～1 083 Ma　　93.6 m
12. 灰、灰绿色绿帘阳起片岩　　23.3 m
11. 灰、灰绿色二云钠长片岩，顶部为厚3.6 m绿泥钠长片岩与白云母石英片岩互层　　55.0 m
10. 灰白色白云母片岩　　20.8 m
9. 灰、灰绿色白云母绿泥石英片岩与白色厚层钠长石岩互层　　25.3 m
8. 灰白色块状钠长石岩，见黄铁矿、褐铁矿化。钠长石矿物含量99%　　13.5 m
7. 灰、灰绿色绢云千枚岩　　23.0 m
6. 灰、灰绿色白云母石英片岩、白云母钠长石英片岩，局部见水平层理　　47.4 m
5. 灰绿色绿泥白云母钠长片岩　　31.8 m
4. 灰、褐灰色中层钠长石英浅粒岩　　27.8 m
3. 灰黑色含碳石英千枚岩，顶部为4.5 m灰褐色钠长石英片岩　　39.5 m
2. 灰、灰绿色石英粉砂质绢云千枚岩、碳质板岩、变质凝灰岩不等厚互层，夹褐黄色钙质石英片岩、变质长石石英粉砂岩透镜体　　45.0 m
1. 褐红色厚层变质长英粉砂岩，正粒序层理清晰。因断层未见底　　＞25.8 m

【地质特征】　下喀沙组之上覆地层为木座组中层状变质砾岩，以此为底作为划分标志。本组岩石已经受低绿片岩相变质。经原岩恢复，下部主要为砂泥质细碎屑岩夹少量凝灰质岩石组合；中部为中性火山岩、火山碎屑岩与砂泥质碎屑岩不等厚互层；上部主要为中基性火山岩、凝灰岩。本组尚未获古生物化石，最近取得了丰富的同位素测年资料。上覆地层木座组中厚层状变质砾岩，该砾岩（前述剖面第16层）中对砾石和胶结物分别取单颗粒锆石样，用双带源逐层蒸发-沉积法测试①，取得年龄值如下：石英闪长岩砾石中三件单颗粒锆石 U－Pb 年龄值分别为：808±90 Ma，860±24 Ma，886±11 Ma。胶结物绿泥二云石英片岩中二件单颗锆石 U－Pb 年龄值分别为：748±46 Ma，777±8 Ma。由此可见砾岩的成岩年龄值范围在748～777 Ma，其时限范围应属早震旦世，它代表了木座组的年龄值。又在距砾岩层之下约100 m处（前述剖面第13层）绿泥绢云石英片岩中，二件单颗粒锆石 U－Pb 年龄值分别为：855±

① 样品由地矿部地质研究所同位素地质年代学研究室1993年4月测试。

8 Ma，1 083±2 Ma。其年龄值范围在 855～1 083 Ma，它代表了下喀沙组的年龄值，应归属青白口纪。在该剖面上木座组和下喀沙组虽未获古生物证据，但伏于产叠层石、藻类等化石的水晶组之下，上述同位素年龄资料可与宏观地质依据互为佐证。

下喀沙组分布很局限，仅见于木里县水洛乡龙阿社—下喀沙—让朗牛场一线，呈北西向延展约 10 km，其构造部位在水洛复背斜的核部。

第七章
震旦纪—志留纪

第一节　岩石地层单位

四川西部的下震旦统主要有两种建造类型：木座组为冰海相冰川及陆源碎屑建造；白依沟群为内陆断陷盆地河流相陆源碎屑建造(或水携火山岩—陆源碎屑岩建造)。

四川西部及大巴山地区的震旦系普遍经受区域变质，褶皱强烈、构造复杂，地层出露零星、连续性差、岩相变化大、化石稀缺，研究程度差。本次清理正式采用岩石地层单位有：白依沟群(赛伊阔组、相龙卡组)、木座组、蜈蚣口组、水晶组及大巴山一带的代安河组、明月组、八子坪组。

四川西部寒武纪地层分布零星，见于巴塘藏巴拉、中咱、木里水洛、茂县渭门、若尔盖太阳顶等地。经本次清理正式采用1群10组，有查马贡群、小坝冲组、额顶组、颂达沟组、呷里降组、渭门组、太阳顶组、鲁家坪组、箭竹坝组、毛坝关组、八卦庙组。

四川西部奥陶纪地层分布较零星。本次清理正式采用组级单位7个(包括新建1个，从外省引进2个)、群级单位1个。自南西而北东，有非稳定型碎屑岩、碳酸盐岩夹火山岩建造的蒙措纳卡组；次稳定—稳定型碳酸盐岩夹碎屑岩建造的邦归组、物洛吃普组；次稳定型复陆屑建造的人公组、瓦厂组；次稳定型砂泥、碳酸盐岩建造的大河边组；次—非稳定型碎屑岩夹火山岩建造的大堡群，均遭受区域浅变质。

四川西部志留系以海相碎屑岩、硅质岩、碳酸盐岩为主夹少量火山碎屑岩的变质地层。本次清理正式采用岩石地层单位1群9组。有格扎底组、散则组、雍忍组、米黑组、 通化组、白龙江群(包括迭部组、舟曲组、卓乌阔组)及然西组。

白依沟群　***ZB***　**(06-51-0015)**

【创名及原始定义】　四川202地质队于1971年创名于若尔盖县占洼乡白依沟。原始定义：在白依沟剖面采获了早志留世笔石，将广义白龙江群中产有早志留世笔石以上的地层厘定为志留系，而将志留系以下的浅变质地层统称为前志留系白依沟群。

【沿革】　其后被四川地层表采用(1978)，并划分为上亚群和下亚群，仍归属前志留系。

1982—1992 年川西北地质大队对白依沟群做了进一步深入研究①，其间 1986—1988 年毛裕年、闵永明等根据区域对比和同位素年龄资料，将白依沟群划归震旦系，并进一步划分为下部赛伊阔组和上部相龙卡组。

【现在定义】 指不整合或平行不整合伏于太阳顶组之下，由变质砾岩、含砾粗砂岩、杂砂岩、粉砂岩和粉砂质板岩组成，包括下粗上细两个沉积韵律的一套浅变质岩系。自下而上包括：赛伊阔组、相龙卡组。

【地质特征及区域变化】 前人对白依沟群的沉积环境、岩相认识有分歧，主要有两种意见：一种认为白依沟群没有火山碎屑岩，全部是陆源碎屑，即是陆源的、非火山源的。另一种认为白依沟群属于火山碎屑岩—陆源碎屑岩建造，受火山喷发活动和流水搬运作用的双重机制所控制，因而所形成的岩石其物质成分也具有双重来源，即火山源和陆源。川西北地质大队(1992)持前种观点。毛裕年、闵永明等持后一种观点。

白依沟群中至今尚未采获生物化石，对其时代归属主要依据：①白依沟群出露于白依背斜核部，其上为寒武系太阳顶组沉积不整合覆盖。寒武系层位之上有产早奥陶世笔石 *Didymograptus* 的地层，故其应老于奥陶纪和寒武纪。②从岩石地层的角度与邻区对比，白依沟群与平武一带的木座组从岩性和层位大体可对比，后者已有微古植物和同位素测年资料表明属早震旦世。③成都地质学院同位素室在赛伊阔组下部沉凝灰岩及凝灰质板岩中获得 Rb-Sr 全岩等时线年龄值为 737.6±22.4 Ma，U-Pb 等时线年龄值为 640±40 Ma，在相龙卡组上部获 K-Ar 法年龄值为 619±46.4 Ma，佐证了白依沟群的时代为早震旦世，顶部不排除跨及晚震旦世。

白依沟群分布很局限，仅见于若尔盖白依背斜核部，出露面积约 50 km^2。东部白依沟剖面出露厚度 2 098 m，向隆柯一带出露厚度约为 2 700 m，相龙卡剖面出露厚度 1 937 m。

赛伊阔组 Zsy （06-51-0016）

【创名及原始定义】 川西北地质大队 1992 年创名于若尔盖县降扎之东的赛伊阔。原始定义：整合伏于相龙卡组之下(未见底)，以灰—深灰色厚层—块状变质含砾砂岩、长石岩屑杂砂岩、长石石英砂岩夹粉砂岩及粉砂质板岩的韵律组合为特征，下粗上细的韵律结构明显，横向上岩相变化较大，中—下部可相变为含大量火山岩砾石的变质砾岩和含砾粗砂岩，出露厚度 1 070～1 008 m，归属下震旦统。沿革见前文。

【现在定义】 整合伏于相龙卡组之下，由灰—深灰色厚层—块状变质含砾砂岩、砾岩(含大量火山岩砾石)、长石岩屑砂岩、长石石英砂岩夹粉砂质板岩构成下粗上细的韵律组合，顶以粉砂质板岩或板状粉砂岩结束与上覆相龙卡组底部变质细砾岩、含砾粗砂岩划界。

【层型】 正层型为白依沟剖面，位于若尔盖县占洼乡(102°58′00″，34°12′00″)，川西北地质大队 1985 年测制。

上覆地层：**相龙卡组** 灰色薄层状变质细砾岩、含砾粗砂岩与细砂岩韵律互层

——————— 整 合 ———————

赛伊阔组　　总厚度＞1 070.2 m

10. 灰色、绿灰色薄层—板状变石英粉砂岩与绢云母粉砂岩互层，上部紫红色粉砂岩。见

---

① 四川省地矿局川西北地质大队，1992，1∶5 万贡巴、扎尕那、占哇、祖爱、郎木寺、迭部县、降扎、白云八幅区调报告(地质部分)，四川省地矿局。

水平层理及沙纹层理 131.5 m

9. 紫红色薄一中厚层状变绢云石英粉砂岩夹绢云板岩。见水平层理及微斜层理 45.0 m

8. 灰色、浅绿灰色薄板状变绢云石英粉砂岩与变石英粉砂岩，其中夹凝灰质粉砂岩及粉砂质板岩 25.3 m

7. 灰色、绿灰色厚层状变粗一细粒长石杂砂岩。斜层理发育，见冲刷面 43.0 m

6. 灰色、绿灰色中厚层状变细粒长石杂砂岩夹粉砂岩。见水平层理 66.3 m

5. 浅灰色厚块状变中一细粒长石杂砂岩，局部夹变粗粒长石杂砂岩及变粉砂岩 257.3 m

4. 灰色中厚层状变石英粉砂岩夹绿灰色绢云板岩及沉凝灰岩或凝灰质板岩。下部为变细粒长石杂砂岩，其中有辉绿岩脉侵人 213.6 m

3. 灰色、绿灰色厚层状变绢云粉砂岩，其中夹变沉凝灰岩。水平层理和斜层理发育 47.9 m

2. 灰色中厚层状变中一细粒长石杂砂岩，其中夹变质粗粒长石杂砂岩及石英粉砂岩。从下到上有粒度由粗变细的韵律特征。见斜层理及交错层理 133.1 m

1. 灰色、深灰色薄一中厚层状变不等粒长石杂砂岩，其中夹少量变石英粉砂岩(未见底) >107.2 m

【地质特征及区域变化】 本组分布于牙军一舍勒卡一白依沟一线，呈近东西向展布，构成白依沟背斜的轴部。按沉积韵律下部以深灰一灰色中一细粒及粗粒变长石杂砂岩及砾岩为主，夹变质粉砂岩及绢云板岩，向上过渡为砂岩与板岩互层，局部夹变沉凝灰岩、凝灰质板岩；上部为灰一绿灰色厚块状粗一细粒变质长石杂砂岩夹粉砂岩，向上过渡为灰一浅绿灰色及紫红色薄一中厚层状变绢云粉砂岩。向西至赛伊阔一热龙一带，本组中一下部则相变为以含大量火山岩砾石的粗碎屑沉积。本组变砾岩多见于热龙一牙相一带，砾石成分为安山质晶屑凝灰岩及熔岩，次为肉红色花岗岩及白色石英岩，砾径不等。火山岩砾石磨圆度较差，以次棱角状为主，多呈不规则饼状，多顺大型斜层理或水平层理方向排列。这些特征反映出火山岩砾石为近地火山岩剥蚀搬运堆积；花岗岩及石英岩砾石，具有较好的磨圆度，多呈滚圆状一次滚圆状，砾石表面光洁，反映出长距离搬运的特点，砾径 5～20 cm，杂基支撑，基底式胶结。在赛伊阔以东至热龙一带花岗岩砾石组分明显增多，分选性和磨圆度明显变好。变质砂岩矿物和结构成熟度均很低。长石含量特别高，砂粒多呈次棱角状，粒径极不均匀，分选性较差；火山岩碎屑易见，比较典型的是β石英及火山岩岩屑的存在，故有人视此岩石为晶屑凝灰岩或水携火山碎屑岩。本组在白依沟厚度大于 1 070 m，向西有变薄趋势，纳拉克一带厚约 640 m。

相龙卡组 *Zx* (06-51-0017)

【创名及原始定义】 川西北地质大队 1992 年命名于若尔盖县白依沟。原始定义：不整合伏于太阳顶组之下、整合覆于赛伊阔组之上的地层，主要岩性：下部灰一灰绿色厚层一块状变质砾岩、含砾岩屑长石杂砂岩与粗一细粒岩屑长石杂砂岩韵律互层中夹少许变质粉砂岩透镜体；上部以灰一绿灰色粉砂质绢云板岩及变绢云粉砂岩为主夹中厚层状变质中一细粒或不等粒长石岩屑杂砂岩及长石杂砂岩，厚 929～1 027 m，归属下震旦统。沿革见前文。

【现在定义】 指不整合伏于太阳顶组之下、整合覆于赛伊阔组之上的地层体，主要岩性：下部灰一灰绿色厚层一块状变质砾岩、含砾岩屑长石杂砂岩与粗一细粒岩屑长石杂砂岩韵律互层，其中夹少许变质粉砂岩凸镜体；上部以灰一绿灰色粉砂质绢云板岩、变质绢云粉砂岩为主夹中厚层状变质长石(岩屑)杂砂岩。

【层型】 正层型为白依沟剖面，位于若尔盖县占洼乡(102°58′00″，34°12′00″)，川西北地质大队1985年测制。

上覆地层：太阳顶组　灰黑色厚层—块状含碳硅质岩

~~~~~~~~~~ 不 整 合 ~~~~~~~~~~

相龙卡组　　总厚度1 027.4 m

24. 灰色、绿灰色粉砂质绢云板岩与板状变绢云粉砂岩。具水平层理　26.4 m
23. 灰色、绿灰色变质长石石英粉砂岩，上部夹粉砂质绢云板岩　29.8 m
22. 灰色中厚层状变质不等粒长石石英杂砂岩，碎屑粒径从下到上有由粗变细的韵律性。发育水平层理及斜层理　31.6 m
21. 灰色、深灰色厚层—块状变质粗—中粒长石杂砂岩　63.1 m
20. 灰色中厚层状变质细—中粒长石杂砂岩，局部夹变质粗粒长石杂砂岩　133.0 m
19. 绿灰色、灰绿色板状变石英粉砂岩夹变质细粒长石石英砂岩，见水平层理、斜层理　74.9 m
18. 灰色、绿灰色板状变绢云石英粉砂岩与灰绿色粉砂质绢云板岩　120.7 m
17. 灰色厚层—块状变质含砾粗砂岩，变质不等粒长石杂砂岩　50.4 m
16. 灰、绿灰色中厚层状变质细—中粒长石杂砂岩、岩屑长石杂砂岩。有辉绿岩脉侵入　85.6 m
15. 灰色、灰白色厚层—块状变质砾岩凸镜体。组成由粗—细的韵律互层　101.5 m
14. 灰色、绿灰色中厚层状变质细—中粒长石杂砂岩夹粗砂岩及粉砂岩。见交错层理　98.7 m
13. 灰色厚层状变质含砾粗砂岩、变质细—中粒岩屑长石杂砂岩夹细砾岩凸镜体　26.2 m
12. 灰色厚层状变质砾岩凸镜体与变质含砾粗砂岩韵律互层，底部见冲刷面　104.8 m
11. 灰色薄层状变质细砾岩、变质含砾粗砂岩与细砂岩韵律互层　80.7 m

———— 整 合 ————

下伏地层：赛伊阔组　灰色、绿灰色薄层—板状变质石英粉砂岩与绢云粉砂岩互层

【地质特征及区域变化】 本组下部由变质砾岩、含砾砂岩、砂岩夹少许粉砂岩凸镜体构成韵律互层，向上过渡为板岩、变粉砂岩为主夹砂岩，总体构成下粗上细的沉积韵律。砾岩呈凸镜状，走向延伸极不稳定，砾石以花岗岩、花斑岩、流纹英安岩、英安岩及石英岩为主体，磨圆度较好。火山岩砾石含量较少，多呈次棱角及次滚圆状，有杏仁状安山岩、流纹质或英安质熔岩及凝灰岩砾石。各种砾石占岩石总量的40%～70%。基质由粗砂粒作充填物，构成砂泥质(绢云母)基底式胶结。本组的砂岩以岩屑长石杂砂岩及长石石英杂砂岩为主，成分与结构成熟度均很差，颗粒多呈次棱角状或棱角状，以杂基支撑、基底式胶结为主。

本组分布于若尔盖县纳拉克—相龙卡—白依沟一线，呈近东西向展布，在白依沟厚1 027 m，向西至向隆柯一带厚度约1 690 m，相龙卡厚度为929 m，西至纳拉克一带厚度约450 m。总体看来中间厚，向东西两侧有变薄趋势。本组至今未采获化石，其时代归属震旦纪为宜。

木座组　*Zmz*　(06-51-0023)

【创名及原始定义】 四川二区测队1977年命名于平武县木座乡。原始定义指平行不整合覆于阴平组之上、伏于蜈蚣口组之下的地层，由厚块状含砾变砂岩、变砂岩(或变粒岩)组成，含砾变砂岩的层理不太明显，砾石含量一般少于10%，分布极不均匀，排列无定向性，磨圆度差异悬殊，成分较复杂，厚度0～694 m，归属上震旦统。

【沿革】 命名后被广泛采用。

【现在定义】 指平行不整合覆于阴平组之上、伏于蜈蚣口组之下的地层，主要由变质砾
~~~~~~~~~~

岩、含砾砂岩、砂岩组成，横向变化大，可相变为含砾千枚岩、变质凝灰质砾岩，偶夹灰岩、白云岩凸镜体，厚度变化大，局部产微古植物化石。

【层型】 正层型为木皮—木座剖面(104°32′00″，32°31′00″)，四川二区测队1977年测制。

上覆地层：**蜈蚣口组** 深灰色绢云石英千枚岩与同色变质粉砂岩夹薄层中粒变质砂岩

——————— 平行不整合 ———————

木座组 总厚度469 m

3. 灰色、暗灰色含砾凝灰质变粒岩。呈厚块状产出，层理不清。砾石分布极不均匀，分选性很差，成分较复杂，有花岗岩、长英岩、脉石英、白云岩及变粒岩等 12 m

2. 黑色含碳质绢云石英千枚岩 29 m

1. 灰色、暗灰色厚块状含砾凝灰质变粒岩。砾石特征同3层 428 m

——————— 平行不整合 ———————

下伏地层：**阴平组** 灰黑色含黄铁矿变斑晶的碳质千枚岩、粉砂质千枚岩及变质粉砂岩

【地质特征及区域变化】 该组在平武至青川一带出露较连续，木里水洛等地零散分布。以变质砾岩、含砾变质砂岩等粗碎屑岩为其特征。本组岩性、岩相在横向、纵向上变化较大，不同地段、不同部位可具滨海相、冰水(冰筏)相及局部具火山凝灰质沉积。在木皮-黄羊背斜地区，经研究该砾岩中的砾石成分、形态、表面刻蚀痕迹、坠石及石英颗粒表面的特征等，判定其属海洋冰筏沉积。在背斜两翼主要为冰水(冰筏)相与浅海相共生的碎屑岩沉积。岩性变化较大，在二指沟一带以含砾千枚岩为主夹灰色千枚状变质含砾长石杂砂岩及白云岩凸镜体；再西至黄羊麦地坝一带火山碎屑物增多并可三分：上、下部为含砾冰成岩，中部黑色板岩、千枚岩属正常海相沉积。在背斜南翼，木皮老虎嘴一带则主要为厚块状变质含砾砂岩，砾石含量较少；向东延至青川乔庄大沟，其岩性与平武黄羊麦地坝大同小异；再往东至乔庄岩沟里，火山碎屑猛增，由灰绿—紫红色变质凝灰质砾岩、黄绿色变质含砾砂岩、变质粉砂岩、黑灰色夹不纯灰岩扁豆体的绿泥绢云千枚岩或千枚状沉凝灰岩组成韵律层(前人称岩沟组或岩沟砾岩)。厚度变化大，从0～1 250 m。木里水洛地区主要为灰、灰绿色块状(夹中层、厚层)变质冰碛砾岩、含砾绿泥绢云钠长片岩、含砾绿泥绿帘钠长片岩，厚度在136～392 m间。

在青川乔庄大沟欧家河坝木座组板岩夹层中采获微古植物 *Laminarites antiquissimus*，*L.* cf. *antiquissimus*，*Leiopsophospheara solida*，*Lignum striatum*，以及古片藻、粗面球形藻、带藻等。它们是扬子区震旦系中常出现的分子。根据其不整合伏于震旦系上统蜈蚣口组之下，可将木座组时代归属早震旦世。

本次清理在木里水洛地区的木座组变质砾岩和胶结物中分别取单颗粒锆石样，取得年龄值如下：石英闪长岩砾石年龄值为808～886 Ma，胶结物(基质)中U-Pb年龄值为748～777 Ma。由此可见：砾岩的形成时限应为：748±46～777±8 Ma，该组也属早震旦世。

【问题讨论】 何书成通过对青川、平武地区的木座组研究后认为属海洋冰川沉积，根据冰川沉积微相的差异将木座组进一步划分，自下而上建立道角沟组、月亮湾组、俄石坎组。根据冰川沉积微相差异建组在面上很难展开，其建组剖面构造复杂，层序很难确切恢复。

蜈蚣口组 *Zw* (06-51-0024)

【创名及原始定义】 四川二区测队1977年创名于平武县木皮乡蜈蚣口。原始定义：平行不整合覆于木座组、阴平组或前震旦系碧口群之上，整合伏于水晶组之下的地层，岩性以

绢云石英千枚岩为主，间夹少量薄层变砂岩或结晶灰岩凸镜体，部分地段相变为薄层结晶灰岩与绢云石英千枚岩的频繁间互层，厚度 18～139 m，属上震旦统。

【沿革】 创名后广泛采用。

【现在定义】 指平行不整合或不整合覆于木座组或碧口群阴平组、桂花桥沟组之上，整合伏于水晶组之下的地层。岩性以灰色绢云石英千枚岩为主，间夹少量薄层变质砂岩或结晶灰岩凸镜体的泥砂质建造。横向上变化部分地段为薄层结晶灰岩与绢云石英千枚岩的频繁间互层，可含石英岩、变质石英砂岩。

【层型】 正层型为阴平—蜈蚣口剖面，位于平武县木皮乡(104°32′00″, 32°31′00″)，四川二区测队 1977 年测制。

上覆地层：水晶组　灰一深灰色薄层一中厚层状结晶白云岩夹灰色薄层状白云质结晶灰岩

——————整　合——————

蜈蚣口组	总厚度 81 m
4. 灰色含铁白云石绢云石英千枚岩及绢云石英千枚岩	61 m
3. 灰白色片理化含铁白云石石英岩夹绢云石英千枚岩	20 m

－－－－－－－ 平行不整合 －－－－－－－

下伏地层：木座组　凝灰质变粒岩、含黑云变粒岩，含少量砾石

【地质特征及区域变化】 该组以泥岩、粉砂岩、砂岩等细碎屑岩为岩石组合特征，与下伏木座组砾岩、含砾砂岩等，其间有平行不整合面或超覆不整合面分割，与上覆水晶组白云质碳酸盐岩整合接触，划分标志明显。本组沉积物表现出向上变细的粒度变化，系滨海潮坪环境沉积，变质程度多属绿片岩相。蜈蚣口组在平武至青川一带出露较连续外，在小金大河边、木里水洛等地区有零散分布。厚 18～139 m。小金大河边和木里水洛呷里降、巍立和一带变质较深，为钠长石英变粒岩、钠长石英片岩、阳起绿帘片岩夹薄层白云质大理岩。其原岩仍为一套滨海—浅海相泥砂质碎屑岩建造，厚 159.2～443 m。主要依据自然剖面上整合伏于水晶组之下，平行不整合或超覆不整合于木座组之上，将其归属晚震旦世。

水晶组 *Zŝ* (06-51-0025)

【创名及原始定义】 四川二区测队 1977 年创名于平武县水晶。原始定义：整合覆于蜈蚣口组之上，岩性比较单一，几乎全由灰白一灰色结晶白云岩、结晶灰质白云岩所组成，厚度变化较大，薄至 67 m，厚达 500 m 以上，产古藻类化石，归属上震旦统。

【沿革】 命名后广泛采用。

【现在定义】 整合覆于蜈蚣口组之上，与上覆地层为平行不整合或微角度不整合接触，主要由白云岩、白云质灰岩、灰岩组成的地层体。横向上可间夹板岩、泥灰岩，顶部夹硅质岩、底部夹碳质千枚岩，产叠层石、核形石、微古植物、几丁虫等化石。

【层型】 正层型为阴平—蜈蚣口剖面，位于平武县木皮乡(104°32′00″, 32°31′00″)，四川二区测队 1977 年测制。

上覆地层：白龙江群　千枚岩

－－－－－－－ 平行不整合 －－－－－－－

水晶组	总厚度 116 m

7. 灰白色中厚一厚层状含白云质结晶灰岩夹浅灰色灰质结晶白云岩 15 m

6. 灰色薄层一中厚层状灰质结晶白云岩与灰白色灰质结晶白云岩不等厚互层 55 m

5. 灰一深灰色薄层一中厚层状结晶白云岩夹灰色薄层状白云质结晶灰岩 46 m

——————— 整 合 ———————

下伏地层：**蜈蚣口组** 灰色含铁白云石绢云石英千枚岩及绢云石英千枚岩

【地质特征及区域变化】 该组以白云质碳酸盐岩为主，属滨海—浅海相镁质碳酸盐岩建造，变质程度多属绿片岩相。以厚块状白云质碳酸盐岩为底界与下伏蜈蚣口组划分。它与上覆地层为平行不整合或微角度不整合接触。本组在平武至青川一带出露较连续外，在小金大河边、木里水洛等地区均有零星分布。平武—青川地区岩性比较简单，为镁质碳酸盐岩，西薄东厚，厚度变化在 67～500 m 以上。小金大河边为灰白色中一块层状白云质大理岩，仅上部夹浅灰色中层白云石英变粒岩、石英岩及黑云英片岩，厚 375 m。木里水洛一带下部为粉一微晶白云岩、硅质条带白云岩；中部为富藻白云岩、白云质大理岩；上部为白云岩、白云质大理岩及片岩，局部含铁质和鲕粒，厚度为 228～584 m。

本组化石比较丰富，在平武至青川一带发现有叠层石、微古植物、几丁虫化石。主要有 *Siphonia herbacea*，*Lophominscula crassa*，*Trachysphaeridium minor*，木里县水洛一带产藻类 *Balios pinguensis*，*Palaeomicrocystis*；叠层石 *Stratifera*，*Conophyton*；疑源类等。这些我国南方震旦纪中常见微古化石组合，不少是震旦纪，甚至是晚震旦世才出现的新属、新种。其岩性特征和化石面貌与灯影组一致，时代属晚震旦世晚期。

代安河组 *Zda* (06-51-2020)

【创名及原始定义】 杨暹和 1979 年命名于陕西省镇坪县西南代安河。该组相当于四川二区测队 1974 年于城口、巫溪一带划分的“跃岭河群”下段，其含义指一套下部浅灰色厚层凝灰岩，上部以板岩、粉砂质板岩为主的地层，厚度达千余米。

【沿革】 “跃岭河群”一名系引自陕西商南地区，原始含义为一套变质的喷发岩一绿色片岩岩系。这与城口地区岩石组合特征相差甚大，引用“跃岭河群”一名实属欠妥。《西南地区区域地层表·四川省分册》(1978)泛称“下震旦统”，也有人称“莲沱组”，杨暹和命名后，各家均沿用。

【现在定义】 在四川省以灰、灰绿色变凝灰岩为主，夹粉砂质、碳质及硅质板岩，凝灰质板岩等，因断层未见底，与上覆明月组底部凝灰质砾岩呈平行不整合或整合接触。

【层型】 正层型在陕西省。省内次层型为城口县岚溪河剖面(108°52′50″，31°54′39″)，四川二区测队 1973 年测制。

【地质特征及区域变化】 本组分布于城口县岚溪河至万源县蒲家坝一带。下部以含砾凝灰岩、凝灰质板岩为主，上部以石英绢云板岩、绢云粉砂质板岩为主，夹有少量白云质灰岩、结晶灰岩及少量硅质岩，出露厚度 1 148～2 500 m，局部可见有基性岩脉沿层理贯入。

明月组 *Zm* (06-51-2021)

【创名及原始定义】 四川地层表编写组 1975 年命名于城口县西北明月乡。原始定义指位于“陡山沱组”以硅质岩为主的地层之下，凝灰质砾岩、砂泥岩为主的地层，其下部以巨厚砾岩为主，上部为凝灰质细砂岩夹页岩及泥灰岩，厚 280～650 m。

【沿革】 命名前，该套地层套用陕西商南地区名称，称“跃岭河群”（陕西区测队，1966）或“跃岭河群上段”（四川二区测队，1974）。该群上段在商南地区以硅化阳起石片岩、绿帘石片岩等绿色片岩为主，偶夹大理岩、砾岩，引入省内实属欠妥。自立新名后，各家均采用。

【现在定义】 下部以灰绿、紫红等色中厚—块状凝灰质砾岩为主，砾石成分复杂；中上部以同色薄—中厚层凝质砂岩为主，夹页岩，多为不等厚互层，与下伏代安河组凝灰质板岩、与上覆八子坪组底部浅灰色白云质灰岩均为整合或平行不整合接触，厚300～1 500 m之地层。

【层型】 正层型为城口县明月乡剖面(108°35′31″，31°59′05″)，四川二区测队1974年测制。

上覆地层：八子坪组　灰黑色(风化面为灰白色)泥质板岩，底部夹数层含铁白云质灰岩

——————整　合——————

明月组	总厚度 647.0 m
5. 灰色薄—中厚层凝灰质细粒砂岩夹同色页岩	106.0 m
4. 紫红、灰绿色薄—中厚层凝灰质细粒砂岩夹紫红色页岩，中上部呈互层	141.0 m
3. 草绿、紫红色块状含凝灰质砂质泥岩、泥质砂岩互层，下部含少量砾石	100.0 m
2. 草绿、紫红色块状凝灰质砾岩，砾石分布不均，棱角状至半滚圆状，成分复杂	300.0 m

——————整　合——————

下伏地层：代安河组　灰绿色中厚层—块状凝灰岩、凝灰质砂岩夹少量绿、紫红色页岩

【地质特征及区域变化】 本组分布范围极为有限，主要在城口县岚溪河至万源县蒲家坝一带。下部以巨厚砾岩为主，上部为砂岩、页岩互层且区域内相对稳定。本组厚度变化较大，岚溪河一带厚1 167 m，鲁家坪一带达1 500 m，万源地区达930～1 100 m。本组底部以厚大砾岩层与下伏代安河组分界，宏观特征明显，与上覆八子坪组界线一般较为清楚。

八子坪组　*Zb*　(06－51－2022)

【创名及原始定义】 四川地层表编写组1975年命名于城口县岚溪河八子坪。原义指鲁家坪组碳质板岩之下的一套黑色硅质岩、碳硅质板岩夹少量灰岩的地层，厚350 m左右。

【沿革】 命名前泛称“上震旦统”（四川二区测队，1974），命名后沿用者较少。由于该组可划分为下部碳、硅质板岩及上部硅质岩夹白云质灰岩两段，故有人称“陡山沱组”及“大雄溪组”（杨暹和，1981），也有人称“蜈蚣口组”及“水晶组”（《四川省区域地质志》，1991），上述名称除“大雄溪组”为新名称外，其他各组均与该名称原始含义相悖。由于该组硅质岩发育，其后又有人单独将其命名为“高燕组”（刘殿生等，1975）、“巴山组”（曾良奎等，1992）等，反映各家对该套地层认识上存在较大分歧。根据该组特征经反复比较，建议仍沿用八子坪组。

【现在定义】 上部岩性以黑色硅质岩为主，薄层状，夹硅质板岩、碳质板岩、灰岩薄层及凸镜体；下部为灰色薄—中厚层条带状白云质、硅质灰岩与黑色碳、硅质板岩互层，厚88～300余米，与下伏明月组凝灰质砂砾岩为平行不整合或整合接触，与上覆鲁家坪组黑色碳质板岩为整合接触。

【层型】 正层型为城口县岚溪河剖面，位于城口县岚溪河八子坪(108°52′50″，31°54′39″)，

四川二区测队1973年测制。

上覆地层：**鲁家坪组** 黑色泥质板岩

——————整 合——————

八子坪组 总厚度88.0 m

6. 灰黑色块状硅质岩，顶部夹少量碳质板岩 13.0 m

5. 深灰色薄层硅质岩、硅质板岩夹黑色碳质板岩，下部夹凸镜状灰岩 32.0 m

4. 浅灰色薄层硅质灰岩，具深灰色条带状构造 11.0 m

3. 黑色碳质板岩、硅质板岩，含结核状、浸染状及条带状黄铁矿 22.0 m

2. 浅灰色薄－中厚层白云质灰岩，下部有黄铁矿及粘土岩 10.0 m

——————整 合——————

下伏地层：**明月组** 绿灰色，风化后呈黄绿色块状凝灰质砾岩

【地质特征及区域变化】 该组分布于城口断裂带以北。在省内一般可分两段，厚度一般小于100 m，厚度由南向北增大至300余米。本组底部在区域上见有粘土岩及黄铁矿层或褐铁矿，与下伏明月组间可能有沉积间断存在，与上覆鲁家坪组间界线不明显，岩性多为过渡。

查马贡群(茶马山群) $\in Z\hat{C}$ (06－51－0026)

【创名及原始定义】 四川地层表编写组于1978年创名于巴塘县雅洼区查马贡，称茶马山群。本次清理，查无“茶马山”之地名，故正名为查马贡群，为便于应用，括号中加注原名。原始定义：由白云质大理岩夹变基性火山岩组成，整合于小坝冲群下亚群之下，厚度大于1 200 m，时代归属震旦纪(?)。

【沿革】 1966年以前归属志留泥盆系“德格群”。尔后，四川三区测队(1972)将“德格群”解体，把这套地层划归志留系。1973年该队通过进一步研究，在原划的志留系内新发现了晚寒武世化石，因此划出了上寒武统，将其下伏层位推测为中—下寒武统。四川地层表编写组(1978)根据将巴地及更巴贡(经清理核实应为棍巴共)剖面，将此中—下寒武统称为小坝冲群。由于其厚度巨大(达7 140 m)，将其一分为二，将碎屑岩为主的层位归小坝冲群，其下的碳酸盐岩、中基性火山岩归入存疑的震旦系，称为查马贡群。其后沿用。

【现在定义】 整合伏于小坝冲组之下的地层(未见底)，主要由大理岩、结晶灰岩、白云质含硅质结晶灰岩和绿片岩、变质中基性火山岩、火山角砾岩组成，夹少量白云母石英片岩、绢云石英千枚岩、含碳质绢云钙质片岩，自下向上绿片岩增多。

【层型】 正层型为巴塘查马贡—更巴贡(棍巴共)剖面，位于巴塘县雅洼区查马贡(99°09′00″，30°03′00″)，四川三区测队1967年测制。

上覆地层：**小坝冲组** 浅灰绿色薄－中层状绿泥绢云千枚岩

——————整 合——————

查马贡群(茶马山群) 总厚度>1 340.5 m

11. 绿色层状变质火山角砾岩，夹深灰色含硅质结晶灰岩及含碳质绢云钙质片岩。底部为含碳质绢云钙质片岩 73.7 m

10. 浅灰绿色中层状绿帘钠长阳起片岩，顶部为浅灰色绢云石英千枚岩，千枚岩呈条带状 49.0 m

9. 浅灰绿色中层状方解钠长绿泥片岩，夹灰白色中层状含硅质结晶灰岩 139.0 m

8. 浅灰绿色层状阳起绿泥钠长片岩，夹灰白色中层状含白云质结晶灰岩　96.0 m

7. 灰绿色绿泥角闪斜长片岩，夹结晶灰岩　123.2 m

6. 灰绿色中一厚层状绢云绿泥千枚岩，夹灰白色中层状结晶灰岩　128.0 m

5. 灰绿色方解白云母石英片岩，顶部夹结晶灰岩　98.2 m

4. 灰绿色中层状方解绿泥钠长片岩，夹浅灰白色中层状大理岩，片理发育，呈条带状　139.0 m

3. 浅灰色中层状白云石微粒结晶灰岩　71.8 m

2. 灰绿色钠长绿泥白云母片岩，夹灰白色大理岩、结晶灰岩，底部为方解绿泥片岩　213.2 m

1. 浅灰色中一厚层状微结晶灰岩，下部为浅灰、浅肉红色层状蚀变中性火山岩(未见底)　＞209.4 m

【地质特征及区域变化】　该群为碳酸盐岩、中基性火山岩夹少量碎屑岩的组合，由下至上有由粗变细、火山物质增多的特征。本群分布见于布遮一党村一查马贡一线，近南北向延展。由南向北碎屑岩增多、碳酸盐岩减少，厚度有变薄的趋势：在查马贡厚度大于 1 341 m，在甲克一党村一带厚 1 200 m 左右，在麦乌唐厚 1 000 m，在布遮由于断层破坏出露不全，厚度大于 741 m。变质程度为低绿片岩相。至今未获化石，也无同位素年龄资料，对其时代归属有二种意见：①早一中寒武世；②存疑的震旦纪，无法确证，现有资料只能说明其属前晚寒武世。

小坝冲组　∈*xb*　(06-51-0039)

【创名及原始定义】　系四川地层表编写组(1978)命名于巴塘县小坝冲(小巴冲)，称小坝冲群。原始定义："上亚群仅出露于巴塘县将巴地、党村、不折山等地，为灰绿、暗绿色变质碱质基性、中基性火山岩，夹浅灰色大理岩。火山岩的变质矿物组合为钠长石、绿帘石、阳起石、绿泥石、方解石等，普遍有残余的熔岩构造(杏仁构造)。下亚群在德来、雅洼、更巴贡、中咱等地均有出露，岩性稳定，为一套变质碎屑岩。该群共厚 2 740 m"。

【沿革】　创名后广为沿用，本次清理降群为组。

【现在定义】　指整合覆于查马贡群之上，平行不整合伏于然西组之下的变质火山岩、碎屑岩地层。上部为灰绿、暗绿色变质基性、中基性火山岩夹少量碳酸盐岩；下部为灰一灰绿色千枚岩、片岩夹碳质绢云母千枚岩、碳硅质板岩，厚度巨大。

【层型】　正层型为查马贡—更巴贡(棍巴共)剖面①，位于巴塘县查马贡至更巴贡(棍巴共)(99°09′50″，30°01′50″)，四川三区测队 1967 年测制。

小坝冲组　总厚度＞2 740.5 m

5. 灰绿、暗绿色变基质、中一基性火山岩夹浅灰色大理岩(未见顶)　＞1 062.0 m

4. 上部为黑色薄--中厚层含石墨绢云片岩、千枚岩、绢云石英片岩互层；中部为绿灰色薄一中厚层绿泥白云石英片岩夹深灰色绢云石英片岩；下部为黑色薄层碳质千枚岩　403.4 m

3. 浅灰一灰色绢云石英片岩、绢云片岩、白云母石英片岩与暗绿、浅绿色薄一中厚层绿泥白云石英片岩互层　591.8 m

2. 深灰一黑色含石墨绢云片岩、绢云石英片岩，底部有褐色薄板状变质砂岩　270.6 m

1. 灰绿色薄一中厚层绿泥白云石英片岩　411.9 m

——————— 整　合 ———————

① 剖面第5层，系据实测剖面资料增加的。

下伏地层：查马贡群　黑色薄层绢云片岩，夹黑色硅质细粒结晶灰岩

【地质特征及区域变化】　本组为非稳定型的绿色变基性火山岩、碎屑岩地层，与下伏查马贡群顶部结晶灰岩整合接触，四川巴塘县查马贡以绿片岩的结束为顶与上覆然西组底部变质凝灰砾岩平行不整合接触。本组分布于巴塘县党村一查马贡一将巴地一带及中咱纳交系一带，呈南北向展布，以查马贡一带保存最好，厚 3 135.8 m 以上。两端因断层破坏，麻顶、党村一带仅见下部碎屑岩，含碳质较高，残留厚度 1 300～1 500 m，将巴地一带厚度大于 965.8 m。火山岩由北向南有减少之势，纳交系一带仅见少量夹层。白玉以西可能还有出露。本组尚未发现化石，推测时代为寒武纪，具体归属有待进一步研究。

额顶组　∈*e*　(06-51-0040)

【创名及原始定义】　系四川三区测队(1977)命名于巴塘县中咱区额顶。原义指“出露于巴塘县纳交系、冬兰多一带，整合覆于中、下寒武统之上，岩性单一，主要为碳酸盐岩，仅底部见少许碎屑，上部白云质结晶灰岩，中部结晶灰岩夹白云质大理岩、含白云质结晶灰岩，下部钙质片岩夹石英千枚岩，产腕足类化石”的地层。

【沿革】　命名后被沿用。

【现在定义】　指整合伏于颂达沟组碎屑岩之下，岩性稳定，以碳酸盐岩为主，仅底部见少许碎屑岩的地层(区域上未见底)。碳酸盐岩为中厚层状灰岩、泥灰岩夹白云质大理岩，下部碎屑岩为变质砂岩、片岩夹千枚岩、板岩，含腕足类化石。

【层型】　正层型为巴塘县中咱区雍忍一岗甫剖面(99°21′12″，29°21′30″)，四川三区测队 1977 年测制。

上覆地层：颂达沟组　底部为灰绿色千枚状板岩及石英钙质片岩

——————整　合——————

额顶组	总厚度＞1 588.0 m
6. 灰色中一厚层状结晶灰岩，具明显层纹构造	94.9 m
5. 灰白色带黄色石英斑岩夹白色中层状大理岩	90.5 m
4. 灰白色、白色、浅灰色带红色中一厚层状中一粗粒含泥白云质结晶灰岩	405.9 m
3. 灰、绿灰色风化后带红色中厚层状结晶灰岩。产腕足类 *Elkania*	332.2 m
2. 深灰、灰白色中一厚层状细一中粒结晶灰岩夹中粒含白云质大理岩，细一中粒含白云质结晶灰岩。产腕足类 *Finkelnburgia*、*Otusia*、*Palaeostrophia*	514.5 m
1. 浅灰、绿灰色层状钙质片岩夹石英千枚岩(未见底)	＞150.0 m

【地质特征及区域变化】　本组岩性特征明显，为次稳定型建造，以碳酸盐岩为主，仅底部见少许碎屑岩，与上覆地层间接触关系清楚。以大套碳酸盐岩的结束为其顶界与上覆颂达沟组变质碎屑岩呈整合接触。本组断续出露于巴塘县的冬兰多一纳交系以东及中咱牛场一带，呈南北向展布，沿延伸方向被断失。岩性变化不大，额顶处厚度大于 1 588 m，坚顶处厚度大于 1 406 m。

本组仅见有腕足类 *Otusia*，*Apheoorthis*，*Palaeostrophia*，*Elkania*，*Obolus* 等，其中 *Otusia* 为晚寒武世重要分子，其他属种主要见于晚寒武世一早奥陶世，鉴于上覆颂达沟组含有晚寒武世三叶虫重要分子，其时代为晚寒武世。

颂达沟组 ∈s (06－51－0041)

【创名及原始定义】 系四川三区测队(1977)命名于巴塘县中咱区颂达沟。原义指“岩性为板岩夹粉砂岩和少量灰岩，厚 2 081 m，总体略显下粗上细之势，岩石以具灰黄、灰绿色为特征，下与额顶组，上与奥陶系整合接触，产晚寒武世重要属群 *Calvinella* 和 *Haniwa* 等三叶虫及腕足类 *Finkelnburgia*”的地层。

【沿革】 命名后被沿用。

【现在定义】 指与上覆邦归组、下伏额顶组碳酸盐岩整合接触，以碎屑岩为主夹少量碳酸盐岩的地层体，碎屑岩为变质砂岩、粉砂岩、千枚岩、千枚状板岩，含三叶虫、腕足类等化石，厚 1 500～2 100 m。

【层型】 正层型为坚顶—龙勇剖面，位于巴塘县中咱区(99°22′30″，29°19′30″)，四川三区测队 1974 年测制。

上覆地层：邦归组 灰一深灰色中厚层状灰岩

——————— 整 合 ———————

颂达沟组 总厚度 2 017.2 m

34. 灰绿一黄绿色千枚状板岩和板岩不等厚互层，夹浅灰色灰岩凸镜体。板岩中偶见海绿石。含三叶虫 *Calvinella* sp.，*Haniwa* sp.；腕足类 *Finkelnburgia* sp. 37.9 m
33. 浅灰色中厚层状粗一中粒灰岩和灰绿色板岩不等厚互层 64.5 m
32. 灰绿色薄一巨厚层状粉砂岩夹板岩 137.4 m
31. 灰黄色粉砂质板岩，偶夹薄板状泥质灰岩 22.2 m
30. 灰绿色中厚层状粉砂岩夹板岩 69.0 m
29. 灰黄一灰绿色板岩夹粉砂岩和少量变质石英砂岩 337.6 m
28. 灰黄色板岩夹粉砂质板岩 179.5 m

═══════ 断 层 ═══════

27. 灰绿色千枚岩和粉砂质绢云板岩不等厚互层 253.8 m
26. 灰黄色绢云板岩夹灰绿色砂质板岩 110.8 m
25. 灰绿色粉砂岩夹石英绢云千枚岩 109.1 m

═══════ 断 层 ═══════

24. 灰黄色千枚状板岩和粉砂质板岩不等厚互层 81.8 m
23. 灰绿色粉砂质板岩夹千枚岩 53.7 m
22. 灰绿一灰黄色千枚岩夹粉砂质板岩 128.3 m
21. 浅灰绿色粉砂质绢云板岩夹千枚岩 140.1 m
20. 灰黄色千枚状板岩夹粉砂质板岩 243.3 m
19. 灰黄一灰绿色千枚状板岩夹灰一深灰色薄层状细粒灰岩 48.2 m

——————— 整 合 ———————

下伏地层：额顶组 灰一灰黄色泥质灰岩夹浅灰色中厚层状结晶灰岩

【地质特征及区域变化】 本组为次稳定型碎屑岩建造，显示由粗到细的多个沉积韵律，以大量碎屑岩的结束和出现作为其顶、底界线，与上覆邦归组、下伏额顶组均为整合接触。本组分布范围与额顶组基本一致，擦基以北变化比较明显。颂达沟厚 2 081 m，额顶厚 1 524 m。

颂达沟组所含化石以三叶虫为主，有少量腕足类，主要有 *Calvinella*，*Haniwa sichuanen-*

sis, *Mictosaukia* cf. *walcotti*, *Finkelnburgia*。其中*Calvinella*－*Mictosaukia*是华北型上寒武统凤山阶代表分子，*Haniwa*常见于上寒武统地层。朱兆玲(1989)认为：巴塘地区寒武系三叶虫在寒武纪古动物地理分区上意义较大，这些三叶虫显然属华北型动物群，与滇西保山一带有密切关系，是晚寒武世华北型动物向西扩展的重要通道。颂达沟组时代亦属晚寒武世无疑。

呷里降组 ∈*x* (06－51－0038)

【创名及原始定义】 系四川区调队(1991)命名于木里县水洛乡呷里降。木里县一带寒武系为四川区调队(1978—1982)随着震旦系叠层石的发现而提出来的。原义指“覆于有叠层石、藻类化石的震旦系上统水晶组白云岩之上，同时又伏于含笔石、三叶虫等化石的奥陶系下统碎屑岩之下；岩性标志二分性明显，下段为碎屑岩、上段为碳酸盐岩，自身构成一个海进旋回；它与上覆和下伏岩性分界清楚”的地层。

【沿革】 命名后沿用至今。

【现在定义】 岩性为下部碎屑岩、上部碳酸盐岩，与上覆人公组砂岩、下伏水晶组白云岩均为平行不整合接触的地层体，厚30～350 m。

【层型】 正层型为木里县呷里降剖面，位于木里县水洛乡(100°35′30″, 38°18′00″)，四川区调队1982年测制。

上覆地层：人公组 浅绿灰、灰白色薄—厚层石英细砂岩、粉砂岩夹碳质粉砂质板岩

－－－－－－－ 平行不整合 －－－－－－－

呷里降组 总厚度32.2～35.9 m

6. 中上部为浅灰—灰黄色薄—中层状白云岩、硅质条带白云岩；下部为灰、紫灰、紫红色含泥质白云岩、含白云质硅质板岩；底部夹角砾状白云岩凸镜体 32.2～35.9 m

－－－－－－－ 平行不整合 －－－－－－－

下伏地层：水晶组 浅灰—灰白色核形石、藻叠层石白云岩夹葡萄状白云岩

【地质特征及区域变化】 本组厚度不大，岩性特征明显。本组见于木里县水洛、呷里降、老灰里、巍立和等地，呈狭长的带状展布，正层型剖面下部碎屑岩较少，延伸出去后碎屑岩迅速增多。厚度在老灰里吉松洞厚162.4 m，耳泽夏松牛场厚88.8 m。

本组迄今未发现古生物化石，鉴于上覆奥陶系、下伏震旦系均有可靠古生物化石佐证，就当前资料而言暂划归寒武系比较合适。四川区调队(1984)将这套地层与早寒武世梅树村阶对比，证据显然欠缺，也有人疑为上震旦统。总之时代归属问题还有待今后注意。

渭门组 ∈*w* (06－51－0043)

【创名及原始定义】 系本次清理新建的岩石地层单位，由黄盛碧以茂县渭门剖面为正层型命名渭门组。指平行不整合伏于大河边组大理岩、结晶灰岩之下，整合覆于水晶组白云岩之上，以火山碎屑岩与变质碎屑岩互层为特征的地层体。火山碎屑岩有凝灰质砂岩、火山质砾岩、凝灰岩、火山角砾岩，变质碎屑岩为碳质千枚岩夹含碳硅质岩。

【沿革】 渭门一带寒武系为四川二区测队(1966—1973)首先发现，曾以“渭门砾岩”称之。茂汶幅区调报告(1975)中指出：“在茂汶一带清平组含磷硅质岩系之上，奥陶系结晶灰岩之下，为一套火山碎屑岩与沉积碎屑岩互层的地层，因证据不足，暂划归中—上寒武统”。其后，《四川省区域地质志》(1991)认为该套砾岩“大致与文县关家沟砾岩同性质、同层位、同

环境”而划归震旦系。本次清理经野外核查及室内综合研究认为，关家沟砾岩的砾石成分、结构、胶结物性质为典型的冰水沉积。而这套含砾火山碎屑岩砾石，成分复杂，下部为酸性含砾火山碎屑岩，上部以粗面岩碎屑为主夹沉积岩，与关家沟砾岩有明显的差异。含砾火山碎屑岩在渭门一带最厚，向四周粒度变细，砾石迅速减少，沉积岩夹层增加。砾石呈长柱状、棒状，分选性及球度都很差。该套地层岩石特征明显，层位、接触关系清楚，虽分布较局限，但和该区已有的任何岩石地层单位均不相当，故必须新建岩石地层单位以完善地层序列。

【现在定义】 同原始定义。

【层型】 正层型为茂县渭门剖面，位于茂县渭门乡(103°45′10″，31°45′10″)，四川二区测队1975年测制。

上覆地层：大河边组 结晶灰岩

——————— 平行不整合 ———————

渭门组	总厚度>1 377 m
6. 浅灰色绢云石英片岩夹石榴绢云石英片岩及灰色薄—中层变质砂岩	141 m
5. 浅灰色绢云石英片岩、石英片岩夹凝灰岩、火山质砾岩及钙质砂岩。火山质砾岩砾石成分有流纹岩、石英钠长斑岩、石灰岩、砂岩等。砾径0.5～8 cm	43 m
4. 浅灰色绢云石英片岩、二云石英片岩夹凝灰质砂岩	576 m
3. 深灰色含碳绢云石英片岩、钙质二云石英片岩夹绿泥绢云石英片岩和凸镜状火山角砾岩	179 m
2. 灰色绢云石英片岩，上部夹浅灰色二云片岩	313 m
1. 碳质千枚岩夹黑色薄层含碳硅质岩(未见底)	>125 m

【地质特征及区域变化】 本组以非稳定型变质火山碎屑岩与碎屑岩互层为特征，与上覆大河边组为平行不整合接触。本组仅见于茂县渭门、三尖山、白龙池及土门雨亭沟一带，岩性、厚度变化较大，含砾火山碎屑岩以渭门一带最发育，厚度大于1 377 m。由渭门向西至筲箕塘，向东至二道沟，火山碎屑岩减少，粒度变细，厚度也变薄。向东至挂思岭逐渐被变质砂岩所代替，只见少数凝灰质砂岩夹层。雨亭沟一带为流纹质凝灰岩、凝灰质砾岩与变质砂岩不等厚互层，未见顶，厚度大于641 m，整合覆于水晶组白云岩之上。

本组未发现古生物化石，茂汶幅区调报告(1975)依据平行不整合伏于奥陶系之下，整合覆于“清平组”之上而划归中—上寒武统。鉴于当前资料较少，其时代推测为寒武纪。

太阳顶组 ∈*t* (06-51-0042)

【创名及原始定义】 为川西北地质大队(1992)命名于若尔盖县降扎太阳顶(藏语称希格)。原义指“不整合于震旦系白依沟群之上，以大套硅质岩与板岩互层为特征”的地层。

【沿革】 川西北地质大队① (1992)在1∶5万贡巴等八幅联测报告中指出：太阳顶组所包括的地层，以往的文献资料中均为志留系。自1982年甘肃区调队在迭部县拉路村该组上覆黑色板岩中发现以*Didymograptus*为代表的早奥陶世笔石动物群后，太阳顶组的时代相应归属于寒武系。本次清理沿用。

【现在定义】 因断层关系伏于大堡群碎屑岩之下，平行不整合超覆于白依沟群绢云板岩之上，以深灰—灰黑色厚层—块状硅质岩与黑色碳硅质板岩互层为特征的地层体。

---

① 川西北地质大队，1992，1∶5万贡巴、扎尕那、占哇、祖爱、郎木寺、迭部县、降扎、白云区调报告(地质部分)。

【层型】 正层型为牙相一希格山剖面，位于若尔盖县降扎乡(102°50′15″，34°11′15″)，川西北地质大队1982年测制。

太阳顶组	总厚度>962.8 m
10. 深灰一灰黑色中一块状结晶硅质岩及碳质泥晶硅质岩，见条带状层理(未见顶)	>176.4 m
9. 深灰一灰黑色碎裂状碳质硅质泥晶硅质岩	28.8 m
8. 深灰一灰黑色致密块状含碳硅质岩夹黑色碳、硅质板岩及磷矿层	127.8 m
7. 深灰一灰黑色含碳质硅质板岩夹千枚状板岩	32.7 m
6. 深灰一灰黑色块状浊晶硅质岩，即狭义的太阳顶硅质岩	192.8 m
5. 深灰一灰黑色碳质绢云母板岩夹深灰色薄层状粉砂岩及碳质板岩	182.9 m
4. 深灰一灰黑色块状泥晶硅质岩夹薄层碳质硅质岩	177.1 m
3. 深灰一灰黑色致密块状含碳质硅质岩及微晶硅质岩	27.2 m
2. 深灰一灰黑色薄层状碳质泥晶硅质岩	2.4 m
1. 深灰一灰黑色块状亮晶浊晶硅质岩，含星点状黄铁矿。最底部为角砾状硅质岩	14.7 m

——————— 平行不整合 ———————

下伏地层：白依沟群　灰白色薄一中厚层绢云板岩

【地质特征及区域变化】 仅见于白依沟一带，组成白依沟背斜两翼，岩性特征明显，变化不大。以牙相道班一牙相寨北段出露最全。本组化石稀少，见有软舌螺 *Hyolithellus ginghensis*，*Cylindrochites doiznuangziensis* 等。由此，太阳顶组时代应为寒武纪。此外，太阳顶组下部碳质板岩中测得 Rb－Sr 同位素年龄值 535.5±11.4 Ma 及黄铁矿铅同位素年龄值 545.42 Ma，这些数据无疑对太阳顶组层位予以佐证。虽还有人认为太阳顶组是跨寒武纪一奥陶纪的地层单位，但鉴于目前资料不足，暂归属寒武系。

本组是降扎地区的重要含矿层位，已发现的矿产有金、铀、铜、锑、钼、汞、石煤和磷等。

鲁家坪组 $\in lj$ (06－51－2155)

【创名及原始定义】 陕西区测队1966年命名于陕西省紫阳县瓦庙乡鲁家坪。原始定义为："岩性主要为碳质页(板)岩和少量碳质粉砂岩、白云岩、硅质岩等，局部夹磷块岩、石煤，含少量小壳动物化石的地层，厚130～704 m。其上为箭竹坝组整合覆盖，与震旦系下统火山碎屑岩为角度不整合，时代为梅树村期—筇竹寺期。"

【沿革】 该组原始含义包括了部分震旦系上统，岩性为黑色薄层状硅质岩夹白云岩、白云质灰岩的层位，四川二区测队1974年将这段地层划出，未命名。其后，四川地层表编写组(1978)命名为八子坪组，并与灯影组对比。其上部以碳质页(板)岩为主的地层复称鲁家坪组，其后沿用。

【现在定义】 在四川省为灰、灰黑色板岩、粗砂质板岩、碳质粉砂岩为主，夹泥灰岩凸镜体及含磷结核、黄铁矿结核的地层，未见化石，厚度一般大于400 m，与下伏八子坪组灰黑色硅质岩及上覆箭竹坝组深灰色灰岩均呈整合接触。

【层型】 正层型在陕西省。省内次层型为万源县蒲家坝剖面。陕西区测队1966年测制。

【地质特征及区域变化】 该组岩性较为稳定，以灰一黑色碳质、粉砂质板岩为主，常夹碳质粉砂岩及泥灰岩条带及凸镜体。在城口岚溪河一带该组中部被断层破坏，厚度大于

395 m，万源庙子坝一带厚 540 m，至川陕边境的万源蒲家坝一带厚度陡增至 1 081 m，具有北厚南薄的变化趋势。该组下伏层以硅质岩为主，上覆层以碳硅盐岩为主，均为整合接触，界线清楚。该组仅分布于城口岚溪河至万源蒲家坝一带，普遍经受轻微区域变质。

鲁家坪组未见化石，也缺乏测年资料。根据层位推测，时代可能归属早寒武世。

箭竹坝组　∈jż　(06－51－2156)

【创名及原始定义】　陕西区测队 1966 年命名于城口县北箭竹坝。原义为“岩性单一，由青灰色石灰岩间夹泥质灰岩组成，偶见白云质灰岩或硅质岩，单层厚 5～12 m，见少量三叶虫化石的地层，厚 183 m，时代暂定为沧浪铺—龙王庙期”。

【沿革】　自创名后广为沿用。

【现在定义】　以灰、深灰色薄层状灰岩、泥质条带灰岩为主，夹少量泥灰岩及少量千枚岩(板岩)的地层，含少量三叶虫化石，与下伏鲁家坪组灰黑、深灰色板岩(千枚岩)及上覆毛坝关组底部钙质板岩均呈整合接触。

【层型】　正层型为城口县箭竹坝剖面，位于城口县北箭竹坝(108°52′36″，31°47′10″)，陕西区测队 1966 年测制。

上覆地层：毛坝关组　泥灰岩，夹钙质板岩

——————— 整　合 ———————

箭竹坝组	总厚度 180.0 m
7. 灰色薄层灰岩	34.0 m
6. 薄层泥质条带灰岩	12.0 m
5. 薄层灰岩	60.0 m
4. 薄层泥质条带灰岩	30.0 m
3. 泥灰岩	40.0 m
2. 灰黄色绢云母千枚岩	4.0 m

——————— 整　合 ———————

下伏地层：鲁家坪组　灰黑色千枚岩

【地质特征及区域变化】　本组岩性单一，以碳酸盐岩为主。主要分布于城口-房县断裂带以北地区，具轻微变质。向南于岚溪河一带灰岩时具“竹叶状”构造，夹少量页(板)岩及泥灰岩，厚度增大至 543 m。向北至万源庙子坝、蒲家坝一带该组以纯灰岩为主，下部灰岩多含泥质及白云质，并夹少量碳质板岩，厚 228～414 m 不等。该组下伏地层以碳质板岩、千枚岩为主，岩性突变，易于认别。上覆地层以白云岩与该组灰岩分界，界线不易准确区分。

本组化石罕见，据资料记载仅在万源县蒲家坝于该组下部灰岩中曾见有三叶虫 *Kootenia yui*(项礼文，1981)，该种属峡东“天河板组”中重要分子，其时代相当于沧浪铺晚期。

毛坝关组　∈mb　(06－51－2157)

【创名及原始定义】　陕西区测队 1966 年命名于陕西省紫阳县毛坝关。原始定义为：由深灰、灰黑色厚层泥灰岩组成，间夹石灰岩、灰质页岩、碳质页(板)岩薄层及凸镜体的地层，含三叶虫及腕足类化石，厚 120～881 m，时代为中寒武世。

【沿革】　该组自命名后，其名称及定义均为后人沿用(四川二区测队，1974)，项礼文等

(1981)以该组与上覆八卦庙组岩性近似，化石为中寒武世晚期为由，改称“庙子坝组”。该名称由中国地质科学院(1959)创名于城口庙子坝，但未正式发表。本次清理认为仍用毛坝关组为宜。

【现在定义】 以灰、深灰色板状至薄层状含钙质、泥质白云岩为主，底部为同色钙质板岩的地层，含三叶虫等化石，与下伏箭竹坝组顶部泥质灰岩夹钙质板岩及上覆八卦庙组深灰色薄—中厚层状石灰岩均为整合接触。

【层型】 正层型在陕西省。省内次层型为万源县庙子坝剖面。系陕西区测队 1966 年测制。

【地质特征及区域变化】 本组仅见于万源庙子坝一带，岩性以钙质、泥质白云岩为主，下部夹有深灰色钙质、粉砂质板岩及灰岩角砾岩(可能为塌积成因)，厚达 1 840 m。向北厚度迅速减薄至 295～900 m，向南以泥灰岩为主，出露不全，厚度大于 560 m。在庙子坝一带该组上覆和下伏地层均为灰岩或泥质灰岩，分界标志明显；岚溪河一带白云质减少，与下伏层界线不易区分。

该组上部产三叶虫化石 *Anomocarella chinensis*，*Prohedina* 等(项礼文，1981)，时代应归属中寒武世晚期。

八卦庙组　∈*bg*　(06－51－2158)

【创名及原始定义】 陕西区测队 1963 年命名，卢衍豪 1964 年介绍，命名于陕西省紫阳县斑鸠关八卦庙。原始定义为：黑色石灰岩、灰色夹黄色泥质砂岩，间夹少许页岩的地层体。

【沿革】 创名后一直沿用。

【现在定义】 主要为一套灰、深灰色薄—中厚层状石灰岩、泥岩为主，夹白云质灰岩及白云岩。见少量三叶虫化石及碎片。厚度大于 1 000 m。省内未见顶，与下伏毛坝关组顶部浅灰色厚层块状泥质、粉砂质白云岩整合接触。

【层型】 正层型在陕西省。省内次层型为万源庙子坝高桥沟剖面。陕西区测队 1963 年测制。

【地质特征及区域变化】 该组岩性较稳定，分布于城口-房县断裂带以北，省内仅见于万源县庙子坝以北的川陕两省交界处，范围局限。

在万源县玉皇庙灰岩中见三叶虫 *Linguagnostus* sp.，*Peronopsis* sp. 等(项礼文，1981)。古生物化石常见于中寒武世地层中，八卦庙组时限应属中寒武世。

蒙措纳卡组　O*mc*　(06－51－0050)

【创名及原始定义】 原称蒙措纳卡群，系四川省地层表编写组(1978)命名于巴塘县将巴地蒙措纳卡。原义指“出露于巴塘县藏巴纳等地，以薄—中厚层疙瘩状结晶灰岩为主夹方解绢云片岩、方解绿泥片岩，含腕足类 *Orthis* 介壳层”的地层。

【沿革】 创名后未被采用。对该套地层均以下奥陶统表示，以区别于邦归组。本次研究对比认为，蒙措纳卡组岩性特征明显，与上、下地层间关系清楚，符合岩石地层单位定义，为完善该地区岩石地层序列，应重新起用。现降群为组。

【现在定义】 指岩性变化较大的一套碎屑岩、碳酸盐岩沉积，局部夹火山岩，平行不整合伏于然西组之下，覆于小坝冲组绿色片岩之上，含腕足类化石，厚逾千米的地层。

【层型】 正层型为巴塘县藏(将)巴纳剖面，位于巴塘县将巴地(99°15′24″，29°47′18″)，四川三区测队 1973 年测制。

上覆地层：然西组　下部为灰绿色蚀变气孔状粗面质玄武岩、变质凝灰砾岩

——————— 平行不整合 ———————

蒙措纳卡组　　总厚度 1 824.9 m

7. 灰白色薄—中厚层泥质结晶灰岩夹灰绿色方解绿泥片岩凸镜体，泥质结晶灰岩具疙瘩状构造，层面上有腕足类 *Orthis* 介壳堆积体　180.0 m

6. 灰绿、绿色方解绿泥片岩，夹灰白色泥质结晶灰岩凸镜体。含腕足类 *Orthis*　287.7 m

5. 灰白、深灰色疙瘩状泥质结晶灰岩，夹褐黄色绢云方解片岩、灰绿色方解绿泥片岩。灰岩内含腕足类 *Orthis* sp.　411.8 m

4. 灰白色薄板状—中层细粒—中晶大理岩，层面上有大量腕足类 *Orthis* 介壳富集　285.5 m

3. 灰绿色绿泥方解片岩、方解绿泥片岩、绿泥石英片岩，夹灰白色结晶灰岩　231.6 m

2. 上部为肉红色中厚层结晶灰岩，下部为灰白色中厚层大理岩　369.9 m

1. 紫红色薄—中厚层变质细粒石英砂岩，具细层纹构造，下部夹灰绿色绢云绿泥片岩　58.4 m

——————— 平行不整合 ———————

下伏地层：小坝冲组　绿色片岩

【地质特征及区域变化】　本组为非稳定型的碎屑岩、碳酸盐岩夹火山岩。顶部以泥质疙瘩状结晶灰岩与然西组分界，与下伏地层多以断层接触。断续出露于巴塘县的亚门龙、将巴纳、树共、道许牛场等地。岩性岩相变化较大，将巴纳一带为结晶灰岩、泥灰岩与片岩、变质石英砂岩不等厚互层，厚 1 824～1 700 m，在巴塘县亚门龙、树共一带以碎屑岩为主夹基性火山岩，厚度大于 1 200 m，道许牛场一带为大理岩、结晶灰岩与片岩不等厚互层，厚度大于 760 m。

本组见有 *Orthis*，由于上覆地层也有化石佐证，所以蒙措纳卡组时代为早奥陶世。

邦归组　*Obg*　(06－51－0049)

【创名及原始定义】　系四川三区测队(1977)命名于巴塘县中咱邦归。原始定义：岩性为结晶灰岩夹白云岩及粉砂质板岩，产笔石、三叶虫及腕足类等化石，与下伏上寒武统颂达沟组整合接触。

【沿革】　命名后广泛引用，但有两种意见：一种认为邦归组、溜冉卡组代表义敦地区下奥陶统地层，岩性差异为相变所致；另一种则认为该地区存在两套面貌不同的奥陶系，邦归组、溜冉卡组仅限于中咱地区。本次清理经综合研究同意第二种意见，邦归组仅限于中咱地区，并认为邦归组与溜冉卡组岩性岩相相似，可分性差，宜归并并采用邦归组，对原含义进行了修订。

【现在定义】　指平行不整合伏于格扎底组之下，整合覆于颂达沟组变质碎屑岩之上，以碳酸盐岩为主夹少量碎屑岩的地层体，碳酸盐岩为灰—灰黑色中厚层状结晶灰岩、泥灰岩、白云岩、白云质灰岩，泥灰岩风化后呈豹皮状，含笔石、三叶虫、腕足类等化石。

【层型】　正层型为中咱邦归—溜冉卡剖面，位于巴塘县中咱区(99°23′30″，29°21′30″)，四川三区测队 1972 年测制。

上覆地层：格扎底组　深灰色中厚层状泥晶灰岩，底部具一层约 1m 的杂色角砾状灰岩

——————— 平行不整合 ———————

邦归组　　　　　　　　　　　　　　　　　　　　　　　　　　　　　　　　　　总厚度 1 477.4 m

13. 浅灰、灰白色薄－中厚层细—中晶白云岩，含少许铁泥质，风化面具红色斑点　102.9 m

12. 浅灰白色中厚层细－粗晶白云岩，夹浅灰褐色泥质结晶灰岩　40.2 m

11. 浅灰白色中厚层中粗晶白云质大理岩，夹少许泥质结晶灰岩　81.3 m

10. 浅灰白色中厚层含泥质结晶白云岩，夹深灰色中－粗晶灰岩，顶部白云岩为米黄色　180.7 m

9. 深灰色微带黑色中层状少许厚层状细晶灰岩，产腕足类 *Tetraodontella*、螺等　88.8 m

8. 深灰－灰白色、白色中层状中晶白云岩夹结晶灰岩，顶部夹黄色中层状板岩，产腕足类 *Orthis*，*Finkelnburgia*，*Orthidium*　296.2 m

7. 深灰色中层状细晶灰岩，顶部夹浅灰色细晶白云岩　102.3 m

6. 瓦灰色中层状细晶泥灰岩夹细晶灰岩，产笔石 *Callograptus* cf. *salteri*、三叶虫等　30.6 m

5. 深灰色中层状含白云质细晶灰岩，产软舌螺、腕足类化石　40.3 m

4. 深灰色中层状中晶含泥质白云岩及同色不均匀结晶灰岩，产腕足类、三叶虫等化石。腕足类有 *Aporthophyla* sp.　247.0 m

3. 浅灰黄色含粉砂质板岩　67.2 m

2. 深灰、浅灰色中层状细－中晶白云岩　98.7 m

1. 浅灰、黄灰色中层状结晶灰岩，产苔藓虫　101.2 m

——————— 整　合 ———————

下伏地层：颂达沟组　黄色微带灰白色石英绢云千枚岩

【地质特征及区域变化】　本组仅见于中咱一带，岩性稳定。与上覆格扎底组以杂色角砾状灰岩分界；下以碳酸盐岩为底与颂达沟组顶部碎屑岩分界。

本组含有笔石、三叶虫、腕足类、腹足类等。笔石有 *Callograptus salteri*，*C. reticulatus*；三叶虫有 *Illaenus* cf. *sinensis*；腕足类有 *Orthambonites*，*Orthis* 等。均为早奥陶世分子，与赖才根(1982)所建的 *Callograptus* 带大致相当。综上所述邦归组时限为早奥陶世。

物洛吃普组　*Owl*　(06－51－0051)

【创名及原始定义】　四川三区测队(1977)创名于巴塘县中咱区物洛吃普。原始定义："主要岩性上部为灰岩夹泥灰岩，下部为变质石英砂岩，厚 157.3～400.0 m，泥灰岩中产头足类、藻类和腹足类化石，上与下志留统格扎底组假整合，下与下奥陶统溜冉卡组整合接触"。

【沿革】　创名后广为引用。

【现在定义】　指整合或平行不整合伏于格扎底组之下，平行不整合(?)覆于颂达沟组之上的一套下部为变质碎屑岩，上部为碳酸盐岩的地层，其间常夹有紫红色疙瘩状、条带状泥灰岩薄层，含头足类、钙藻、腹足类等化石。

【层型】　正层型为物洛吃普剖面，位于巴塘县中咱区(99°17′00″，29°07′00″)，四川三区测队 1976 年测制。

上覆地层：格扎底组　灰岩

——————— 平行不整合 ———————

物洛吃普组　　　　　　　　　　　　　　　　　　　　　　　　　　　　　　　　　总厚度 157.3 m

4. 深灰－灰黑色薄板状细粒灰岩夹泥质灰岩，局部为灰色带紫红色疙瘩状泥质灰岩，产头足类 *Tofangocerina*，*Orthoceras*；藻类 *Coelosphaeridium* cf. *cyclocrinophilum*，*Di-*

morphosiphon rectangulare 以及腹足类等 82.6 m

3. 浅灰色中厚—厚层状变质含长石石英砂岩 74.7 m

——————— 平行不整合(?) ———————

下伏地层：颂达沟组　灰绿色绿泥片岩

【地质特征及区域变化】　本组为稳定型碎屑岩—碳酸盐岩地层。在中咱物洛吃普一带以变质石英砂岩出现为底与颂达沟组顶部片岩平行不整合接触，以含紫红色疙瘩、条带状泥灰岩结束为顶与格扎底组底部灰岩分界。本组分布于角将西、里甫、物洛吃普、绒角等地，受断层破坏，呈南北向断续出露。岩性特征明显，层间常夹紫红色疙瘩状、条带状泥质灰岩薄层，可作为本组的标志。灰岩中含钙藻 *Coelospaeridium*，头足类 *Tofangocerina*，*Orthoceras* 等，穆西南(1982)指出其化石组合的时代相当于 Caradoc 世，时代属中—晚奥陶世。

木里县店满瓦厂组之上有一套砂板岩、白云岩互层的地层，整合伏于米黑组之下，含 *Orthidiella* sp.，*Dalmanella eleganthula*，厚 200～1 000 m。本次对比研究认为：该地层分布虽然局限，但与上下地层间关系清楚，虽化石层位偏高，但岩性组合与物洛吃普组相似，故以物洛吃普组称之。

人公组　Or　(06－51－0047)

【创名及原始定义】　系四川区调队(1984)命名于木里县水洛乡邛依沟人公。原始定义："岩性为一套灰白色及绿灰色薄—厚层块状石英砂岩、长石石英砂岩夹绢云板岩，整合伏于下奥陶统瓦厂组之下，厚 347.8～502.7 m，局部厚达 1 216 m"的地层。

【沿革】　木里瓦厂一带奥陶系在 1965 年前就已被发现，四川三区测队(1974)肯定了该地区奥陶系的存在。1978 年四川地层表编写组将其命名为瓦厂群，四川区调队(1984)根据岩性组合及含矿性、古生物特征，分别命名为瓦厂组、人公组。其后沿用。

【现在定义】　整合伏于瓦厂组杂色砂板岩之下，平行不整合覆于水晶组白云岩或呷里降组碳酸盐岩之上，以薄—厚层块状石英砂岩、长石石英砂岩为主夹绢云板岩、粉砂岩的地层体，厚 340～550 m，局部厚度大于 1 216 m。

【层型】　正层型为邛依剖面人公段，位于木里县水洛乡(100°39′30″，28°13′00″)，四川区调队 1982 年测制。

上覆地层：瓦厂组　深灰色绢云板岩与黄灰色薄—中层石英细砂岩呈韵律式互层，含笔石

———————— 整　合 ————————

人公组 总厚度 301.2 m

7. 灰、浅绿灰、灰白色厚层—块状变石英岩状纯石英砂岩，岩石中有少量褐色斑点 24.7 m
6. 灰黑、绿灰色砂质绢云板岩与灰、黄绿灰色中层变石英砂岩呈不等厚互层 6.0 m
5. 灰色厚层块状变长石石英细砂岩夹深灰—灰黑色绢云板岩 58.9 m
4. 灰黑色粉砂质绢云板岩夹灰、黄灰色厚层变长石石英砂岩 88.4 m
3. 浅灰—灰白色薄—厚层变长石石英细砂岩夹绢云板岩 41.6 m
2. 浅灰色中—厚层夹薄层变长石石英细砂岩与深灰、灰黑色粉砂质绢云板岩 64.2 m
1. 上部深灰—灰黑色斑点绢云板岩，下部为浅灰、灰白色厚层变长石石英细砂岩(变粒岩) 17.4 m

——————— 平行不整合 ———————

下伏地层：呷里降组　白云岩

【地质特征及区域变化】　本组以厚层—块状变质石英砂岩、长石石英砂岩为特征，分布于木里县唐央、瓦厂一带。以砂岩的出现与呷里降组或水晶组碳酸盐岩分界，以大套石英砂岩结束与瓦厂组杂色砂板岩分界。查不朗一带为深灰色石英砂岩夹灰黑色千枚状板岩，厚约800 m。瓦厂一带为灰、浅灰绿色石英砂岩夹粉砂质板岩，厚347.8 m。水洛一带为石英砂岩、长石石英砂岩夹千枚岩，厚500～1 200 m。该地区砂岩石英含量高，已形成硅石矿。

本组化石稀少，鉴于上覆瓦厂组有可靠的早奥陶世化石，所以人公组的时限为早奥陶世。至于本组是否还包含了部分寒武纪地层，有待今后研究。

瓦厂组　Ow　(06－51－0048)

【创名及原始定义】　系四川区调队(1984)命名于木里县瓦厂。原义为灰—灰白色薄、厚—块层状长石石英砂岩、长石砂岩、石英砂岩、粉砂岩与灰—灰黑色绢云板岩呈不等厚互层之地层，下部有变玄武岩，局部见石英砾岩夹层，上部夹灰绿、紫红色板岩，平行不整合伏于志留系米黑组或更新地层之下，整合覆于人公组之上。富含多门类化石，常含铁锰质结核。

【沿革】　本组1984年从瓦厂群中解体出来，后为1∶5万区调肯定，现沿用之。

【现在定义】　指平行不整合伏于米黑组之下，整合覆于人公组之上的一套岩性为长石石英砂岩、石英砂岩与绢云板岩、板岩不等厚互层的地层体，板岩为主、砂岩为次，纵向上岩石组合显示杂色是该组重要标志，含笔石、三叶虫、腕足类、双壳类等化石。

【层型】　正层型为邛依剖面人公段，位于木里县水洛乡(100°39′30″，28°13′00″)，四川区调队1982年测制。

上覆地层：米黑组　暗绿灰、黄绿灰色千枚状硅质绢云板岩，下部夹紫红色粉砂岩

——————— 平行不整合 ———————

瓦厂组	总厚度452.6 m
17. 灰—灰白色薄—中厚层石英砂岩	11.4 m
16. 黄绿灰—绿灰色粉砂质绢云板岩与暗绿灰色细砂岩呈韵律式互层	17.2 m
15. 上部灰白色厚—块层中粒石英岩状石英砂岩；下部薄板状石英砂岩夹粉砂质板岩	30.7 m
14. 灰、浅灰色薄层中细粒石英砂岩，中部夹薄层粉砂岩，顶部为粉砂质板岩	39.8 m
13. 灰黑色粉砂质绢云板岩与灰色薄—中层石英砂岩构成两个韵律式互层	24.5 m
12. 深灰、灰黑色绢云板岩与灰、浅灰色薄层石英砂岩呈不等厚互层	32.2 m
11. 灰色薄—中层中细粒石英砂岩夹少量板岩	51.6 m
10. 灰—浅灰色薄—中层石英砂岩夹深灰色绢云板岩	98.9 m
9. 绿灰色粉砂质绿泥绢云板岩，底部有石英砂岩夹绿色板岩	46.8 m
8. 深灰色绢云板岩与黄灰色薄—中层石英细砂岩呈韵律式互层，板岩中含笔石 *Didymograptus nanus* 及三叶虫碎片	99.5 m

——————— 整　合 ———————

下伏地层：人公组　灰、浅灰绿、灰白色厚—块状石英岩

【地质特征及区域变化】　本组为稳定—次稳定型的浅色变质砂岩与灰黑色、紫红色等杂色板岩不等厚互层，杂色是本组的特征。分布于木里县唐央—查不朗、瓦厂、水洛、瓦板沟等地。瓦厂一带为灰—深灰色长石石英砂岩、粉砂岩与绢云板岩不等厚互层，夹少量紫红色

板岩、铁锰质结核，厚约1 000 m。四合乡一带为砂岩、粉砂岩夹杂色板岩，底部夹少量玄武岩，厚500～1 000 m。水洛一带为长石石英砂岩、粉砂岩与碳质板岩韵律式互层，上部夹紫红色板岩，厚1 000～1 500 m。

本组化石丰富，有笔石 *Didymograptus bifidus*，*D. diapason*，*D. murchisoni*，*Glyptograptus* aff. *qijiangensis*；三叶虫 *Birmanites*；腕足类 *Orthis calligramma*，*Sinorthis* 及腹足类、双壳类、方锥石等。穆恩之(1980)、赖才根(1982)认为 *D. murchisoni* 是我国西南及华中地区下奥陶统顶部带化石，此外 *D. nanus*，*D. parallelus* 及 *Neseuretus*，*Orthis*，*Sinorthis* 等均为该期常见分子。综上所述，瓦厂组的时限为早奥陶世中—晚期。另外本组底部玄武岩中K－Ar法测定年龄值为478 Ma，与上述结论基本一致。

大河边组 *Od* （51－0046）

【创名及原始定义】 由黄盛碧(1994)在本次清理中于小金大河边命名。原义指整合或平行不整合伏于通化组浅变质碎屑岩之下，平行不整合覆于涓门组碎屑岩、火山碎屑岩或水晶组白云岩或超覆于晋宁—澄江期花岗岩之上的一套区域变质碳酸盐岩、碎屑岩地层，主要岩性为上部浅灰、灰白色白云岩、大理岩、结晶灰岩夹片岩、千枚岩；下部深灰色石英岩、片岩夹大理岩，含海百合茎化石。

【沿革】 小金一带奥陶系最早为李廷栋等(1969)发现，四川二区测队(1975、1984)证实无误，但均未命名。《四川省区域地质志》中，作为震旦系处理。本次对比研究野外核查时在汶川下庄相当层位的结晶灰岩中采有海百合茎化石，证明李氏的划分是正确的。该套地层岩性特征明显，与上下地层关系清楚，具有可分性及可制图性，有必要建立相应的岩石地层单位。

【现在定义】 同原始定义。

【层型】 正层型为小金县大河边剖面，位于小金县大河边(102°01′40″，30°43′05″)，四川区调队1981年测制。

上覆地层：通化组　灰绿、黄褐色绿泥钠长白云片岩

——————整　合——————

大河边组	总厚度562.9 m
22. 灰白色中层含云母白云石大理岩夹钙质云母片岩及绿泥阳起片岩	27.5 m
21. 浅灰、灰色厚层—块状白云岩，中下部见灰白色硅质岩条带，呈网状分布其中	20.7 m
20. 浅灰色薄层白云质大理岩夹淡黄色钙质二云英片岩	20.7 m
19. 浅灰、淡黄色厚层—块状白云石大理岩，局部夹浅灰色硅质条带，中上部含泥质	30.9 m
18. 淡黄、浅灰色厚层夹中层结晶白云岩，中上部含硅质条带	40.3 m
17. 灰色中—厚层结晶白云岩，下部夹白色中晶大理岩及深灰色黑云片岩	16.8 m
16. 浅灰色中—厚层方解石大理岩	16.1 m
15. 灰、深灰色薄—中层结晶砂质灰岩，含浅灰色硅质岩条带	40.1 m
14. 灰色中层微粒白云石大理岩夹深灰色中层结晶砂质灰岩及灰白色硅质岩条带	24.8 m
13. 灰黑色中层结晶含碳质白云岩夹白色硅质岩条带	11.3 m
12. 以深灰色中—厚层结晶砂质灰岩为主夹浅灰色中层泥质白云岩	83.4 m
11. 灰、深灰色中层结晶砂质灰岩与泥质白云岩互层。含灰白色硅质岩条带	20.1 m
10. 灰—深灰色中—厚层片理化含碳质石英岩	14.3 m

9. 深灰一灰黑色薄一中层片理化纯石英岩　14.5 m

8. 灰白色中层白云质大理岩夹黄褐色薄层结晶灰岩　7.8 m

7. 浅灰、灰白色钙质白云片岩、钙质二云片岩，下部夹大理岩扁豆体　35.5 m

6. 灰、灰白色薄一中层大理岩夹钙质二云片岩　25.4 m

5. 灰、灰黑色白云英片岩、钙质黑云片岩，上部夹大理岩扁豆体及薄层钙质石英岩　19.4 m

4. 灰色黑云英片岩。底部为浅灰色薄一中层黑云石英岩夹黑云英片岩　15.4 m

3. 灰白色中层细晶大理岩，上部夹深灰色钙质黑云片岩(内有大理岩扁豆体)　25.2 m

2. 灰绿色绿泥钠长阳起片岩夹砂质及钙质条带，上部为灰色钙质二云英片岩　33.5 m

1. 灰、灰黑色黑云片岩、黑云英片岩与黑云石英岩互层。底部为含砾黑云片岩。砾石为白云岩，呈饼状、球状，滚圆度特好　19.2 m

——————— 平行不整合 ———————

下伏地层：水晶组　白云石大理岩

【地质特征及区域变化】　本组为次稳定型碎屑岩—碳酸盐岩建造。分布于小金县、理县及汶川下庄、茂县渭门一带。在大河边以砾岩与下伏水晶组白云岩分界，在理县环梁子超覆于晋宁—澄江期花岗岩之上，在茂县一带以结晶灰岩与渭门组变质碎屑岩分界；以大理岩、结晶灰岩的结束与上覆通化组片岩分界，顶底界线清楚。大河边一带发育最全，厚 526.9 m，理县环梁子及汶川下庄等地仅见上部大理岩、结晶灰岩夹片岩、千枚岩，厚度小于 500 m。

本组仅见少数海百合茎化石，鉴于伏于通化组之下、覆于渭门组之上，推测其时代为奥陶纪。

大堡群　*OD*　(51-0074)

【创名及原始定义】　系朱正永(1986)创名于甘肃省康县大堡乡。原始定义指展布于康县长坝至陕西略阳青杠树断裂带之北侧，以灰色板岩为主，上部夹火山碎屑岩，含 *Paraorthograptus* 动物群的地层。

【沿革】　川西北地质大队(1982—1990)根据甘肃区调队在拉路口发现 *Didymograptus* 动物群资料，将其从原白龙江群中解体而出，创名为大堡群苏木里塘组。本次清理认为，该地区奥陶系地层发现较晚，研究较差，岩石总体特征与大堡群相似，不宜新建组名。

【现在定义】　在四川省指以细碎屑岩为主(板岩、硅质板岩及粉砂岩)，中上部夹酸性火山熔岩及碎屑岩和少量结晶灰岩、泥质灰岩的地层。板岩中富含笔石。与上覆迭部组以火山碎屑岩的消失为界且呈整合接触，下限不清。省内未见底。

【层型】　正层型在甘肃省。省内次层型为羊肠沟剖面，位于若尔盖县降扎乡，严善金等 1982 年测制。

【地质特征及区域变化】　本群在降扎地区为一套深灰—灰黑色粉砂质板岩与灰黑色含硅质岩条带的硅质板岩。与下伏太阳顶组断层接触，以灰黑色薄—厚层状硅质岩和泥晶硅质岩的结束为顶且与迭部组变质砂岩整合接触。本组分布于西起拉尔玛梁北坡，东止于泥中卡梁，面积不大，总体岩性特征与甘肃大堡群相似，时代为奥陶纪。

白龙江群　*SB*　(06-51-0055)

【创名及原始定义】　叶连俊、关士聪 1944 年命名于甘肃省舟曲、武都一带。原始定义：将泥盆系古道岭灰岩不整合面之下的黑色浅变质细碎屑岩为主间夹结晶灰岩或白云岩的地层命名为白龙江系，中部有时含劣质烟煤，因在舟曲一带灰岩中采获珊瑚 *Halysites*，*Favosites* 及鹦鹉螺 *Orthoceras* 等，拟定其时代为志留纪。

【沿革】 1959年全国地层会议文献改称为白龙江群。翟玉沛(1977)、王瑞令(1986)将白龙江群仅限于上志留统使用，而将中志留统称舟曲群，下志留统称迭部群。川西北地质大队(1992)认为白龙江群包括了下泥盆统和志留系，将其自下而上分为：羊肠沟组、塔尔组、拉垅组、下地组、马尔组、卓乌阔组、普通沟组、尕拉组。本次清理经省区间协调，白龙江群内重新划分三个组。

【现在定义】 白龙江群自下而上包括：迭部组、舟曲组、卓乌阔组，三组间均为整合接触，为黑灰色千枚岩、变质砂岩、板岩及灰岩、泥灰岩组成，整合伏于普通沟组之下、覆于大堡群之上。

【其他】 川西北地质大队1992年在若尔盖、迭部一带所建的羊肠沟组、塔尔组、拉垅组、下地组，它们是以生物化石为据而划分的地层单位，其岩性、岩石组合差异甚小，宏观上无法区分，故本书未采用。

迭部组 Sd (06-51-0071)

【命名及原始定义】 翟玉沛1977年创名于甘肃省迭部县。原始定义："为海相碎屑岩夹少量硅质岩及火山岩沉积，与上覆地层中志留统舟曲群呈整合接触，其下多遭破坏，出露不全，仅在四川省若尔盖白依沟与下伏奥陶系(?)白依沟群呈平行不整合接触(?)，称迭部群"。

【沿革】 王瑞龄(1986)将迭部群进一步划分为尖尼沟组和安子沟组。川西北地质大队(1992)将其分为：下地组、拉垅组、塔尔组、羊肠沟组。本次清理经协商，将迭部群降为组。

【现在定义】 在四川省为一套深灰色、黑灰色含碳硅质板岩、硅质岩、变质砂岩、千枚岩、白云岩、白云质灰岩、灰岩组成的笔石相地层，其与上覆舟曲组、下伏大堡群均呈整合接触，化石较丰富，产笔石、珊瑚、腕足类、苔藓虫、层孔虫等。

【层型】 正层型在甘肃省。省内次层型为羊肠沟—占哇乡下地剖面，位于若尔盖县降扎乡，川西北地质大队1983年测制。

【地质特征及区域变化】 该组分布于若尔盖白依沟背斜两翼，省内沿白龙江流域有零星分布，研究程度极差。白依沟背斜两翼岩性变化较大：南翼主要为砂岩、板岩和硅质岩的韵律组合，几乎不含或偶见灰岩夹层。而北翼含较多灰岩、砂质灰岩、生物碎屑灰岩、白云质灰岩。化石丰富，其中底栖生物比较集中地出现于北翼，而笔石主要发现于南翼。北翼在占哇、折龙沟、哈隆沟一带出露较完整。厚2 227～3 104 m。南翼在上石峡出露厚度大于1 581 m。在若尔盖一带，迭部组矿产资源十分丰富，至今已发现有铀、金、铜、锌、钼、镍、汞、钒和磷等矿床。

舟曲组 Sž (06-51-0072)

【创名及原始定义】 翟玉沛1977年创名于甘肃省舟曲。原始定义：下部以中厚层变质砂岩为主，夹少量板岩及粉砂质千枚岩；上部以含碳板岩及粉砂质千枚岩为主，夹硅质岩及灰岩，为混合相沉积，厚892～2 105 m，富含腕足类、珊瑚、笔石，与上覆白龙江群、下伏迭部群均呈整合接触。

【沿革】 四川405地质队(1972)称之为"马尔砂岩"，川西北地质大队(1992)根据占哇剖面建立马尔组。本次清理经协商采用舟曲组。

【现在定义】 在四川省为整合伏于卓乌阔组之下，覆于迭部组之上，岩性为深灰色薄一中厚层状变质细粒石英砂岩、岩屑石英砂岩及粉砂岩夹绢云板岩、绢云粉砂质板岩，或组成不等厚互层，有时夹灰岩，产珊瑚、腕足类、苔藓虫、层孔虫、头足类、双壳类、牙形石等，厚423～949 m。

【层型】 选层型在甘肃省。省内次层型为占哇一羊路沟剖面，位于若尔盖县占哇乡，川西北地质大队1982年测制。

【地质特征及区域变化】 本组与下伏迭部组整合接触。以大套变质砂岩、粉砂岩为主夹板岩。零星分布于南坪、平武一带，研究较差。岩性基本稳定，在铁布一带夹少量灰岩，在降扎一带局部夹砾岩凸镜体。在占哇厚616.6 m，益哇厚327.3 m，上石峡最厚达1 034.1 m。

本组产珊瑚 *Mesofavosites obliquus*，*Tryplasma subflesuoum*；腕足类 *Xinanospirifer vergouensis*，*Ferganella elongata*；牙形石 *Ozorkodina sagita bohermica*；头足类等。其时代为中志留世。

卓乌阔组 Sẑw （06-51-0061）

【创名及原始定义】 川西北地质大队1992年命名于若尔盖县占哇乡卓乌阔。原始定义：整合伏于普通沟组之下，覆于马尔组之上，岩性下部以绢云板岩、硅质绢云板岩、粉砂质板岩及含碳质板岩为主，夹少量变质粉砂一细粒石英砂岩、含长石石英砂岩、灰岩凸镜体；上部为微晶灰岩、生物碎屑灰岩、礁生物灰岩与黑色板岩互层，或以板岩为主夹灰岩，产笔石、珊瑚的地层体，厚634～816 m，属上志留统。

【沿革】 命名后沿用。

【现在定义】 整合伏于普通沟组之下，覆于舟曲组之上，岩性下部以硅质绢云板岩、粉砂质板岩及含碳质板岩为主，夹少量变质粉砂一细粒石英砂岩、含长石石英砂岩、灰岩凸镜体；上部为微晶灰岩、生物灰岩与黑色板岩互层，或以板岩为主夹灰岩，产笔石、珊瑚的地层体。

【层型】 正层型为卓乌阔剖面，位于若尔盖县占哇乡(102°58′00″，34°14′00″)；川西北地质大队1982年测制。

上覆地层：**普通沟组** 黑灰一深灰色变质粉砂岩、石英砂岩

——————整 合——————

卓乌阔组　　总厚度723.6 m

11. 深灰色薄层状粉砂质绢云板岩与变质粉砂岩互层，中、下部夹生物灰岩。产腕足类 *Protathyris rungmiaensis*，*Protathyrisina minor*；珊瑚 *Squameofavosites*；苔藓虫等　44.9 m
10. 深灰色钙质绢云板岩夹钙质骨屑粉砂岩团块和含粉砂骨屑内碎屑灰岩、疙瘩状生物灰岩。产腕足类 *Protathyrisina*　222.6 m
9. 上部为深灰色薄层状变质长石石英杂砂岩夹绢云板岩　67.1 m
8. 灰色薄层状含绿泥粉砂质绢云板岩夹变质粉砂岩条带及灰岩扁豆体　91.4 m
7. 浅绿灰色千枚状钙质绢云板岩夹微层泥晶灰岩　172.3 m
6. 深灰色薄层板状含粉砂质绢云板岩，下部夹薄层变质石英细砂岩　125.3 m

——————整 合——————

下伏地层：**舟曲组** 为深灰色中厚层状变质不等粒长石石英杂砂岩

【地质特征及区域变化】 本组在南坪、平武一带分布零星。在白依沟背斜北翼下部可夹少量灰岩，上部则是微晶灰岩、生物碎屑灰岩、礁生物灰岩与板岩互层，而南翼下部基本不夹灰岩，上部以板岩为主，灰岩以夹层出现。南翼厚535～1 389 m，北翼厚724～815 m。

本组产珊瑚 *Squameofavosites*，*Entelophyllia symmeticus*；腕足类 *Atrypoidea trapezoida*；笔石 *Pristiograptus nillssoni*；牙形石 *Spathognathodus crispus*，*Panderodus unicostatus*；三叶虫 *Encrinurus tumidus*。其时代为晚志留世。

通化组 *St* （06－51－0063）

【创名及原始定义】 系四川二区测队1961年创名于理县通化区，徐星琪等1965年介绍。原义指上部为暗灰、浅绿色黑云母石英片岩夹少量碳质石英岩，碳质石英片岩间夹钙质石英片岩；下部为灰色薄至中厚层条带钙质石英片岩、石英绢云母片岩夹灰色黑云母绢云母石英片岩和碳质石英岩，与上覆危关组、下伏下庄组均呈整合接触，总厚3 480 m，时代属志留纪。

【沿革】 由于理县通化剖面构造复杂，褶皱、断裂发育，变质较深，无生物化石保存，地层层序的建立和时代归属极为困难，致使通化组未被广泛采用。60年代中期至70年代四川二区测队将这套地层归属志留系“茂县群”。本次清理对这套地层岩性、岩相、接触关系、层位及变质等特征重新进行了对比、研究，发现它与茂县群存在着明显的差别：①通化组为半深海相次稳定型砂泥质建造，岩性以千枚岩、片岩为主夹变质砂岩、结晶灰岩。茂县群为浅海相稳定型砂泥质及碳酸盐岩建造，岩性下部为黑色板岩，中上部为砂泥岩夹灰岩、生物碎屑灰岩，层序特征与龙门山相似。②通化组上覆层为碳硅质石英岩为主体的危关组，下伏层为大河边组砂泥岩、碳酸盐岩，都为次稳定—非稳定型建造类型。茂县群上覆层为捧达组石灰岩，下伏层为宝塔组龟裂纹灰岩，属稳定型建造。③茂县群化石丰富，下部以笔石为主，中上部以珊瑚、腕足类为主，有较多的棘屑灰岩、介屑灰岩夹层；通化组化石稀缺，仅见少量海百合茎化石。④茂县群变质程度不均一，以低绿片岩相为主，通化组变质普遍，尤其受热穹窿影响较大，以绿片岩—角闪岩相为主。⑤两群(组)之间有区域性大断裂隔开。过去用茂县群代替，实属异物同名。本次研究起用通化组，对于被动大陆边缘沉积演化、大地构造环境及成矿研究都有十分重要的意义。

【现在定义】 指整合伏于危关组石英岩、碳质千枚岩之下，整合或平行不整合覆于大河边组结晶灰岩、大理岩之上，以灰、灰绿色千枚岩、片岩、变质石英砂岩为主夹灰岩的地层，含海百合茎及植物碎片，厚2 233～4 138 m。

【层型】 选层型为理县环梁子剖面，位于理县蒲溪乡(103°18′00″，31°25′00″)，四川二区测队1975年测制。

上覆地层：危关组　黑色碳质千枚岩夹浅灰色石英岩

——————— 整　合 ———————

通化组	总厚度 2 179.2 m
16. 灰色绢云千枚岩夹薄层变质石英细砂岩	97.0 m
15. 浅灰色绢云石英千枚岩、绢云千枚岩和碳质绢云千枚岩	106.0 m
14. 银灰色绢云石英千枚岩	106.8 m
13. 灰色绢云石英千枚岩与绢云千枚岩互层，夹薄层变质石英砂岩	93.9 m
12. 银灰色绢云石英千枚岩夹绢云千枚岩和黑灰色含碳质绢云千枚岩	150.0 m
11. 灰色绢云千枚岩夹绢云石英千枚岩	249.5 m

10. 灰色绢云千枚岩夹绢云石英千枚岩及薄层变质粉砂岩　74.4 m

9. 灰色绢云石英千枚岩夹灰色薄层变质细粒石英砂岩和灰色薄层细晶灰岩　137.7 m

8. 浅灰白色薄层细晶灰岩夹灰色钙质千枚岩，少量薄层变质细粒石英砂岩　123.6 m

7. 灰色绢云石英千枚岩偶夹灰色薄层变质细砂岩　167.9 m

6. 深灰色绢云千枚岩、绢云石英千枚岩夹变质粗粒亚长石石英砂岩　291.3 m

5. 灰色绢云石英千枚岩夹凸镜状大理岩　55.5 m

4. 绿灰色绿泥绢云石英千枚岩与浅灰绿色绢云千枚岩互层　78.2 m

3. 灰色绢云石英板岩及绢云石英千枚岩　133.6 m

2. 灰绿色绢云石英千枚岩夹绿泥绢云石英千枚岩　238.8 m

1. 灰、深灰色绢云石英千枚岩夹薄层结晶灰岩和变质砂岩　75.0 m

——————— 平行不整合 ———————

下伏地层：大河边组　粗晶白云质大理岩

【地质特征及区域变化】　本组岩性单调，色泽以灰、绿灰色为主，无特殊标志层。广泛分布于平武、北川、茂县、汶川、理县、小金、丹巴等地。与上覆危关组以其灰黑色调和含较多石英岩或变质石英砂岩相区分。与下伏大河边组白云岩、大理岩夹千枚岩有明显区别，部分地段其间有平行不整合面分割。在环梁子厚 2 233 m，仍为泥砂质夹灰岩建造，唯砂岩的量增多。茂县沟口达 4 138 m。小金县大河边厚 3 206 m，变质程度较深，以片岩、变粒岩、石英岩为主，并出现厚块状大理岩。在潘安上部碳质板岩夹层中采得植物化石印痕 *Zosterophyllum* sp.。丹巴格宗、金川一带为二云母片岩、石英片岩、阳起石片岩夹大理岩，超覆于水晶组之上，厚 2 589 m。该组变质较深，尤在热穹窿附近可有各种片岩，变质矿物有十字石、石榴石、蓝晶石和矽线石等。这种热穹窿从东北至西南有：山葱岭、沟口、东谷等多处。

本组化石稀缺，至今仅见少量海百合茎及植物化石碎片，亦无同位素年龄资料，其时代归属主要依据它位于有时代依据的危关组之下。

米黑组　*Sm*　(06－51－0064)

【创名及原始定义】　四川地层表编写组 1978 年创名于木里县西秋乡米黑。原始定义：平行不整合伏于石炭系下统之下，覆于下奥陶统之上，主要由硅质板岩组成，夹少量变质石英砂岩、千枚岩及结晶灰岩，其底界有厚 0.7 m 的砂砾岩，底部厚达 28 m 的黑色碳硅质板岩含黄铁矿。产笔石。厚 207 m。时代归属早志留世。

【沿革】　创名后被广泛采用。

【现在定义】　平行不整合伏于邛依组之下，覆于瓦厂组或物洛吃普组之上，以深灰—灰黑色碳硅质板岩为主，夹千枚岩及结晶灰岩，下部夹变质砂岩之地层，横向可夹少量基性火山岩，产笔石，厚 190～803 m。

【层型】　正层型为木里西秋乡米黑剖面，位于木里县西秋乡(101°4′00″，28°00′00″)，四川一区测队 1971 年测制。

上覆地层：邛依组　灰色砾岩，角砾状含生物碎屑结晶灰岩

——————— 平行不整合 ———————

米黑组　总厚度 206.8 m

4. 灰黑色硅质板岩、绢云钙质千枚岩与深灰色硅质结晶灰岩互层，含笔石化石　41.8 m

3. 灰黑色碳硅质板岩、灰白色含钛磁铁矿硅质岩，产笔石 *Monograptus sedgwickii* 等　43.5 m

2. 顶部灰色变质细粒石英砂岩，下为灰黑色泥质板岩、绿泥硅质板岩，产笔石化石　82.9 m

1. 顶部含黄铁矿变质粉砂岩，中部灰黑色含黄铁矿碳质硅质板岩，底为变质砂砾岩。产笔石 *Pristiograptus* aff. *concinnus*，*Petalolithus minor*　38.6 m

——————— 平行不整合 ———————

下伏地层：瓦厂组　灰黑色硅质碳质板岩、深灰色绢云绿泥石英千枚岩

【地质特征及区域变化】　该组分布于西秋乡及后所新山，博瓦以北亦有零星分布。岩性稳定，厚 207 m。其底界有厚 0.7 m 的砂砾岩。与下伏瓦厂组呈明显的平行不整合接触。向西北一带为灰—黑色碳硅质板岩、硅质板岩、碳质板岩与硅质岩互层，夹灰岩、白云岩，偶夹紫红色粉砂岩，局部夹火山角砾中基性凝灰岩。厚度为 133.4～190.8 m。上与邛依组平行不整合接触。

本组化石以笔石为主，有 *Monograptus* cf. *sedgwickii*，*Pristiograptus* aff. *concinnus*，*petalolithus minor*，*Glyptograptus* cf. *persculptus*。其中所含的 *Glyptograptus* cf. *persculptus* 是下志留统底部带化石，常见于龙马溪组下部，米黑组的时代应归早志留世。

格扎底组　Sg　(06-51-0065)

【创名及原始定义】　四川三区测队 1977 年命名于巴塘县中咱区格扎底。原始定义：整合于中—上奥陶统“多木浪群”之上，中志留统散则组之下，由介壳-珊瑚灰岩及条纹灰岩组成，厚 143 m，产珊瑚、层孔虫、腕足类，时代归早志留世的地层。

【沿革】　创名后被广泛采用。

【现在定义】　指平行不整合覆于物洛吃普组、邦归组之上，整合伏于散则组之下的地层，岩性为结晶灰岩、白云质结晶灰岩、泥质灰岩，底部岩性变化大，见有杂色角砾状灰岩、黄褐色变质细砂岩、白云质砾岩等。产珊瑚、层孔虫、腕足类化石。

【层型】　正层型为中咱格扎底—雍忍剖面，位于巴塘县中咱区(99°25′00″，29°22′00″)，四川三区测队 1977 年测制。

上覆地层：散则组　白云质大理岩，风化面凹凸不平，具蜂巢状、斑状条带及网格状特征

———————— 整　合 ————————

格扎底组　总厚度 142.8 m

4. 浅灰白色薄—中层状粗粒含白云质结晶灰岩，产珊瑚化石　62.1 m

3. 黄灰色、浅灰色中层状中—粗粒含泥质灰岩，风化后呈豹皮状　28.1 m

2. 深灰色薄—中层状细—中粒结晶灰岩与黑色绢云钙质片岩不等厚互层　32.9 m

1. 深灰色中层状泥质结晶灰岩，底部杂色角砾状灰岩，产珊瑚 *Halysites*，*Mesofavosites*，*Tryplasma*；腕足类 *Pleurodium*，*Pentamerus* sp.　19.7 m

——————— 平行不整合 ———————

下伏地层：邦归组　白云质结晶灰岩夹黑色千枚岩、钙质板岩、结晶灰岩

【地质特征及区域变化】　本组分布于中咱一带，岩性厚度都较稳定。以杂色角砾状灰岩为底界，与下伏物洛吃普组分开。向南至散则杂乌厚度为 87.6 m，底部以一层厚约 2 m 的黄褐色含铁白云质细砂岩为底界与邦归组分开。

本组含珊瑚 *Microplasma*，*Tryplasma*，*Cysticonophyllum batangensis*，*Diplochone batan-*

gensis，*Halysites*，*Mesofavosites*；腕足类 *Pleurodium*，*Pentamerus*。时代为早志留世。

散则组　Ss　（06－51－0066）

【创名及原始定义】　四川三区测队1977年命名于巴塘县中咱区散则杂乌。原始定义：整合伏于雍忍组之下，覆于格扎底组之上的地层。岩性下部以泥质灰岩为主；中下部以粉砂岩为主；中上部为灰岩、泥质灰岩夹少量粉砂岩及中酸性凝灰岩；上部为灰岩、白云岩。富产珊瑚、腕足类、三叶虫、层孔虫、瓣鳃类、海百合茎，厚704 m，时代归中志留世。

【沿革】　命名后被沿用。

【现在定义】　整合伏于雍忍组之下、覆于格扎底组之上，岩性为灰色灰岩、深灰色泥质灰岩为主夹白云岩、变质粉砂岩、中酸性凝灰岩，富产珊瑚、腕足类、三叶虫、层孔虫、双壳类、海百合茎等化石的地层，厚340～873 m。

【层型】　正层型为巴塘中咱散则杂乌剖面，位于巴塘县中咱区(99°24′00″，29°18′00″)，四川三区测队1977年测制。

上覆地层：雍忍组　灰－灰黑色中厚层状细粒白云岩

——————　整　合　——————

散则组　　　　总厚度703.8 m

18. 灰白－深灰色中厚层状白云岩夹灰黑色灰岩。产珊瑚 *Parastriatopora*；层孔虫 *Amphipora*，*Paramphipora*　　52.6 m

17. 深灰－灰黑色薄层状灰岩和灰色带紫红色疙瘩状泥灰岩、泥质灰岩不等厚互层。产珊瑚 *Favosites* 和腹足类、层孔虫化石碎片　　54.4 m

16. 灰－深灰色薄层状灰岩夹灰色带紫红色泥质灰岩　　60.2 m

15. 灰－深灰色中厚层状粗粒灰岩　　22.7 m

14. 深灰色中厚层状白云岩夹灰岩和少量泥质灰岩。产珊瑚 *Halysites*　　32.2 m

13. 灰－灰白色薄－中层状含泥质粗粒灰岩　　99.6 m

12. 灰－深灰色薄－中层状、条带状、蜂窝状泥质灰岩与灰色灰岩互层，下部夹钙质粉砂岩。产腕足类 *Leptostrophia*；三叶虫 *Coronocephalus*　　76.7 m

11. 灰－深灰色薄板状细粒灰岩夹泥质灰岩及少量中酸性凝灰岩。产珊瑚 *Tryplasma*，*Halysites*；三叶虫 *Coronocephalus*；腕足类 *Pentamerus*　　90.8 m

10. 灰－深灰色中厚层状含钙质粉砂岩，上部夹灰岩和泥灰岩　　17.1 m

9. 灰色中厚层状含白云质粉砂岩夹灰黑色灰岩，底部为灰绿色凝灰质板岩。产珊瑚 *Halysites*，*Cladopora*；双壳类、海百合茎等　　21.6 m

8. 浅灰色－灰色条纹状、豹皮状泥质灰岩　　41.4 m

7. 灰－灰黑色豹皮状泥质灰岩夹灰绿色凝灰质板岩。产珊瑚 *Microplasma*；双壳类 *Cuneamya*　　50.3 m

6. 灰－深灰色薄－厚层状灰岩与泥灰岩不等厚互层夹灰绿色钙质板岩　　12.6 m

5. 灰绿色板岩与灰－深灰色条带状泥质灰岩互层。产珊瑚 *Favosites*　　12.4 m

4. 灰－深灰色薄板状与条带状、疙瘩状泥灰岩互层，偶夹板岩。产珊瑚 *Mesofavosites*，*Favosites* 等　　24.8 m

3. 灰－深灰色中厚层状灰岩与泥灰岩不等厚互层夹板岩。产珊瑚 *Mesofavosites*，*Aulocystella*；腕足类　　34.4 m

——————　整　合　——————

下伏地层：**格扎底组**　灰一深灰色中厚层状灰岩与条带状、疙瘩状泥灰岩不等厚互层

【地质特征及区域变化】　散则组分布在巴塘县党结真拉一中咱一物洛吃普狭长地带。以碳酸盐岩为主，夹少量碎屑岩、火山岩。向北至格扎底一雍忍厚度为489 m，为角砾状白云质灰岩、结晶灰岩、大理岩、白云质大理岩等组成。再向北至巴塘县党结真拉则为碎屑岩夹少许碳酸盐岩、火山岩组合，厚度873 m。与下伏格扎底组整合接触，划分标志不明显，局部以底部粉砂岩及扁豆状泥灰岩为界，其余地区则以碎屑岩(板岩、钙质板岩、凝灰质板岩、砂岩)夹层出现为底界与格扎底组灰岩、泥灰岩划分。

本组化石较丰富，其中所含三叶虫 *Coronocephalus*；珊瑚 *Favosites*，*Mesofavosites*，*Halysites*，*Microplasma*，*Syringopora*；腕足类 *Pentamerus*，*Pleurodium*，*Conchidium*，为巴颜喀拉、南秦岭、扬子区中志留世常见分子，因此散则组时代属中志留世。

雍忍组　Sy　(06-51-0067)

【创名及原始定义】　四川三区测队1977年命名于巴塘县中咱区雍忍。原始定义：整合伏于格绒组之下、覆于散则组之上的一套碳酸盐沉积，岩性为结晶灰岩、白云岩、含白云质结晶灰岩夹一层生物灰岩，产珊瑚、腕足类、螺类等化石，厚1 151 m，时代属晚志留世。

【沿革】　命名后多沿用。

【现在定义】　整合伏于格绒组之下、覆于散则组之上，岩性为结晶灰岩、大理岩、白云质灰岩、白云岩、杂色泥灰岩夹礁灰岩的地层体，产珊瑚、腕足类、腹足类、层孔虫等化石，横向变化可夹少量碎屑岩，厚180～1 151 m。

【层型】　正层型为中咱格扎底一雍忍剖面，位于巴塘县中咱区(99°25′00″，29°22′00″)，四川三区测队1977年测制。

上覆地层：**格绒组**　灰白色厚层状中粒变质石英砂岩与钙质砂岩互层

——————整　合——————

雍忍组	总厚度1 150.2 m
15. 灰白色、浅肉红色中层状细粒结晶灰岩夹土黄色泥质灰岩及乳白色中层状白云岩	65.1 m
14. 灰、灰白色中层状细一中粒结晶灰岩夹浅肉红色细粒白云岩，产珊瑚 *Squameofavosites* cf. *bohemicus*、层孔虫等	181.3 m
13. 浅灰、灰白色中一块状细粒含白云质结晶灰岩夹白云岩	110.6 m
12. 深灰、灰、灰白色巨厚块状中粒结晶白云岩夹一层生物灰岩，产腹足类 *Hormotoma*、腕足类 *Pentamerus*、层孔虫等	59.5 m
11. 灰、深灰色结晶灰岩夹含钙白云岩、泥质结晶灰岩	183.7 m
10. 灰、浅灰白、深灰色中一厚层状结晶灰岩夹泥质结晶灰岩凸镜体，产珊瑚 *Tryplasma*，*Stortophyllum*；腕足类 *Pentamerus* 等	163.7 m
9. 灰、浅灰白、深灰色带肉红色中厚层状一巨厚块状中一粗粒结晶灰岩，产珊瑚 *Pachyfavosites* sp.，*Stortophyllum* cf. *subcruciatum*；腕足类 *Pentamerus* 等	386.3 m

——————整　合——————

下伏地层：**散则组**　灰白色、黄色、瓦灰色中层状细一中粒角砾状白云质灰岩

【地质特征及区域变化】　本组分布于巴塘中咱、雅洼一带，为一套碳酸盐岩，岩性稳定。向北至波密厚度变薄为600 m，再向北至党结真拉厚437 m，底部夹少许碎屑岩；向南至散则

杂乌厚276 m，主要为白云质灰岩和白云岩，化石稀缺，再向南至果都西、物洛吃普及獐扎一带，均变为灰岩和泥质灰岩，厚180～250 m。仅在底部夹少量碎屑岩。本组与下伏散则组、上覆格绒组均为整合接触。

本组含珊瑚 *Tryplasma*，*Stortophyllum* cf. *subcruciatum*，*Favosites terraenovae*，*Spinolasma crassimarginalis*，常见于华南晚志留世地层中，因此，雍忍组的时代属晚志留世。

然西组　SDr　(06－51－0101)

【创名及原始定义】　本次研究中，由李宗凡(1994)于白玉县山岩乡命名为然西组。原始定义：指平行不整合伏于额阿钦组之下的一套区域浅变质碎屑岩、泥质岩、中基性—碱性火山岩、火山角砾岩、碳酸盐岩组合之地层体，各种岩性比例变化较大，含珊瑚、腕足类、层孔虫等化石。

【沿革】　沿金沙江东侧分布的志留纪—泥盆纪地层，前人多引入中咱小区的“格扎底组”、“散则组”、“雍忍组”地层名称，时代归属志留纪，但其特征和层位与之并不相当，实为异物同名。其后，《四川省区域地质志》将其改归志留－泥盆纪未建地层单位。本次清理研究发现，分布于白玉县山岩然西至巴塘县布遮、甲英、藏(将)巴纳一带的志留－泥盆纪地层含变质中基性—碱性火山岩、火山碎屑岩，岩性组合比较复杂，地层厚度大，不同于中咱-石鼓小区的岩性较单一，厚度较小且稳定的碳酸盐岩地层，它们是不同的构造-沉积环境所形成的地层体，应分属不同的岩石地层单位和序列。故必须新建岩石地层单位以填补奔子栏-江达小区岩石地层序列中的空白。前人已测制有白玉山岩然西剖面、巴塘布遮剖面等剖面，层序及与上覆地层接触关系清楚，层位可靠，有一定生物依据，岩性特征明显，虽因断层未见底，仍基本具备建立岩石地层单位条件。

【现在定义】　同原始定义。

【层型】　正层型为白玉山岩然西剖面，位于白玉县山岩乡(99°04′57″，30°35′37″)，四川区调队1980年测制。

上覆地层：额阿钦组　绢云石英千枚岩、片理化粗晶大理岩、阳起绿泥千枚岩

－－－－－－－ 平行不整合 －－－－－－－

然西组	总厚度＞2 488.8 m
15. 深灰、黑色中层含燧石条带、团块结晶灰岩	58.8 m
14. 黑色薄板状夹少许中层状片理化含碳质结晶灰岩，含珊瑚 *Pachyfavosites*，*Favosites*，*Chaetetes*，*Heliolites* 及层孔虫 *Stromatopora*	274.9 m
13. 黑色红柱石绢云石英千枚岩夹薄板状碳质结晶灰岩，含珊瑚 *Favosites* sp.	187.5 m
12. 黑色薄层碳质结晶灰岩	83.0 m
11. 浅灰绿色层状变基性火山角砾岩	192.0 m
10. 深绿、灰绿色层状变基性火山角砾岩夹灰白色中层粗晶大理岩	378.9 m
9. 黑、灰黑色薄－中层细－中粒结晶灰岩夹黑色绢云石英碳质千枚岩，含腕足类 *Pleurodium*，*Conchidium* 及珊瑚 *Mesofavosites*，*Favosites*	17.6 m
8. 铅灰色石英岩与绢云石英千枚岩韵律互层	50.6 m
7. 黑色薄层碳质结晶灰岩	228.8 m
6. 浅灰绿色层状次闪黑云钠长片岩	88.0 m
5. 浅灰白色中—厚层结晶灰岩，含珊瑚 *Ptychophyllum*，*Mesofavosites*	31.0 m

4. 黑色薄层碳质结晶灰岩 254.6 m

3. 浅灰一灰黑色中一厚层中粗粒含碳结晶灰岩 51.9 m

2. 黑色薄层含碳质结晶灰岩，含层孔虫 458.8 m

1. 浅灰白色中一厚层结晶灰岩(未见底) >132.4 m

【地质特征及区域变化】 自正层型剖面往北至白玉县俄聂山，1∶20万昌台幅所划“寒武一奥陶系”或《四川省区域地质志》所划“震旦一寒武系”部分岩性特征和层位应可与本组对比。再往北可延入西藏江达县；往南至巴塘布遮、甲英一带，变质碳酸盐岩比例减少，碎屑岩、泥质岩比例增加，火山岩成分、岩相更复杂，布遮含变基性火山岩、变质粗面岩屑凝灰质熔岩和粗面质层火山角砾岩，甲英含变中基性火山岩和粗面岩。巴塘藏(将)巴纳和道许牛场一带1∶20万波密幅所划多木浪群、“格扎底组”、“散则组”、“雍忍组”、“格绒组”、“穷错组”之和的岩性特征和层位也可与本组对比，且平行不整合覆于奥陶纪蒙措纳卡组之上。再往南至得荣下绒，1∶20万得荣幅所划“格绒组”及“雍忍组”亦应可与本组中、上部层位对比。本组厚度较大，最厚超过3 227 m。

本组生物化石稀少，主要为珊瑚，其次有腕足类以及层孔虫。其中珊瑚 *Favosites*, *Pachyfavosites*, *Squameofavosites* 等属时限跨及志留纪一泥盆纪。中下部所含 *Mesofavosites* 和 *Ptychophyllum* 两属时限为志留纪，腕足类 *Pleurodium* 和 *Conchidium* 两属为中志留世分子。其上部珊瑚 *Favosites*, *Pachyfavosites*, *Squameofavosites*, *Zelophyllum*, *Heliolites* 和层孔虫 *Stromatopora*，有可能跨及中泥盆世。因此本组时限为志留纪一泥盆纪，为一跨纪单位。

第二节 生物地层及年代地层讨论

四川西部化石稀缺，工作程度较低，震旦纪一奥陶纪地层各岩石地层单位中的生物化石和时限仅在有关章节中介绍，不做系统讨论。现仅对志留纪地层讨论如下，区内志留纪地层化石主要见于米黑组，中咱一带的格扎底组、散则组、雍忍组，南秦岭的白龙江群之中下部，以笔石为主，中上部以珊瑚、腕足类和三叶虫较常见。现仅利用前人生物地层方面的研究成果，结合在区内岩石地层单位中的分布做一讨论。

1. 笔石 *Glyptograptus* - *Pristiograptus* 组合带

主要有 *Glyptograptus* cf. *persculptus*, *G. tamariscus*, *Monograptus sedgwickii*, *Pristiograptus cyphus*, *P. kueichihensis*, *Oktavites communis* 等。见于迭部组、米黑组中，此组合相当于《四川省区域地质志》(1991)所建早志留世8个笔石带的总和。这8个带自下而上是：

①*Glyptograptus persculptus* 延限带

②*Akidograptus acuminatus* 延限带

③*Orthograptus vesiculosus* 延限带

④*Pristiograptus cyphus* 延限带

⑤*Pristiograptus leei* 延限带

⑥*Demirastrites triangulatus* 延限带

⑦*Demirastrites convolutus* 延限带

⑧*Monograptus sedgwickii* 延限带

也与林宝玉(1984)所建龙马溪阶7个笔石带相当，因区内笔石群分带性不明显，研究较差，故以该组合为代表。

迭部组底界大致和扬子区及国际上下志留统之底等时。米黑组虽也属早志留世早、中期产物，但它平行不整合于人公组之上，有否缺层情况不明，其底部灰黑色碳、硅质板岩中产 *Glyptograptus* cf. *persculptus*，该种为早志留世笔石带底带化石，也应与之等时。

2. *Pentamerus* - *Palaeofavosites* 组合

为《四川省区域地质志》中建立的下志留统上部腕足类、床板珊瑚组合。区内见于迭部组上部。格扎底组产珊瑚 *Cysticonophyllum batangensis*，*C.* aff. *khantaikaensi*，*Favosites* cf. *praemaximus*，腕足类 *Pleurodium*，但邓占球研究上述化石后认为“综合珊瑚和腕足动物的地质历程来论，格扎底组的时代为早志留世。而珊瑚组合中的分子与北欧、西伯利亚等地区早志留世的珊瑚群分子近似”。

3. *Coronocephalus rex* - *Mesofavosites ganinesis* 组合

为本区所特有的三叶虫-床板珊瑚组合，见于舟曲组、散则组中，主要有 *Coronocephalus rex*，*Mesofavosites ganinesis*，*Favosites sulcatus*，*Halysites senior* 等。该组合约相当于《四川省区域地质志》所建中志留统的 *Nalivkinia* - *Nucleospira* 组合与 *Coronocephalus rex* - *Sichuanoceras* 组合。因此舟曲组、散则组应属志留系中统，米黑组缺失早志留世晚期以上层位。

4. *Ligonodina elegans* - *Atrypoidea* 组合

该组合见于卓乌阔组、雍忍组，重要分子有 *Ligonodina elegans*，*Trichondella inconstans*，*Atrypoidea bailongjiangensis*，*A. prumum*，*Gannania triplicata*，*Pristiograptus nilssoni*，*Monograptus tumescens*，*Favosites terraenovae* 等，大致与《四川省区域地质志》(1991)所建上志留统的 *Nikiforovaena* - *Protathyrisina* 组合和 *Ligonodina elegans* 层相当，也相当于金淳泰(1982)所建的西南地区上志留统 6 个化石带，林宝玉(1984)建立的 3 个壳相生物带的总和。因此上述层位(组)应属晚志留世。

第八章
泥盆纪—二叠纪

第一节　岩石地层单位

巴颜喀拉地层区的泥盆系自西南而东北发育如下地层，在中咱小区发育格绒组、穷错组、苍纳组、塔利坡组，为稳定型碳酸盐岩建造。稻城小区发育依吉组、蚕多组、崖子沟组，为非稳定型碎屑岩、泥质岩夹火山岩、碳酸盐岩建造。木里小区缺失泥盆系。金川小区发育危关组，为次稳定—非稳定型泥质岩、碎屑岩夹碳酸盐岩建造。九寨沟小区及降扎小区发育石坊组、普通沟组、尕拉组、热尔组、当多组、下吾那组，为次稳定—稳定型泥质岩、碎屑岩、碳酸盐岩建造。

自西南而东北，金沙江小区缺失石炭系，中咱小区发育顶坡组，为稳定型碳酸盐岩沉积。稻城小区及木里小区发育邛依组，稻城小区局部缺失石炭系，为次稳定型碳酸盐岩、碎屑岩及硅质岩、泥质岩。雅江小区缺失石炭系。金川小区发育雪宝顶组、西沟组，为次稳定型碳酸盐岩、碎屑岩夹硅质岩。九寨沟小区及降扎小区发育益哇沟组、岷河组，为次稳定型碳酸盐岩夹碎屑岩沉积。

自西南而东北，奔子栏-江达小区发育额阿钦组，为非稳定型碎屑岩、碳酸盐岩夹火山岩。中咱小区发育冰峰组、赤丹潭组为稳定型碳酸盐岩。稻城小区发育冈达概组，为非稳定型基性火山岩、碎屑岩及碳酸盐岩。木里小区发育卡翁沟组，为次稳定型碎屑岩、碳酸盐岩。雅江及金川小区发育三道桥组、大石包组，为次稳定型碳酸盐岩和基性火山岩夹碎屑岩、泥质岩。九寨沟小区及降扎小区发育大关山组、叠山组，为稳定型碳酸盐岩，局部夹碎屑岩。

格绒组　D*g*　(06-51-0097)

【创名及原始定义】　四川三区测队 1977 年创名于乡城元根日措。原义指该剖面中整合伏于中泥盆统穷错组之下，覆于上志留统雍忍组之上的灰色结晶灰岩、白云质灰岩、白云岩夹钙质砂岩、石英砂岩之地层体，含珊瑚及层孔虫化石，顶底均以石英砂岩与上、下地层单位之灰岩分界，时代属早泥盆世。

【沿革】　同年该队在巴塘中咱穷错—塔利坡剖面上，将与格绒组正层型剖面顶部层位相当的一层石英砂岩划归穷错组底部，修订其顶界。其后文献有的引用前者，有的引用后者。1∶20万义敦幅在巴塘党结真拉将本组顶界下移到了白云质灰岩、结晶灰岩组合之内部。本次研究认为，最初的划分符合岩石地层划分原则，应予恢复。

【现在定义】 指整合伏于穷错组之下、覆于雍忍组之上的灰色结晶灰岩、白云质灰岩、白云岩夹不稳定的钙质砂岩、石英砂岩之地层体，含珊瑚及鱼类化石，顶底均以变质石英砂岩或白云岩与上、下地层之灰岩分界。

【层型】 正层型为乡城元根日措剖面，位于乡城县元根乡(99°24′42″，29°15′15″)，四川三区测队 1977 年测制。

上覆地层：穷错组　灰—浅灰色中层含泥质微晶灰岩

——————整　合——————

格绒组　总厚度 256.5 m

6. 浅灰—灰白色中层微晶灰岩，顶部有变质石英细砂岩。含珊瑚 *Tryplasma*，*Pachyfavosites*，*Pseudomicroplasma*，*Cyathactis crassiseptatum*　108.2 m

5. 灰白色薄—中层钙质石英砂岩、粉砂岩　34.1 m

4. 灰—浅灰白色中—厚层白云质灰岩与白云岩不等厚互层夹淡粉红色灰岩　34.7 m

3. 上部灰白色中层含白云质细晶灰岩夹灰黑色灰岩；下部深灰色中层细晶泥质灰岩夹浅灰色白云质灰岩。上部含珊瑚 *Tryplasma*；层孔虫 *Paramphipora*　16.7 m

2. 淡紫红色中层白云质细晶灰岩夹灰—灰白色细晶白云岩　36.6 m

1. 灰—灰黑色薄夹中层泥质细晶灰岩，底部为灰—灰白色中层变质石英细砂岩夹紫红色含砾细砂岩。含层孔虫及珊瑚等化石　26.2 m

——————整　合——————

下伏地层：雍忍组　灰白、浅肉红色结晶灰岩夹土黄色泥质灰岩

【地质特征及区域变化】 本组分布局限，岩性变化亦不大，由正层型剖面向北，白云质含量增加，为白云岩夹灰岩，碎屑含量减少，巴塘党结真拉一带不夹砂岩。本组在巴塘中咱厚度较小为 133 m，乡城一带超过 256 m，白玉霍热拉喀最厚达 266 m 以上，在白玉霍热拉喀以北和乡城日措以南均被断失。

本组所含化石种类不多，其中珊瑚 *Tryplasma* 和 *Lyrielasma* 两属在我国滇西产于早泥盆世地层内。在巴塘穷错，本组中所含鱼类 Antiarchi 一般是从早泥盆世开始出现的，结合其整合覆于晚志留世雍忍组之上、伏于中泥盆世的穷错组之下的情况，其时限应为早泥盆世。

穷错组　D*q*　(06－51－0098)

【创名及原始定义】 四川三区测队 1977 年创名于巴塘中咱穷错—塔利坡。原义指整合伏于中泥盆统苍纳组之下，覆于下泥盆统格绒组之上的灰—深灰色结晶灰岩，上部含碳质及燧石结核或团块，底部以中粒石英砂岩与下伏地层分界，含珊瑚、层孔虫化石，时代属中泥盆世早期。

【沿革】 同年该队在乡城元根日措剖面上，将与本组正层型剖面底部层位相当的石英砂岩归入格绒组顶部，并将顶界下移至深灰色灰岩之中。其后有的引用前者，有的引用后者。1980年，四川区调队认为巴塘党结真拉剖面缺失上覆苍纳组和塔利坡组，穷错组与石炭系平行不整合接触，而把本组顶界上移至苍纳组的顶界。本次研究认为，四川三区测队(1977)对底界

的修订意见符合岩石地层划分原则应予采用，顶界应维持正层型剖面最初的划分。所谓平行不整合，查无确切依据。

【现在定义】 指整合伏于苍纳组之下、覆于格绒组之上的灰一深灰色结晶灰岩地层体，中上部含燧石结核或团块，底部以浅灰色中一厚层细一微晶灰岩与下伏地层顶部之变质石英砂岩或白云岩分界，含珊瑚及层孔虫化石，以色调较深区别于上、下以碳酸盐岩为主的地层。

【层型】 正层型为巴塘中咱穷错—塔利坡剖面，位于巴塘县中咱区(99°26′07″，29°21′44″)，四川三区测队1977年测制。

上覆地层：苍纳组 灰、浅灰色中一厚层粗粒结晶灰岩夹微粒灰岩

——————整 合——————

穷错组	总厚度 204.7 m
6. 深灰色中一厚层含碳质结晶灰岩，偶见含燧石结核灰岩，含珊瑚 *Alveolites*；层孔虫 *Paramphipora*，*Amphipora*	78.0 m
5. 深灰色中一厚层含燧石灰质结晶灰岩夹礁灰岩和泥灰岩条带，含珊瑚 *Pachyfavosites*，*Polymorphus*，*Striatopora*；层孔虫 *Amphipora*	78.0 m
4. 灰色块状结晶灰岩	38.0 m
3. 灰、浅灰白色厚层细粒灰岩，含珊瑚 *Pachyfavosites bystrowi*，*Favosites goldfussi*	10.7 m

——————整 合——————

下伏地层：格绒组 浅灰、灰白色中一厚层细粒白云岩夹白云质灰岩

【地质特征及区域变化】 本组岩性变化不大，由正层型剖面向北至白玉霍热拉喀和向南至乡城日措深灰色灰岩含泥质，霍热拉喀和巴塘党结真拉还夹少量白云质结晶灰岩和灰质白云岩。本组厚度127～596 m，巴塘党结真拉最薄，白玉霍热拉喀最厚。

本组含珊瑚 *Favosites goldfussi*，*Squameofavosites zhengdouensis*，*Tryplasma* cf. *altaica* 及层孔虫 *Stromatopora* cf. *hupschii* 等，属中泥盆世常见和重要分子，结合本组整合覆于早泥盆世格绒组之上的情况，穷错组的时限应为中泥盆世。

苍纳组 D*cn* (06-51-0099)

【创名及原始定义】 四川三区测队1977年创名于巴塘中咱穷错—塔利坡。原义指整合伏于上泥盆统塔利坡组之下，覆于中泥盆统穷错组之上的浅灰一灰白色碳酸盐岩地层体，以富含紫红、樱红或绿黄色的疙瘩状层孔虫礁灰岩为特征，时代属中泥盆世晚期。

【沿革】 同年该队在日措剖面上将其底界下移至相当穷错—塔利坡剖面的穷错组深灰色灰岩中。四川区调队(1980)认为在党结真拉缺失苍纳组，将其相当的地层归入了穷错组。其他文献仍引用穷错—塔利坡剖面含义。本次研究认为最初划分正确，仍沿用之。

【现在定义】 指整合伏于塔利坡组之下、覆于穷错组之上的浅灰夹深灰色碳酸盐岩地层体，以富含疙瘩状层孔虫礁灰岩为特征区别于上、下地层单位，含层孔虫和珊瑚化石，有的礁灰岩含泥质或白云质。

【层型】 正层型为巴塘中咱穷错—塔利坡剖面，位于巴塘县中咱区(99°26′07″，29°21′44″)，四川三区测队1977年测制。

上覆地层：塔利坡组 浅灰、灰白色厚层白云质含藻灰岩

——————整　合——————

苍纳组　　总厚度 230 m

9. 灰白色块状细晶灰岩，富含枝状层孔虫礁体，几乎全由 *Amphipora* 组成　　63 m

8. 浅灰、灰白色中层细晶灰岩夹粗晶灰岩，顶部为紫红色或微带绿黄色泥质疙瘩状层孔虫礁层，含层孔虫 *Amphipora ramosa*　　72 m

7. 灰、浅灰色中—厚层粗晶灰岩夹灰、浅灰、灰黄色中—厚层灰岩，呈韵律状互层，顶部常有黄绿、樱红色皮壳状包裹的疙瘩状层孔虫礁灰岩，并夹有樱红色细扁豆状铁质页岩，含层孔虫 *Paramphipora*　　95 m

——————整　合——————

下伏地层：穷错组　深灰色中—厚层含碳质结晶灰岩

【地质特征及区域变化】　本组分布比较局限，岩性变化不大，由正层型剖面向北至巴塘通绒隆和白玉霍热拉喀以及俄聂山一带因受断裂带影响局部变成大理岩，向南至乡城日措一带夹少量鲕粒灰岩。本组厚度变化较大，在巴塘党结真拉为 212.6 m，向南、向北厚度皆增大，白玉县霍热拉喀超过 1 033 m，再向北向南均被断失。

本组化石属种较少，从富含我国南方中泥盆世晚期常见之层孔虫 *Amphipora ramosa* 及珊瑚 *Pleurodictyum* 来看，苍纳组的时代为中泥盆世晚期。

塔利坡组　D*t*　(06-51-0100)

【创名及原始定义】　四川三区测队 1977 年创名于巴塘中咱穷错—塔利坡。原始定义指整合伏于下石炭统巴乡岭组之下、覆于中泥盆统苍纳组之上的一套浅灰—灰白色碳酸盐岩地层体，以富含雪花状白云质和藻类为特征区别于上、下地层单位。

【沿革】　命名后各家沿用，有的称组，有的称群，唯 1：20 万义敦幅(1980)于在巴塘党结真拉认为缺失将其划入了石炭系。本次研究认为，最初的划分可继续沿用。

【现在定义】　指中咱小区整合伏于顶坡组之下、覆于苍纳组之上的一套浅灰—灰白色碳酸盐岩地层体，以富含雪花状白云质和卵形藻为特征，以区别于上、下地层单位。

【层型】　正层型为巴塘中咱穷错—塔利坡剖面，位于巴塘县中咱区(99°26′07″，29°21′44″)，四川三区测队 1977 年测制。

上覆地层：顶坡组　鲕粒灰岩、生物碎屑灰岩

——————整　合——————

塔利坡组　　总厚度 187.94 m

11. 灰、浅灰—灰白色块状细粒灰岩夹灰黄、微红、紫红色含藻灰岩　　53.38 m

10. 浅灰、灰白色厚层白云质含藻灰岩，白云质呈雪花状质点，呈雾迷状或点线状密集顺层理分布，藻呈小卵形定向分布杂于其间　　134.56 m

——————整　合——————

下伏地层：苍纳组　灰白色块状细粒灰岩，富含枝状层孔虫礁层

【地质特征及区域变化】　本组厚 150.1～365.0 m，巴塘党结真拉最薄，向北向南均有增厚之势，白玉霍热拉喀及其以北断失，情况不明，乡城日措一带最厚。岩性稳定，仅巴塘党结真拉、通绒隆和白玉俄聂山一带受断裂影响变质较深，出现大理岩和白云质大理岩。

本组所含生物化石甚少，正层型剖面含藻，以？*Girvanella* 为主。以此虽不能确定其地层

时代，但因该组整合伏于底部含早石炭世岩关期珊瑚 *Keyserlingophyllum* sp. 的顶坡组之下，和覆于中泥盆晚期地层苍纳组之上，故其时代应属晚泥盆世。

依吉组 Dyj (06-51-0094)

【创名及原始定义】 云南省区调队1980年创名于木里依吉。原义指整合伏于中泥盆统蚕多组之下的一套区域浅变质泥质岩、凝灰岩夹灰岩及基性岩或玄武岩组合，底未出露。可分两个岩性段，一段含绿泥绿帘片岩、绿泥绿帘钠长片岩、绿泥绿帘透闪片岩并夹细晶大理岩，二段仅为绢云母片岩、绢云石英片岩，时代属早泥盆世。

【沿革】 其后，张子雄1981年在《四川木里依吉群的时代及对比》一文中将其与上覆蚕多组、崖子沟组一起合称依吉群。1984年四川区调队在稻城恰斯—木里老灰里建恰斯群，将与依吉组相当的地层划归恰斯群一、二段，时代归前震旦纪。1986年杜其良进一步将恰斯群建立五个组，里雪畏组和畔张厅组分别与依吉组一、二段相当，1991年《四川省区域地质志》沿用了这一划分。本次研究确认，依吉组的原始命名和划分符合岩石地层划分原则，时代归早泥盆世亦有生物依据，应予沿用。

【现在定义】 指整合伏于蚕多组之下的一套区域浅变质岩为主夹碎屑岩、石灰岩和基性火山岩、凝灰岩组合之地层体，区内未见底，火山岩主要发育在下部，含牙形石化石。

【层型】 正层型为木里依吉剖面，位于木里县依吉乡(100°33′17″，27°55′37″)，云南区调队1980年测制。

上覆地层：蚕多组 中层及薄层状轻变质石英砂岩

——————整 合——————

依吉组	总厚度>2 484.4 m
24. 灰绿色绢云石英微晶片岩，底部为轻变质石英砂岩	151.9 m
23. 绢云母石英微晶片岩夹薄层状绢云母片岩	145.2 m
22. 灰、灰绿色薄层—页片状绢云母微晶片岩	28.8 m
21. 灰色薄层状富含长石白云母石英片岩	98.1 m
20. 灰、灰绿色中层及薄层状绢云母微晶片岩	215.4 m
19. 中层状具平行条带状层理白云母石英片岩	6.4 m
18. 灰、灰绿色夹少许紫红色绢云母微晶片岩	49.0 m
17. 灰、黄色具平行层理长石白云石英片岩	94.6 m
16. 黄、黄绿、灰绿色白云石英片岩	69.5 m
15. 黄绿、灰绿色薄层状白云母微晶片岩	199.3 m
14. 绿色硬绿泥绿帘钠长片岩夹具水平层理的绢云母片岩及大理岩团块	24.4 m
13. 绿、灰绿色绿泥绿帘钠长片岩、白云母绿泥钠长片岩夹凸镜状大理岩	87.8 m
12. 绢云母片岩及绿色硬绿泥绿帘石透闪片岩夹白色中晶大理岩	64.4 m
11. 绿、灰绿色绿泥绿帘片岩、硬绿泥绿帘片岩夹大理岩凸镜体	180.1 m
10. 灰绿色含黑云母黝帘石绿泥绢云母微晶片岩	38.9 m
9. 灰绿、深灰色黑云母绿泥石黝帘石微晶片岩，及细—中晶大理岩夹碳硅质板岩	55.7 m
8. 绿色条带状绿泥绿帘绢云微晶片岩	58.1 m
7. 深灰色片理化细晶大理岩。显泥质条带及角砾状构造。含牙形石 *Polygnathus gronbergi*，*Spathognathodus optimus*，*Ozarkodina denckmanni*，*Panderodus striatus*	24.5 m
6. 灰色薄—中层状具平行条带状绢云母石英微晶片岩	51.7 m

5. 黄色薄层状平行条带状绢云母石英微晶片岩夹灰色条带状细晶大理岩 52.5 m

4. 灰、灰黄色薄层状具平行层理绢云母石英片岩，底部见富钛铁矿辉绿岩床 172.9 m

3. 浅灰色白云母石英微晶片岩，底部有富钛铁矿磷灰石辉绿岩床 75.6 m

2. 灰色中层夹薄层状绢云母石英微晶片岩，底有辉绿辉长岩① 101.5 m

1. 灰、灰绿色绢云母石英微晶片岩，底部有辉绿岩(未见底) >438.1 m

【地质特征及区域变化】 本组分布较局限，仅出露于木里老灰里至稻城恰斯一带，向北被新地层掩盖，向南被断失，厚度 849.9～2 492.0 m，稻城恰斯一带出露最不完整。岩性变化不大，但自正层型剖面向北至木里老灰里和稻城恰斯一带变质程度加深，达高绿片岩相的黑云母带和石榴石带，且钠化蚀变较为强烈。

本组所含化石甚少，仅正层型剖面第 7 层大理岩中含牙形石 6 个属种，均为早泥盆世地层中的重要分子或常见分子，且化石层位位于本组下部，故本组时代应归早泥盆世。

蚕多组 D*c* (06-51-0095)

【创名及原始定义】 云南区调队 1980 年创名于木里依吉。原义指整合覆于下泥盆统依吉组之上，伏于上泥盆统崖子沟组之下的一套区域浅变质石英砂岩、泥质岩组合，时代属中泥盆世。

【沿革】 创名后，张子雄 1981 年将其划归依吉群第三段。四川区调队 1984 年在木里老灰里和稻城恰斯将其相当地层划归恰斯群三、四段(时代属前震旦纪)和“格绒组”(时代属早泥盆世)。杜其良 1986 年又将其改称东山组、儿罪哈组和藏卡组(底部层位)，《四川省区域地质志》沿用这一划分。本次研究确认，原始命名和划分符合岩石地层划分原则应予沿用。所列“格绒组”与恰斯群四段间的不整合在实际材料中没有依据，均为整合伏于含中泥盆世化石之下的一套地层。“格绒组”的使用亦系异物同名的看法应予澄清。

【现在定义】 指稻城小区整合覆于依吉组之上、伏于崖子沟组之下的一套区域浅变质石英砂岩、泥质岩组合之地层体。变质程度可达低绿片岩相的绿泥石带—高绿片岩相的石榴石带。以含大量变质石英砂岩或石英岩区别于上、下地层单位。

【层型】 正层型为木里依吉剖面，位于木里县依吉乡(100°33′17″，27°55′37″)，云南区调队 1980 年测制。

上覆地层：崖子沟组 灰绿色绢云母板岩，底部见变质基性岩

——————— 整 合 ———————

蚕多组 总厚度 1 246.6 m

35. 平行条带状层理之绢云石英微晶片岩 38.0 m

34. 白、黄色夹紫红色中、薄层状轻变质中粒石英砂岩夹含细砾石英砂岩 90.8 m

33. 灰白色中层状具波状层理及平行层理之绢云石英微晶片岩。风化后呈黄、黄绿色 186.0 m

32. 轻变质石英砂岩，有石英脉穿插 94.3 m

31. 深灰色粉砂质绢云母板岩与深灰色绢云石英微晶片岩 114.6 m

30. 上部为灰绿色夹紫红色绢云石英微晶片岩，下部夹变质石英砂岩 137.6 m

29. 灰绿色绿泥绢云石英微晶片岩 88.5 m

28. 灰绿色绿泥绢云微晶片岩与灰绿色轻变质石英砂岩互层 136.0 m

① 剖面所列辉绿岩或辉绿辉长岩在区域对比中均应为变质玄武岩。

27. 灰绿色薄层状绢云微晶片岩 41.0 m

26. 平行条带状之绢云石英微晶片岩 40.1 m

25. 中层及薄层状变质石英砂岩 279.7 m

——————— 整 合 ———————

下伏地层：**依吉组** 灰绿色绢云石英微晶片岩，底部 4m 为轻变质石英砂岩

【地质特征及区域变化】 本组分布于木里依吉—稻城恰斯一带，厚度变化不大，837.7～1 248 m，木里依吉最厚，向北至稻城恰斯最薄。岩性变化是由依吉往北，石英砂岩或石英岩比例有减少之势，老灰里最少，并夹少量大理岩。变质程度由依吉往北至老灰里、稻城恰斯一带加深达石榴石带，且钠化蚀变强烈。

本组未获化石，但整合覆于含早泥盆世牙形石的依吉组之上和伏于含中泥盆世珊瑚等化石的崖子沟组之下，故其时代可能仍为早泥盆世或早—中泥盆世。

崖子沟组 *Dyz* (06-51-0096)

【创名及原始定义】 云南区调队 1980 年创名于木里依吉。原义指平行不整合伏于石炭系区域浅变质碳酸盐岩夹硅质岩之下，整合覆于中泥盆统蚕多组区域浅变质石英砂岩、泥质岩之上的一套区域浅变质泥砂质、硅质及碳酸盐岩地层体，时代归属晚泥盆世。

【沿革】 创名后，张子雄 1981 年将其划为依吉群第四段。四川区调队 1984 年在木里老灰里一带将其与之相当的地层划为"穷错组"和"苍纳组"，时代归中泥盆世。杜其良 1986 年将恰斯剖面相当的地层划为藏卡组，时代归前震旦纪，《四川省区域地质志》(1991)沿用这一划分。本次研究确认，原始命名和划分符合岩石地层划分原则应继续沿用。1∶20 万贡岭幅在此所划"穷错组"和"苍纳组"系异物同名。所谓藏卡组之绝大部分与崖子沟组相当。

【现在定义】 指整合覆于蚕多组之上，平行不整合伏于邛依组之下或不整合伏于冈达概组之下的一套区域浅变质泥质岩、碳酸盐岩夹硅质岩及少量基性火山岩之地层体，含珊瑚、苔藓虫等化石，碳酸盐岩中含白云质及泥质，沿走向延伸很不稳定。

【层型】 正层型为木里依吉剖面，位于木里县依吉乡(100°33′17″，27°55′37″)，云南区调队 1980 年测制。

上覆地层：**邛依组** 泥、砂质结晶灰岩、大理岩夹硅质岩

－－－－－－－ 平行不整合 －－－－－－－

崖子沟组 总厚度 261.2 m

39. 上部白色硅质岩；下部为灰绿色偶夹紫红色薄层状千枚岩 83.9 m

38. 上部为灰绿色中、薄层状硅质石英砂岩；下部为灰绿色中层状绢云母微晶片岩 43.9 m

37. 上部为黄白色中—薄层状细晶灰岩；下部为白色硅质岩 39.0 m

36. 灰绿色绢云母板岩，底部见变质基性岩 94.4 m

——————— 整 合 ———————

下伏地层：**蚕多组** 平行条带状层理之绢云母石英微晶片岩

【地质特征及区域变化】 本组仅出露于木里依吉、老灰里古叶牛场、北哈牛场至稻城恰斯一带，厚度变化较大，261.2～1 125.5 m，依吉剖面最薄，向北厚度增大，至稻城恰斯剖面最厚，且与上覆冈达概组绿帘次闪片岩、变质玄武岩呈不整合接触，缺失石炭纪邛依组地层。

本组所含珊瑚 *Squameofavosites*，*Pachyfavosites*，*Crassialveolitella*，*Favosites* 和海百合茎 *Pentagonocyclicus panxiensis* 是我国南方中泥盆世早期重要和常见的属种。因此本组时代归中泥盆世较恰当。

危关组 Dw (06-51-0093)

【创名及原始定义】 徐星琪1965年在1：100万重庆幅地质图说明书中创名，据汶川—理县路线观察资料，将理县危关一带的一套区域浅变质岩称为危关组。原义指整合伏于二叠系玄武岩之下、覆于石炭系通化组之上的一套区域浅变质碎屑岩、泥质岩地层体，中、上部以灰—灰黑色绢云母石英片岩、碳质石英片岩、碳质片岩、石英岩为主，下部为浅绿、灰色黑云母绢云母石英片岩和石英绢云母片岩互层。层位属石炭系上部。

【沿革】 创名后，四川二区测队1975年在北川小寨子沟口于本组中部采获早—中泥盆世的珊瑚化石，将其改归泥盆系称危关群，并划分为上、下两组，1：20万茂汶幅将底界修订到浅绿、灰色片岩之顶部，顶界下移至下石炭统雪宝顶群灰岩之底部，以后沿用。中国地质科学研究院川西地质研究队1969年在宝兴所建的硗碛群及东大河组中、下部与之相当。1：20万小金幅将其划分为硗碛组、头道村组、青羊坡组是强调所含化石时代划分的，岩性可分性不强，且将顶界提到了雪宝顶组灰岩中间。这些划分不符合岩石地层划分命名原则。本次研究确认，1：20万茂汶幅对顶、底界线的修订是恰当的，现降群为组。

【现在定义】 整合或平行不整合伏于雪宝顶组之下，整合覆于通化组之上的一套灰—灰黑色区域浅变质泥质、石英砂质、碳质、硅质岩夹少量碳酸盐岩组合之地层体，含床板珊瑚化石，以其灰黑色调和含较多石英岩或变质石英砂岩区别于上、下地层单位。

【层型】 选层型为北川建设关磨—小寨子沟口剖面，位于北川县建设乡(103°58′31″，32°00′55″)，四川二区测队1975年测制。

上覆地层：**雪宝顶组** 灰色薄层结晶灰岩夹浅黄灰色薄层含铁结晶灰岩及灰色绢云千枚岩

——————— 平行不整合 ———————

危关组	总厚度 2 366.8 m
21. 灰黑色碳质绢云石英千枚岩	20.2 m
20. 深灰色含碳泥质绢云千枚岩夹条带状石英岩状砂岩及黑色硅质岩条带	129.9 m
19. 深灰色泥质绢云千枚岩、含碳泥质绢云千枚岩夹深灰—浅灰色薄层石英岩状砂岩	29.3 m
18. 灰黑色碳质千枚岩、绢云石英千枚岩与深灰色薄层石英岩状砂岩之韵律互层	35.4 m
17. 深灰色薄—厚层石英岩状砂岩夹泥质绢云千枚岩	121.2 m
16. 深灰色绢云石英千枚岩、含碳泥质绢云千枚岩互层，夹薄层状石英岩状砂岩	135.2 m
15. 灰黑色碳质千枚岩夹薄板状石英岩状砂岩，顶部夹生物结晶灰岩，产海百合茎及珊瑚？*Temnophyllum* sp.	134.7 m
14. 浅灰—深灰色含硬绿泥石钙质绢云石英千枚岩。上部夹薄板状结晶灰岩，中部夹薄板状钙质石英砂岩，下部夹薄板状石英岩状砂岩及结晶灰岩凸镜体，含海百合茎	212.1 m
13. 灰—深灰色绢云石英千枚岩夹灰色薄板状条带状石英岩状砂岩	105.3 m
12. 灰—深灰色绢云石英千枚岩夹灰色薄板状石英岩状砂岩及含钙石英砂岩	382.5 m
11. 灰色绢云千枚岩夹薄片状至条带状石英岩状砂岩及钙质石英砂岩	256.0 m
10. 深灰色绢云石英千枚岩夹灰色薄层石英岩状砂岩及砂质灰岩凸镜体。灰岩中含海百合茎及珊瑚 *Squameofavosites*，*Pachyfavosites*，*Utaratuia*	18.7 m
9. 深灰色绢云石英千枚岩、砂质千枚岩互层夹灰色薄板状条带状石英岩状砂岩	141.3 m

8. 深灰色含铁白云石碳质绢云千枚岩夹薄层条带状石英岩状砂岩 305.1 m
7. 深灰色绢云石英千枚岩、含碳质千枚岩夹灰—深灰色薄层条带状石英岩状砂岩 45.9 m
6. 灰、深灰色绢云石英千枚岩夹浅灰色薄层至条纹状石英砂岩 196.9 m
5. 灰、深灰色绢云千枚岩夹条纹状石英砂岩 97.1 m

—————— 整 合 ——————

下伏地层：**通化组** 浅绿灰色、绿色含铁白云石绿泥绢云千枚岩、含绿泥绢云千枚岩之互层

【地质特征及区域变化】 本组分布较为广泛，沿康定—松潘一线均有出露。厚 1 196～3 129.1m，小金大河边最厚，向西南减薄，丹巴燕耳崖 2 029.7 m；向东北亦减薄，至理县环梁子最薄，再往北东又增厚，至小寨子沟口又达 2 365 m。丹巴、宝兴、汶川一带本组与上覆雪宝顶组为整合接触，而北川、松潘一带又为平行不整合关系。本组岩性组合较复杂，各种岩性所占比例时有变化，但总体特征是一致的。宝兴、康定一带碳酸盐岩夹层略多，变质石英砂岩夹层少，化石较为丰富。汶川、理县和丹巴、小金一带石英岩比例增加并出现厚层—块状夹层，碳酸盐岩夹层减少。唯小金、丹巴一带变质较深，可达高绿片岩—角闪岩相。

本组中所含生物化石主要为珊瑚、牙形石和少量笔石、腕足类以及古藻、孢粉等。珊瑚有 *Pachyfavosites*，*Heliolites insolites*，*Digonophyllum*，*Hexagonaria simplex* 等，在宝兴硗碛本组下部含笔石 *Neomonograptus falcarius*，床板珊瑚 *Pachyfavosites kozlowskii*，*Squameofavosites fungiliformis*；牙形石 *Polygnathus robsticostatus*，*Po. costatus*，*Icriodus corniger*，*Palmatolepis delicatula delicatula* 等，常见于我国华南泥盆纪地层中或为其带化石，故危关组时限应为泥盆纪。

石坊组 Dŝ （06－51－0076）

【创名及原始定义】 张研 1961 年创名于甘肃文县石坊。原义指文县—康县一带平行不整合伏于中泥盆世岷堡沟组之下，整合覆于“下泥盆统”临江组之上一套富含有机质海湾-沼泽相砂质板岩及砂岩，中上部夹数层黑灰色角砾状硅质岩及含角砾粗砂岩，中下部常夹无烟煤层及磷块岩，时代属早泥盆世的地层。

【沿革】 其后西北地质科研所 1974 年将其下伏临江组修订为震旦系，接触关系呈不整合，改石坊组为群。四川二区测队 1978 年指出原划“石坊群”中上部与中下部间存在一平行不整合面，岩性亦有差异，并根据四川 202 地质队 1971 年在松潘黄龙张沟梁该平行不整合面以下的含煤地层中采获的晚志留世腕足类化石，将其归入白龙江群，将石坊群涵义仅局限于原始涵义的中上部，并降群为组。其后，甘肃的文献沿用前者，四川的文献沿用后者。本次研究认为，四川二区测队的划分符合岩石地层划分原则，并有重大进展，应继续沿用。因命名地无实测剖面，地层大多断失不全，松潘黄龙河风崖剖面较好，建议作为选层型剖面。

【现在定义】 在四川省为平行不整合伏于当多组之下、覆于白龙江群之上的一套深灰—灰黑色板岩、岩屑石英砂岩、石英砂岩夹燧石质砾岩及不稳定的碳酸盐岩组合之地层体，含珊瑚、腕足类等化石。局部地区岩性以燧石质砾岩、含砾岩屑石英砂岩为主，不含化石。

【层型】 选层型为松潘黄龙河风崖剖面，位于松潘县黄龙乡（103°54′12″，32°46′39″），四川二区测队 1978 年测制。

上覆地层：**当多组** 灰色中层—块状含燧石细砾钙质岩屑石英砂岩

—————— 平行不整合 ——————

石坊组 总厚度 1 352.6 m

7. 深灰、黑色千枚状含碳砂质板岩、钙质板岩夹灰色薄—中层结晶灰岩，含珊瑚 *Hallia*, *Pseudoamplexus*, *Aulacophyllum* 152.4 m

6. 灰色中—块状石英砂岩、深灰色千枚状含碳砂质板岩夹中层状结晶灰岩，含珊瑚 *Dictyofavosites* 等 191.0 m

5. 灰色中层—块状石英砂岩、深灰色砂质板岩，夹灰色凸镜状结晶灰岩、碳泥质灰岩，含腕足类 *Acrospirifer hemirotundus*, *Euryspirifer* cf. *tonkinensis* 及珊瑚等 43.2 m

4. 深灰、黑色千枚状砂质、碳质板岩夹灰色薄—中层状中粒岩屑石英砂岩，上部夹深灰色薄—块状结晶灰岩及浅紫红色泥质灰岩，富含珊瑚 *Hallia*, *Tryplasma*, *Squameofavosites* 及腕足类 *Parathyrisina bella* 等 232.5 m

3. 深灰色薄层—块状白云质灰岩夹灰黑色凸镜状含硅质灰岩、硅质岩及千枚状碳质板岩，含珊瑚 *Pachyfavosites*, *Squameofavosites* 等 126.7 m

2. 深灰色千枚状砂质板岩夹灰色中层—块状变质岩屑石英砂岩及少量薄层灰岩 146.3 m

1. 深灰色中层—块状白云质灰岩、硅质结晶灰岩夹含碳硅质岩、板岩及岩屑石英砂岩 460.5 m

——————— 平行不整合 ———————

下伏地层：**白龙江群** 黑色千枚状含碳质板岩与含碳砂质板岩互层

【地质特征及区域变化】 本组仅分布于松潘黄龙一带并延入甘肃文县，厚度变化较大，183.0～1 352.6 m，松潘黄龙张沟梁最薄，河风崖最厚，甘肃境内大多断失未见底。岩性在张沟梁一带以燧石质砾岩、含砾岩屑石英砂岩为主，不含碳酸盐岩；文县岷堡沟一带以灰黑色砂、板岩为主夹燧石质砾岩及少量碳酸盐岩；河风崖一带则含较多的碳酸盐岩。

本组所含生物化石有腕足类、四射珊瑚、床板珊瑚、菊石、三叶虫、腹足类、苔藓虫、层孔虫等。其中，腕足类 *Parathyrisina bella*, *Acrospirifer hemirotundus*, *Euryspirifer* cf. *tonkinensis* 是我国华南下泥盆统中的重要或常见分子；珊瑚 *Aulacophyllum*, *Hallia*, *Pseudoamplexus* 广泛见于欧、亚、澳、北美等地早—中泥盆世地层中。结合本组与上覆当多组和下伏白龙江群均为平行不整合面分开，故其时限应为早泥盆世。

普通沟组 D*p* (06-51-0077)

【创名及原始定义】 西北地质研究所和甘肃一区测队 1973 年创名于四川若尔盖普通沟，原始定义指普通沟剖面整合伏于下泥盆统尕拉组之下，覆于志留系白龙江群之上的一套灰、灰绿及少量紫红色泥、砂质岩夹碳酸盐岩组合，含腕足类、珊瑚等化石，划分为上、下普通沟两个组，上普通沟组在局部地方含煤，时代属早泥盆世。

【沿革】 其后各家文献大多沿用，唯四川地质局综合队在 1978 年四川省地层总结中指出上、下普通沟组岩性难于划分，修订其涵义，并将其统称普通沟组，本次研究认为，这一修订意见符合岩石地层划分原则，应予继续沿用。

【现在定义】 整合伏于尕拉组白云岩或热尔组紫红色碎屑岩之下、覆于卓乌阔组深灰色板岩夹薄层或凸镜状灰岩之上的一套灰、灰绿及少量紫红色泥、砂质岩夹碳酸盐岩地层体，含腕足类、珊瑚、苔藓虫、牙形石等化石，局部地方含煤。

【层型】 正层型为若尔盖普通沟剖面，位于若尔盖县占哇乡(102°54′44″，34°14′39″)，川西北地质大队 1992 年重测。

上覆地层：尕拉组　浅灰色薄一中层微晶白云岩，含珊瑚、腕足类

——————— 整　合 ———————

普通沟组　　　　　　　　　　　　　　　　　　　　　　　　　　　　总厚度>433.8 m

14. 浅绿灰色白云质板岩夹微晶白云岩　　14.2 m

13. 紫色含粉砂质铁质板岩夹浅绿灰色板岩，含腕足类 *Protathyris praecursor* 等　　81.6 m

12. 浅绿灰色白云质板岩夹少量灰色粉晶灰色白云岩，含腕足类 *Howellella labilis*　　12.8 m

11. 浅绿灰色板岩、白云质板岩夹含泥质粉砂岩、生物碎屑灰岩及粉晶至微晶白云岩，顶部以白云岩为主夹板岩。含腕足类 *Protathyris* cf. *sibirica*，*Howellella labilis* 及苔藓虫等　　85.2 m

10. 浅绿灰色含白云质粉砂质板岩及褐灰色钙质板岩夹粉砂岩、砂质微晶灰岩及生物碎屑灰岩，上部为褐灰色细晶白云岩　　31.3 m

9. 浅绿灰色白云质板岩夹含铁泥质白云质粉砂岩及微晶白云岩，含腕足类 *Protathyris praecursor*，*Howellella labilis* 和珊瑚 *Qinlingopora xiqinlingensis* 等　　33.2 m

8. 灰色中一厚层白云石化泥晶砂屑灰岩，含珊瑚 *Zelophyllum subdendroidea*，*Tryplasma aequabilis*，*Favosites brusnitzini*，*Mesofavosites dupliformis*，*Pachyfavosites putonggouensis*，*Squameofavosites mironovae* 和腕足类 *Lanceomyonia modesta* 等　　2.9 m

7. 灰一深灰色钙质板岩夹白云石化微晶生物碎屑灰岩，含腕足类 *Lanceomyonia modesta*，*Howellella labilis*，*Linguopugnoides subcarens*；珊瑚 *Mesofavosites putonggouensis*；牙形石 *Ozarkodina remscheidensis remscheidensis* 及双壳类、鹦鹉螺　　16.7 m

6. 灰及深灰色薄及厚层白云石化生物碎屑微晶灰岩，含腕足类 *Lanceomyonia modesta*，*Protathyris* cf. *sibirica* 等；牙形石 *Ozarkodina remscheidensis remscheidensis* 等及珊瑚、苔藓虫、鹦鹉螺、介形虫　　16.4 m

5. 灰色含黄铁矿硅质板岩夹砂泥质泥晶灰岩及白云石化生物碎屑灰岩，含腕足类 *Protathyris praecursor* 等；牙形石 *Ozarkodina denckmanni* 及苔藓虫、介形虫　　66.5 m

4. 深灰色含硅质粉砂质板岩夹钙质粉砂岩及白云石化含鲕粒生物碎屑微晶灰岩，含腕足类 *Protathyris praecursor*，*Atrypa nieczlawiensis* 等；牙形石 *Ozarkodina remscheidensis remscheidensis*，*O. denckmanni*，*Icriodus woschmidti woschmidti* 等；珊瑚 *Stortophyllum exiguum* 及三叶虫、鹦鹉螺等　　19.8 m

3. 灰色板岩及硅质板岩夹生物碎屑灰岩凸镜体，含腕足类 *Protathyris praecursor*，*Howellella labilis* 等；牙形石 *Icriodus woschmidti woschmidti*；三叶虫 *Craspedarges bicornis* 等　　30.7 m

2. 深灰色薄层状生物碎屑微晶灰岩夹板岩，含腕足类 *Protathyris praecursor*，*Rhynchospirina semiradzkii* 等及介形虫　　4.2 m

1. 黄绿一灰色绢云母板岩(因断层未见底)　　>18.2 m

【地质特征及区域变化】　本组在省内仅分布于若尔盖县占哇乡普通沟和宁策、热尔、冻列乡一带。与下伏卓乌阔组黑色板岩夹灰岩呈整合接触关系，仅在宁策、热尔、冻列一带伏于热尔组之下，其余地方皆整合伏于尕拉组之下，并延入甘肃省。本组岩性变化不大，仅冻列一带含砂质略高，粒度略粗，出现钙泥质石英砂岩，厚度数百米，少数地方超过 1 463 m。

本组所含生物化石种类较多，以腕足类、牙形石、珊瑚、三叶虫较重要。腕足类以 *Protathyris*，*Howellella*，*Lanceomyonia* 三属大量出现为其特征，且是东欧、中亚等地区下、中惹丁阶重要分子。下部所含牙形石 *Icriodus woschmidti*，*Spathognathodus remscheidensis* 是世界性惹丁阶底部的带化石。所含三叶虫 *Crotalocephalus* sp. 仅见于早、中泥盆世。

尕拉组 D*g* (06-51-0078)

【命名及原始定义】 西北地质研究所和甘肃一区测队1973年创名于甘川交界的尕拉。原义指平行不整合伏于当多沟组之下，整合覆于上普通沟组之上的一套灰—深灰色白云岩，上部夹泥质粉砂岩、石英砂岩、碳质页岩，含珊瑚、层孔虫、腹足类、介形虫等化石，中、下部白云岩可形成有经济价值的矿床，时代属早泥盆世中—晚期。

【沿革】 创名后沿用。

【现在定义】 平行不整合伏于当多组含铁碎屑岩及含磷碳酸盐岩之下，整合覆于普通沟组灰绿色板岩之上的一套灰色白云岩夹少量泥质粉砂岩、石英砂岩、碳质页岩地层体，含珊瑚、层孔虫、腹足类、鱼类、介形虫等化石。

【层型】 选层型为甘肃迭部当多剖面。省内次层型为若尔盖西格尔山剖面，西北地质研究所1972年测制。

【地质特征及区域变化】 本组仅局限分布于若尔盖县占哇乡普通沟、毕冈、西格尔山一带。在甘肃迭部当多一带厚度达1 091 m，至省内西格尔山一带减薄为535 m，毕冈及普通沟一带断失不全。本组岩性稳定，为一套白云岩。

本组所含生物化石较少。其腕足类 *Protathyris sibirica*，*P. praecursor*，系中亚及俄罗斯东北部下、中慈丁阶分子。珊瑚 *Zenophyllum* cf. *subdenduoidea*，*Enterolasma gansuense*，*Favosites shengi minor* 系俄罗斯库兹巴斯 *F. regularissimus* 带的分子，或见于澳大利亚下泥盆统的中、上部。故本组时限应下跨慈丁期上达晚西根期至埃姆斯期。

热尔组 D*r* (06-51-0084)

【创名及原始定义】 西北地质研究所和甘肃一区测队1973年创名于若尔盖县热尔乡，原称热尔群。原义指若尔盖热尔—崇尔一带平行不整合伏于“下石炭统略阳组”之下，整合覆于“上志留统白龙江群”之上的一套滨海—三角洲相砂、泥质岩夹碳酸盐岩地层体，含腕足类、珊瑚化石，上岩组以红色粗碎屑岩为主，还含植物化石，下岩组上部在独峰一带含煤，时代属早泥盆世。

【沿革】 其后，四川地质局综合队1978年和万正权1983年分别在四川省地层总结和西南地区地层总结中均将其划归石坊组，甘肃省地矿局1989年仍沿用原始命名与划分，唯川西北地质大队1992年将热尔乡札西郎沟与下岩组相当部分划归普通沟组，与上岩组相当部分划归下石炭统，命名为“札西郎组”，并认为其间为平行不整合接触。本次研究认为“札西郎组”与东临八盘沟剖面含早泥盆世腕足类化石的热尔群上岩组走向相接，故难于成立，现仍采用热尔组。又因下岩组已被1∶5万区调工作证实其岩性、层位与普通沟组相当，故修订热尔群涵义只限于上岩组范畴并降群为组。

【现在定义】 指若尔盖热尔八盘沟、札西郎、河坡村一带平行不整合伏于岷河组之下，整合覆于普通沟组之上的，中、下部以赭红—紫红色为主，上部灰—灰绿色为主的砾岩、砂岩、粉砂岩、板岩组合之地层体，含腕足类、珊瑚、双壳类及植物化石。

【层型】 正层型为若尔盖铁布宁策策我剖面，位于若尔盖河坡村西(102°59′44″，34°04′39″)，西北地质研究所和甘肃一区测队1973年测制。

上覆地层：岷河组 结晶灰岩夹页岩、泥质灰岩、钙质粉砂岩

——————— 平行不整合 ———————

热尔组　　总厚度 1 313 m

10. 暗棕灰色含泥质细砂岩，含植物 *Sphenopteridium*　　181 m

9. 灰色含砾砂岩，上部渐变为砂岩夹泥质粉砂岩　　95 m

8. 紫红色粗砂岩及砾岩，上部变为砂岩夹泥质粉砂岩　　94 m

7. 褐—紫红色砂岩夹灰色泥岩及紫红色泥岩、砾岩　　321 m

6. 淡紫红色粗砂岩及砾岩夹泥质粉砂岩　　136 m

5. 暗紫红色微含铁质砂岩夹泥质粉砂岩，上部夹含砾砂岩　　243 m

4. 紫红色砾岩及粗砂岩　　144 m

3. 褐红—紫红色砂岩夹紫红色泥质粉砂岩　　99 m

——————— 整　合 ———————

下伏地层：普通沟组　深灰色粉砂质泥岩夹薄—中层含生物介壳灰岩，含腕足类化石

【地质特征及区域变化】　本组分布局限于若尔盖热尔八盘沟—宁策策我一带，厚 704～1 313 m。岩性为一套三角洲相碎屑岩，在策我至札西郎一带以红色粗碎屑岩为主，向西断失，情况不明，向东至八盘沟迅速相变为以红、绿、灰杂色细碎屑岩为主夹粗碎屑岩。

本组所含生物化石甚少，仅正层型剖面上部含植物 *Sphenopteridium*，不足以说明本组时限，但本组区域上含植物化石①*Zosterophyllum yunnanicum*，*Protolepidodendron*，*Asteroxylon*，*Protopteridium* 是我国华南翠峰山群、德国西根阶、埃姆斯阶的分子。珊瑚 *Thamnopora elegantula*，腕足类 *Protathyris praecursor* 是东欧、中亚等地下、中惹丁阶的重要分子，在普通沟剖面亦可延续至尕拉组。从上述动植物化石分析，本组时限可能和尕拉组时限相当，下跨惹丁期，上达晚西根期至埃姆斯期。

当多组　Dd　(06-51-0079)

【创名及原始定义】　张研 1961 年创名于甘肃迭部当多。原始定义指迭部当多一带整合伏于中泥盆统下吾那组之下，覆于“志留系白龙江群”之上的一套白云岩和含铁碎屑岩、碳酸盐岩系，用以代表早—中泥盆世沉积。含铁岩系近 200 m，白云岩千余米。

【沿革】　其后，西北地质研究所沿用其涵义和名称，仅把上覆地层名称修订为古道岭组。甘肃一区测队 1973 年将其底界上移至白云岩之顶界，将顶界上移至下吾那组之中，并改称当多沟组，分上、下段。西北地质科学研究所和甘肃一区测队 1973 年又将下部千余米白云岩命名为尕拉组，本组涵义仅局限于“当多沟组下段”的含铁碎屑岩系和含磷碳酸盐岩，并确定与尕拉组为平行不整合接触，将上段地层命名为鲁热组，以后文献沿用。仅《甘肃省区域地质志》1989 年又改当多沟组为当多组。张研 1961 年将文县岷堡沟一带平行不整合覆于石坊组之上，伏于冷堡子组之下的含铁碎屑岩夹碳酸盐岩系称岷堡沟组。万正权 1983 年在西南地区地层总结(泥盆系)中又以当多组相称。本次清理甘肃研究组已将其作为当多组的同物异名对待，我们认为是妥当的。底界沿用甘肃一区测队 1973 年的修订意见，但将顶界修订到原来划分的鲁热组的顶界欠妥，我们认为划在含铁碎屑岩系的顶界较为恰当。

【现在定义】　在四川省是指整合或平行不整合伏于下吾那组之下的含铁(局部含磷)碎屑岩夹碳酸盐岩地层体，含腕足类、珊瑚、腹足类等化石，所夹碳酸盐岩为泥质灰岩、介壳灰

① 万正权，1983，西南地区地层总结(泥盆系)，成都地质矿产研究所。

岩、珊瑚礁灰岩，底部以灰色厚层至块状砾岩与尕拉组白云岩或石坊组顶部之粉砂岩、泥岩、碳质泥岩或含碳砂质板岩平行不整合接触。

【层型】 正层型在甘肃省。省内次层型为松潘县黄龙张沟梁剖面，四川二区测队 1976 年测制。

【地质特征及区域变化】 本组省内仅出露于若尔盖县占哇一带和松潘黄龙张沟梁及河风崖一带。若尔盖毕冈—拉瓦厚 82.2 m，碳酸盐岩比例增多，碎屑岩比例减少，底部不含磷块岩。松潘黄龙张沟梁厚 124.2 m，岩性全为碎屑岩夹贫赤铁矿层，不夹碳酸盐岩，且与上覆、下伏地层均为平行不整合。松潘黄龙河风崖厚度增大至 600 余米，未见顶，所见岩性为碎屑岩、泥质岩夹含泥质、砂质或白云质的碳酸盐岩，平行不整合覆于石坊组之上。

本组所含生物化石较丰富，以腕足类、珊瑚最重要，腕足类以 *Otospirifer* 及 *Euryspirifer* 组合为代表，伴生有 *Acrospirifer subtonkinensis*，*A. longmenshanensis*，*Athyrisina squamosa*，*Camarotoechia omalius* 等都是我国华南早—中泥盆世的重要分子。所含珊瑚 *Favosites gregalis*，*Squameofavosites obliquespinus*，*Calceola* 等，是我国或欧、澳早—中泥盆世地层常见分子。故本组时限为早—中泥盆世。

下吾那组 D*x* （06-51-0081）

【创名及原始定义】 张研 1961 年创名于甘肃迭部下吾那。原始定义指迭部当多一带整合覆于当多组含铁碎屑岩系之上的以碳酸盐岩为主的地层，时代归中泥盆世。

【沿革】 其后甘肃一区测队 1973 年将其与之相当的下部命名为鲁热组，上部称古道岭组。四川地质局综合队 1978 年、万正权 1983 年沿用。甘肃地层表编写组 1980 年正式使用下吾那组一名，含义仅限于原始含义的上部，指“中泥盆统鲁热组”与“上泥盆统擦阔合组”之间的地层。《四川省区域地质志》1991 年沿用这一修订含义。本次清理，甘肃研究组将其顶界修订到原擦阔合组的顶界，以所夹泥质岩、碎屑岩的结束作为下吾那组与上覆益哇沟组划界是恰当的，我们沿用之，但我们仍维持原始定义之底界。此外，在文县岷堡沟一带，与之相当地层，张研(1961)将其下部命名为下冷堡子组和上部为团布沟组。西北地质研究所 1974 年仍称冷堡子组和古道岭组。四川二区测队 1978 年则以古道岭组称之。万正权 1983 年又将其划分为下部冷堡子段，上部灰岩段。《甘肃省区域地质志》(1989)沿用张研 1961 年原始定义。本次研究中，我们认为，按照重新定义的下吾那组岩性特征，冷堡子组可以被包含在其中。从四川的资料来看，冷堡子组之上，均是大套的单纯碳酸盐岩地层，已属益哇沟组，故建议将冷堡子组作为下吾那组的同物异名看待。

【现在定义】 在四川省指整合伏于益哇沟组之下，整合或平行不整合覆于当多组之上的一套富含泥质的碳酸盐岩夹灰黑色泥、砂质岩的地层体，含珊瑚、腕足类、竹节石等化石，以所夹碎屑岩、泥质岩的结束与上覆地层灰岩分界，以含铁层的结束为下伏地层的顶界。

【层型】 选层型在甘肃省。省内次层型为松潘县黄龙张沟梁剖面，四川二区测队 1976 年测制。

【地质特征及区域变化】 本组仅局限于若尔盖占哇、松潘黄龙张沟梁及南坪信札一带。若尔盖占哇毕冈—拉瓦厚大于 1 262.3 m，岩性特征和化石面貌与选层型剖面一致。而松潘、南坪一带本组厚度较小，下部含石英砂岩比例增加，且与下伏当多组呈平行不整合接触。本组顶界则降到了前人所划古道岭组“岷堡沟段”的顶界。

本组生物化石丰富，下部以腕足类与珊瑚为主，腕足类以 *Uncinulus*，*Athyrisina*，*Indospi-*

rifer，*Atrypa* 等属最盛。是乌拉尔艾菲尔阶和西欧考文阶及我国华南应堂阶的重要分子。珊瑚 *Utaratuia* 亦为西欧艾菲尔阶、华南应堂阶中的代表属。故本组时代下限跨中泥盆世中期。中部所含腕足类 *Bornhardtina*，*Rensselandia*，*Stringocephalus* 亦是欧、亚吉维特阶或东岗岭阶的标准分子。上部层位以含腕足类 *Cyrtospirifer* 及珊瑚 *Pseudozaphrentis* 为代表，属我国南方佘田桥阶的典型属。所含竹节石 *Uniconus glaber* 亦为弗拉斯期重要分子。上部层位时代应为晚泥盆世早期。故本组时限不会低于中泥盆世中期，不应高达晚泥盆世早期末。

顶坡组　*Cd*　（06－51－0120）

【创名及原始定义】　四川三区测队 1977 年创名于巴塘中咱巴乡岭—顶坡。原始定义指整合覆于中石炭统札普组之上、伏于下二叠统冉浪组之下的一套碳酸盐岩地层体，富含晚石炭世䗴化石，代表中咱地区晚石炭世沉积。

【沿革】　其后一直沿用。但本次研究发现，四川三区测队以巴塘中咱巴乡岭—顶坡剖面将石炭系从上到下分为顶坡组、札普组、许池卡组和巴乡岭组，它们都为一套碳酸盐岩地层体，以鲕粒灰岩或含鲕粒灰岩为其宏观特征，各组岩性界线难于划分，所划四个组是依据所含生物化石的时代划分开的，不符合岩石地层划分的原则，这四个组实际上是同一岩石地层单位，本书以修订后的顶坡组代表之，其余三个组建议不采用。修订后的顶坡组底界为原巴乡岭组底界，顶界由该剖面第 12 层顶界下移至第 11 层顶界，以含鲕粒灰岩的结束为标志，第 12 层灰白色块层状细粒灰岩应归入上覆岩石地层单位中。顶坡组的上覆地层应为修订后的冰峰组。

【现在定义】　指整合覆于塔利坡组之上、伏于冰峰组之下的一套碳酸盐岩地层体，以鲕粒灰岩和含鲕粒灰岩为特征区别于上、下岩石地层单位，底界与原巴乡岭组底界相当，顶界以含鲕粒灰岩结束与冰峰组分界，含䗴、珊瑚及腕足类化石。

【层型】　正层型为巴塘中咱巴乡岭—顶坡剖面，位于巴塘县中咱区（99°27′13″，29°20′39″），四川三区测队 1977 年测制。

上覆地层：**冰峰组**　灰白色块层状细粒灰岩，含䗴等

——————— 整　合 ———————

顶坡组　　总厚度 641.50 m

11. 浅灰色块层状细晶灰岩与灰白色块层状细晶灰岩互层，局部含鲕粒、含䗴 *Triticites* sp.，*Schwagerina* sp.，*Schubertella* sp.，*Pseudofusulina* cf. *paragregaria*　66.34 m
10. 浅灰色块层状含鲕粒灰岩，鲕粒稀少，个别夹层具不规则黑色条纹，含䗴 *Triticites* cf. *parvulus*，*Pseudoschwagerina* sp.　32.58 m
9. 浅灰色块层状含鲕细晶灰岩，具少许红色不规则线条，含䗴 *Triricites* cf. *parvulus*，*Rugosofusulina* ex gr. *prisca*　22.00 m
8. 浅灰色块层状含鲕粒灰岩，含䗴 *Fusulinella* ex gr. *colaniae*，*Pseudostaffella*　65.40 m
7. 浅灰色块层状含鲕细晶灰岩，具不规则灰色条纹，含䗴 *Profusulinella* cf. *prisca*，*Fusiella* sp.，*Pseudostaffella* cf. *khotunensis*，*Eostaffella* sp.，及珊瑚 *Bothrophyllum* sp.　107.20 m
6. 灰白色块层状鲕状细晶灰岩，鲕粒常富集成断续条带　40.00 m
5. 浅灰色厚层—块层状鲕状细晶灰岩，鲕粒富集成条带，含䗴 *Profusulinella* sp. 及珊瑚 *Palaeosmilia* sp.　42.00 m

4. 浅灰色厚层状鲕状细晶灰岩，鲕粒密集成条带，含䗴 *Pseudostaffella* cf. *antiqua* 95.00 m

3. 肉红、浅灰、灰白色薄－中层状致密灰岩，局部含鲕粒，底部 30 cm 内有断续的硅质条带，含珊瑚 *Gangamophyllum*，*Arachnolasma* 17.00 m

2. 灰、浅灰、灰白色块状细粒灰岩，局部含鲕粒，部分为粗粒灰岩，含珊瑚 *Kueichouphyllum*，*Corwenia* 120.00 m

1. 淡黄色块层状含鲕粒灰岩，底部为砖红色生物碎屑灰岩，由海百合茎、珊瑚及腕足类介壳等组成，海百合茎呈五角星状，含珊瑚 *Keyserlingophyllum*、腕足类 *Orthotichia* 34.00 m

——————整　合——————

下伏地层：塔利坡组　灰、灰白色块状细晶灰岩夹含藻灰岩

【地质特征及区域变化】　本组出露于巴塘中咱－乡城元根一带，厚 641.5～704.1 m。向北至巴塘通绒隆、白玉欧巴纳一带亦有出露，但因受断裂带影响变质为一套大理岩已难于准确对比。向南至得荣县日主乡以东丹多一给亚尔丁一带亦有出露，1∶100 万昌都幅区调时曾获珊瑚化石 *Dibunophyllum tushanense*，岩性为灰白、灰黑色结晶灰岩，因资料不详亦难于确切对比。再向南延入云南省境内。

本组所含生物化石较丰富，下部以珊瑚为主，亦含少量腕足类，中、上部富含䗴类化石。下部含珊瑚 *Keyserlingophyllum*，*Kueichouphyllum*，*Arachnolasma* 是欧亚及我国黔南早石炭世早期的代表分子，故本组下部时代为早石炭世，低不过岩关期。中、上部所含䗴属于 *Profusulinella* 带、*Fusulinella* - *Fusulina* 带、*Triticites* 带和 *Zellia* - *Pseudoschwagerina* 带的重要分子，常见于世界各地晚石炭世地层中，因此中、上部时代属晚石炭世。但因后两带化石亦延入上覆冰峰组底部层位，故其上限不超过晚石炭世末期。

邛依组　*Cq*　(06 - 51 - 0118)

【创名及原始定义】　由李宗凡(1994)在本次研究中创名。指平行不整合覆于米黑组碳硅质板岩之上，伏于卡翁沟组底部砾屑灰岩之下的一套区域浅变质碳酸盐岩、泥质岩、硅质岩及少量碎屑岩组合之地层体，含牙形石、菊石、䗴类、珊瑚等化石。

【沿革】　木里邛依一依吉一带的石炭纪地层，前人在区调中未建立地层单位，仅依据不多的生物化石做过系或统的划分。《四川省区域地质志》(1991)中，下部未名，上部引用中咱小区岩石地层名称。本次研究发现：木里一带的石炭纪地层，是一套区域浅变质碳酸盐岩、泥质岩、硅质岩及少量碎屑岩组合之地层体，含牙形石、菊石、䗴、珊瑚类等化石，反映出沉积环境不够稳定，海水较深等特点，它不同于中咱小区以鲕粒灰岩为其特征，含䗴和大量珊瑚化石的浅海碳酸盐相石炭纪地层，使用中咱小区岩石地层名称实属异物同名。因此，必须建立新的岩石地层单位，以填补木里及稻城小区米黑组之上卡翁沟组之下或崖子沟组之上冈达概组之下岩石地层单位之空白。前人已在本区测制有木里邛依人公、邛依纳嘎、瓦板沟、米黑沟和依吉剖面。除依吉剖面未见顶外，其余剖面顶、底完整，层序、接触关系清楚，层位可靠，有生物化石依据，岩性特征明显，具备建立岩石地层单位的条件。

【现在定义】　同原始定义。

【层型】　正层型为木里邛依人公剖面，位于木里县水洛乡(100°38′47″，28°10′55″)，四川区调队 1984 年测制。

上覆地层：卡翁沟组　角砾状及砾状灰岩夹变质粉砂岩

——————— 平行不整合 ———————

邛依组	总厚度 319.2 m
32. 灰白、浅灰色中—厚层微晶灰岩夹浅黄色泥晶灰岩或白云质灰岩条带	49.6 m
31. 灰、深灰色中—厚层块状角砾状灰岩	61.6 m
30. 深灰色砂质绢云板岩	22.5 m
29. 暗绿灰色硅质绢云板岩	37.5 m
28. 灰—灰黑色硅质绢云板岩夹条带状灰岩、灰黑色硅质岩	9.1 m
27. 灰色薄—中层细晶灰岩、角砾状灰岩夹黄灰色硅泥质条带	32.4 m
26. 深灰色绢云板岩或相变成灰岩，上部夹硅质板岩或硅质岩凸镜体	7.5 m
25. 浅灰—深灰色薄—厚层灰质白云岩夹灰黑色薄层硅质岩	7.9 m
24. 灰色薄层角砾状灰岩夹硅泥质条带	9.1 m
23. 深灰、灰黑色厚层白云质灰岩，自下而上色变深，粒变粗，富含牙形石 *Gnathodus bilineatus*，*Declinognathodus* sp.，*Ozarkodina* sp. 及苔藓虫化石	20.3 m
22. 灰、暗绿灰色硅质绢云板岩夹浅灰、灰白色角砾状微晶灰岩	14.1 m
21. 深灰色中层白云质灰岩与灰-灰黑色硅质绢云板岩互层夹硅质岩，自下而上(上，板岩渐减，灰岩渐增，灰岩富含菊石 *Neoglyphioceras*；牙形石 *Gnathodus bilineatus*，*Adetognathus*，*Declinognathodus*，*Polygnathus* 及海百合茎化石	28.2 m
20. 深灰色中层细晶灰岩夹碳硅质板岩，顶部灰岩含牙形石 *Gnathodus nodosus*	16.4 m

——————— 平行不整合 ———————

下伏地层：米黑组　灰黑色薄层状硅质岩、硅质板岩夹变质石英砂岩

【地质特征及区域变化】　本组厚度变化较大，79.5～529.9 m，自正层型剖面向北、向东厚度减小，瓦板沟一带厚度最小；向南厚度增大，至依吉一带厚度最大。岩性变化是自正层型剖面向北、向东硅、泥质岩成分减少，含䗴及珊瑚化石；向南硅、泥质岩成分增加，只含牙形石化石。

本组下部富含牙形石及菊石，牙形石 *Gnathodus bilineatus*，*G. commutatus*，*G. nodosus*，*Ozarkodina roundyi* 等为我国及欧、亚石炭纪的常见属种。底部层位中所含菊石 *Neoglyphioceras* 的时限为早石炭世。本组正层型剖面中、上部未发现化石，但在参考剖面中、上部含䗴 *Profusulinella* sp.，*Pseudostaffella* cf. *kremsi*(米黑沟剖面)和 *Fusulinella*，*Fusulina*(瓦板沟剖面)并平行不整合伏于含 *Parafusulina* 等䗴化石的卡翁沟组之下。据此可知，本组时代上限为晚石炭世早期，可能缺失或部分缺失晚石炭世晚期沉积。

雪宝顶组　DC*x*　(06-51-0116)

【创名及原始定义】　谭锡畴、李春昱 1935 年将松潘雪宝顶、黄龙一带以碳酸盐岩为主的地层命名为“雪宝顶系”，时代归泥盆纪—二叠纪。原义指平行不整合覆于泥盆系危关群之上，整合伏于中—上石炭统西沟群之下的一套区域浅变质富含砂、泥质的浅海碳酸盐岩建造，含珊瑚化石。

【沿革】　四川 101 地质队(1958—1960)将雪宝顶一带灰岩称“雪宝顶统”，时代归中泥盆世。四川二区测队 1975 年对松潘雪宝顶一带的石炭系地层单位做了重新厘定，将其下部不纯碳酸盐岩地层称雪宝顶群。其后 1978 年四川地质局综合队、1982 年陈继荣、1991 年《四川省区域地质志》中，均以长岩窝组代表之。1982 年四川区调队和南京地质古生物研究所，仍

将宝兴硗碛剖面相当地层归入东大河组中，时代属“早二叠世早期”。1984年四川区调队虽将该剖面中相当地层划为下石炭统，并将下部部分灰岩归入了“上泥盆统青羊坡组”中。同年四川区调队1：20万康定幅亦将其相当地层部分归入石炭系，部分归入了下伏危关群之中。本次研究确认，雪宝顶群与长岩窝组岩性及建造应分属不同的地层区，其间为区域性的茂汶断裂带所隔，二者岩性不相当，前者为次稳定型碳酸盐岩夹泥质岩及碳、硅质岩和碎屑岩沉积，后者为稳定型碳酸盐岩夹泥砂质、硅质岩沉积；二者层位和时代不相当，前者整合或局部平行不整合覆于次稳定型的危关组之上，时代下跨晚泥盆世，后者平行不整合覆于稳定型碳酸盐岩的河心组之上，时代上跨晚石炭世早期；二者变质特征有别，前者普遍遭受区域浅变质，后者局部变质或未变质。因此，它们之间不是同物异名关系，将长岩窝组一名用于玛多-马尔康分区是不恰当的。雪宝顶群才真正是玛多-马尔康地层分区的地层单位，应予继续沿用。但因岩性进一步划分性不强，故应降群为组称雪宝顶组。

【现在定义】 指整合或平行不整合覆于危关组之上，整合伏于西沟组之下的一套区域浅变质富含泥砂质及碳质、白云质碳酸盐岩和碳泥质、硅质、砂质岩组成的以薄层状为特征的地层体，含珊瑚及牙形石，以碳酸盐岩集中出现与下伏危关组灰黑色板岩夹薄层石英岩分界。

【层型】 选层型为松潘双河秦家沟—西沟剖面，位于松潘县双河乡（103°53′33″，32°41′37″），四川二区测队1975年测制。

上覆地层：西沟组 灰一灰白色厚层状结晶灰岩

——————整 合——————

雪宝顶组	总厚度374 m
7. 灰白色薄层泥灰岩．间夹黄色泥质条带	9 m
6. 灰一灰白色薄一中层状泥质灰岩．层间夹有砂质条带	70 m
5. 灰一深灰色薄层状含白云质灰岩．层间夹千枚岩	4 m
4. 灰白色薄一中层状泥质灰岩．含珊瑚 *Caninia*、*Yuanophyllum*、*Arachnolasma*	8 m
3. 灰色中厚层状含泥质白云质灰岩	140 m
2. 灰、灰黑色薄层状泥质灰岩与灰黑色绢云千枚岩互层	83 m
1. 灰黑色薄层状含泥质灰岩与灰黑色绢云千枚岩互层．灰岩中含海百合茎化石	60 m

－－－－－－－ 平行不整合 －－－－－－－

下伏地层：危关组 灰黑色含碳绢云石英千枚岩与薄层石英岩状砂岩互层

【地质特征及区域变化】 本组分布于松潘、茂县、汶川、宝兴、小金、丹巴、康定一线，呈NE-SW向带状展布，延伸达300 km，岩性较稳定但厚度变化较大。松潘、茂县、理县一带与选层型剖面完全一致，汶川、宝兴、康定一带亦基本相同，仅硅质岩成分有所增加。厚度以松潘雪宝顶一带最大，达374 m；向西南茂县一丹巴一带迅速减薄至数十米，北川建设小寨子沟21 m、黑水色尔古9 m、汶川卧龙新店子46 m、丹巴半扇门80.2 m；再往西南又迅速增厚，宝兴硗碛135.9 m、康定阿东梁子311.9 m。康定以南的九龙踏卡、乌拉溪大火山、子耳乡西藏沟和木里韭菜坪等处虽划有石炭系，其特征还待研究。

本组生物化石较少，仅选层型剖面中上部见有珊瑚 *Caninia*，*Yuanophyllum*，*Arachnolasma*。宝兴硗碛剖面在其中下部含牙形石 *Pseudopolygnathus fusiformis*，*Gnathodus* 及珊瑚 *Thysanophyllum*，上述属种是我国早石炭世的常见分子。但其底部含牙形石 *Polygnathus asymmetricus*，*Palmatolepis quadrantinodosa* 等均是晚泥盆世的带化石，故本组时代下限跨晚泥盆世，为一跨纪岩石地层单位。

西沟组 Cx (06-51-0117)

【创名及原始定义】 四川二区测队1975年创名于松潘双河乡西沟，称西沟群。原始定义指整合覆于下石炭统雪宝顶群之上，平行不整合(?)伏于下二叠统“东大河组”之下的一套区域浅变质浅海至半深海相碳酸盐岩建造，含䗴化石。

【沿革】 其后，四川地质局综合队(1978)、陈继荣(1982)、《四川省区域地质志》(1991)均以九顶山小区的地层名称“中石炭统乱石窑组”、“上石炭统石喇嘛组”称谓。四川区调队和南京地质古生物研究所(1982)将这套地层划归东大河组，时代属“早二叠世早期”，四川区调队1984年虽将该剖面东大河组中的石炭纪地层划分出来，但未创名。本次研究确认，西沟群与“乱石窑组”和石喇嘛组分属不同地层区，其间为区域性茂汶断裂带所隔，二者岩性亦不相当，前者属次稳定型沉积，后者为稳定型碳酸盐岩，化石较丰富，保存完好。用九顶山小区的地层名称称谓玛多-马尔康地层分区的地层是不恰当的。因此，西沟群应继续沿用，但因岩性不能进一步划分，故应降群为组。

【现在定义】 指整合覆于雪宝顶组之上，整合或平行不整合伏于三道桥组之下的一套区域浅变质浅海至半深海相碳酸盐岩地层，局部夹硅质团块或条带。下部以厚—中层状为特征，质较纯，上部夹生物屑灰岩、砂屑灰岩以区别于上、下伏地层。含䗴类及有孔虫化石。

【层型】 正层型为松潘双河秦家沟—西沟剖面，位于松潘县双河乡(103°53′33″，32°41′37″)，四川二区测队1975年测制。

上覆地层：三道桥组　灰黑色薄片状或薄板状含碳砂质绢云板岩夹黑色生物碎屑灰岩

——————— 平行不整合（?）———————

西沟组　　总厚度 86 m

9. 灰黑色薄层状隐晶质石灰岩与生物碎屑灰岩夹灰黑—灰白色白云质灰岩条带或薄层，富含䗴 *Triticites*、*Hemifusulina*、*Schwagerina* 等　　35m

8. 灰—灰白色厚层状结晶灰岩，灰岩中含少量石英细粒　　51 m

——————— 整　合 ———————

下伏地层：雪宝顶组　灰白色薄层泥灰岩，间夹黄色泥质条带

【地质特征及区域变化】 本组分布于松潘—汶川—康定一线，带状延伸达300 km的范围内。岩性较稳定，以含生物屑砂屑灰岩或砾屑砂屑灰岩为特征，生物化石亦多受破损。厚度较小但变化较大。茂县—理县一带较薄，仅12～26 m；向东北至松潘雪宝顶一带增厚至86～91 m；黑水色尔古一带缺失；理县向南西至汶川卧龙新店子又增厚至75 m，宝兴硗碛97.2 m，丹巴半扇门107.4 m；至康定又迅速减薄至1.5 m，再向西南至九龙、木里一带缺失。

本组所含生物化石属种不多，主要有䗴 *Triticites*，*Fusulina*，*Fusulinella*，*Pseudostaffella*，*Profusulinella*，*Eostaffella*，*Pseudoschwagerina ? moelleri*，*Rugosofusulina*，*Hemifusulina* 等。上列䗴化石均是晚石炭世的重要分子或带化石，故本组时限为晚石炭世。

益哇沟组 DCy (06-51-0111)

【创名及原始定义】 甘肃一区测队1973年创名于迭部益哇沟。原始定义：因在对迭部益哇沟上游一带石炭纪地层进行系统研究过程中，获有丰富古生物资料，证实有杜内期沉积、

上与维宪期地层整合接触。故将相当杜内期的沉积命名为益哇组，维宪期沉积仍沿用略阳组。并查明与下伏上泥盆统铁山群为整合接触。

【沿革】 同年甘肃一区测队将其下伏铁山群上岩组命名为陡石山组，下岩组命名为擦阔合组，其后沿用。仅甘肃省区调队1987年改称为益哇沟组。显然，这一涵义和划分是按统一地层划分的原则进行的，不符合岩石地层划分的原则和定义。本次清理甘肃研究组将其重新修订为岷河组和下吾那组碳酸盐岩夹碎屑岩之间的一套单纯碳酸盐岩地层体是恰当的，我们采用这一意见。即将益哇沟组的顶界上移到原“略阳组”中间，以泥质岩、碎屑岩的出现作为上覆地层底界，并将上覆地层名称修订为岷河组；将益哇沟组的底界下移到原来划分的陡石山组的底界，并将下伏地层名称修订为下吾那组。省内底界则修订到原来划分的古道岭组灰岩段之底界。

【现在定义】 为一套单纯石灰岩的岩石组合，与上覆岷河组、下伏下吾那组均为整合接触。顶界以岷河组的砂岩、页岩的出现为标志；底界以下吾那组的砂、页岩的结束为界面。

【层型】 正层型为甘肃迭部益哇沟剖面。省内次层型为松潘黄龙张沟梁剖面，四川二区测队1978年测制。

【地质特征及区域变化】 本组为一套以灰—深灰色灰岩、生物灰岩为主的浅海碳酸盐岩，中下部夹燧石条带或团块，局部夹白云质灰岩或白云岩，岩性比较稳定。四川境内仅分布于松潘黄龙张沟梁—南坪信札一带，张沟梁剖面厚905 m。

本组所含生物化石较丰富，下部以腕足类 *Yunnanellina triplicata* var. *latiformis*，*Cyrtospirfer*，*Tenticospirifer hsikuangshanensis* 等为代表，它们均是我国华南锡矿山组、龙门山茅坝组中常见的重要分子。因其底部含腕足类 *Stringocephalus*(张沟梁)，此属为欧、亚吉维特阶和我国东岗岭阶的标准分子，故本组时代下跨到中泥盆世晚期。本组上部含大量犬齿珊瑚 *Caninia* sp.，*C. ephippia*，*C. conjuncta* 等及泡沫内沟型珊瑚 *Beichuanophyllum*，*Kwangsiphyllum*，*Cystophrentis*，伴有少量腕足类 *Tenticospirifer*，*Cyrtospirifer* 等。上列化石是我国南方早石炭世的重要分子和带化石，故本组时限上达早石炭世。

岷河组 Cm (06-51-0112)

【创名及原始定义】 黄振辉1962年创名于岷河下游，称岷河统。原始定义：表示甘肃宕昌以南岷河下游化马及大关山野牛寺一带和白龙江南岸之中石炭世地层。命名地武都野牛寺庞家磨，为灰岩夹页岩及砂岩的岩石组合。

【沿革】 其后，甘肃一区测队(1973)沿用其名，将其顶底界上移并将上覆地层命名为尕海组。四川二区测队(1978)沿用这一修订意见，并将南坪札如沟与其相当的地层划为“略阳组”和“益哇沟组”顶部层位。甘肃区调队(1987)和《甘肃省区域地质志》(1989)沿用甘肃一区测队1973年的划分意见。本次研究甘肃研究组修订其涵义，将本组重新定义为下伏益哇沟组和上覆大关山组单纯碳酸盐岩之间的一套碳酸盐岩夹泥质岩、碎屑岩地层体的意见是恰当的，我们引用之。

【现在定义】 在四川省该组岩性为大套灰岩夹页岩、砂岩的岩石组合。该组以页岩或砂岩的出现和消失作为顶底界面和整合接触的上覆大关山组、下伏益哇沟组单纯石灰岩地层单位相区别。局部平行不整合超覆在热尔组红色碎屑岩之上。

【层型】 选层型为甘肃宕昌历志坝剖面。省内次层型为南坪札如沟剖面，四川二区测队1978年测制。

【地质特征及区域变化】 本组为一套浅海碳酸盐岩夹砂、页岩，岩性较稳定，厚度较大，一般均达千米以上，仅若尔盖铁布札西郎沟脑一带缺失下部层位，厚度较小，厚267 m。省内主要出露于松潘黄龙张沟梁—南坪隆康札如沟一带和若尔盖札西郎沟脑。

本组所含生物化石丰富。下部主要有珊瑚 *Pseudouralinia minor*，*Uralinia zhongguoensis*，*Beichuanophyllum ritabulatum*，*Kwangsiphyllum zhanggauliangense*；腕足类 *Martiniella chinglungensis*，*Ptychomaletoechia panderi* 等，上述化石为华南早石炭世的重要分子和带化石。中部以珊瑚 *Yuanophyllum kansuense*，*Kueichouphyllum sinense*，*Arachnolasma sinense*；腕足类 *Striatifera striata* 等为主，时代属早石炭世晚期。上部以䗴为主，有 *Profusulinella rhomboides*，*Pseudostaffella sphaeroides*，*Fusulinella* cf. *pseudobocki* 等，它们包含了晚石炭世早期 *Pseudostaffellla*，*Profusulinella* 带和 *Fusulinella*－*Fusulina* 带的代表分子，故上部层位时代属晚石炭世早期。综上所述，本组时限为早石炭世至晚石炭世早期。

额阿钦组 Pe (06－51－0139)

【创名及原始定义】 四川区调队1980年创名，称额阿钦群，创名于巴塘额阿钦。以巴塘县额阿钦—甲西拉卡剖面及巴塘苏洼龙芒都—夏措诺剖面和西藏芒康茸巴—曲引郎路线剖面组成复合层型，分别控制四个岩性段。原义指平行不整合覆于“上志留统雍忍组”之上，不整合或平行不整合伏于“上二叠统妥坝组”之下的一套区域浅-中深变质基-中酸性火山岩、凝灰岩夹碳酸盐岩、碎屑岩的一套地层组合，下部含早二叠世䗴化石，据岩性差异可划分为四个岩段。时代属早二叠世。

【沿革】 其后，四川区调队和南京地质古生物研究所1982年将其相当地层划为“莽错组”和“交嘎组”，因其岩性有别，实为异物同名。《四川省区域地质志》(1991)沿用。四川三区测队虽曾于1977年在巴塘贡波本近农将可能相当于额阿钦群一、二段之部分的地层命名为嘎金雪山群，但因顶、底接触关系及层位不清，不宜沿用。本次研究确认，额阿钦群应沿用，但上覆“妥坝组”、下伏“雍忍组”名称均系异物同名应予订正，岩性虽可据沉积和火山喷发的旋回性划分四个岩性段或两个大的岩性段，但各段岩性组合特征总体面貌是难于区分的，故降群为组。

【现在定义】 指平行不整合覆于然西组之上，不整合伏于普水桥组之下的一套区域浅—中深变质的泥质岩、基—中酸性火山岩、凝灰岩夹碳酸盐岩、碎屑岩的地层组合，近底部含䗴化石，据岩性差异可划分为四个岩性段。

【层型】 复合层型为巴塘县额阿钦—甲西拉卡剖面(99°06′04″, 30°11′11″)，四川区调队1980年测制。

额阿钦组三段 浅灰色层状含白云母石英片岩(未见顶)

额阿钦组二段 厚度1 304.1 m

23. 灰白色中层状压碎大理岩夹少许绢云钙质片岩	170.1 m
22. 浅灰色中层状绢云石英片岩，底部夹厚约5 m的灰白色中层状细晶大理岩	43.2 m
21. 浅灰色层状含石榴石黑云阳起片岩、含石榴石十字石黑云斜长石英片岩	125.5 m
20. 浅灰绿色碳酸盐化滑石化蛇纹岩	9.1 m
19. 浅灰色层状含石榴石白云母片岩	158.6 m
18. 灰绿色钠长次闪片岩夹灰白—浅灰色层状碳酸盐化绢云母化中酸性火山岩	48.5 m
17. 灰绿色中层状含绿帘钠长绿泥片岩夹浅灰色绢云石英片岩	26.8 m

16. 浅灰色薄—中层状绢云千枚岩，上部夹厚约 3 m 的浅灰色薄层状泥质结晶灰岩 104.0 m

15. 浅灰带绿色层状绢云石英千枚岩 427.2 m

14. 浅灰色层状绢云石英千枚岩 191.1 m

额阿钦组一段 厚度 1 364.3 m

13. 浅灰—深灰色条带状、薄层状含硅质结晶灰岩 227.0 m

12. 浅灰色中层状微晶钠长绢云石英片岩夹黑色碳质片岩，由上往下碳质片岩夹层增厚 142.7 m

11. 黑色绢云千枚岩与绢云石英片岩呈不等厚互层，下部夹绿泥石片岩 59.4 m

10. 绿色薄—中层状绢云钠长石英千枚岩 37.2 m

9. 浅灰色薄—中层状含磁铁方解绿泥千枚岩 33.4 m

8. 绿—灰绿色薄—中层状绿帘石阳起石千枚岩 70.1 m

7. 浅灰—深灰色薄—中层状细晶灰岩 13.7 m

6. 浅绿—绿色薄—中层状阳起绿帘石千枚岩 279.8 m

5. 浅灰白色中层状中粒结晶灰岩 7.0 m

4. 浅灰绿色薄—中层状绿泥石英片岩 75.9 m

3. 深灰—灰白色薄—中层状片理化粗粒结晶灰岩，含䗴 *Nankinella* cf. *orbicularia* 47.6 m

2. 灰绿色层状阳起绿泥千枚岩 240.5 m

1. 灰白—灰黑色中层状片理化粗粒结晶灰岩，底部为浅灰色绢云石英片岩 130.0 m

——————— 平行不整合 ———————

下伏地层：然西组 灰黑色燧石团块灰岩、碳质结晶灰岩

上述剖面额阿钦组三段未见顶，以巴塘苏洼龙芒都—夏措诺剖面补充之。剖面位于巴塘县苏洼龙乡，由四川三区测队 1977 年测制。

上覆地层：普水桥组 生物碎屑灰岩，底部为细砾岩

~~~~~~~~ 不 整 合 ~~~~~~~~

额阿钦组三段 厚度 2 062.5 m

18. 浅肉红色石英岩与浅灰白色细晶大理岩互层，夹浅黄色云母方解片岩 164.9 m

17. 云母方解片岩与灰白色大理岩互层，间夹少量绢云片岩及绿泥片岩 281.9 m

16. 浅灰局部浅肉红色薄层大理岩及黄色云母石英方解片岩互层夹绢云绿泥片岩 351.6 m

15. 浅灰色绢云石英片岩 240.8 m

14. 浅灰色云母石英片岩 225.9 m

13. 红柱石云母石英片岩、云母石英片岩，上部含绿泥石 307.5 m

12. 浅灰色白云母石英片岩 129.9 m

11. 灰色绢云片岩，底部夹大理岩凸镜体 121.9 m

10. 绢云母粘土石墨片岩 17.9 m

9. 浅灰色薄—中层状云母石英片岩，顶部为浅灰色方解片岩夹大理岩 67.6 m

8. 深灰色云母片岩 152.6 m

额阿钦组二段 微粒状灰岩、大理岩夹云母片岩、绢云方解片岩

本剖面额阿钦组三段顶被普水桥组不整合超覆，四段以西藏芒康茸巴—曲引郎路线剖面补充之。剖面位于西藏芒康县。

额阿钦组四段 厚度＞501.9 m
~~~~~~~~

5. 黑绿一深绿色纤状角闪片岩夹绢云片岩、绢云石英片岩(未见顶)　286.9 m

4. 灰黑色石榴绢云片岩　165.0 m

3. 石榴绢片岩夹浅灰色石英片岩　50.0 m

额阿钦组三段　肉红色薄层状大理岩、条带状绢云大理岩

【地质特征及区域变化】　上述三个剖面控制了本组四个岩性段，总厚度大于5 305.8 m。四川境内分布于白玉马西一巴塘崩札一线，并延入西藏和云南境内。虽厚度巨大，局部变质较深，却是成层有序。本组的确立对正确认识金沙江带大地构造演化历史有着重要意义。1∶20万得荣幅所划嘎金雪山群与本组一、二段之部分地层岩性、层位相当，“中心绒群”命名剖面中的上段和图面上标注的“中心绒群”与本组部分层位相当。

本组生物化石稀缺，仅在正层型剖面近底部发现属早二叠世的䗴化石 *Nankinella* cf. *orbicularia*，结合与下伏含志留纪一泥盆纪化石的然西组平行不整合的事实，本组时代下限应为早二叠世。结合所处的层序位置，本组时限应为早二叠世。

冰峰组　CP*b*　(06-51-0137)

【创名及原始定义】　四川三区测队1977年创名于巴塘中咱冉浪—冰峰。原始定义指整合覆于下二叠统冉浪组之上、上二叠统赤丹潭群之下的一套碳酸盐岩地层体，近顶部36 m处见扁豆状玄武岩夹扁豆状赤铁矿，含早二叠世晚期䗴化石。属早二叠世晚期沉积。

【沿革】　同年，1∶20万得荣幅区调报告将乡城日措剖面本组顶界下调，修订到变基性火山岩屑凝灰岩之底面，并确定为平行不整合关系，其后沿用。在创名冰峰组的同时，前人将其下伏地层创名为早二叠世冉浪组。本次研究认为“冉浪组”与冰峰组岩性不能区分，实属同一岩石地层单位，建议不采用冉浪组一名。不仅如此，原上石炭统顶坡组之顶部层位岩性亦与之一致，故修订其冰峰组的含义，将其底界下移至原顶坡组顶部灰岩之下，顶界沿用1∶20万得荣幅区调报告的修订意见。

【现在定义】　指整合覆于顶坡组之上、平行不整合伏于赤丹潭组之下的一套碳酸盐岩地层体。含丰富的䗴类化石，顶部夹有扁豆状赤铁矿，下部灰岩质纯是其特征。

【层型】　正层型为巴塘中咱冉浪—冰峰剖面，位于巴塘县中咱区(99°27′43″，29°20′45″)，四川三区测队1977年测制。

上覆地层：赤丹潭组　灰白色块层状细粒灰岩，底部有扁豆状玄武岩

－－－－－－－ 平行不整合 －－－－－－－

冰峰组　总厚度297.15 m

8. 浅灰色块状细粒灰岩，局部含鲕粒，底界面上赋存有扁豆状赤铁矿，含䗴 *Chusenella* cf. *conicocylindrica*，*Verbeekina* cf. *grabaui*　8.40 m

7. 浅灰色块层状细粒灰岩，含䗴 *Neoschwagerina* cf. *craticulifera*　6.72 m

6. 浅灰色块状细粒灰岩，含䗴 *Neoschwagerina* cf. *kueichowensis*　25.23 m

5. 浅灰色块状细粒灰岩，底部有紫红色皮壳状泥质、铁质条带，含䗴 *Neoschwagerina*　18.22 m

4. 浅灰色块层状细一中粒灰岩，质纯，含䗴 *Pseudodoliolina* cf. *tuobaensis*，*Schwagerina* cf. *margheriti*　87.82 m

3. 浅灰色块状细一中粒灰岩，质纯，底部见不规则灰色斑纹，含䗴 *Pisolina* cf. *excessa*，*Misellina ovalis*　75.22 m

2. 灰色块状细粒灰岩，含䗴丰富而单一，几乎全为 *Staffella* 一属组成　20.00 m

1. 灰白色块状细粒灰岩，含䗴 *Hemifusulina* cf. *shengi*，*Triticites*，*Pseudoschwagerina*，*Zellia* cf. *magnasphaerae*　55.54 m

——————— 整　合 ———————

下伏地层：**顶坡组**　浅灰色与灰白色块层状细粒灰岩互层，含鲕粒

【地质特征及区域变化】　本组分布于白玉欧巴纳—乡城元根日措一带，岩性稳定，南北延伸 150 km 以上，其余被断失，厚 297～679 m，冉浪、冰峰最薄，向南至乡城元根最厚。

本组底部所含䗴 *Pseudoschwagerina*，*Triticites* 等为晚石炭世晚期带化石。下部所含䗴 *Misellina claudiae* 为早二叠世早期重要带化石。中、上部所含䗴 *Neoschwagerina*，*Verbeekina*，*Pseudodoliolina* 等属早二叠世晚期的带化石及重要分子，且 *Verbeekina* 一属延入上覆赤丹潭组中，故本组时限为晚石炭世至早二叠世晚期，是一跨纪岩石地层单位。

赤丹潭组　Pĉ　(06-51-0138)

【创名及原始定义】　四川三区测队 1977 年创名于巴塘中咱赤丹潭。原始定义指整合覆于下二叠统冰峰组之上，平行不整合伏于下三叠统"茨冈群"之下的一套碳酸盐岩夹少量泥、砂质岩地层体，局部含白云质和燧石，含晚二叠世䗴、有孔虫以及苔藓虫、藻类、腕足类碎片等化石。

【沿革】　1977 年 1：20 万得荣幅区调报告将乡城日措与之相当的地层划为"冈达概组"，底界下移至变基性火山凝灰岩之底，并修订为平行不整合。四川地质局综合队 1978 年将乡城日措剖面之"冈达概组"修订为赤丹潭群。在《四川省区域地质志》(1991)中可见，四川区调队和南京地质古生物研究所 1982 年和 1991 年仍沿用最初命名和划分。本次研究确认，1977 年 1：20 万得荣幅区调报告对底界的修订符合岩石地层划分原则，应予沿用。

【现在定义】　指平行不整合覆于冰峰组之上、伏于布伦组之下的一套以碳酸盐岩为主，夹少量泥、砂质岩石，局部含白云质及燧石的地层体，含䗴、有孔虫及苔藓虫、藻类等化石，底部以一层玄武岩或变质基性火山凝灰岩与下伏地层灰岩分界。

【层型】　正层型为巴塘中咱赤丹潭剖面，位于巴塘中咱区(99°28′09″，29°20′19″)，四川三区测队 1977 年测制。

上覆地层：**布伦组**　杂色绢云钙质板岩、粉砂质板岩夹中厚层状灰岩

－－－－－－ 平行不整合 －－－－－－

赤丹潭组　总厚度 538.39 m

17. 浅灰、灰色块状灰岩，底部夹紫红色泥灰岩，含䗴 *Reichelina* 及苔藓虫化石　136.86 m
16. 淡粉红色块层状含藻致密灰岩，含䗴 *Codonofusiella* sp. 及藻类、腕足类介壳　80.80 m
15. 灰、浅灰色薄层状砾岩、岩屑砂岩、条带状板岩互层，中上部夹少许泥灰岩　31.10 m
14. 灰白色块状中粒钙质白云岩，底部见浅灰色、灰绿色含砾岩屑砂岩　84.31 m
13. 浅灰色厚层—块状含白云质细粒灰岩，含少量鲕粒，含䗴 *Staffella*，*Reichelina* cf. *cribroseptata*　65.00 m
12. 灰白色块层状含藻致密灰岩，含䗴 *Reichelina*、有孔虫 *Colaniella*　80.00 m
11. 灰、深灰色中—厚层状中细粒含燧石灰岩，底部见红色泥质皮壳，含䗴 *Eoverbeekina* cf. *niwanggouensis*　25.00 m
10. 浅灰色块层状细粒灰岩，具不规则灰色斑纹，含䗴 *Schubertella* sp.　12.63 m

9. 灰白色块层状细粒灰岩，底部有一层厚约10～20 cm的薄扁豆状玄武岩，含䗴 *Paraverbeekina* cf. *ellipsoidalis*，*Verbeekina*，*Sumatrina* cf. *longissima* 22.69 m

——————— 平行不整合 ———————

下伏地层：冰峰组 浅灰色块层状细粒灰岩，局部含鲕粒，夹有扁豆状赤铁矿

【地质特征及区域变化】 本组分布于巴塘中咱赤丹潭一乡城元根日措一带数十公里范围内，另在白玉欧巴纳零星出露，厚144.9～538.39 m，正层型剖面处厚度最大，发育最好，向南向北均有减薄之势。本组岩性下部层位较稳定，以灰白色块层状灰岩为主夹深灰色中、薄层含燧石灰岩，底部含少量玄武岩或变基性火山岩屑凝灰岩；中部层位为含白云质灰岩和灰质白云岩，则很不稳定，数百米内可相变成含鲕粒灰岩或微粒灰岩；上部层位岩性较杂，为砾岩、岩屑砂岩、板岩、含藻灰岩、砾屑灰岩之组合。

本组生物化石以䗴为主，亦含珊瑚、腕足类、双壳类、三叶虫、有孔虫等。因其中、下部含䗴 *Reichelina* cf. *cribroseptata*，*R*. cf. *changhsingensis*；珊瑚 *Liangshanophyllum* sp. 等，上部含䗴 *Reichelina* sp.，*Codonofusiella* sp. 说明该组时代应属晚二叠世，但至顶亦未发现晚二叠世晚期的生物，且与上覆含早三叠世双壳类化石的布伦组为平行不整合接触，故上限未达晚二叠世末。正层型剖面底部层位，含早二叠世晚期重要䗴化石 *Sumatrina* cf. *longissima*，*Verbeekina* sp.，*Paraverbeekina* cf. *ellipsoidalis* 等，故本组时限下跨早二叠世晚期。

冈达概组 Pg (06-51-0136)

【创名及原始定义】 四川三区测队1977年创名于巴塘茨巫冈达概。原义指平行不整合伏于“下三叠统茨冈群”之下，平行不整合覆于下二叠统冰峰组或超覆不整合在更老地层之上的一套碳酸盐岩和基性火山岩组合，上部灰岩中含较丰富的珊瑚、䗴、腕足类等化石。

【沿革】 其后，四川地质局综合队1978年将木里一稻城一带“下二叠统”引用云南省名称“虎跳涧群”，上二叠统称“卡翁沟群”。实际上，仅卡翁沟剖面所划卡翁沟群属二叠系，其余所划“虎跳涧群”，以后证实属三叠系，所含二叠纪化石是产于外来岩块中。卡翁沟群是不含火山岩的二叠系，与含大量基性火山岩的地层不属同一岩石地层单位。四川区调队1980年把巴塘波格西一党结真拉一带整合覆于党恩组之下的区域浅变质泥质岩、碎屑岩、基性火山岩组合之地层划为上二叠统。四川区调队和南京地质古生物研究所1982年以得荣古学茨弄一毛屋剖面为标准，将下二叠统命名为毛屋群，上二叠统引用“卡翁沟群”一名，但与卡翁沟群岩性不同，而与冈达概组一致。四川区调队1984年在木里行狼牛场一带沿用冈达概组和涵义，但所称下伏层“苍纳组”实为崖子沟组。《四川省区域地质志》(1991)对“沙鲁里山小区”沿用毛屋群和冈达概组涵义，所划冈达概组整合覆于毛屋群之上或超覆不整合于穷错组之上。本次研究认为，整合伏于党恩组之下的区域浅变质泥质岩、碎屑岩、基性火山岩组合之地层体才是稻城小区二叠纪地层之主体。虽然冈达概命名剖面完整性稍差，但比毛屋群命名在先，故仍应沿用其名，对其涵义进行了修订。

【现在定义】 指平行不整合伏于布伦组之下或整合伏于党恩组之下，平行不整合覆于顶坡组或邛依组之上或不整合覆于崖子沟组或穷错组及更老地层之上的区域浅变质基性火山岩、碳酸盐岩及泥质岩、砂质岩组合之地层体，具多个喷发旋回，含珊瑚、䗴类、腕足类等化石。

【层型】 正层型为巴塘茨巫冈达概剖面，位于巴塘县茨巫乡(99°19′43″，29°06′03″)，四

川三区测队1977年测制。

上覆地层：布伦组　紫红、灰绿色粉砂岩、板岩夹灰色薄层灰岩

——————— 平行不整合 ———————

冈达概组　总厚度>1 017.97 m

19. 深灰—灰黑色中—厚层夹薄层状含碳白云质细粒灰岩。富含䗴 *Nankinella*；腕足类 *Leptodus*，*Dictyoclostus*；珊瑚 *Liangshanophyllum*　52.93 m

18. 深灰—灰黑色薄—中层状微粒灰岩夹灰黑色含碳白云质细粒灰岩，含有孔虫 *Colaniella*、珊瑚 *Waagenophyllum* cf. *simplex*　48.91 m

17. 深灰—灰黑色薄层状含碳白云质细粒灰岩夹薄板状泥灰岩。含珊瑚 *Waagenophyllum* cf. *simplex*；腕足类 *Oldhamina*，*Waagenites*　9.23 m

16. 深灰—灰黑色薄—中层状含白云质细粒灰岩，局部夹硅质岩。含䗴 *Nankinella* sp.，*Sphaerulina*；腕足类 *Punctospirifer*；珊瑚 *Liangshanophyllum*；苔藓虫等　72.15 m

15. 灰—灰黑色中层状含白云质细粒灰岩，含菊石、䗴(?)　52.89 m

14. 灰绿—暗灰绿色钠长石化杏仁状玄武岩，含赤铁矿、磁铁矿　24.48 m

13. 暗灰色致密块状钠黝帘石化安山玄武岩，含磁铁矿、钛铁矿　43.69 m

12. 灰绿—暗灰绿色钠黝帘石化杏仁状玄武岩　162.56 m

11. 灰绿—暗灰绿色蚀变基性凝灰角砾岩，角砾为基性喷出岩(玄武岩)　16.11 m

10. 灰色中层状灰岩，局部含燧石结核　5.68 m

9. 暗灰绿色块状绿泥石化、钠黝帘石化玄武岩　24.98 m

8. 暗灰绿色块状钠黝帘石化杏仁状玄武岩　44.35 m

7. 灰绿—暗灰绿色致密块状绿泥石化玄武岩　60.21 m

6. 灰绿—暗灰绿色蚀变基性熔结角砾岩，角砾为基性喷出岩(玄武岩?)　33.98 m

5. 灰绿—暗灰绿色钠黝帘石化杏仁状玄武岩　12.81 m

4. 灰绿—暗灰绿色致密块状钠黝帘石化玄武岩　>105.05 m

3. 灰绿—暗灰绿色块状蚀变玄武岩，局部夹杏仁状玄武岩　>60.24 m

2. 灰绿—暗灰绿色玄武质角砾岩　123.80 m

1. 灰绿色碳酸盐化基性凝灰岩、凝灰质砾岩，砾石呈椭圆形　63.92 m

~~~~~~~~~ 不 整 合 ~~~~~~~~~

下伏地层：穷错组　结晶灰岩

【地质特征及区域变化】　本组分布于义敦地槽之核心地带，以参考剖面巴塘波格西和党结真拉剖面更具代表性，但因区域性断失未见底，推测与下伏邛依组为平行不整合或不整合关系。向西平行不整合在顶坡组之上，岩性组合显示了多个火山-沉积喷发旋回，厚度巨大，2 128.5～3 605.3 m。向西不整合超覆到穷错组甚至更老地层之上。自核心地带向东亦不整合超覆到崖子沟组之上。

本组常见化石有腕足类 *Oldhamina*，*Leptodus*；䗴 *Nankinella compacta*；珊瑚 *Waagenophyllum* cf. *simplex*；有孔虫 *Colaniella*。它们都是华南晚二叠世的重要分子。虽在巴塘波格西剖面同层位见有再沉积的晚石炭世—早二叠世的䗴化石 *Fusulinella*，*Triticites variabilis*，*Neoschwagerina* 等，仍可肯定其层位属二叠纪无疑。因其整合伏于早三叠世地层党恩组或平行不整合伏于含 *Claraia* 的布伦组之下，其上限不会新于晚二叠世末期。得荣古学茨弄—毛屋剖面，虽从下到上均显示石炭纪与二叠纪䗴化石混存，但中下部最新的化石为 *Parafusulina*－*Cancellina*，中部最新的化石为 *Neoschwagerina*，故本组中—下部时代应属早二叠世。因其与
~~~~~~~~~

下伏顶坡组平行不整合接触，又未发现早二叠世初期化石，很大可能缺失早二叠世初期沉积。

卡翁沟组　Pk　(06-51-0135)

【创名及原始定义】　四川三区测队1974年创名，称卡翁沟群。原义指木里通坝剖面平行不整合在下三叠统“茨冈组”之下的一套灰—灰黑色区域浅变质碳酸盐岩、泥质岩、碎屑岩组合，含腕足类、䗴类化石，代表时限最新为晚二叠世，未见底。

【沿革】　其后，四川区调队和南京地质古生物研究所1982年将其使用范围扩大到义敦一带的全部区域。四川区调队1984年将木里卡翁沟、邛依一带的不含火山岩的二叠纪地层上部称“冈达概组”实为卡翁沟组之一部分。《四川省区域地质志》(1991)将“毛屋群”、“冈达概组”用于整个“沙鲁里山小区”(含现今所称木里小区)，实际上岩性不一致。本次研究认为，卡翁沟群才是真正代表木里小区二叠纪地层之岩石地层单位，应予继续沿用，因岩性难以进一步细分，现降群为组。

【现在定义】　指平行不整合伏于领麦沟组之下，覆于邛依组之上的区域浅变质碳酸盐岩、砾屑及砂屑碳酸盐岩、泥砂质岩夹硅质岩，偶夹中基性凝灰质板岩组合之地层体，含䗴类、腕足类、角石等化石。下部以砾屑灰岩为主，化石混存；上部砂泥质夹硅质岩与碳酸盐岩不等厚韵律式互层，不含砾屑。

【层型】　正层型为木里通坝剖面，位于木里县通坝乡(100°53′06″，29°02′36″)，四川三区测队1970年测制。但对其层序、层位归属分歧较大。在本剖面以南的木里邛依纳嘎—布德桥剖面地层完整，顶、底接触关系清楚，岩性特征明显，有生物化石依据，现介绍于下：

次层型：木里邛依纳嘎—布德桥剖面，位于木里县水洛乡，四川区调队1984年测制。

上覆地层：领麦沟组　灰色粉砂质板岩与薄层条带状变质长石石英砂岩互层夹薄层灰岩

——————— 平行不整合 ———————

卡翁沟组	总厚度1 237.9 m
23. 灰色薄—中层微晶灰岩，局部夹泥质条带，含角石 *Michelinoceras*	120.9 m
22. 灰、青灰色薄—中层中细粒岩屑砂岩夹灰黑色板岩，自下而上板岩增多	46.9 m
21. 绿灰、灰绿色含铁碳酸盐硅质绢云板岩夹黄灰色泥质灰岩条带或凸镜体	80.2 m
20. 深灰、灰黑色厚层、块状结晶灰岩夹灰白色中细粒大理岩	34.9 m
19. 灰绿、绿灰色含放射虫硅质绢云板岩夹紫红色硅质绢云(凝灰质)板岩、灰黑色碳质硅质绢云板岩、灰色团块状钙质砂岩、硅质岩条带及深灰色灰岩	95.6 m
18. 灰绿色中基性凝灰质板岩与灰、灰黑色板岩互层夹灰色粉砂岩	60.8 m
17. 灰黑色绢云板岩夹深灰色结晶灰岩、少许硅质岩，自下而上灰岩减少	35.8 m
16. 灰色薄—中层岩屑石英细砂岩与灰黑、绿灰色板岩互层	51.3 m
15. 灰色厚层、块状微晶灰岩，略具花斑状，含腕足类 *Phricodothyris* 及珊瑚	46.3 m
14. 灰黑色含钙硅质绢云板岩夹灰色中细粒石英砂岩与深灰色薄—厚层含生物碎屑灰岩互层，含牙形石 *Neoprioniodus*、*Ozarkodina* 及腕足类、䗴、珊瑚、苔藓虫等	45.1 m
13. 灰—深灰色厚层、块状白云质胶结的角砾状灰岩	54.8 m
12. 灰、浅灰色厚层、块状结晶灰岩与灰—深灰色中—厚层角砾状灰岩呈不等厚互层，含䗴 *Parafusulina*、*Shubertella* 及海百合茎	179.6 m
11. 灰色中—厚层、块状微晶灰岩夹深灰、灰黑色生物碎屑结晶灰岩，含䗴 *Parafusulina* sp.，*Pseudofusulina tumida*、*Pseudodoliolina yunnanensis* 及有孔虫、苔藓虫、海百合茎	166.7 m

10. 深灰、灰黑色中层一块状角砾状灰岩、生物碎屑灰岩，其角砾中有碳酸盐化火山岩，含䗴 *Parafusulina*、珊瑚 *Wentzelella* 及有孔虫　52.2 m

9. 灰一深灰色中一厚层角砾状灰岩夹灰、灰黑色生物碎屑灰岩，含䗴 *Schwagerina gupenensis*，*Parafusulina*，*Neoschwagerina*；苔藓虫 *Fistulipora sinensis*，*Fenestella elusa* 及有孔虫、腕足类、三叶虫、海百合茎、牙形石等　116.8 m

——————— 平行不整合 ———————

下伏地层：邛依组　浅灰色厚层一块状结晶灰岩

【地质特征及区域变化】　本组仅见于木里通坝、拿么山、邛依、越尔札一带，且多因构造原因出露不完整。下部以砾屑灰岩为主，中部砂岩、板岩夹硅质岩或含硅质及少量凝灰质，上部灰岩厚度变化亦很大。本组厚度 1 187.9～1 371.9 m 或大于 1 371.9 m。

本组中、上部富含腕足类化石以及䗴、珊瑚、苔藓虫、牙形石、角石等化石，其中腕足类 *Enteletes kayseri*，*Martinia orbicularis*，*Squamularia waageni*，"*Uncinunellina*" *timorensis* 和䗴 *Gallowaiinella meitienensis* 均属我国南方晚二叠世常见或重要分子，故其时代属晚二叠世，层位大体与吴家坪组相当。本组下部富含䗴、苔藓虫、腕足类、腹足类、珊瑚、三叶虫、牙形石、海百合茎等化石。其中 *Parafusulina*，*Pseudofusulina tumida*，*Pseudodoliolina yunnanensis*，*Neoschwagerina* 等均是早二叠世常见或重要分子。尤其近底部即含早二叠世晚期的重要带化石 *Neoschwagerina*，且与下伏石炭纪邛依组平行不整合接触。故本组时限下达早二叠世晚期，很大可能缺失早二叠世早期沉积，一些地方甚至可能缺失整个早二叠世沉积。

三道桥组　Ps　(06－51－0133)

【创名及原始定义】　中国地质科学院川西地质研究队 1969 年创名于宝兴硗碛东大河。原义指剖面上整合覆于东大河组结晶灰岩之上、伏于大石包组玄武岩之下的以角砾状灰岩为其特征的地层体，含早二叠世晚期䗴化石。

【沿革】　四川二区测队 1975 年修订其涵义，将底界上移到砾屑灰岩之底界，将与之相当的地层，上部划为三道桥组，下部划为"东大河组"，其下伏地层划为西沟群。四川航调队 1977 年将九龙甲黄沟、大菩萨山划为甲黄沟群的下部层位和"坝秧地组"。其后有文献沿用四川二区测队 1975 年的修订意见，有的仍沿用原涵义。本次研究系统对比了玛多－马尔康地层分区的二叠纪地层剖面后，澄清了以下事实：三道桥组命名剖面下伏地层东大河组不是一个岩石地层单位，区域上使用的"东大河组"一名与原涵义不相当。甲黄沟群上部层位相当大石包组，下部层位相当三道桥组，且底界不清，"坝秧地组"实为三叠纪地层中的外来岩块。鉴于上述，为避免混乱，建议恢复三道桥组的原始涵义继续沿用，下伏地层修订为西沟组。

【现在定义】　指整合或平行不整合覆于西沟组或危关组之上、伏于大石包组玄武岩或菠茨沟组之下的砾屑灰岩、生物屑砂屑灰岩、变质泥砂质岩、结晶灰岩组合之地层体，含䗴、珊瑚、有孔虫等化石，砾屑灰岩是其主要岩性，顶、底部分别有其厚度变化很大的结晶灰岩、白云质灰岩和碎屑岩。

【层型】　正层型为宝兴硗碛东大河剖面，位于宝兴县硗碛乡(102°43′53″，30°45′11″)，四川区调队 1984 年重测。

上覆地层：**大石包组**　灰绿色致密块状玄武岩、暗绿色细粒辉石玄武岩

——————— 整　合 ———————

三道桥组 总厚度 46.7 m

2. 深灰色中—厚层角砾状灰岩，角砾以灰岩、硅质岩为主，次为少量燧石及碳质板岩，具次棱角状磨圆度，分选性较差，角砾大小不一，顶部有暗色板状细晶灰岩，含䗴 *Parafusulina* sp.，*Neoschwagerina* sp.，*Verbeekina* sp.，*Pseudodoliolina chinghaiensis*；有孔虫 *Climacammina* sp.，*Nodosaria hunanica*，*Deckerilla gracilis* 等 41.7 m

1. 细砾岩及含生物屑砂屑灰岩 5.0 m

——————整　合——————

下伏地层：西沟组　浅灰色薄—厚层细晶灰岩夹硅质条带，含䗴

【地质特征及区域变化】　本组分布于龙门山—康滇西侧一线，呈 NE－SW 向狭长带状分布达 600 km，为典型特征的砾屑灰岩，显示了大陆斜坡塌积的特点，其分布受断裂活动的制约。本组岩性可细分为下部碎屑岩、泥质岩夹碎屑碳酸盐岩；中部以砾屑灰岩为主夹砂屑灰岩、泥质岩；上部为结晶灰岩，局部含白云质。厚度不大但变化较大，各部分岩性之厚度变化更大，可达数十至百倍之差。在汶川新店子、小金日隆双桥沟和大洼梁子、宝兴小大坪、芦山黄水河一带主要发育砾屑灰岩，上部和下部层位厚度均较小。向东北至理县孟通沟、黑水色尔古仅厚十余米至十米。中部层位夹较多千枚岩或砾屑灰岩、千枚岩不等厚互层，下部层位主要是千枚岩不含粗碎屑，上部层位可能缺失，与上覆和下伏地层均呈平行不整合接触；再向东北至平武银厂沟、松潘黄龙淘金沟一带厚度最大，达 161.2～451.0 m，下部为含碳砂质板岩夹碎屑灰岩，中部为砾屑白云质灰岩、白云岩，上部为白云质灰岩、白云岩。与上覆和下伏地层均为平行不整合接触；由宝兴、小金一带向西南，康定阿东梁子、丹巴半扇门一带下部粗碎屑岩发育，中上部砾屑灰岩的量减少，半扇门一带仅见局部大理岩中夹有稀疏的灰岩角砾，显示塌积扇尾之特征。厚度增大为 105.1～257.4 m；再向西南至九龙、金矿一带，仅在大菩萨山、江郎、长枪几个穹状背斜有零星出露，其下平行不整合超覆在危关组(?)之上，与上覆大石包组玄武岩整合或平行不整合接触。岩性仅含少量砾屑灰岩(大菩萨山)，甚至完全消失(乌拉溪大火山)，标志着塌积扇的结束。厚度减薄至 70 余米。总之从东南向西北其变化规律亦十分明显，松潘黄龙淘金沟—北川建设小寨子沟—汶川新店子—宝兴硗碛一线近靠扬子板块西缘断裂带，砾屑灰岩发育，一般厚数十米；黑水—理县孟通沟—小金双桥沟—丹巴半扇门—康定阿东梁子—九龙三垭大菩萨山—九龙乌拉溪大火山一线较远离西缘断裂带，砾屑灰岩发育程度则大为减弱，一般厚数米至十余米，甚至仅出现稀疏灰岩角砾或完全绝迹。

本组在黑水、理县、丹巴一带变质较深未获化石。但在松潘黄龙和宝兴、小金、汶川一带其下部层位中含䗴 *Parafusulina*，*Misellina*，*Pisolina* aff. *subspherica*，*Schwagerina* aff. *solida*，代表时限为早二叠世早期。中部在九龙大菩萨山、康定阿东梁子、小金双桥沟、汶川新店子等处含 *Neoschwagerina*，*Verbeekina* sp. 等䗴化石，时代当属早二叠世晚期无疑。上部在松潘黄龙淘金沟含 *Parafusulina*，*Schwagerina* cf. *declinata* 等䗴化石，且出现在砾屑灰岩层位之上，又与上覆菠茨沟组呈平行不整合接触。综上所述该组时限为早二叠世。

大石包组　Pd　(06－51－0134)

【创名及原始定义】　中国地质科学院川西地质研究队 1969 年创名于宝兴硗碛东大河。原义指整合覆于三道桥组砾屑灰岩、结晶灰岩之上，“平行不整合”伏于菠茨沟组微薄层变质粉砂岩、板岩之下的一套玄武岩、玄武角砾岩、凝灰岩的地层体，枕状构造明显。

【沿革】　四川一区测队 1974 年在九龙乌拉溪大火山将其相当地层划为“下二叠统下

段”。四川航调队1977年将其相当的二叠系基性火山岩称甲黄沟群。四川区调队1984年沿用，但将与上覆菠茨沟组的接触关系修订为整合。同年该队再次修订其含义，将顶界上移至原菠茨沟组下部，并将本组相当地层划为大石包组下段。《四川省区域地质志》(1991)将甲黄沟群顶界修订到二叠纪基性火山岩(段)之顶部，将本组相当地层划为甲黄沟群上部层位。本次清理认为四川区调队1984年对大石包组的修订意见欠妥，是强调了岩石地层单位与时代界线一致性，且所划与上覆菠茨沟组的平行不整合依据不充分。1984年1:20万康定幅对其与上覆菠茨沟组接触关系和1:20万小金幅对其时限的修订意见是正确的。

【现在定义】 指整合覆于三道桥组之上、伏于菠茨沟组之下的一套以海底喷发的基性火山岩、火山角砾岩、凝灰岩为主的地层体。喷发旋回中可夹多层变质泥、砂质岩和碳酸盐岩。

【层型】 正层型为宝兴硗碛东大河剖面，位于宝兴县硗碛乡(102°43′53″，30°45′11″)，四川区调队1984年重测。

上覆地层：菠茨沟组　浅灰色—淡绿色变质粉砂岩、凝灰质绢云板岩及蚀变玻屑凝灰岩

——————整　合——————

大石包组　总厚度214 m

14. 浅灰、灰绿色致密块状玄武岩，含大量白钛石，具明显枕状构造　33 m

13. 灰绿色凝灰岩，并含有少量玄武岩角砾。角砾扁平或椭圆形，直径5～30 cm　4 m

12. 灰黑、灰紫色致密块状玄武岩，具明显枕状构造　9 m

11. 灰绿色凝灰岩、凝灰角砾岩。角砾为灰黑色致密块状玄武岩　4 m

10—9. 紫、灰黑—灰紫色致密块状玄武岩，具明显枕状构造　57 m

8. 灰绿色凝灰角砾岩。角砾大部分为灰绿色玄武岩　3 m

7—5. 上部灰绿色细粒杏仁状玄武岩；中部灰色、灰紫色致密块玄武岩，气孔发育，内有充填物，具明显枕状构造；下部绿色致密块状玄武岩，具斑晶结构，斑晶为斜长石，最长可达3 cm，常呈十字形或梅花状聚晶，气孔状构造发育，内充填绿泥石、方解石　63 m

4. 暗绿色基性凝灰岩，主要为绿泥石组成，其下部含角砾，成分为玄武质凝灰岩　6 m

3. 灰绿色致密块状斑状玄武岩。中部为暗绿色细粒辉石玄武岩，含星点状黄铁矿粒　35 m

——————整　合——————

下伏地层：三道桥组　深灰色中—厚层角砾状灰岩

【地质特征及区域变化】 本组分布于理县、汶川、宝兴、小金、丹巴、康定、九龙一带，延伸达400余公里。本组玄武岩以枕状构造发育为其特点，反映海底喷发的爆发—溢流多旋回性。厚度和岩性变化反映出明显受三叉裂谷的活动所制约。总体显示南厚北薄的规律，康定阿东梁子厚达2 450.3 m，向北至丹巴铜炉房减薄至1 173.8 m，宝兴硗碛东大河214 m，汶川新店子50 m，再北至理县孟通沟一带小于50 m，至黑水、茂汶、松潘一带缺失。阿东梁子向南厚度亦变薄，至康定莲花山1 048.2 m，九龙三垭大菩萨山1 476 m，九龙乌拉溪大火山633 m。丹巴铜炉房以北火山喷发旋回较少，岩性较单一；以南则喷发旋回较多，夹多层变质碎屑岩和碳酸盐岩。

本组因整合覆于含早二叠世晚期䗴化石的三道桥组之上，故时代下限为晚二叠世早期。上覆菠茨沟组下部层位含双壳类 *Claraia wangi*，时代应属早三叠世印度期。因1:20万小金幅在芦山黄水河剖面菠茨沟组的底部发现古生代的苔藓虫分子 *Stenopora*。故本组时代上限不应达晚二叠世末。

大关山组 CPd (06-51-0129)

【创名及原始定义】 由叶连俊、关士聪1944年在甘肃武都大关山创名。原义指叶、关在大关山、龙家沟一带二叠系研究中，将其划分为“马平石灰岩(下二叠纪)”、“茅口石灰岩(中二叠纪)”、“龙家沟煤系(上二叠纪下部)”、“大关山石灰岩(上二叠纪上部)”。“大关山石灰岩在龙家沟煤系之上，为灰白色厚层石灰岩，厚二百公尺以上，未得化石，岩性与适所述之茅口灰岩多有近似处。应相当于南方之长兴石灰岩。”

【沿革】 其后，黄振辉1959年证实“大关山石灰岩”与“茅口石灰岩”相当，改称大关山统。盛金章1962年将西秦岭(南带)的早二叠世地层改称大关山群。甘肃一区测队1973年在迭部益哇沟引入西秦岭(北带)名称石关群，早二叠世地层沿用大关山群，并进一步划分为下部栖霞组、上部茅口组，所划大关山群上与“石关群”、下与尕海群均为整合接触。四川二区测队1978年将南坪九寨沟—松潘张沟梁一带的二叠纪地层划分为下二叠统下部“栖霞组”、上部“茅口组”，上二叠统下部“龙潭组”、上部“长兴组”。甘肃省区域地层表编写组1980年沿用1973年的划分，仅进一步将上二叠统划分为下部迭山组、上部“长兴组”，《四川省区域地质志》(1991)沿用四川二区测队1978年的划分。甘肃区调队1991年，将伏于三叠纪“隆务河群”之下的碳酸盐岩地层修订为大关山群，时代归属早二叠世。本次对比研究中，将大关山组的底界下调至修订含义后的岷河组的顶界，顶界划在原划迭山组之底，岩性标志清楚，易于掌握。

【现在定义】 在四川省指以浅灰—灰白色中—厚层为主夹深灰—灰黑色薄层为次的石灰岩地层体，含䗴、珊瑚、腕足类、苔藓虫等化石，南带与下伏岷河组整合，与上覆叠山组整合或平行不整合接触；北带与下伏下加岭组或大草滩群不整合，与上覆石关组整合接触。

【层型】 选层型在甘肃省。省内参考剖面有松潘红星阿翁沟剖面、南坪胜利中查沟剖面等，四川二区测队1978年测制。

【地质特征及区域变化】 本组以浅灰—白色厚层—块状砾屑灰岩、生物屑灰岩为主，次有结晶灰岩、致密灰岩，厚度大于1 347.90 m，仅中部含䗴 *Neoschwagerina*。省内分布局限，仍为一套单纯的碳酸盐岩地层，以灰白—灰黑色中厚层—块状致密灰岩为主，上部灰岩多含沥青质，并夹燧石灰岩，与下伏岷河组顶部之含铁石英砂岩整合接触，与上覆叠山组底部碳质页岩呈平行不整合接触。厚约数百米。

本组生物化石较丰富，下部产䗴 *Fusulinella*，*Fusulina*，*Triticites*，*Pseudoschwagerina* 等属均是晚石炭世的带化石，且 *Fusulinella*-*Fusulina* 还下延入岷河组中；上部以䗴为主，*Parafusulina*，*Misellina*，*Nankinella*，*Cancellina*，*Verbeekina*，*Neoschwagerina*，*Yabeina* 等均为我国南方早二叠世重要分子或带化石。故本组时限为晚石炭世至早二叠世，为一跨纪单位。

叠山组 Pds (06-51-0150)

【创名及原始定义】 史美良1976年创建，甘肃省地层表编写组1980年介绍，称迭山组，标准地点在迭部县益哇沟。原始定义指分布于迭部益哇沟、碌曲李卡如、巴烈卜恰拉等，岩性以薄层灰岩为主，下部夹泥质灰岩、含碳质页岩，富腕足类和珊瑚，一般厚百余米的地层，与我国南方龙潭组相当，时代为晚二叠世早期。

【沿革】 原迭山组建名时作为西秦岭地区晚二叠世早期地层单位编入“西北区晚古生代地层划分对比方案”中，在1976年西北晚古生代地层会议上得到认可。其后，《西北地区区域地层表·甘肃省分册》、《甘肃的二叠系》、《甘肃省区域地质志》等文献沿用，均强调其年代地层涵义。本次清理甘肃研究组改称叠山组，认为底部有数十米以黑色含碳质页岩为主的地层，具一定的区域稳定性，与下伏地层易于划分；顶界上移至原划“长兴组”之顶，与上覆隆务河群下部(四川称漳腊群)之薄层灰岩与钙质砂页岩不等厚互层之地层亦易于划分。修订后的叠山组为一岩石地层单位。

【现在定义】 指整合于大关山组之上的一套薄－中厚层灰岩、鲕状灰岩为主，下部夹含碳质页岩、粉砂质泥岩的地层，其底以含碳质页岩与下伏地层灰岩分界，含腕足类、䗴和珊瑚化石，顶以中厚层白云质灰岩与上覆漳腊群薄－中层灰岩夹钙质砂岩整合接触。

【层型】 正层型在甘肃省。省内次层型为松潘县红星乡阿翁沟剖面，系四川二区测队1978年测制。

【地质特征及区域变化】 本组下部为深灰色薄层含燧石结核及条带灰岩夹薄层粉砂质泥岩，底部以黑色碳质页岩为主夹薄层灰岩；上部为灰－深灰色中厚层鲕状灰岩、灰岩、角砾状灰岩，顶部有白色鲕状粗晶白云质灰岩，与上、下地层皆为整合接触，总厚292 m。本组在省内分布于南坪县胜利乡中查沟－松潘县红星乡阿翁沟一带，岩性特征基本一致，其变化是下部碳质页岩、钙质页岩夹层增多，厚度增大至数十至四百余米；上部含白云质灰岩或白云岩可达数十米至二百余米。地层厚度增大为312～813 m。与下伏大关山组中厚层状含燧石灰岩为平行不整合接触，与上覆罗让沟组薄层泥质灰岩夹钙质页岩呈整合或平行不整合接触。

本组所含生物化石主要为腕足类、䗴类和珊瑚。阿翁沟－中查沟一带含䗴 *Palaeofusulina simplex*，*P. laxa*，*Reichelina*，*Codonofusiella* 等；珊瑚 *Waagenophyllum*；腕足类 *Uncinunellina timorensis*，*Marginifera typeca*，*Spinomarginifera lopingensis*，*Pugnax pseudoutah*。上述生物组合表明本组时代属晚二叠世。

第二节　生物地层及年代地层讨论

一、泥盆纪

限于资料及研究程度，这里仅就降扎小区及九寨沟小区的生物地层及年代地层做简要讨论。这两个小区泥盆纪生物群较繁盛，以牙形石、腕足类、珊瑚最为重要。《四川省区域地质志》(1991)较系统地总结了前人的研究成果，划分了生物带，阐述了在地层单位中的位置，并进行了年代地层对比讨论。本书引述其生物地层划分和年代地层研究成果，按清理后的岩石地层单位讨论其位置。

1. 牙形石

从下到上建立了2个带。

①*Icriodus woschmidti* 带

②*Spathognathodus remscheidensis* 带

主要分子有 *Spathognathodus remscheidensis*，*S.* cf. *optimus*，*Ozarkodina denckmanni*。伴生有 *Hindeodella equidentata*，*Ligonodia* cf. *franconica*，*Neoprionidus bicurvatus* 等。上述两带见于若尔盖普通沟组底部。*Icriodus woschmidti* 带是世界各地下泥盆统的第一个带，故本区下泥盆统之底界与世界各地泥盆系底界一致。

2. 腕足类

万正权(1987)综合全省资料建立了12个组合带，本区涉及其中9个带。

①*Lanceomyonia borealiformis* - *Howellella laeviplicata* 组合带

伴生分子有 *Mutationella podolica*, *Protathyris praecursor*, *Howellella angustiplicata*, *Atrypa nieczlawiensis*，富集于普通沟组下部。其中 *Protathyris*，*Howellella* 可延到当多组下部层位。该组合的不少分子为欧洲惹丁阶下部的重要分子，时代为早惹丁期。

②*Rostrospirifer tonkinensis* - *Acrospirifer medius* 组合带

伴生分子有 *Dicoelostrophia punctata*，*Acrospirifer pseudomedius*，*Parathyrisina bella*，*Athyrisinoidea ganxiensis*，*Nadiastrophia yukiangensis*，*Howellella papaoensis*，*Uncinulus mesodeflectus*。即东京石燕动物群。该带位于普通沟组上部层位，时代相当郁江期。

③*Otospirifer xiejiawanensis* - *Euryspirifer paradoxus* 组合带

伴生分子有 *Otospirifer shipaiensis*，*O. subalatus*，*Euryspirifer paradoxus*，该带以富含大型展翼型石燕贝类为特征，位于当多组中。

④*Neocaelia sinensis* - *Athyrisina obesa* 组合带

伴生分子有 *Chuanotrophia ritula*, *Otospirifer sichuanensis*, *Luanquella striatula*, *Athyrisina heimi*。本带位于下吾那组下部层位。

⑤*Stringocephalus* - *Emanuella tokwanensis* 组合带

伴生分子有 *Emanuella transversa*，*Subrensselandia guanwushanensis* 。本带位于益哇沟组下部—下吾那组中部层位。

⑥*Leiorhynchus tuqiaoziensis* - *Striatopugnax triplicata* 组合带

伴生分子有 *Leiorhynchus mansuyi*, *L.* ex gr. *kwangsiensis*, *Calvinaria simplex*。本带位于下吾那组上部层位。

⑦*Cyrtospirifer sinensis* - *Gypidula beichanensis* 组合带

伴生分子有 *Cyrtospirifer sichuanensis*，*Schizophoria maofarlani*，*Tenticospirifer hayasakai*，*Hypothyridina lungtungpeensis*, *Camarotoechia omaliusi*。本带位于下吾那组上部层位。*Cyrtospirifer*，*Tenticospirifer* 主要分布于晚泥盆世早期，可上延到与 *Yunnanellina* 共生。

⑧*Yunnanellina* - *Yunnanella* - *Camarotoechia hsikuangshanensis* 组合带

伴生分子有 *Yunnanellina obesa*, *Yunnanella triloba*, *Camarotoechia chongqingensis*, *Cyrtospirifer pellizzariformis*，*Cyrtiopsis spiriferoides*，*Pseudoyunnanella*。本带为晚泥盆世晚期的组合带，位于益哇沟组下部层位，与锡矿山阶或法门阶相当。

3. 珊瑚

本区涉及万正权(1987)综合全省资料所建9个组合带中的6个带，由下至上为：

①*Carlinastraea ganxiensis* - *Longmenshanophyllum ganxiense* 组合带

伴生分子有 *Hallia sichuanensis*，*Aulacophyllum minor*，*A. ganxiense*，*Longmenshanophyllum crassiseptatum*。本带属早泥盆世中期化石带，含于尕拉组和石坊组中。

②*Sulcorphyllum beichuanense* - *Xystriphyllum beichuanense* 组合带

伴生分子有 *Trapezophyllum cystosum*，*Xystriphyllum sibiricum*，*Nardophyllum compositum*。本带属早泥盆世晚期化石带，含于当多组中。

③*Utaratuia sinensis* - *Zonophyllum beichuanense* 组合带

伴生分子有 *Utaratuia*, *Trematophyllum dictyotum*, *Exilifrons sichuanense*, *Calceola ganxiensis*，*Pachyfavosites huashanensis*。本带属中泥盆世化石带，含于当多组上部层位。

④*Temnophyllum irregulare - Dendrostella ganxiensis* 组合带

伴生分子有 *Temnophyllum sichuanensis*, *Argutastrea shiziyaensis*, *Dendrostella convaxus*。为中泥盆世化石带，含于下吾那组中下部层位。

⑤*Pexiphyllum sichuanense - Neospongophyllum sichuanense* 组合带

伴生分子有 *Radiastraea beichuanensis*, *Sinospongophyllum pseudocarinatum*, *Temnophyllum* (*Truncicarinulum*) *complicatum*, *Stringophyllum duplex*, *Temnophyllum waltheri*。本带为中泥盆世化石带，含于下吾那组中上部层位。

⑥*Tarphyphyllum elegantum - Pseudozapherntis* 组合带

伴生分子有 *Tarphyphyllum zhongguoense*, *Wapitiphyllum sichuanese*, *Disphyllum tuqiaoziense*, *Mictophyllum intermedium*。本带为晚泥盆世化石带，含于下吾那组上部层位。

二、石炭纪

限于资料和研究程度，仅对中咱-石鼓小区、降扎小区及九寨沟小区做简要讨论。

(一)中咱-石鼓小区

本区生物主要为䗴类，珊瑚仅早石炭世有零星资料。

1. 䗴类

《四川省区域地质志》(1991)综合前人研究成果，对石炭系建立的5个䗴化石带在本区均存在，由下至上是：

①*Eostaffella* 带

②*Pseudostaffella - Profusulinella* 带

③*Fusulina - Fusulinella* 带

④*Triticites* 带

⑤*Zellia - Pseudoschwagerina* 带

上述①带与吴祥和(1977)、张遴信、吴望始(1979)、侯鸿飞(1982)等在贵州摆佐组中所建的䗴带是一致的，其时代为早石炭世晚期。本带含于顶坡组中下部层位。故该层位应与大塘阶相当。②带可与贵州滑石板组中的䗴类对比，其时代为晚石炭世早期。③带与前人在贵州达拉组所建的䗴带一致，时代为晚石炭世早、中期。②—③带含于顶坡组中上部层位。故顶坡组中上部层位与滑石板阶—达拉阶相当。④带与张遴信、吴望始在贵州马平组下部所建䗴带一致，时代为晚石炭世中、晚期。本带含于冰峰组下部层位，故冰峰组底界与马平阶底界相当。⑤带与张遴信、吴望始在贵州马平组上部所建䗴带 *Pseudoschwagerina* 带一致，亦与侯鸿飞所建 *Pseudoschwagerina - Zellia* 带一致，时代属晚石炭世晚期。在巴塘中咱剖面上顶坡组与冰峰组的界线从本带中间通过，在乡城元根剖面本带则含于冰峰组下部层位，故冰峰组的底界下跨晚石炭世马平期中至达拉期末。

(二)降扎小区及九寨沟小区

本区䗴类、珊瑚、腕足类均较繁盛。《四川省区域地质志》(1991)总结前人成果分别建立了以下生物带：

1. 䗴类

与中咱小区相比，仅缺少早石炭世晚期最下一个䗴带：*Eostaffella* 带，其余四个带齐全。*Pseudostaffella - Profusulinella* 带含于岷河组上部层位。*Fusulina - Fusulinella* 带含于岷河组上部层位并上延入大关山组底部层位。*Triticites* 带和 *Zellia - Pseudoschwagerina* 带含于大关山组下部层位，应与马平阶和达拉阶上部层位相当。故大关山组位于上石炭统下部达拉阶。

2. 珊瑚

本区发育有《四川省区域地质志》(1991)根据前人研究成果总结的7个带中属下石炭统的4个带，由下至上是：

①*Caninia cornucopiae ateles* 带

②*Cystophrentis* 带

③*Pseudouralinia* 带

④*Yuannophyllum* 带

①带为佟正祥等(1985)所建，与吴望始(1981)、侯鸿飞(1982)所建邵东组上部组合 *Caninia dorlodoti* 相当。该带紧覆于含 *Yunnanella* 层位之上，并与晚泥盆世晚期腕足类共生，故时代为晚泥盆世晚期，国际地层时代对比表(王鸿祯等，1990)将其置于岩关期之下丰宁世最早的一个期(未名)。②带中以地方性分子 *Beichuanophyllum* 占优势。该带与俞建章(1931、1963)、吴祥和(1977)、侯鸿飞(1982)在革老河组中所建化石带是一致的，时代为早石炭世岩关期。①、②带含于益哇沟组上部层位，故该层位与下石炭统(丰宁统)未名阶—岩关阶下部相当。③带时代亦为早石炭世岩关期，含于益哇沟组上部—岷河组下部层位，故该层位应与岩关阶上部相当。④带时代为早石炭世大塘期，含于岷河组中部层位，该层位应与大塘阶相当。

3. 腕足类

本区发育《四川省区域地质志》(1991)总结前人研究成果的属丰宁世的4个组合带，从下至上为：

①*Composita communis* - *Schuchertella gelaohoensis* - *Cyrtospirifer ziganensis* 组合(带)

②*Martiniella* - *Eochoristites* 组合(带)

③*Gigantoproductus* - *Megachonetes* 组合(带)

④*Gondolina* - *Striatifera striata* 组合(带)

①组合(带)具泥盆纪向石炭纪过渡的性质。②组合(带)是岩关期腕足类分异度最高的一个组合。③组合(带)是我国华南大塘期的常见或重要分子。该生物群与侯鸿飞在大塘所建腕足类组合基本一致，时代为丰宁世大塘期。④组合(带)与侯鸿飞在德坞阶所建的腕足类组合 *Gondolina* - *Striatifera striata* - *Gigantoproductus edelburgensis* 基本一致。上述③、④组合(带)中，少数为岩关期上延分子，大量的是新属种，其特点是贝体大、数量多、分布广、地质历程短。上述属种几乎都灭绝于早石炭世末。

上述①组合(带)含于益哇沟组，②组合(带)含于益哇沟组上部或岷河组下部层位，③、④组合(带)含于益哇沟组顶部—岷河组中部层位。

三、二叠纪

限于资料及研究程度，仅对降扎小区和九寨沟小区及中咱-石鼓小区做简要讨论。

(一)降扎小区及九寨沟小区

1. 䗴类

《四川省区域地质志》(1991)综合前人研究成果所建的5个䗴带，本区皆发育，由下至上是：

①*Nankinella orbicularia* - *Pisolina excessa* 顶峰带

②*Neoschwagerina - Chusenella conicocylindrica* 顶峰带

③*Yabeina - Neomisellina* 顶峰带

④*Codonofusiella* 组合带

⑤*Palaeofusulina* 顶峰带

上述①带代表早二叠世早期，②、③带代表早二叠世晚期，④带为晚二叠世龙潭期，⑤带为长兴期。①、③带含于本区大关山组中、上部层位，应与栖霞阶—茅口阶相当。④带含于本区叠山组下部层位，应与龙潭阶相当。⑤带含于本区叠山组上部层位，该层位应与长兴阶相当。

2. 珊瑚

本区仅发育全省所建6个组合带中的②、⑥两个带：

②*Hayasakaia elegantula* 组合带

本带代表时代为早二叠世栖霞期，含于本区大关山组中部层位，该层位应与栖霞阶相当。

⑥*Waagenophyllum - Huayunophyllum* 组合带

本带代表时代为晚二叠世长兴期，含于本区叠山组上部层位中，并与䗴带 *Palaeofusulina* 带共生，该层位应与长兴阶相当。

(二)中咱-石鼓小区

本区二叠纪生物主要以䗴较繁盛，但仅发育上述5个带中的3个带，自下而上是：

①*Nankinella orbicularia - Pisolina excessa* 顶峰带

②*Neoschwagerina - Chusenella conicocylindrica* 顶峰带

③*Codonofusiella* 组合带

上述①带代表时代为早二叠世栖霞期，含于冰峰组下部层位。该层位应与栖霞阶相当。②带代表时代为早二叠世茅口期，含于冰峰组中、上部层位，并上延入赤丹潭组底部层位。故冰峰组中、上部层位仅与茅口阶中、下部相当。③带代表时代为晚二叠世龙潭期，含于赤丹潭组底部直至顶部。故赤丹潭组与茅口阶上部至龙潭阶相当。赤丹潭组与上覆布伦组平行不整合接触，故本区应缺失长兴阶。

其他门类生物化石较零星，已在岩石地层单位所含生物化石及时限讨论中述及，此处不再重复。

第三节　岩石地层单位时空位置及构造沉积环境

四川西部晚古生代岩石地层单位的时空位置（图8-1）反映了四川西部的构造格局及晚古生代的演化历史。

中咱以西金沙江一带的岩石地层序列中，然西组浅海碎屑岩、泥质岩、碳酸盐岩夹中基性—碱性火山岩、火山碎屑岩建造，反映了该带中志留世—中泥盆世时期初始裂谷的性质。中泥盆世至晚石炭世的沉积间断，反映了扩张一度中断。而额阿钦组海相基性火山岩、泥质岩、碎屑岩夹碳酸盐岩建造，则是早二叠世至晚二叠世初期再度扩张的产物。巴塘中咱—乡城元根一带属中咱小区岩石地层序列，晚古生代各组均为一套稳定的浅海碳酸盐岩建造，反映了中咱微陆块的大地构造属性。巴塘波格西—木里依吉一带属稻城小区岩石地层序列，亦是义敦“槽”之主体。海相基性火山岩、泥质岩建造的依吉组，碎屑岩建造的蚕多组和泥质岩、碎屑岩夹硅质岩、碳酸盐岩和基性火山岩建造的崖子沟组反映了早—中泥盆世海槽初始扩张的

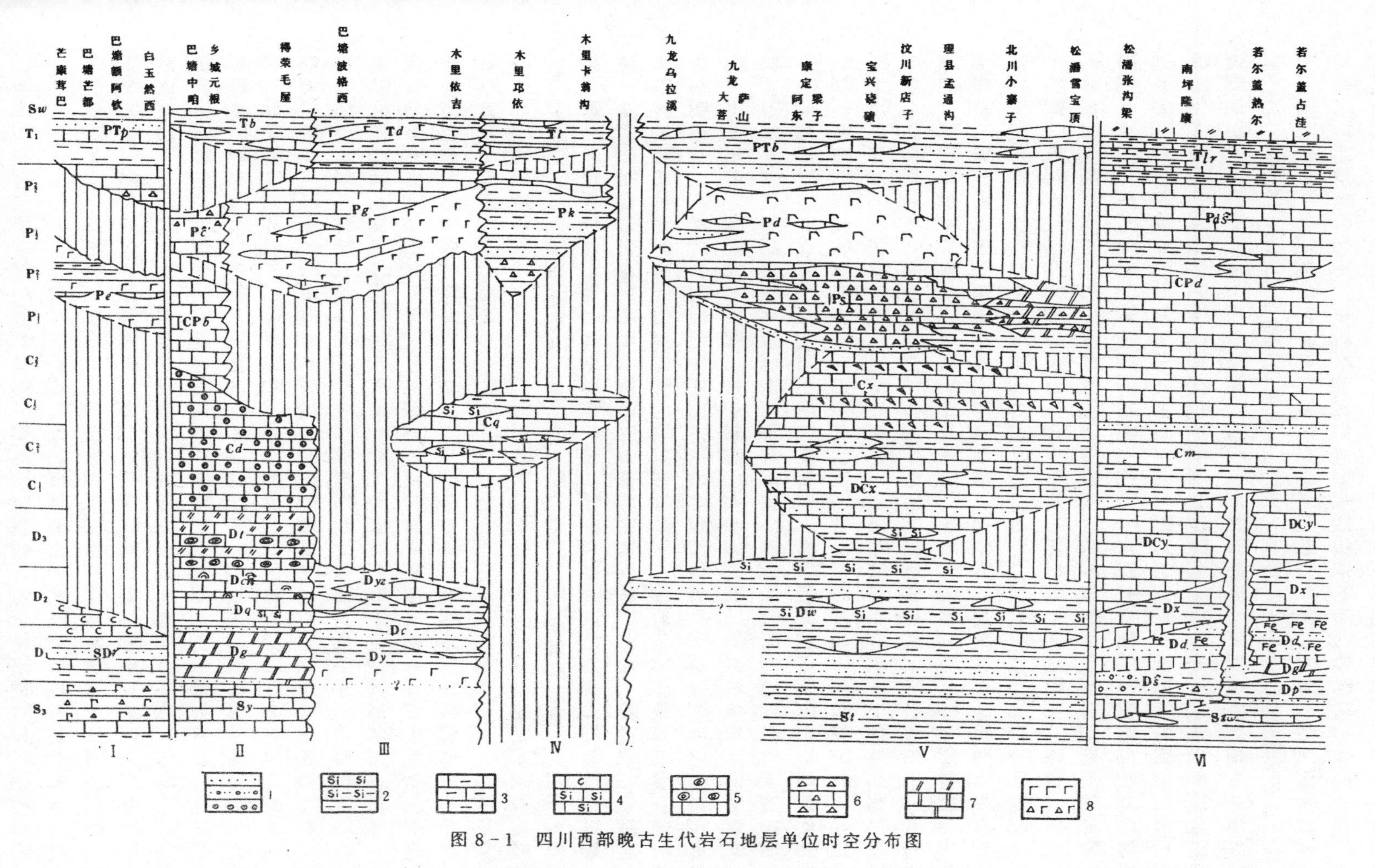

图 8-1　四川西部晚古生代岩石地层单位时空分布图

1. 砾岩、含砾砂岩、砂岩；2. 页（板）岩、硅质页（板）岩、硅质岩；3. 灰岩、泥灰岩、泥质岩；4. 硅质灰岩、碳质灰岩；5. 鲕状灰岩、藻灰岩；6. 竹叶（条带）状灰岩、角砾灰岩；7. 白云岩、白云质灰岩；8. 玄武角砾岩、玄武岩

Ⅰ金沙江序列：SDr. 然西组；Pe. 额阿钦组；PTp. 普水桥组；Ⅱ中咱序列：Sy. 雍忍组；Dg. 格绒组；Dq. 穷错组；DCn. 苍纳组；Dt. 塔利坡组；Cd. 顶坡组；CPb. 冰峰组；Pc. 赤丹潭组；Tb. 布伦组；Ⅲ稻城序列：Dy. 依吉组；Dc. 蚕多组；Dyz. 崖子沟组；Cq. 邛依组；Pg. 冈达概组；Td. 党恩组；Ⅳ木里序列：Pk. 卡翁沟组；Tl. 领麦沟组；Ⅴ玛多-马尔康序列：St. 通化组；Dw. 危关组；DCx. 雪宝顶组；Cx. 西沟组；Ps. 三道桥组；Pd. 大石包组；PTb. 菠茨沟组；Ⅵ摩天岭序列：Szw. 卓乌阔组；Ds. 石坊组；Dp. 普通沟组；Dg. 尕拉组；Dd. 当多组；Dx. 下吾那组；DCy. 益哇沟组；Cm. 岷河组；CPd. 大关山组；Pds. 叠山组；Tlr. 罗让沟组

性质，晚泥盆世至早二叠世初的间断反映了扩张一度中断，二叠纪再度强烈扩张，以海相基性火山岩、火山角砾岩、泥质岩、碎屑岩建造为特点的冈达概组中、下部便是这一扩张期的产物。晚二叠世晚期又趋于稳定，发育了冈达概组上部的浅海碳酸盐岩沉积，并向早三叠世平稳过渡，其后逐渐酝酿更大规模的扩张。木里邛依一卡翁沟一带属木里小区岩石地层序列，中志留世至早石炭世早期缺失沉积，表现为被动大陆边缘的一个相对隆起地带，邛依组浅海一次深海碳酸盐岩夹泥质岩、碎屑岩、硅质岩建造是早石炭世晚期至晚石炭世早期一度沉降之产物。晚二叠世晚期至早三叠世早期的沉积间断又反映了一度抬升。卡翁沟组下部局部发育的砾屑碳酸盐岩建造反映了沿被动大陆边缘断裂带断层下盘塌积的特点，中、上部为浅海泥页岩、碎屑岩及碳酸盐岩建造，横向上为冈达概组的相变体而不含火山岩建造，反映了次稳定性质。九龙乌拉溪、大菩萨山一康定阿东粱子一宝兴硗碛一理县孟通沟一北川小寨子一松潘雪宝顶一带属玛多-马尔康地层分区岩石地层序列，总的表现为被动大陆边缘“冒地槽”型建造特征。危关组一套灰黑色碎屑岩、泥质岩、碳硅质岩夹碳酸盐岩建造反映了扬子板块北西缘早一中泥盆世时期被动大陆边缘海的性质。汶川新店子以北危关组与雪宝顶组间，西沟组与三道桥组间，三道桥组与菠茨沟组间的间断分别反映了晚泥盆世至早石炭世早期，晚石炭世晚期和晚二叠世晚期至早三叠世初该地段的三次局部升降。康定阿东粱子以南雅江地层小区内危关组与三道桥组和大石包组与菠茨沟组间的间断反映了该段晚泥盆世至早石炭世早期和晚二叠世晚期至早三叠世初的局部升降。康定阿东粱子以北、宝兴硗碛、汶川新店子一带，晚古生代各组间皆为连续沉积，并经历了被动大陆边缘浅海一大陆斜坡的发展过程。雪宝顶组仍是浅海碳酸盐岩夹碎屑岩、泥质岩建造，而西沟组、三道桥组则是一套浅海一大陆斜坡次深海碳酸盐岩及碎屑碳酸盐岩建造，尤其是三道桥组中大量发育的砾屑灰岩表现了沿扬子板块西北缘大陆斜坡塌积岩的特征。大石包组大量的枕状玄武岩则反映了川西三叉裂谷在晚二叠世时期的扩张活动，并为三叠纪该区的构造沉积发育奠定了基础。松潘张沟梁一若尔盖占哇一带属南秦岭岩石地层序列，晚古生代总体为一套极发育的浅海碳酸盐岩，部分时期和局部地带夹泥页岩、碎屑岩建造，仅早泥盆世早一中期继承了早古生代不够稳定的环境，以浅海一滨海泥质岩和碎屑岩为主，并出现较频繁的沉积间断，较为广泛的是当多组与石坊组或尕拉组间的间断，其次在松潘张沟梁一南坪隆康一带石坊组与卓乌阔组间和下吾那组与当多组间还有两个短暂的间断。早泥盆世早一中期，石坊组的泥质岩夹碎屑岩及碳酸盐岩建造反映了浅海至滨海的环境，普通沟组的泥质岩夹碳酸盐岩和细碎屑岩建造反映了次稳定的浅海环境，至尕拉组白云岩建造的出现更反映出向潮坪环境的过渡。热尔组的红色粗碎屑岩建造则反映了早泥盆世早一中期局部地方出现了河流三角洲相甚至陆相环境。这种环境在若尔盖热尔乡一带，直到早石炭世晚期才重新遭受海侵，形成了岷河组与热尔组间的局部超覆平行不整合。自早泥盆世晚期以后，本区更趋稳定，早泥盆世晚期至中泥盆世早期形成了当多组含铁碎屑岩及局部含磷碳酸盐岩建造。中泥盆世中期至晚泥盆世中期，形成了下吾那组碳酸盐岩夹泥页岩、碎屑岩建造。中泥盆世晚期至早石炭世晚期形成了益哇沟组较稳定的浅海碳酸盐岩建造。早石炭世早期至晚石炭世早期形成了岷河组浅海碳酸盐岩夹泥页岩及碎屑岩建造。晚石炭世早期至早二叠世末形成了大关山组稳定浅海碳酸盐岩建造，晚二叠世早期至晚期形成了叠山组稳定浅海碳酸盐岩下部泥质岩碎屑岩建造。晚二叠世末向三叠纪连续平稳过渡，形成了罗让沟组薄层含泥质夹含白云质碳酸盐岩夹泥页岩建造。

四川西部晚古生代岩石地层单位的时空位置还反映了岩石地层单位的穿时现象的确是广泛存在的现象。尽管有的因生物化石欠缺，有的因剖面资料较少尚不足以反映其变化，仍有不少确切资料使我们对某些岩石地层单位的穿时现象有了足够的认识。普水桥组（PTp）在巴塘芒都一带底部含晚二叠世晚期化石，故其时代下限跨晚二叠世晚期，而在江达普水桥正层型剖面因底部层位含早三叠世化石，显然其底界为一穿时界线。冈达概组在得荣毛屋剖面因下部含早二叠世晚期䗴化石，时代下限至少达早二叠世晚期，且发育多个火山-沉积旋回，但向西在冈达概剖面和向东在稻城恰斯剖面均只发育最上两个火山-沉积旋回，且只含晚二叠世化石，故其底界时代下限肯定只限于晚二叠世，亦为一穿时界线。冰峰组的底界（亦是顶坡组的顶界）在乡城元根剖面于 *Fusulinella－Fusullina* 带之顶，而在巴塘中咱剖面则在 *Zellia－Pseudoschwagerina* 带之中，界线穿时亦勿庸置疑。三道桥组的顶部在九龙大菩萨山、康定阿东梁子、宝兴硗碛、汶川新店子上部均可见 *Neoschwagerina* 带化石，并与上覆大石包组整合接触，时代上限应达早二叠世末期，而理县孟通沟以北北川小寨子、松潘淘金沟一带仅见 *Parafusulina* 不见 *Neoschwagerina* 带化石，且与上覆菠茨沟组平行不整合接触，至少缺失早二叠世晚期部分沉积，时代上限要比汶川、宝兴、康定、九龙一带低。西沟组的顶部在宝兴硗碛一带剖面中，与上覆三道桥组整合接触，并含晚石炭世晚期顶带化石 *Pseudoschwagerina*，时代上限达晚石炭世末，而向东北在北川小寨子、松潘雪宝顶一带仅见 *Triticites* 带化石并与上覆三道桥组平行不整合接触，其顶界时限未达晚石炭世末期，无疑其顶界也是一条穿时界线。雪宝顶组的底界在宝兴硗碛剖面上有牙形石化石作为充分依据而下跨晚泥盆世，而向东北在松潘雪宝顶剖面其底部却只含 *Yuanophyllum* 带化石，并与下伏危关组平行不整合接触，有可能缺失岩关期沉积，底界时限比宝兴硗碛剖面高。危关组的顶界在宝兴硗碛一带有充分化石依据，时限达晚泥盆世。而向东北在北川小寨子和松潘洞洞崖一带该组仅含中泥盆世化石，并与上覆西沟组平行不整合接触，可能缺失晚泥盆世沉积，顶界时限要比宝兴一带低；向南西在九龙乌拉溪剖面与上覆三道桥组平行不整合接触，亦可能缺失晚泥盆世沉积，顶界时限同样比宝兴硗碛一带低。松潘张沟梁剖面益哇沟组因其底部含 *Stringocephalus*，其底界（亦是下吾那组顶界）时限下跨中泥盆世晚期无疑，而若尔盖占哇及甘肃迭部益哇沟一带，本组底界（下吾那组顶界）仅达 *Yunnanellina* 带之底，时限仅下跨晚泥盆世晚期，表现出极为明显的穿时现象。总之，理解和认识岩石地层单位的穿时现象是极为重要的，这样就可避免用时代概念去支解岩石地层单位的错误作法，提高地质制图的科学性和实用性。

第九章
二叠纪—三叠纪

青藏高原三叠系分布广，岩性岩相复杂而多变，充分体现了造山带的槽、缝、条、块、板、隆、盆等多样化特色。川西也不例外，从被动大陆边缘到活动大陆边缘，内部活动性差异造成了板间夹槽，槽中有块，块中有缝，缝间夹隆，形成条块割据，各有特色的岩性岩相组合，为区内岩石地层单位的划分与建立，提供了可依据的地质基础。地层区划及特征见表9-1。

三叠纪地层发育于海西构造阶段基础之上，具有继承性特征，个别组的时限可下延至晚二叠世，故本章为二叠纪—三叠纪，是该区最重要的地质发展时期和阶段。

第一节　岩石地层单位

四川西部三叠纪地层分布面广，厚度巨大，为一套非稳定型复理石碎屑岩建造。以甘孜—理塘一线为界，以东(玛多-马尔康地层分区)为典型的被动大陆边缘复理石碎屑岩，颜色单一、岩性单调、化石稀缺、厚度巨大、变形强烈。岩石地层单位包括菠茨沟组、西康群(扎尕山组、杂谷脑组、侏倭组、新都桥组、如年各组、格底村组、两河口组、雅江组和塔藏组)。以西义敦地层分区、玉树-中甸地层分区为典型的义敦火山岛弧建造，火山岛弧斜列于白玉登龙—热加、白玉昌台—勉戈、乡城正斗—稻城协波等地。岩石地层单位包括：布伦组、领麦沟组、三珠山组、马索山组、义敦群(党恩组、列衣组)、根隆组、勉戈组、曲嘎寺组、图姆沟组、拉纳山组、喇嘛垭组和英珠娘阿组。另还包括昌都-思茅地层区西金乌兰-金沙江地层分区的普水桥组、巴塘群和南秦岭地层区摩天岭地层分区以碳酸盐岩为主的漳腊群。现分别介绍如下。

普水桥组　PT*p*　(06-51-0191)

【创名及原始定义】　1974年四川三区测队，在昌都江达地区首次发现下、中三叠统地层。并将其创名为普水桥组和色容寺组。分别代表下三叠统下部和上部。其标准剖面在江达县城郊普水桥。其中原普水桥组岩性以紫红、灰绿等杂色砂页岩为主夹中酸性、中基性凝灰熔岩、凝灰质角砾岩、块状凝灰岩等夹少量砂质灰岩、凝灰质灰岩。底部为紫红色砾岩。不整合于不同层位的老地层或海西期花岗岩之上。其上部的色容寺组为石灰岩地层，沿走向厚度变化

表 9-1　三叠纪地层区划及区划特征表

地层区划 / 特征	华南地层大区					
	羌北-昌都-思茅地层区	巴颜喀拉地层区				南秦岭-大别山地层区
	西金乌兰-金沙江地层分区	玉树-中甸（义敦）地层分区			玛多-马尔康地层分区	摩天岭地层分区
	奔子栏-江达小区	中咱-石鼓小区	稻城小区	木里小区	金川、雅江小区	降扎、九寨沟小区
地层发育程度	仅见下统下部、上统下部，其余本省未见	仅见下统及上统中下部	齐全	齐全	缺失上统上部	缺失上统中下部
建造类型	早期为非稳定型火山硅质岩蛇绿岩建造，后为次稳定建造	次-非稳定型复陆屑建造，火山岩含煤建造	以非稳定型火山岩杂陆屑建造为主	次-非稳定型复陆屑、碳酸盐建造	次-非稳定型复陆屑、内源碳酸盐岩建造，夹非稳定型火山混杂堆积岩建造	稳定型内源碳酸盐白云岩建造
火山岩及其发育程度	早期蛇绿岩十分发育，以超基-基性火山岩为主	拉纳山一带见基-中性火山角砾岩	发育以基-中-酸性火山岩为主	周边见蛇绿岩，以超基-基性火山岩为主	断裂带以玄武岩为主，断裂带附近层位见英安岩	未见
变质状况	区域动力变质广泛，局部见混合岩化、糜棱岩化	区域动力变质	区域动力变质为主	区域动力变质	区域动力变质为主，区域热变质为辅	变质程度很低
厚度	2 500～5 000 m，火山岩可达 2 000 m±	＞2 000 m，火山岩：1 000 m±	5 200～21 300 m，火山岩最厚达 7 000 m±	5 000 m 左右，火山岩为 4 000 m±	6 000～25 000 m 以上，火山岩达数十至数百米	
生物化石	省内化石少见	以双壳类、菊石、植物为主	门类较多，数量较丰富	门类较多，数量较多	稀少，以双壳类为主，次有牙形石	以双壳类为主，次有牙形石
含矿性	多金属为主，次为贵金属	少量煤	以多金属、贵金属为主，形成大型矿床	火山岩系中产金等，多形成矿床	铁、锰，尤其断裂带、火山岩系中，金等常形成矿床、矿点	非金属
构造环境	接合带，巨型断裂带	稳定地块	火山岛弧	地块	被动大陆边缘	稳定地块
	缝、条	槽中夹块，槽中见隆			盆中夹条	隆

大，不稳定。

【沿革】 建立后被广泛引用。1978年四川地层表编写组以金沙江东岸竹巴笼基里剖面、苏哇龙乡嘎拉卡剖面含有P_2—T_1过渡生物群的灰岩为主的层位，创名为日厄达组（位于芒康县交嘎乡），置于普水桥之下，以弥补超覆于海西期岩体之上的缺失。后来的研究证实，日厄达其地名不确切也无剖面，所引用的基里及嘎拉卡剖面位于金沙江断裂带，为金沙江变质岩系所分隔，不能作为地层单位，因此《四川省地层总结》(1978)提出不采用该名，本书从之。四川三区测队(1977)以巴塘弄格拉剖面创名中心绒群，由于其层序、层位引起较大争论，而未得到采用。

【现在定义】 指不整合于海西期花岗岩或石炭纪—二叠纪等老地层之上的一套紫色碎屑岩夹中酸性火山岩、火山碎屑岩、石灰岩的地层体。其顶界与上覆瓦拉寺组深灰—黑色砂板岩、凝灰岩地层之间平行不整合接触①。

【层型】 正层型在西藏自治区。省内无较好剖面。

【地质特征及区域变化】 省内见于巴塘里甫、得荣一带。岩性为灰绿、紫红色凝灰质板岩、中酸性火山岩等，产双壳类 *Claraia stachei*, *C. concentrica*, *Eumorphotis venetiana* 等，厚数百米至千余米。平行不整合于额阿钦组或老地层之上，平行不整合或不整合于巴塘群（甲丕拉组）之下。本书将普水桥组含义已扩大，包含了晚二叠—早三叠世的过渡层位。

巴塘群 T*B* (06-51-0156)

【创名及原始定义】 青海区测队1970年在《1∶100万玉树幅(Ⅰ-47)区域地质调查报告书》中，依据玉树县巴塘乡出露较好的一套晚三叠世地层创名巴塘群。原始定义：出露于西金乌兰湖—玉树巴塘一带，“呈北西-南东向分布，北与通天河—金沙江出露的下二叠统火山岩夹碎屑岩组及巴颜喀拉山群呈断层接触，南与结扎群呈断层接触，”由“下部碎屑岩、上部火山岩及碳酸盐岩”两个岩组组成，产“双壳类”和“腕足类”等，“很可能属晚三叠世卡尼诺利期的产物”。

【沿革】 创名后沿用至今。

【现在定义】 同原始定义。

【层型】 正层型在青海省。省内无连续剖面。

【地质特征及区域变化】 在境内主要岩性为：下部紫红色块状砾岩、含砾砂岩；中部为紫红色中厚层粉砂岩夹紫红色、黑色页岩及泥灰岩、白云岩、石膏；上部为紫红色钙质砾岩、含砾砂岩、长石砂岩互层。不整合于老地层之上，厚数百米。但在中心绒弄格拉一带，几乎全为浅灰绿色、暗紫色安山质晶屑凝灰熔岩、安山质玄武岩，火山角砾岩组成，厚达694 m，底部见少量黑色板岩，含腕足类 *Koninckina*，在达玫拉卡西侧为灰绿色中基性火山岩夹灰岩，产珊瑚 *Phacelostylophyllum*。各点都是孤立于断裂带附近。对于这套地层由于其层序不连续，很难说它属于某个组，现依据区域综合特征，将其放入巴塘群。

布伦组 T*bl* (06-51-0245)

【创名及原始定义】 云南区调队二分队(1985)创名于云南省中甸县布伦。原始定义：上部为紫红色泥岩、粉砂岩夹灰绿色泥岩、粉砂岩、泥灰岩、灰岩；中部为灰色灰岩、泥质灰

---

① 见西藏自治区地层清理研究(1994.9)。

岩与紫红、黄绿色粉砂岩、泥岩互层；下部为紫红色砂岩、泥岩夹泥质灰岩、泥灰岩、白云岩；底部为玄武质砾岩夹赤铁矿层，厚 1 084 m，底部砾岩与下伏石炭系、二叠系呈不整合接触。

【沿革】 本区的早三叠世地层，四川三区测队 1972 年以得荣古学茨岗剖面，创名茨岗组，以后一直沿用；《四川省区域地质志》(1991)以茨岗剖面茨岗组生物群的时代是 T_1-T_2为由，将其下部称领麦沟组，代表 T_1^1期沉积（见领麦沟组）。本次清理中，云南省区调所提出，得荣县古学茨岗剖面构造不清，层序倒转，建议使用布伦组。本书从之。

【现在定义】 上部为紫红色粉砂岩、泥岩夹灰绿色粉砂岩、泥岩、灰岩；中部为灰色灰岩、泥质白云岩与紫红、黄绿色粉砂岩、泥岩互层；下部为紫红色砂岩、泥岩夹泥质灰岩、泥灰岩、白云岩，底部砾岩夹赤铁岩，与下伏冰峰组呈不整合接触的地层。

【层型】 正层型在云南省。省内以乡城县解放乡日措然乌卡剖面、巴塘县扎瓦拉—道妙阔剖面发育较好，但岩性特征有较大的差异，由四川三区测队 1977 年测制。

【地质特征及区域变化】 然乌卡剖面上部以浅灰、灰色灰岩、砾状灰岩、白云质灰岩为主，下部为紫红色砂岩、粉砂岩、板岩夹薄层细晶灰岩、假鲕粒灰岩，厚 1 234 m。产双壳类 *Claraia* cf. *clarai desquamata*，*Eumorphotis* cf. *venetiana* 等。扎瓦拉上部为灰、灰白、灰绿色角岩化泥质粉砂岩、次闪钙质片岩、粉砂质板岩夹薄层大理岩、灰岩，底部为杂色绢云母钙质板岩、粉砂质板岩夹薄层灰岩，厚 617.2 m。产双壳类 *Claraia* cf. *stachei*，*C.* cf. *aurita*，*Eumorphotis inaequicostata* 等。与上覆层曲嘎寺组，下伏层赤丹潭组或冈达概组均为平行不整合接触。

领麦沟组 Tl （06－51－0173）

【创名及原始定义】 四川省三区测队毛君一等 1971 年在测制木里县通坝剖面时草创。命名地为木里县通坝领麦沟。雪冰 1977 年① 介绍。指岩性为灰及杂色粉砂质板岩、薄层变质长石石英砂岩与灰色薄层灰岩互层，其中产 *Claraia wangi*，*Unionites*? sp. 等瓣鳃，厚 150 m，与下伏上二叠统间为假整合接触。

【沿革】 1990 年前，义敦地层分区早三叠世地层通称茨岗组，岩性为石灰岩夹灰色、灰绿色及紫红色砂岩、板岩互层，局部夹基性火山岩，厚 100～800 m，产菊石、腹足类化石，未见顶，与下伏上二叠统呈平行不整合接触。该剖面所产化石以菊石为主，时限为奥伦尼克—安尼西克早期。《四川省区域地质志》(1991)引用了领麦沟组一名，以其含 *Claraia wangi* 为由，将其放入茨岗组之下，作为 T_1^1 期产物，但两组未有任何接触关系。本次清理中，云南区调所提出：茨岗剖面上部（含菊石层之上）发现双壳类 *Claraia wangi* 等，说明该剖面层序倒转，构造有误，建议不用茨岗组一名，我们赞同此意。

【现在定义】 指整合或平行不整合于卡翁沟组石灰岩之上，整合于三珠山组或平行不整合于曲嘎寺组之下的地层。岩性为浅海相灰色变质砂板岩与灰岩、生物碎屑灰岩互层。下部为杂色层，上部灰岩增多。在断裂带及附近多为板岩或灰岩，或灰岩、硅质岩组成的端元组合。厚数十至千余米。产双壳类、菊石、牙形石等。

【层型】 正层型为木里县通坝剖面，位于木里县通坝(100°54′50″，28°59′50″)，四川区调队 1979 年重测。

---

① 雪冰，1977，义敦地区三叠系讨论，四川地质局三区测队(打印稿)。

领麦沟组　　　　　　　　　　　　　　　　　　　　　　　　　　总厚度>714.2 m

7. 绿灰、黄绿灰色，灰一深灰色绢云母板岩夹薄层状变质粉砂岩与灰岩不等厚互层。产双壳类 *Claraia* sp. 等。(未见顶)　128.5 m
6. 灰色薄层状灰岩、砾状灰岩夹绿灰色板岩　34.2 m
5. 灰一深灰色、绿灰色板岩、粉砂质板岩夹灰色薄层灰岩，偶夹粉砂岩、长英砂岩　98.6 m
4. 灰色中厚层灰岩、砂泥质灰岩夹灰、绿灰色板岩及少许粉砂岩。底部为钙质细砾岩　49.6 m
3. 灰一深灰色夹灰黑色、黄绿色粉砂质板岩、钙质粉砂质板岩与灰一深灰色薄层状、少许中厚层状灰岩、粉砂质微粒结晶灰岩不等厚互层　139.8 m
2. 灰一深灰色、黄灰色粉砂质板岩、含碳绢云板岩夹薄层状粉砂岩、薄一中厚层透镜状灰岩、含泥质灰岩。产双壳类 *Claraia aurita*；菊石 *Dieneroceras* sp.，*Ophiceras* 等　118.0 m
1. 灰一深灰色、黄灰色、黄绿灰色板岩、绢云板岩、粉砂质绢云板岩夹薄层粉砂岩及灰色薄层灰岩。局部为互层。产双壳类 *Claraia wangi*，*C. wangi minor*，*C. griesbachi* 和菊石等　145.5 m

——————— 平行不整合 ———————

下伏地层：卡翁沟组　灰岩，产三叶虫、腕足类等

【地质特征及区域变化】　分布于木里小区，主要是浅海相杂色砂板岩夹灰岩，可见两种类型：一种以木里通坝为代表的杂色砂板岩夹灰岩，产双壳类 *Claraia wangi*，*C. wangi minor*，*C. aurita*，*C. griesbachi*；菊石 *Ophiceras* sp.，*Dieneroceras* sp. 等，厚 500 m 左右；另一种以碳酸盐岩为主，岩性为灰、灰白色灰岩及白云质灰岩、角砾状灰岩、泥灰岩。产双壳类 *Claraia wangi*，*C. stachei*，*Eumorphotis multiformis* 等，厚 1 324 m，以木里耳泽为代表。也有学者将分布于理塘巴鲁、达合、木拉的深水放射虫硅质岩(厚不足百米)，也归于领麦沟组中，本书将此种类型放入理塘蛇绿岩中讨论。本组与下伏地层卡翁沟组为平行不整合接触，在局部为整合接触。区域上整合于三珠山组或平行不整合于曲嘎寺组之下。

三珠山组　Ts　(06-51-0174)

【创名及原始定义】　杜其良 1978 年创名于木里县桐翁三珠山。原始定义：下部有砾石层、含砾砂岩夹层，其上为灰一深灰色绢云板岩、不等粒岩屑砂岩、粉砂岩夹灰岩、生物灰岩，产 *Myophoria* (*Costatoria*) *goldfussi mansuyi*，*Mentzelina mentzeli* 等，下与出鲁组、上与马索山组均为整合接触。

【沿革】　对义敦地层分区中三叠统的存在与划分过去有较大分歧。1972 年四川三区测队曾以云南省中甸洁迪剖面为代表创建洁地组；1978 年四川地层表编写组用比友沟组、列衣组称之，其后发现比友沟组中所采化石鉴定有误，故在《四川省地层总结》(1978)、《西南地区地层总结》(1980)中未采用，仍使用洁地组一名，《川西藏东地层与古生物》提出云南中甸洁迪剖面无化石，所列名单为附近五凤山和下归牧场所采。1977—1978 年四川区调队测制了木里桐翁剖面，发现了层位可靠的中三叠统，据此杜其良（1978）建立了三珠山组和马索山组，并公布了命名剖面。其后《1：20 万理塘幅联测报告》(1984)对构造做了恢复，层序做了修改，未做名称变动，仅修订了两组含义。本次清理发现这两个组岩性特征差异不大，界线也不易确定，但考虑到野外填图中已经填出，具有可填性，因此未做合并处理。

【现在定义】　指整合于领麦沟组杂色砂板岩或超覆于老地层之上，整合于马索山组之下

的地层，岩性为灰、浅灰色变质砂泥岩与灰岩互层，上部夹生物碎屑灰岩，底部常夹含砾砂岩层，产双壳类、腕足类，厚266.9 m。

【层型】 正层型为木里县桐翁剖面Ⅱ段，位于木里县桐翁(100°54′38″，28°56′12″)，四川省区调队1984年重测。

上覆地层：马索山组　灰一深灰色块状灰岩

——————— 整　合 ———————

三珠山组　　　　　　　　　　　　　　　　　　　　　　　　总厚度 266.80 m

5. 灰绿色板岩、粉砂质板岩、灰黑色含碳质绢云板岩夹不等粒砂岩、含砾砂岩、灰色薄层一中厚层灰岩、泥灰岩。产双壳类 *Daonella indica*，*D. radiosa*，*Halobia rugosoides* 等　　194.25 m

4. 灰一深灰色粉砂质绢云板岩、浅灰绿色板岩夹变质长石砂岩、粉砂岩及灰岩透镜体。产双壳类 *Myophoria*(*Costatoria*)*goldfussi mansuyi*，*M.*(*C.*)*proharpa multiformi*；植物等化石　　72.55 m

——————— 整　合 ———————

下伏地层：领麦沟组　杂色板岩夹砂岩

【地质特征及区域变化】 分布于木里一带，为浅海相变质砂板岩夹灰岩，部分段落为互层。从木里通坝向南、向东至金矿嘎布隆一带，岩性以砂板岩为主夹少量灰岩，厚度增大至500余米，产腕足类 *Mentzelia* aff. *mentzeli*，*Rhaetina angustaeformis*；腹足类 *Worthenia hausmanni* 等，向西变质砂岩、板岩显著增加，局部夹灰岩薄层，厚达千米左右，与党恩组过渡。向北在理塘县唐卡区磨房沟、木拉区发现类似该组中的化石群，因无剖面，又位于理塘断裂带，详细情况不明。

马索山组　T*m*　(06－51－0175)

【创名及原始定义】 杜其良1978年创名于木里县桐翁马索山。原始定义：浅灰一深灰色灰岩、生物灰岩、泥质灰岩夹灰绿色钙质绢云板岩、钙质粉砂岩，产 *Daonella indica*，*Halobia rugosoides* 等，厚644.4 m，与上覆曲嘎寺组假整合 (?)，与下伏三珠山组整合接触。

【现在定义】 指整合于三珠山组或平行不整合于老地层之上，平行不整合或整合于曲嘎寺组之下，岩性为灰色灰岩、生物碎屑灰岩夹板岩、变质粉砂岩的地层。产双壳类，厚数百米。

【层型】 正层型为木里县桐翁剖面Ⅱ段，位于木里县桐翁(100°54′38″，28°56′12″)，四川区调队1978年测制。

上覆地层：曲嘎寺组　灰黑色板岩、灰岩及泥灰岩

－－－－－－－ 平行不整合 －－－－－－－

马索山组　　　　　　　　　　　　　　　　　　　　　　　　总厚度 212.2 m

8. 浅灰一深灰色中厚一块状灰岩、生物灰岩　　76.4 m

7. 浅灰一深灰色中厚层灰岩、生物灰岩夹灰黑色中厚层灰岩，偶夹泥质灰岩、板岩。下部产双壳类、腕足类等　　116.0 m

6. 灰一深灰色厚块状灰岩　　19.8 m

——————— 整　合 ———————

下伏地层：三珠山组　板岩夹灰岩

【地质特征及区域变化】　分布于木里通坝一带。为浅海相碳酸盐岩为主夹砂板岩，在剖面上与上覆、下伏地层的岩性特征明显分界，但向四周，尤其向西变质砂板岩迅速增多，灰岩减少，厚度增大，与义敦群明显过渡。向东至金矿，白云岩、白云质灰岩增加。

义敦群　TY　(06－51－0181)

【创名及原始定义】　文沛然1966年草创于巴塘县措拉区（原义敦县）列衣乡。雪冰1977年介绍。“现在怀疑为中三叠统的地层仅有白玉、义敦一带的义敦群（上部列衣组、下部党恩组）灰—灰黑色砂板岩夹中-基性火山岩。在层位上不整合伏于上三叠统曲嘎寺组之下”。

【沿革】　该群创建后，义敦群一名已为大家所接受，在口头上作为义敦地层分区三叠系的代名词。对于这一套以暗色砂板岩为主的活动型建造，因岩性单调、颜色单一、化石稀缺，多采用回避和对比的方式讨论，用茨岗组和洁地组代替。在后来工作过程中，发觉用稳定—次稳定型的层序和名称代替，会对本区大地构造环境、沉积建造认识产生误解。因此在1∶20万义敦幅（1982）报告中采用T_{1-2}表示，《怒江、澜沧江、金沙江区域地层》[①] 一书中正式采用党恩组、列衣组。以后沿用。侯立玮等（1991）提出以理塘热水塘剖面为层型建立热水塘群，但该剖面掩盖多，构造不清，建议作为义敦群的同物异名处理。

【现在定义】　指整合于冈达概组之上、曲嘎寺组灰岩或根隆组玄武岩之下的以变质砂板岩为主，夹少量灰岩、中酸性火山岩、基性岩的地层，厚数千米。它包括党恩组和列衣组。少见化石，近年来在其上部发现大量牙形石、双壳类和腕足类、菊石等。

【地质特征】　主要分布于稻城小区，总的特征是半深海—深海相复理石砂泥质建造，下部岩石粒度细且含硅质，向上粒度变粗，逐渐出现含砾砂岩，反映了由饥饿盆地向充盈盆地的转化。以曲嘎寺组灰岩或含砾砂岩的出现为其顶界标志，冈达概组灰岩或玄武岩的消失为其底界标志。

党恩组　Td　(06－51－0182)

【创名及原始定义】　文沛然1966年草创于巴塘县措拉区。雪冰1977年介绍，但雪冰未指明含义。1980年饶荣标指出：“相当于茨岗组的层位在中带称党恩组。命名地点在四川省义敦县西党恩社。用以代表白玉、义敦、稻城一带未发现化石的下三叠统。在党恩社，厚2 640 m。其岩石组合可分成三个部分：下部为板岩、千枚岩夹砂岩、泥灰岩，底部时见基性火山岩及凝灰质砾岩，厚716 m；中部为变质砂岩夹千枚岩，厚1 001 m；上部以千枚岩为主夹变质砂岩，厚878 m。与下伏上二叠统和上覆中三叠统列衣组均为整合接触。”给该组下了明确的定义。

【沿革】　与义敦群一致。仅在时限和对比上有不同看法，雪冰将党恩组和列衣组归于中三叠统，其后多数学者认为属早—中三叠世，四川区调队、饶荣标（1980）认为属早三叠世。因无化石佐证，尚无更可靠的证据。本次清理中根据可识别性将界线做了适当调整。

【现在定义】　整合于冈达概组基性火山岩、灰岩之上，列衣组砂板岩之下的地层，岩性为灰—深灰色变质细—粉砂岩、板岩、千枚岩互层。下部多含硅质，层薄、质细。顶部为灰

---

① 该书编写时间为1982—1985年，评审时间为1985年，出版时间为1992年，以下简称三江志。

一灰白色薄层状硅质灰岩、硅质岩夹砂泥质灰岩，该段具标志意义。产牙形石，厚2 000 m左右。

【层型】 正层型为巴塘县党恩—列衣—图姆沟剖面(99°21′00″, 30°16′30″)。最早为四川三区测队1966年测制，四川区调队1985—1988年重测。

上覆地层：**列衣组** 浅灰绿色中—厚层状变质含长石石英杂砂岩夹板岩

——————— 整 合 ———————

党恩组 总厚度664 m

6. 灰色中层状含粉砂质钙质板岩，夹灰绿色薄层千枚状含棘皮生物屑泥晶灰岩及硅质灰岩、蚀变凝灰岩。含牙形石 *Neogondolella* sp. 129 m
5. 灰色绢云母板岩夹片理化结晶灰岩 120 m
4. 灰色变质含硅质泥晶灰岩，夹粉砂质钙质板岩、绢云千枚岩及少许砂岩 213 m
3. 灰、灰绿色硅质绿泥绢云板岩夹硅质条纹或带状细晶灰岩。下部具滑动变形层理 129 m
2. 灰色薄层大理岩、生物碎屑纹层结晶灰岩、含藻砂屑球粒砾屑灰岩、含粉砂质条带灰岩，与绢云母千枚岩不等厚互层。含牙形石 *Cypridodella yidenensis* 53 m
1. 灰绿色蚀变含玻屑层凝灰岩，夹石英绿泥绢云千枚岩 20 m

——————— 整 合 ———————

下伏地层：**冈达概组** 粉晶灰岩、玄武岩

【地质特征及区域变化】 为深海相复理石和等深流细碎屑岩。以灰色变质砂板岩为主，夹薄层硅质板岩、硅质岩。质细、层薄，水平层纹、小型砂纹层理发育。为水动力弱、物质供应不足之产物。顶部灰岩、硅质灰岩薄层为标志与列衣组分界，该套灰岩色灰白，厚度小(几十至100余米)，地貌特征明显，分布较稳定，是良好的标志层。该组岩性变化不大，局部见中酸性火山岩，部分学者认为它与冈达概组基性火山岩构成裂谷双峰式火山岩。本组化石稀少。

列衣组 T*ly* (06-51-0183)

【创名及原始定义】 文沛然1966年草创于巴塘县措拉区列衣乡。雪冰1977年介绍："列衣组来源于1966年所测义敦剖面，为一套浅变质砂板岩及板岩、千枚岩互层"。

【沿革】 1980年饶荣标建议义敦中带改用列衣组，但对该组顶、底界有不同的看法。1966年剖面报告中以含砾砂岩为界与党恩组分开。其后工作者发现原剖面所描述的含砾砂岩层位不确，剖面上也见不到此套含砾砂岩，在其隆垭卡剖面上发现有二层以上的粗砂岩、含砾粗砂岩，都位于前述党恩组顶部灰岩之上，1989年再次证实此含砾砂岩不稳定①，因此将列衣组底界划在灰岩层底部。本次清理改在灰岩层顶界。对列衣组顶界过去有两种认识，一是以大灰岩为界，一是以出现T_3化石的扁豆状灰岩为界。1987—1990年，在命名剖面西侧的玉绒，在大灰岩之下的变质砂板岩夹凸镜状灰岩中发现大量菊石、腕足类、双壳类和牙形石属T_3，前人将此套地层划归曲嘎寺组。其理由显然是因有T_3化石出现。1∶5万茶洛、阿冬纳幅报告将列衣组顶界划在大灰岩之底，其岩性、地貌标志十分明显，本书赞同此种划分意见。

【现在定义】 整合于党恩组硅质灰岩、砂板岩之上，曲嘎寺组大灰岩或根隆组基性火山

① 见：四川省地矿局区调队，1991，1∶5万茶洛、阿冬纳幅区调报告(地质部分)，四川省地矿局。

岩之下的地层。岩性为灰一深灰色变质异粒砂岩、中细粒砂岩为主夹板岩、绿泥千枚岩或泥砂质灰岩，局部夹火山岩、火山凝灰岩。顶部常见灰岩凸镜体或辉绿（玄武）岩脉。顶部灰岩中产双壳类、腕足类、菊石、牙形石等，厚2 000～4 000余米。

【层型】　正层型为巴塘县措拉区党恩—列衣—图姆沟剖面(99°21′，30°16′30″)。最早为四川三区测队1966年测制，四川区调队1985－1988年重测。

上覆地层：曲嘎寺组　灰岩、结晶灰岩

——————— 整　合 ———————

列衣组	总厚度 3 976 m
16. 灰紫色薄一中厚层变质长石石英杂砂岩，下部具粗至细的正粒序结构	100 m
15. 灰绿色片理化绿泥斜长岩，具变辉绿结构，杏仁构造	10 m
14. 浅灰绿色中至厚层状千枚状细粒杂砂岩，夹同色绢云千枚岩	537 m
13. 浅灰绿色绢云千枚岩，夹同色中层变质细一中粒杂砂岩	386 m
12. 灰色厚层变质细一中粒杂砂岩，夹绢云板岩	800 m
11. 浅灰绿色厚层变质含粉砂杂砂岩与同色绢云板岩不等厚互层	262 m
10. 灰、灰绿色绢云母千枚岩，夹灰色薄一中层变质长石石英杂砂岩、深灰色薄层微晶灰岩。底部为黑色碳质绿泥绢云板岩	879 m
9. 上部灰色绢云粉砂质硅质板岩；下部浅灰绿色变质长石石英杂砂岩	741 m
8. 灰绿色块状变质长石石英杂砂岩，夹少许绢云板岩	62 m
7. 浅灰绿色中一厚层状变质长石石英杂砂岩，夹板岩	199 m

——————— 整　合 ———————

下伏地层：党恩组　硅质灰岩、生物屑泥晶灰岩

【地质特征及区域变化】　主要分布于稻城小区。岩性较稳定，以次深海复理石碎屑岩为主，可分为下部变质长石石英杂砂岩夹同生砾石，呈似层状或凸镜状产出。层面印模发育，主要有沟模、槽模、重荷模。交错层、槽型层理发育。上部为变质砂板岩夹玄武岩（辉绿岩）、灰岩凸镜体。在巴塘县茶洛乡玉绒、隆卡寺发现较多的生物化石，有菊石 *Arcestes* sp.；腕足类 *Aulacothyropsis reflixa*；牙形石 *Epigondolella primitia*, *E. abneptis spatulatus* 及双壳类碎片。该组宏观以灰绿、粒粗、粗糙为特征，上部辉绿岩在大多数剖面上可见。本组厚度在稻城一带较大，可超过4 000 m，一般在2 500 m左右，白玉县贡纳一带不足千米。

前人多次提出曲嘎寺组与下伏地层列衣组在白玉贡纳为不整合或超覆不整合，1991年四川区调队在重测该剖面时，发现远视及不同角度观察该不整合面，其超覆形状各异，但到各点均测不出任何角度，两者间或大灰岩之底可见厚度不等之杂色含铁粘土，现作为平行不整合处理。本组与根隆组整合接触，以基性熔岩大量出现为界，因在界面附近未采到生物化石，其界线与命名剖面是否等时，现无依据，推测可能较低。

曲嘎寺组　T*q*　(06－51－0176)

【创名及原始定义】　四川三区测队1966年草创于巴塘县濯拉(义敦)，1974年文沛然正式介绍。“岩性为灰岩、砂板岩夹中—基性火山岩，变化不大。在赠科一带为灰色条带状粉砂岩、细砂岩夹黑色板岩，在德格、白玉一带为灰岩夹火山岩，下部以黑色砂岩、板岩为主夹灰岩，底部为砾岩。厚度一般为500～2 600 m。与中三叠统为整合或假整合接触”。

【沿革】 该组自创名后被广泛引用。但在实际工作中对该组的认识有二种：一是生物界线，以出现 Karnian 阶生物群为界，岩性内容随生物界线而变动，以 1：100 万昌都幅报告、《川西藏东地区地层与古生物》为代表；另一种虽考虑了岩性组合特征，但在区域上仍以生物界线为主，造成图幅间、专著间及内部认识的不统一，形成“百人百图”的局面。在本次清理中，一是将火山岛弧型以火山岩为主体的层段另立系统；二是严格按命名剖面定义规范该“组”的岩性范围。

【现在定义】 指整合于列衣组或平行不整合于马索山组之上，整合或平行不整合于图姆沟组变质石英质砾岩或复成分砾岩之下的地层。岩性以灰—灰白色结晶灰岩、砂泥质灰岩、介壳灰岩为主，夹变质砂板岩、少许基性火山岩，底部时见细砾岩或含砾砂岩凸镜体。产双壳类、牙形石、菊石等，厚数百米至 2 000 余米。也见超覆于老地层之上。与根隆组在走向上相变相接。

【层型】 正层型为巴塘县措拉区党恩—列衣—图姆沟剖面，前人也有称义敦县曲嘎寺—德达沟剖面和义敦党恩—德达沟剖面(99°21′00″，30°16′30″)。四川三区测队 1966 年测制，四川区调队 1985—1990 年重测。

上覆地层：图姆沟组 石英质砾岩

———— 整 合 ————

曲嘎寺组 总厚度 1 324 m

26.	上部为灰色绢云板岩、钙质绢云板岩，下部为灰、深灰色灰岩、结晶灰岩	279 m
25.	灰色含生物碎屑绢云石英板岩	35 m
24.	顶部为浅灰色厚层状结晶灰岩，中下部为深灰色薄—中层状变质白云质细粒石英砂岩夹绢云板岩。砂岩含砾，底层面具小型槽模	157 m
23.	灰、深灰色含生物屑泥晶—微晶灰岩。薄—中厚层状，具水平层理和缝合线构造。含腕足类 *Halorella curvifrons*；牙形石 *Epigondolella abnptis*；水螅等	216 m
22.	深灰色中—厚层状变质钙质石英砂岩夹绢云母板岩。砂岩具低角度交错层	450 m
21.	灰—深灰色厚层生物碎屑富藻泥晶灰岩、钙质骨针泥晶灰岩、纤状双壳泥晶灰岩。富含多门类化石：双壳类 *Halobia* cf. *convexa*，*Oxytoma sichuanensis*，*Pteria kokeni*；菊石 *Placites*，*Proarcestes*，*Arcestes*；及腕足类、珊瑚、腹足类等	46 m
20.	灰色厚层—块状含生物泥晶灰岩，具潜穴生物扰动构造	58 m
19.	灰绿色片理化次闪绿泥斜长岩	20 m
18.	灰、深灰色介壳泥晶灰岩，具生物屑泥晶结构，上部夹含燧石团块泥晶—微晶灰岩	43 m
17.	灰、灰褐色块状含生物屑微晶—细晶灰岩，含牙形石 *Epigondolella diebeli*	20 m

———— 整 合 ————

下伏地层：列衣组 变质砂岩

【地质特征及区域变化】 本组为浅海相碳酸盐岩夹砂泥岩。在正层型剖面上以灰岩为主，向火山弧延伸，砂板岩增多，基性、中基性火山岩夹层增加。下部在中咱、木里等边缘常见细砾岩超覆于老地层之上，靠近火山岩常见大套成分极为复杂的砾岩层，碎屑岩增多，中部夹灰岩、火山岩，厚可达 3 000 余米，并与根隆组相变接触。木里小区以灰岩为主夹砂板岩，与马索山组平行不整合或超覆于老地层之上，厚仅数百米。本组化石丰富，有双壳类 *Halobia fallax*，*H. yandongensis*，*Pergamidia timorensis*；菊石 *Arcestes*，*Joannites*；珊瑚 *Montlivaltia norica*，*Thecosmilia* cf. *webei*；腕足类 *Adygella yunnanensis*，*Laballa suessi* 等，及大量腹足类、藻类。

图姆沟组　Tt　(06-51-0177)

【创名及原始定义】　四川三区测队1966年草创于巴塘县瀾拉(义敦)，1974年文沛然介绍。原义为"代表曲嘎寺组之上的一套砾岩、砂板岩及灰岩地层。岩性下部为变质砾岩、岩屑砂岩、板岩夹灰岩；上部为角页岩夹大理岩"。厚1 846～2 030 m，产瓣鳃类。底部与曲嘎寺组假整合，未见顶。

【沿革】　创名后广泛引用。但由于认识理解不同，在区域上含义逐渐扩大，总体上是以产Carnian-Norian阶的化石为主体的层位。命名剖面以变质砾岩、含砾砂岩为主体，厚不足300 m，被岩体侵入未见顶。在区域上一般将图姆沟组归纳为三段：下段为变质石英质砾岩、复成分砾岩夹变质砂板岩；中段为变质砂板岩、灰岩与中酸性火山熔岩、火山碎屑岩；上段为变质砂板岩。由于没有一条完整的剖面，界线与组的含义则随工作区的变化、认识的深入而改变。1991年侯立玮等提出将火山岩为主体的层位不再称图姆沟组，而新建呷村组与勉戈组，这无疑是一前进。本次清理将不含或少含中酸性火山岩者称图姆沟组。

【现在定义】　指整合于曲嘎寺组灰岩、砂板岩之上，喇嘛垭组砂板岩之下，岩性底部为变质杂色石英质砾岩、含砾砂岩、复成分砾岩、砂岩，其上为变质砂板岩、灰岩间互层，局部夹中—酸性火山岩、凝灰岩的地层。该组靠近断裂带多见巨厚泥砾混杂岩。盛产双壳类、菊石、牙形石等。厚千余米，最厚可达数千米。

【层型】　正层型为巴塘县措拉区党恩—列衣—图姆沟剖面(99°21′00″，30°16′30″)，四川三区测队1971年测制。

图姆沟组①　　总厚度1 722 m

35. 灰白色中—厚层状细—中粒大理岩夹角砾状大理岩　430 m

34. 深灰色石英角岩　246 m

33. 灰色厚层—块状中粒大理岩　114 m

32. 灰—灰黑色堇青石角岩或石英角岩　99 m

31. 灰色中厚层状大理岩　146 m

30. 灰色、灰黑色相间条带状石英角岩，夹板岩。产双壳类 *Mytilacea* 等　221 m

29. 灰白色薄—中层状灰岩　177 m

28. 灰色、深紫红色块状变质砾岩、变质含砾砂岩及岩屑石英砂岩，与灰紫色绢云母板岩组成向上变细的不等厚韵律层　189 m

27. 深灰色绢云板岩、薄层变质石英粉砂岩，底部为厚约2 m的变质石英质砾岩　100 m

——————　整　合　——————

下覆地层：曲嘎寺组　变质砂板岩

【地质特征及区域变化】　本组在区域上岩性可分为上、下两段，横向变化较明显。下段为变质砾岩、含砾砂岩、变质砂板岩，上段为变质砂板岩、灰岩组成，二者互为消长，夹少许火山岩。西侧靠近中咱一带出现大量复成分砾岩及泥砾混杂岩。复成分砾岩由大量火山岩、灰岩、砂岩及板岩之砾石构成，厚数百至数千米，向侧面延伸迅速变薄，逐渐为厚度不大的

① 因后来仅测制了底部，现按1∶100万昌都幅(H-47)报告补充。

含碧玉、石英质砾岩代替。砾岩在靠近火山弧附近也明显增厚。木里小区仅见变质含砾砂岩，向上灰岩增多，厚 1 346～2 200 余米。该组也含一定数量的中—酸性火山岩，以不含混本组定义为原则。在区域上化石多，主要以 *Pergamidia* - *Halobia* 组合为主，次有大量的珊瑚、牙形石、腕足类等。

【其他】 本组命名地地名存在争议，一是认为该地名为砍柴沟，误释为图姆沟；另一种说法是当时问地名时，藏民回答是“哈莫戈”意为不知道，而误释为图姆沟。笔者于 1985、1988、1990 年先后到该地，问及图姆沟，藏民皆指无异，证明错释或误释不确。

根隆组 T*gl*　(06-51-0184)

【创名及原始定义】 侯立玮、罗代锡等于 1991 年创建，命名地在白玉县昌台区根隆沟。原始定义：根隆组可分为两个岩性段。下段为灰绿—暗绿色杏仁状玄武安山岩、安山玄武岩、玄武岩、安山岩及英安质晶屑凝灰岩等组成的若干个喷发旋回，上段由火山角砾岩、安山岩、英安岩、流纹岩、凝灰岩夹少量玄武岩组成的多个喷发旋回，产双壳类等化石。

【沿革】 本名新创，已引起大家注意。义敦分区的这套地层，习惯将它们归入曲嘎寺组，因此曲嘎寺组岩性便有灰岩为主夹碎屑岩型；以基性火山岩为主夹碎屑岩、灰岩型；及二者之过渡类型。前者主要见于义敦、贡纳及木里通坝等边缘地带；中者见于岛弧带；后者穿插岛弧之间。因此本组的建立是一大前进。但创名者仍以卡尼期为主的生物群来限定该组，将义敦地层分区稻城地层小区此层位的地层都称根隆组。本次清理对其定义、界线做了调整。

【现在定义】 指整合于列衣组之上，图姆沟组或勉戈组中酸性火山岩之下，以含基性或中基性火山岩为主的地层。岩性从暗绿—灰绿色玄武岩、玄武安山岩、安山岩及中基性火山角砾岩、凝灰岩为主，夹变质砂板岩、灰岩、生物礁灰岩、角砾灰岩，并组成多个喷发—沉积旋回，与曲嘎寺组在横向上、纵向上均呈相变，指状交叉，互为消长。产双壳类、珊瑚类、牙形石等。厚 1 000～2 500 m。

【层型】 正层型为白玉县昌台根隆沟剖面(99°34′30″, 31°3′10″)。最早为四川三区测队测制，1977 年侯立玮等重新进行了研究。现将前人对正层型剖面的研究成果综合列述如下：

上覆地层：勉戈组　流纹质凝灰角砾岩

——————— 整　合 ———————

根隆组	总厚度 1 056.4 m
11. 顶部灰色流纹岩，上部绿色安山岩，中部绿灰色英安质及安山玄武质含集块角砾凝灰岩夹复成分含集块火山角砾岩，下部玄武岩，底部英安质含角砾晶屑凝灰岩	294.0 m
10. 顶部灰绿色玄武安山岩，上部绿灰色英安质晶屑凝灰岩及含砾晶屑凝灰岩，中下部灰绿至暗绿色含杏仁体及斜长石斑晶安山玄武岩、玄武岩，底部暗绿色玄武岩、安山玄武岩	150.0 m
9. 深灰色块状蚀变基性火山岩	135.0 m
8. 灰—深灰色薄层状玄武质熔结凝灰岩	76.7 m
7. 灰绿色含砾玄武玢岩	73.6 m
6. 灰绿色玄武质凝灰岩	79.0 m
5. 灰绿色玄武岩	93.0 m
4. 紫红色层凝灰岩	27.3 m
3. 灰绿色杏仁状玄武玢岩	104.4 m

2. 浅灰色沉凝灰岩　　10.4 m

1. 灰绿色蚀变玄武岩（因断层未见底）　　13.0 m

【地质特征及区域变化】 本组岩石特征以基性、中基性火山岩为主，夹中性、少量酸性火山岩，组成从基—中基性、基—中基性—中性夹少量流纹岩的喷发旋回，形成大规模的枕状玄武熔岩和层状岩流。底部为变质碎屑岩、含砾砂板岩夹灰岩，与列衣组整合接触，局部不整合于义敦群之上；中部以基性火山岩为主，间夹变质碎屑岩、灰岩；上部以砂板岩为主夹灰岩，与勉戈组整合接触。本组产大量化石，呈介壳堆积层的形式出现于火山岩顶、底或其尖灭端。在乡城扎岗乌见有菊石 *Arcestes*，*Placites*，*Cladiscites*，*Joannites*；双壳类 *Halobia yunnanensis*，*H. yandongensis*，*Cassianella*，*Gervillia* cf. *praecursor* 及螺等。

该组在发育过程中有如下变化，早期多见于南部的乡城子哇、扎岗乌，以基性火山岩为主，形成巨大的熔岩层，厚达 2 300 余米。由南向北、由西向东，逐渐为基性—中基性、中基性—中酸性火山熔岩所代替，其数量减少，层位逐渐升高。基性火山岩一般为熔岩、枕状熔岩出现，还可见杏仁状、斑状玄武岩，间夹硅质岩，形成岛弧型蛇绿岩套的下部。火山岩在岛弧带发育，厚度大，向两侧延伸迅速变薄减少，或成夹层出现于曲嘎寺组之中。1990 年前，该套火山岩和瓦能蛇绿岩组均归于曲嘎寺组，主要是基性火山岩的缘故。在 1∶20 万得荣幅(1977)报告中，也将大套中性、中酸性火山岩归入曲嘎寺组，认为是火山岩的分异相变，其实主要是所产生物化石多属 Carnian 期，用统一地层观点划分地层之结果。在乡城县、得荣县本组底部有时超覆于老地层之上，界面上可见铁锰矿及褐铁矿层。

勉戈组　T*mg*　(06-51-0185)

【创名及原始定义】 侯立玮、罗代锡等 1991 年创建于白玉县麻绒乡勉戈。原义为一套酸性火山喷发-沉积岩系，岩性下部为复成分砾岩、岩屑砂岩、板岩夹流纹质凝灰岩；中部为致密块状流纹岩夹流纹质角砾熔岩，局部见中—基性火山岩；上部为复岩屑砂岩与板岩的不等厚互层。与下伏呷村组呈超覆不整合或假整合接触，产较多的双壳类、腕足类等，厚 1 400～3 500 m 左右。

【沿革】 通常，区域上将此套地层归于图姆沟组，这样图姆沟组有含中酸性火山岩为主的类型和以碎屑岩为主夹灰岩的类型及两者过渡的类型。1991 年侯立玮等将以中酸性火山岩为主的类型分别建立了呷村组和勉戈组。本次清理中，发现勉戈组与呷村组岩性在区域上不好区别，呷村组层位不清，在区域上与勉戈组岩性可能呈过渡关系，因此本书采用勉戈组，将组界进行了调整。

【现在定义】 指整合于根隆组基性火山岩、碎屑岩之上、喇嘛垭组变质砂岩之下的地层。岩性为中性、中酸性、酸性火山岩及火山角砾岩、火山凝灰岩为主及含碱性火山岩，间夹变质复成分砾岩、礁灰岩、硅质岩层或楔状体，组成多个喷发-沉积旋回，与图姆沟组在横向上或纵向上都呈指状间互，互为消长。产双壳类、牙形石等。厚 1 500～4 000 余米，个别达 7 000 余米。

【层型】 正层型为白玉县麻绒乡勉戈剖面(99°20′，31°53′)。最早为四川三区测队 1972 年测制，1982 年四川地质局科研所、1991 年四川区调队又重新进行测制和研究。

上覆地层：喇嘛垭组　灰黑、黑色中—厚层状板岩

———————— 整　合 ————————

勉戈组　　　　　　　　　　　　　　　　　　　　　　　　总厚度 1 795.4 m

21. 青灰色中一厚层状、中一细粒石英砂岩夹黑色板岩　　135.0 m

20. 深灰、灰黑色千枚状板岩与青灰色中一厚层状、中一细粒变质石英砂岩不等厚互层 270.0 m

19. 深灰、灰黑色薄层状绢云千枚岩、板岩夹青灰色—灰色中厚层状细一中粒变质砂岩。板岩中含双壳类碎片　　82.0 m

18. 青灰色厚层状细一中粒变质石英砂岩，夹深灰色薄一中厚层状粉砂质板岩　　264.0 m

17. 青灰色中一厚层状中一细粒变质石英砂岩与灰黑色薄一中厚层状板岩不等厚互层　150.0 m

16. 青灰色中一厚层状中一细粒砂岩，夹黑色薄一中厚层状板岩。砂岩底面具复理石印模　　34.0 m

15. 深灰色绢云绿泥石千枚状板岩，夹泥质灰岩、薄层灰岩。灰岩及板岩中产丰富的双壳类 *Halobia pluriradiata*，*H.* cf. *superbescens*，*H. yandongensis*，*Cassianella* 等 100.0 m

14. 灰白一浅灰色片理化流纹岩　　65.0 m

13. 浅灰白色致密块状片理化流纹岩，夹斑点状及条纹状流纹岩　　241.0 m

12. 浅灰一褐灰色厚层状流纹岩　　110.0 m

11. 浅灰绿色片理化流纹岩　　1.4 m

10. 浅灰白色、浅褐色致密块状流纹岩　　81.0 m

9. 灰白一浅绿色致密块状流纹岩夹同色角砾状流纹岩　　129.0 m

8. 灰绿色薄一厚层状千枚状板岩，间夹片理化流纹质凝灰熔岩　　36.0 m

7. 绿灰色变质砾岩。砾石由脉石英、石英岩及少许硅质岩、板岩组成　　7.0 m

6. 上部灰黑色千枚状板岩，产双壳碎片；中部浅灰一灰色片理化流纹岩及流纹质凝灰熔岩；下部浅灰白色中厚层状灰岩，见砾岩透镜体　　90.0 m

———————— 整　合 ————————

下伏地层：**根隆组**　灰绿一绿灰色千枚岩（变质中基性沉凝灰岩），夹浅灰色片理化流纹岩

【地质特征及区域变化】　该组总体特征可分为下部变质碎屑岩夹复成分砾岩、含砾砂岩；中部以中性、中酸性、酸性火山岩为主，组成多个喷发旋回，在区域上形成链状火山岩带，具同构造地质背景与同源多中心喷发、喷溢特点，常具不同规模的喷发旋回或韵律层；上部为变质砂板岩夹灰岩、火山凝灰岩。底部与根隆组分界标志是：有复成分砾岩，含砾砂岩，石英质砾岩者以砾岩底分界；或以根隆组最后一个以基性岩开始的旋回结束之顶为界，如白玉根隆沟剖面。图姆沟组与勉戈组在横向上和纵向上均呈相变，图姆沟组不排除含火山岩夹层，勉戈组中变质碎屑岩不能作为主体。若剖面火山岩系与碎屑岩大体各自成段，最好两个组名并存，今后研究清楚后再作处置。本组化石丰富，主要为双壳类 *Halobia yunnanensis*，*H. pluriradiata*，*H. ganziensis*，*H. comata*，*Pergamidia attalca*；另有菊石 *Joannites*，*Megaphyllites* 等。

勉戈组岩性及厚度变化较大，南部得荣、乡城一带可见到中基性火山岩，厚度在 1 500 m 左右，向北至勉戈一带可含碱性火山岩，火山岩系厚达 7 000 余米（白玉然皮加日），可见次火山岩岩钟、岩针及各类喷发、喷溢相序结构，形成多个喷发-溢流旋回。在次火山岩及喷发中心周围，为金属成矿的有利部位，如呷村贵多金属巨型矿床、东山脊多金属矿床、孔马寺多金属矿床等；以溢流为主，或出现偏碱性火山岩的地段，还未发现可供评价的矿点。

【其他】　侯立玮等 1991 年以白玉县呷村剖面创建呷村组，原义指以中性火山岩为主，酸性火山岩为次的岩性组合。按其意见，它与勉戈组的不同点在于：①构造控制不同，呷村组

与根隆组受SN向构造控制，勉戈组受NNW或NW向构造控制；②勉戈组下部有复成分砾岩及凸镜状灰岩，呷村组底部无复成分砾岩；③勉戈组产以 *Halobia norica - Pergamidia - Burmesia* 组合，诺利期色彩浓，而呷村组以 *Halobia pluriradiata - H. yunnanensis* 组合为代表，为卡尼期典型组合；④火山岩成矿属性不同。本次清理认为呷村组与勉戈组岩石特征不好区分；呷村剖面构造复杂，重褶、片理化发育，层序不易恢复。因此我们建议不采用呷村组一名。

该组最厚可达7 000余米，对火山岩区制图，用喷发-沉积旋回界面及喷发结构相序，建立相应的填图单位是必须的，尤其应注意介壳灰岩、硅质层出现的意义及标志性来建立相应的填图单位是十分值得研究的。

根隆组与勉戈组形成连续的玄武岩-安山岩-英安岩-流纹岩系列，为典型的岛弧型钙碱系列，从西向东、从下到上形成规律性的变化，显示岛弧由初始向成熟的演化过程。

拉纳山组　*Tl*　(06-51-0178)

【创名及原始定义】　文沛然1967年草创于原义敦县雅洼拉（挪）纳山。1974年正式采用。指“连续沉积于图姆沟组之上的砂、板岩及灰岩含煤地层，命名为拉纳山组。在区域上，本组以黑色板岩为主夹砂岩，底部偶见火山岩及砾岩。厚度在900～2 000 m左右”。

【沿革】　该组公布后广泛引用，但也引起争论。部分学者认为拉纳山剖面上的拉纳山组岩性为碎屑岩、灰岩夹煤线，在区域上很不好对比，建议在区域上不用该名（侯立玮，1991）。另一种意见认为该组使用已久，在区域上已形成习惯，如四川三区测队1977年所表述的：“将喇嘛垭剖面上以砂板岩为主，产海相化石 *Halobia* 生物群的层位在区域上称拉纳山组，以上称喇嘛垭组”。此意见得到专家们的一致赞同。1980年四川区调队重新研究了拉纳山剖面，指出：剖面的主体应是火山岩、火山碎屑岩，仅顶部208.2 m的地层才是碎屑岩夹煤线的拉纳山组，他们将下部1 330 m划归中下三叠统，中部1 178.7 m划归图姆沟组。1987年游再平认为，剖面下部1 273.1 m中酸性火山碎屑岩、中基性火山质砾岩与砂板岩间互夹灰岩的层位属曲嘎寺组，超覆于老地层之上（格绒组）；中部336.9 m以中基性、中性角砾凝灰岩为主夹砂板岩、灰岩的层位属图姆沟组；顶部变质砂板岩为主的层位才是拉纳山组。本次清理中，同意游再平的看法。本书从岩性出发，将以火山碎屑岩为主体的层位归于勉戈组，顶部267 m的层位称拉纳山组，并只限于中咱地层小区（或拉纳山地层小区）使用。

【现在定义】　指整合于勉戈组中酸性火山角砾岩、中基性火山角砾岩之上的一套粗碎屑岩夹灰岩、煤线的地层体。岩性底部为复成分砾岩、变岩屑砂岩、板岩夹灰岩；中部为复成分砾岩夹中酸性火山角砾沉凝灰岩、板岩；上部为变质砂岩、板岩夹煤线，厚300 m左右，未见顶，产植物、双壳类、叶肢介等。

【层型】　正层型为巴塘县雅洼区拉纳山剖面(99°15′10″，30°13′30″)，最早为四川三区测队1967年测制，现以游再平1987年重测资料列述如下：

拉纳山组　　　　总厚度267.15 m

39. 灰色、深灰色含碳质板岩夹灰色变长石岩屑砂岩及少量煤线。含植物 *Sinoctenis calophylla*，顶被断失　　　　>120.1 m

38. 紫红色变中酸性含角砾层凝灰岩夹粉砂质板岩。含叶肢介 *Euestheria*；植物 *Glossophyllum*　　　　32.33 m

37. 灰色变复成分砾岩、灰黄色变岩屑杂砂岩、深灰色泥质绢云板岩不等厚韵律层。含双壳类 *Unionites* 26.45 m

36. 褐灰色硅化泥晶藻屑灰岩。含双壳类 *Unionites* 10.37 m

35. 灰色变复成分砾岩、灰黄色变岩屑杂砂岩与泥质绢云板岩韵律层。含双壳类 *Unionites griesbachi*；叶肢介 *Euestheria*；植物 *Equisetites* cf. *sarrani*，*Phoenicopsis speciosa* 等 77.9 m

———————— 整　合 ————————

下伏地层：**勉戈组**　中基性火山凝灰角砾岩、角砾状熔岩

【其他】　本组粗碎屑岩夹煤线的岩性特征十分显明。《三江地质志》著者认为它们（包括其下的火山岩）酷似西藏东部江达附近的上三叠统，但又具稻城小区上三叠统的特性。莫宣学等1993年提出，拉纳山附近地层属推覆体，由金沙江以西“飞”来。现记叙以利于今后研究。

喇嘛垭组　*Tlm*　（06－51－0179）

【创名及原始定义】　四川一区测队1961年草创于理塘县热柯区喇嘛垭。1974年由四川三区测队介绍。原始定义：“当时采得大量属东京植物群之植物化石，主要有 *Dictyophyllum nathorsti*，*Pterophyllum* cf. *aequale*，*Cladophlebis* cf. *raciborskii*，*Taeniopteris* sp. 等。确立时代为晚三叠世—早侏罗世”。1974年介绍者认为喇嘛垭组连续沉积于产缅甸蛤的拉纳山组页岩之上，岩性为深灰色砂岩与黑色板岩互层，并产丰富植物化石。

【沿革】　该名创立后并用于西康群分布区，但分歧较大，主要是原命名地仅有路线资料。在1972—1977年间，四川三区测队测制了喇嘛垭剖面，发现仅上部百余米变质砂板岩中产大量植物化石，其下部产海相双壳类，因此提出：喇嘛垭组以产植物化石为主，产 *Burmesia*－*Halobia* 生物群者属拉纳山组。此议提出后均接受此界线。但在后来发现此界线愈来愈高，区域上原划之喇嘛垭组大多属拉纳山组。本次清理中认为，①鉴于拉纳山组岩性特殊，区域少见；②区域上所划拉纳山组与喇嘛垭组岩性不好区分，界线随 *Halobia* 出现的高低而变化，具有游移和解释性，因此建议区域上不再使用拉纳山组一名，喇嘛垭组含义回到命名地剖面上。

【现在定义】　指整合于图姆沟组变质砂板岩或勉戈组酸性火山岩之上，平行不整合于英珠娘阿组砂砾岩之下的地层。岩性为灰色变质中—厚层长石石英砂岩、杂砂质石英砂岩与碳质板岩、粉砂质板岩交互，夹煤线或薄煤层。以板岩集中出现或以灰白色长石石英砂岩与下伏层分界。产大量双壳类及植物化石，厚2 000～7 000余米。局部地带见义敦型基性—超基性脉体。

【层型】　选层型为理塘县热柯喇嘛垭剖面(99°48′50″，29°49′00″)。四川三测队1977年测制。

喇嘛垭组 总厚度 385 m

11. 灰黑色碳质板岩夹少量灰黑色中层状细粒变长石岩屑石英砂岩，板岩中产植物 *Todites denticulata*，*Cladophlebis raciborskii*，*Podozamites lanceolatus* 及少量腹足类（未见顶） 20 m

10. 浅灰、灰色中—巨厚层状细—粗粒岩屑长石石英砂岩，具大型斜层理、楔形交错层 8 m

9. 灰黑色碳质板岩夹深灰色砂质板岩，产丰富的双壳类 *Trigonodus*，*Myophoriopis*

acyrus；虫迹 *Arenicolites* sp. 30 m

8. 浅灰、灰色中—巨厚层状细—粗粒变质岩屑长石石英砂岩，层面具发育的重力模 9 m
7. 灰黑色碳质板岩及深灰色砂质板岩夹多层煤线，砂质板岩中具有食泥动物造成的砂条，碳质板岩具钙质结核及黄铁矿结核。产双壳类 *Myophoriopis acyrus*，*Yunnanophorus garandi*；植物 *Taeniopteris leclerei*，*Podozamites lanceolatus*，*Thaumatopteris* 等 30 m
6. 浅灰、灰色中—巨层状细—粗粒变质岩屑长石石英砂岩，层面具发育的重力模 8 m
5. 灰黑色碳质板岩及深灰色粉砂质板岩夹灰色薄—中层状细粒变质岩屑石英砂岩。产双壳类 *Halobia plicosa*，*H. dilatata* 20 m
4. 浅灰色中—厚层状细粒变质岩屑石英砂岩及粉砂岩夹深灰色粉砂质板岩，砂岩有时见波痕。碳质板岩中产植物 *Neocalamites carinoides*；双壳类 *Halobia* 30 m
3. 灰色、深灰色粉砂质板岩，下部夹浅灰色中—厚层状细粒变质岩屑石英砂岩，具波痕及小型斜层理，中部偶夹煤线。板岩中产植物 *Cladophlebis raciborskii*，*Sinoctenis* sp.；双壳类 *Halobia dilatata*，*Palaeoneilo praeacuta*，*Thracia prisca* 等 60 m
2. 灰色条带状粉砂质板岩夹浅灰色薄—中层状细粒变质岩屑石英砂岩。砂岩条带呈透镜状，具小型斜层理。产双壳类 *Halobia dilatata*，*H. superbescens* 70 m
1. 灰色粉砂质板岩为主，夹浅灰色中—厚层状细粒变质岩屑石英砂岩，部分板岩具条带构造。板岩中富产双壳类，产双壳类 *Halobia fallax*，*H. superbescens*，*H. dilatata*。（未见底） 100 m

【地质特征及区域变化】 正层型剖面不完整，新龙雄龙西乡鄂多—卓西剖面完整，很有代表性。本组为滨海—湖相沉积，岩性以变质砂板岩为主，上部产大量植物化石，下部见大量双壳类。本组底部以呈段或大量板岩出现为该组之底。在新龙一带产煤。

喇嘛垭组厚度较大，一般 2 500～5 000 m 左右，最厚可达 7 000 余米，南部（稻城、乡城）、东部（理塘）厚度较大，向西、向北变薄。这样大的厚度给制图带来极大的不便。建议：①在原 1：20 万区调中证实上段以砂岩为主，并产大量植物化石及异壳双壳类；下段以板岩为主夹砂岩，以产薄壳双壳类为主，在新龙一带两段之间有微红色长石石英砂岩，稻城一带有白色长石石英砂岩，若能作为区域标志特征，下段宜另建组名；②以沉积物质来源和盆地分析相结合，圈定非正式的砂体、水道沉积和堆积扇，以丰富图面结构，解释盆地及沉积环境。

英珠娘阿组 Tyẑ (06-51-0180)

【创名及原始定义】 四川地层表编写组 1978 年创建于新龙县雄龙西乡鄂多—卓西。原义指底部为砾岩，中上部为砂、板岩的频繁韵律层，顶部的砂板岩中夹有浅灰色含砾砂岩。因剥蚀未见顶，普遍含植物化石，厚近 500 m 的地层。

【沿革】 创建后即采用，但也引起争论。饶荣标（1980）、侯立玮（1991）指出：英珠娘阿组岩石性质也是以砂岩为主的砂板岩组合，局部地点底部见细砾岩及含砾砂岩，就其植物化石属种与下伏喇嘛垭组没有本质区别，因此将 491.9 m 的岩层仍归并于喇嘛垭组中。我们对比研究认为该组岩性特征代表青藏高原东部掀斜隆升后的磨拉石粗碎屑沉积，它与下伏层有沉积间断，作为岩石地层单位是恰当的。

【现在定义】 指平行不整合于喇嘛垭组砂板岩之上的地层。岩性为深灰色含砾粗粒硬砂岩、杂砂质粉—细砂岩与黑色碳质板岩频繁互层，底部常见砾岩及中—基性凝灰岩屑砂岩，富产植物化石。厚度大于 490 m。以砾岩、含砾砂岩平行不整合面与下伏层分界，属木里地层分区三叠系的最高层位。

【层型】 正层型为新龙县雄龙西乡鄂多—卓西剖面(100°7′30″，31°1′25″)。最早为四川三区测队1972年测制，1978—1984年间四川区调队重新进行了描述。

英珠娘阿组　　总厚度>462.0 m

33. 上部为黑色粉砂质板岩夹岩屑石英细砂岩；下部为浅灰色厚块状细—中粒岩屑石英砂岩，局部夹含砾粗砂岩。产植物 *Todites shensiensis*，*Cladophlebis* sp.，(未见顶)　>5.9 m

32. 深灰色薄—中层细—中粒杂砂质石英砂岩与粉砂岩、粉砂质板岩互层，产植物 *Podozamites lanceolatus*，*Dictyophyllum nathorsti*，*Thaumatopteris brauniana*　24.3 m

31. 灰黑色薄层状、条纹状粉砂岩、粉砂质板岩，夹少许暗灰色薄层细砂岩，产植物 *Podozamites lanceolatus*，*Pterophyllum aequale*　73.6 m

30. 上部为灰黑色含碳质粉砂岩、粉砂质板岩，局部夹深灰色含砂质透镜状微粒灰岩，下部为暗灰色薄—中厚层状泥质细砂岩，夹粉砂质板岩组成之韵律层。粉砂岩中微细水平层理、微波状层理发育。产植物 *Dictyophyllum* sp.，*Todites denticulata*　40.2 m

29. 暗灰色薄—厚层泥质细砂岩与粉砂质板岩互层，韵律清楚。产植物 *Dictyophyllum nathorsti*，*Cladophlebis ichunensis*，*Todites denticulata*　32.6 m

28. 上部为灰黑色粉砂岩、粉砂质板岩夹少量暗灰色薄—中层细粒杂砂岩；下部为深灰色薄—厚层细—中粒杂砂质石英砂岩、杂砂岩，偶夹黑色粉砂岩之韵律互层。产植物 *Ptilozamites chinensis*，*Pterophyllum ptilum*，*Anomozamites* sp.　74.0 m

27. 上部为灰黑色薄层含碳质粉砂质板岩夹薄—中层细粒含凝灰质岩屑石英砂岩；下部为深灰色中—厚层中—粗粒凝灰质岩屑石英砂岩与灰黑色粉砂质板岩之互层。产植物 *Dictyophyllum nathorsti*，*Thaumatopteris brauniana*，*Nilssonia* sp.　76.2 m

26. 中上部为灰黑色薄层含碳质粉砂岩、粉砂质板岩夹深灰色薄—中层细—中粒杂砂岩；下部为深灰色中—块状中粒含钙质杂砂岩夹少量灰黑色粉砂岩、板岩，局部含砂质砾石。产植物 *Lepidopteris ottonis*，*Cladophlebis gracilis*，*Podozamites lanceolatus* 等　53.4 m

25. 上部为灰黑色粉砂岩、粉砂质板岩与深灰色中—厚层细—中粒中基性凝灰质岩屑石英砂岩、杂砂岩不等厚互层；下部为灰—深灰色厚—块状中—粗粒、不等粒中基性凝灰质岩屑石英砂岩、含砂质及岩屑细砾岩，砾石成分复杂，横向变化较大，常呈透镜状尖灭。产植物 *Clathropteris meniscioides*，*Cladophlebis raciborskii*，*Pterophyllum ptilum* 等　81.8 m

——————— 平行不整合 ———————

下伏地层：喇嘛垭组　变质砂板岩韵律层

【地质特征及区域变化】 本组主要为一套河—湖相变质粗碎屑岩，底部为砾岩或含砾粗砂岩，与下伏层分界清楚。岩性特征与喇嘛垭组具有明显的不协调性，是以陆相为主的沉积物。所产化石与下伏层上段相似，但也出现了 *Lepidopteris ottonis* 新分子。

本组仅见于新龙县雄龙西乡鄂多、卓西的英珠娘阿、日阿鲁娘阿一带，构成向斜核部。

菠茨沟组　PT*b*　(06-51-0161)

【创名及原始定义】 四川二区测队1964年创建于小金县硗碛东大河菠茨沟，1974年四川三区测队介绍。原始定义：“该组为浅灰色、灰绿色、紫红色间的粘板岩，夹薄层钙质板岩，部分岩石富含条带状黄铁矿。产瓣鳃类和植物根部化石。厚111 m。与下伏二叠系大石包组为假整合接触，与上覆杂谷脑组为渐变之整合关系”。

【沿革】 该组的创立和*Claraia*化石群的发现，使川西地层尤其是三叠系研究取得了突破性的进展，得到了广泛的认同。1984年前，对该组的主要争论集中于与大石包组玄武岩的接触关系，是平行不整合或整合。1980—1984年间，四川区调队于芦山县黄水河剖面菠茨沟组底部砂板岩所夹生物碎屑岩中，采获苔藓虫*Stenopora*，以此是古生代化石为由，将其支解，作为大石包组上段，菠茨沟组与大石包组以含砾砂岩或细砾岩之底为界，并确定为平行不整合接触。其后《四川省区域地质志》(1991)接受了此方案。此次清理中查明菠茨沟组底部砾岩、含砾砂岩仅见于芦山县黄水河、宝兴县硗碛、小金县长海子、大哇梁子等边缘地带，向盆地内逐渐为变质砂岩、板岩所取代，厚仅数米，不具底砾岩特征，与菠茨沟组应为一体，故恢复原含义。

【现在定义】 指平行不整合于大石包组玄武岩或三道桥组灰岩之上，整合于扎尕山组或局部平行不整合于杂谷脑组中厚层变质砂岩之下的地层。岩性下部为灰绿色变质凝灰质砂岩、粉砂岩与灰色绢云板岩互层；中部为灰、深灰色粉砂质板岩、变质粉砂岩、钙质细砂岩为主夹薄层灰岩，盆地边缘可见细砾岩或含砾砂岩夹层；上部为杂色粉砂质板岩、变质粉砂岩，局部夹铁锰矿层，产双壳类、牙形石、苔藓虫等，厚数十米至200余米。

【层型】 正层型为宝兴县硗碛乡东大河菠茨沟剖面(102°44′00″，30°46′00″)。最早为四川二区测队测制，其后地科院川西研究队李廷栋等1965年又进行了研究①，1980—1984年四川区调队重新实测。

上覆地层：扎尕山组 浅灰—黑灰色砂质碳质千枚岩与灰绿色粉砂泥质板岩互层，夹结晶灰岩

——————整 合——————

菠茨沟组 总厚度137.0 m

5. 浅灰绿色粉砂质板岩夹浅绿色粘土质绢云板岩及变质钙质粉砂岩 28.6 m

4. 灰黑色含碳质板岩、灰色粉砂质绢云千枚岩为主夹薄层泥质及粉砂质灰岩，下部夹绿色粉砂质及泥质板岩，富产双壳类*Claraia* cf. *wangi*，*C. clarai*，*C. jiajinensis*等 32.9 m

3. 青灰、灰绿色泥质粉砂质板岩、灰色薄层细晶灰岩、钙质细砂岩及板岩。下部板岩产双壳类*Claraia clarai* 47.6 m

2. 中、上部被掩盖，偶见黄色中粒杂砂岩、灰色凝灰质角砾岩夹黄绿色粗砂岩。下部为灰色薄层变质不等粒砂岩夹灰色板岩。底部为角砾状灰岩及细砾岩 21.9 m

1. 浅灰色及暗绿—淡绿色变质粉砂岩、板岩呈韵律式互层夹灰绿色凝灰质粉砂岩与灰白色硅质微粒灰岩、凝灰质绢云板岩及蚀变玻屑凝灰岩，底部为薄层泥质灰岩 6.0 m

－－－－－－－平行不整合－－－－－－－

下伏地层：大石包组 灰绿—暗绿色致密块状玄武岩，具气孔、杏仁及枕状构造

【地质特征及区域变化】 菠茨沟组为海相细碎屑岩夹碳酸盐岩。主要由粉砂质板岩、板岩组成频繁的韵律式互层。在其上部夹泥、砂质灰岩薄层，以中厚层变质砂岩之底为界，与上覆层分开。本组下部粒粗，在盆地边缘常出现含砾砂岩或细砾岩，颜色以灰、灰黑色为主，下部多见灰绿、绿灰、黄绿等色间夹其中，与大石包组玄武岩界线清楚。

菠茨沟组在区域上岩性有：以板岩为主夹灰岩；以灰岩为主夹板岩或板岩、灰岩互层三

① 地质部地科院地质所川西研究队，1969，四川西部宝兴、丹巴、德格一带地质构造(打印本)。

种类型。后两种分布局限，见于炉霍断裂带和黄龙淘金沟。前一种类型分布于盆地边缘的松潘漳腊雪山梁子、茂县石大关、理县卡子沟、宝兴硗碛、小金大哇梁子、康定阿冬梁子至九龙斜卡等地。本组厚度变化不大，最厚为九龙斜卡一带可达数百米，一般在 100 m 左右，向北至松潘、理县仅厚数十米，在丹巴、黑水部分地方缺失。

本组主要产双壳类、牙形石。双壳类有 *Claraia wangi*, *C. griesbachi*, *C. concentrica*, *C. aurita*, *C. stachei*, *C. clarai*; 牙形石 *Anchignathodus parvus*, *A. typicalis*, *Parachirognathus geiseri*, *Neospathodus timorensis*, *N. collinsoni*, *Hiodeodella nevadensis*。在小金大哇梁子芦山县黄水河于该组底部还发现有古生代晚期的生物类群，如 *Stenopora* sp. 等。表明此套以板岩为主的地层，其主体时限应为早三叠世，沉积时限可下延至晚二叠世。

西康群　*TX*　（06-51-0162）

【创名及原始定义】　李春昱、谭锡畴 1929—1930 年创立，1959 年由创立者正式发表。没有测制剖面。原义指“西康系变质地层含板岩、千枚岩、片岩及石英砂岩、石英细脉。在西康境内分布极广，既乏化石，复多褶皱，层位不易比较。在雅江西俄洛及懋功巴郎山等处采得残缺植物化石数枚，多为 *Podozamites*，故西康系可与香溪煤系相当，而属于侏罗纪”。

【沿革】　对于广泛分布于四川省西部、甘南、青南的这套暗色砂板岩，1949 年前认为属元古界五台系（L V Loczy，1898），石炭纪—二叠纪草地系（熊永先，1941）。亦有认为属志留系—泥盆系（李承三，1940），志留纪—中生代（A Heim，1931）等。李春昱、谭锡畴因采得植物化石，将此套地层从中分出归于侏罗系，与香溪煤系对比，较之前人深入一步。崔克信 1955 年编康藏地质图（1∶50 万），把此套地层作为二叠系称扎科系。直至中国科学院南水北调队地质组、中国科学院西部考察队先后深入川西、青南一带，发现 *Daonella* 及 *Halobia* 生物群后始有定论。为了西康群层序的建立和完善，四川省地质局曾三次召开西康群讨论会，尤其是 1975 年成都座谈会，以文件《关于“西康群”分层命名的修订意见》的形式肯定了西康群的分层、命名，并对一些不恰当的单位名称予以修正。

对西康群的认识，在上述文件中指出：“就目前来说，一般在口头上流传的“西康群”一词是泛称广泛分布于马尔康地层分区内的全部三叠系，以区别其他相区的三叠系。但也有人从群级地层单位的含义出发，认为它不应囊括三叠系的全部，亦即认为它的顶部不应包括“西康群”遭受“回返”后形成的含煤磨拉石型的格底村组，下部不应包括菠茨沟组甚至杂谷脑组下段。如此等等尚未统一。鉴于目前对“西康群”已划分到统、组、段，“西康群”作为一个地层单位已失去其在区测地质制图上的意义，因此本次座谈会没有对它的顶、底界范围作更多的探讨。与会者倾向于将它用以一般泛称马尔康地层分区内的全部三叠系，不再作正式地层单位使用”。西康群一名至此多出现于口头上，文献中鲜见其踪。但该名影响广泛，有着不可替代的理由，本次地层清理认为西康群是十分明显的岩石地层单位，它有特征的岩性和岩石组合，它代表了扬子地台西缘被动大陆边缘的一套以复理石碎屑岩为主的建造的总合。本书赞同以砂板岩出现作为它的底界。

【现在定义】　包括：扎尕山组、杂谷脑组、侏倭组、新都桥组、格底村组、两河口组和雅江组，另外在断裂带出现的滑混沉积及基性火山岩的塔藏组、如年各组也属该群范畴。

【层型】　以雅江县下渡村—瓦多剖面作为西康群的选层型，炉霍县侏倭区日拉沟剖面发育完整，接触关系清楚，岩性特征明显可作为西康群重要的次层型。四川区调队 1984 年测制。

【地质特征及区域变化】　从宏观来看，西康群有三种类型：草地型颜色以草绿、灰绿为主，夹灰、深灰色，变质砂板岩中含较多的火山凝灰质，分布于龙日坝、阿坝以北；金川型：颜色深灰，厚度不大，化石稀缺，分布于小松林口、色达以东；雅江型：厚度巨大，可达万米以上，含较多的薄壳型双壳类，靠近断裂带出现较多的火山岩夹层，分布于甘孜-理塘断裂带东侧。该群厚度从东至西增大，从理县的千余米至马尔康2 000至3 000余米至雅江2～4万米(?!)。与菠茨沟组的接触关系多为整合接触，局部超覆于老地层之上，多数地方未见新都桥组之上层位，被甲秀组、热鲁组、昌台组或第四系不整合覆盖。

在该群分布范围，红原、阿坝一带曾叫草地群，青海南部称巴颜喀拉山群，经过30年的区调证实，它们大体是同物异名，从命名优先律、研究及影响程度称西康群是恰当的。

扎尕山组　Tẑg　(06－51－0163)

【创名及原始定义】　李小壮1972年草创，1975年又于松潘县扎尕山创名，称扎尕山群[1]。原始定义："从前人所称杂谷脑组中、下部及部分"二叠系"灰岩上部中划分出来，岩性具明显的二分性：下部为灰岩段（即扎尕山灰岩），常见丰富的许氏创孔海百合茎化石。上部为砂板岩夹灰岩段，也产创孔海百合茎化石。厚400～2 000 m以上。"

【沿革】　本组由四川二区测队李小壮草创的扎尕山灰岩(1972)、扎尕山群(1975)演变而来。扎尕山剖面的扎尕山组乃是一套正常的沉积变质岩系，李小壮在文中将道孚白崖子、炉霍侏倭如年各一带（文中所指二叠系灰岩上部），凡是灰岩、含创孔海百合茎者，即把断裂带上的滑混块体，都归于该组，造成了岩性特征、层位的混乱和争议，至使该组未得到广泛认同。饶荣标(1987)阐明了建立该组的原因和必要性。我们在此次清理中再次查明：杂谷脑组岩性两分性明显，下段为砂板岩夹灰岩，产创孔海百合茎；上段以变质砂岩为主夹板岩，可超覆在不同层位的地层之上，其底部见含砾砂岩或粗砂岩，具底砂岩性质。鉴于上、下段岩性特征明显，具可填性，其间有重要的不整合面，因此本书将其下段称扎尕山组，上段称杂谷脑组，都回到原命名的定义上。

【现在定义】　整合或平行不整合于杂谷脑组之下、整合于菠茨沟组之上的砂板岩互层夹灰岩的地层。岩性具两分性：下部灰－深灰色变质砂岩、板岩与微晶灰岩、角砾状灰岩、生物礁灰岩相间，上部以砂板岩为主夹灰岩、角砾状灰岩。走向上相变较大。产大量海百合茎、双壳类、腕足类和牙形石。松潘、黑水一带，底部可见铁锰矿层。厚数百米。

【层型】　正层型为松潘县扎尕山剖面。位于松潘县西南的扎尕山(103°29′00″,32°32′45″)，四川二区测队1972年测制。

上覆地层：杂谷脑组　深灰色块状细粒钙质石英砂岩

———————— 整　合 ————————

扎尕山组　　　　　　　　　　　　　　　　　　　　　　　　总厚度1 001 m

20. 深灰色薄层状粉砂质板岩，上部夹细粒变质钙质石英砂岩和透镜状灰岩　　28 m

19. 灰色中厚层状细粒变质钙质石英砂岩　　29 m

18. 上部为深灰色薄层状粉砂质板岩、中层状变质钙质石英砂岩夹透镜状角砾状灰岩　　70 m

17. 为深灰色薄—中层角砾状灰岩，透镜状砂质结晶灰岩夹灰色薄层细粒钙质石英砂岩和浅灰色砂质板岩　　8 m

16. 浅灰色薄层状劈理化细粒钙质石英砂岩　　20 m

---

[1] 李小壮，1975，川西"西康群"、"草地群"的初步研究，四川二区测队(打印稿)。

15. 为浅灰—深灰色薄层条纹状粉砂质板岩夹薄层状细粒变质钙质石英砂岩 23 m

14. 浅灰—灰白色薄—中层状细粒变质钙质石英砂岩，顶部夹砂质结晶灰岩 28 m

13. 深灰色薄—厚层状砂质结晶灰岩透镜体和灰色薄层状细粒钙质石英砂岩之互层 12 m

12. 深灰色薄—中层状角砾灰岩，间夹深灰色块状砂质结晶灰岩 6 m

11. 灰色中厚—厚层状细粒钙质石英砂岩夹黄灰色砂质板岩 29 m

10. 灰色中厚—厚层状细粒变质钙质石英砂岩 57 m

9. 浅灰色薄—中层状细粒变质钙质石英砂岩为主，间夹少量深灰至浅灰色薄层状粉砂质板岩 92 m

8. 灰色中至厚层状劈理化细粒变质钙质石英砂岩夹板岩 68 m

7. 灰色薄层状细粒变质钙质石英砂岩和深灰色粉砂质板岩互层 25 m

6. 浅灰色薄—中层状细粒变质钙质石英砂岩夹深灰色条纹状粉砂质板岩 110 m

5. 深灰色薄层叶片状粉砂质板岩为主，夹砂质结晶灰岩和变质钙质石英砂岩透镜体 86 m

4. 深灰色薄层状粉砂质板岩 11 m

3. 深灰色薄层状生物礁灰岩，大量的海百合茎化石 *Traumatocrinus hsui* 密集成礁 8 m

2. 深灰—灰黑色，时具微红色—厚层至块状细—微晶灰岩，有时具角砾状构造。灰岩中由下而上海百合茎 *Traumatocrinus hsui* 逐渐增多 140 m

1. 灰白—浅灰色中—厚层致密状纯灰岩，其上部偶含创孔海百合茎化石 151 m

——————整　合——————

下伏地层：菠茨沟组　灰黑色—深灰色叶片状粉砂质板岩为主间夹薄层状泥灰岩

【地质特征及区域变化】　扎尕山组是广浅海相正常沉积的产物，以碎屑岩夹灰岩为其主体特征，底部时见铁锰矿层。本组产大量的创孔海百合 *Traumatocrinus hsui*，近年来也发现有牙形石 *Enantiognathus delicatulus*，*Neogondolella excelsa*，*N. constricta*；双壳类 *Myophoria* (*Neoschizodus*) cf. *laevigata*，*M.* (*Costatoria*) cf. *radiata*，*M.* (*Leviconcha*) cf. *orbicularis*，*Daonella lommeli*；腕足类 *Spiriferina tsinghaiensis*，*Adygella* cf. *elongata* 等。

本组从松潘—汶川—理县，小金—丹巴至九龙一带均可见及，岩性变化明显，东北部以灰岩与板岩间互层为主，厚400～1 300余米，西南部以砂板岩为主夹灰岩。厚350～2 500余米。扎尕山组与上、下地层多呈整合接触，九龙斜卡与上覆层杂谷脑组为平行不整合接触。本组为重要的含金层位，如马脑壳金矿、哲波山金矿等。

杂谷脑组　Tz　(06－51－0164)

【创名及原始定义】　四川甘孜区测分队1960年将理县一带以变质砂岩为主的层位归入三叠系下部称杂谷脑层系。1975年西康群座谈会纪要①明确其含义，指“整合于含大量Karnian期海燕蛤的侏倭组之下，整合于含 *Claraia wangi* 的菠茨沟组之上的地层，为一套灰黑色、深灰色变质钙质长石石英砂岩、石英细砂岩夹碳质板岩，下部夹少量深灰色薄一中层状灰岩凸镜体，厚1 000～2 000 m左右”。

【沿革】　1959年四川石油普查队，曾将阿坝一带变质岩系之上部叫杂谷脑岩组，后发觉层位失误较大，甘孜区测分队重新厘定了该组含义，1961年四川二区测队改称西康群杂谷脑组，时限为中三叠世，此种看法得到认同。1975年四川地质局“西康群”座谈会，将松潘县扎尕山一带新发现的砂板岩与灰岩互层层位归于杂谷脑组下段，使该组含义扩大，时限为中

① 四川省地质局“西康群”座谈会，1975.6.14，关于西康群分层命名的修订意见，四川省地矿局文件。

三叠世或中晚三叠世，省内区调工作多接受此种意见。1982年四川区调队提出杂谷脑组上段以砂岩为主的层位属上三叠统，下段砂板岩互层夹灰岩的层位属中统。1987年饶荣标提出上段称杂谷脑组（狭义），下段称扎尕山组，我们复查后，认为它们符合岩石地层单位定义，现沿用之。

【现在定义】 整合于侏倭组砂板岩韵律层之下，整合或平行不整合于扎尕山组之上的地层。岩性为灰一深灰色变质钙质长石石英砂岩、石英砂岩夹粉砂质板岩、碳质千枚岩。部分地方超覆于老地层之上，底部可见含砾砂岩、粗砂岩。产海百合茎、牙形石等化石。厚数百米至千余米。

【层型】 正层型为理县杂谷脑剖面(103°10′15″，31°27′35″)。由四川二区测队测制(1960，1970)。对于该剖面有不同认识，一是岩性特征不显著，二是其间有断层通过，层序不全。该剖面虽有上述之不足，但总体特征有代表性，而且该名使用悠久，影响很大不宜改名。

上覆地层：侏倭组 细粒变质长石石英砂岩、粉砂岩与碳质绢云千枚岩之韵律互层

——————— 整 合 ———————

杂谷脑组	总厚度 390.4 m
5. 灰色厚一块状变质细粒长石石英砂岩夹少量深灰色绢云千枚岩	58.0 m
4. 深灰色厚层变质细粒长石石英砂岩夹深灰色碳质千枚岩	179.3 m
3. 深灰色厚层变质细粒长石石砂岩夹灰色含碳绢云千枚岩	57.5 m
2. 浅灰色厚一块状变质细粒长石石英砂岩夹少量灰色绢云石英千枚岩	27.1 m
1. 深灰色薄一厚层变质细粒长石石英砂岩夹深灰色含碳绢云千枚岩	68.5 m

——————— 整 合 ———————

下伏地层：扎尕山组 碳质绢云千枚岩夹结晶砂质灰岩

【地质特征及区域变化】 本组岩性较稳定，厚层块状砂岩出现与扎尕山组分界，以砂板岩的频繁韵律层出现划分上覆层，宏观上易于掌握。砂岩成分成熟度在若尔盖、红原一带较低，含较多的沉凝灰岩或晶屑、玻屑物质，向南、向西成分成熟度提高，雅江一带以石英砂岩为主。杂谷脑组底部在九龙一带见含砾砂岩、粗砂岩超覆于老地层之上，这套底砂岩沿盆地边缘断续可见。本组厚度东薄西厚，盆地边缘薄向中心增厚，一般在400 m左右，最厚可达千余米。化石十分少见，除发现有少量创孔海百合茎外，尚无新的资料。

侏倭组 T$\hat{z}w$ (06-51-0165)

【创名及原始定义】 四川地质局1975年创名①。创名地为炉霍县侏倭区日郎达（日拉沟)。原始定义：“该组整合于新都桥组之下，杂谷脑组之上，岩性为浅灰色条带状含碳质粉砂质板岩与灰色中一厚层变质粉细粒长石石英砂岩呈不等厚互层，含丰富的卡尼期双壳类化石。厚460～2 000 m。”

【沿革】 该组原称下提姑组，由四川甘孜区测分队创建，创名地据称在折多山西侧，此名创建后沿用至1975年。各区测队先后到下提姑组命名地考察，找遍折多山西侧无下提姑地名，只有提茹寨，无剖面，顶底及岩性组合特征均不清楚，造成对比、认识上的分歧和混乱。对该名称一致提出非议，因此四川地质局在1975年下文提出用侏倭组代替下提姑组，得到广

① 四川地质局1975年西康群座谈会纪要(同前页①)。

泛的支持。

【现在定义】 整合于新都桥组板岩、条带状板岩之下，杂谷脑组变质砂岩之上的地层。岩性为灰一深灰色薄一厚层状变质长石石英砂岩、细砂岩、粉砂岩与灰色砂质板岩、碳质板岩（千枚岩）组成之频繁的韵律式互层（俗称斑马纹），其中夹砂泥质灰岩薄层或凸镜体，产双壳类化石等，厚数百米至2 000余米。

【层型】 正层型为炉霍县侏倭区日拉沟剖面(100°22′41″, 31°40′27″)。最早为四川三区测队（1966—1967）测制。现引述四川区调队（1984）所提供的分层。

上覆地层：新都桥组 灰色、灰黑色绢云板岩和含粉砂质钙质绢云板岩

——————— 整 合 ———————

侏倭组 总厚度 452.60 m

22. 灰色薄一中厚层变质钙质石英细砂岩、泥质石英粉砂岩，与灰、灰黑色含钙绢云板岩不等厚互层。砂岩层面见重荷模、沟模、槽模 207.62 m
21. 灰、灰黑色含钙质绢云板岩夹少量变质钙质石英细砂岩 70.31 m
20. 灰色中一厚层石英细砂岩夹少许绢云板岩 8.27 m
19. 灰、灰黑色含钙绢云板岩夹少量薄一中厚层变质钙质石英细砂岩 38.83 m
18. 灰、深灰色薄一中厚层变质钙质石英细砂岩，与灰、灰黑色钙质绢云板岩不等厚互层。砂岩表面沟模发育。产双壳类 *Halobia pluriradiata*, *H. yunnanensis* 24.90 m
17. 灰、灰黑色钙质绢云板岩偶夹泥灰岩结核及岩屑砂岩。产双壳类 *Halobia austriaca*, *H. yunnanensis*, *H. pluriradiata* 及创孔海百合 102.67 m

——————— 整 合 ———————

下伏地层：杂谷脑组 灰色薄一厚层钙质石英砂岩夹绢云板岩

【地质特征及区域变化】 本组为典型的复理石碎屑堆积，分布面较广，岩性组合较稳定，唯金川一带韵律性明显，小型交错层理、斜层理发育，雅江一带条纹条带发育常形成明显的“斑马纹”，可填性良好。本组均遭受区域变质，局部地带可见十字石二云片岩、石榴石二云片岩（雅江长征等），为受热穹窿影响所致。需指出的是松潘县红土乡泥巴磨剖面，除产大量 *Halobia convexa*, *H. ganziensis*, *H. yunnanensis*, *H. pluriradiata* 等外，同层共生还有 *Daonella problematica* 等，表明该组局部可下延至 T_2(?)。在理县卡子沟、松潘县小姓乡、得胜乡，康定县六巴乡、新龙一带，本组下部层位有含盐显示。

新都桥组 Txd (06-51-0166)

【创名及原始定义】 1960年四川省地质局前苏联专家戈尔金创名，称新都桥岩系。命名地为康定新都桥，无实测剖面，四川二区测队1961年改称西康群新都桥组，一直沿用。给应用与对比造成一定困难。1975年“西康群座谈会”重新明确了该组含义：“以灰、深灰色薄一厚层条带状含碳质绢云板岩、含碳质石英绢云板岩为主夹少量不稳定的灰色薄一厚层变质粉细粒长石石英砂岩及岩屑石英砂岩。厚约3 000 m。本组在区内分布广泛、岩性稳定，是良好的标志层组”。

【沿革】 在研究过程中曾出现过广义和狭义之分歧，狭义即以板岩为主夹少量粉砂岩、细砂岩。广义者分为两段，下段以深灰色板岩为主夹少量粉砂岩，金川一带的新都桥组；上段为灰色变质砂岩、细砂岩与板岩呈段间互。鉴于新都桥组创名地的不足，1980年四川区调

队提出以雅江下渡村一瓦多剖面很具特色的深灰色条带状砂板岩创名瓦多组来代替新都桥组(1∶20万康定幅，1984)；也有提出金川一带用新都桥组，雅江一带用瓦多组(《四川省区域地质志》，1991)。随着研究的深入，很多学者指出雅江县剖面二次重褶复杂，构造、厚度实难查清；瓦多组已深入热穹窿，无底，最好不用瓦多组一名。本次研究认为，新都桥组是个有效的岩石地层单位，尽管命名地有不足之处，仍不失为西康群中具标志意义的层组，而且该名创立已久，影响深远，在西康群研究、制图中使用该名可起到承上启下的作用。

【现在定义】 指整合于侏倭组之上，整合于两河口组变质砂岩之下的地层。岩性以灰、深灰色碳质绢云板岩、绢云石英千枚岩、粉砂质板岩为主，夹变质细粒长石石英砂岩、岩屑石英砂岩，岩性稳定，产双壳类，厚1 000～3 000 m左右。

【层型】 造层型为康定县新都桥—安良坝路线剖面，位于康定县营关寨(101°32′00″，30°15′00″)，两所三队① “西康群”专题研究组1970年测制。

上覆地层：两河口组 灰色、深灰色厚层变质砂岩与板岩呈段间互

——————— 整 合 ———————

新都桥组 总厚度1 900 m

2. 黑、深灰色薄层条带状含碳质绢云板岩为主，夹少量薄扁豆状白云质变硅质长石石英细砂岩，板状变质粉、细砂岩。板岩由粉砂质构成微层状，砂岩多呈透镜状及薄扁豆状产出，厚薄不一。板岩层面有蠕虫迹，有时见植物化石碎屑 1 400 m

1. 深灰—黑色薄—厚层条带状含碳质粉砂质绢云板岩，夹板状变质粉砂岩及少量不稳定的灰、浅灰色薄—厚层变质岩屑长石石英细砂岩。底部含双壳类 *Halobia superba*，*H.* aff. *yunnanensis*，*H. convexa*，*H.* cf. *substyriaca*，*H. pluriradiata* 1 500 m

——————— 整 合 ———————

下伏地层：侏倭组 灰、深灰色变质砂岩与板岩之韵律式互层

【地质特征及区域变化】 该组为海相复理石细碎屑岩建造和等深积岩，不排除其间夹有浅水产物。本组岩性标志清楚：以深灰—黑灰色板岩(千枚岩)为主，夹条纹、薄层状变质砂岩、泥质灰岩，全区无本质差别。本组在东部多见于复向斜核部，发育不全，厚仅数百米；西部厚度较大，一般不超过2 000 m，最大可达4 000 m左右。在炉霍断裂带，本组与如年各组呈相变，在很短距离内相互完全取代。在乾宁至橡皮山形成宽达数百至近千米的黑色断层糜棱岩石林。本组盛产薄壳双壳类，属种单一、数量多，主要有 *Halobia austriaca*，*H. gigantea*，*H. pluriradiata*，*H. yunnanensis*，*H. rugosa* 等，及大量海百合茎。

本组为重要的含金层位，如松潘县东北寨、雪山梁子金矿，金呈微细颗粒赋存于黑色板岩之中。

格底村组 Tg (06-51-0171)

【创名及原始定义】 四川三区测队于1967年创名，于1974年介绍。命名地炉霍县旦都格底隆巴，当时未测剖面。原始定义：“为一套砾岩、砂岩、板岩及鸡窝状煤层，构成韵律互层，每一韵律厚数十米。砾石基本上是砂岩，半滚圆状，砾径几厘米至几十厘米不等。煤层厚达0.5 m。板岩及砂岩内富含植物 *Clathropteris meniscioides*，*Podozamites lanceolatus* 等。与

① 两所三队：两所即中国科学院南京古生物研究所，西南地质研究所；三队即四川一、二、三区测队(下同)。

周围地层关系不清，估计厚约 300 m。从植物群看，本组相当于须家河组上部层位，从沉积类型看，属于‘回返’后的含煤磨拉石型沉积，而在‘回返’之前尚有极发育的 Norian 期沉积，时代属于 Rhaetian 期—侏罗纪 Lias 世。作为西康群最上部的一个岩组”。

【沿革】 本组创立后，引起广泛的重视，认为是西康群研究中的重大发现。1980 年前得到众多文献的引用。1980 年四川区调队测制了格底隆巴剖面。1981 年毛君一等著文提出了该组不是西康群最高层位的看法。1984 年，1∶20 万炉霍幅报告认为该套砾岩直接整合于含双壳类 *Pergamidia*，*Krumbeckiella* 的两河口组之下，走向上断续可见，分布局限，为裂谷型斜坡堆积的产物，其中含大量的 *Halobia* 化石，是两河口组下段局部的相变体——称格底村砾岩。我们同意此种意见，但该组岩性特殊，具有清楚的可识别性和可填图性。

【现在定义】 为两河口组下部的相变体，整合、局部平行不整合于如年各组之上，为断裂带垮塌碎屑流堆积。岩性为砾岩、砂岩、板岩组成的互层。砾石大小、磨圆度相差悬殊。成分以砂岩、板岩、灰岩、火山岩为主，夹煤块，呈楔状沿炉霍断裂带分布，最厚可达 400 余米。产植物化石及少量双壳类。

【层型】 选层型为炉霍县旦都乡格底隆巴剖面（100°25′15″，31°36′30″）。四川区调队 1980—1982 年测制。

上覆地层：两河口组　灰色绢云板岩。底部为厚约 20cm 的含砾细砂、粉砂质板岩

——————整　合——————

格底村组　　总厚度 188.07 m

7. 为灰色块状变质粗一巨砾砂岩，上部泥质较多，可出现深灰色含砾板岩。砾石成分主要为变质砂岩，次为板岩。砾石分选性差，磨圆度一般较好，多为次棱角状至滚圆状　　56.94 m
6. 深灰色泥质板岩与灰色薄一中层泥质粉砂岩呈不等厚互层。含有不稳定的煤屑沉积，有弯曲、穿层现象。泥质粉砂岩中含有大量植物化石　　7.98 m
5. 为灰色薄一厚层泥质粉砂岩夹少量泥质板岩，中上部夹变质含砾岩屑砂岩。砾石成分为板岩、砂岩岩块，次滚圆状，大小悬殊，砾间及砾石内部有煤屑充填。产植物化石　　10.61 m
4. 灰色泥质板岩夹薄层石英粉砂岩与含钙泥质粉砂岩。泥质粉砂岩层面上见有蛇曲状虫迹。板岩中见有植物化石碎片及双壳化石 *Posidonia*　　52.05 m
3. 灰色中厚层钙质含粉砂质细砂岩夹深灰色泥质板岩。层面见沟模　　6.64 m
2. 灰黑色粉砂质板岩、泥质板岩夹薄层粉、细砂岩　　15.31 m
1. 灰色块状粗一巨砾岩。一般特征同第 7 层（未见底）　　38.54 m

[注]曾于第 4 层中采有双壳类 *Halobia*，在第 5、6 层中采得大量植物化石 *Anomozamites loczyi*，*Nilssonia* cf. *orientalis*，*Podozamites lanceolatus*，*Neoclamites* sp. 等。

【地质特征及区域变化】 该组砾岩沿炉霍-道孚断裂带断续分布，从色达县康勒乡则格沟尾、多曲容沟尾、甘孜县东谷区夺多弄巴沟尾、炉霍县旦都格底村至然达隆巴沟口等一线出露。砾岩层一般可见 1～2 层，厚 100 m 至数百米不等。走向上与砂板岩相接，与上、下地层一般为整合过渡关系，但局部地方与如年各组呈平行不整合接触。

两河口组　T*lh*　(06－51－0170)

【创名及原始定义】 四川区调队 1980 年草创，1984 年正式使用。命名地雅江县两河口。指整合覆于瓦多组之上，伏于雅江组之下的地层。可分三个岩性段，下段砂岩为主夹板岩；中

段板岩为主夹砂岩或与砂岩成段不等厚间互；上段板岩为主夹少许砂岩。产大量的 *Pergamidia*，*Halobia* 属瓣鳃类化石。厚 2 200～4 800 m 左右。

【沿革】 对于此套地层或相当于该层位的认识，历来有分歧。四川三区调队（1974）将其放入砍竹沟组下部，范嘉松（1960）、四川一区测队（1962）将其称为罗锅（空）松多组或新都桥组上段。四川省地质局西康群座谈会上，建议选用罗空松多组的同时，建议从命名地（雅江县八角楼罗空松多）顺岩层走向西移 20 km 至雅江—道孚公路上的两河口—雅江中学旧址北侧地段，作为该组的标志层位。在 1：20 万康定等幅区调期间(1978—1984)，测制了罗空松多剖面和雅江县下渡村—瓦多剖面，发现原命名罗空松多组者，未指出本组顶、底的界线及位置，所描述剖面仅仅是应该归属本组的一小部分。因此提出用两河口组代替罗空松多组一名，此议得到了赞同。邓永福（1985）① 提出："雅江剖面两河口组下段底部断层发育，上段褶皱较剧，中段露头不连续，使该剖面在构造、层序恢复上存在疑点较多，缺乏建组的必要条件。"本次清理中，核查了有关文献，该剖面确实存在着上述不足，但总体岩性特征清楚，层位可靠，在区调中，均得到较好应用，可填图性明显，因此我们仍建议保留两河口组一名。

【现在定义】 指整合于新都桥组条带状砂板岩或格底村组砾岩、或如年各组火山岩系之上，整伏于雅江组变质砂岩之下的地层。岩性以灰—深灰色变质砂岩与板岩成段间互为特征。下部以砂岩为主夹板岩，局部见含砾砂岩、板岩；中部砂板岩不等厚成段间互；上部以板岩为主夹变质砂岩，以变质砂岩的成段出现与下伏地层分界。石渠一带该组含英安岩。产大量的双壳类，但以厚壳型为主。厚 2 000～4 000 m。

【层型】 正层型为雅江县下渡村—瓦多剖面。位于雅江县城关附近(101°50′00″，30°12′30″)，四川区调队 1979—1982 年测制。

上覆地层：雅江组　灰色中—厚层变质石英粉砂岩为主夹绢云板岩

—————— 整　合 ——————

两河口组	总厚度 4 172.0 m
23. 黑色含粉砂质碳质绢云板岩为主夹灰色中层变质不等粒含钙质石英砂岩	247.5 m
22. 灰色薄—厚层状变质不等粒岩屑石英砂岩、含细砂质变质石英砂岩夹深灰色条纹状微含钙质粉砂岩、绢云板岩及含碳绢云板岩	58.3 m
21. 黑色含黄铁矿粉砂质条带绢云板岩为主夹薄—中层变质石英粉砂岩，底部砂岩夹层增多。产双壳类 *Halobia* cf. *yunnanensis*，*H. pluriradiata*，*H. fallax* 等	955.7 m
20. 灰色薄—块状变质微含钙质铁白云石石英粉砂岩、含铁白云质细粒石英砂岩与粉砂质绢云板岩互层。产双壳类 *Pergamidia eumenea*，*Halobia* sp. 等	336.7 m
19. 黑色粉砂质绢云板岩、含碳质绢云板岩为主，夹灰色薄—中层变质粉砂质细粒石英砂岩。产双壳类 *Halobia maluccana*，*H. yandongensis*，*Pergamidia attalea* 等	279.4 m
18. 灰色中—块状变质含钙粉—细粒石英砂岩为主，夹黑色绢云板岩、含粉砂质绢云板岩	60.9 m
17. 黑色含白云质条带粉砂质板岩、含碳质绢云板岩为主夹少量灰色薄—中层变质含黄铁矿粉—细粒石英砂岩。产双壳类 *Halobia yunnanensis*	390.4 m
16. 灰色厚层变质石英砂岩、含岩屑石英砂岩为主夹黑色粉砂质绢云板岩	107.4 m
15. 黑色钙质粉砂质绢云板岩为主夹条带变质石英粉砂岩	338.0 m

① 邓永福，1985，川西高原三叠系——"西康群"专题研究报告(打印稿)。

14. 灰色中一厚层状变质石英砂岩、含砂质细粒石英砂岩、岩屑石英砂岩为主夹黑色含粉砂质绢云板岩。偶含砾石及植物化石碎片。产双壳类 *Halobia* cf. *suessi* 等　125.4 m

13. 黑色块状粉砂质绢云板岩。绢云板岩为主，夹灰色薄一厚层变质细一中粒石英砂岩。产双壳类 *Halobia* cf. *superbescens*, *H. yandongensis*　609.3 m

12. 灰色块状变质不等粒岩屑石英砂岩、石英砂岩为主夹黑色粉砂质绢云板岩　243.5 m

11. 黑色块状粉砂质绢云板岩夹深灰色薄一中层变质中粒石英砂岩　143.8 m

10. 灰色中一块状变质岩屑石英砂岩、黑色粉砂质绢云板岩。偶含卵圆状粉砂质砾石　275.7 m

——————— 整　合 ———————

下伏地层：新都桥组　黑色粉砂质板岩、绢云板岩为主夹少许变质砂岩

【地质特征及区域变化】　该组为复理石碎屑岩建造，总体特征是砂板岩间互，实质是以砂岩为主和与板岩为主的韵律层成段组合。地貌上构成砂岩陡壁与板岩负地形的相间排列，此种特征易于掌握。主要见于雅江一带，砂岩层面普遍发育复理石印模，板岩中虫迹发育，厚度可达 4 000 m 左右，金川一带少见，松潘地区可见中下部层位，一般在千米左右。在靠近断裂带如甘孜、石渠及色达一带夹少许中酸性、酸性火山岩或浅成脉岩（变英安岩）。在炉霍断裂带上，两河口组与如年各组或格底村组呈平行不整合或整合接触，其余地方与上、下地层间为整合接触。本组以产双壳类为特色，尤其厚壳型双壳类的出现可区别于下伏各组，主要有 *Halobia superbescens*, *H. yandongensis*, *Pergamidia eumenea*, *P. attalea* 及植物化石 *Neocalamites hoerensis*, *Baieropsis pyramilobus* 等。

雅江组　Ty　(06-51-0172)

【创名及原始定义】　范嘉松等 1960 年命名于雅江县。因无实测剖面，认识分歧较大。后四川三区测队（1965—1973）在雅江县城关下渡村—雅江中学测有剖面后，对该组才有了明确的认识。1975 年四川省地质局西康群座谈会上，予以明确。指："一套灰一深灰色巨层变质细粒长石岩屑砂岩、变质泥质粉一细砂岩、灰黑色条带状含碳质绢云板岩呈不等厚韵律互层，以砂岩为主。砂岩具波痕及各种象形印模，个别砂岩在镜下也见有中酸性火山岩屑。产瓣鳃类 *Halobia* cf. *ganziensis*, *H.* cf. *fallax*, *H. alaskana*, *Parahalobia* sp. 等 Norian 期生物群，并有保存不好的植物碎片，厚 2 348.6 m"。

【沿革】　1975 年前，不少文献将新都桥组以上层位称砍竹沟组，该名系 1960 年四川甘孜队区测分队创名于马尔康县梭磨乡之砍竹沟。无实测剖面。1972 年四川三区测队，依雅江剖面为层型，给砍竹沟组予定义，得到了普遍赞同。1974 年四川二区测队发现砍竹沟主要是杂谷脑组、侏倭组分布区，未见新都桥组之上的层位。1975 年，四川省地质局《关于"西康群"分层命名的修订意见》中指出："最近经二区测队踏勘后认为该命名地的'砍竹沟组'实位于新都桥组以下的层位，可能相当于杂谷脑组的层位，但长期以来的许多工作单位在大面积引用'砍竹沟组'时，却将其置于新都桥组以上的层位，造成了大面积引用时标绘的层位与命名地出露的标准层位严重不符合的紊乱局面。为了澄清并避免这些紊乱继续下去，除做以上说明外，兹按地层规范草案（1959）规定将以上地层名词废弃不用"。同时决定选用两河口至下渡村之间的连续剖面作为新都桥组之上三个岩组（罗空松多组、雅江组、喇嘛垭组）的代表剖面。须说明的是，1975 年座谈会纪要中，在雅江组之上还列有喇嘛垭组和格底村组。格底村组已在前面阐明。喇嘛垭组就其岩性特征与雅江组有异，而又处于不同的地层分区，座谈会纪要借用该名，出于对生物地层与年代地层考虑，其后随着研究工作的深入，一致认为

在马尔康分区已无使用喇嘛垭组一名之必要。

【现在定义】 指整合于两河口组之上，未见顶的地层体。岩性其下部为灰色变质岩屑石英砂岩、钙质石英砂岩与粉砂质板岩、碳质板岩成段间互，上部为深灰色粉砂质板岩夹变质岩屑石英砂岩。从下至上砂岩减少、粒度变细。靠近断裂带岩屑、火山碎屑增多。产双壳类及植物化石。厚3 000余米。

【层型】 选层型为雅江县下渡村—瓦多剖面。位于雅江县城关(101°50′,30°12′30″),1979—1982年四川区调队测制

雅江组　　　　　　　　　　　　　　　　　　　　　　　　总厚度 3 382.9 m

31. 黑色块状粉砂质板岩、绢云板岩为主夹灰色变质粉砂质岩屑石英砂岩。产双壳类 *Pergamidia*, *P. irregularis singularis*, *Halobia* sp. 未见顶　　>348.8 m

30. 黑色块状含钙质粉砂质绢云板岩为主与灰色变质含钙质长石岩屑石英砂岩不等厚成段间互。板岩中含少许砂质砾石。产双壳类 *Pergamidia eumenea*, *P. attalea* 等　　409.4 m

29. 黑色块状含钙质粉砂质板岩、绢云板岩为主夹灰色、深灰色变质钙质石英粉砂岩，含黄铁矿晶体，水平层纹构造发育。产双壳类 *Pergamidia attalea* 等　　336.9 m

28. 黑色含炭绢云板岩、含粉砂质绢云板岩为主与灰色变质不等粒含钙质岩屑石英砂岩、石英粉砂岩不等厚互层，含黄铁矿晶体。产双壳类 *Pergamidia* sp.　　330.0 m

27. 黑色微层纹含粉砂质绢云板岩、含碳质绢云板岩为主夹少许薄层变质粉—细粒石英砂岩。产双壳类 *Pergamidia*　　500.0 m

26. 黑色条纹状含碳粉砂质绢云板岩、绢云板岩为主，夹灰色变质含钙质岩屑石英砂岩、含钙石英砂岩。局部地段为韵律互层。见扁平状砂岩砾块、及植物化石碎片和虫迹。产双壳类 *Pergamidia attalea*, *P. yunnanensis*; 植物 *Neocalamites* 等　　720.6 m

25. 灰、深灰色变质不等粒岩屑石英砂岩、黑色条纹状含粉砂质绢云板岩及砂质灰岩凸镜体。板岩中偶见砂岩砾块。产双壳类 *Halobia superbescens*, *Pergamidia* 等　　375.2 m

24. 灰、深灰色薄—块状变质不等粒岩屑石英砂岩、石英砂岩与粉砂质钙质绢云板岩成段不等厚互层。含黄铁矿晶体、植物化石碎片。产双壳类 *Halobia sp.*, 植物 *Neocalamites*　　362.0 m

———————— 整　合 ————————

下伏地层：两河口组　板岩夹砂岩

【地质特征及区域变化】 该组为潮坪砂泥岩和类复理石建造间互。以厚块状岩屑石英砂岩与下伏层分界，在地貌上形成陡崖绝壁，以出现厚壳形双壳类及植物化石有别于各组，层面波痕、砂枕构造发育。是目前西康群之最高层位，分布于雅江一带。该组岩性较稳定，砂岩成分较杂，火山灰、硅质岩屑含量较高，其结构与成分成熟度都较低，向上板岩显著增加，砂岩粒度也有变细之趋势，宏观特征下厚粗，上薄细。以新龙县豆才山厚度较大，达4 500 m左右。本组以产大量的 *Pergamidia* 和植物化石为特色。主要有 *Pergamidia eumenea*, *P. irregularis singularis*, *Halobia superbescens* 等及植物 *Neocalamites*, “*Sphenobaiera*” 等。

漳腊群　TẐ　(06-51-0157)

【创名及原始定义】 四川二区测队1973草创①，四川地层表编写组1978年介绍。命名

① 最早为60年代初期的四川漳腊地质队首创，未见正式记述。

地位于松潘县红星乡罗让沟—祁让沟。原始定义包括四个岩性段：一段为浅黄灰色泥质灰岩，含双壳类化石；二、三段为白云岩、灰质白云岩及盐溶角砾岩；四段为灰质白云岩、白云岩、白云质灰岩，与下伏层间为平行不整合，产少量腕足类化石。

【沿革】 自创名后沿用。1978年四川二区测队将段赋于时代含义，建立了罗让沟组、红星岩组和祁让沟组。本次清理中对岩性不易区分的组界进行了适当调整。

【现在定义】 为一套碳酸盐岩，包括罗让沟组、红星岩组和祁让沟组。

罗让沟组 T*lr* （06-51-0158）

【创名及原始定义】 四川二区测队1978年创建于松潘县红星乡罗让沟。原始定义：以灰色、深灰色薄层泥质灰岩为主，中部夹生物碎屑灰岩。由下而上有泥质含量减少，铁镁质增加的趋势。具蠕虫状构造，局部具假鲕粒结构的地层。与上覆层红星岩组、下伏二叠系均为整合接触，顶部以一层浅紫红色含铁砂质灰岩与红星岩组分界。

【沿革】 同前述。1992年川西北地质大队在若尔盖创名扎里山组，为该组的同物异名。

【现在定义】 指平行不整合覆于叠山组石灰岩之上，整合伏于红星岩组白云质灰岩、白云岩之下的地层。由浅海相灰一深灰色薄层泥灰岩夹生物碎屑灰岩组成。从下到上有泥质含量减少，铁镁质增加的趋势，具蠕虫状及假鲕粒结构，以含铁砂质灰岩与上覆层白云岩分界，部分剖面也以紫红色夹黄灰色灰岩结束为界。厚224～674 m。产丰富的双壳类。

【层型】 正层型为松潘县红星乡罗让沟—祁让沟剖面(103°47′9″, 32°58′51″)。四川二区测队1978年测制。

上覆地层：**红星岩组** 浅棕红一紫红色含铁白云质灰岩

——————整　合——————

罗让沟组　　总厚度 419.4 m

9. 瓦灰色薄层状含泥质灰岩，层面具蠕虫状构造。产双壳类 *Anodontophora fassaensis*	43.7 m
8. 浅灰色致密灰岩。上部为厚层状，下部为薄一中厚层夹泥质灰岩。产双壳类 *Claraia* sp.	63.0 m
7. 青灰色薄层状含泥质灰岩。产双壳类 *Eumorphotis* sp.，*Claraia* sp. 等	217.0 m
6. 青灰色一瓦灰色薄层状泥质灰岩，中上部夹生物碎屑灰岩。产双壳类 *Promyalina minuta*，*Unionites* 等	18.8 m
5. 青灰色一瓦灰色薄层状含泥质白云质灰岩。层面具蠕虫状构造。产双壳类 *Claraia wangi*，*Eumorphotis*	33.9 m
4. 青灰色薄层泥质灰岩，下部夹有含生物碎屑之泥质灰岩。富产双壳类 *Claraia* cf. *aurita*、*C.* cf. *wangi*、*C. griesbachi*、*Eumorphotis* cf. *multiformis* 等及腹足类	7.4 m
3. 青灰色一瓦灰色薄层含泥质灰质白云岩及泥质灰岩，层间夹褐色钙质页岩；中部夹生物碎屑灰岩。层面有蠕虫状构造	16.8 m
2. 青灰色薄板状泥质灰岩。层面具蠕虫状构造。产双壳类 *Claraia*；腕足类及腹足类	18.8 m

－－－－－－ 平行不整合 －－－－－－

下伏地层：**叠山组** 灰白色结晶灰岩，产䗴

【地质特征及区域变化】 本组以浅海相灰岩、泥灰岩为主，层面具特征的蠕虫状结构。以青灰色泥灰岩夹砂页岩与下伏地层分界，以泥灰岩与上覆层紫红色白云质灰岩分界。产双壳类 *Pseudoclaraia wangi*，*Claraia aurita*，*C. stachei*，*C. songpanensis*，*Eumorphotis inae-*

quicostata, *E. multiformis*, *Entolium discites microtis* 及大量遗迹化石。

分布于南坪县九寨沟、松潘县漳腊红星乡及若尔盖县降扎等地，向北厚度增加，红星乡厚 224 m，至南坪县中查沟为 301 m，到若尔盖热当坝则达 674 m，变质轻微。

红星岩组　T*h*　(06-51-0159)

【创名及原始定义】　四川二区测队 1978 年创建于松潘县红星乡红星岩。原始定义：该组以灰质白云岩为主，间夹白云岩及少量灰岩。中部常夹角砾状灰岩（盐溶角砾岩）是本组的特殊标志。厚 339～582 m。

【沿革】　同前述。1992 年川西北地质大队创名的马热松多组，与该组岩性相似。本次清理中，将原划归罗让沟组顶部紫红色白云质灰岩层，按宏观岩性特征，将其归入本组底部。

【现在定义】　指平行不整合于祁让沟组杂色粘土岩之下，与罗让沟组灰岩、泥灰岩整合接触的地层。为浅海泻湖相沉积，岩性以灰质白云岩为主，间夹少量砂质灰岩，中部见盐溶角砾岩。厚 339.0～1 223.7 m。

【层型】　正层型为松潘县红星乡罗让沟—祁让沟剖面，(103°47′9″, 32°58′51″)，四川二区测队 1978 年测制。

上覆地层：祁让沟组　浅黄灰、黄绿色泥岩

——————— 平行不整合 ———————

红星岩组	总厚度 596.9 m
23. 浅灰色中厚层状致密灰质白云岩，顶界面凹凸不平，具褐铁矿薄壳	72.7 m
22. 灰白色中层状含灰质白云岩，局部为白云岩	32.0 m
21. 灰白色中厚层状夹薄层状含灰质白云岩	49.0 m
20. 灰白色中薄—中厚层状含灰质白云岩。岩石表面具刀砍状构造	59.3 m
19. 灰色中厚层状致密灰质白云岩；底部含泥质	28.1 m
18. 灰色中厚层状夹假鲕粒灰质白云岩	8.0 m
17. 灰色中厚层状灰质白云岩，中部夹白云岩，具平行层纹状构造，偶见冰洲石晶洞	40.0 m
16. 浅灰色中厚层状致密灰质白云岩	26.2 m
15. 浅灰色中厚层—块状角砾状白云岩。顶部具有不稳定的粘土薄层	29.4 m
14. 灰色中厚层致密白云岩，具波痕	84.3 m
13. 浅灰色—浅黄绿色中厚层状同生角砾岩（盐溶角砾岩）	18.1 m
12. 浅灰色中厚层状含泥质灰质白云岩，局部含砂质	80.9 m
11. 浅灰—浅黄灰色中、厚层状含泥质灰质白云岩，底部泥砂质较多，层面具蠕虫状构造	43.8 m
10. 紫红色含铁白云质灰岩，具蠕虫状构造。产双壳类 *Anodontophora*, *Eumorphotis*	25.1 m

———————— 整　合 ————————

下伏地层：罗让沟组　瓦灰色泥质灰岩

【地质特征及区域变化】　本组岩性特征以灰色白云质灰岩为主，夹盐溶角砾岩，岩性较稳定，生物化石稀少，顶界以风化壳与祁让沟组分界，但此面向北到若尔盖县一带很不显著，界线不易确定，但其底部生物灰岩可作为两组的重要分界标志。向北白云质减少，厚度由 400 m 左右增至 1 223.7 m，在若尔盖一带发现少许化石 *Chlamys weiyuanensis* 等。

祁让沟组 *Tqr* （06-51-0160）

【创名及原始定义】 四川二区测队1978年创建于松潘县红星乡祁让沟。原义指以灰色中厚层状灰质白云岩、白云岩为主，夹含砂泥质灰岩、生物碎屑灰岩；南部为浅灰、灰白色块状灰岩，具同心圆、球状构造。底部有杂色泥岩。未见顶。含少量腕足类化石。厚400～600 m。

【沿革】 自创名后一直沿用。1987年殷鸿福创建的郭家山组，与该组岩性一致①。

【现在定义】 指平行不整合于红星岩组白云质灰岩之上的一套浅海—滨海相沉积地层。岩性以灰白色白云质灰岩、白云岩为主，夹砂泥质灰岩、生物碎屑灰岩。底部见黄绿色页岩。灰岩中多见球状、肾状、巨鲕状结构。含腕足类化石。厚200～617 m。

【层型】 正层型为松潘县红星乡罗让沟—祁让沟剖面(103°47′9″，32°58′51″)，四川二区测队1971—1977年测制。

祁让沟组	总厚度>550.4 m
32. 深灰色厚层—块状致密灰质白云岩，下部夹浅灰色薄层含泥质白云质灰岩。(未见顶)	>48.7 m
31. 浅灰色—灰黑色厚层状致密灰质白云岩，顶部具黄灰色、紫红色或玫瑰色斑块	37.6 m
30. 浅灰色厚层状致密灰质白云岩。岩石偶含砂质	30.0 m
29. 浅灰色块状致密灰质白云岩，中部偶夹砂质灰岩，下部灰岩中微含硅质	82.1 m
28. 浅灰色厚块状含砂质灰质白云岩。夹生物碎屑灰岩，产腕足类 *Mentzelia*	222.0 m
27. 灰白色厚块状致密灰质白云岩，夹微晶—结晶灰岩，中上部偶见细小燧石结核	56.8 m
26. 灰黑色中薄层夹厚层状致密灰质白云岩。顶部偶见细小燧石结核	18.0 m
25. 黄灰色薄层状泥质白云岩。底部见黄灰色薄板状含泥质灰岩	51.3 m
24. 浅黄灰—浅黄绿色泥岩或粘土岩，内含小透镜状灰岩	3.9 m

——————— 平行不整合 ———————

下伏地层：**红星岩组** 白云岩

【地质特征及区域变化】 本组以浅海相碳酸盐岩、白云质灰岩为主。向北至若尔盖县一带，夹相当多的生物灰岩、生物介壳灰岩，产丰富的化石 *Chlamys volaris*，*C.* (*Praechlamys*) *vetulus*，*Pleuronectites laevigatus* 等。厚度也由200多米增至1 900余米。本组在层型剖面上未见顶。在若尔盖与上覆变质砂板岩夹灰岩的层位呈平行不整合接触，但其上约200 m即为区域大断层间隔，川西北地质大队(1992)认为是西康群。据西南大区项目领导小组核查，认为此套地层与西康群是断层相接。上覆是扎尕山组还是塔藏组，亦或是其他层位，还有待工作。

第二节 特殊岩石地层单位

1993年7月全国项目办下发了《造山带地层清理基本要求（试行）》，关于造山带地层清理的要点是处理好多期变形变质叠加改造的变质地层，大套复理石地层、混杂岩带、强变形

① 四川省地矿局川西北地质大队，1992，1∶5万贡巴、扎尕那、占哇、祖爱、郎木寺、迭部县、降扎、白云八幅区调报告(地质部分)。

带及火山岩地层，中间稳定岩块和各推覆岩片等的岩石地层划分与命名等问题。

我们在清理中，对成层有序的变质地层、大套复理石地层，对过去用稳定地块的地层系统来代替非稳定带的，对火山岩地层等，按照岩石类型及组合特征建立了相应的序列。因强变形带、变质核杂岩、推覆岩片等无序地层资料零散，现无法进行清理。仅对局部有序或区域有序的蛇绿岩地层做初步清理，现从西向东列述如后：

金沙江蛇绿岩群　PTJ　(06-51-0190)

【创名及原始定义】　李璞等1951—1953年在进行西藏东部地质调查中创金沙江变质岩系，1959年介绍。命名地为昌都地区所涉及的金沙江沿岸。本书为避免重复创名现予转用。原始定义：指金沙江、巴塘一带的"各种片岩、板岩、千枚岩和结晶灰岩，属前寒武系"。

【沿革】　60年代由于区调的开展，这一带先后建立了地层系统，因而金沙江变质岩系已失去存在之必要。1978年，金蒙、张之孟对金沙江带的构造环境进行了研究，建立了金沙江蛇绿混杂岩带（包括：嘎金雪山蛇绿混杂岩、绒角西山蛇绿混杂岩、扎仁雪堆蛇绿混杂岩、音都牛场蛇绿混杂岩）。《四川省区域地质志》(1991)称金沙江蛇绿岩套，包括扎仁雪堆蛇绿岩(P_1)、绒角西山蛇绿岩(P_{1-2})。这套蛇绿岩在岩性上相似，时代上是一致的。因此本书从新厘定后，现转用。

【现在定义】　指金沙江断裂带两侧呈带状分布，与周围岩层多呈构造接触，其基质岩石由基性-超基性岩、细碧角斑岩组成块状及岩墙群、堆晶岩及层状熔岩，顶部为深海放射虫硅质岩等构成的蛇绿岩套，其中混杂有灰岩及其他岩性的外来体。

【层型】　选层型为得荣县扎仁剖面。位于得荣县西北的扎仁(99°9′11″，28°44′51″)，四川三区测队1977年测制。

金沙江蛇绿岩群	总厚度>2 280 m
4. 紫红一灰绿色放射虫硅质岩、硅质板岩。未见顶	>110 m
3. 灰绿色枕状玄武岩、拉斑玄武岩、细碧岩，其中有辉绿岩的岩墙群穿入，和混合岩化的闪长岩脉及底辟上升的蛇纹岩等组成，中见灰岩块体，含志留、泥盆、二叠纪化石	1 600 m
2. 堆积辉长岩	190 m
1. 蛇纹石化橄榄岩、斜辉橄榄岩。顶、底都为断层	>380 m

【地质特征及区域变化】　该群在金沙江东侧宽约5 km的带上断续分布，基质岩石主要由基性-超基性岩、细碧角斑岩、放射虫硅质岩构成的蛇绿岩套，其中混杂有灰岩及其他岩性的外来体。该群与周围岩石都呈构造接触。外来体长轴并不全与主干断裂一致，有直交，有斜交，有的呈弯曲状。表明形成过程中构造作用强烈，混杂极不规则。

主要岩石类型有蛇纹岩、异剥钙榴岩、辉长岩、辉长辉绿岩和细碧岩、球颗玄武岩。异剥钙榴岩呈直径十几厘米至十几米的球形、椭圆形、饼状产出。辉长岩、辉长辉绿岩常呈岩墙、岩枝状穿入玄武岩之中。细碧岩呈块状产出，枕状构造发育。热思辉长辉绿岩K-Ar法同位素年龄为208 Ma。从该岩群发现泥盆纪—二叠纪化石，其上覆层发现含*Claraia*的普水桥组来看，形成时代为二叠纪，也可能包含有早三叠世早期产物。

金沙江蛇绿岩群中的枕状细碧岩，为高镁-高铁拉斑玄武岩，具有接近N-MORB的稀土分配模式，痕量元素也表明属大洋环境，细碧岩接近N型的T型洋脊玄武岩。在Zr/Y-Zr图解中，也集中落在大洋玄武岩区。

该岩群分布区，有具找矿前景的铬、镍、钴、铜和金的矿点、矿化点。

理塘蛇绿岩群　PT*L*　(06-51-0186)

【创名及原始定义】　四川区调队1984年将理塘断裂带上的蛇绿岩，称为理塘次生扩张带蛇绿岩。原始定义："在该带上存在着P_2—T_2，T_3两个不同阶段的蛇绿岩。其突出特点在于它们具有比较典型的蛇绿岩套岩石层序和矿物序列，在岩石化学性质上，具有从蛇绿岩套向大陆裂谷过渡的特征，甚至同大陆裂谷的岩石化学有更大的相似性"。

【沿革】　1980年前，都把它们作为正常地层归入相应的层位中。1984年，四川区调队建立了理塘次生扩张带蛇绿岩。依形成先后顺序又分为晚二叠世—中三叠世蛇绿岩、晚三叠世蛇绿岩。1985年王连城著文称P—T理塘蛇绿混杂岩(毛垭坝区蛇绿混杂岩)，T_1放射虫硅质岩。李健亮在1985年称为木里混杂堆积带。王忠实1986年著文系统阐述了理塘带上的蛇绿岩，他称为甘孜—理塘地区的蛇绿岩，分别建立了卡尔牧场—喇嘛寨蛇绿岩(P_2—T_1)，瓦能劳玛蛇绿岩(T_3)。其后姚冬生、田守玉等先后表述了研究成果。《四川省区域地质志》(1991)系统地进行了总结。本书从之。

【现在定义】　指甘孜—理塘断裂带上的两套蛇绿岩组合，它与上、下和周围及内部各层间，多为构造接触。包括瓦能蛇绿岩组、卡尔蛇绿岩组。

【地质特征及区域变化】　理塘蛇绿岩群沿着木里为三联接点的三叉裂谷系分布。其东枝经踏卡伸向康定，西枝经理塘、甘孜伸向通天河畔，南枝直插程海、洱海，包括金河断裂与小金断裂之间的地区。本书仅限定于西枝，即木里—理塘—石渠一带。

理塘带蛇绿岩主体为高铁拉斑玄武岩，有少量碱性玄武岩，其E-MORB的稀土分配模式属裂谷玄武岩。从不相容痕量元素地球化学模式图上，具多隆起模式曲线，证明了理塘蛇绿岩与火山岛弧在成因上有密切的联系。其岩性的过渡性是陆间裂谷所特有。

理塘蛇绿岩群，是金、铜的重要产出层位。

卡尔蛇绿岩组　PT*k*　(06-51-0187)

【创名及原始定义】　王忠实1986年创建于木里县卡尔牧场喇嘛寨。原始定义："具层状堆晶结构的含铬铁矿纯橄榄岩、方辉橄榄岩、辉长岩、辉绿岩、细碧岩和基性枕状熔岩。熔岩上部为含不同时代化石的角砾状灰岩，顶部稳定地覆盖着厚100 m左右含放射虫和早三叠世瓣鳃类、菊石的硅质岩和硅质板岩"。

【沿革】　1984年四川区调队曾称此套地层为晚二叠世—中三叠世蛇绿岩。王连城1985年称做毛垭坝区蛇绿混杂岩，其上称放射虫硅质岩，尽管在认识上有含混的地方，但基本特征是一致的。1986年王忠实将下部称为卡尔牧场—喇嘛寨蛇绿岩，时代为P_2—T_1。1987年姚冬生归纳为"下部蛇绿岩、玄武岩组合；中部火山硅质岩及硅质板岩；上部杂陆屑建造组合，时代为P_2—T_2"。1991年《四川省区域地质志》将甘孜-理塘断裂带蛇绿岩下部称为卡尔蛇绿岩。本书从之。但将其上部的杂陆屑碎屑岩放入相应的地层序列讨论。

【现在定义】　整合伏于领麦沟组或复理石碎屑岩之下的一套蛇绿岩组合，岩性为具层状堆晶结构的含铬铁矿纯橄榄岩、蛇纹石化橄榄岩、辉长岩、细碧岩和基性枕状熔岩，在熔岩上部常夹含不同时代化石的角砾状灰岩。枕状熔岩之上为厚约100 m左右的含放射虫和双壳类、菊石化石的硅质岩、硅质板岩。与围岩、内部层间多为构造接触。

【层型】 王忠实在创名中用的是木里县卡尔牧场—喇嘛寨示意剖面。示意剖面资料少，现将很有代表性的碎骨山剖面(位于木里县宁朗乡越尔札，四川区调队1984年测制)，列述如下：

上覆地层：**领麦沟组** 板岩、变质砂岩夹灰岩

——————整 合——————

卡尔蛇绿岩组 总厚度1 250.6 m

21. 灰、浅灰色中厚层灰岩，顶部有深灰色角砾状岩，产珊瑚类 *Liangshanophyllum* sp.，有孔虫 *Geinitzina* 及苔藓虫、海百合茎等化石 9.3 m
20. 灰—灰黑色基性凝灰质板岩 9.3 m
19. 绿灰、墨绿色块层蚀变玄武岩，局部见杏仁体 37.1 m
18. 墨绿色枕状蚀变橄榄玄武岩，岩枕表面可见杏仁体 40.5 m
17. 墨绿色块层蚀变玄武岩，局部可见杏仁体 58.9 m
16. 灰绿、墨绿色蚀变枕状橄榄玄武岩，自下而上，岩枕减少、变小 123.9 m
15. 暗灰绿色枕状橄榄玄武岩，岩枕大小为30～40 cm，顶部为块层蚀变玄武岩 88.0 m
14. 绿灰、暗绿色块层蚀变玄武岩，局部有杏仁体，底部为枕状蚀变橄榄玄武岩 92.5 m
13. 暗灰绿色枕状蚀变橄榄玄武岩，自下而上岩枕变小、减少 91.3 m
12. 暗绿灰、灰绿色枕状橄榄玄武岩，岩枕由下而上减少。顶部为块层蚀变玄武岩 84.5 m
11. 灰绿色块层杏仁状蚀变玄武岩，杏仁体局部富集。大小为0.2～0.5 cm 37.6 m
10. 暗灰绿色枕状蚀变橄榄玄武岩，岩枕排列紧密，一般大小为10～30 cm，大者达50 cm 97.2 m
9. 深灰、暗灰绿色枕状蚀变橄榄玄武岩，顶部为块层气孔状蚀变玄武岩，岩枕大小不等，排列紧密，亦见少量杏仁体 82.1 m
8. 为深灰绿色块状蚀变玄武岩，下部为灰绿、墨绿色枕状蚀变橄榄玄武岩，二者渐变 37.3 m
7. 暗灰绿色蚀变玄武岩，上部有分布不均的杏仁体，下部呈致密块状 27.9 m
6. 暗灰绿色枕状蚀变橄榄玄武岩，岩枕呈20～50 cm，排列紧密。岩枕边部有少量杏仁体 62.2 m
5. 墨绿、灰绿色致密块状蚀变玄武岩 33.0 m
4. 暗灰绿色块层枕状蚀变橄榄玄武岩，岩枕呈椭球状、馒头状 102.4 m
3. 灰—暗灰绿色致密块状蚀变玄武岩，底部为枕状蚀变橄榄玄武岩，岩枕呈馒头状 61.7 m
2. 暗灰绿色致密块层蚀变玄武岩 58.1 m
1. 暗绿色绿泥片岩构成断层破碎带。未见底 15.8 m

【地质特征及区域变化】 本组为灰绿、墨绿色橄榄玄武岩、枕状玄武岩、杏仁状玄武岩及顶部的杂色硅质岩、硅质板岩组成。玄武岩沿裂谷向南厚度增大，马尼干戈厚度大于550 m，理塘—木里间为866～1 233 m。在裂谷肩部或离散陆块之上，变薄至缺失。火山岩韵律有两种类型，在裂谷内由枕状橄榄玄武岩和块状、杏仁状玄武岩构成韵律，顶部有少量基性凝灰质板岩或紫红色含放射虫硅质岩，在肩部由基性岩、火山角砾岩、碎屑岩构成韵律。本组发现有双壳类 *Claraia*；放射虫 *Xiphostylus*，*Cenelipsis*，*Sphaerozoum*，*Cenosphaera*。珊瑚、腹足类及腕足类等。与上覆层领麦沟组、瓦能蛇绿岩组可见为整合接触，但多为构造接触。

在稻城洋代出纳玄武岩的K-Ar年龄值为242.05 Ma。

本组为含金矿源层，也是四川西部找金的重要层位之一。如重要的木里耳泽金矿，即与本组有关。

瓦能蛇绿岩组　Tw　(06-51-0188)

【创名及原始定义】　王忠实1986年创建于木里县水洛乡瓦能、劳玛。原始定义："该组为玻基纯橄榄岩、二辉橄榄岩、角闪橄榄岩，具层状堆晶结构的辉石岩和异剥辉长岩、基性枕状熔岩和橄榄玄武岩。枕状熔岩之上为含放射虫硅质岩夹层的海相复理石沉积，厚度大于3 000 m。在裂谷肩部和离散陆块上，基性熔岩不整合覆于下伏岩层之上"。

【沿革】　对于该套地层，1984年前多归入曲嘎寺组，四川区调队称为晚三叠世玄武岩。《四川省区域地质志》及本次清理沿用，改称组。

【现在定义】　整合或不整合于卡尔蛇绿岩组或老地层之上，伏于图姆沟组碎屑岩或勉戈组碎屑岩、中酸性火山岩之下的蛇绿岩组合。岩性下部为玻基橄榄岩、角闪橄榄岩，中部为具层状堆晶结构的辉石岩、辉长岩，上部为基性枕状熔岩、橄榄玄武岩，顶部为含放射虫硅质岩夹层的海相复理石。玄武岩中夹含不同时代之角砾状灰岩。与围岩、内部层间多为构造接触。

【层型】　正层型为木里县水洛乡瓦能—劳玛剖面。位于木里县水洛乡(100°42′25″，28°15′30″)，四川区调队1984年测制。

瓦能蛇绿岩组　　总厚度2 750 m

4. 杂色放射虫硅质岩，夹石灰岩碎块，产簸等化石。未见顶	>250 m
3. 玄武质火山集块岩、角砾岩，夹少量角砾状灰岩外来体	500 m
2. 枕状玄武岩、细碧岩	2 000 m

~~~~~~~~~~ 不整合 ~~~~~~~~~~

下伏地层：卡尔蛇绿岩组　紫红、灰绿色硅质岩、硅质板岩，夹灰岩和砂岩

【地质特征及区域变化】　主要发育于木里以北。其下部层序见于理塘县美沟和正希牛场一带，为具明显粒度分异的异剥辉长岩夹蛇纹石化橄榄岩和斜辉橄榄岩的扁豆体。其余地方岩性组合为苦橄岩、玻基纯橄榄岩、单辉橄榄岩、二辉橄榄岩、方辉橄榄岩、橄榄辉石岩、角闪辉石岩和辉石岩。在新龙莫兰御结和木里买空，玄武岩顶部见有厚数米至150 m的粗面岩。玄武岩以枕状构造为主，其岩枕从下到上构成由大到小，由多而密集至少而稀疏，并由杏仁状玄武岩所代替，可见多个喷发旋回。

本组在木里一带产放射虫 *Hexalonche*，*Flustralla*，在理塘产双壳类 *Myophoria*；海百合茎 *Cycloyclicus*。在各地灰岩块体中，有大量不同时代的化石混杂。

本组也是川西找金的重要层位，如尕拉金矿即位于此层中。

过去一般都归入曲嘎寺组或根隆组中，在成分、层位等宏观特征方面有相近或相似的地方，但其本质是不相同的，见表9-2。

如年各组　Tr　(06-51-0169)

【创名及原始定义】　四川区调队1984年创建。创名地在炉霍县侏倭区如年各。原始定义："该组分上、下两段，下段即原称的新都桥组，1983年四川地质局、四川区调队踏勘组踏勘后认为可改称下段，岩性为深灰—灰黑色绢云板岩夹少量变质砂岩、黑色硅质灰岩，产大量瓣鳃类化石；上段为灰岩、基性火山岩组成，代表特定环境的地层。上、下段与上、下地层间关
~~~~~~~~~~

系不明”。在叙述中介绍本组与上覆两河口组在东谷一带为整合接触，与格底村组平行不整合或整合接触。

表 9-2　瓦能蛇绿岩组与根隆组的差异比较表

特征 \ 地层单位	瓦能蛇绿岩组	根　隆　组
所处的构造部位	裂谷带、断裂带	岛弧带
火山岩的岩石类型	超基性→基性→中基性，以基性为主	基性—中性，夹酸性，中基性为主
地层结构特征	整体无序，局部有序，岩层多破碎。变形旋转和挤压现象常见	层位清楚，成层性好，延伸性较好，与上下地层接触关系清楚
	常见构造形成的混杂，砾石多变形、挤压、旋转，砾石排列多受片理、劈理面控制	所夹砾石层以沉积为主，砾石排列与层理一致
	火山岩下部呈块状结构，中部为堆晶结构，上部多为熔岩层	火山岩以熔岩为主，有陆相，有海相，喷发相序清楚
	熔岩中有灰岩滑落块体，顶部有放射虫硅质岩	层间多沉积岩夹层，有砂泥岩、灰岩、硅质岩、介壳灰岩
火山岩岩石化学特征	总体具裂谷型火山岩岩石化学特征，为高铁、高镁拉斑玄武岩系列具从大洋—大陆碱性玄武岩的过渡特征	总体具岛弧型火山岩岩石化学特征，为CA玄武岩—安山岩系列具火山弧—板内玄武岩的过渡特征
化石特征	以放射虫为主，混入有各类化石	以双壳类、菊石等为主，多呈介壳灰岩出现
成矿特征	与低温多金属成矿有关，为金的富集带	

【沿革】　对于此套地层，程裕淇等 1941 年将其归入古生代晚期喷出岩——称道孚火山岩系。1974 年前都作为二叠系。1975 年李小壮等对道孚、炉霍一带踏勘后将其与扎尕山群对比。1976—1978 年四川二区测队曾以道孚县白崖子剖面创建白崖子组，岩性扩大为玄武岩、灰岩夹砂板岩，但最终报告未采用。就炉霍县如年各剖面而言，1974 年四川三区测队也作为成层有序的地层处理，归于石炭—二叠系。1980—1984 年四川区调队，发现大量的晚三叠世生物化石，并查明了层位关系，新建如年各组，用以代表在裂谷环境中形成的，以火山岩为基质的层位。其后沿用。本次清理中将原如年各组下段板岩为主的层位，仍归入新都桥组，如年各组仅局限于火山岩与滑混杂岩形成的层位。

【现在定义】　分布于炉霍—道孚断裂带，整合于两河口组或格底村组之下、新都桥组之上的地层。岩性为灰色、紫红色块状灰质角砾岩、生物碎屑灰岩、灰绿、紫红色蚀变玄武岩、枕状玄武岩、玄武质角砾岩、玄武质凝灰岩，夹变质砂板岩、硅质岩。沿走向砂板岩增加，并与新都桥组上、中部相变相接，指状交叉。内部和上、下地层间多为断层接触，部分整合。厚数千米。产双壳类、牙形石等化石。

【层型】　正层型为炉霍县侏倭区日拉沟剖面。位于炉霍县侏倭区(100°22′41″，31°40′27″)，四川区调队 1979 年测制。

上覆地层：**两河口组**　变质砂岩夹板岩

——————— 整　合 ———————

总厚度＞2 101.6 m

如年各组

38. 灰色厚—块状生物碎屑灰质角砾岩。产腹足类 *Loxonema*；腕足类 *Sanqiaothyris*；双壳类 *Entolium*、*Plagiostoma*、*Mytilus*；海百合茎 *Traumatocrinus hsui* 等　358.1 m

37. 紫红色厚层钙质白云岩　69.2 m

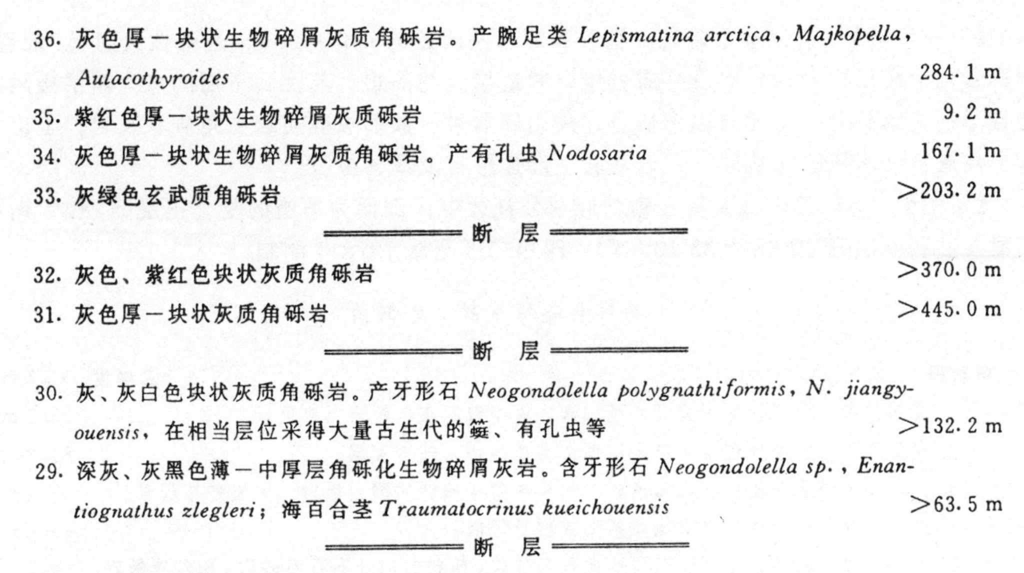

36. 灰色厚—块状生物碎屑灰质角砾岩。产腕足类 *Lepismatina arctica*, *Majkopella*, *Aulacothyroides* 284.1 m

35. 紫红色厚—块状生物碎屑灰质砾岩 9.2 m

34. 灰色厚—块状生物碎屑灰质角砾岩。产有孔虫 *Nodosaria* 167.1 m

33. 灰绿色玄武质角砾岩 >203.2 m

══════ 断　层 ══════

32. 灰色、紫红色块状灰质角砾岩 >370.0 m

31. 灰色厚—块状灰质角砾岩 >445.0 m

══════ 断　层 ══════

30. 灰、灰白色块状灰质角砾岩。产牙形石 *Neogondolella polygnathiformis*, *N. jiangyouensis*, 在相当层位采得大量古生代的䗴、有孔虫等 >132.2 m

29. 深灰、灰黑色薄—中厚层角砾化生物碎屑灰岩。含牙形石 *Neogondolella sp.*, *Enantiognathus zlegleri*; 海百合茎 *Traumatocrinus kueichouensis* >63.5 m

══════ 断　层 ══════

下伏地层：新都桥组　绢云板岩

【地质特征及区域变化】　本组为一套角砾状灰岩、玄武岩的滑混沉积。因构造影响，出露不全。火山岩主要有蚀变玄武岩、蚀变橄榄玄武岩、安山玄武岩、基性火山角砾岩、凝灰岩。辉绿岩常呈脉状穿入玄武岩和砂板岩中。熔岩具斑状结构、间隐结构、球颗结构，杏仁及枕状构造。在尼库沟，由火山角砾岩、橄榄玄武岩、蚀变玄武岩组成 9 个爆发—溢流旋回，厚约 320 m。炉霍一带基性熔岩、火山碎屑岩都很发育，可见厚数米至 300 余米。道孚白崖子至道孚铁矿山由玄武岩、安山玄武岩及基性火山角砾岩与砂板岩、灰岩、白云岩、硅质岩等组成，厚 130 m 至千余米。基性火山岩以炉霍—道孚一带最发育，向北、向南均减少变薄。本组以含大量古生代腕足类、珊瑚及早三叠世牙形石，晚三叠世双壳类、腕足类、海百合茎等。

如年各组是重要的含金层位，也见有磁铁矿（道孚菜子坡）及低温矿化显示，如道孚一带的辉铋-辉锑矿化，甘孜东谷的丘洛金矿等。

塔藏组　Ttz　（06 - 51 - 0167）

【创名及原始定义】　辜学达、黄盛碧于 1987 年创建，命名地为南坪县塔藏乡，原称塔藏群。原始定义：指分布于岷江—荷叶断裂带及附近的一套火山岩、泥砾混杂岩。岩性为下段变质砂岩夹灰岩、角砾状灰岩、杏仁状玄武岩、角闪细碧岩、火山角砾岩、放射虫硅质岩，上段为陆源复碎屑复理石夹塌积碳酸盐岩混杂岩，底部为杂色砂泥岩或铁锰矿层。厚度大于 2 800 m。

【沿革】　对于该套地层认识历来有较大的分歧。前人把含古生代化石的灰岩，都作相应时代的地层，1976 年四川二区测队将达波俄、小西天等处都作为石炭—二叠系处理，后来在这些灰岩中发现有中晚三叠纪化石，1978 年又将其归入扎尕山群。1985 年邓永福在西康群专题研究报告中，将九寨沟附近的灰岩创名为隆康群。1987 年辜学达、黄盛碧工作后，发现该套地层既不同于正常沉积为主的扎尕山群，也非古生代之正常地层，而是一套基性火山岩、塌积岩形成的火山质混杂岩，是特定的裂谷或裂陷环境的产物，类似于炉霍—道孚断裂带上之如年各组，又是重要的含金层位，因此创名塔藏群。1991 年《四川省区域地质志》中使用该名。现沿用，改群为组。

【现在定义】 指分布于岷江—荷叶断裂带及附近的一套基性、偏超基性火山岩、细碧岩、角砾岩、滑混塌积岩和复理石碎屑岩组合的地层。与周边，与上、下层间多为断层接触。其岩性下部为细碧岩、基性火山集块岩、火山碎屑岩、放射虫硅质岩夹角砾状灰岩；上部为复理石碎屑岩夹塌积碳酸盐岩、角砾灰岩。产牙形石及放射虫。

【层型】 南坪县塔藏乡箭安塘与胜利公社牙屯沟剖面为本组的复合正层型，位于南坪县塔藏及胜利乡(103°40′38″，33°10′50″)，四川二区测队1978年测制。

南坪县塔藏乡箭安塘剖面

塔藏组	总厚度 595.3 m
17. 浅灰色中一厚层状变质岩屑石英细砂岩夹少量深灰色板岩（未见顶）	75.0 m
16. 深灰色薄一中层状变质粗粒岩屑砂岩与灰色绢云板岩互层	85.0 m
15. 浅灰绿色薄层变质长石石英砂岩与浅灰色薄板状钙质绢云板岩、中层微晶灰岩	120.0 m
14. 浅灰色薄一中层状灰岩夹泥质条带灰岩及砾屑状灰岩	16.0 m
13. 浅灰色中一厚层状变质含碳屑钙质石英砂岩，粗粒岩屑长石石英砂岩，粉砂质板岩、绢云板岩组成韵律式互层	107.0 m
12. 浅灰色薄一厚层状变质岩屑石英粗砂岩、变质岩屑长石石英砂岩，与浅灰色绢云板岩、薄层细晶灰岩构成互层，底部见含砾粗砂岩	34.0 m
11. 浅灰绿色变质岩屑石英砂岩与粉砂质板岩互层，夹灰色灰岩透镜体或团块	53.0 m
10. 浅绿灰色变质岩屑粗砂岩、变质岩屑石英砂岩与薄一中层状灰岩、板岩夹含铁灰岩、含铁砂岩、贫铁锰矿薄层构成韵律式互层	21.0 m
9. 褐红色薄层铁质灰岩、含铁灰岩、致密灰岩，底部为灰绿色铝土质粘土岩	14.8 m
8. 浅灰色薄一厚层角砾状灰岩	3.0 m
7. 浅灰色薄一中层钙质板岩、紫红色钙质板岩、变质钙质砂岩	5.0 m
6. 浅灰色薄层灰岩与角砾状灰岩互层	18.0 m
5. 浅黄灰色薄一中层变质钙质粉砂岩、钙质板岩	8.0 m
4. 浅黄灰色钙质板岩夹数层板状灰岩	8.0 m
3. 灰一深灰色薄板一薄层状微晶灰岩	6.0 m
2. 上部为黄灰色板岩，下部为灰黑色碳质板岩	1.5 m
1. 浅灰色灰岩、角砾状灰岩。产䗴科化石等。未见底	20.0 m

南坪县胜利公社牙屯沟剖面

塔藏组	总厚度 207.5 m
7. 灰色、灰绿色中厚层含黄铁矿颗粒的杏仁状细碧岩(未见顶)	27.0 m
6. 灰色薄板状板岩和变质石英砂岩互层	101.0 m
5. 灰、灰绿色中厚层状细碧岩，下部有少许角砾岩	17.0 m
4. 灰褐色薄一中厚层变质石英砂岩夹深灰色砂质千枚岩或板岩	6.4 m
3. 灰绿色中厚层细碧岩，细碧质凝灰岩	2.4 m
2. 灰、灰绿色中厚层火山集块岩	10.2 m
1. 灰绿色中厚层火山角砾岩（未见底）	43.5 m

【地质特征及区域变化】 本组沿岷江及荷叶断裂带分布，火山岩主要为细碧岩、角砾熔岩、火山碎屑岩和次火山相辉绿岩，岩石变质轻微，结构构造保留较完整，爆发相分布在牙屯、丛垭等处。火山口相由火山集块岩、角砾岩、火山弹组成，牙屯沟剖面由下而上可分出

3个由火山集块岩、角砾岩、熔岩、凝灰岩、复理石碎屑岩、灰岩组成的韵律，远离即由喷发-沉积相代替。总之，下部基性火山岩夹碎屑岩、灰岩，上部变质砂板岩夹灰岩的特征是很清楚的。其下部在南坪、松潘漳腊一带产有双壳类 *Daonella lommeli*；牙形石 *Neogondolella excelsa*，*N. polygnathiformis*；海百合茎 *Traumatocrinus hsui* 等。

塔藏组火山岩在牙屯沟全岩 K-Ar 同位素年龄值为 227 Ma，在塔藏 K-Ar 同位素年龄为 224～231 Ma。

总之，川西高原的二叠纪—三叠纪火山岩为沟、弧、盆体系的产物。金沙江蛇绿岩群玄武岩为洋脊拉斑玄武岩，是海沟关闭后的洋脊残片。根隆组、勉戈组为典型的岛弧型CA玄武岩—安山岩—流纹岩，由早期—晚期，火山弧前缘向弧后方向，岩浆岩系列出现由 TH→TH+CA（+A）→CA（+A）有规律的变化，这种变化也显示由初始向成熟岛弧的转化。其弧后发育三条裂谷带。理塘和道孚带的理塘蛇绿岩群和如年各组之玄武岩属高镁、高铁拉斑玄武岩和基性科马提岩向钠质碱性玄武岩过渡，其地质和地球化学特征相似于洋脊玄武岩，又有岛弧向板内玄武岩过渡，具弧后扩张初始洋壳特征。岷江带的塔藏组玄武岩是偏钾质的碱性系列，属板内玄武岩，其裂谷发育尚处于幼年期即夭折。

对比理塘带蛇绿岩、道孚带如年各组和岷江带塔藏组火山岩，其岩石类型及岩石化学特征，显示离金沙江缝合线愈远，裂谷发育程度及裂谷深度也愈低、愈浅。

第三节　生物地层及年代地层讨论

一、生物地层讨论

川西高原三叠系所产化石不多，分布也极不均匀。玉树-中甸地层分区生物数量种属较多，西康群分布区大面积未见可供佐证时代之化石。现在主要发现有菊石、双壳类、牙形石、珊瑚、腕足类、腹足类、有孔虫、植物等，其中双壳类、菊石、牙形石、植物对建立本区地层划分和生物地层单位有较重要的意义。本区生物群具有明显的特提斯生物区系特色，仅有少量环太平洋分子混入。但由于构造和地理环境的特殊，也形成了一些地方色彩极浓的种群。

由于条件恶劣，化石稀少，因而本区未进行过系统的生物地层工作。区调报告和专著中对生物地层多采用剖面生物群及点上生物群资料，对比研究程度较高的地区和国际上的生物地层划分，建立相应的生物带、组合和层。本书着重讨论菊石、双壳类、牙形石、植物群在本区岩石地层中的位置和相应年代地层信息。见表 9-3。

（一）*菊石*

川西菊石化石分布零星，但层位集中。建立生物带条件不成熟，只能选适用本区的菊石层主导化石。

1. *Ophiceras* 层

数量很少，仅见于领麦沟组下部和布伦组下部，未有确定的种名，伴有早三叠世早期牙形石，大约可与各地同名带对比。

2. *Prohungarites* - *Albanites* 层

仅见于布伦组。得荣古学茨岗剖面中，由于化石集中在厚约 50m 的灰岩中，分带不显，暂以此层代表奥伦期组合。主要有 *Proptychitoides*，*Leiophyllites*，*Procladiscites*，*Hungarites*，*Pseudosageceras*，*Prohungarites*，*Paranannites*，*Albanites triadicus*，*Anasibirites* 等。

表 9-3 川西三叠系各门类生物地层序列及对比表

		牙形石	双壳类	菊石	腕足类	植物
T_3	Rhaetian		*Yunnanophorus boulei* – *Trigonodus keuperinus* 组合		*Laballa suessi-Rhaetina eliptica* 组合	*Lepidopteris ottonis-Ptilozamites chinensis* 组合带
	Norian	*Epigonodolella abneptis* 层	*Burmesia lirata* – *Myophoria napengensis* 组合带	*Pinacoceras-Cyrtopleurites* 组合	*Sanquaothyris elliptica-Lobothyris rosschae* 组合	*Dictyophyllum nathorsti-Clathropteris meniscioides* 组合带
	Carnian	*Neogondololla polygnathiformis* 带	*Halobia pluriradiata-H. rugosa* 组合带	*Proarcestes-Tropites* 层		
T_2	Ladinian	*Neogondolella excelsa* 带	*Daonella lommeli* – *D. indica* 组合			
	Anisian	*N. constricta* 带	*Myophoria goldfussi mansuyi* 组合		*Mentzelia mentzeli* 组合	
T_1	Arenigian	*Neospathodus timorensis* 带 *N. collinsoni* 带 *N. waageni* 带	*Eumorphotis multiformis* 带	*Prohungarites* – *Albanites* 层		
	Indian	*Parachirognathus* – *Pachycladina* 组合带 *Anchignathodus parvus* 带	*Claraia wangi* 延限带	*Ophiceras* 层		

3. *Proarcestes* – *Tropites* 层

见于曲嘎寺组、根隆组中，也可上延到图姆沟组、勉戈组。由于菊石化石不多，又未见标准的 Carnian 期菊石分子。*Proarcestes* 在川西一带出现的频率较大。主要伴生分子有 *Proarcestes gaytani*，*Arcestes*，*Joannites*，*Discophyllites* aff. *ebneri*，*Hauerites*，*Anatibetites mirabilis* 等。

4. *Pinacoceras* – *Cyrtopleurites* 组合

见于图姆沟组、喇嘛垭组下部、勉戈组，数量稀少。主要有 *Thisbites*，*Cladiscites*，*Cyrtopleurites bicrenatus*，尤其在乡城、理塘一带发现 *Pinacoceras parma*，可代表诺利期分子。

（二）双壳类

川西双壳类数量较多，但在剖面上所见属种单调。

1. *Claraia wangi* 延限带

主要见于祁让沟组、菠茨沟组、领麦沟组、布伦组。在金沙江蛇绿岩群顶部，理塘蛇绿岩群卡尔蛇绿岩组上部也有发现。重要分子有 *Claraia wangi*，*C.* cf. *wangi minor*，*C. griesbachi*，*C. stachei*，伴生有 *C. aurita*，*C. clarai*，*Oxytoma scythicum*，*Eumorphotis inaequicostata* 等。该化石群无台区的分带现象，多共生于一层，产于上述各组中、下部。

2. *Eumorphotis multiformis* 带

见于布伦组、领麦沟组、罗让沟组、九龙一带菠茨沟组中—上部。化石数量少，但层位稳定。主要分子有 *Eumorphotis multiformis*，*E. inaequicostata*，*E. telleri*，*Entolium discites* 等。

3. *Myophoria*(*Costatoria*) *goldfussi mansuyi* 组合

见于三珠山组。九龙、若尔盖一带之扎尕山组中也零星发现。伴生有 *Myophoria* (*Costatoria*) *goldfussi mansuyi*，*M.*（*C.*）*glodfussi*，*M.*（*C.*）*radiata*，*Posidonia* sp.，*Leviconcha ovata*，*Neoschizodus* cf. *laevigates elongatus*，*Entolium discites* 等。

4. *Daonella lommeli* - *D. indica* 组合

见于三珠山组、塔藏组下部。分子有 *Daonella indica*；*Posidonia elliptica*，*Halobia rugosoides*，松潘安壁见有：*Daonella lommeli*。另外在松潘马拉墩热窝侏倭组中还见有 *Daonella boeckhi*，*D. moussoni*，*D. rudis*，*D. sturi* 等，在让塘南木达见有 *Daonella indica*，新龙见 *D. fascicostata* 等，其层位待定。多与卡尼期 *Halobia pluriradiata* 共生于一层中。

5. *Halobia pluriradiata* - *H. rugosa* 组合带

此组合在川西一带分布广，化石数量多，但属种单调。主要见于侏倭组、新都桥组、图姆沟组、曲嘎寺组、根隆组、勉戈组、瓦能蛇绿岩组、如年各组、巴塘群。可上延至两河口组、喇嘛垭组下段、拉纳山组。主要分子有 *Halobia pluriradiata*，*H. rugosa*，*H. yunnanensis*，*H. austriaca*，*H. cordillerana*，*H. superba*，*H. vietnamica*。其上部也见有那贡动物群分子 *Pergamidia timorensis*，*P. irregularis* 等。总之本组合以 *Halobia* 属为主，尤其见有大量未成年个体。

6. *Burmesia lirata* - *Myophoria*(*Costatoria*) *napengensis* 组合带

见于新都桥组、两河口组、雅江组下部、图姆沟组、勉戈组、喇嘛垭组下段、如年各组，以两河口组、图姆沟组、勉戈组、喇嘛垭组下段最常见。主要为那贡动物群中的常见分子。*Burmesia lirata*，*Myophoria*(*Costatoria*) *napengensis*，*Pergamidia timorensis*，伴生有 *Halobia pluriradiata* - *H. rugosa* 组合带中的大部分分子，还有 *H. ganziensis*，*H. yandongensis*，*Nuculana perlonga* 等。但该组合带的主要分子在色达断裂带以东目前还未发现。

7. *Yunnanophorus boulei* - *Trigonodus keuperinus* 组合

主要见于喇嘛垭组上段。虽然该组合分子也见于其下的组，但大量的是在此段出现。伴生有 *Yunnanophorus boulei*，*Trigonodus keuperinus*，*Myophoriopis keuperina*，*Unionites emeiensis*，*U. rhomboidalis* 等。它是目前为止，本区三叠系最高层位的双壳类组合。

（三）牙形石

本区牙形石研究是80年代开始的，对于川西化石稀少的地区和层位，意义十分重大。辜学达、黄盛碧① 结合本区实际情况，建立了9个牙形石生物地层单位，较好地总结了本区牙形石研究成果，现介绍如下：

1. *Anchignathodus parvus* 带

见于菠茨沟组、罗让沟组底部，产于 *Claraia wangi* 带之下，与国际同名带等时。主要分子有 *Anchignathodus parvus*，*A. typicalis*，*Neogondolella carinata*，*Neospathodus dieneri*，*N. pakistanensis*，*Hadrodontina anceps*，*Cratognathodus sichuanensis* 等，分带不明显。

2. *Parachirognathus* - *Pachycladina* 组合带

赋存于菠茨沟组、罗让沟组上部，炉霍日拉沟、松潘淘金沟皆有发现。可作为 Arenigian 期的开始。产于 *Claraia wangi* 带之上。主要分子有 *Parachirognathus geiseri*，*P. symmetricus*，*Pachycladina* sp.。若尔盖一带见有 *Parachirognathus semicircnelus*，*Pachycladina obliqua* 等。

---

① 辜学达、黄盛碧，1987，川西—藏东三叠系牙形刺生物地层。四川省1:20万区域地质调查总结会议文集。四川省地质矿产局。

3. *Neospathodus waageni* 带

见于菠茨沟组上部、红星岩组，在炉霍县日拉沟、松潘县淘金沟都有发现。主要分子有 *Neospathodus waageni*，*Parachirognatus delicatulus*，*Lonchodina mulleri*，*Hibbardella sp.* 等。若尔盖一带见有 *Neospathodus triangularis*，*Parachirognathus tricuspidatus tricuspidatus*。

4. *Neospathodus collinsoni* 带

见于菠茨沟组上部、红星岩组中部。主要分子有 *Neospathodus collinsoni*，*N. homeri*，*N. xiangshuiensis*，*N. zhuwoensis*，*Neohindeodella triassica* 等。

5. *Neospathodus timorensis* 带

见于菠茨沟组顶部。在若尔盖见于红星岩组上部。主要分子有 *Neospathodus timorensis*，*N. homeri*，*N. hungaricus*，*Gladigondolella tethydis*，*Hindeodella nevadensis* 等。

6. *Neogondolella constricta* 带

发现于扎尕山组下部，若尔盖北部的祁让沟组中。主要分子有 *Neogondelella constricta*，*Cypridodella venusta*，*Lonchodina atidentata*。近年在党恩组顶部硅质灰岩中也发现该属。

7. *Neogondolella excelsa* 带

赋存于扎尕山组中上部、塔藏组下部、若尔盖郎木寺南贴克柯砂板岩中。主要分子有 *Neogondolella excelsa*，*N. monbergensis*，*Ozarkodina tortilis*，*O. saginata* 等。

8. *Neogondolella polygnathiformis* 带

主要见于杂谷脑组、塔藏组上部，如年各组中也有发现。显示 Carnian 的开始。主要特征是该属种的大量富集。

9. *Epigondolella abneptis* 层

仅见该种。产于曲嘎寺组、根隆组上部、图姆沟组之中。该牙形石种群，出现于欧洲三叠系的高层位之中，而本区所见数量很少，与国际牙形石带对比，层位也要低的多，故以层表示。

（四）植物

区内古植物化石主要集中在三叠系上部至顶部的拉纳山组、喇嘛垭组、雅江组和英珠娘阿组中，其他岩石地层单位虽也有零星植物化石或碎片，但对划分地层意义不大。

1. *Dictyophyllum nathorsti - Clathropteris meniscioides* 组合带

见于拉纳山组、雅江组、喇嘛垭组上段、勉戈组之中。主要是东京植物群的代表分子。*Neocalamites carrerei*，*Anomozamites major*，*A. loczyi*，*Cladophlebis raciborskii*，*C. gracilis*，*Clathropteris obovata*，*C. meniscioides*，*Dictyophyllum nathorsti*，*D. nilssoni*，*Ptilozamites chinensis*，*Podozamites lanceolatus*，*Pterophyllum aequale* 等。

2. *Lepidopteris ottonis - Ptilozamites chinensis* 组合带

仅见于英珠娘阿组，主要分子与 *Dictyophyllum nathorsti - Clathropteris meniscioides* 组合带相同，区别是新出了 Rhaetian 期分子：*Lepidopteris ottonis*。

（五）腕足类

1. *Mentzelia mentzeli* 组合

见于三珠山组、扎尕山组、祁让沟组之中。

2. *Sanquiaothyris elliptica - Lobothyris rosschae* 组合

见于曲嘎寺组、根隆组中。

3. *Laballa suessi* – *Rhaetina eliptica* 组合

见于图姆沟组、勉戈组、喇嘛垭组下段之中。

二、年代地层讨论

川西没有进行过系统的年代地层学研究，同位素年龄测试多用于岩浆岩，变质岩测年很少，习惯于用生物地层界线与国际界线对比确定本区的年代地层界线和划分。本书着重已有研究成果和本次清理中所作界线调整的地方做一讨论。

（一）三叠系的下界

区内三叠系底界一般处理在菊石 *Ophiceras* 层、双壳类 *Claraia wangi* 延限带及牙形石 *Anchignathodus parvus* 带之底。相当于布伦组、领麦沟组、罗让沟组和党恩组之底。与国际公认的 Scythian 阶的底界等时，其分界明显。

金沙江东岸的巴塘嘎拉卡、竹巴笼一带，有一套变质砂板岩夹灰岩的地层，二叠纪的腕足类、双壳类与早三叠世的角石 *Grypoceras branmanicum*，双壳类 *Claraia*，*Myophoria* 等共生于一层。这种混生现象证明由晚二叠世向早三叠世过渡时，本区仍处于海相环境，与其大地构造发展是相一致的。金沙江蛇绿岩群和卡尔蛇绿岩组也证明这种跨时现象。

（二）Scythian 阶的确定

本区早三叠世牙形石和双壳类、菊石虽有分带现象，但又相互混生。Indian、Arenigian 无法区分，因此本书下统不再划分，统归 Scythian 阶。

本区从所包含的牙形石带与双壳类带（组合）来看，与国际或扬子区所包含的内容是一致的。约相当于布伦组、领麦沟组、罗让沟组、红星岩组、普水桥组、菠茨沟组大部分。党恩组顶部灰岩中含 *Neogondolella* 属，其界线可能高于 Scythian 阶上延到安尼阶内。

（三）三叠系中统及其划分

在本区属三叠系中统的岩石地层单位有：祁让沟组、扎尕山组、三珠山组和马索山组、党恩组上部和列衣组中下部、塔藏组下部等层位。另外还有些地方见中统的腕足类和双壳类典型分子，但无层位，如理塘县磨子沟、松潘县达波俄等地。

区内中统分阶存在相当大的困难，其原因是安尼阶和拉丁阶的带化石多共存于同一套岩性组合之中，如三珠山组和祁让沟组，它们都含安尼阶的双壳类 *Myophoria goldfussi mansuyi* 组合、腕足类 *Mentzelia mentzeli* 组合，同时也含拉丁阶的 *Daonella indica* 组合中的分子。扎尕山组中也含上述两个阶的牙形石 *Neogondolella constricta* 与 *N. excelsa* 带化石。马索山组位于含 *Halobia pluriradiata*，*H. rugosa* 组合带的曲嘎寺组之下，应属中三叠统。列衣组上部含大量晚三叠世早期化石，其中下部属中统也可定论。

（四）Carnian 阶的确定

区内含 Carnian 阶的带化石层位有：曲嘎寺组、根隆组、杂谷脑组、侏倭组，还有塔藏组上部、巴塘群。它们都含牙形石 *Neogondolella polygnathiformis* 带，双壳类 *Halobia pluriradiata* – *H. rugosa* 组合带，菊石 *Proarcestes* – *Tropites* 层，腕足类 *Sanquiaothyris elliptica* – *Lobothyris rosschae* 组合等为主体的层位。其中也混有少数 Norian 的分子，但不能干扰其主体特征。

列衣组上部在巴塘义敦玉绒、隆卡寺一带采有菊石 *Arcestes*，腕足类 *Aulacothyropsis reflexa*，牙形石 *Epiqondolella primitia*，*Neogondolella navicula* 等，为 Carnian—Norian 期分子，个别牙形石甚至出现于三叠纪晚期地层中，但由于所处层位关系清楚，似暂放入 Carnian

阶地层中。

（五）Carnian—Norian 阶层位的存在

川西乃至青藏高原，都存着 Carnian—Norian 期混生生物群，其特点是既有 Carnian 期的带化石 *Neogondolella polygnathiformis*，*Halobia pluriradiata* - *H. rugosa* 及其代表分子，又有那贲动物群的主要分子，它们不但同层，甚至同一块标本上都可见及。这样的层位有：新都桥组、如年各组、两河口组、图姆沟组、勉戈组、拉纳山组等。

呷村勉戈组中铅 RFC 法模式年龄值（$^{206}Pb/^{204}Pb$、$^{208}Pb/^{204}Pb$）为 213～205.5 Ma，流纹质火山岩全岩 K - Ar 法年龄值为 241～219 Ma，全岩 Rb - Sr 法年龄值为 211.3～181.6 Ma，相当于 Carnian—Norian 阶。

（六）相当于 Norian 阶的层位

区内单独出现 Norian 化石 *Burmesia lirata* - *Myophoria napengensis* 组合带、*Yunnanophorus boulei* - *Trigonodus keuperinus* 组合与 *Dictyophyllum nathorsti* - *Clathropteris meniscioides* 组合的主体层位，有喇嘛垭组、雅江组。如把 Norian 带化石出现就作为本阶的开始，则包含了 Carnian—Norian 阶过渡的所有层位。

（七）Rhaetian 阶层位存在是可以肯定的

英珠娘阿组，不但产大量东京植物群，也见有 *Lepidopteris ottonis*。该化石产于北欧 Rhaetian 层位中，扬子区也多见于须家河组顶部，它出现的位置不是偶然的。在新龙一带含此化石的层位与下伏层平行不整合，有底砾岩，标志着川西隆升已进入另一层次。

区内未见三叠系与侏罗系的连续剖面，因此其顶界不明。从东向西，缺层减少，昌都可见两系的过渡层位（红—黑过渡层），预示着掀斜的先后及幅度的差异。

第四节　四川西部三叠纪岩石地层单位时空关系讨论

四川西部三叠纪时从东向西依被动大陆边缘向活动的岛弧带至金沙江洋脊，岩性、沉积建造，在时间与空间关系上呈有规律的递变。其间的陆内裂谷，反映了陆壳性质的差异，也是环境的界线，更是导矿、成矿、赋矿的有利地带（见图 9 - 1）。

一、早三叠世

东部菠茨沟组为被动大陆边缘次稳定型灰、杂色复陆屑内源异地含碳酸盐岩建造，以砂板岩为主夹碳酸盐岩。以宝兴一带发育较好，底部凝灰质砂岩、含砾变质砂岩中含晚古生代苔藓虫，其下部可能延至晚二叠世晚期，其顶部产 Arenigian 期双壳类与牙形石，该组主体属早三叠世产物。在黑水一带，底部含细砾，在松潘淘金沟主要为灰岩，均超覆于二叠系之上，产 Arenigian 期牙形石。木里县斜卡一带有厚约千余米的杂色变质砂板岩，下部见有 *Eumorphotis leptopleura*，*E.* ex gr. *multiformis* 等，可能以 Arenigian 期沉积为主，底部还有 200 余米未发现化石，也不排除包括整个下统。在道孚三公里紫红色含硅质条带灰岩中产有大量早三叠世牙形石；炉霍日拉沟如年各附近，过去曾报道测有 T_1 剖面，近年都处理为如年各组，现予记述。此套地层都见于盆地边缘及隆起带。

向西至理塘断裂带为非稳定型红色泥晶碳酸盐—含放射虫硅质岩建造，在木拉、巴鲁、卡尔的杂色硅质岩中，发现早三叠世放射虫，其下玄武岩 K - Ar 同位素年龄值为 242 Ma，也属早三叠世早期产物。其下超基性岩可能属晚二叠世。

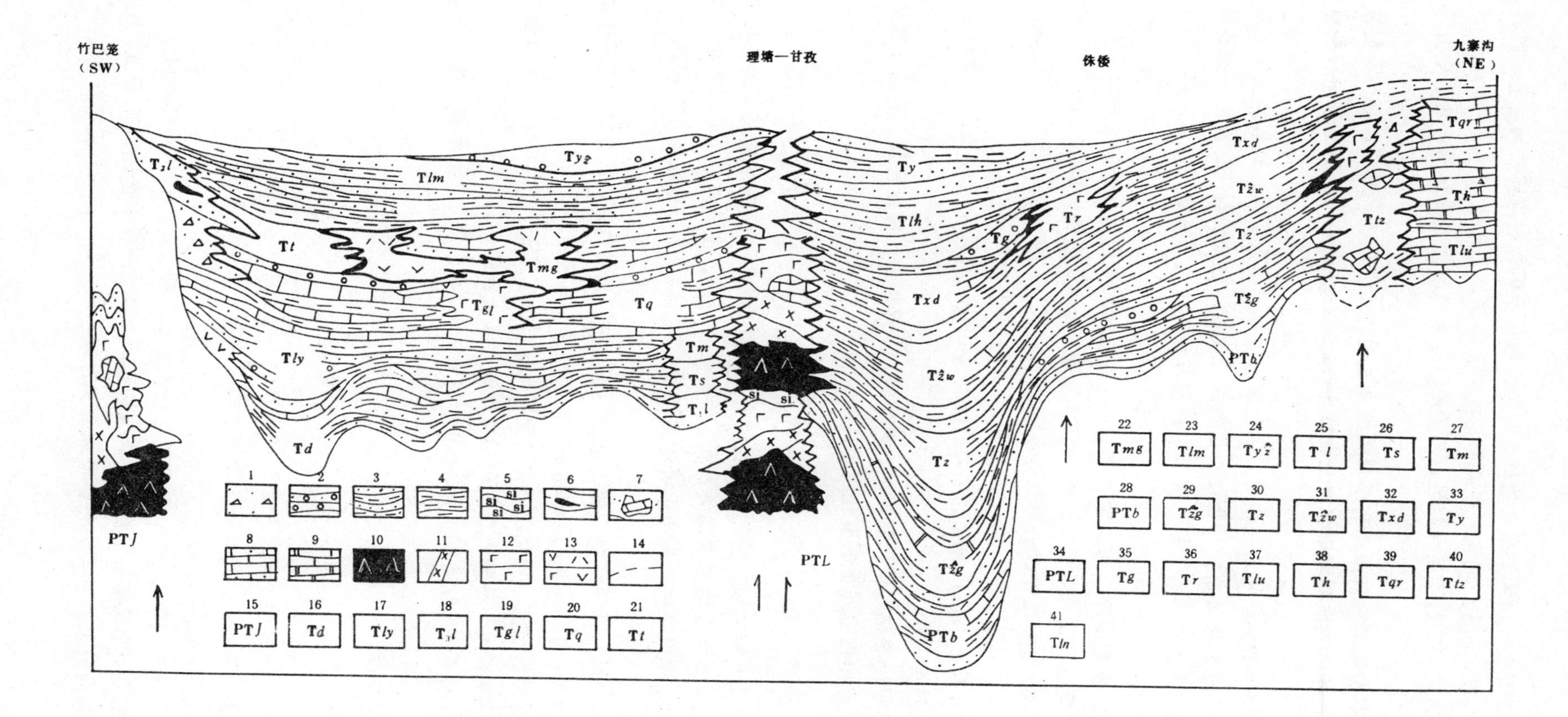

图 9-1　四川省西部三叠纪岩石地层单位空间关系示意图

1. 复成分砾岩；2. 砾岩、含砾砂岩；3. 砂岩、细砂岩；4. 泥岩；5. 硅质岩；6. 煤层；7. 塌积岩、塌积岩块；8. 灰岩、砂质灰岩、泥灰岩、砂泥质灰岩；9. 白云岩、白云质灰岩；10. 块状超基性岩；11. 基性岩、辉绿岩墙；12. 基性熔岩、玄武岩；13. 基性、中基性、中性、中酸性、酸性火山岩、碎屑岩；14. 平行不整合；15. 金沙江蛇绿岩群；16. 党恩组；17. 列衣组；18. 拉纳山组；19. 根隆组；20. 曲嘎寺组；21. 图姆沟组；22. 勉戈组；23. 喇嘛垭组；24. 英珠娘阿组；25. 领麦沟组；26. 三珠山组；27. 马索山组；28. 菠茨沟组；29. 扎尕山组；30. 杂谷脑组；31. 侏倭组；32. 新都桥组；33. 雅江组；34. 理塘蛇绿岩群；35. 格底村组；36. 如年各组；37. 罗让沟组；38. 红星岩组；39. 祁让沟组；40. 塔藏组；41. 两河口组领麦沟组为次稳定型灰色内源碳酸盐岩建造，仅见于桐翁及附近的漂移陆块之上，向西砂板岩增加，与义敦群过渡，向东、向北、向南都为蛇绿岩包围。下部见 *Claraia wangi*，上部化石稀少，与曲嘎寺组局部平行不整合接触，不排除有缺失的可能。在耳泽，几乎全为灰岩组成。

再西为党恩组，属非稳定型杂砂页岩含杂屑内源异地碳酸盐岩建造，属前弧盆地早期裂陷产物。与二叠系整合，其上硅质灰岩中含中三叠世牙形石 *Neogondolella*，其下属早三叠世沉积是无疑的。

中咱地块之上，沉积类型类同于木里桐翁，为稳定—次稳定型内源异地碳酸岩夹陆屑砂页岩建造，称为布伦组。有两种类型：一是以布伦剖面为代表的砂页岩与灰岩互层；二是以然乌卡剖面为代表的灰岩为主的类型。早三叠世早期发育较好，上部有缺失，从南向北缺层增加。

金沙江带上，三叠系发育不全，可见两种类型：一是以普水桥组为代表的非稳定型火山杂陆屑—内源碳酸盐岩建造，二是以金沙江蛇绿岩群为代表的非稳定型火山硅质岩—蛇绿岩建造。两者多为构造接触。金沙江蛇绿岩与二叠系联为一体，见有 P_2—T_1 过渡层，之上断失未见。

在南秦岭，罗让沟组代表 Indian 期，红星岩组代表 Arenigian 期，以若尔盖北发育较好，为稳定型内源碳酸盐岩建造为主。

综上从稳定→次稳定→非稳定以灰岩减少，火山岩、杂屑增加，硅质岩的大量出现为特征，体现了此时岩性、岩相在空间上的变化规律。

二、中三叠世

东部扎尕山组为被动大陆边缘次稳定—非稳定型复陆屑及内源异地碳酸盐岩建造。从与下伏菠茨沟组，上覆杂谷脑组连续过渡的关系看，中统发育尚好。该组仅见于盆地边缘，向南至九龙斜卡灰岩减少，厚度增大。塔藏组下部相当于中统上部，为非稳定型杂陆屑塌积岩建造，仅见于断裂带。

向西在木里桐翁的漂移地体上，称三珠山组和马索山组，为次稳定—稳定型内源异地碳酸盐岩建造，约与 Anisian 期、Ladinian 期相当，向东过渡为义敦群。

稻城—义敦一带为非稳定型杂屑复理石夹内源异地碳酸盐岩建造。以含杂屑、火山岩屑的变质砂板岩为主，厚度较大，称列衣组，包括党恩组上部灰岩层。

南秦岭中统以上资料不多，仅见相当于 Anisian 期的灰岩、白云质灰岩，属稳定型内源碳酸盐岩建造。

其余地方未见中统地层。

三、晚三叠世早中期

东部包括杂谷脑组、侏倭组、新都桥组和两河口组，为被动大陆边缘之次稳定—非稳定型杂屑砂—粉砂质复理石建造，从岷江断裂至理塘断裂带都有分布，从东向西厚度增大、块度变厚，成熟度稍有提高，化石增多。

在被动大陆内部发育了三条裂谷带，形成了特征的建造类型，从东向西分别是塔藏组、如年各组和瓦能蛇绿岩组，为非稳定型基性火山岩塌积岩建造和火山硅质岩-蛇绿岩建造。从东向西裂谷深度加大，时间较长，发育更好。塔藏组仅为裂开不久即夭折的裂陷槽产物。伴随炉霍断裂带形成的格底村组，为非稳定型磨拉石建造，是局部环境的产物。

向西即进入有名的义敦火山岛弧，包括了根隆组、勉戈组和曲嘎寺组、图姆沟组、拉纳山组。根隆组与勉戈组构成火山岛弧的核心和主体，为非稳定型火山岩-杂陆屑复理石建造。从北向南构成白玉热加—勉戈、义敦—理塘、乡城—稻城三个斜列的火山岩带。其间的曲嘎寺组、图姆沟组分别为次—非稳定型杂陆屑碳酸盐岩建造和非稳定型杂陆屑复理石建造。它们与火山岩相互穿插，互为消长。拉纳山组为超覆于中咱地块之上的非稳定型杂陆屑磨拉石建造，分布局限。

金沙江东岸的巴塘群，为非稳定型火山、杂陆屑磨拉石建造，示弧后之产物。

此时以义敦岛弧带为中心，向东为被动大陆边缘的非稳定杂陆屑复理石建造，向西为弧后的火山杂陆屑磨拉石建造。

四、晚三叠世晚期

进入此时，川西向西的掀斜加剧，金川一带未见两河口组以上层位，已进入大体一致的发展历程和建造环境。

从东向西有雅江组、喇嘛垭组，为次稳定型灰色复陆屑建造，并由海相逐渐过渡为海陆交互含煤至陆相沉积。英珠娘阿组为次稳定粗碎屑磨拉石建造，是川西一带三叠系目前研究状况下的最高层位。呈大的凸镜体超覆于三叠系之上。

第十章
侏罗纪、白垩纪及第三纪

川西侏罗系、白垩系的存在与归属在认识上有较大的分歧，其原因主要是分布零星且呈孤立的断陷盆地，岩性标志也不明显，无可靠的化石证据。但近年1∶5万、1∶20万区调再次证实本区存在着侏罗纪、白垩纪地层。川西第三纪时，已进入一个统一的发展阶段，岩性、岩相都十分相似。

1978年四川地层表编写组引用郎木寺群，从下到上建有下含煤组、下火山岩组、上含煤组、上火山岩组，时代属侏罗纪，将若尔盖罗叉剖面和朗木寺剖面上之红色砾岩归入白垩系。1991年《四川省区域地质志》按青海省划分意见，将火山岩含煤地层称八宝山组(T_3)，红色砾岩归入热鲁组或红土坡组，否定了川西一带侏罗系、白垩系的存在。1992年川西北地质大队完成了降扎等8幅1∶5万区调联测后，证实川西高原侏罗系、白垩系的存在并建立了地层序列甲秀组、郎木寺组、财宝山组，本次清理确认它们属岩石地层单位。

前人将川西第三系分为德格—理塘区的热鲁组、昌台组，阿坝—松潘区的红土坡组、马拉墩组。川西地区第三纪时都进入了地槽回返后构造发展阶段，处于同一隆升环境之中，所形成的热鲁组与红土坡组，昌台组与马拉墩组在岩性、岩相、成矿等诸方面都十分相似，故本次清理不再分区，统一考虑地层单位序列。

甲秀组　*Jj*　(51-0241)

【创名及原始定义】 1992年川西北地质大队创名于甘肃省碌曲县财宝山。指角度不整合于老地层之上，岩性由灰—深灰色夹黄灰色中—粗粒岩屑砂岩、凝灰质砂岩、砾岩与黑色粉砂岩、泥页岩互层，底部时见石英安山岩、凝灰岩、含砾沉凝灰岩，中、上部夹含煤碎屑岩、煤层，厚数十米至302 m的地层。

【沿革】 该套地层，1961年四川甘孜区测分队曾称郎木寺群，归于J—K。1973年甘肃省归入侏罗系，分为下岩组——含煤岩组、上岩组——火山岩组。1985年青海省称为八宝山组，归入巴颜喀拉山群最上部一个单位。1991年《四川省区域地质志》引用此对比方案，将火山岩煤系地层统称八宝山组，放入草地群第四岩组之上。1992年川西北地质大队按新的认识，将下部含煤地层新创名甲秀组，之上的火山岩按岩石类型不同，分别称为朗木寺组、财宝山组。本次清理后，确认属可制图的岩石地层单位，现沿用之。

【现在定义】 在四川省指不整合于老地层之上，未见顶，或被财宝山组火山岩不整合覆盖的地层，岩性为灰—黄灰色粗粒岩屑砂岩、细砾岩、粉砂岩互层，底部见石英安山岩、凝灰岩、含砾沉凝灰岩，中、上部夹含煤碎屑岩、薄煤层，产植物化石。厚数十米至300余米。

【层型】 正层型为甘肃省碌曲县财宝山北坡剖面，位于川甘交界的若尔盖县郎木寺北侧的碌曲县财宝山，川西北地质大队1992年测制。省内未测剖面。

【地质特征及区域变化】 甲秀组是川西高原上第一个未变质的岩石地层单位，为孤立的断陷盆地河流相沉积，不整合于老地层之上。岩性为粗粒碎屑岩夹煤层，由灰—深灰色夹黄灰色中—粗粒岩屑砂岩、凝灰质砂岩、砾岩与暗灰—黑灰色粉砂岩、泥页岩互层组成。在郎木寺、财宝山一带见可采煤3～4层。财宝山一带煤系地层之下尚有石英安山岩。厚度在财宝山最大，达302 m，向南至降扎为100 m左右，盆缘拉路仅27 m。

在煤系中采有植物化石 *Podozamites*，*Coniopteris* 等，孢粉 *Pseudopicea*，*Platysaccus*，*Psophosphaera*，*Cycadopites*。此生物群总体特色为早侏罗世。

本组仅见于若尔盖煤矿、财宝山北坡，分布面积小。作为川西地槽回返后的第一个盖层，岩性特征明显，且是高原重要的含煤层位。

郎木寺组 Jl （51-0242）

【创名及原始定义】 1961年四川甘孜区测分队创名于川甘交界的郎木寺，原称郎木寺群。1992年川西北地质大队介绍。指下部为爆发相安山质火山角砾岩、凝灰岩；中部为溢流相安山质熔岩，以黑云母安山岩为主；上部为基性熔岩，以橄榄玄武岩为主的地层。火山活动以裂隙—中心式为主。从柱状节理及硅化木茎来看，属内陆火山岩相。

【沿革】 该组研究与认识过程与甲秀组雷同。相当于甘孜区测分队所称的郎木寺群下火山岩组，甘肃省区调队称的侏罗系火山岩组。

【现在定义】 喷发不整合于甲秀组含煤碎屑岩之上、伏于财宝山组流纹质火山角砾岩之下的基性、中基性火山岩。主要岩性下部为安山质火山角砾岩、集块岩，上部为安山质熔岩、角闪安山岩、橄榄辉石玄武岩等。

【层型】 正层型为甘肃省碌曲县郎木寺乡水电站—财宝山剖面，位于川甘交界的若尔盖县郎木寺北侧，川西北地质大队1992年重测。省内未测剖面。

【地质特征及区域变化】 该组以安山质火山熔岩为主体，玄武岩比较局限。火山活动以裂隙—中心式为主，火山口位于郎木寺火山盆地北侧东、西两边。郎木寺一带，下部为爆发相安山质火山角砾岩，甲秀沟内见安山质火山集块岩、凝灰岩；中部为溢流相的安山质熔岩，具斑状结构、块状构造，局部出现气孔、杏仁状构造，柱状节理发育。上部为基性熔岩，以橄榄玄武岩为主。

郎木寺组几乎全为火山岩，火山岩全岩K-Ar法同位素年龄值为：199.08±5.5～185.22±4.15 Ma，财宝山南坡为169.1～183.2 Ma，似应放入早侏罗世，考虑该组不整合于甲秀组之上，暂放入J_{2-3}，最大可能为J_{1-2}，与我国东部陆内火山岩相呼应。

郎木寺组火山岩中见有玛瑙、碧玉等，应予注意。

必须说明的是郎木寺群一名过去也曾用于新第三纪、侏罗—白垩纪、早—中侏罗世等时代。

财宝山组　Kc　(51－0243)

【创名及原始定义】　川西北地质大队1992年创名于甘肃省碌曲县郎木寺财宝山。指超覆于志留系和侏罗纪郎木寺组之上的一套中酸性火山岩，其顶部有上白垩统热当坝群红色砾岩不整合覆盖。岩性分为下部爆发相浅灰色英安流纹质火山角砾岩和上部溢流相英安质流纹岩或流纹英安岩。Rb－Sr同位素年龄值为112±27～136.23±3.74 Ma。总厚2 000余米。

【沿革】　对此套地层1961年四川甘孜区测分队将其放入侏罗系—白垩系郎木寺群上部，1978年四川地层表编写组称为郎木寺群上火山岩组，时代为侏罗系。

【现在定义】　喷发不整合于老地层或郎木寺组玄武岩之上，上部为热鲁组红色砾岩或第四系砂砾石所不整合覆盖，主要岩性为英安质火山角砾岩、英安岩和流纹岩所组成的地层。属陆相火山喷溢产物。

【层型】　正层型为甘肃省碌曲县郎木寺乡财宝山剖面，位于川甘交界的若尔盖县北侧，川西北地质大队1992年测制。省内次层型为阿坝县麦浪沟剖面。

【地质特征及区域变化】　该组呈孤立的火山盆地，下部为爆发相英安流纹质火山角砾岩，上部为溢流相英安流纹岩或安山粗面岩。凝灰岩中见有硅化木树茎。以陆相中心式喷发为主。此套地层四川省境内除郎木寺一带见到外，另在阿坝县麦浪沟也有发现，麦浪沟火山岩以中酸性为主，《四川省区域地质志》以该套火山岩不整合覆于年保也则花岗岩(全岩Rb－Sr等时年龄值为152 Ma)之上，将其归入侏罗系。本次清理考虑到郎木寺组火山岩以中基性为主，麦浪沟以中—酸性火山岩为主，有别于郎木寺组，故放入财宝山组。

在甲秀沟的该组英安质熔岩中Rb－Sr同位素年龄值为112±27 Ma，财宝山南坡K－Ar法年龄值为136.23±3.74 Ma。财宝山见其喷发不整合于郎木寺组玄武岩之上，不整合于年保也则花岗岩(152 Ma)之上，本书将其作为早白垩世产物，不排除延入晚侏罗世的可能。

本区财宝山组为富金层位，金异常明显，伴生有重晶石、雄黄。在甲秀沟口发现铀异常多处，局部已达工业品位。

从郎木寺组、财宝山组火山岩岩石类型、组合特征及岩石化学、稀土、微量元素等分析，介于陆缘弧火山岩与造山带之间，结合全区构造环境，可能是与大陆消减造山有关的火山活动。

热鲁组　KE*r*　(51－0246)

【创名及原始定义】　四川一区测队1961年创建于理塘县麦洼，称热鲁群，1982年四川区调队介绍。指岩性上段为红色砂、砾粗碎屑岩，厚500～600 m；中段为杂色砂、泥碎屑岩夹泥灰岩、泥质白云岩，厚343～1 200 m；下段为红色砂砾岩、粗碎屑岩，局部夹中酸性凝灰岩、安山岩，厚135～1 202 m，不整合于不同时代的老地层之上的地层[①]。

【沿革】　1961年四川一区测队草建热鲁群，时代为侏罗—白垩纪。1974年四川三区测队将其与昌都地区地层对比，改称贡觉群。1978年四川地层表编写组认为与藏东贡觉群在岩性、岩相上差别较大，改称下第三系。1978年四川区调队改为组。1982年四川区调队、南京地质古生物研究所研究后，称热鲁群，时代为E_2。1984年四川区调队重新测制了剖面，认为

① 该剖面最早为毛君一等1967年测制，分为红、杂、红三套，化石发现于杂色层中，杂色层与上覆层间为不整合接触，其后1∶20万理塘幅等认为其间为断层，现证实二者间仍为不整合接触。特记述之。

岩性二分性明显，化石时代有异，将其下部新建为昌宗组，其上仍称热鲁群，时代分别归入E_2、E_3。1991年《四川省区域地质志》中仍统称热鲁群，时代为E_2-E_3。

在阿坝地区，1961年应绍奋将此套红色砾岩放入白垩系。1978年四川地层表沿用此看法。1977年四川二区测队将红土乡红色磨拉石砂砾岩创名为红土坡组，时代为N_2，其后一直沿用，《四川省区域地质志》中将时代改为E_2-E_3。1992年川西北地质大队，根据若尔盖热当坝剖面，新建热当坝群。

【现在定义】 不整合于不同时代地层之上，为山间盆地或断陷盆地紫红色碎屑岩建造，区域上岩性两分性明显，下部紫红色砾岩为主夹粗砂岩、砂岩、泥岩，局部见火山碎屑岩；上部紫红色砂砾岩夹杂色砂泥岩，产植物化石，厚数百米至2 000余米的地层。

【层型】 正层型为理塘县麦洼热鲁剖面，位于理塘县麦洼区(100°37′58″,28°42′17″)，四川三区调队1977年重测。

热鲁组 总厚度>1 337.6 m

22. 灰绿色薄—中厚层细砂岩、粉砂岩、泥岩、泥质灰岩、灰紫红色砂岩，呈不等厚互层。砂岩中见对称波痕及斜层理。(未见顶) >81.0 m

21. 灰绿、浅黄绿、灰黄色薄—中厚层砂岩、粉砂质水云母粘土岩、砂质页岩呈不等厚互层，上部夹少量长石石英砂岩、泥质灰岩、泥质假鲕粒白云岩 258.3 m

20. 灰黄绿、紫红色薄—中厚层钙质砂岩、粉砂岩、砂质页岩，夹含铁白云岩、泥质灰岩薄层。灰黄绿色铁白云岩中产植物 *Chamaecyparis* 42.0 m

19. 暗紫红色粉砂质泥岩夹薄层长石石英砂岩，砂岩具微型层理，泥岩中见粉砂岩球粒 17.8 m

18. 灰绿—灰黄—紫红色薄—中厚层长石石英粉砂岩、粉砂质泥岩呈不等厚互层，夹钙质砂岩、灰岩，底部有中厚层含砾钙质长石石英砂岩 38.0 m

17. 紫红、灰绿色薄—中层长石石英砂岩、粉砂岩、泥岩、页岩呈不等厚互层，夹泥质灰岩。产植物 *Trapa pamlala*, *Palibinia latifolia*, *Zelkova ungeri*, *Palibinia pinnatitida* 70.9 m

16. 紫红、灰绿色薄—中厚层长石砂岩、粉砂岩、粉砂质页岩、泥质灰岩呈不等厚互层 82.5 m

15. 中、上部为紫红、灰绿、灰黄色长石石英砂岩、粉砂岩、粉砂质泥岩、页岩互层，夹钙质砂岩及泥质灰岩透镜体，下部灰黄色薄—中厚层砂岩、砾岩。砂页岩中见植物化石碎片 44.9 m

14. 紫红、灰绿、暗绿、灰色薄—中厚层钙质长石石英砂岩、粉砂岩、泥质石英粉砂岩、粉砂质泥岩呈不等厚互层，夹砂岩、砾岩小凸镜体 44.6 m

13. 紫红、灰绿色长石砂岩、粉砂岩、粉砂质泥岩不等厚互层，底部为含砾花岗质粗砂岩、砾岩，产植物 *Leguminose leaves*, *Eucalyptus*, *Rhus turcmanica* 109.5 m

12. 灰绿、紫红色薄—厚层钙质亚长石砂岩、粉砂岩、粉砂质泥岩互层夹泥质灰岩，底部有紫红色砂砾岩，顶部砂岩中见植物化石碎片 41.0 m

11. 紫红、灰绿、浅黄灰色砾岩、含砾岩屑石英砂岩、粉砂岩、泥岩、页岩呈不等厚互层 24.4 m

10. 灰黄色厚—块状含砾岩屑石英粗砂岩，中上部为紫红色薄—中厚层中细粒长石石英砂岩、钙质粉砂岩，夹灰绿、灰黄色薄层钙质砂岩、粉砂岩 60.0 m

9. 紫红色中厚层砾岩、含砾砂岩、不等粒含砾石英砂岩、粉砂岩互层 29.9 m

8. 紫红、暗紫色块层砾岩、含砾砂岩、钙质粉砂岩韵律互层 47.0 m

7. 紫红、灰、浅灰色块层砂砾岩、含砾岩屑石英砂岩、紫红色长石石英砂岩 58.3 m

6. 上部紫红色细粒长石石英砂岩夹粉砂质灰岩、细砾岩 80.8 m

5. 上部紫红色中—厚层长石石英粉砂岩夹透镜状泥灰岩，下部为紫红色块层砂岩、砾岩 14.6 m

4. 上部紫红色块层长石石英砂岩夹砾岩，下部紫红色砾岩夹砂岩 30.9 m

3. 紫红、暗紫色厚—块层细砾岩、砾岩、岩屑石英粗砂岩互层 67.4 m

1. 浅灰、浅紫色块层铁碳酸盐质细砾岩、钙质石英砂岩及钙质粉砂岩互层 2.4 m

~~~~~~~~~~ 不 整 合 ~~~~~~~~~~

下伏地层：**图姆沟组** 板岩、变质砂岩

【地质特征及区域变化】 该组为山间盆地、断陷盆地红色磨拉石碎屑岩建造。虽呈孤立盆地，但其岩性总体特征近一致。下部为紫红、红色砾岩、含砾粗砂岩，中部为杂色含砾砂岩、砂岩、泥岩间互层，夹泥灰岩、白云质灰岩，上部又为红色砂岩、砾岩。粒度由粗→细→粗。颜色以红、紫红色为主，砾石成分因地而异。厚度总体是西部较大，理塘热鲁达 2 000 余米，德格超过 1 000 m，阿坝一带较薄，松潘康古儿厚 963 m，卡卡沟 830 m，红土坡仅 135 m。在德格一带上部粘土岩含铜。

热鲁组除层型剖面产以桉属为主的植物群外，在理塘热鲁还采有植物 *Eucalyptus relunensis*，*Palibinia pinnatifida*，*Banksia puryearensis*，*Hemiptelea paradavidii*；轮藻 *Gyrogona gianjiangica* 等。该化石组合，鉴定者认为属早第三纪，属晚始新世产物。在拉波区热鲁组泥灰岩中找到 *Pakistania sinense*，*Australorbis pseudoammornius* 等，时代为始新世。在德格，该组中发现大量孢粉 *Biretisporites*，*Schizaeoisporites retifomis*，*S. longus* 等，时代为白垩纪—早第三纪。在若尔盖县罗叉以北采有孢粉 *Psophosphaera*，*Ginkgocycadophytus*，时代以白垩纪为主，可延至早第三纪。在木哈隆红层中采有长袖杉，若尔盖县热当坝热鲁组中采获介形虫 *Cypridea* 及 *Pseudocypridina*，崩巴沟植物化石为 *Manica*(*Changlingia*) *tholistoma*，多儿沟获孢粉 *Schizaeoporites*，*Converrucosisporites*，*Cicatricosisporites*。上列化石多见于白垩系，孢粉可上延至下第三系。因此，热鲁组时限东部以白垩纪为主，可上延到早第三纪。西部似以早第三纪沉积为主，可下延到白垩纪。从区域上看，热当坝一带热鲁组直接超覆于年龄值为 112±27 Ma 的财宝山组之上，因此热鲁组时代应为晚白垩世—早第三纪。

【其他】 前人曾将该套地层命名为红土坡组、热当坝群、昌宗组等名。建议暂不采用。

红土坡组系四川二区测队 1975 年创名于松潘县红土坡，岩性为紫红、砖红色厚—块状砾岩，当时认为属上新统，后发现接触关系有误，应属下第三系。昌宗组系四川区调队 1984 年创名，命名地位于理塘县拉波区麦洼乡热鲁曲—昌宗村。岩性为砖红、紫红色砂砾岩夹杂色泥岩、泥灰岩和石膏，厚 133.3～1 964.0 m，从热鲁组正层型剖面下部分出。现查该组岩性不稳定，与原来划分的上覆地层不好区分，本次清理将它与热鲁组合并。热当坝群系川西北地质大队 1992 年创建，命名地为若尔盖县热当坝。岩性为紫红色粗碎屑岩，以砾岩为主夹泥砂岩透镜体，含石膏，厚数百至 1 268.6 m。

昌台组 Nĉ (51-0247)

【创名及原始定义】 四川三区测队草创于 1967—1970 年，命名地为白玉县昌台，1974 年正式使用，称昌台群。指见于白玉昌台和理塘木拉等地，岩性为灰色砂页(泥)岩、砾岩夹褐煤。厚数百米至 1 329 m。

【沿革】 此套地层创名时，泛指断陷盆地内的含煤沉积。1973 年四川 404 地质队将此套含煤地层称木拉组，未见具体描述。1984 年四川区调队改称热拉组。1991 年《四川省区域地
~~~~~~~~~~

质志》改称昌台组，现沿用之。阿坝地区相当于此套的地层，1959年四川甘孜区测分队称马拉墩煤系，归于侏罗系。1965年四川二区测队，将此套地层下部称马拉墩组，上部称郎木寺组，时代为N_1-N_2。1975年四川二区测队，将上部红色粗碎屑岩称红土坡组(N_2)，下部煤系地层称马拉墩组。其后发现两者是构造接触，红色粗碎屑岩层是被推到煤系地层之上，因此在四川地层表中，将红色地层归于白垩系，煤系地层仍称马拉墩组，《四川省区域地质志》(1991)采纳此意见，将红色岩系称红土坡组(E)，煤系地层沿用马拉墩组，时代为N_2，两者为不整合。前人对此套地层用了不同的名称，它们是：马拉墩组、热拉组，均为昌台组的同物异名。

【现在定义】 不整合于老地层之上的山间断陷盆地型的杂色含煤碎屑岩堆积。岩性为灰黑、灰绿、黄绿色间见砖红色砂页(泥)岩、砂砾岩夹褐煤、油页岩及泥灰岩，在昌台甘孜一带夹基性火山岩、中基性火山凝灰岩、火山凝灰熔岩等。产腹足类、植物等化石。厚数百米至千余米。

【层型】 正层型剖面为白玉县昌台剖面，位于白玉县昌台区(99°34′57″,31°2′35″)，四川三区测队1974年重测。

昌台组	总厚度＞1 329 m
6. 灰黑色页岩夹薄层砂岩(未见顶)	＞100 m
5. 灰色中一厚层状中粒石英砂岩夹深灰色砂页岩	410 m
4. 砖红色砂岩与页岩互层，间夹砾岩	41 m
3. 浅灰一深灰色厚层状砾岩与浅灰色薄一厚层状粉砂岩互层，夹泥灰岩、粘土岩、褐煤。煤主要有15层，最厚可达8 m。产腹足类 *Planorbis youngi*	650 m
2. 灰绿色厚块状中粒云母石英砂岩	38 m
1. 浅灰、黄绿色中一厚层状粘土岩，以高岭石为主，水铝石次之	90 m

~~~~~~~~~~ 不 整 合 ~~~~~~~~~~

下伏地层：曲嘎寺组　灰岩、砂板岩夹火山岩

【地质特征及区域变化】 该组呈零落的山间盆地、断陷盆地分布于川西高原，主要为杂色含煤碎屑岩建造。在白玉亚前柯为砂泥砾岩含煤，夹玄武岩，厚590 m。甘孜县绒坝岔日音，为杂色碎屑岩中夹中基性火山凝灰熔岩，厚344.24 m。其余剖面以碎屑岩为主夹煤、油页岩等，厚134～369 m。在阿坝盆地，钻孔中也发现该套地层，以灰、灰白色砂泥岩为主，局部夹砾岩、凸镜状褐煤层，厚384 m。

本组化石有 *Planorbis youngi*，*Ailanthus*，*Cercocarpus*，*Cyperacites*，*Salix* cf. *miosinica*，*Saliciphyllum arcuatum*，*Acer* cf. *miofranchetii*，*Zelkova ungeri*，*Garychium antiqnum*，*Clancrbis muitiformis* 等。上述化石时限比较一致，为上新世，现处理为晚第三纪。

本组所含褐煤、油页岩，为高原上解决燃料和部分工业用煤意义重大。还含有菱铁矿及零星石膏。基性岩中宝石的找寻有待今后注意。

第三系都是呈孤立的盆地零星分布，今后大、中比例尺制图，若仅以组为单位表示，图面既单调又呆板。建议以盆地为单位，圈定沉积相，建立非正式地层单位，这样不但使沉积环境、建造跃然图上，而且地质图也实用生动得多。
~~~~~~~~~~

第十一章
结 语

本项研究成果是地矿部八五重点基础项目“全国地层多重划分对比研究”的系列成果之一，始终是在总体设计的指导下，结合四川的实际情况，由较高地质理论水平和有30年区调实践经验的精干队伍完成的。本项研究成果是对四川省近一个世纪以来地层研究工作的一次全面而系统的清理和总结。自1978年以来，四川省的区域地层已进行过5次总结，反映在1978年的《四川省地层总结》、1982年的《川西藏东地区地层与古生物》、1980—1983年的《西南地区地层总结》、1982年编纂、1992年出版的《怒江-澜沧江-金沙江区域地层》和1991年的《四川省区域地质志》中。这些总结概括了全省的区域地层研究成果，但未摆脱传统地层学统一地层划分观点的束缚，在相当程度上未能全面、准确地进行区域岩石地层划分对比。本成果是在前述研究基础上，系统收集1∶20万和1∶5万区调及科研成果，首次运用现代地层学多重地层划分理论，以岩石地层划分为基础，对四川省区域地层做了全新的、全面和系统的对比研究，取得了以下明显进展。

一、系统修订了全省的岩石地层单位

本成果以能观察到的岩石物性特征，系统修订了岩石地层单位。以往的地层名称，凡是符合岩石地层单位定义的，成果中给予了保留；不完全符合岩石地层单位定义的，按岩石地层含义修订后使用；不是岩石地层单位的，建议不采用或重新按岩石地层单位定义后使用。按修订的岩石地层单位定义，对所有的剖面重新进行了岩石地层划分，在此基础上阐述其延伸变化，即进行岩石地层对比。较以往成果，修订变更较大的有以下一些内容：(1)属中咱-石鼓地层小区的石炭纪地层，自下而上前人划分为巴乡岭组、许池卡组、扎普组、顶坡组，除顶坡组顶部一层灰岩外，皆为一套鲕粒灰岩，宏观特征难以分开，分组是依据其中所含生物化石的时代，它们实际就属一个岩石地层单位，本次仅保留顶坡组名称，修订其含义和顶底界线，建议停止使用其余三个名称；(2)所划早二叠世地层冉浪组和冰峰组的岩性以及顶坡组顶部层位的岩性也是不能区分的，应属同一岩石地层单位，本次保留冰峰组名称，修订其含义和顶底界线使之符合岩石地层划分原则，建议停止使用冉浪组名称；(3)属摩天岭地层分区的中泥盆世—二叠纪地层，自下而上前人将其划分为鲁热组、下吾拉组、擦阔合组、陡石山组、益哇沟组、略阳组、岷河组、尕海组、大关山组、石关组，多不符合岩石地层单位定义，如益哇沟组原始定义为“西秦岭南带的杜内期沉积”即是明显例证。本成果自下而上将当多组含铁碎屑岩系之上的碳酸盐岩夹泥质岩和碎屑岩、单纯碳酸盐岩、大套碳酸盐岩夹泥质岩和碎屑岩、下部泥质岩和碎屑岩、上部碳酸盐岩分别修订为符合岩石地层单位定义的下吾拉组、益哇沟组、岷河组、大关山组、叠山组，从而反映了岩石地层的真实面目。此外，现已划人扬子地层区上扬子地层分区的九顶山地层小区的石炭纪地层，前人将其划分为长岩窝组、乱石窖组、石喇嘛组，不完全符合岩石地层单位定义，尤其是乱石窖组上部岩性与石喇嘛组一致，下部岩性与长岩窝组一致，划出乱石窖组主要是依据所含化石属晚石炭世早期，这是用年代地层划分代替岩石地层划分，故本成果建议不采用乱石窖组名称，将其分别归入长岩窝组和石喇嘛组，修订其界线使之符合岩石地层划分。明显支解岩石地层单位的做法表现在将危关群划分为下泥盆统硗碛组、中泥盆统头道村组、上泥盆统青羊坡组。其实顶部之灰岩与上覆雪宝顶组岩性一致，中、下部与下伏两个组岩性皆不能区分，所以支解仅因其中所含化石时代有差异。本成果理当不采用这些名称而维持危关群原划分并降群为组。另是将迭部组及与其相当的地层自下而上划分为羊肠沟组、塔尔组、拉拢组、下地组，皆为一套灰黑色碳硅质板岩，岩性不能区分，分为四个组仅因其中所含化石时限的微小差别，本成果亦当不采纳这种划分，而维持迭部组的原意。属上扬子地层区地层序列的古生代地层，用生物地层或年代地层支解岩石地层的现象亦很严重。宝塔组之上，过去依据化石分出页岩为主的涧草沟组及灰岩为主的临湘组，宝塔组之下也分出页岩为主的十字铺组及灰岩为主的风洞岗组，这是用生物或年代地层划分支解岩石地层单位的又一例证。本成果经实地核查和与相邻省区协调，将以灰岩为主的地层统一划归宝塔组，其上以黑色含碳硅质页岩为主的地层划归龙马溪组，其下以页岩为主的层段划归湄潭组，从而恢复了龙马溪组这一跨时岩石地层单位的本来面目，并对其穿时性有了认识。龙门山地区的泥盆系、石炭系前人共建立了18个地层单位，其中大部为非岩石地层单位，经清理后本成果归并为10个岩石地层单位，并对定义作了修订。四川东部石炭纪地层过去使用地层名称较乱，且多属非岩石地层单位，尤其是上部，除九顶山小区外，经省区协商，本成果将这套无宏观划分标志以灰岩为主的地层统一使用黄龙组一名。茅口组与栖霞组历来难于区分，过去随生物地层研究的深入并作为划分的主要依据，致使演变为非岩石地层单位性质，尤其在四川盆地西部更为明显。清理后，本成果遵循“黑栖霞”、“白茅口”的传统意见划分，不能区分时划为阳新组，不强行细分。

通过以上这些修订，突出了各岩石地层单位的岩性特征和宏观标志，使之具有较高的真实性和较大的实用性，为今后开展1∶5万区调、普查找矿、水文地质及工程地质调查以及地质科研和教学打下了良好基础。

二、理顺和完善了岩石地层序列

以往四川省地层划分对比的混乱现象之一是大量异物同名现象的存在，西部地区尤为突出。通过系统的岩石地层对比研究，澄清了以下问题：(1)前人在金沙江一带使用的“妥坝组”与正层型剖面的妥坝组岩性、层位均不相当。它的底界与普水桥组正层型剖面之底是同一个不整合面，实际上是普水桥组的底部层位，岩性与该组具一致性且是连续的，只不过在金沙江一带时限下跨晚二叠世而已；(2)金沙江一带前人所划“雍忍组”、“散则组”、“格札底组”为一套碎屑岩、泥质岩、碳酸盐岩、中基性—碱性火山岩及火山碎屑岩组合，且岩性比例很不稳定，与中咱-石鼓地层小区以较稳定的碳酸盐岩为主的雍忍组、散则组、格札底组岩性和层位均不相当，本成果新建然西组，为正确认识金沙江一带的构造环境和演化历史创造了条件；1：20万得荣幅在乡城元根剖面所划“冈达概组”实为一套碳酸盐沉积，与赤丹潭组岩性、层位一致，而与冈达概组不同，本成果予以更正。得荣茨弄毛屋剖面，前人所划“卡翁沟组”为一套基性火山岩、火山角砾岩、碳酸盐岩组合，与不含火山岩的卡翁沟组岩性不同，而与该剖面下伏所划毛屋群岩性一致，它们加在一起与冈达概组岩性、层位相当，本成果将其订正为冈达概组；(4)木里一带的石炭纪地层，《四川省区域地质志》将其划为下统未分，上统对比为“扎普组”和“顶坡组”，均不含䗴粒灰岩却夹泥质岩、碎屑岩和硅质岩，与上覆卡翁沟组、下伏米黑组均为平行不整合接触，与顶坡组岩性、层位不相当，没有直接联系，故本次研究中新建邛依组，为正确认识木里地层小区的构造性质和沉积环境创造了前提；(5)前人将金汤一带的早二叠世的地层划为“三道桥组”及“东大河组”，但其岩性主要为大套浅海碳酸盐岩，仅顶部层位含少量极不稳定的角砾状石灰岩，不含石英岩、片岩角砾或砾石，化石丰富，保存完好，与上、下地层皆为平行不整合接触，而玛多-马尔康地层分区的三道桥组则主要是砾屑及砂屑碳酸盐岩，其岩性和层位均不相当，实为异物同名。本成果为正确反映九顶山与玛多-马尔康岩石地层序列之差别，新建铜陵沟组填补了空白。前人在玛多-马尔康地层分区金川地层小区所划“茂县群”，为一套区域浅一中深变质的泥质岩、碎屑岩夹碳酸盐岩建造，厚度较大，岩性不稳定，生物奇缺，整合覆于大河边组结晶灰岩、大理岩之上，伏于危关组灰黑色板岩、石英岩之下，而九顶山地层小区的茂县群则为一套轻微变质的泥质岩和碳酸盐岩建造，厚度较小，岩性较稳定，生物化石较丰富，平行不整合覆于宝塔组龟裂纹灰岩之上，整合伏于捧达组灰岩之下，岩性、层位均不相当，且有茂汶断裂带相隔无任何直接联系，实为异物同名。本成果将其恢复1：100万重庆幅地质图说明书中使用的名称，以通化组相称，并修订其顶底界线给予了确切定义。区分通化组与茂县群对于正确认识扬子板块西界及其演化历史有着重要意义；本成果在属玉树-中甸地层分区的义敦一带区分前人所划以火山岩建造为主的“曲嘎寺组”、“图姆沟组”，采纳侯立玮等的意见，改用根隆组、勉戈组。该岩石地层序列的建立，为正确认识三叠纪义敦岛弧的位置及其变化奠定了基础；九龙一带1：20万区调将大石包组玄武岩之上的薄至微薄层状千枚岩、板岩夹变质砂岩、结晶灰岩地层划为“萨彦组”，实与盐源一带峨眉山玄武岩组之上的未变质的萨彦沟组岩性、层位不相当，属异物同名，本成果将其订正为菠茨沟组下部层位；宣威组、龙潭组、吴家坪组明显表现出沉积物由西向东的分带现象，并表现了岩石地层单位的穿时性。省内长期使用的“长兴组”实属吴家坪组的西延部分，不宜再用此名。以上三组反映出陆相碎屑岩(宣威组)、海陆交互相碎屑岩、碳酸盐岩夹煤层(龙潭组)、海相碳酸盐岩(吴家坪组)三个“端元相”，其间均有范围局限的过渡带，可以为上述三单位所包容，过去常在此带划分新单位的作法不可取；三叠纪早期沉积物同样反映出自“康滇地轴”向两侧相带展布的特点，前人使用的飞仙关组含义太广，且与正层型出入甚大，包括了陆相碎屑岩、海相泥页岩、海相泥页岩与灰岩互层三种不同的岩石组合，经清理及与邻省协商，分别给予了东川组、飞仙关组、夜郎组三个名称，以利于对区域地层格架的正确认识。此外，省内传统划分的嘉陵江组下部(一段)岩石组合特征与大冶组一致，本成果理当予以订正，以使与邻省正确接轨。

混乱现象之二是存在相当数量的同物异名，突出的是属扬子地层区的四川东部地区：经区域对比证实石冷水组及后坝组系覃家庙组及娄山关组(三游洞组)由北向南的自然延伸，本成果建议停止使用前两名称。四川盆地及攀西地区寒武纪地层分别使用滇东和黔北的地层序列；峨眉山地区原采用的罗汉坡组及大乘寺组属红石崖组由西向东的相变带，龙门山北段原划赵家坝组、西梁寺组及潭家沟组均系湄潭组由南向北的相变带，本成果建议停止使用那些名称。奥陶纪地层在四川盆地西部及攀西地区近陆源特征极为明显，与滇东北地层序列一致，川南及川东则经省区间协调分别采用了黔北及鄂西的地层序列，对部分单位如大湾组作了修订；志留纪地层区域变化复杂，经清理采用了五套序列。川西及攀西采用了滇东北大关地区的地层序列，川黔边境采用省内建立的序列为主并作了适当修订，四川盆地北部采用修订后的鄂西序列，不用过去陕南建的名称，盐源地区、九顶山小区自成系统。以上序列的使用，大体反映了地层之格架。川东南的泥盆纪地层清理后统一使用修订后的鄂西序列，不再使用水车坪组名称。此外，玛多-马尔康地层分区同物异名现象亦较严重：四川三区测队1974年就基本建立和完善的西康群序列适用于整个地层分区，而1977年四川航调队在九龙一带又重新建立另一地层序列，虽未被广泛采纳，但在一定范围内造成了划分对比的复杂化。经本次系统对比研究，九龙一带的"萨彦沟组"加横岩框组大体与菠茨沟组相当；马鞍梁组、杉木坪子组加两叉河组与扎尕山组相当；垮基组系杂谷脑组的同物异名；献几热组与侏倭组相当；居里寺组与两河口组、雅江组也部分相当。九龙一带建立的地层序列建议今后不再使用。

对岩石地层名称的净化，岩石地层单位的时空位置清楚了，与构造—沉积环境的一致性明白了，岩石地层序列与构造分区及其演化的内在联系明确了。在排除了异物同名后某些岩石地层序列中便出现了空白，我们依据实际资料，进行划分对比，新建了下喀莎组、渭门组、然西组、邛依组、铜陵沟组，填补了岩石地层划分之空白，重新启用了通化组、蚕多组、岩子沟组及扎尕山组等单位，理顺和完善了岩石地层序列。

三、建立了特殊的岩石地层单位序列

1978年金蒙、张之孟对金沙江带的构造环境进行研究，建立了金沙江蛇绿混杂岩带(包括嘎金雪山蛇绿混杂岩、绒角蛇绿混杂岩、扎仁雪堆蛇绿混杂岩、音都牛场蛇绿混杂岩)，《四川省区域地质志》1991年改称金沙江蛇绿岩套。四川区调队1984年将甘孜—理塘带上的蛇绿岩称为理塘次生扩张带蛇绿岩，王忠实1986年进一步将其划分为卡尔蛇绿岩和瓦能蛇绿岩。《四川省区域地质志》亦对其作了系统总结和肯定。然而，以往未把蛇绿岩当作特殊的岩石地层单位看待，地质制图中仍将其划为时限与之大体相当的正常地层单位或既当作蛇绿岩又当作正常岩石地层单位，如将卡尔蛇绿岩在地质图上及地层描述中归入冈达概组，将瓦能蛇绿岩在地质图上及地层描述中归入"曲嘎寺组"，不能反映地质构造真实面貌。本成果对金沙江、甘孜—理塘两个结合带上特殊岩石地层单位序列的建立和对炉霍带上如年各组、岷江及荷叶带上塔藏组特殊构造意义的强调，使槽(沟、弧、盆)、块(稳定及次稳定区)、缝(结合带)的岩石地层序列得到了完善，反映了造山带的地层特色。

四、对重大地层问题取得的新成果新认识

1. 四川的基底研究

四川的基底研究有较明显的进展，但情况复杂，争论较大。本次清理仅是对前人研究成果的概括总结、归纳。依岩性组合及沉积特征归纳为优地槽(非稳定)型、冒地槽(次稳定)型，依基底演化类型归纳为结晶基底和褶皱基底，它们的代表是康定群、会理群、火地垭群及峨边群、板溪群，并有序地分布于盆地的边缘。

四川西部以往多把木里一带"恰斯群"视为巴颜喀拉地层区的前震旦纪地层，作为西部的褶皱基底，但依据欠缺并存在严重分歧。通过本次研究，肯定了以下事实：1∶20万区调所建立的"前震旦系恰斯群"(1984)在绒怀牛场、年倒采牛场、儿罪呛—里雪畏牛场、措恩、菜

园子等地，经1：5万区调已解体为泥盆系、奥陶系、震旦系，主体归属泥盆系，并采获珊瑚及苔藓虫化石；关于"恰斯群"的盖层，创名者提供的三种情况，只有"冈达概组角度不整合在其上"目前没有争议，其地质时代只能定为前二叠纪；系统复查"恰斯群"主要剖面的薄片，证实钠化、钾化、硅化现象普遍而强烈，都用以进行化学计算，推测原岩为酸性火山熔岩是靠不住的，实际上是经受了钠化、钾化、硅化改造的变质碎屑岩。"恰斯群"的主体部分是碎屑岩夹碳酸盐岩、硅质岩，其中亦可能夹少量基性火山岩；现有同位素测年资料不支持"恰斯群层位归属前震旦系"的结论：原划"恰斯群"范围内的同位素测年资料比较杂乱，全岩K－Ar法测年值有110.8 Ma、190.8 Ma、252.85 Ma，尽管1986年有人公布其中用Rb－Sr法测得的年龄值为1972.1±289.3 Ma，但经1：5万区调查实，该成果仅系15件样品的三件构成的线性关系所确定，结论的可行性存疑；"恰斯群"南延与云南的依吉群(依吉组、蚕多组、崖子沟组)走向相接，而在其近底部层位含早泥盆世牙形石化石，"恰斯群"的命名者亦都认为二者完全可以对比，"归属前震旦系"的结论难以成立，而且依吉组、蚕多组、崖子沟组命名在先，层位归属有据可靠，故本成果采用后者。

四川西部的前震旦系，本次研究中有新的发现；木里水洛地区的一套变质火山碎屑岩—陆源碎屑岩地层，1984年四川区调队在1：5万区调中将其称为下震旦统木座组，并测制了木里县水洛上环—下喀沙剖面。本次研究发现下喀沙一带的"木座组"实际包括了两套岩性、岩相、岩石组合等方面截然不同的地层体。上部的变质砾岩及含砾粗碎屑岩是真正的木座组，具有区域展布及可比性，而下部那套变质火山岩、火山碎屑岩—陆源碎屑岩地层应属另一岩石地层单位，二者之间为一沉积间断面。为查明这套地层的层位归属，本次研究中获得了(在1：5万区调中所采样，未获成果)可靠的同位素年龄值：平行不整合面之上的木座组砾岩中石英闪长岩砾石四件单颗锆石U－Pb年龄值分别为808±90 Ma、860±24 Ma、886±11 Ma、777±8 Ma，表明木座组的时限属早震旦世。在该砾岩之下约100 m处之绿泥绢云石英片岩两件单颗锆石U－Pb年龄值855±8 Ma、1083±2 Ma，表明平行不整合以下的地层时限属青白口纪。本成果依据前人实测剖面重新划分并新建了下喀沙组。由于木里东义一带构造复杂，要完全理顺这一地区的地层系统，尚待时日。

2. 确定了盐井群的地质时代属早震旦世

盐井群由四川二区测队1976年命名于宝兴县盐井以北雅斯德—黄店子一带，划分为四个组，地质时代归前震旦纪。但长期以来，对这套地层的时代归属和区域地层对比有争论。一种意见，依据二者的某些相似性，认为可与前震旦系黄水河群对比，另一种意见则认为它们是上、下关系，既不能对比，更不同时代。本次研究认为，后一种意见提出的如下理由是重要的，盐井群中的火山岩为中基性-碱性系列而以中酸性-碱性为主，不同于黄水河群中的细碧-角斑岩系列，盐井群中未见黄水河群所见的超基性岩和地幔物质及变质的放射虫硅质岩及硅质大理岩。但前人未在盐井群中获有同位素测年资料，时代归属一直是悬案。为此，我们在盐井群上部黄店子组剖面第11层灰白色、深灰色粗面岩中采送钾长石样品，经中国科学院地质所用$^{40}Ar-^{39}Ar$法测得年龄值为578.5±19.5 Ma，但根据其层位及区域对比盐井群时代归属早震旦世是可靠的。盐井群层位亦当位于黄水河群之上。

3. 提出了九顶山地层小区应属扬子地层区的新见解

前人虽已注意到九顶山岩石地层特征与玛多-马尔康分区金川小区和雅江小区岩石地层之差别，划分出了九顶山地层小区并建立了多个不同的岩石地层单位，但因对变质现象的过份强调和对变质现象的认识不确，长期以来一直将其归之于"西部槽区"的马尔康分区。本次，通过对九顶山各岩石地层单位剖面的系统清理研究发现：早震旦世地层盐井群与扬子地层区峨眉一带的苏雄组和开建桥组岩性特征和层位大体相当，皆属扬子板块西北缘岛弧沉积之一部分，晚震旦世以后的地层属稳定的地台型盖层，以碳酸盐岩沉积为主，岩相、厚度较稳定，化石丰富、保存完好，发育的岩石地层单位自下而上有观音崖组、灯影组、邱家河组、油房组、陈家坝组、宝塔组、茂县群、捧达组、河心组、长岩窝组、石喇嘛组、铜陵沟组、峨眉山玄武岩组，有些本身就是扬子区岩石地层单位的延伸，如观音崖组、灯影组、宝塔组等，有的虽有一些差别另立岩石地层单位，但其反映的构造-沉积环境与扬子区本质是一致的，而与玛多-马尔康地层分区岩石地层序列各单位反映的自寒武纪以后非稳定一次稳定的构造-沉积环境有质的区别；就是变质因素，九顶山地层小区各岩石地层单位表现为未变质一轻微变质(最高仅达低绿片岩相)，并不是普遍的区域变质，往往在断裂带及邻近地区表现强烈，远离未变质，亦不同于玛多-马尔康地层分区的地层表现为普遍的区域变质(一般为低绿片岩相一高绿片相,局部出现角闪岩相)；以往在玛多-马尔康地层分区所划“茂县群”,在图面上与九顶山地层小区的茂县群连成一片。本次确认青川一平武豆叩一茂县一线存在一条巨大的断裂构造,沿该线重力测量成果表现出明显的梯度,近年1：5万区调已获得有该断层存在的依据，这条界线就是四川西部的“槽”、“台”界线。鉴于上述，将九顶山地层小区归属扬子地层区是十分必要的。这一更动将为正确划分扬子板块的西北边界，阐明构造演化历史，研究成矿规律起到积极的作用。

4. 建立了四川盆地晚三叠世一早侏罗世含煤地层及陆相红色地层序列

含煤地层归纳为：①白土田组(代表盐源-丽江地区一套含煤碎屑岩系)；②丙南组、大乔地组及宝顶组(代表攀枝花地区巨厚含热带植物组合的含煤岩系)；③白果湾组(代表超覆于康滇地轴之上的含煤碎屑岩系)；④须家河组(代表四川盆地西部具韵律结构的含煤岩系)；⑤二桥组(代表四川盆地东、南部一套低成熟度砂岩为主的含煤岩系)；⑥香溪组(代表四川盆地北部近陆源粗屑组分为主的含煤岩系)。

白垩纪一早第三纪陆相红色碎屑岩地层归纳为四个地层序列：①飞天山组、小坝组及雷打树组(分布于攀西地区,层序不连续,地层缺失明显,沉积物粗屑组分占较大比例)；②蒙山群(层序完整,以河流相为主,沉积物由粗至细构成韵律,厚度巨大)；③城墙岩组及苍溪组、白龙组、七曲寺组(分布于川北梓潼向斜两翼,前者为近源粗屑沉积物,后三者为远源细屑沉积物,均为河流相,层序不完整)；④嘉定群(层序较完整,属风成沉积物,岩石粗一细韵律结构极强)。以上序列的建立较好地揭示了四川盆地构造沉积环境及其演变，为正确建立区域地层格架创造了条件。

此外，本项研究成果研建了四川省地层数据库，使我省区域地层资料的管理和使用迈入了现代化的水平。

五、存在的主要问题

本项研究成果虽然取得了以上明显的进展，但因客观条件限制亦还遗留一些问题有待今后解决。

(1)分布于槽台边界“台区”一侧的前震旦系岩石组合特征及区域变化相当复杂，变形变质作用强烈，虽经将近半个世纪的研究，地层层序的建立仍有较大的分歧与争议。本次清理囿于种种原因不可能提出完整的方案，仅在前人成果的基础上，本着对变形变质作用强烈而有层无序地层划分宜粗不宜细的原则，按地层出露的片区进行归纳，地层格架尚难于建立。需要特别指出的是，对下村(岩)群的建立、康定(岩)群的下限等目前各家分歧突出、争论较大，这些重大问题，尚待今后工作解决。

川东南地区上元古界与震旦系的划分历来有争议，特别是板溪群的划分，本次按鄂西地层系统将原板溪群上部划分出莲沱组，但与湖南及贵州"接轨"困难。

川西下喀莎组的建立，证实了青白口系在槽区的存在，为研究基底地层及建造提供了可靠的材料，但对此套地层的区域展布还不甚清楚。

(2)大巴山地区的震旦系历史上划分不统一，本次清理采纳了四川地层表(1978)的划分方案，但与陕南地区的对比存在问题，鉴于这套地层仅分布于城口地区，范围有限，未作深入研究。

盐源地区的寒武系属"康滇古陆"西侧近陆源的粗碎屑沉积，原称"下寒武统"(1971)，与龙门山一带近源相的长江沟组及磨刀垭组相似，为不再新建单位，清理中给于了归并，是否合理，尚须在实践中检验。

四川东部上泥盆统至上二叠统均为碳酸盐岩地层，宏观标志不明显，通过清理也提出了一些在划分组级单位时供参考的标志，但其区域意义较为局限，特别是中、上石炭统划分倍感困难，经相邻省区间协商，采用了扩大含义的黄龙组，其时间跨度大体上包括了大塘阶以上的全部碳酸盐岩地层，这一划分意见也有待于实践的检验。

四川省东部晚三叠世至早侏罗世地层以含煤碎屑岩为主，本次清理除严格按照岩石地层单位的定义外，多考虑了使用上的习惯，今后进行归并的可能性较大。

以红层为主的陆相中新生界横向变化较为复杂，清理中对组一级单位的宽容度尽可能加以扩大，避免建立过多的地层单位。例如自流井组在盆地内变化剧烈，有"红自流井"与"黑自流井"两大相带，本次清理尽可能给予归并。巨厚红层的主要物源区位于龙门山，近源区的沉积物较粗，多以砂砾岩为主，构成冲积扇积物，前人建立了不少区域延展性不好的地层单位，鉴于研究程度不够，本次清理未追求覆盖面，部分断代的近源相未于清理或建立地层格架。

(3)这次清理中，从岩性角度约束群或组的定义，在造山带必不可免地会出现一些"口袋"群或"口袋"组，顾名思义，即是厚度很大的群或组。如通化群、危关组、喇嘛垭组等，它们厚度巨大，岩性单调，颜色单一。在各种比例尺的制图中都不适用，以前通常是分成若干个亚群、组、亚组、层组、岩组、段、亚段等，有的组包含 18 个段，给填图、制图、制版带来很大困难，人为性较强，但为了满足填图、制图精度不得不为之。建议今后增强岩性、岩相研究，建立有局部意义的标志层、段和非正式地层单位，逐步充实达到完善地层序列之目的。

(4)近年有资料证明，在岷江断裂带的西侧，北起南坪县箭安塘，向南经弓杠岭、小西天、安壁、达波俄、黑斯直到雪山断裂的五房等地，均可见到西康群杂谷脑组超覆不整合于不同时代(石炭纪、二叠纪、三叠纪)的层位之上，接触面起伏很大，面上见有古喀斯特漏斗、凹坑，界面有铁染残积物，局部还见有砾岩。因此认为西康群杂谷脑组超覆不整合于漳腊群之上，这一现象也在若尔盖及甘肃省迭部县卡车沟一带见及。具体情况及意义也有待查明。

本次清理注意到这些资料，在岷江-雪山断裂带存在着一套基性火山岩及滑混塌积岩——塔藏组，形成时间约为 T_2^1—T_3^1，隔开了漳腊群与西康群。前面所提小西天、达波俄等灰岩，实为滑混块体。1992 年川西北地质大队在降扎等 8 幅 1∶5 万区调报告中，以迭部县益哇乡光盖山—卡车沟，若尔盖县热当坝乡热乐恭洒—拉果柴木剖面建立有较好的层序，在相当于漳腊群之上建有光盖山组、咀郎组、纳鲁组、卡车组与卓尼组，按工作者意见相当于西康群杂谷脑组下段至雅江组，与下伏漳腊群(该报告叫郭家山组、马热松多组、扎里山组)平行不整合接触。在接触面之下有196 m的砂岩、粉砂岩夹灰岩、中厚层生物碎屑灰岩、复成分砾岩，变质轻微，与光盖山组断层接触。西南大区项目领导郝子文、饶荣标等，现场核查后认为，漳腊群之上的砂泥岩与西康群差别很大，不属于一套，可能属塔藏组。根据上述情况本次清理中将漳腊群之上覆层处理为情况不明，其间有裂陷槽性质的非稳定型火山质滑混建造相隔，留待1∶5万区调解决。

本书所涉及的岩石地层单位划分对比研究已有了一个好的开端，尚待进一步深入、拓展。成果中定会存在不少错误和遗漏，我们衷心希望区调同仁逐渐完善、充实该项工作，希望读者批评、指正。

参考文献

曹国权、肖安源，1945，四川巫山大宁河流域地质。四川地质调查所地质丛刊，第8号。

曹仁关等，1985，云南东部震旦系的划分与对比。地层学杂志，9(3)。

常隆庆，1933，重庆南川间地质志。前中国西部科学院地质研究所丛刊，第1号。

常隆庆，1938，四川叠溪地震调查记。地质论评，3(3)。

常隆庆、罗正远，1933，四川嘉陵江三峡地质志。前中国西部科学院地质研究所丛刊，第2号。

常隆庆、杨敬之，1941，青衣江流域地质矿产。四川地质调查所地质丛刊，第8号。

陈楚震，1960，中国南部一些三叠纪地层时代的新认识。地质论评，20(6)。

陈楚震，1961，缅甸蛤(*Burmesia*)在四川西北部的发现。古生物学报，9(2)。

陈楚震，1964，川西甘孜地区海燕蛤(*Halobia*)化石群的发现及其意义。古生物学报，12(1)。

陈楚震、陈丕基、马其鸿，1964，四川北部中生界的新观察。中国科学院南京地质古生物研究所集刊，地质文集，第1号。北京：科学出版社。

陈明洪、孔昭震、陈晔，1983，川西高原老第三纪植物群的发现及其意义。植物学报，25(2)。

陈源仁，1978，四川龙门山区泥盆系的几个问题。华南泥盆系会议论文集。北京：地质出版社。

程裕淇，1943，西康道孚附近之古生代晚期喷出岩及其变质。地质学报，23(1)。

程裕淇、任泽雨，1942，西康东部中泥盆纪火山岩系之发现。地质学报，22(3－4)。

成都地质矿产研究所，1988，四川龙门山地区泥盆纪地层古生物及沉积相。北京：地质出版社。

成都地质矿产研究所，1988，西昌一滇中地区沉积盖层及其地史演化。重庆：重庆出版社。

邓康龄，1975，四川江油马鞍塘中、上三叠统地层新知。西南地层古生物通讯，第7号。

邓康龄、蔡建中、陈在雄，1960，甘孜地区地质的初步认识。地质评论，20(4)。

邓永福，1984，川西高原炉霍地带海底裂谷火山混杂堆积特征及时代探讨。青藏高原地质文集，第5集。北京：地质出版社。

董榕生、李建林，1979，川西甘洛苏雄区早震旦世地层及火山岩系特征。成都地质学院学报，(2)。

杜其良，1986，四川木里水洛地区前寒武纪地层的发现及其初步划分。成都地质学院学报，13(1)。

范影年，1980，四川西北部早石炭世地层及珊瑚。地层古生物论文集，第9集。北京：地质出版社。

房立民、杨振升、李勤、李声之等，1991，变质岩区1：5万区域地质填图方法指南。武汉：中国地质大学出版社。

甘肃地层表编写组，1980，西北区区域地层表·甘肃省分册。北京：地质出版社。

甘肃地矿局，1989，甘肃省区域地质志。北京：地质出版社。

葛治州，1979，西南地区的志留系。北京：科学出版社。

荀宗海，1992，四川天全、芦山、宝兴地区名山组地层特征。四川地质学报，12(3)。

顾知微，1946，关于铜街子系。地质论评，11卷。

顾知微，1962，中国的侏罗和白垩系。全国地层会议学术报告汇编。北京：科学出版社。

贵州地层古生物工作队，1977，西南地区区域地层表·贵州省分册。北京：地质出版社。

国家技术监督局，1990，中华人民共和国国家标准(区域地质图图例)。北京：中国标准出版社。

赫德伯格 H D，1976，国际地层指南(地层划分、术语和程序)。张守信译，1979。北京：科学出版社。

汉谟，1932，西康贡噶高山之地质构造。地质学报，11(1)。

郝子文等，1982，论昆仑一巴颜喀拉海及特提斯洋演化关系。青藏高原地质文集，第12集。北京：地质出版社。

何保德，1937，四川灌县威州间沿岷江地质剖面之研究。地质论评，2(6)。

何书成，1989，四川青川平武地区震旦纪冰成岩。四川地质学报，9(3)。

胡世忠，1985，关于五十三梯组的层位问题。地层学杂志，9(5)。

胡雨帆，1974，四川雅安中生代含煤岩系的植物化石及其地质时代。植物学报，16(2)。

胡正东、刘正国、何书成，1990，川西北碧口群的层序及时代。变质地质：秦岭一大巴山地质论文集(一)。北京：科技出版社。

湖北区域地层表编写组，1978，中南地区区域地层表·湖北省分册。北京：地质出版社。

湖北三峡地层研究组，1978，峡东地区震旦纪至二叠纪地层古生物。北京：地质出版社。

花友仁，1959，对东川铜矿区地层划分和区域构造的探讨。地质论评，19(4)。

黄汲清，1931，中国南部之二叠纪地层。地质专报，甲种10号。
黄汲清，1980，特提斯一喜马拉雅构造域上新世一第四纪磨拉石的形成及其与印度板块活动关系。国际交流地质学术论文集(一)。北京：地质出版社。
黄汲清，1984，特提斯一喜马拉雅构造域初步分析。地质学报，58(1)。
黄汲清、岳希新，1940，四川威远三叠纪与侏罗纪间之不整合。中国地质学会志，20(3－4)。
黄汲清、曾鼎乾，1948，四川华莹山二叠纪之分层。地质论评，13(3－4)。
黄汲清、曾鼎乾，1950，西南二叠纪的新看法。地质论评，15(1－3)。
黄现年等，1986，二叠纪峨眉山玄武岩的古地磁新结果。科学通讯，第2期。
侯鸿飞、万正权等，1985，四川龙门山泥盆系北川桂溪一沙窝子剖面研究进展。地层学杂志，9(3)。
侯德封，1939，四川北部古生代地层的两个剖面。地质论评，4(6)。
侯德封，1939，四川北部之三叠纪地层。地质论评，4(2)。
侯德封、王现珩，1939，广元南江间地质矿产。四川地质调查所地质丛刊，第2号。
侯德封、杨敬之，1941，北川绵竹平武江油间地质。四川地质调查所地质丛刊，第3号。
侯德封、赵家骧、钱尚忠、曹国权，1941，地质旅次丛谈(丙)：四川东南部泥盆纪初探。地质论评，6卷。
侯德封、赵家骧、钱尚忠、曹国权，1944，石柱、黔江及其邻区地质。四川地质调查所地质丛刊，第6号。
侯立玮、傅德明、罗代锡等，1991，川西藏东地区三叠系沉积一构造演化。北京：地质出版社。
姜达权，1946，对于四川自流井层界线划分的一个建议。地质论评，11(1－2)。
金淳泰等，1982，四川綦江观音桥志留纪地层及古生物。成都：四川人民出版社。
金淳泰、万正权、叶少华等，1992，四川广元、陕西宁强地区志留系。成都：成都科技大学出版社。
赖才根，1982，中国的奥陶系。北京：地质出版社。
乐森璕，1927，四川綦江至贵阳间地质。地质汇报，第11号。
乐森璕，1928，重庆贵阳间地质要略。地质汇报，第11号。
乐森璕，1956，四川龙门山区泥盆纪地层分层分带及其对比。地质学报，36(4)。
李诚贤，1937，綦江铁矿志。前中国西部科学院地质研究所丛刊，第3号。
李承三、袁见齐、郭令智，1940，西康东部地质之检讨。地质论评，5(1－2)。
李春昱，1934，四川中生代地层。中国地质学会志，13卷。
李春昱，1950，四川运动及其在中国之分布。中国地质学会志，30(1－4)。
李春昱、杨登华、孙明善，1943，华蓥山地质。四川地质调查所地质丛刊，第5号。
李叔达，1963，四川会理地区区域地质构造分析。成都地质学院学报，(5)。
李复汉等，1988，康滇地区的前震旦系。重庆：重庆出版社。
李继亮，1984，川西盐边群的优地槽岩石组合。中国地质科学院院报，第8号。
李继亮，1985，四川木里混杂堆积带的发现。地质科学，(3)。
李建林等，1978，川北米仓山地区晚前寒武纪熔结凝灰岩的发现及铁船山组时代探讨。成都地质学院学报，(6)。
李建林等，1987，西秦岭白依沟群形成环境及时代的初步探讨。矿物岩石，(2)。
李捷、朱森，1930，秦岭中段南部地质。前中央研究院地质研究所集刊，第9号。
李佩娟，1964，四川广元县须家河组植物化石。中国科学院地质古生物研究所集刊，第3号。
李璞等，1959，西藏东部地质矿产调查报告。北京：科学出版社。
李陶、任绩，1938，万县巫山间长江北岸地质矿产。四川地质调查所地质丛刊，第1号。
李陶、赵景德，1945，灌县、汶川、理番、茂县、绵竹地质。四川地质调查所地质丛刊，第8号，四川地质调查所。
李希、吴懋德、段景荪，1984，昆阳群的层序及顶底问题。地质论评，30(5)。
李星学、谢安辉、周泰昕、陈厚逵，1945，南川西部之古生代地层。地质论评，10(5－6)。
李耀西、宋礼生、周志强、杨景尧，1975，大巴山西段早古生代地层志。北京：地质出版社。
李玉文，1987，论四川盆地白垩纪地质发展史。中国区域地质，第1期。
李悦言，1944，四川盐矿志。前中央地质调查所地质专报，甲种18号。
李则新、杨暹和、曾诸伟，1960，对四川康定、天全间地质的新认识。地质评论，20(2)。
李正积、朱家冉、胡雨帆，1982，四川南部筠连地区晚二叠世含煤地层划分对比的新意见。地层学杂志，6(3)。
林宝玉等，1984，中国的志留系，中国地层(6)。北京：地质出版社。

林建英，1985，中国西南三省二叠纪玄武岩的时空分布及其地质特征。科学通报，(12)。
廖洪昌、杨英杰，1984，米易垭口五马箐变质地层时代及变质作用的讨论。四川地质科技情报。第21期(总162期)
刘宝田，1984，巴颜喀拉褶皱系及昆仑褶皱系东部地质构造特征及其演化。青藏高原地质文集(15)。北京：地质出版社。
刘北尊，1984，西秦岭西段白龙江群划分与时代之意见。四川地质学报，5(1)。
刘增乾等，1982，从地质新资料试论冈瓦纳大陆北界及青藏高原特提斯的演变。青藏高原地质文集(12)。北京：地质出版社。
卢衍豪，1956，汉中梁山区二叠纪并论中国南部二叠纪的分层和对比。地质学报，36(2)。
卢衍豪，1962，中国的寒武系，全国地层会议学术报告汇编。北京：科学出版社。
卢衍豪，1976，中国奥陶纪之生物地层与古地理。南京地质古生物研究所集刊，第7号。
骆耀南，1983，康滇构造带的板块历史演化。地质科学，第3期。
骆耀南，1984，略论中国四川攀枝花裂谷带。大自然探索，第4期。
马子骥、王承祺，1946，重庆沙坪坝穹窿层地质。地质论评，11(5—6)。
马子骥、王承祺，1947，四川遂宁广安间公路沿线地质。地质论评，12(6)。
毛裕年等，1990，西秦岭南亚带的前寒武系。成都：四川科学技术出版社。
穆恩之，1954，论五峰页岩。古生物学报，2(2)。
穆恩之，1962，中国的志留系，全国地层会议学术报告汇编。北京：科学出版社。
穆恩之、朱兆玲、陈均远、戎嘉余，1978，四川长宁双河附近奥陶系地层。地层学杂志，2(2)。
穆恩之、朱兆玲、陈均远、戎嘉余，1983，四川长宁双河的志留系。地层学杂志，7(3)。
潘钟祥、彭国庆，1939，南川綦江地质。四川地质调查所地质丛刊，第2号。
潘钟祥、肖有均，1942，四川西部煤田地质。四川地质调查所地质丛刊，第4号。
彭其瑞、朱夏，1954，西康富林附近之震旦纪前火山岩系及侵入岩。中国地质学会志，24卷。
齐文同，1990，事件地层学概论。北京：地质出版社。
钱义元、陈旭，1978，四川峨眉山地区寒武—奥陶系。地质学报，52(2)。
秦峰、甘一研，1976，西秦岭古生物地层。地质学报，50(1)。
青海地质矿产局，1991，青海省区域地质志。北京：地质出版社。
全国地层委员会，1962，中国的三叠系，全国地层会议学术报告汇编。北京：科学出版社。
全国地层委员会，1981，中国地层指南及中国地层指南说明书。北京：科学出版社。
饶荣标，1987，川西“西康群”研究的新进展。地层学杂志，11(1)。
饶荣标、陈永明、邹定邦、徐济凡，1987，青藏高原的三叠系。北京：地质出版社。
戎嘉余，1979，中国赫南特贝动物群(*Hirnantia* fauna)兼论奥陶系与志留系的分界。地层学杂志，3(1)。
陕西区域地层表编写组，1978，西北地区区域地层表·陕西省分册。北京：地质出版社。
盛金章，1962，中国的二叠系，全国地层会议学术报告汇编。北京：科学出版社。
盛莘夫，1958，“康滇地轴”地层及地史演变的初步研究。中国地质学会讯，第12期。
盛莘夫，1973，中国奥陶系的划分和对比概述。地质学报，47(2)。
盛莘夫，1974，中国的奥陶系划分和对比。北京：地质出版社。
盛莘夫、常隆庆、蔡绍英、肖荣吾，1962，川滇中生代红层与煤系的时代和对比。地质学报，42(1)。
斯行健、周志炎，1962，中国中生代陆相地层，全国地层会议学术报告汇编。北京：科学出版社。
四川地矿局，1991，四川省区域地质志。北京：地质出版社。
四川地质局科研所，1982，四川盆地陆相中生代地层古生物。成都：四川人民出版社。
四川区调队、中国科学院南京地质古生物研究所，1982，川西藏东地区地层与古生物(一)。成都：四川人民出版社。
四川区域地层表编写组，1978，西南地区区域地层表·四川省分册。北京：地质出版社。
苏孟守，1944，峨眉山瓦山区地质矿产。四川地质调查所地质丛刊，第6号。
苏孟守、肖有均，1938，万县、云阳、奉节、巫山四县长江南岸地质矿产。四川地质调查所地质丛刊，第1号。
肖有多，1941，四川通江南江巴中地质矿产。四川地质调查所地质丛刊，第3号。
肖序常等，1980，中国特提斯喜马拉雅的蛇绿岩及其构造意义。国际交流地质学术论文集(一)。北京：地质出版社。
孙云铸，1933，中国奥陶纪及志留纪笔石。中国古生物志，乙种第14号第11册。
孙云铸、常云之、洪雄崇、易庸思，1957，三峡区志留纪地层的划分和对比。中国地质学会会讯，第11期。

蒲利士，T，1934，川边考古简报。地质学报，第13卷。
谭锡畴、李春昱，1931，西康东部地质矿产志略。前中央地质调查所地质汇报，第17号。
谭锡畴、李春昱，1933，四川峨眉山地质。中国地质学会志，第20卷。
谭锡畴、李春昱，1935，四川西康地质会志。地质专报，甲种15号。
谭锡畴、李春昱，1959，四川西康地质志。北京：地质出版社。
田守玉，1987，川西高原晚华里西－印支期“蛇绿岩套”及构造环境探讨。四川省1：20万区域地质调查总结会议文集。
卫民，1979，四川天马山组介形类和地质时代。地质论评，25(2)。
魏家庸、卢重明、徐怀艾等，1991，沉积岩区1：5万区域地质填图方法指南。武汉：中国地质大学出版社。
王长生、龚黎明、邓忠让、钱受霞、杜永碧，1988，四川省酉阳和秀山地区的寒武系。重庆：科学技术文献出版社分社。
王连城、李达周、张旗、张魁武，1985，四川理塘蛇绿混杂岩——一个以火山岩为基质的蛇绿混杂岩。岩石学报，1(2)。
王孟筠，1982，四川盆地城墙岩群的时代归属。地层学杂志，6(2)。
王孟筠，1984，四川盆地白垩系的三分。中国区域地质，(10)。
王曰伦，1955，中国震旦纪冰碛层及其对地层划分的意义。地质学报，35(4)。
王曰伦，1962，中国的前寒武系，全国地层会议学术报告汇编。北京：科学出版社。
王瑞龄，1986，甘肃的志留系。甘肃地质(3)。甘肃科技出版社。
王钰，1938，湖北峡东“宜昌石灰岩”的时代问题。地质论评，3(2)。
王钰，1945，关于半河系。地质论评，10(1－2)。
王钰，1945，三峡式下部古生代地层之分层。地质论评，10(1－2)。
王钰，1979，华南泥盆纪生物地层。地层学杂志，3(2)。
王钰、俞昌民，1962，中国的泥盆系，全国地层会议学术报告汇编。北京：科学出版社。
吴瑞棠、张守信等，1989，现代地层学。武汉：中国地质大学出版社。
吴世良，1987，青川古城－关庄一带的几个地质问题。四川地质学报，7(2)。
西南地质科学研究所，1978，西南地区古生物图册，四川分册(一)。北京：地质出版社。
西南地质科学研究所，1983，西南地区古生物图册，微体古生物分册。北京：地质出版社。
项礼文等，1981，中国的寒武系，中国地层(4)。北京：地质出版社。
谢家荣，1924，鄂东南地层。中国地质学会志，第3卷(英文)。
谢家荣，1945，四川赤盆地及其中所含之油、气、卤、盐矿床。地质论评，10(5－6)。
谢家荣、赵亚曾，1925，扬子江峡谷的中生代地层。中国地质学会志，4(1)(英文)。
邢无京，1964，康滇地轴中段两个地质问题。地质论评，22(3)。
邢无京，1989，康定群的地质特征及其在所处地台基底演化中的意义。中国区域地质，(4)。
熊永先，1940，川黔间之铜矿溪层。地质论评，5(4)。
徐仁，1946，一平浪中生代植物化石。地质论评，11(5－6)。
徐仁等，1979，中国晚三叠世宝鼎植物群。北京：科学出版社。
许德佑，1938，中国南部三叠纪化石新材料。地质论评，3(2)。
许德佑，1943，贵州之三叠纪地层。中国地质学会志，23(3－4)。
许德佑，1944，中国之海相上三叠纪。地质论评，第9卷。
姚冬生，1983，川西竹庆地区混杂堆积层。中国区域地质，(3)。
姚冬生，1987，金沙江变质岩系地层时代的归属问题。四川地质学报，6(1)。
姚祖德、倪秉言，1990，四川会理－米易－盐边一带前震旦系变质岩特征及时代问题，中国区域地质，(2)。
杨敬之，1940，四川北川平武与广元昭化泥盆纪地层之比较。地质论评，5(6)。
杨敬之，1944，四川东北部大巴山区寒武纪奥陶纪剖面。中国地质学会志，24(3－4)。
杨敬之、钱尚忠，1944，宜宾筠连间地质。四川地质调查所地质丛刊，第7号。
杨敬之、谷德振，1945，南江旺苍间地质。四川地质调查所地质丛刊，第8号。
杨敬之、穆恩之，1954，鄂西“巫山石灰岩”的新观察。地质学报，34(2)。
杨敬之、盛金章，1962，中国的石炭系，全国地层会议学术报告汇编。北京：科学出版社。
杨暹和，1987，中国西南地区的震旦系。前寒武纪地质，第3号。
杨暹和、何原相、邓宋和，1983，四川南江地区震旦系－寒武系界线及小壳化石群。地质科学院成都地质矿产所所刊，第

4号。
杨暹和、申玉莲、庄思海，1983，川滇地区震旦纪冰碛层的初步研究。前寒武纪地质，第1号。
叶连俊、杨敬之、王水、孙枢、陈友明，1957，四川西北部之“白垩纪”红层。地质论评，17(2)。
殷继成等，1984，四川西南部震旦系的划分和对比。成都地质学院学报。1984年增刊1(总32期)。
殷继成、丁莲芳、何廷贵、李世麟、沈丽娟，1980，四川峨眉—甘洛苏雄地区震旦纪地层古生物及沉积环境。成都：四川人民出版社。
尹赞勋，1932，四川峨眉山之三叠纪海相介壳化石。中国地质学会志，11(3)。
尹赞勋，1937，夜郎系之时代问题。中国地质学会志，17(3—4)。
尹赞勋，1943，关于龙马溪页岩。地质论评，8(1—6)。
尹赞勋，1949，中国南部志留纪地层之分类与对比。中国地质学会志，第29卷。
尹赞勋、李星学，1943，南川地质旅行指南。中国地质学会第4届年会。
尹赞勋、谌义睿，1947，楚米铺观音桥间之志留纪剖面。中国地质学会志，第27卷。
应绍奋，1965，川西西康群的时代问题及其在区域构造的特征。地质科学，第1期。
游再平，1987，巴塘县拉纳山地层剖面的再认识。四川地质学报，7(2)。
余若谷，1987，陕南西部晚二叠世大隆组及其沉积环境。地层学杂志，11(4)。
袁海华，1986，康滇地轴结晶基底的时代归属。成都地质学院学报，第4期。
袁复礼，1958，中国西南区第四纪地质的一些资料。中国第四纪研究，1(2)。
云南区域地层表编写组，1978，西南地区区域地层表·云南省分册。北京：地质出版社。
项礼文、邢裕盛、叶善德、赵裕亭，1975，四川宝兴早泥盆世含笔石地层及生物群特征。地质学报，49(2)。
熊永先、罗正远，1939，古蔺珙县地质矿产。四川地质调查所地质丛刊，第2号。
俞如龙、郝子文、侯立玮，1985，中国西南部华力西—印支期板块构造演化。四川地质学报，5(2)。
俞如龙、郝子文、侯立玮，1989，川西高原中生代碰撞造山带的大地构造演化。四川地质学报，9(1)。
翟明国、李瑞英，1986，攀西地区早前寒武纪片麻岩基底。岩石学报，2(3)。
翟玉沛，1977，西秦岭的志留系。地质科技，第6期。
张兆瑾，1940，川康火成岩及变质岩研究大纲。地质论评，5(4)。
张兆瑾、任泽雨，1941，西康泸定、荥经、雅安间之地质新观察。中国地质学会志，第21卷。
张兆瑾、任泽雨、胡熙赓，1941，康定附近地质矿产。西康地质调查所，地质汇报，第1号。
张之孟、金蒙，1979，川西南乡城—得荣地区的两种混杂岩及其构造意义。地质科学，第3期。
张之孟、金蒙，1981，川西南乡城—得荣地区细碧角斑岩的岩石学特征和构造意义。地质学报，55(3)。
张之孟等，1980，金沙江板块缝合线上的消减作用。国际交流地质学术论文集(一)。北京：地质出版社。
张子雄，1981，四川木里依吉群的时代及对比。地层学杂志，第4期。
张继庆，1986，四川盆地早二叠世碳酸盐沉积相及风暴沉积作用。重庆：重庆出版社。
张鸣韶、盛莘夫，1958，川黔边境的奥陶纪地层。地质学报，38(3)。
张勤文，1981，松潘—甘孜印支地槽西康群复理石建造沉积特征及其大地构造背景。地质论评，27(5)。
张文堂，1962，中国的奥陶系，全国地层会议学术报告汇编。北京：科学出版社。
赵家骧，1942，中国西南部二叠纪玄武岩系成因及其时代之检讨。地质论评，7(4—5)。
赵家骧，1944，四川三叠纪地层。地质论评，9(1—2)。
赵家骧、杨登华，1944，川黔边境二叠纪前之不整合状态。地质论评，第9卷。
赵家骧、何绍勋，1945，灌县大邑间地质。四川地质调查所地质丛刊，第8号。
赵金科、陈楚震、梁希洛，1962，中国的三叠系，全国地层会议学术报告汇编。北京：科学出版社。
赵宗浦，1954，中国前寒武纪地层问题。地质学报，34(2)。
赵祥生，1990，陕甘川碧口群的时代、地层特征及划分对比。秦岭—大巴山地质论文集(一)。北京：科学出版社。
赵亚曾，1929，四川地质简报。中国地质学会志，8(3)。
赵亚曾，1929，峨眉山地质。中国地质学会志，8(2)。
赵亚曾、黄汲清，1931，秦岭山及四川之地质研究。地质专报，甲种第9号。
曾鼎乾，1984，四川华蓥山二叠系调查追记。中国地质科学院院报，第9号。
曾繁礽、何春荪，1949，瓦山峨眉山区之地质构造。中国地质学会志，29(1—4)。

曾良奎、吴荣森等，1992，四川省寒武纪岩相古地理及沉积层控矿产。成都：四川科学技术出版社。
中国科学院南水北调综合考察队地质组，1960，“西康系”的时代问题。地质科学，第5期。
中国科学院地质研究所，1966，中国地层典(七)石炭系。北京：科学出版社。
中科院南京地质古生物研究所，1974，西南地区地层古生物手册。北京：科学出版社。
中科院南京地质古生物研究所，1979，西南地区碳酸盐生物地层。北京：科学出版社。
中国地质学编委会、中国科学院地质所，1956，中国区域地层表(草案)。北京：科学出版社。
中国地质科学院，1982，中国地层概论。北京：地质出版社。
中国地质科学院川西地质研究队，1966，四川西部宝兴一丹巴一带几个地质问题研究的初步结果。地质学报，46(1)。
周维屏、陈克强、简人初、田玉莹等，1993，1:5万区调地质填图新方法。武汉：中国地质大学出版社。
朱鸿，1987，中国南方震旦系大塘坡段蚀变岩层古地磁初步研究。前寒武纪地质，第3号。
朱森、吴景祯、叶连俊，1942，四川龙门山地质。四川地质调查所地质丛刊，第4号。
朱熙人，1935，四川西部之铜矿成因。地质学报，14(2)。
朱玉书，1982，川西小相岭早震旦世火山岩地层划分及喷发环境的探讨。地层学杂志，6(2)。
朱占祥，1982，四川义敦地区晚三叠世地层的几个问题。青藏高原地质文集(10)。北京：地质出版社。
朱占祥、黄盛碧，1985，川西松潘地区拉丁阶的发现及其地质意义。青藏高原地质文集(16)。北京：地质出版社。
Blackwelder E. 1907. Stratigraphy of the Middle Yangtze Province. Willis B, Blackwelder E and Sargent H. Research in China. Vol. Ⅰ, Part Ⅰ, Chapter 12.
Chao Y T and Huang T K. 1931. Geology of the Tsinlingshan and Szechuan, Mem. Geol. Surv. China Ser. A. No 9.
Grabau A W. 1922—1924. Stratigraphy of China. Part Ⅰ, Palaeozoic and Older, Geol. Surv. China.
Hei. 1932. Tectonica Study of Omeishan, Szechuan. Special prbl. Geol. Surv. Kwangtung—Kwangsi, Ⅺ.
Heim A. 1930. The Structure of Omeishan, Szechuan. Bull. Geol. Soc. China, 9(1).
Lee J S and Chao Y T. 1924. Geology of the Gorge District of the Yangtze(from Ichang to Tzekuei) with special Reference to the development of the Gorges. Bull. Geol. soc. China, 3(3—4).
Richthofen F. 1882. China Vol. 2.

地质图说明书及区测(调)报告

甘肃区域地质调查队，1972，1:20万卓尼幅区域地质调查报告。
甘肃一区域地质测量队，1973，1:20万碌曲幅区域地质调查报告。
甘肃区域地质调查队，1990，1:20万成县幅区域地质调查报告。
贵州108队，1978，1:20万桐梓幅区域地质测量报告。
贵州108队，1978，1:20万沿河幅区域地质测量报告。
贵州108队，1979，1:20万威信幅区域地质测量报告。
湖南区域地质测量队，1964，1:20万吉道幅区域地质测量报告。
湖南区域地质测量队，1970，1:20万永顺幅区域地质测量报告。
湖南区域地质测量队，1970，1:20万永顺幅区域地质测量报告。
青海区域地质测量队，1972，1:100万玉树幅区域地质调查报告(地质部分)。
陕西区域地质测量队，1:20万紫阳幅(1965)、成县幅(1967)、碧口幅(1967)、武都幅(1970)区域地质测量报告(或说明书)。
四川区域地质调查队，1986，1:20万德格幅区域地质调查报告(地质部分)。
四川地质局、西南地质科学研究所，1965，1:100万重庆幅地质图说明书。
四川107地质队，1:20万酉阳幅(1972)、南川幅(1977)、达县-垫江-涪陵幅(1980)、万县-奉节-忠县幅(1980)、黔江幅(1975)区域地质测量报告(地质部分)。
四川二区域地质测量队，1:20万南江幅(1965)，广元幅(1966)，镇巴幅、绵阳幅(1970)，峨眉幅(1971)，城口-巫溪幅(1974)，茂汶-灌县幅(1976)，平武幅(1977)，漳腊幅(1978)区域地质测量报告(地质部分)。
四川航调队，1:20万筠连幅(1973)，叙永幅(1975)，綦江幅(1977)，阆中、德阳、三台、简阳幅(1980)，遂宁、自贡、内江、宜宾幅(1980)，仪陇、通江、南充、广安、重庆幅(1980)，九龙幅(1977)，贡嘎山幅(1977)区域地质测量报告。
四川区域地质调查队，1:20万马尔康幅(1979)，丹巴幅、义敦幅、甘孜幅(1980)，小金幅、若尔盖-红原-龙日坝-阿坝幅、新龙-禾尼乡-康定幅、色达-炉霍幅、理塘-稻城-贡岭幅、竹庆-大塘坝幅、德格幅(1984)区域地质调查报告。
四川三区域地质测量队(1974)，1:100万昌都幅地质图说明书。
四川三区域地质测量队，1:20万得荣幅、昌台幅、波密幅(1977)区域地质调查报告。
四川一区域地质测量队，1:20万西昌幅(1965)，米易幅(1966)，冕宁幅(1967)，会理幅(1970)，马边幅、盐源幅(1971)，盐边幅、雷波幅(1972)，石棉幅(1973)，荥经幅、金矿幅(1974)区域地质调查报告。
云南区域地质调查队，1978，1:20万镇雄幅区域地质测量报告。
云南区域地质调查队，1980，1:20万永宁幅区域地质调查报告(地质部分)。
云南区域地质调查队，1984，1:20万中甸幅区域地质调查报告。
云南一区域地质测量队，1965，1:100万下关幅地质图说明书。
云南一区域地质测量队，1966，1:20万永仁幅区域地质测量报告。

附录Ⅰ　四川省岩石地层数据库的建立及功能简介

省地层数据库是在全国项目办和全国地层数据库研建组的指导下而建立的。其目的是为全省区域地质调查和基础地质研究服务，巩固地层清理成果，避免今后地层单位使用和建立中的混乱现象，使我省地层学研究和管理走向科学化、信息化，与全国地层信息库接轨。

省地矿局在下达全省地层多重划分对比研究任务时，就指出建立省地层资料数据库的重要性和复杂性，并决定由区调队负责四川省西部，局科研所负责四川省东部数据库的建立，全省数据库的建立和维护由区调队负责。

项目组决定由黄盛碧、顾更生、辜寄蓉负责西部，张宏、周红负责东部数据库的初建，先后派黄盛碧、顾更生、方学东、辜寄蓉到福建、南昌、昆明学习和提高。由于上述同志卓有成效的劳动，克服了各种困难，于1994年10月完成了东西两片数据库的初建，经全国项目办、全国地层数据库研建组的审查验收，评为优秀。评议书中指出“首次建立了本省岩石地层数据库，为进一步开展地层工作的生产、科研和管理奠定了基础。项目组严格按全国项目办的统一要求，录入岩石地层单位，并提交了软盘，其数据文件完整，符合规定。所提交岩石地层单位卡片、内容与原始卡基本一致，其中四川西部还开发了卡Ⅲ功能，输出了剖面位置分布图和地层柱状对比图，超额完成了任务。”在评审期间完成了初步并盘。

1995年1月全省岩石地层数据库正式起动，其工作量如下：

已录入岩石地层单位：332个。

已录入不采用或同物异名地层单位：571个。

共收录剖面：正层型325条，副层型19条，选层型26条，参考剖面719条。

一、本省数据库的工作环境

地层数据库主要由三部分组成：(1)数据采集系统，包括对原始数据的录入、修改、追加、删除、浏览、打印、排序、插入等项功能及地层信息管理、索引管理、字典管理、文献管理、数据备份等等；(2)数据加工系统，包括打印数据卡片、汇总制表、地层信息查询检索、岩石单位命名监控等等；(3)扩充部分接口，为地层数据库的其他内容及以后的进一步开发留有接口。

地层数据库软件有2种版本，分别在DOS和Windows环境下使用。

在DOS操作系统环境下

软件支撑环境：DOS3.30以上 Microsoft C6.0　PTDOS2.0　FoxPRO2.0

硬件运行环境：486主机　VGA显示器　LQ24针打印机

二、地层数据库主要功能简介

1. 输出打印数据卡片功能

按照全国地层清理统一要求填写的数据卡片格式和内容，地层数据库能将输入的原始数据还原制表，输出打印以下几张卡片：

岩石地层单位的卡片封面

卡Ⅰ　岩石地层单位的综合信息卡片

卡Ⅱ　岩石地层单位的地层划分沿革卡片

卡Ⅲ　岩石地层单位剖面分布图和柱状对比图

卡Ⅳ　岩石地层单位的地层剖面卡片

卡Ⅴ　岩石地层单位的参考文献卡片

2. 地层信息的查询检索功能

按照用户选择的省份、大区经纬度、断代(纪)等不控制参数，可在已建立的地层数据库中查询检索出满足要求条件的岩石地层单位信息，并能按用户选择的不同内容自动绘制表格，对数字型数据自动统计汇总。可按以下几方面的内容进行检索：

(1)检索地层单位

检索出满足选定时间和区域条件的地层单位。

(2)检索地层剖面

检索出满足选定时间和区域条件的地层剖面。

(3)检索地层单位名称

检索出与指定地层单位名称相同的地层单位。

(4)检索地层单位名称(拼音)

检索出与指定地层单位名称拼音相同的地层单位。

(5)检索地层单位编号

检索出与指定地层单位编号相同的地层单位。

(6)检索地层单位代号

检索出与指定地层单位代号相同的地层单位。

(7)检索剖面名称

检索出与指定剖面名称相同的地层剖面。

(8)检索剖面编号

检索出与指定剖面编号相同的地层剖面。

(9)检索参考文献目录

A、按作者检索文献目录

B、按发表时间检索文献目录

C、按地层单位检索文献目录

3. *岩石地层单位的命名监控功能*

根据用户选择的不同控制参数，可用以下几种方法对新建岩石地层单位进行命名监控：

(1)地层单位同名的监控

检索出与指定地层单位名称相同的地层单位。

(2)地层单位同名的监控(拼音)

检索出与指定地层单位名称拼音相同的地层单位。

(3)地层单位同编号的监控

检索出与指定地层单位编号相同的地层单位。

(4)地层单位同代号的监控

检索出与指定地层单位代号相同的地层单位。

(5)新建单位有效性的监控

给定新建单位的经纬度及需检索的经纬度范围，检索出与新建单位相邻的层型及(或)参考剖面，然后与新建地层单位的各项地质内容进行对比研究，看是否能建立新的岩石地层单位。

附录Ⅱ 四川省采用的岩石地层单位

序号	岩石地层单位名称		编号	代号	地质时代	创名人	创建时间	所在省	在本书页数
	英文	汉文							
1	Badong Fm	*巴东组	51-3309	T*b*	T_2	李希霍芬	1912	湖北	157
2	Baguamiao Fm	八卦庙组	51-2158	∈*bg*	$∈_2$	陕西区测队 （卢衍豪）	1963 （1964）	陕西	254
3	Batang Gr	*巴塘群	51-0156	T*B*	T	青海区调队	1970	青海	312
4	Baziping Fm	*八子坪组	51-2022	Z*b*	Z_2	四川地层表编写组	1975	四川	245
5	Baiguowan Fm	*白果湾组	51-4007	T*bg*	T_3	阮维周	1942	四川	182
6	Bailong Fm	*白龙组	51-4206	K*b*	K_1	四川航调队	1980	四川	204
7	Bailongjiang Gr	白龙江群	51-0055	S*B*	S	关士聪、叶连俊	1944	甘肃	260
8	Baishan Fm	*白山组	51-3335	T*bŝ*	T_2	四川一区测队	1961	四川	163
9	Baitianba Fm	*白田坝组	51-4105	J*b*	J_1	包茨、王国宁	1954	四川	181
10	Baitutian Fm	*白土田组	51-4024	T*bt*	T_3	云南区测队	1965	云南	186
11	Baiyigou Gr	*白依沟群	51-0015	Z*B*	Z	四川202地质队	1971	四川	238
12	Baizitian Fm	*稗子田组	51-2345	S*b*	S_{1-2}	四川地层表编写组	1978	四川	100
13	Banggui Fm	*邦归组	51-0049	O*bg*	O_1	四川三区测队	1977	四川	255
14	Banxi Gr	*板溪群	51-1146	Pt*B*	Pt_3	王晓青、刘祖彝	1936	湖南	45
15	Baoding Fm	*宝顶组	51-4016	T*bd*	T_3	四川地层表编写组	1975	四川	186
16	Baota Fm	*宝塔组	51-2213	O*b*	O_{2-3}	李四光等	1924	湖北	84
17	Bikou Gr	碧口群	51-0001	AnZ*B*	AnZ	关士聪、叶连俊	1944	四川	231
18	Bingfeng Fm	*冰峰组	51-0137	CP*b*	$C_2—P_1$	四川三区测队	1977	四川	293
19	Bingnan Fm	*丙南组	51-4012	T*bn*	T_3(?)	曾繁礽	1945	四川	184
20	Bocigou Fm	*菠茨沟组	51-0161	PT*b*	$P_2—T_1$	四川二区测队 （四川三区测队）	1964 1974	四川	327
21	Bulun Fm	*布伦组	51-0245	T*bl*	T_1	云南区调队二分队	1985	云南	312
22	Caibaoshan Fm	*财宝山组	51-0243	K*c*	K_1	川西北地质大队	1992	甘肃	360
23	Canduo Fm	蚕多组	51-0095	D*c*	D_1	云南区调队	1980	四川	276
24	Canglangpu Fm	*沧浪铺组	51-2107	∈*c*	$∈_1$	丁文江等 （丁文江等）	1914 （1937）	云南	67
25	Cangna Fm	*苍纳组	51-0099	D*cn*	D_2	四川三区测队	1977	四川	273
26	Cangxi Fm	*苍溪组	51-4205	K*cx*	K_1	四川航调队	1980	四川	203
27	Chamagong Gr	*查马贡群 （茶马山群）	51-0026	Z∈*Ĉ*	$Z—∈_{1-2}$	四川地层表编写组	1978	四川	246
28	Changchong Fm	*长冲(岩)组	51-1164	Pt*ĉ*	Pt_1	张洪刚、李承炎	1983	四川	17
29	Changjianggou Fm	*长江沟组	51-2136	∈*ĉj*	$∈_1$	四川二区测队	1966	四川	76
30	Changtai Fm	*昌台组	51-0247	N*ĉ*	N	四川三区测队	1967—1970	四川	362
31	Changyanwo Fm	长岩窝组	51-0114	C*ĉ*	C_{1-2}	地科院川西研究队	1969	四川	137
32	Chaowangping Fm	*朝王坪组	51-1133	Pt*ĉw*	Pt_2	西南地质科学研究所	1965	四川	32
33	Chejiaba Fm	*车家坝组	51-2337	S*ĉ*	S_3	金淳泰等	1992	四川	98

①创名人栏（ ）内为介绍人；创建时间栏（ ）内为介绍时间；②*代表原始定义源于创名文献原文。

序号	岩石地层单位名称		编号	代号	地质时代	创名人	创建时间	所在省	在本书页数
	英文	汉文							
34	Chenjiaba Fm	·陈家坝组	51-0044	Oċ	O_1	四川二区测队	1966	四川	87
35	Chengjiang Fm	·澄江组	51-2004	Zċ	Z_1	谢家荣	1941	云南	56
36	Chengqiang Gr	·城墙岩群	51-4201	JKĊ	J_3—K_1	赵亚曾、黄汲清	1931	四川	201
37	Chidantan Fm	·赤丹潭组	51-0138	Pċ	P_{1-2}	四川三区测队	1977	四川	294
38	Cizhuping Fm	·茨竹坪组	51-1127	Ptcż	Pt_2	杨暹和	1975	四川	38
39	Daanzhai Mem	·大安寨段	51-4123	J^d	J	谭锡畴、李春昱	1933	四川	188
40	Dabao Gr	大堡群	51-0074	O*D*	O	朱正永	1986	甘肃	260
41	Daguanshan Fm	大关山组	51-0129	CP*d*	C_2—P_1	叶连俊、关士聪	1944	甘肃	301
42	Dahebian Fm	·大河边组	51-0046	O*d*	O	黄盛碧	1994	四川	259
43	Dalong Fm	大隆组	51-3210	P*d*	P_2	张文佑等	1938	广西	147
44	Daluzhai Fm	·大路寨组	51-2328	S*d*	S_2	云南二区测队七分队	1976	云南	100
45	Daqiaodi Fm	·大荞地组	51-4014	T*dq*	T_3	曾繁礽	1945	四川	184
46	Daqing Fm	·大箐组	51-2206	OS*d*	O_2—S_1	郭文魁等	1942	云南	86
47	Darezha Fm	·大热渣组	51-1134	Pt*dr*	Pt_2	西南地质科学研究所（四川地矿局）	1965（1991）	四川	33
48	Dashaba Fm	·大沙坝组	51-0002	AnZ*d*	AnZ	陈嘉第等	1983	甘肃	232
49	Dashibao Fm	·大石包组	51-0134	P*d*	P_2	地科院川西研究队	1969	四川	299
50	Datangpo Fm	大塘坡组	51-2006	Z*dt*	Z_1	贵州103地质队	1967	贵州	53
51	Dawan Fm	·大湾组	51-2223	O*dw*	O_1	张文堂等	1957	湖北	82
52	Daye Fm	·大冶组	51-3304	T*d*	T_1	谢家荣	1924	湖北	151
53	Dayingshan Fm	·大营山（岩）组	51-1166	Pt*dy*	Pt_1	张洪刚、李承炎	1983	四川	16
54	Daianhe Fm	·代安河组	51-2020	Z*da*	Z_1	杨暹和	1979	陕西	244
55	Dangduo Fm	当多组	51-0079	D*d*	D_{1-2}	张研	1961	甘肃	283
56	Dangen Fm	·党恩组	51-0182	T*d*	T_{1-2}	文沛然（雪冰）	1966（1977）	四川	316
57	Dengxiangying Gr	·登相营群	51-1129	Pt*D*	Pt_{2-3}	四川西昌地质综合普查队	1958	四川	29
58	Dengying Fm	·灯影组	51-2009	Z∈*d*	Z_2—$\in_1$	李四光等	1924	湖北	55
59	Diebu Fm	迭部组	51-0071	S*d*	S_1	翟玉沛（介绍）	1977	甘肃	261
60	Dieshan Fm	叠山组	51-0150	P*dṡ*	P_2	史美良（甘肃省地层表编写组）	1976（1980）	甘肃	301
61	Dingpo Fm	·顶坡组	51-0120	C*d*	C_{1-2}	四川三区测队	1977	四川	285
62	Dongchuan Fm	·东川组	51-3301	T*dċ*	T_1	孟宪民等	1948	云南	149
63	Dongyuemiao Mem	·东岳庙段	51-4119	J^d	J	谭锡畴、李春昱	1933	四川	188
64	Douposi Fm	·陡坡寺组	51-2109	∈*d*	$\in_2$	卢衍豪、王鸿祯（谢家荣）	1939（1941）	云南	68
65	Doushantuo Fm	·陡山沱组	51-2003	Z*d*	Z_2	李四光等	1924	湖北	54
66	Eaqin Fm	·额阿钦组	51-0139	P*e*	P_1	四川区调队	1980	四川	291
67	Ebian Gr	·峨边群	51-1124	Pt*EB*	Pt_2	曾繁礽、何春荪	1949	四川	35

序号	岩石地层单位名称		编号	代号	地质时代	创名人	创建时间	所在省	在本书页数
	英文	汉文							
68	Eding Fm	·额顶组	51-0040	∈*e*	∈	四川三区测队	1977	四川	248
69	Emeishan Basalt Fm	·峨眉山玄武岩组	51-3211	P*em*	P_{1-2}	赵亚曾	1929	四川	144
70	Erqiao Fm	二桥组	51-4019	T*e*	T_3	丁文江	1928	贵州	180
71	Feitianshan Fm	·飞天山组	51-4222	K*f*	K_1	四川一区测队	1965	四川	214
72	Feixianguan Fm	·飞仙关组	51-3302	T*f*	T_1	赵亚曾	1929	四川	150
73	Fengshanying Fm	·凤山营组	51-1111	Pt*fŝ*	Pt_2	张兆瑾	1941	四川	24
74	Fengtongzhai Fm	·蜂桶寨组	51-0021	Z*f*	Z_1	四川二区测队	1976	四川	64
75	Gala Fm	尕拉组	51-0078	D*g*	D_2^1	西北地质研究所、甘肃一区测队	1973	甘肃	282
76	Gangou Fm	·干沟组	51-3045	D*gg*	D	云南一区测队四分队	1977	云南	130
77	Ganheba Fm	·干河坝组	51-1140	Pt*gh*	Pt_2	张洪刚、李承炎	1983	四川	40
78	Ganxi Fm	·甘溪组	51-3007	D*g*	D_1	包茨、彭开启（乐森玥）	1953（1956）	四川	117
79	Gangdagai Fm	·冈达概组	51-0136	P*g*	P_{1-2}	四川三区测队	1977	四川	295
80	Gaotai Fm	高台组	51-2125	∈*g*	$∈_2$	尹赞勋、谌义睿、秦鼐	1945	贵州	73
81	Gedicun Fm	·格底村组	51-0171	T*g*	T_3	四川三区测队（四川三区测队）	1967（1974）	四川	334
82	Gerong Fm	·格绒组	51-0097	D*g*	D_1	四川三区测队	1977	四川	271
83	Gezhadi Fm	·格扎底组	51-0065	S*g*	S_1	四川三区测队	1977	四川	265
84	Genlong Fm	·根隆组	51-0184	T*gl*	T_3	侯立玮、罗代锡等	1991	四川	321
85	Gongshan Fm	·汞山（岩）组	51-1006	Pt*gŝ*	Pt_1	姚祖德、倪秉方	1990	四川	12
86	Gucheng Fm	·古城组	51-2043	Z*gĉ*	Z_1	赵自强等	1985	湖北	52
87	Gufeng Fm	·孤峰组	51-3216	P*g*	P_2	叶良辅、李捷	1924	安徽	143
88	Guanfangshan Fm	·关防山组	51-1139	Pt*gf*	Pt_2	张洪刚、李承炎	1983	四川	42
89	Guangou Fm	·官沟组	51-4128	J*g*	J_3	四川一区测队	1962	四川	200
90	Guankou Fm	·灌口组	51-4212	K*g*	K_2	赵家骧、何绍勋	1945	四川	208
91	Guanwushan Fm	·观雾山组	51-3011	D*g*	D_3	朱森、吴景祯、叶连俊	1942	四川	123
92	Guanyinya Fm	·观音崖组	51-2005	Z*g*	Z_2	张云湘等	1958	四川	54
93	Guihuaqiaogou Fm	·桂花桥沟组	51-0003	AnZ*g*	AnZ	陈嘉第等	1983	四川	233
94	Guniutan Fm	·牯牛潭组	51-2224	O*g*	O_1	张文堂等	1957	湖北	83
95	Hanjiadian Fm	韩家店组	51-2306	S*h*	S_1—S_2	丁文江	1930	贵州	92
96	Hanyangpu Fm	·汉阳铺组	51-4203	K*h*	K_1	陈楚震等	1964	四川	202
97	Hekou Gr	·河口（岩）群	51-1103	Pt*HK*	Pt_1	四川力马河地质队	1957	四川	15
98	Hetaowan Fm	·核桃湾（岩）组	51-1009	Pt*ht*	Pt_1	姚祖德、倪秉方	1990	四川	14
99	Hexin Fm	·河心组	51-0092	D*h*	D_{2-3}	程裕淇、任泽雨（地科院川西地质研究队）	1942（1969）	四川	133
100	Heinishao Fm	·黑泥哨组	51-3230	P*h*	P_2	P Misch	1946	云南	148

序号	岩石地层单位名称		编号	代号	地质时代	创名人	创建时间	所在省	在本书页数
	英　文	汉　文							
101	Heishan Fm	·黑山组	51-1107	Pthŝ	Pt_2	花友仁	1959	云南	21
102	Honghuayuan Fm	红花园组	51-2209	Oh	O_2	张鸣韶、盛莘夫 （张鸣韶、盛莘夫）	1940 （1958）	贵州	80
103	Hongshiya Fm	·红石崖组	51-2201	Ohŝ	O_1	郭文魁	1941	云南	85
104	Hongxingyan Fm	·红星岩组	51-0159	Th	T_1	四川二区测队	1978	四川	340
105	Houhe Gr	后河（岩）群	51-1010	PtHH	Pt_{1-2}?	陕西第二地质队	1978	陕西	18
106	Huangdianzi Fm	·黄店子组	51-0022	Zh	Za	四川二区测队	1976	四川	65
107	Huanggexi Fm	·黄葛溪组	51-2326	Shg	S_1	云南二区测队七分队	1976	云南	99
108	Huangjiadeng Fm	·黄家磴组	51-3029	Dhj	D_3	杨敬之、穆恩之	1951	湖北	131
109	Huanglong Fm	黄龙组	51-3107	Ch	C_2	李四光、朱森	1930	江苏	136
110	Huangshuihe Gr	·黄水河群	51-1137	PtHŜ	Pt_2	四川二区测队	1973	四川	39
111	Huangtian Fm	·荒田组	51-1119	Ptht	Pt_2	杨暹和	1975	四川	27
112	Huangtongjianzi Fm	·黄铜尖子组	51-1138	Ptht	Pt_2	张洪刚、李承炎	1983	四川	41
113	Huili Gr	·会理群	51-1101	PtHL	Pt_2	谢振西	1963	四川	19
114	Huixingshao Fm	·回星哨组	51-2307	Shx	S_3	中科院南京地质 古生物研究所	1974	四川	95
115	Huodiya Gr	·火地垭群	51-1141	PtHD	Pt_2	侯德封、王现珩	1938	四川	42
116	Jiadanqiao Fm	·枷担桥组	51-1126	Ptjd	Pt_2	四川207地质队	1965	四川	36
117	Jiading Gr	·嘉定群	51-4216	KEJ	K—E	A Heim	1930	四川	211
118	Jiaguan Fm	·夹关组	51-4211	Kj	K_2	四川大渡河地质队	1955	四川	207
119	Jialingjiang Fm	·嘉陵江组	51-3307	Tj	T_1	赵亚曾、黄汲清	1931	四川	154
120	Jiaxiu Fm	甲秀组	51-0241	Jj	J_1	川西北地质大队	1992	甘肃	358
121	Jiange Fm	·剑阁组	51-4204	Kjg	K_1	陈楚震等	1964	四川	203
122	Jianmenguan Fm	·剑门关组	51-4202	Kjm	K_1	侯德封、王现珩	1939	四川	201
123	Jianzhuba Fm	箭竹坝组	51-2156	$\in$jẑ	$\in_1$	陕西区测队	1966	陕西	253
124	Jinbaoshi Fm	·金宝石组	51-3018	Dj	D_2	万正权	1983	四川	121
125	Jindingshan Fm	金顶山组	51-2123	$\in$j	$\in_1$	刘之远	1942	贵州	71
126	Jinshajiang Ophiolite Gr	·金沙江蛇绿岩群	0190	PTJ	P—T_1	李璞等 （李璞等）	1951—1953 （1959）	四川	342
127	Jiupanying Fm	·九盘营组	51-1135	Ptjp	Pt_2	西南地质科学研究所	1965	四川	34
128	Kaer Ophiolite Fm	·卡尔蛇绿岩组	51-0187	PTk	P_2-T_1	王忠实	1986	四川	343
129	Kawenggou Fm	·卡翁沟组	51-0135	Pk	P_{1-2}	四川三区测队	1974	四川	297
130	Kaijianqiao Fm	·开建桥组	51-2030	Zk	Z_1	四川一区测队 （张盛师）	1960 （1963）	四川	58
131	Kangding Gr	·康定（岩）群	51-1001	PtK	Pt_1	谭锡畴、李春昱	1930	四川	8
132	Kuahongdong Fm	·垮洪洞组	51-3312	Tk	T_3	西南地质科学研究所	1964	四川	160
133	Lanashan Fm	·拉纳山组	51-0178	T_3l	T_3	文沛然	1967	四川	324
134	Lamaya Fm	·喇嘛垭组	51-0179	Tlm	T_3	四川一区测队 （四川三区测队）	1961 （1974）	四川	325
135	Lanbaoping Fm	·烂包坪组	51-1128	Ptlb	Pt_2	四川207地质队	1965	四川	37

序号	岩石地层单位名称		编号	代号	地质时代	创名人	创建时间	所在省	在本书页数
	英文	汉文							
136	Lanniqing Fm	·烂泥箐组	51-3044	D*ln*	D	云南一区测队四分队	1977	云南	129
137	Langmusi Fm	·郎木寺组	51-0242	J*l*	J_{2-3}	四川甘孜区测分队（川西北地质大队）	1961 (1992)	甘肃	359
138	Leidashu Fm	·雷打树组	51-4225	KE*l*	K_2—E	西南地质局508队	1954	四川	216
139	Leikoupo Fm	·雷口坡组	51-3308	T_2l	T_2	许德佑	1939	四川	155
140	Lengzhuguan Fm	·冷竹关(岩)组	51-1003	Pt*lż*	Pt_1	程文祥、张应圭	1983	四川	10
141	Lijiang Fm	丽江组	51-4235	E*lj*	E	P Misch	1935	云南	217
142	Limahe Fm	·力马河组	51-1109	Pt*lm*	Pt_2	四川力马河地质队	1957	四川	23
143	Litang Ophiolite Gr	·理塘蛇绿岩群	51-0186	PT*L*	P—T	四川区调队	1984	四川	343
144	Lianhuakou Fm	·莲花口组	51-4113	J*l*	J_1	侯德封、王现珩	1939	四川	196
145	Liantuo Fm	·莲沱组	51-2001	Z*l*	Z_1	刘鸿允、沙庆安	1963	湖北	52
146	Lianghekou Fm	·两河口组	51-0170	T*lh*	T_3	四川区调队（四川区调队）	1980 (1984)	四川	335
147	Liangshan Fm	梁山组	51-3214	P*l*	P_1	赵亚曾、黄汲清	1931	陕西	139
148	Liangshuijing Fm	·凉水井组	51-4301	N*l*	N_2	四川地矿局	1991	四川	220
149	Lieguliu Fm	·列古六组	51-2031	Z*lg*	Z_1	四川一区测队（张盛师）	1960 (1963)	四川	60
150	Lieyi Fm	·列衣组	51-0183	T*ly*	T_{2-3}	文沛然（雪冰）	1966 (1977)	四川	317
151	Lingmaigou Fm	·领麦沟组	51-0173	T_1l	T_1	毛君一等（雪冰）	1971 (1977)	四川	313
152	Liujia Fm	·柳嘉组	51-4221	E*lj*	E_{1-2}	四川航调队	1980	四川	213
153	Longtan Fm	龙潭组	51-3206	P*lt*	P_2	丁文江	1919	江苏	145
154	Longmaxi Fm	·龙马溪组	51-2301	OS*l*	O_3—S_1	李四光、赵亚曾	1924	湖北	87
155	Loushanguan Fm	娄山关组	51-2120	∈O*l*	$∈_2$—O_1	丁文江	1930	贵州	69
156	Lujiaping Fm	鲁家坪组	51-2155	∈*lj*	$∈_1$	陕西区测队	1966	陕西	252
157	Lushan Fm	·芦山组	51-4214	E*l*	E_3	四川二区测队	1975	四川	210
158	Luodong Fm	·落凼(岩)组	51-1165	Pt*ld*	Pt_1	张洪刚、李承炎	1983	四川	17
159	Luoranggou Fm	·罗让沟组	51-0158	T*lr*	T_1	四川二区测队	1978	四川	339
160	Luoreping Fm	·罗惹坪组	51-2305	S*l*	S_{1-2}	谢家荣、赵亚曾	1925	湖北	96
161	Luoxue Fm	·落雪组	51-1106	Pt*lx*	Pt_2	孟宪民、许杰	1944	云南	20
162	Maanshan Mem	·马鞍山段	51-4122	J^m	J	谭锡畴、李春昱	1933	四川	188
163	Maantang Fm	·马鞍塘组	51-3311	T*m*	T_3	邓康龄	1975	四川	159
164	Madiyi Fm	·马底驿组	51-1152	Pt*md*	Pt_3	湘、桂、黔三省(区)前寒武纪地层工作组	1962	湖南	46
165	Majiaoba Fm	·马角坝组	51-3102	C*m*	C_1	范影年	1980	四川	134
166	Majiaochong Fm	马脚冲组	51-2318	S*m*	S_1	中国科学院南京地质古生物研究所	1979	贵州	93
167	Masuoshan Fm	·马索山组	51-0175	T*m*	T_2	杜其良	1978	四川	315
168	Mawozi Fm	·麻窝子组	51-1142	Pt*mw*	Pt_2	四川二区测队	1961	四川	43

序号	岩石地层单位名称		编号	代号	地质时代	创名人	创建时间	所在省	在本书页数
	英文	汉文							
169	Maoba Fm	·茅坝组	51-3013	DC*m*	D_3—C_1	乐森玥	1956	四川	126
170	Maobaguan Fm	毛坝关组	51-2157	∈*mb*	$∈_2$	陕西区测队	1966	陕西	253
171	Maokou Fm	茅口组	51-3203	P*m*	P_1	乐森玥	1927	贵州	142
172	Maotian Fm	毛田组	51-2130	∈*m*	$∈_3$—O_1	贵州108地质队	1966	贵州	75
173	Maoxian Gr	·茂县群	51-0062	S*M*	S	谭锡畴、李春昱 (谭锡畴、李春昱)	1931 (1959)	四川	102
174	Meitan Fm	湄潭组	51-2210	O*m*	O_1	黄汲清 (俞建章)	1929 (1933)	贵州	80
175	Mengcuonaka Fm	·蒙措纳卡组	51-0050	O*mc*	O_1	四川地层表编写组	1978	四川	254
176	Mengshan Gr	·蒙山群	51-4209	KE*M*	K—E	谭锡畴、李春昱	1931	四川	206
177	Miange Fm	·勉戈组	51-0185	T*mg*	T_3	侯立玮、罗代锡等	1991	四川	322
178	Mihei Fm	·米黑组	51-0064	S*m*	S_1	四川地层表编写组	1978	四川	264
179	Miaopo Fm	·庙坡组	51-2225	O*mp*	O_2	张文堂等	1957	湖北	83
180	Minhe Fm	岷河组	51-0112	C*m*	C_1—C_2	黄振辉	1962	甘肃	290
181	Mingshan Fm	·名山组	51-4213	E*m*	E_{1-2}	四川二区测队	1976	四川	209
182	Mingyue Fm	·明月组	51-2021	Z*m*	Z_1	四川地层表编写组	1975	四川	244
183	Modaoya Fm	·磨刀垭组	51-2137	∈*md*	$∈_1$	中国科学院南京地质古生物研究所 (张文堂)	1966 (1979)	四川	77
184	Muzuo Fm	·木座组	51-0023	Z*mz*	Za	四川二区测队	1977	四川	241
185	Nanjinguan Fm	·南津关组	51-2221	O*n*	O_1	张文堂	1962	湖北	81
186	Nantuo Fm	·南沱组	51-2002	Z*nt*	Z_1	E Blackwelder	1907	湖北	53
187	Niugundang Fm	·牛滚凼组	51-4127	J*n*	J_3	四川一区测队	1962	四川	199
188	Niutitang Fm	牛蹄塘组	51-2121	∈*n*	$∈_1$	刘之远	1942	贵州	70
189	Pengda Fm	·捧达组	51-0091	D*p*	D_{1-2}	四川地层表编写组	1975	四川	132
190	Penglaizhen Fm	·蓬莱镇组	51-4112	J*p*	J_3	杨博泉、孙万铨	1946	四川	194
191	Pingjing Fm	平井组	51-2127	∈*p*	$∈_2$	贵州108地质队	1966	贵州	75
192	Pingyipu Fm	·平驿铺组	51-3002	D*p*	D_1	赵亚曾、黄汲清	1931	四川	116
193	Pojiao Fm	·坡脚组	51-3033	D*pj*	D_2	尹赞勋等	1938	云南	128
194	Posongchong Fm	·坡松冲组	51-3032	D*ps*	D_1	中国科学院南京地质古生物研究所西南队泥盆系研究组	1974	云南	127
195	Pushuiqiao Fm	·普水桥组	51-0191	PT*p*	P_2—T_1	四川三区测队	1974	西藏	310
196	Putonggou Fm	·普通沟组	51-0077	D*p*	D_1	西北地质研究所、甘肃一区测队	1973	四川	280
197	Qijiang Mem	·綦江段	51-4116	J^q	J	丁毅、关士聪	1942	四川	188
198	Qiqusi Fm	·七曲寺组	51-4207	K*q*	K_1	四川航调队	1980	四川	205
199	Qiranggou Fm	·祁让沟组	51-0160	T*qr*	T_{2-3}	四川二区测队	1978	四川	341
200	Qixia Fm	栖霞组	51-3202	P*q*	P_1	李希霍芬	1912	江苏	142
201	Qianfoyan Fm	·千佛岩组	51-4107	J*q*	J_2	赵亚曾、黄汲清	1931	四川	190
202	Qiaojia Fm	·巧家组	51-2203	O*q*	O_{1-2}	郭文魁、业治铮	1942	云南	85

序号	岩石地层单位名称		编号	代号	地质时代	创名人	创建时间	所在省	在本书页数
	英　文	汉　文							
203	Qinjiamiao Fm	·覃家庙组	51-2118	∈*qj*	$\in_2$	王钰	1938	湖北	74
204	Qinglongshan Fm	·青龙山组	51-1108	Pt*ql*	Pt_2	王可南	1963	云南	21
205	Qingtianbao Fm	·青天堡组	51-3333	T*q*	T_1	四川一区测队	1974	四川	161
206	Qingxudong Fm	清虚洞组	51-2124	∈*qx*	$\in_{1-2}$	尹赞勋、谌义睿、秦鼐	1945	贵州	73
207	Qiongcuo Fm	·穷错组	51-0098	D*q*	D_2	四川三区测队	1977	四川	272
208	Qiongyi Fm	·邛依组	51-0118	C*q*	C	李宗凡	1994	四川	286
209	Qiongzhusi Fm	·筇竹寺组	51-2106	∈*q*	$\in_1$	卢衍豪	1941	云南	66
210	Qiujiahe Fm	·邱家河组	51-0036	Z∈*q*	$Z—\in_1$	四川二区测队	1966	四川	78
211	Qugasi Fm	·曲嘎寺组	51-0176	T*q*	T_3	四川三区测队（文沛然）	1966 (1974)	四川	318
212	Qujing Fm	·曲靖组	51-3039	D*q*	D_2	Grabau	1924	云南	129
213	Ranxi Fm	·然西组	51-0101	SD*r*	S—D	李宗凡	1994	四川	268
214	Reer Fm	·热尔组	51-0084	D*r*	D_1	西北地质研究所、甘肃一区测队	1973	四川	282
215	Relu Fm	·热鲁组	51-0246	KE*r*	K-E	四川一区测队	1961	四川	360
216	Rengong Fm	·人公组	51-0047	O*r*	O_1	四川区调队	1984	四川	257
217	Rongxi Fm	·溶溪组	51-2309	S*r*	S_2	葛治洲等	1979	四川	93
218	Runiange Fm	·如年各组	51-0169	T*r*	T_3	四川区调队	1984	四川	345
219	Saiyikuo Fm	·赛伊阔组	51-0016	Z*sy*	Z_1	川西北地质大队	1992	四川	239
220	Sandaoqiao Fm	·三道桥组	51-0133	P*s*	P_1	地科院川西研究队	1969	四川	298
221	Sanhe Fm	·三合组	51-4219	K*s*	K_2	四川航调队	1980	四川	212
222	Sanze Fm	·散则组	51-0066	S*s*	S_2	四川三区测队	1977	四川	266
223	Sanzhushan Fm	·三珠山组	51-0174	T*s*	T_2	杜其良	1978	四川	314
224	Shamao Fm	·纱帽组	51-2312	S*šm*	S_2	谢家荣、赵亚曾	1925	湖北	97
225	Shawozi Fm	·沙窝子组	51-3012	D*š*	D_3	乐森珥	1956	四川	125
226	Shaximiao Fm	·沙溪庙组	51-4108	J*š*	J_2	杨博泉、孙万铨	1946	四川	191
227	Shangliang Fm	·上两组	51-1143	Pt*šl*	Pt_2	四川达县地质队	1960	四川	44
228	Shengou Fm	·深沟组	51-1131	Pt*šg*	Pt_2	西南地质科学研究所	1965	四川	31
229	Shifang Fm	石坊组	51-0076	D*š*	D_1	张研	1961	甘肃	279
230	Shilama Fm	·石喇嘛组	51-0115	C*š*	C_2	四川二区测队	1976	四川	138
231	Shilongdong Fm	·石龙洞组	51-2117	∈*šl*	$\in_1$	王钰	1938	湖北	67
232	Shiniulan Fm	·石牛栏组	51-2303	S*š*	S_1	丁文江	1930	四川	91
233	Shimenkan Fm	·石门坎组	51-0020	Z*š*	Z_1	四川二区测队	1976	四川	64
234	Shipai Fm	·石牌组	51-2115	∈*š*	$\in_1$	李四光、赵亚曾	1924	湖北	71
235	Shuhe Fm	·树河组	51-3218	P*šh*	P	华北地质科学研究所	1965	四川	140
236	Shuijing Fm	·水晶组	51-0025	Z*š*	Zb	四川二区测队	1977	四川	243
237	Sifengya Fm	·嘶风崖组	51-2327	S*sf*	S_2	云南二区测队七分队	1976	云南	99

序号	岩石地层单位名称		编号	代号	地质时代	创名人	创建时间	所在省	在本书页数
	英文	汉文							
238	Songdagou Fm	·颂达沟组	51-0041	$\in s$	$\in_3$	四川三区测队	1977	四川	249
239	Songgui Fm	·松桂组	51-3343	Ts	T_3	P Misch	1947	云南	164
240	Songkan Fm	松坎组	51-2322	S*sk*	S_1	戎嘉余等	1981	贵州	90
241	Songlinping Fm	·松林坪组	51-1130	Pt*sl*	Pt_2	西南地质科学研究所	1965	四川	30
242	Suxiong Fm	·苏雄组	51-2029	Zs	Z_1	四川一区测队 (四川一区测队)	1965 (1971)	四川	57
243	Suining	·遂宁组	51-4111	J*sn*	J_3	李悦言、陈秉范	1939	四川	193
244	Suotoushan Fm	·缩头山组	51-3042	D*st*	D_2	鲜思远、周希云	1978	云南	128
245	Talipo Fm	·塔利坡组	51-0100	D*t*	D_3	四川三区测队	1977	四川	274
246	Tazang Fm	·塔藏组	51-0167	T*tz*	T_{2-3}	辜学达、黄盛碧	1987	四川	347
247	Taiyangding Fm	·太阳顶组	51-0042	$\in t$	$\in$	川西北地质大队	1992	四川	251
248	Tangtang Fm	·淌塘组	51-1110	Pt*t*	Pt_2	胡炎基	1980	四川	22
249	Taoziba Fm	·桃子坝组	51-1125	Pt*tz*	Pt_2	杨暹和	1975	四川	36
250	Tianbaoshan Fm	·天宝山组	51-1112	Pt*tb*	Pt_2	西南地质局508队	1955	四川	25
251	Tianjingshan Fm	·天井山组	51-3317	T*tj*	$T_2—T_3$?	朱森、叶连俊	1942	四川	158
252	Tianmashan Fm	·天马山组	51-4210	K*t*	K_1	西南地质局519队	1955	四川	206
253	Tiechuanshan Fm	·铁船山组	51-2036	Z*t*	Z_1	四川二区测队	1965	四川	61
254	Tonghua Fm	·通化组	51-0063	S*t*	S	四川二区测队 (徐星琪等)	1961 (1965)	四川	263
255	Tongjiezi Fm	·铜街子组	51-3305	T*t*	T_1	许德佑	1939	四川	153
256	Tonglinggou Fm	·铜陵沟组	51-0131	P*t*	P_1	李宗凡	1994	四川	148
257	Tongzi Fm	桐梓组	51-2208	O*t*	O_1	张鸣韶、盛莘夫	1940	贵州	79
258	Tumugou Fm	·图姆沟组	51-0177	T*t*	T_3	四川三区测队 (文沛然)	1966 (1974)	四川	320
259	Wachang Fm	·瓦厂组	51-0048	O*w*	O_1	四川区调队	1984	四川	258
260	Waneng Ophiolite Fm	·瓦能蛇绿岩组	51-0188	T*w*	T_3	王忠实	1986	四川	345
261	Weiguan Fm	·危关组	51-0093	D*w*	D	徐星琪	1965	四川	278
262	Weimen Fm	·渭门组	51-0043	$\in w$	$\in$	黄盛碧	1994	四川	250
263	Wotoushan Fm	·窝头山组	51-4217	K*w*	K_1	四川航调队	1980	四川	211
264	Wugongkou Fm	·蜈蚣口组	51-0024	Z*w*	Zb	四川二区测队	1977	四川	242
265	Wujiagou Fm	·吴家沟(岩)组	51-1007	Pt*wj*	Pt_1	姚祖德、倪秉方	1990	四川	13
266	Wujiaping Fm	吴家坪组	51-3209	P*w*	P_2	卢衍豪	1956	陕西	146
267	Wuluochipu Fm	·物洛吃普组	51-0051	O*wl*	O_{2-3}	四川三区测队	1977	四川	256
268	Wumaqing Fm	·五马箐(岩)组	51-1005	Pt*wm*	Pt_1	廖鸿昌、杨英杰	1984	四川	12
269	Wuqiangxi Fm	·五强溪组	51-1153	Pt*wq*	Pt_3	湘、桂、黔三省(区)前寒武纪地层工作组	1962	湖南	47
270	Xigeda Fm	·昔格达组	51-4302	NQ*x*	$N_2—Q_1$	袁复礼	1958	四川	218
271	Xigou Fm	·西沟组	51-0117	C*x*	$C_2^1—C_2^2$	四川二区测队	1975	四川	289

序号	岩石地层单位名称		编号	代号	地质时代	创名人	创建时间	所在省	在本书页数
	英 文	汉 文							
272	Xikang Gr	·西康群	51-0162	TX	T	李春昱、谭锡畴 (李春昱、谭锡畴)	1929—1930 (1959)	四川	329
273	Xiwangmiao Fm	·西王庙组	51-2110	∈x	$\in_2$	张云湘等	1958	四川	69
274	Xiacun Gr	·下村(岩)群	51-1004	PtXC	Pt_1	姚祖德、倪秉方	1990	四川	11
275	Xiakasha Fm	·下喀沙组	51-0073	Qnx	Qn	胡金城	1994	四川	235
276	Xialijiang Fm	·呷里降组	51-0038	∈x	∈	四川区调队	1991	四川	250
277	Xiawunla Fm	下吾那组	51-0081	Dx	D_{2-3}	张研	1961	甘肃	284
278	Xiannudong Fm	·仙女洞组	51-2133	∈xn	$\in_1$	叶少华等	1960	四川	72
279	Xianglongka Fm	·相龙卡组	51-0017	Zx	Z	川西北地质大队	1992	四川	240
280	Xiangxi Fm	·香溪组	51-4006	TJx	T_3—J_1	野田势次郎(日)	1917	湖北	180
281	Xiaoba Fm	·小坝组	51-4224	Kx	K_1	西南地质局508队	1954	四川	215
282	Xiaobachong Fm	·小坝冲组	51-0039	∈xb	$\in_{1-2}$	四川地层表编写组	1978	四川	247
283	Xiaoheba Fm	·小河坝组	51-2304	Sxh	S_1	常隆庆	1933	四川	89
284	Xiaohuangtian Fm	·小荒田(岩)组	51-1008	Ptxh	Pt_1	姚祖德等	1990	四川	14
285	Xiaoping Fm	·小坪组	51-1121	Ptxp	Pt_2	杨暹和	1975	四川	28
286	Xiaoxiyu Fm	·小溪峪组	51-2347	Sxx	S	湖南区测队	1970	湖南	102
287	Xiejingsi Fm	·写经寺组	51-3030	Dxj	D_3	谢家荣、刘季辰	1929	湖北	132
288	Xincun Fm	·新村组	51-4126	Jx	J_2	四川一区测队	1962	四川	198
289	Xinduqiao Fm	·新都桥组	51-0166	Txd	T_3	戈尔金(前苏联)	1960	四川	330
290	Xintan Fm	·新滩组	51-2302	Sx	S_1	E Blackwelder	1907	湖北	89
291	Xingtiangou Fm	·新田沟组	51-4106	Jxt	J_2	四川航调队	1977	四川	189
292	Xiushan Fm	·秀山组	51-2310	Sxš	S_2	中国科学院南京 地质古生物研究所	1974	四川	94
293	Xujiahe Fm	·须家河组	51-4005	Tx	T_3	赵亚曾、黄汲清	1931	四川	178
294	Xuanwei Fm	·宣威组	51-3204	Px	P_2	谢家荣	1941	云南	145
295	Xuebaoding Fm	·雪宝顶组	51-0116	DCx	D_3—C_1	谭锡畴、李春昱	1935	四川	287
296	Yajiang Fm	·雅江组	51-0172	Ty	T_3	范嘉松等	1960	四川	337
297	Yaside Fm	·雅斯德组	51-0019	Zy	Za	四川二区测队	1976	四川	63
298	Yazigou Fm	·崖子沟组	51-0096	Dyz	D_2	云南区调队	1980	四川	277
299	Yanbian Gr	·盐边群	51-1118	PtY	Pt_2	常隆庆	1936	四川	27
300	Yanjing Gr	·盐井群	51-0018	ZY	Z_1	四川二区测队	1976	四川	62
301	Yantang Fm	·盐塘组	51-3334	Tyt	T_{1-2}	四川一区测队	1964	四川	162
302	Yanyuan Fm	·盐源组	51-4303	NQy	N_2—Q_p	常隆庆	1937	四川	219
303	Yangmaba Fm	·养马坝组	51-3010	Dy	D_2	朱森、吴景祯、叶连俊	1942	四川	119
304	Yangxin Fm	·阳新组	51-3201	Py	P_1	谢家荣	1924	湖北	141
305	Yelang Fm	夜郎组	51-3303	Ty	T_1	丁文江	1928	贵州	152
306	Yidun Gr	·义敦群	51-0181	TY	T_{1-2}	文沛然 (雪冰)	1966 (1977)	四川	316

序号	岩石地层单位名称		编号	代号	地质时代	创名人	创建时间	所在省	在本书页数
	英 文	汉 文							
307	Yiji Fm	·依吉组	51-0094	Dyj	D_1	云南区调队	1980	四川	275
308	Yimen Fm	·益门组	51-4125	Jy	J_{1-2}	阮维周	1942	四川	197
309	Yiwagou Fm	·益哇沟组	51-0111	DCy	$D_2—C_1$	甘肃一区测队	1973	甘肃	289
310	Yinmin Fm	·因民组	51-1105	Ptym	Pt_2	孟宪民、许杰	1944	云南	20
311	Yinping Fm	·阴平组	51-0004	AnZy	AnZ	四川二区测队	1977	四川	234
322	Yingzhunianga Fm	·英珠娘阿组	51-0180	Tyż	T_3	四川地层表编写组	1978	四川	326
313	Yongren Fm	·雍忍组	51-0067	Sy	S_3	四川三区测队	1977	四川	267
314	Youfang Fm	·油房组	51-0037	∈y	$\in_1$	吴世良等 (四川二区测队)	1963 (1977)	四川	78
315	Yumen Fm	·渔门组	51-1120	Ptym	Pt_2	四川106地质队	1973	四川	28
316	Yuntaiguan Fm	·云台观组	51-3028	Dyt	D_{2-3}	俞建章、舒文博	1929	湖北	130
317	Zagunao Fm	·杂谷脑组	51-0164	Tz	T_3	四川甘孜区测分队	1960	四川	331
318	Zanli Fm	·咱里(岩)组	51-1002	Ptzl	Pt_1	程文祥、张应圭	1983	四川	9
319	Zegu Fm	·则姑组	51-1132	Ptzg	Pt_2	西南地质科学研究所	1965	四川	31
320	Zhagashan Fm	·扎尕山组	51-0163	Tżg	T_2	李小壮 (李小壮)	1972 (1975)	四川	330
321	Zhagu Fm	·乍古组	51-1122	Ptżg	Pt_2	余重才等	1963	四川	29
322	Zhangla Gr	·漳腊群	51-0157	TŻ	T	四川二区测队 (四川地层表编写组)	1973 (1978)	四川	338
323	Zhenzhuchong Mem	·珍珠冲段	51-4118	J^z	J	谭锡畴、李春昱	1933	四川	188
324	Zhengyang Fm	·正阳组	51-4226	Kż	K	四川107地质队	1974	四川	217
325	Zhongcao Fm	·中槽组	51-2346	Sż	S_{2-3}	四川地层表编写组	1978	四川	101
326	Zhongwo Fm	·中窝组	51-3342	Tż	T_3	云南一区测队二分队	1966	云南	163
327	Zhouqu Fm	舟曲组	51-0072	Sż	S_2	翟玉沛	1977	甘肃	261
328	Zhuwo Fm	·侏倭组	51-0165	Tżw	T_3	四川地质局	1975	四川	332
329	Zhuowukuo Fm	·卓乌阔组	51-0061	Sżw	S_3	川西北地质大队	1992	四川	262
330	Ziliujing Fm	·自流井组	51-4104	Jz	J_{1-2}	A Heim	1930	四川	187
331	Zongchanggou Fm	·总长沟组	51-3101	Cz	C_1	朱森、吴景祯、叶连俊	1942	四川	135

附录Ⅲ 四川省不采用的地层单位

附录Ⅲ-1

序号	岩石地层单位名称		编号	地质时代	创名人	创建时间	所在省	不采用理由
	英文	汉文						
1	Aba Fm	阿坝组	51-0217	T_1	四川地层总结(介绍)	1977	四川	使用面不广，层序不清
2	Ayigenkang Conglomerate	阿依根康砾岩	51-0193	R	熊永先	1941	四川	无剖面、地点，层位不确切
3	Aijiashan Series	艾家山系	51-2236	O	李四光	1924	湖北	范围过大，岩石含义不确切，现包括宝塔组、庙坡组及牯牛潭组部分
4	Aizishan Shale	矮子山页岩	51-4039	T_3	黄汲清等	1940	四川	层级岩石地层，现相当于须家河组中部段组单位
5	Balu Fm	巴鲁组	51-0224	T_1	朱占祥、饶荣标等	1986	四川	无建组剖面，分布局限，与领麦沟组相当
6	Bashan Fm	巴山组	51-2027	$\in_1$	曾良奎等	1992	四川	非岩石地层单位
7	Baxiangling Fm	巴乡岭组	51-0119	C_1	四川三区测队	1977	四川	生物地层单位，现归人顶坡组
8	Bailiuping Fm	白柳坪组	51-3015	D_1	陈源仁	1978	四川	非岩石地层单位，现相当于甘溪组部分
9	Baisha Fm	白沙组	51-2308	S_2	中科院南京地质古生物研究所	1974	四川	与探溪组同物异名
10	Baishagang Sandstone	白沙岗砂岩	51-4149	T_3	丁毅、关士聪	1942	四川	属段级地层单位
11	Baishipu Limestone	白石铺石灰岩	51-3004	D_2	赵亚曾、黄汲清	1931	四川	已解体为甘溪组、养马坝组、观雾山组
12	Baishuihe Series	白水河系	51-1136	Pt	谭锡畴、李春昱	1931	四川	与黄水河群同物异名
13	Baitongjianzi Fm	白铜尖子组	51-1197	Pt_2	四川101地质队	1969	四川	层位有争议，现相当于关防山组上部
14	Baiyazi Fm	白崖子组	51-0239	T_{2-3}	邓永福(介绍)	1985	四川	正式报告中未使用，现被侏倭组、新都桥组取代
15	Baiyong Fm	白雍组	51-0216	T_1	四川地层表编写组	1975	四川	命名不规范
16	Baiyuluo Gr	白鱼落群	51-1027	D_2	四川甘孜地质队	1961	四川	长期无人使用，现与黄水河群同物异名
17	Baiyunan Fm	白云庵组	51-2319	S	常隆庆、罗正远	1933	四川	范围过大，长期废用，现大概相当于韩家店组、小河坝组部分
18	Banhe Series	半河系	51-2244	$\in-O$	常隆庆	1933	四川	范围过大，长期废用，现可能包含仙女洞组、陡坡寺组等
19	Banbiansi Sandstone	半边寺砂岩	51-4038	T_3	黄汲清等	1940	四川	属次级岩石地层单位，现属相当于须家河组中部段组单位
20	Baoding Limestone	宝顶石灰岩	51-3221	P	黄汲清、曾鼎乾	1948	四川	长期废用，现相当于吴家坪组
21	Baohuoyan Fm	爆火岩组	51-2353	S_2	金淳泰等	1989	四川	非岩石地层单位，现可能与韩家店组相当

序号	岩石地层单位名称		编号	地质时代	创名人	创建时间	所在省	不采用理由
	英文	汉文						
22	Beichuan Fm	北川组	51-3119	C_1	佟正祥等	1985	四川	非岩石地层单位，现相当于马角坝组
23	Bianba Gr	边坝群	51-0244		程裕淇、任泽雨	1942	四川	构造未查清
24	Bianba Series	边坝系	51-4020	T_3	程裕淇、任泽雨	1942	四川	与须家河组相当，属同物异名
25	Bianqinggou Fm	边箐沟组	51-3040	D_1	鲜思远等	1974	云南	非岩石地层单位，现相当于邛依组部分层位
26	Bayangdi Fm	坝秧地组	51-0123	C_1	四川航调队	1977	四川	命名剖面无顶无底，层位不清归属有误
27	Biyougou Fm	比友沟组	51-0221	T_2	四川区域地层表编写组	1978	云南	构造未查清，化石鉴定有误
28	Boda Fm	博大组	51-3338	T_3	四川区域地层表编写组	1978	四川	与松桂组同物异名
29	Boluokeng Thinbedded Limestone	波罗坑薄层石灰岩	51-3331	T_1	阮维周	1942	四川	层序不清，现相当于嘉陵江组下部
30	Caeryan Sandstone	擦耳岩砂岩	51-4143	J_1	李悦言	1940	四川	属次级岩石地层单位
31	Cakuohe Fm	擦阔合组	51-0082	D_3	西北地质科学研究所、甘肃一区测队	1973	甘肃	与下吾那组岩性不能区分
32	Cameroceras Limestone	房角石石灰岩	51-2255	O_1	侯德封、赵家骧等	1945		非岩石地层单位
33	Caiyuangou Bed	菜园沟层	51-4228	J	孙万铨	1952	四川	相当沙溪庙组下部
34	Cangjin Fm	苍金组	51-0147	P_2	四川航调队	1977	四川	层位不清
35	Caobapai Series	草八排系	51-2050	Z_1(?)	谭锡畴、李春昱	1931	四川	层序不清，长期废用
36	Caodi Gr	草地群	51-0195	C－P	熊永先	1941	四川	与西康群同物异名
37	Erkai Fm	二楷组	51-0201	T	四川甘孜区测分队	1960	四川	层位不清
38	Kanzhugou Fm	砍竹沟组	51-0198	T－J	四川二区测队	1961	四川	层位不清，现相当于侏倭组下部
39	Chadianzi Bed	茶店子层	51-4238	K	孙万铨	1952	四川	可能相当夹关组
40	Chahe Fm	岔河组	51-1180	Pt_1	李复汉等	1988	四川	与落凼组同物异名
41	Chalisi Fm	查理寺岩组	51-0152	T	四川石油普查队	1959	四川	层位不清
42	Chayegou Mem	茶叶沟段	51-2046	Z_2	四川二区测队	1965	四川	非正式岩石地层单位，现当于观音崖组中部
43	Changlezhen Bed	常乐镇层	51-4136	J_3	李悦言	1940	四川	属次级岩石地层单位，现相当于蓬莱镇组下部

序号	岩石地层单位名称		编号	地质时代	创名人	创建时间	所在省	不采用理由
	英文	汉文						
44	Changsongsi Bed	长松寺层	51-4230	J	王作宾、马祖望	1945	四川	属次级岩石地层单位
45	Changtanzi Fm (Mem)	长滩子组(段)	51-3021	C_1	范影年	1980	四川	非岩石地层单位，现可能相当于茅坝组上部
46	Changxing Fm	长兴组	51-3208	P_2	A W Grabau	1931	浙江	系吴家坪组的西延部分
47	Changxu Fm	昌须组	51-3344	T_2	四川二区测队	1976	四川	含义与层序不清
48	Changyanzi Fm	长岩子组	51-2354	S_2	金淳泰等	1989	四川	非岩石地层单位，现大致与韩家店组相当
49	Changzong Fm	昌宗组	51-0251	E	四川区调队	1984	四川	为热鲁组的同物异名
50	Chaotian Bed	朝天层	51-2340	S	A W Grabau	1924	四川	层序不清，可能相当于龙马溪组部分
51	Chuanshan Fm	船山组	51-3108		丁文江	1931	江苏	省内不宜使用
52	Chuanzhumiao Fm (Mem)	川主庙组(段)	51-4003	T_3	中科院南京地质古生物研究所	1979	四川	非岩石地层单位，相当于须家河组或香溪组
53	Chenhe Fm	尘河组	51-1184	Pt_1	李复汉等	1988	四川	层位看法分歧，与青龙山组同物异名
54	Chenzhi Fm	陈支组	51-0206	T_2	四川航调队	1977	四川	为扎尕山组的同物异名
55	Chongqing Series	重庆系	51-4114	J	A Heim	1931	四川	已解体为自流井组、新田沟组、沙溪店组、遂宁组及蓬莱镇组
56	Chulu Fm	出鲁组	51-0227	T_1	杜其良	1978	四川	为领麦沟组的同物异名
57	Cigang Fm	茨岗组	51-0189	T_1	四川三区测队	1974	四川	层序倒转，构造未查清，相当于领麦沟组上部层位
58	Coronocephalus Bed	王冠虫层	51-2344	S	中科院地质所	1956		非岩石地层单位，现相当于韩家店组＋石牛组或小河坝组
59	Cuifengshan Fm	翠峰山组	51-3031	D_1	丁文江	1914	云南	省内不宜使用，与坡松冲组同物异名
60	Daan Limestone	大庵石灰岩	51-3220	P	黄汲清、曾鼎乾	1948	四川	非岩石地层单位，长期废用，现相当于栖霞组
61	Dabanqiao Fm	大板桥组	51-0011	O-D	《四川区域地质志》	1991	四川	命名不规范，暂归茂县群
62	Dabaoshan Fm	大宝山组	51-0138	Pt_2	川冶606队、成都地质学院	1976	四川	与关防山组同物异名
63	Dabaoshan Series	大宝山系	51-1026	D—S	昆明地勘公司304队	1955	四川	与黄水河群同物异名
64	Dabishan Fm	大鼻山组	51-2105	$\in_2$	中科院南京地质古生物研究所、四川石油科学研究所	1965	四川	非岩石地层单位，现相当于娄山关组部分

序号	岩石地层单位名称		编号	地质时代	创名人	创建时间	所在省	不采用理由
	英文	汉文						
65	Dabianya Series	大边崖系	51-3114	C_2	赵家骧、何绍勋	1945	四川	层序不清，非岩石地层单位
66	Dacao Fm	大槽组	51-2250		穆恩之等	1979	四川	与红花组同物异名
67	Dacaohe Fm	大槽河组	51-2112	$\in_1$	四川一区测队	1965	四川	与陡坡寺组同物异名，长期废用
68	Dachengsi Fm	大乘寺组	51-2230	O_1	谭锡畴、李春昱	1933	四川	相当红石崖组，属同物异名
69	Dadaopo Sandstone	大道坡砂岩	51-4148	T_3	丁毅、关士聪	1942	四川	相当二桥组下部，属段级地层单位
70	Daduhe Fm	大渡河组	51-2253	O_3	中科院南京地质古生物研究所、四川石油科研所	1965	四川	非岩石地层单位，现相当于宝塔组部分
71	Daerdong Fm	打儿凼组	51-4218	K_2	四川航调队	1980	四川	与窝头山组组合特征一致，予以合并
72	Dafenbao Clay	大坟包粘土	51-4120	J	谭锡畴、李春昱	1933	四川	与马鞍山段合并
73	Dagou Bed	大沟层	51-2051	Z_2(?)	谭锡畴、李春昱	1931	四川	层序不清，长期废用
74	Daguan Gr(Fm)	大关群(组)	51-2325	S	郭文魁、黄邵显	1942	云南	含义不确切，现大体相当于黄葛溪组、嘶风崖组
75	Daluodi Fm	大落地组	51-1028	Pt_2	四川101地质队	1969	四川	为关防山组的同物异名
76	Damadong Fm	打马洞组	51-0220	T_2-T_3	地科院川西科研队	1967	四川	自创名后，未经引用
77	Daqing Bed (Fm)	大箐层(组)	51-4015	T_3	曾繁礽	1945	四川	与宝顶组同物异名
78	Dashaba Fm	大沙坝组	51-2242	O_1	穆恩之、朱兆玲等	1978	四川	非岩石地层单位，相当于湄潭组上部
79	Dashan Fm	大山组	51-1186	Pt_2	李复汉等	1988	四川	相当登相营群、大热渣组中、下段
80	Dashimen Sandstone	大石门砂岩	51-4043	T_3	李悦言	1944	四川	属次级岩石地层单位，相当于须家河组上部
81	Dashuijing Fm	大水井组	51-2151	$\in_3$	朱兆玲等	1978	四川	非岩石地层单位
82	Datang Fm	大塘组	51-3104	C_1	丁文江	1931	贵州	四川含义与原定义不符，贵州废弃
83	Datian Fm	大田组	51-1018	Pt_1	云南一区测队	1966	云南	与冷竹关(岩)组岩性相近
84	Datianba Fm	大田坝组	51-2226	O_2	中科院南京地质古生物研究所	1974	四川	非岩石地层单位，现相当于庙坡组
85	Datianjiao Fm	大田角组	51-1145	Pt	四川达县地质队	1960	四川	与后河(岩)群同物异名
86	Datongchang Fm	大铜厂组	51-4223	K	西南508队	1954	四川	属次级岩石地层单位

序号	岩石地层单位名称		编号	地质时代	创名人	创建时间	所在省	不采用理由
	英文	汉文						
87	Daxi Conglomerate	大溪砾岩	51-4215	J	苟宗海	1992	四川	属次级岩石地层单位
88	Dayadong Shale	大崖洞页岩	51-4033	T_3	黄汲清等	1940	四川	属次级岩石地层单位,与会理群同物异名
89	Dayingpan Gr (Fm)	大营盘群(组)	51-1167	Pt_3	李复汉等	1988	四川	建群剖面构造有争论
90	Dayingpan Purple Shale	大营盘紫色页岩	51-3332	T	阮维周	1942	四川	层序不清,相当于嘉陵江组上部
91	Dazhuhe Series	大竹河系	51-2349	S	曹国权、肖安源	1945	四川	含义及层序不清，长期废用，现可能相当于罗惹坪组、纱帽组
92	Dange Fm	当额组	51-0126	C_2^1	川西北地质大队	1992	四川	以生物作结论划分的单位，现与岷河组相当
93	Daozuanyan Limestone	倒钻岩石灰岩	51-3224	P	黄汲清、曾鼎乾	1948	四川	非岩石地层单位，长期废用，现相当于茅口组上部
94	Daohu Volcanic Rock Series	道乎火山岩系	51-0197	AnD	程裕淇	1941	四川	无剖面,应属如年各火山混杂岩
95	Daojiaogou Fm	道角沟组	51-0032	Za	何书成	1989	四川	建组剖面构造复杂,未被广泛采用
96	Dege Gr	德格群	51-0214	SD	李璞、曾鼎乾等	1959	四川	已解体
97	Dengzhanwo Bed	灯盏窝层	51-0128	C—P	谭锡畴、李春昱	1935	四川	已解体,现相当于石喇嘛组上部
98	"Didymograptus Shale"	"对笔石页岩"	51-2258	O_1	中科院地质所	1956		非岩石地层单位,命名不规范
99	Dongchuan Gr	东川群	51-1168	Pt_2	花友仁	1959	云南	含义模糊，省内未使用，与会理群同物异名
100	Dongdahe Fm	东大河组	51-0149	P_1	地科院川西研究队	1969	四川	层位归属有争议,同物异名
101	Donggualing Fm	东瓜岭组	51-4021	T_3	西昌地质队	1961	四川	与白土田组为同物异名
102	Donghu (Series)	东湖群(系)	51-4309		李四光	1924	湖北	与省内正阳组属同物异名
103	Dongzixi Fm	硐子溪组	51-1196	Pt_2	四川101地质队	1969	四川	相当黄铜尖子组上段,争论较大
104	Douniuzi Bed	陡牛子层	51-2366	D_1	金淳泰等	1989	四川	与上覆层标志不清
105	Duiwoliang Fm	碓窝梁组	51-0027	Za	四川二区测队	1977	四川	与木座组属同物异名
106	Duomulang Gr	多木浪群	51-0054	O_{2-3}	四川三区测队	1977	四川	为生物地层单位,仅相当于然西组下部
107	Eke Andesite	俄柯安山岩	51-0194	R	熊永先	1941	四川	层位不清

序号	岩石地层单位名称		编号	地质时代	创名人	创建时间	所在省	不采用理由
	英文	汉文						
108	Erdaoshui Fm	二道水组	51-2111	$\in_{2-3}$	张云湘等	1958	四川	与娄山关组为同物异名
109	Eshikan Fm	俄石坎组	51-0034	Za	何书成	1989	四川	层序不清，未被广泛采用，现相当于木座组
110	Ereshan Sandstone	二峨山砂岩	51-4036	T_3	黄汲清等	1940	四川	属次级岩石地层单位
111	Erlangshan Fm	二郎山组	51-2358	O_3	金淳泰等	1989	四川	与“观音桥层”同属层级单位
112	Ertaizi Fm	二台子组	51-3017	D_1	万正权	1981	四川	非岩石地层单位，相当甘溪组部分或观雾山组
113	Erzuiqiang Fm	儿罪呛组	51-0007	Pt? ZOD	杜其良	1986	四川	已解体分属Z、O、D地层，相当于蚕多组
114	Fantai Fm	番台组	51-1151		贵州108地质队	1969	贵州	不宜在省内使用，相当于板溪群部分
115	Feishankou Limestone	飞山口石灰岩	51-3330	T	葛利普	1928	四川	已解体，包括飞仙关组、嘉陵江组、雷口坡组、垮洪洞组
116	Fenxiang Fm	分乡组	51-2222	O_1	王钰	1938	湖北	非岩石地层单位，与南津关组合并
117	Fengdonggang Fm	风洞岗组	51-2211	O_{1-2}	西南奥陶纪地层现场讨论会	1975	四川	与宝塔组不易区分，属非岩石地层单位
118	Fengjiahe Fm	冯家河组	51-4130	J_1	云南区测队	1965	云南	省内有变化
119	Fengnin Series (Gr)	丰宁系(群)	51-3109		丁文江	1931	贵州	省内有变化
120	Foeryan Fm	佛耳岩组	51-2343	S	李承三	1940	四川	与龙马溪组属同物异名
121	“Foram Limestone”	“有孔虫石灰岩”	51-3123	C_2	中科院地质所	1956		相当黄龙组下部，非岩石地层单位
122	Fuchi Shale (Series)	富池页岩(系)	51-2339.	S	谢家荣	1924	湖北	与龙马溪组+新滩组相当，长期废用
123	Gacun Fm	呷村组	51-0228	T_3	侯立玮、罗代锡等	1991	四川	剖面顶、底不清，与勉戈组不易区分
124	Gahai Fm	尕海组	51-0113	C_3	甘肃一区测队	1973	甘肃	以生物作结论划分的单位，现归入大关山组上部
125	Gajinxueshan Gr	嘎金雪山群	51-0151	P_{1-2}	四川三区测队	1977	四川	命名剖面层位不确，现相当于额阿钦组下部
126	Gaidongshan Fm	改东山组	51-0008	Pt? ZOD	杜其良	1986	四川	已解体分属Z、O、D地层，相当于蚕多组
127	Ganhaizi Limestone	干海子石灰岩	51-3056	D	张兆瑾、任泽雨	1941	四川	含义及层序不清，长期废用，大致相当甘溪组
128	Ganhe Mem	干河段	51-2044	Z_1	四川二区测队	1965	四川	与观音崖组同物异名，长期废用

序号	岩石地层单位名称		编号	地质时代	创名人	创建时间	所在省	不采用理由
	英文	汉文						
129	Ganyanggou Series	赶羊沟系	51-0130	P	谭锡畴、李春昱	1935	四川	已解体，相当于三道桥组
130	Ganzibao Shale	柑子堡页岩	51-4140	J_1	李悦言	1940	四川	相当自流井组中下部
131	Gaodongkou Fm	高洞口组	51-2231		中科院南京地质古生物研究所、四川石油科研所	1965	四川	非岩石地层单位，现相当于红石崖组上部
132	Gaokanba Fm	高坎坝组	51-4220	K_2	四川航调队	1980	四川	与窝头山组组合特征一致，予以合并
133	Gaotian Fm	膏田组	51-2143	$\in_1$	王长生、龚黎明等	1988	四川	与石牌组或明心寺组属同物异名
134	Gaoyan Fm	高燕组	51-2016	E_1	刘殿生	1986	四川	非岩石地层单位
135	Geluo Fm	戈洛组	51-0148	P_1	四川航调队	1977	四川	实为早一中三叠世地层
136	Gengjiadian Fm	耿家店组	51-2129		四川107地质队	1972	四川	与娄山关组及后坝组属同物异名，长期废用
137	Gongbaofu Limestone	公保府石灰岩	51-3112	C_1	赵家骧、何绍勋	1945	四川	非岩石地层单位，相当马角坝组部分
138	Guandu Fm	官渡组	51-3318	T_3	赵金科等	1962	四川	非岩石地层单位，层序不清，相当垮洪洞组
139	Guanshanpo Fm	关山坡组	51-3025	D_1	侯鸿飞等	1985	四川	非岩石地层单位，相当平驿铺组
140	Guantoushan Shale	官头山页岩	51-4040	T_3	李悦言	1940	四川	属次级岩石地层单位，相当须家河组上部段组单位
141	Guanxian Conglomerate	灌县砾岩	51-4161	K	赵家骧、何绍勋	1945	四川	属次级岩石地层单位
142	Guanyinmiao Fm	观音庙组	51-3024	D_1	侯鸿飞等	1985	四川	非岩石地层单位，相当平驿铺组
143	Guanyinqiao Fm	观音桥组	51-2217	O_3	卢衍豪	1959	四川	层级岩石地层单位
144	Guanyinya Chert Limestone	观音崖燧石石灰岩	51-3225	P_1	阮维周	1942	四川	与阳新组相当属同物异名
145	Guanggaishan Fm	光盖山组	51-0235	T_2	川西北地质大队	1992	甘肃	岩性与杂谷脑组下段类似
146	Guangyuan Bed (Gr)	广元层(群)	51-4115	J	赵亚曾、黄汲清	1931	四川	已解体，相当千佛岩组至遂宁组的一套红层
147	Guangyuan Coalmeasure	广元煤系	51-4001	T_2-J_1	葛利普	1928	四川	与须家河组为同物异名
148	Guangzhuling Fm	光竹岭组	51-2150	$\in_2$	湖北区调队	1968	湖北	与平井组属同物异名
149	Gudaoling Fm	古道岭组	51-0104	D_2	甘肃一区测队	1973	陕西	使用较乱，与岩石地层单位涵义相佐，上部为下吾那组，下部为当多组

序号	岩石地层单位名称		编号	地质时代	创名人	创建时间	所在省	不采用理由
	英文	汉文						
150	Gudian Fm	古店组	51-4208	K_1	四川航调队	1980	四川	与七曲寺组合并
151	Guiliwen Limestone	龟裂纹灰岩	51-2260	O_2	常隆庆	1933		相当狭义的宝塔组，命名不规范
152	Guixi Fm	桂溪组	51-3022	D_1	侯鸿飞等	1985	四川	非岩石地层单位，现相当于平驿铺组
153	Guizhou Series(Gr)	归州系(群)	51-4124	J	E Blackwelder	1907	湖北	范围较大，省内未采用
154	Guobayan Fm	锅巴岩组	51-0035	O	四川区域地质志(介绍)	1991	四川	层位有争议，现相当于宝塔组
155	Guodashan Series	郭达山系	51-3058	C—P(?)	张兆瑾等	1941	四川	含义与层序不清，长期废用
156	Guojiaao Sandstone	郭家凹砂岩	51-4121	J	谭锡畴、李春昱	1933	四川	横向不稳定，与马鞍山段合并
157	Guojiaba Series	郭家坝系	51-2132	ϵ_1	侯德封、王现衔	1939	四川	该系包括范围较大，长期废用
158	Guojiashan Fm	郭家山组	51-0236	T_2	殷鸿福、赖旭龙等	1987	甘肃	与祁让沟组同物异名
159	Haikou Fm(Bed)	海口组(层)	51-3035	D_2	谢家荣	1941	云南	省内有变化，可能为缩头山组同物异名
160	Haizishan Fm	海子山组	51-0218	T_3	侯立玮、罗代锡等	1991	四川	构造较复杂，尤其建组地段断层发育，现归入图姆沟组、拉纳山组、喇嘛垭组
161	Halobia Bed(Fm)	海燕蛤层(组)	51-3314	T_3	许德佑	1939	四川	无岩石含义，命名不规范
162	Hanwang Fm	汉旺组	51-3328	T_3	傅英祺等	1979	四川	非岩石地层单位，大致相当马鞍塘组上部
163	Hetaowan Bed	核桃湾层	51-4008	T_3	阮维周	1942	四川	属次级岩石地层单位
164	Hexin Limestone	河心石灰岩	51-3057	D	程裕淇、任泽雨	1942	四川	大体与养马坝组相当，层序不全
165	Heiqing Fm	黑箐组	51-1182	Pt_1	李复汉等	1988	四川	与落雪组系同物异名
166	Heiyantang Coalmeasure	黑盐塘煤系	51-4022	T_3	四川一区测队	1960	四川	与白土田组为同物异名
167	Heiyanwo Fm	黑岩窝组	51-3116	C_1	成都地矿所	1988	四川	非岩石地层单位，现相当马角坝组部分
168	Hengyankuang Fm	横岩框组	51-0213	T_1	四川一区测队	1972	四川	属菠茨沟组的同物异名
169	Hongba Gr	洪坝群	51-0143	P_2	李中海等	1982	四川	层序不清，层位有误，现相当于菠茨沟组下部
170	Hongcaoping Fm	红槽坪组	51-2364	O_{2-3}	金淳泰等	1989	四川	非岩石地层单位，现相当宝塔组

序号	岩石地层单位名称		编号	地质时代	创名人	创建时间	所在省	不采用理由
	英文	汉文						
171	Hongchunping Limestone	洪椿坪石灰岩	51-2041	Z_2	赵亚曾	1929	四川	与灯影组属同物异名
172	Hongdoupo Red Shale	红豆坡红色页岩	51-4147	J_{1-2}	李悦言	1944	四川	与自流井组相当，长期废用
173	Hongjingshao Mem	红井哨段	51-2163	$\in_1$	张文堂等	1964	云南	与省内同名单位名实不符，现相当沧浪铺组下部
174	Hongshaxi Fm	红砂溪组	51-1147		川东南地质大队	1984	四川	与马底驿组属同物异名
175	Hongtongshan Fm	红铜山组	51-1034	Pt_2	吴根耀	1985	四川	层位不确切
176	Hongtupo Fm	红土坡组	51-0249	K_2-E	四川二区测队	1975	四川	为热鲁组的同物异名
177	Hongyazi Fm	红崖子组	51-4236	E	四川一区测队	1971	四川	与丽江组同物异名
178	Hongyazi Fm	红崖子组	51-4305	N_2	四川地矿局	1991	四川	层位不清，可能属第四系
179	Hongyanzi Fm	红岩子组	51-2360	S_2	金淳泰等	1989	四川	大体与回星哨组相当
180	Hugu Rhyolite Fm	沪沽流纹岩组	51-1175	Pt?	西南地质科学研究所	1965	四川	为苏雄组的同物异名
181	Hujiazhai Fm	胡家寨组	51-0028	Zb?D?	四川二区测队	1977	四川	建组剖面东西均被断失，未被广泛采用，现为蜈蚣口组同物异名
182	Hutiaojian Gr	虎跳涧群	51-0141	P_1	云南区域地层表编写组	1978	云南	与冈达概组下部相当
183	Huadan Fm	华弹组	51-2251		穆恩之等	1979	四川	非岩石地层单位
184	Huajiaoping Fm	花椒坪组	51-1031	Pt_2	四川207地质队	1965	四川	构造未搞清，与桃子坝组同物异名
185	Huajiaozhai Fm	花椒寨组	51-1029	Pt_3	李复汉等	1988	云南	构造、层位关系不清，与桃子坝组同物异名
186	Huatianpo Fm	滑天坡组	51-0068	S?Z	四川二区测队	1966	四川	层序未搞清，层位归属有问题，与茂县群部分层位相当
187	Huanhe Fm	环河组	51-0203	T_3	四川航调队	1977	四川	层序、构造不清，区域延伸不明
188	Huangbayi Bed	黄坝驿层	51-2342	S	葛利普	1924	四川	层序不清，可能相当龙马溪组部分
189	Huangdongzigou Fm	黄洞子沟组	51-2026		四川101地质队、成都地质学院	1964	四川	大体与观音崖组为同物异名，长期废用
190	Huanglianqiao Fm	黄连桥组	51-3327	T_3	中科院南京地质古生物研究所	1979	四川	非岩石地层单位，现相当天井山组
191	Huangmaogeng Series	黄茅埂系	51-3238		常隆庆	1935	四川	含义与宣威组及东川组总合相当

序号	岩石地层单位名称		编号	地质时代	创名人	创建时间	所在省	不采用理由
	英文	汉文						
192	Huangping Fm	黄坪组	51-0069	S	四川二区测队	1966	四川	剖面无顶无底，层序、层位不清，现暂归茂县群
193	Huicaozi Quartzite	灰槽子石英岩	51-3053	D_1	曾繁礽	1945	四川	层序不清，长期废用，可能相当坡松冲组
194	Huihuishanjing Limestone	灰辉山井石灰岩	51-4141	J_1	李悦言	1940	四川	相当自流井组大安寨段，系同物异名
195	Huili Series	会理系	51-4232	J-K(?)	常隆庆	1937	四川	长期废用，与会理群同物异名
196	Huilonggou Fm	回龙沟组	51-1036	Pt_2	川冶606队、成都地质学院	1976	四川	分布局限，长期废用，与干河坝组同物异名
197	Huimin Fm	惠民组	51-2048	Z_1	杨暹和	1985	四川	与列古六组同物异名，长期废用
198	Hundan Bed	混旦层	51-4306	$N-Q_1$	常隆庆	1937	四川	与昔格达组同物异名
199	"Illaenus Limestone"	"斜视虫灰岩"	51-2257	O_1	中科院地质所	1956		非岩石地层单位，命名不规范
200	Jixinling Limestone	鸡心岭石灰岩	51-2042	∈-O	E Blackwelder	1907	四川	包括范围过大，长期废用
201	Jiahuanggou Gr	甲黄沟群	51-0142	P_1	四川航调队	1977	四川	层序存疑，面上无法展开，现相当三道桥组及大石包组下部
202	Jiancaogou Fm	涧草沟组	51-2214	O_3	卢衍豪	1959	贵州	非岩石地层单位，与五峰组合并
203	Jianzishan Sandstone	尖子山砂岩	51-4034	T_3	黄汲清等	1940	四川	属次级岩石地层单位
204	Jianglang Gr	江郎群	51-0052	O	四川航调队	1977	四川	已解体为危关组、通化组
205	Jiangyou Series	江油系	51-3001	D	赵亚曾、黄汲清	1931	四川	已解体为平驿铺组至观雾山组
206	Jiaochangba Limestone	校场坝石灰岩	51-0090	O	F V Richthofer	1923	四川	层位不确切
207	Jiaodingshan Bed	轿顶山层	51-4229	J	孙万铨	1952	四川	大体相当沙溪庙组上部
208	Jichikou Limestone	鸡池口石灰岩	51-3113	C_1	赵家骧、何绍勋	1945	四川	非岩石地层单位
209	Jigongshan Fm	鸡公山组	51-0030	Za?D?	四川二区测队	1977	四川	未被广泛采用，时代有争议，相当于木座组
210	Jinkouhe Fm	金口河组	51-1131	Pt_2	四川207地质队	1965	四川	因构造未搞清，重复命名，现与桃子坝组同物异名
211	Jinjiashan Bed	锦家山层	51-3122	C	谭锡畴、李春昱	1931	四川	相当于总长沟组+黄龙组(?)，长期废用
212	Jinjibang Fm	金鸡榜组	51-3233	P_2	李正积	1982	四川	非岩石地层单位

序号	岩石地层单位名称		编号	地质时代	创名人	创建时间	所在省	不采用理由
	英文	汉文						
213	Jinjiguan Fm(Mem)	金鸡关组(段)	51-4239	E	四川二区测队	1976	四川	属次级岩石地层单位,属名山组中段级单位
214	Jinshajiang Mem	金沙江段	51-2165	$\in_1$	李善姬	1980	四川	非岩石地层单位,现相当于沧浪铺组上部
215	Jintaiguan Fm	金台观组	51-2336	S_3	金淳泰等	1992	四川	与回星哨组相当,属同物异名,现属须家河组下部
216	Jiudianya Shale	酒店垭页岩	51-2313	O_3-S_1	丁文江	1930	贵州	与龙马溪组+新滩组相当,长期废用
217	Jiujitan Fm	九级滩组	51-3321	T_1	丁文江	1928	贵州	段级单位
218	Jiulaodong Fm	九老洞组	51-2101	$\in_1$	赵亚曾	1929	四川	与筇竹寺组属同物异名
219	Jiulongchang Bed	九龙场层	51-4135	J_3	李悦言	1940	四川	非正式单位使用,属次级岩石地层单位,现相当蓬莱镇组下部
220	Julang Fm	咀郎组	51-0234	T_2	川西北地质大队	1992	甘肃	为杂谷脑组上段的同物异名
221	Julisi Fm	居里寺组	51-0199	T_3	四川航调队	1977	四川	层位不清,现相当拉纳山组
222	Junlian Fm	筠连组	51-3232	P_2	李正积、朱家、胡雨帆	1982	四川	非岩石地层单位,现相当宣威组下部
223	Kache Fm	卡车组	51-0232	T_3	川西北地质大队	1992	甘肃	与新都桥组相近
224	Kangding Series	康定系	51-3059	D-C(?)	张兆瑾等	1941	四川	含义与层序不清,长期废用,现与康定(岩)群属同名异物
225	Kongmingdong Fm	孔明洞组	51-2135	$\in_1$	叶少华等	1960	四川	与沧浪铺组同物异名
226	Kongmingzhai Limestone	孔明寨石灰岩	51-1113	Z	西南地质局508队	1955	四川	长期废用,与灯影组同物异名
227	Kuaji Fm	垮基组	51-0205	T_3	四川一区测队	1977	四川	与杂谷脑组上段为相变关系
228	Kunyang Gr	昆阳群	51-1102	Pt_2	朱庭祜	1926	云南	与会理群同物异名
229	Labagang Series	喇叭岗系(组)	51-2008	Z_2	曾繁礽、何春荪	1949	四川	与观音崖组同物异名
230	Lala Fm	拉拉组	51-1181	Pt_1	李复汉等	1988	四川	为长冲组的同物异名
231	Lalong Fm	拉垅组	51-0058	S_1	川西北地质大队	1992	四川	以生物作结论划分的单位,与迭部组部分层位岩性相当
232	Lanba Fm	滥坝组	51-1116	Pt_2	四川403地质队	1968	四川	层位不定,暂不使用,与淌塘组同物异名
233	Laojunjing Bed	老君井层	51-4231	J	王作宾、马祖望	1945	四川	属次级岩石地层单位使用

序号	岩石地层单位名称		编号	地质时代	创名人	创建时间	所在省	不采用理由
	英文	汉文						
234	Leping Series	乐平系	51-3207	P_2	黄汲清	1931	江西	属龙潭组同物异名，建议省内停止使用
235	Leyue Fm	乐跃组	51-1187	Pt_1	成昆铁路沿线编图组	1964	四川	与天宝山组同物异名，长期废用
236	Leiguping Bed	擂鼓坪层	51-3051	D	谭锡畴、李春昱	1931	四川	长期废用，已解体为甘溪组、养马坝组及观雾山组
237	Leijiatun Fm	雷家屯组	51-2315	S_1	中科院南古所	1974	湖北	非岩石地层单位，大概相当龙马溪组
238	Lengbaozi Fm	冷堡子组	51-0086	D_2	张研	1961	甘肃	与下吾那组部分层位、岩性相当
239	Lengqi Bed	冷碛层	51-2261	O-S(?)	谭锡畴、李春昱	1931	四川	层序不清，定义模糊，长期废用，现相当于罗惹坪组
240	Lengshuiqing Fm	冷水箐组	51-1020		长春地院、攀西地质大队	1987	四川	与冷竹关组同物异名
241	Lidui Conglomerate	离堆砾岩	51-4233	J(?)	常隆庆	1938	四川	属次级岩石地层单位
242	Lixi Gr	黎溪群	51-1032	Pt_2	吴根耀	1985	四川	层位不定，无人使用，可能与会理群相当
243	Lixuewei Fm	里雪畏组	51-0010	Pt? ZOD	杜其良	1986	四川	已解体分属Z、O、D地层，相当于依吉组中下部
244	Lizigou Shale	栗子沟页岩	51-4031	T_3	黄汲清等	1940	四川	属次级岩石地层单位，现相当须家河组中部段级单位
245	Lianhuashi Fm	莲花石组	51-1033	Pt_2	吴根耀	1985	四川	层位不确切
246	Lianhuashi Fm	莲花石组	51-2162	$\in_2$	盛莘夫	1958	四川	非岩石地层单位，大致相当陡坡寺组
247	Lianhuayan Sandstone	莲花岩砂岩	51-4030	T_3	李悦言	1940	四川	属次级岩石地层单位，属须家河组部分
248	Liantang Fm	莲塘组	51-1183	Pt_1	李复汉等	1988	四川	与黑山组同物异名
249	Liangchahe Fm	两叉河组	51-0207	T_2	四川一区测队	1972	四川	为扎尕山组的相变部分
250	Lianggaoshan Fm (Mem)	凉高山组(段)	51-4117	J	谭锡畴、李春昱	1933	四川	相当沙溪庙组底部砂岩，为层级单位
251	Lianghekou Shale	两河口页岩	51-4027	T_3	李悦言	1940	四川	属次级岩石地层单位
252	Liangzituo Bed	梁子沱层	51-3006		赵家骧、何绍勋	1945	四川	非岩石地层单位
253	Linxiang Fm	临湘组	51-2215	O_3	穆恩之、盛金章	1948	湖南	非岩石地层单位，与宝塔组合并
254	Lingxiqiao Fm	灵溪桥组	51-2330	S_1	穆恩之、朱兆玲等	1983	四川	非岩石地层单位，可能相当溶溪组

序号	岩石地层单位名称		编号	地质时代	创名人	创建时间	所在省	不采用理由
	英文	汉文						
255	Liuchapo Chert Bed (Fm)	留茶坡燧石层(组)	51-2012	Z_2	王超翔、边效曾	1949	湖南	省内有变化不宜使用,本省无此层(组)
256	Liuranka Fm	溜冉卡组	51-0053	O_1	四川三区测队	1977	四川	与砟归组已合并为邦归组
257	Lengzhuping Fm	冷竹坪组	51-1155	Pt_2^1	四川二区测队	1971	四川	为桃子坝组上段的一部分,长期未使用
258	Longanchang Purple Shale	龙安场紫色页岩	51-4154	J	马子骥等	1947	四川	属次级岩石地层单位,现相当沙溪庙组中部
259	Longbapu Bed	龙坝铺层	51-3050	D(?)	谭锡畴、李春昱	1931	四川	层序不清,长期废用,现相当养马坝组、观雾山组
260	Longdanyan Fm	龙胆岩组	51-2355	S_2	金淳泰等	1989	四川	非岩石地层单位,可以属韩家店组部分
261	Longkang Fm	隆康组	51-0210	T_2	邓永福	1985	四川	自创名,未被引用,为塔藏组一部分
262	Longriba Fm	龙日坝岩组	51-0154	T	四川石油普查队	1959	四川	未广泛引用,层序不清
263	Longtouao Sandstone	龙头坳砂岩	51-4026	T_3	李悦言	1940	四川	属次级岩石地层单位
264	Longtoushan Fm	龙头山组	51-1191	Pt_2	谢振西	1965	四川	相当于力马河组上段地层,长期废用
265	Longtoushan Quartzite	龙头山石英岩	51-1159	Pt_{2-3}	花友仁	1959	四川	层序有争议
266	Longwangmiao Fm	龙王庙组	51-2108	$\in_1$	卢衍豪	1941	云南	与石龙洞组同物异名
267	Luchang Series	鹿厂系	51-4134		汤克诚、孙博明等	1941	四川	包括范围过大,已细分建组
268	Luding Fm	泸定组	51-1021	$Ar-Pt_1$	李复汉等	1988	四川	命名在后,与咱理岩组同物异名
269	Lufen Series	禄丰系	51-4129	J	卞美年	1941	云南	建议省内停止使用,包括益门组、新村组、牛滚凼组及官沟组
270	Lugongqiao Sandshale	鲁公桥砂页岩	51-4145	J_2	李悦言	1944	四川	大体相当沙溪庙组下部,长期废用
271	Lujiaqiao Series	陆家桥系	51-2245	O_{1-2}	侯德封、王现衔	1939	四川	包括范围过大,含义笼统,长期废用,现相当于红石崖组
272	Lure Fm	鲁热组	51-0080	D_2	西安地质研究所、甘肃一区测队	1973	甘肃	与下吾那组岩性不能区分
273	Luanshijiao Fm	乱石窖组	51-0124	C_2^1	四川二区测队	1976	四川	以生物作结论划分的单位,无明显标志,分属于石喇嘛组下部、长岩窝组上部
274	Lueyang Fm	略阳组	51-0125	C_2^1	赵亚曾	1929	陕西	已解体,为岷河组下部、益哇沟组上部

序号	岩石地层单位名称		编号	地质时代	创名人	创建时间	所在省	不采用理由
	英文	汉文						
275	Luohanpo Fm	罗汉坡组	51-2229	O_1	盛莘夫	1958	四川	非岩石地层单位，相当红石崖组上部
276	Luokongsongduo Fm	罗空松多组	51-0200	T_3	四川地层表编写组	1978	四川	层位不清，现相当于两河口组
277	Luoquanwan Fm	罗圈湾组	51-2356	S_1	金淳泰等	1989	四川	非岩石地层单位，可能属罗惹坪组
278	Maanliang Fm	马鞍梁组	51-0209	T_2	四川一区测队	1972	四川	属扎尕山组的部分相变体
279	Machangpo Fm	马场坡组	51-2363	S_1	金淳泰等	1989	四川	属次级岩石地层单位
280	Maer Fm	马尔组	51-0060	S_2	川西北地质大队	1992	四川	以生物作结论划分的单位，与舟曲组同物异名
281	Magongtan Fm	马公滩组	51-2331	S_1	穆恩之、朱兆玲等	1983	四川	非岩石地层单位，与香山组下部、纱帽组上部岩性相当
282	Maha Series	麻哈系	51-1172	Pt(?)	谭锡畴、李春昱	1931	四川	层序不清，且长期废用，可能相当香溪群
283	Maladun Fm	马拉墩组	51-0248	K_2—E	四川二区测队	1975	四川	为昌台组的同物异名
284	Maliuqiao Fm	麻柳桥组	51-2350	S_3	金淳泰等	1989	四川	属次级岩石地层单位，大体与回星哨组相当
285	Malukou Shale	马路口页岩	51-2219	O_1	张鸣韶、盛莘夫	1940	四川	与湄潭组同物异名，长期废用
286	Maping Fm	马平组	51-3106		丁文江	1931	广西	省内有变化不宜使用
287	Maresongduo Fm	马热松多组	51-0237	T_1	川西北地质大队	1992	甘肃	与红星岩组同物异名
288	Masongling Fm	马松岭组	51-1037	Pt_2	川冶606队、成都地质学院	1976	四川	分布局限，与黄水河群、黄铜尖子组同物异名
289	Matang Fm	马塘岩组	51-0155	T—J	四川石油普查队	1959	四川	层序不清
290	Mati Limestone	马蹄石灰岩	51-2238	O_2	丁文江	1929		与宝塔组属同物异名，命名不规范
291	Maidiping Fm	麦地坪组	51-2010	$\in_1$	中科院南京地质古生物研究所、四川石油科研所	1964	四川	非岩石地层单位，与筇竹寺组相当
292	Maocaopu Limestone (Fm)	茅草铺灰岩(组)	51-3322	T_1	丁文江	1928	贵州	与嘉陵江组为同物异名
293	Maoerba Mem	猫儿坝段	51-2047	Z_2	四川二区测队	1965	四川	非正式岩石地层单位，相当于观音崖组中部
294	Maoping Fm	茅坪组	51-2131	$\in_2$	湖北区调队	1968	湖北	与覃家庙组同物异名
295	Maotazi Fm	毛塔子组	51-0070	S	四川二区测队	1966	四川	剖面无顶无底，层序、层位不清，暂归茂县群

序号	岩石地层单位名称		编号	地质时代	创名人	创建时间	所在省	不采用理由
	英文	汉文						
296	Maowu Gr	毛屋群	51-0144	P_1	四川区调队	1982	四川	与上覆“卡翁沟群”岩性一致
297	Maoxian Metamorphite Series	茂县变质岩系	51-1024	Pt	何春荪	1939	四川	长期废用，层序不清，与黄水河群同物异名
298	Maoxiangba Fm	毛香坝组	51-0013	AnZ	张洪刚、李承炎	1983	四川	无建组剖面，未被采用
299	Mepengzi Fm	么棚子组	51-3046	D_2	四川一区测队	1965	四川	长期废用，现相当于沟组
300	Meijiang Fm	梅江组	51-2227	O_2	中科院南京地质古生物研究所	1974	四川	非岩石地层单位，属宝塔组上部
301	Meishucun Fm	梅树村组	51-2014	$\in_1$	江能人等	1964	云南	非岩石地层单位，含义同灯影组
302	Mipanshan Crystalline Schist	糜盘山结晶片岩	51-1015	AnZ	黄汲清	1948	四川	与康定(岩)群相当，长期废用，层序不清
303	Miaoziba Fm	庙子坝组	51-2159	$\in_2$	中国地科院	1959	四川	相当于毛坝关组及其以上地层，长期废用
304	Minbaogou Fm	岷堡沟组	51-0085	D_{1-2}	张研	1961	甘肃	系当多组的同物异名
305	Minjiang Series	岷江系	51-1023	D—S	赵亚曾、黄汲清	1931	四川	时代有误，长期无人使用，与黄水河群同物异名
306	Mingxinsi Fm	明心寺组	51-2112	$\in_1$	刘之远	1942	贵州	与鄂西版组属同物异名
307	Mozigou Fm	磨子沟组	51-1199	Pt_2	四川101地质队	1969	四川	争论较大，暂不使用，与黄铜尖子组下部相当
308	Mozigou Series	磨子沟系	51-0089	D	张兆瑾等	1941	四川	层位不清，时代归属有误，其后未采用，命名地地层属西康群范畴
309	Muerchang Fm	木耳厂组	51-3023	D_1	侯鸿飞等	1985	四川	非岩石地层单位，现相当平驿铺组
310	Mula Fm	木拉组	51-0250	N_1	四川404地质队	1973	四川	无明确含义，无剖面控制，使用不广
311	Mulaodong Shale	木老洞页岩	51-4156	J	马子骥等	1947	四川	属次级岩石地层单位，属沙溪庙组中部
312	Mupi Fm	木皮组	51-0012	AnZ	张洪刚、李承炎	1983	四川	无建组剖面，未被采用
313	Nalaqing Coalmeasure	那拉箐煤系	51-4011	T_3	曾繁礽	1945	四川	该煤系解体为丙南组、大荞地组、宝顶组
314	Nalu Fm	纳鲁组	51-0233	T_3	川西北地质大队	1992	甘肃	为侏倭组的同相异名单位
315	Nasongyun Fm	纳松云组	51-0230	T_2	四川航调队	1977	四川	为理塘蛇绿岩群中的一部分
316	Nanmugou Fm	楠木沟组	51-1148		川东南地质大队	1984	四川	与五强溪组属同物异名，且命名较晚

序号	岩石地层单位名称		编号	地质时代	创名人	创建时间	所在省	不采用理由
	英 文	汉 文						
317	Nanzheng Fm	南郑组	51-2218	O_3	卢衍豪	1959	陕西	非岩石地层单位，并入龙马溪组
318	Nianbao Fm	年宝组	51-0223	J_1	袁哲平	1984	青海	省内有变化，可与郎木寺组，财宝山组对比
319	Ningnan Series	宁南系	51-1117	O—S (?)	常隆庆	1937	四川	含义及层序不清，现相当会理群
320	Ningqiang Fm	宁强组	51-2311	S_2	中科院南京地质古生物研究所	1974	陕西	省内有变化
321	Niuchangshan Fm	牛场山组	51-3345	T_2	四川二区测队	1976	四川	含义与层序不清
322	Niuhuaxi Red Bed	牛华溪红层	51-4144	J_1	李悦言	1940	四川	相当沙溪庙组，系同物异名
323	Nuokuo Fm	糯廓组	51-1190	Pt_2	谢振西	1965	四川	与力马河组同物异名，长期废用
324	Orthoceras Limestone	直角石石灰岩	51-2256	O	赵亚曾、黄汲清	1931		非岩石地层单位，命名不规范
325	Panlongchang Sand-shale	蟠龙场砂页岩	51-4157	J	马子骥等	1947	四川	属次级岩石地层单位，属沙溪庙组中部
326	Panzhangting Fm	畔张厅组	51-0009	Pt? ZOD	杜其良	1986	四川	已解体分属Z、O、D地层，现相当于依吉组上部
327	P - bearing Fm	含磷组	51-2166	ϵ_1	中科院地质所	1956	四川	非岩石地层单位，不符合命名法则
328	Pengjiayan Shale	彭家岩页岩	51-4037	T_3	黄汲清等	1940	四川	建议停用或作非正式单位使用
329	Pengjiayuan Fm	彭家院组	51-2316	S_1	中科院南京地质古生物研究所	1974	四川	非岩石地层单位，现相当于龙马溪组上部
330	Puge Fm	普格组	51-2252		穆恩之等	1979	四川	非岩石地层单位，与"上巧家组"含义相当
331	Putaojing Fm	葡萄井组	51-2240	O_1	穆恩之、朱兆玲等	1978	四川	非岩石地层单位，相当于桐梓组
332	Qijiang Iron Ore Bed	綦江铁矿层	51-4151	J_1	丁毅、关士聪	1942	四川	相当层级单位，区域不稳定
333	Qiasi Gr	恰斯群	51-0005	Pt? ZOD	四川区调队	1984	四川	已解体分属Z、O、D地层，现已解体为依吉组、蚕多组、崖子沟组
334	Qiangou Limestone	茜沟石灰岩	51-3111	C_1	李陶、赵景德	1945	四川	非岩石地层单位，可能相当总长沟组
335	Qianshui Limestone	潜水灰岩	51-2341	S	A W Grabau	1924	四川	层序不清，可能相当龙马溪组部分
336	Qiaogou Fm	桥沟组	51-2317	S_1	西南地质研究所（金淳泰等）	1978	四川	与松坎组属同物异名
337	Qiaoqi Fm	硗碛组	51-0107	D_1	四川区调队	1984	四川	以生物作结论划分的单位，相当于危关组下部

序号	岩石地层单位名称		编号	地质时代	创名人	创建时间	所在省	不采用理由
	英　文	汉　文						
338	Qipangou Quartz Schist	七盘沟石英片岩	51-0083	P	G D Hubbard	1937	四川	无剖面，现已解体，归属捧达组
339	Qinza Fm	秦杂组	51-1149		川东南地质大队	1984	四川	与莲沱组同物异名，且命名较晚
340	Qingchengshan Conglomerate	青城山砾岩	51-4163		赵家骧、何绍勋	1945	四川	属次级岩石地层单位
341	Qinggangling Bed	青岗岭层	51-4045	T_3	李悦言	1944	四川	属次级岩石地层单位
342	Qinglongchang Fm	青龙场组	51-4304	N_2	四川地矿局	1991	四川	与凉水井组同物异名
343	Qingmen Fm	箐门组	51-3038	D_2	贵州石油指挥部	1972	云南	省内有变化，现相当缩头山组部分
344	Qingping Fm	清平组	51-2015	∈	四川101地质队、成都地院	1964	四川	与长江沟组同物异名
345	Qingyangpo Fm	青羊坡组	51-0106	D_3	四川区调队	1984	四川	以生物作结论划分的单位，现相当于危关组上部和雪宝顶组下部
346	Qushan Bed	曲山层	51-0088	D	谭锡畴、李春昱	1935	四川	层位和时代归属有误，现相当于白龙江群上部
347	Ranlang Fm	冉浪组	51-0145	P_1^1	四川三区测队	1977	四川	以生物作结论划分的单位，无明显标志，与冰峰组相同
348	Ranwuka Fm	然乌卡组	51-0225	T_1	朱占祥、饶荣标等	1986	四川	未提出建组剖面，岩性分布局限，与领麦沟组岩性相似
349	Redangba Gr	热当坝群	51-0253		川西北地质大队	1992	四川	为热鲁组的同物异名
350	Rela Fm	热拉组	51-0252	N	四川区调队	1984	四川	为昌台组的同物异名
351	Reshuitang Gr	热水塘群	51-0215	T_{1-2}	侯立玮等	1991	四川	属理塘蛇绿岩群之一部分
352	Rezha Fm	热渣组	51-1185	Pt_2	李复汉等	1988	四川	本组为登相营群、大热渣组上段部分
353	Renhe Gr	仁和群	51-1016	Pt_1	李复汉等	1988	四川	与康定(岩)群同物异名，分布范围狭小
354	Rieda Fm	日厄达组	51-0226	T_1	四川地层表编写组	1978	西藏	层位不明，故未得到广泛使用
355	Rilagou Fm	日拉沟组	51-0211	T_1	辜学达、黄盛碧	1987	四川	以生物化石为结论建立的地层单位，为菠茨沟组上部
356	Risigong Fm	日斯公组	51-0146	P_1	四川航调队	1977	四川	实为晚三叠世地层根隆组
357	Rongxi Tillite Mem	溶溪冰碛岩段	51-2007	Z_2	四川综合地质队	1978	四川	与古城组同物异名，长期废用

序号	岩石地层单位名称		编号	地质时代	创名人	创建时间	所在省	不采用理由
	英文	汉文						
358	Sashuiyan Fm	洒水岩组	51-2351	S_3	金淳泰等	1989	四川	非岩石地层单位，大体与回星哨组相当
359	Sanhuichang Limestone	三汇场石灰岩	51-2138	$\in_{2-3}$	潘钟祥、彭国庆	1939	四川	包括范围过大，长期废用，相当桐梓组下部、娄山关组和高台组
360	Santai Conglomerate Bed	三台砾岩层	51-4227	K_1	李悦言	1940	四川	属次级岩石地层单位，现相当苍溪组底部
361	Sanyoudong Fm	三游洞组	51-2119		王钰	1938	湖北	与娄山关组同物异名
362	Shabaowan Shale	沙堡湾页岩	51-3319	T_1	刘之远	1942	贵州	段级单位
363	Shatan Mem	沙滩段	51-2161	$\in_1$	四川二区测队	1965	四川	与筇竹寺组同物异名
364	Shawan Fm	沙湾组	51-3205	P_2	四川二区测队	1971	四川	与宣威组同物异名
365	Shazhenxi Fm	沙镇溪组	51-4017	T_3	中科院南京地质古生物研究所	1974	四川	非岩石地层单位，现相当香溪组下部
366	Shanmupingzi Fm	杉木坪子组	51-0208	T_2	四川一区测队	1972	四川	属扎尕山组的部分相变体
367	Shangboda Fm	上博大组	51-3339	T_3	四川一区测队	1971	四川	与白土田组同物异名
368	Shangganxi Fm	上甘溪组	51-3008	D_1	西南地质研究所	1965	四川	以生物化石为结论划分的单位，现相当甘溪组上部
369	Shangguojiaba Series	上郭家坝系	51-2148	$\in_{2-3}$	中国地质学编委会、中科院地质所	1956	四川	非岩石地层单位，长期废用，大概相当于覃家庙组
370	Shangqiaojia Fm	上巧家组	51-2204	O_2	张文堂	1962	云南	非岩石地层单位，现相当巧家组下部
371	Shangsanhuichang Series	上三汇场系	51-2139	$\in_3-O_1$	尹赞勋、李星学	1943	四川	非岩石地层单位，可能相当桐梓组下部，长期废用
372	Shangshaximiao Fm	上沙溪庙组	51-4109	J	斯行健等	1964	四川	属沙溪庙组上部段级单位
373	Shangsi Fm	上寺组	51-3125	P_2	中科院南京地质古生物研究所	1974	四川	非岩石地层单位，相当吴家坪组上部
374	Shaoyaogou Fm	芍药沟组	51-2024		四川101地质队、成都地质学院	1964	四川	相当灯影组下部，长期废用
375	Shedian Fm	蛇店组	51-4132	J_3	云南区测队	1965	云南	省内有变化，可能相当牛滚凼组
376	Shemulong Fm	舍木笼组	51-3336	T_3	四川一区测队	1961	四川	与中窝组同物异名
377	Shihuigou Limestone	石灰沟石灰岩	51-3110	C_1	李陶、赵景德	1945	四川	非岩石地层单位，大概相当总长沟组
378	Shijingsi Bed	石经寺层	51-4237	J—K	孙万铨	1952	四川	大体相当蓬莱镇组中、上部

序号	岩石地层单位名称		编号	地质时代	创名人	创建时间	所在省	不采用理由
	英文	汉文						
379	Shilengshui Fm	石冷水组	51-2126	$\in_2$	贵州108队	1974	贵州	与覃家庙组同物异名
380	Shimen Limestone	石门灰岩	51-2220	O_1	潘钟祥、彭国庆	1939	四川	与红花园组大体相当，属同物异名，长期废用
381	Shimenkan Fm	石门坎组	51-2324	S_{1-2}	四川一区测队	1965	四川	已解体，解体为黄葛溪组、嘶风崖组、大路寨组与干河坝组同物异名
382	Shitigou Fm	石梯沟组	51-1198	Pt_2	四川101地质队	1969	四川	层位对比，争论较大
383	Shitigou Sandshale	石梯沟砂页岩	51-4234	J	王作宾、马祖望	1945	四川	属次级岩石地层单位
384	Shixihe Gr	石溪河群	51-2147	$\in_2$	中科院南京地质古生物研究所、四川石油科研所	1965	四川	长期废用，相当于覃家庙组层位
385	Shiyuan Fm	石元组	51-3329	T_3	傅英祺等	1979	四川	非岩地层单位，大致相当马鞍塘组上部
386	Shiyangsi Sandstone	石羊寺砂岩	51-4041	T_3	李悦言	1940	四川	属次级岩石地层单位
387	Shizikou Bed	狮子口层	51-4010	T_3	阮维周	1942	四川	相当于白果组段级单位，建议不使用或作非正式单位使用
388	Shizipu Fm	十字铺组	51-2212	O_{1-2}	乐森玥	1928	贵州	非岩石地层单位，应与下伏湄潭组合并
389	Shizishan Limestone (Fm)	狮子山石灰岩(组)	51-3324	T_2	王钰	1944	贵州	省内有变化
390	Shoupingshan Series	寿屏山系	51-2142	$\in$	苏孟守	1944	四川	包括范围过大，含义笼统，长期废用，大体分解为筇竹寺组、沧浪铺组、娄山关组
391	Shuanghe Fm	双河组	51-2241	O_1	穆恩之、朱兆玲等	1978	四川	非岩石地层单位，与红花园组及湄潭组相当
392	Shuanghechang Fm (Gr)	双河场组(群)	51-2333	S_1	四川二区测队	1974	四川	非岩石地层单位
393	Shuangshuijing Fm	双水井组	51-1115	Pt_2	杨暹和	1975	四川	层位有争议，与淌塘组同物异名
394	Shuicheping Fm	水车坪组	51-3027	D_3	侯德封、赵家骧、钱尚忠	1941	四川	已解体为黄家磴组、写经寺组
395	Shuiermiao Fm	水儿庙组	51-1189	Pt_2	申玉连	1964	四川	与力马河组同物异名，长期废用
396	Shuijingtuo Fm	水井沱组	51-2114	$\in_1$	张文堂等	1957	湖北	经后人修订后与牛蹄塘组属同物异名
397	Shuimo (ba) Fm	水磨(坝)组	51-1193	Pt_2	四川达县地质队	1960	四川	仅为麻窝系组系五段，长期废用
398	Shuimogou Bed	水磨沟层	51-3005	D_2	Grabau	1931	四川	非岩石地层单位，大体相当养马坝组

序号	岩石地层单位名称		编号	地质时代	创名人	创建时间	所在省	不采用理由
	英 文	汉 文						
399	Sichuan Red Bed	四川红层	51-4102	J	赵亚曾	1929	四川	系泛指，含义不确切
400	Sichuan Series	四川系	51-4101	J—E	赵亚曾、黄汲清	1931	四川	包括范围过大，长期废用，划分为千佛岩组、沙溪庙组
401	Sigouyan Fm	驷狗岩组	51-2362	S_2	金淳泰等	1989	四川	非岩石地层单位
402	Songjiachang Fm	宋家场组	51-2144	$\in_1$	王长生、龚黎明	1988	四川	与金顶山组同物异名
403	Songpan Series	松潘系	51-0140	S 或 S—D	常隆庆	1938	四川	已解体
404	Songzikan Shale (Fm)	松子坎页岩(组)	51-3323	T_2	丁文江	1928	贵州	相当雷口坡组第一段
405	Sulimutang Fm	苏里木塘组	51-0075	O	川西北地质大队	1992	四川	建组条件不成熟，与甘肃大堡群部分层位相当
406	Suoluogou Fm	梭罗沟组	51-0240	J_3	四川甘孜区测分队	1960	四川	层序有误，无效命名
407	Suoyiling Series	蓑衣岭系	51-2160	$\in_1$	曾繁礽、何春荪	1949	四川	该系含义范围过大，长期废用，分属筇竹寺组、沧浪铺组、娄山关组部分
408	Taer Fm	塔尔组	51-0057	S_1	川西北地质大队	1992	四川	以生物作结论划分的单位，与迭部组部分层位岩性相当
409	Tashuiqiao Bed	踏水桥层	51-4046	T_3	李悦言	1944	四川	属次级岩石地层单位，相当须家河组部分
410	Tashuiqiao Bed	踏水桥层	51-4162		赵家骧、何绍勋	1945	四川	属次级岩石地层单位
411	Tazilin Sandstone	踏子林砂岩	51-4032	T_3	黄汲清等	1940	四川	属次级岩石地层单位
412	Taihezhen Sandstone	太和镇砂岩	51-4137	J_3	李悦言	1940	四川	属次级岩石地层单位，即相当蓬莱镇组上部
413	Taiyangping Fm	太阳坪组	51-2104	$\in_1$	中科院南京地质古生物研究所、四川石油科研所	1965	四川	非岩石地层单位，现相当于娄山关组部分
414	Tanjiagou Fm	谭家沟组	51-2234	O_1	四川二区测队	1966	四川	相当湄潭组上部
415	Tangchi Fm	汤池组	51-2202	O_1	王曰伦、边兆祥	1936	云南	省内有变化，属红石崖组下部
416	Tangwangzai Limestone	唐王寨石灰岩	51-3003	D_3	赵亚曾、黄汲清	1931	四川	已解体为沙窝组及茅坝组
417	Taojiadu Bed	陶家渡层	51-4013	T_3	曾繁礽	1945	四川	与“丙南紫色层”归并为丙南组
418	Taojingou Fm	淘金沟组	51-0212	T_1	邓永福	1985	四川	以生物化石为结论建立的地层单位

序号	岩石地层单位名称		编号	地质时代	创名人	创建时间	所在省	不采用理由
	英　文	汉　文						
419	Tianba Coalmeasure	田坝煤系	51-4150	J_1	丁毅、关士聪	1942	四川	相当层级单位，区域极不稳定
420	Tianba Fm	田坝组	51-1123	Pt_2	冯本智、陈琦等	1984	四川	构造有争议，暂不使用，现与渔门组相当
421	Tianheban Fm	天河板组	51-2116	$\in_1$	张文堂	1957	湖北	该组并入石龙洞组，建议停止使用
422	Tianqiao Fm	天桥组	51-2025		四川101地质队、成都地质学院	1964	四川	相当灯影组下部，长期废用
423	Tiantaishan Sandshale	天台山砂页岩	51-4158	J	马子骥等	1947	四川	属次级岩石地层单位，属沙溪庙组中部
424	Tieshan Gr	铁山群	51-0110	D_3	叶连俊、关士聪	1944	四川	因岩性分属不同岩石地层单位，现相当于益哇沟组
425	Tieyi Gr	铁邑群	51-0109	"D"	徐星琪	1965	四川	命名地构造、层序有误，现相当于危关组上部、雪宝顶组下部
426	Tiezufeike Fm	铁足菲克组	51-2207	O_3	穆恩之等（介绍）	1979	四川	非岩石地层单位，长期废用，相当于大箐组顶部
427	Tongan Fm	通安组	51-1104	Pt_2	四川通安地质队	1956	四川	已解体为因民组、落雪组、黑山组、青龙山组
428	Tongchanghe Gr	铜厂河群	51-1195	Pz_1	四川101地质队	1969	四川	自行取消，与黄水河群同物异名
429	Tongkuangxi Bed (Fm)	铜矿溪层（组）	51-3212	P_1	熊永先、罗正远	1939	四川	长期废用，与梁山组同物异名
430	Tongxinzhai Sandstone	同心寨砂岩	51-4028	T_3	李悦言	1940	四川	属次级岩石地层单位，属须家河组部分
431	Toudaocun Fm	头道村组	51-0105	D_2	四川区调队	1984	四川	以生物作结论划分的单位，现相当于危关组中部层位
432	Tumenpu Sandstone	土门铺砂岩	51-4155	J	马子骥等	1947	四川	属次级岩石地层单位，属沙溪庙组中部
433	Tuqiaozi Fm	土桥子组	51-3019	D_3	陈源仁	1978	四川	非岩石地层单位，现相当沙窝子组
434	Tuanbugou Fm	团布沟组	51-0087	D_2	张研	1961	甘肃	与下吾那组部分层位、岩性相当
435	Tuodian Fm	妥甸组	51-4133	J_3	云南区测队	1965	云南	省内有变化，可能相当官沟组
436	Voclanic Rock Fm	火山岩组	51-2039	Z_1	四川二区测队	1970	四川	大体与苏雄组同物异名，命名不规范
437	Waban Series	瓦板岩系	51-4042	T_3	张兆瑾、任泽雨	1941	四川	长期废用，建议停止使用，与须家河组同物异名
438	Waduo Fm	瓦多组	51-0168	T_3	四川区调队	1984	四川	变质较深，认识尚有分歧，现相当新都桥组
439	Waluo Fm	哇落组	51-3237	P_1	佟正祥等	1988	四川	非岩石地层单位，现相当栖霞组

序号	岩石地层单位名称		编号	地质时代	创名人	创建时间	所在省	不采用理由
	英文	汉文						
440	Wasigou Fm	瓦斯沟组	51-1022	Ar－Pt_1	李复汉等	1988	四川	与冷竹关组同物异名
441	Wanjuanshu Fm	万卷书组	51-2239	O_1	穆恩之、朱兆玲等	1978	四川	非岩石地层单位，与南津关组及桐梓组下部相当
442	Wangjiaba Bed(Fm)	汪家坝层(组)	51-3315	T_1	侯德封、王现珩	1939	四川	属次级岩石地层单位
443	Wangjiahe Mem	王家河段	51-1157	Pt	四川二区测队	1965	四川	层序有争议，为上两组下部
444	Wangjiaping Bed	王家坪层	51-4009	T_3	阮维周	1942	四川	属次级岩石地层单位，属白果湾组中部
445	Wangjiazhai Fm	汪家寨组	51-3236	P_2	田宝林、张连武	1980	四川	相当广义的龙潭组上部，非岩石地层单位
446	Wangpo Shale(Fm)	王坡页岩(组)	51-3217	P_2	卢衍豪	1956	陕西	属吴家坪组底部的一个段级单位
447	Weining Fm	威宁组	51-3105		丁文江	1931	贵州	省内有变化
448	Weiyuan Fm	威远组	51-2254	O_1	中科院南京地质古生物研究所、四川石油科研所	1965	四川	非岩石地层单位，现相当于湄潭组
449	Weizhou Gr	威州群	51-0108	“D”	徐星琪	1965	四川	命名地构造、层序有误，现相当于危关组下部
450	Weizhou Sandstone & Marble	威州石灰岩及大理岩	51-0132	P	G D Hubbard	0937	四川	已解体
451	Wenchuan Gneiss	汶川片麻岩	51-1011	Ar－Pt	常隆庆	1938	四川	为块状无序地层，长期废用，定义模糊
452	Wufeng Shale	五峰页岩(组)	51-2216	O_3	孙云铸	1931	湖北	系根据化石建立的非岩石地层单位
453	Wujiashan Red Bed	吴家山红层	51-4146	J_2	李悦言	1944	四川	大体相当沙溪庙组上部，长期废用
454	Wula Sandstone	乌拉砂岩	51-2049	Z_2	张云湘等	1958	四川	相当于观音崖组下部，长期废用
455	Wulangmiao Gr	五朗庙群	51-2023		四川101地质队、成都地质学院	1964	四川	长期废用，相当灯影组
456	Wulipai Fm	五里牌组	51-2113	$\in_2$(?)	西南地质局508队	1954	四川	含义不确切，属同名异物，长期废用，相当于筇竹寺组底部
457	Wulongqing Mem	乌龙箐段	51-2164	$\in_1$	张文堂等	1964	云南	与省内同名单位名实不符
458	Wumuhe Fm	巫木河组	51-3337	T_3	四川一区测队	1961	四川	与中窝组同物异名
459	Wushan Limestone	巫山石灰岩	51-3219	P－T	E Blachwelder	1907	四川	包括范围过大，后人已细分
460	Wushisanti Series	五十三梯系	51-3223	P	黄汲清、曾鼎乾	1948	四川	非岩石地层单位，长期废用，相当茅口组下部
461	Wuye Fm	乌叶组	51-1150		贵州108地质队	1969	贵州	省内有变化，现相当于板溪群部分
462	Wuzhongshan Fm	雾中山组	51-4004	T_3	罗启后	1975	四川	非岩石地层单位，现相当须家河组

序号	岩石地层单位名称		编号	地质时代	创名人	创建时间	所在省	不采用理由
	英文	汉文						
463	Xide Gr	喜德群	51-1171	Pt_2	张洪刚、李承炎	1983	四川	与登相营群同物异名
464	Xiatigu Fm	下提姑组	51-0202	T_3	戈尔金、四川大渡河地质队	1960	四川	自创名后争议较大,与侏倭组同物异名
465	Xiliangsi Shale(Fm)	西梁寺页岩(组)	51-2233	O_1	卢衍豪	1959	陕西	非岩石地层单位,现相当于大湾组部分
466	Xixiangchi Fm	洗象池组	51-2103	$\in-O$	赵亚曾	1929	四川	为娄山关组的同物异名
467	Xiaboda Fm	下博大组	51-3341	T_3	四川一区测队	1961	四川	与中窝组同物异名
468	Xiadi Fm	下地组	51-0059	S_1	川西北地质大队	1992	四川	以生物作结论划分的单位,现与迭部组部分层位岩性相当
469	Xiaganxi Fm	下甘溪组	51-3009	D_1	西南地质研究所	1965	四川	以生物化石为结论划分的单位,现相当甘溪组下部
470	Xiaguojiaba Series	下郭家坝系	51-2149	$\in_1$	中国地质学编委会、中科院地质所	1956	四川	包括范围过大,长期废用,上部属石龙洞组、下部属石牌组
471	Xiaqiaojia Fm	下巧家组	51-2205	O_1	张文堂	1962	云南	非岩石地层单位
472	Xiasanhuichang Series	下三汇场系	51-2141	$\in_2$(?)	尹赞勋、李星学	1943	四川	与高台组以上地层大体相当,长期废用
473	Xiashaximiao Fm	下沙溪庙组	51-4110	J	斯行健等	1964	四川	属沙溪庙组下部段级单位
474	Xiazhuang Fm	下庄组	51-0127	C	徐星琪	1965	四川	层位有误早已废弃不用
475	Xianjire Fm	献几热组	51-0204	T_3	四川航调队	1977	四川	层序、构造不清,区域延伸不明
476	Xiaoguanzi Fm	小关子组	51-2146	$\in_2$	中科院南京地质古生物研究所	1974	四川	与陡坡寺组同物异名,长期废用
477	Xiaolingpo Fm	小岭坡组	51-3020	D_3	侯鸿飞等	1985	四川	非岩石地层单位,现相当茅坝组
478	Xiaoluotian Fm	小罗田组	51-1188	Pt_2	谢振西	1965	四川	相当于力马河组,长期废用
479	Xiaoqingshan Fm	小青山组	51-1163	Pt_2	四川冶金勘探公司、成都地质学院	1977	四川	与黑山组相当
480	Xiaoshimen Sandstone	小石门砂岩	51-4044	T_3	李悦言	1944	四川	属次级岩石地层单位,相当须家河组上部
481	Xiaotangzi Fm	小塘子组	51-3313	T_3	西南中生代地层会议	1974	四川	属段级岩石地层单位,相当须家河组下部
482	Xiaoxiangling Bed	小相岭层	51-1174	Pt(?)	谭锡畴、李春昱	1931	四川	层序不清,且长期废用
483	Xiaoxiangling Ryolite	小相岭流纹岩	51-2038	Z_1	四川一区测队	1967	四川	与苏雄组为同物异名,长期废用
484	Xiaoxueshan Fm	小雪山组	51-0219	T_3	雪冰	1977	四川	未公开发表,未广泛认可和使用,相当于拉纳山组
485	Xiejiawan Fm	谢家湾组	51-3014		万正权	1980	四川	非石地层单位,现相当甘溪组部分

序号	岩石地层单位名称		编号	地质时代	创名人	创建时间	所在省	不采用理由
	英文	汉文						
486	Xinbagou Fm	新坝沟组	51-3120	C_2	佟正祥等	1990	四川	非岩石地层单位，现相当黄龙组
487	Xinmin Fm	新民组	51-1194	Pt_2	四川达县地质队	1960	四川	仅为上两组的一部分，长期废用
488	Xinwu Fm	新屋组	51-2152	$\in_3$	朱兆玲等	1978	四川	非岩石地层单位
489	Xingou Fm	新沟组	51-2359	O_3	金淳泰等	1989	四川	大体与"五峰组"含义类同
490	Xinglong Fm	兴隆组	51-2361	S_2	金淳泰等	1989	四川	属次级岩石地层单位，相当于回星哨组
491	Xingwen Fm	兴文组	51-3234	P_2	四川煤炭地质研究所	1982	四川	非岩石地层单位，现相当宣威组上部
492	Xuchika Fm	许池卡组	51-0121	C_1^2	四川三区测队	1977	四川	以生物作结论划分的单位，无明显标志，归入顶坡组
493	Xujiaba Mem	徐家坝段	51-2332	O	E Blackwelder	1907	四川	大体相当于宝塔组、庙坡组及牯牛潭组，长期废用
494	Xujiaba Gr	徐家坝群	51-2348	S_{1-2}	四川二区测队	1974	四川	非岩石地层单位，现大概相当罗惹坪组及纱帽组，与会理群同物异名
495	Xuanmawan Series	悬马湾系	51-1114	S	孔博明等	1939	四川	长期废用
496	Xuankou Bed	漩口层	51-3121	D	谭锡畴、李春昱	1931	四川	相当于总长沟组＋黄龙组或锦家山组，长期废用
497	Yanba Fm	岩坝组	51-1192	Pt_2	李兴振	1980	四川	与力马河组岩性相近，长期废用
498	Yangou Fm	岩沟组	51-0031	Za	四川区域地层表编写组	1978	四川	未被广泛采用，可视为木座组之同物异名
499	Yanguan Fm	岩关组	51-3103	D_3-C_1	丁文江	1931	贵州	四川含义与原定义不符，贵州废弃
500	Yanjin Fm	盐津组	51-2228	O_3	孙云铸	1953	湖北	非岩石地层单位，大体相当原五峰组的下部
501	Yanjinghe Bed	盐井河层	51-2017	Z_2	侯德封、王现衍	1939	四川	与灯影组同物异名
502	Yankou Fm	岩口组	51-3117	C_1	佟正祥等	1990	四川	非岩石地层单位，现大致相当总长沟组部分
503	Yanlengshan Quartz Sandstone	岩楞山石英砂岩	51-4152	J_1	丁毅、关士聪	1942	四川	属次级岩石地层单位
504	Yanwangbian Fm	阎王碥组	51-2134	$\in_1$	叶少华等	1960	四川	与沧浪铺组同物异名
505	Yanwanggou Series	阎王沟系(统)	51-3213	P	黄汲清、曾鼎乾	1948	四川	与梁山组同物异名，长期废用
506	Yanziping Fm	岩子坪组	51-2352	S_3	金淳泰等	1989	四川	大体与回星哨组相当

序号	岩石地层单位名称		编号	地质时代	创名人	创建时间	所在省	不采用理由
	英文	汉文						
507	Yangba Gr	杨坝群	51-1156	Pt	四川达县地质队	1960	四川	与火地坝群＋白河群同物名，使用混乱
508	Yangba Mem	杨坝段	51-2045	Z_1	四川二区测队	1965	四川	非正式岩石地层单位，现相当于观音崖组中下部
509	Yangbowan Fm	杨波湾组	51-2314	S_2	中科院南京地质古生物研究所	1974	陕西	略相当川北的罗惹坪组，非岩石地层单位
510	Yangchanggou Fm	羊肠沟组	51-0056	S_1	川西北地质大队	1992	四川	以生物作结论划分的单位，现与迭部组部分层位岩性相当
511	Yangcun Bed	羊村层	51-1025	P	高文泰	1939	四川	长期无人使用，可能相当观雾山组
512	Yangcun Bed	羊村层	51-3048	D(?)	谭锡畴、李春昱	1931	四川	层序不清，长期废用，与黄水河群同物异名
513	Yangeryan Gr	羊儿岩群	51-0102	D	李中海等	1982	四川	顶、底不确切，与危关组部分相当
514	Yangjiaba Fm	杨家坝组	51-2248	O_1	中科院南京地质古生物研究所、四川石油科研所	1965	四川	属桐梓组同物异名，长期废用
515	Yangjiaping Fm	杨家坪组	51-2145	$\in_1$	李善姬	1981	湖南	相当牛蹄塘组下部，属非岩石地层单位
516	Yangshangang Bed	杨山岗层	51-1173	Pt(?)	谭锡畴、李春昱	1931	四川	层序不清，且长期废用
517	Yangtianwo Fm	仰天窝组	51-1017	Pt_1	四川区调队	1983	四川	与咱里组属同物异名
518	Yangtianwo Shale	仰天窝页岩	51-2246		丁文江	1929	四川	与湄潭组同物异名，长期废用
519	Yantzeella Fm	扬子贝组	51-2235	O	李四光、赵亚曾	1924	湖北	包括范围过大，岩石含义不确切，可能相当于牯牛潭组
520	Yaolinghe Gr	瑶岭河群	51-2019	Z_1	陕西区调队	1961	陕西	省内有变化
521	Yaoziwan Shale	窑子湾页岩	51-4029	T_3	李悦言	1940	四川	属次级岩石地层单位，属须家河部分
522	Yeniushan Fm	野牛山组	51-2365	O_{2-3}	金淳泰等	1989	四川	建议作为非正式单位使用，现相当于宝塔组
523	Yetang Fm	叶塘组	51-0014	AnZ	张洪刚、李承炎	1983	四川	无建组剖面，未被采用
524	Yichang Limestone	宜昌灰岩	51-2237	$\in-O$	李四光、赵亚曾	1924	湖北	包括范围过大，岩石含义不确切，可能相当曲靖组
525	Yidade Gr(Fm)	一打得群(组)	51-3036	D_{2-3}	孙云铸	1943	云南	省内有变化
526	Yingpan Fm	营盘组	51-2249	O_1	中科院南京地质古生物研究所、四川石油科研所	1965	四川	与大湾组同物异名，长期废用
527	Youjingpo Shale	油井坡页岩	51-4142	J_1	李悦言	1940	四川	相当自流井组大安寨段上部
528	Yuguangpo Fm (Mem)	余光坡组(段)	51-4240	E	四川二区测队	1976	四川	属次级岩石地层单位，属名山组中段组单位

序号	岩石地层单位名称		编号	地质时代	创名人	创建时间	所在省	不采用理由
	英 文	汉 文						
529	Yulongshan Limestone	玉龙山石灰岩	51-3320	T_1	丁文江	1928	贵州	段级单位
530	Yuxiansi Fm	遇仙寺组	51-2102	∈	赵亚曾	1929	四川	与沧浪铺组同物异名
531	Yuanan Shale(Series)	远安页岩(系)	51-3310	T_2	许德佑	1937	湖北	相当马东组三段
532	Yuanji Fm	元吉组	51-0029	Zb?D?	四川二区测队	1966	四川	未广泛采用,为水晶组同物异名
533	Yuanjiadong Fm	袁家洞组	51-3235	P_2	四川地矿局科研所	1989	四川	非岩石地层单位,现相当宣威组
534	Yuanyangyan Fm	鸳鸯岩组	51-2357	S_1	金淳泰等	1989	四川	非岩石地层单位,现可与龙马溪组相当
535	Yuejiahe Mem	岳家河段	51-1158	Pt	四川二区测队	1965	四川	层序有争议,为上两组上部
536	Yuelizhai Gr	月里寨群	51-0103	D_{1-2}	四川二区测队	1975	四川	与捧达组同物异名
537	Yueliangwan Fm	月亮湾组	51-0033	Za	何书成	1989	四川	层序很难确切恢复,未被广泛采用,相当于木座组
538	Yuemenpu Sandstone	岳门铺砂岩	51-4153	J	马子骥等	1947	四川	建议停用或作非正式单位使用,属沙溪庙组中部
539	Zaijieshan Fm	在(寨)结山组	51-3037	D_3	方润森等	1976	云南	省内有变化,可能为缩头山组部分
540	Zangka Fm	藏卡组	51-0006	Pt? ZOD	杜其良	1986	四川	已解体分属 Z、O、D 地层
541	Zhake Series	扎科系	51-0196	P	崔克信	1955	四川	无剖面,无说明
542	Zhalishan Fm	扎里山组	51-0238	T_1	川西北地质大队	1992	甘肃	与罗让沟组同物异名
543	Zhalu Fm	扎鲁组	51-0229	T_1	四川航调队	1997	四川	可能属理塘蛇绿岩群一部分
544	Zhapu Fm	札普组	51-0122	C_2	四川三区测队	1977	四川	以生物作结论划分的单位,无明显标志,现归人顶坡组
545	Zhanghe Fm	张河组	51-4131	J_2	云南区测队	1965	云南	省内有变化
546	Zhangjiaao Shale	张家坳页岩	51-4035	T_3	黄汲清等	1940	四川	建议停用或作非正式单位使用,属次级岩石地层单位,相当须家河组中部段组单位
547	Zhangjiapo Fm	张家坡组	51-3016	D_1	万正权	1974	四川	非岩石地层单位,现相当甘溪组部分
548	Zhaobishan Bed	照壁山层	51-3054	D_3(?)	A W Grabau	1924	四川	无岩性描述,层序不清
549	Zhaogongshan Conglomerate	赵公山砾岩	51-4160		朱森	1939	四川	属次级岩石地层单位
550	Zhaohua Limestone	昭化石灰岩	51-3316	T_1	赵亚曾	1929	四川	嘉陵江组之同物异名
551	Zhaojiaba Fm	赵家坝组	51-2232	O_1	卢衍豪	1959	四川	非岩石地层单位,相当于红花园组部分
552	Zhegushan Fm	鹧鸪山岩组	51-0153	T	四川石油普查队	1959	四川	又称鹧鸪山层系,层序不清

序号	岩石地层单位名称		编号	地质时代	创名人	创建时间	所在省	不采用理由
	英文	汉文						
553	Zhifanggou Fm	纸房沟组	51-1019	Pt_1	长春地质学院、攀西地质大队	1987	四川	建组剖面构造层序不清
554	Zhigou Fm	支沟组	51-3118	C_3	佟正祥等	1990	四川	非岩石地层单位，现大致相当黄龙组
555	Zhongboda Fm	中博大组	51-3340	T_3	四川一区测队	1971	四川	与松桂组同物异名
556	Zhongjianliang Fm	中间梁组	51-2338	S_3	金淳泰等	1992	四川	已归入车家坝组
557	Zhongsanhuichang Series	中三汇场系	51-2140	O_{2-3}	尹赞勋、李星学	1943	四川	大体与娄山关组相当，长期废用
558	Zhongxinrong Gr	中心绒群	51-0192	$P-T_{1-2?}$	四川三区测队	1977	四川	其主体岩性属额阿钦组或金沙江蛇绿岩群
559	Zhoujiafen Fm	周家坟组	51-1035	Pt_2	吴根耀	1985	四川	层序不清，可能与会理群相当
560	Zhoujiagou Shale	周家沟页岩	51-4025	T_3	李悦言	1940	四川	属次级岩石地层单位
561	Zhutang Series(Fm)	竹塘系(组)	51-3231	P_2	叶良辅、李捷	1924	安徽	省内含义属龙潭组
562	Zhuanchangwan Coalmeasure	砖厂湾煤系	51-3222	P	黄汲清、曾鼎乾	1948	四川	长期废用，与龙潭组同物异名
563	Zhuoni Fm	卓尼组	51-0231	T_3	川西北地质大队	1992	甘肃	为雅江组的同相异名
564	Zitai Fm	紫台组	51-2259	O_1	中科院南京地质古生物研究所	1974	贵州	与大湾组同物异名